VRay 效果图渲染从入门到精通

麓山文化　编著

机械工业出版社

VRay 是目前效果图制作非常流行的渲染器。本书系统深入地讲解了 VRay 渲染器的各项功能和渲染技术，既可以作为 VRay 新手入门的教材，也可以作为工作中现查现用的 VRay 技术手册。

本书共 15 章，第 1 章介绍了 VRay 渲染器的历史以及安装、调用等知识，可以使初学者对 VRay 有一个全面的了解和认识；第 2 章~第 11 章则通过大量场景渲染测试，对 VRay 渲染器的各个卷展栏参数、材质、灯光和摄像机等功能进行了深入的讲解分析，以方便读者了解各参数的含义，为活学活用 VRay 打下坚实的基础；第 12～15 章则精心挑选了工业产品、室内家装、室内公装以及室外建筑四个典型的场景，全面介绍了各种类型效果图制作的流程，并介绍了如何使用 VRay 渲染器的灯光快速完成各种灯光氛围转换的方法。

本书配套下载资源包含全书所有实例的场景文件及视频教学，并赠送了两套实用的 VRay 材质库和大量模型贴图，读者在学习和工作中可以随调随用，以提高工作效率。

本书适合 VRay 渲染器的初学者，同时也能满足中、高级读者对提高实战能力的需要。

图书在版编目（CIP）数据

VRay 效果图渲染从入门到精通/麓山文化编著.—北京：机械工业出版社，2018.6（2021.2 重印）

ISBN 978-7-111-60160-9

Ⅰ. ①V… Ⅱ. ①麓… Ⅲ. ①室内装饰设计－计算机辅助设计－三维动画软件 Ⅳ. ①TU238-39

中国版本图书馆 CIP 数据核字(2018)第 124196 号

机械工业出版社（北京市百万庄大街 22 号　邮政编码 100037）
责任编辑：曲彩云　　责任校对：刘秀华　　责任印制：常天培
固安县铭成印刷有限公司印刷
2021 年 2 月第 1 版第 3 次印刷
184mm×260mm・22.75 印张・562 千字
4001－5500 册
标准书号：ISBN 978-7-111-60160-9
定价：79.00 元

凡购本书，如有缺页、倒页、脱页，由本社发行部调换

电话服务		网络服务
服务咨询热线：	010-88361066	机工官网：www.cmpbook.com
读者购书热线：	010-68326294	机工官博：weibo.com/cmp1952
	010-88379203	金 书 网：www.golden-book.com
编辑热线：	010-88379782	教育服务网：www.cmpedu.com

前言 PREFACE

● VRay 渲染器简介

VRay 渲染器是一款真正的光线追踪和全局光渲染器，由于其使用简单、操作方便，渲染速度快，在国内效果图渲染领域，已经成为非常流行的渲染器，具有“焦散之王”的美誉。基于 V-Ray 内核开发的软件有 VRay for 3ds max、Maya、SketchUp、Rhino 等诸多版本，可为不同领域的优秀 3D 建模软件提供高质量的图片和动画渲染。

VRay 最大的技术特点是其优秀的全局照明（Global Illumination）功能，利用此功能可以在图中得到逼真而柔和的阴影与光影漫反射效果。

● 本书内容特色

在学习 VRay 渲染器的过程中，最为头疼的恐怕就是对各种晦涩难懂的参数的理解，而在实际工作中，也确实会因为对一些参数的理解不够彻底而造成渲染速度的减慢与渲染品质的降低。

本书本着“授人以鱼，不如授人以渔”的教学理念，别具匠心地通过大量的场景案例，例证了 VRay 渲染器各个参数卷展栏以及材质、灯光、摄像机等参数调整的对比效果，用渲染图像对比的方式深度地解析了 VRay 渲染器各方面参数的作用与效果，可以使读者直观有效地进行 VRay 渲染器的学习与使用，并迅速积累到丰富的使用经验与心得。

● 对读者的建议

由于 VRay 功能强大，参数众多，如果您是 VRay 的初学者，建议先使用默认设置，将学习重点放在 VRay 渲染的基本方法和操作流程的掌握上，从而达到快速应用 VRay 渲染器的目的，而不是纠结于某个参数。VRay 已经对各类参数进行了优化，可以满足普通的渲染需求。

在对渲染流程和材质、灯光有了初步的认识后，可以再详细了解每个参数的含义，理解和掌握这些参数的功能以及对渲染品质和速度的影响，从而在实际工作中可以针对各个场景的实际情况进行灵活的调整。

需要注意的是，在不同的环境中，即便使用了相同的材质和渲染参数，渲染的效果也会有差异。因此，VRay 渲染效果没有所谓的标准答案，读者应合理地设置各个选项，根据自己对空间设计的理解，创作出属于自己的渲染风格和理想效果。

● 本书配套资源

本书物超所值，除了书本之外，还附赠以下资源(扫描“资源下载”二维码即可获得下载方式)：

配套教学视频：配套书中所有实例的高清语音教学视频，读者可以先像看电影一样轻松愉悦地通过教学视频学习本书内容，然后对照书本加以实践和练习，以提高学习效率。

本书实例的文件和完成素材。书中所有实例均提供了源文件和素材，读者可以使用 VRay3.6 版本打开或访问。

资源下载

● 本书创作团队

本书由麓山文化编著，参加编写的有：陈志民、江凡、张洁、马梅桂、戴京京、骆天、胡丹、陈运炳、申玉秀、李红萍、李红艺、李红术、陈云香、陈文香、陈军云、彭斌全、林小群、刘清平、钟睦、刘里锋、朱海涛、廖博、喻文明、易盛、陈晶、张绍华、黄柯、何凯、黄华、陈文轶、杨少波、杨芳、刘有良、刘珊、赵祖欣、齐慧明、梅文、江涛、袁圣超、彭曼等。

由于编者水平有限，书中疏漏与不妥之处在所难免。在感谢您选择本书的同时，也希望您能够把对本书的意见和建议告诉我们。

编 者 邮箱：lushanbook@qq.com

读者 QQ 群：327209040

编 者

目录 CONTENTS

第3章

第 9 章

第15章 室外建筑效果图 VRay 表现 ······ 335

第 1 章 认识 VRay 渲染器

本章重点：

- VRay 渲染器的诞生与发展
- VRay 渲染器的安装
- VRay 渲染器的激活
- VRay 渲染器的卸载
- VRay 渲染器的调用
- VRay 渲染器与 3ds Max 的嵌合
- VRay 渲染器常用渲染流程
- VRay 渲染器的特点

VRay渲染器是由保加利亚的Chaos Group公司于2002年正式官方发售的一款渲染软件，该渲染软件不仅具有优秀的全局照明与光影跟踪效果的特点，而且参数设置简捷、渲染速度快，目前已经广泛应用于室内设计、建筑设计和工业产品设计等领域，如图1-1~图1-3所示即为VRay渲染器的渲染作品。接下来简明扼要地对VRay渲染器的诞生与发展进行讲解。

图1-1　室内设计表现效果

图1-2　建筑设计表现效果

图1-3　工业产品设计表现效果

1.1 VRay渲染器的诞生与发展

VRay渲染器最初的软件编程人员都是来自东欧的Computer Graphics（电脑图形）爱好者，他们于2001年5月正式在线公布了最原始的VRay渲染以及该渲染器在渲染质量与耗时等方面的相关特点与信息，如图1-4所示。此时的VRay渲染器很不成熟，在渲染的稳定性以及诸多功能上都有待完善，因此于同年11月推出了用于公开测试的VRay 0.10.0.20201版本，如图1-5所示。该版本用于对全世界的CG爱好者进行免费推广并收集反馈的使用信息以对渲染器进行完善，从图1-5中可以发现当时的VRay渲染器仅应用于3ds Max软件平台。

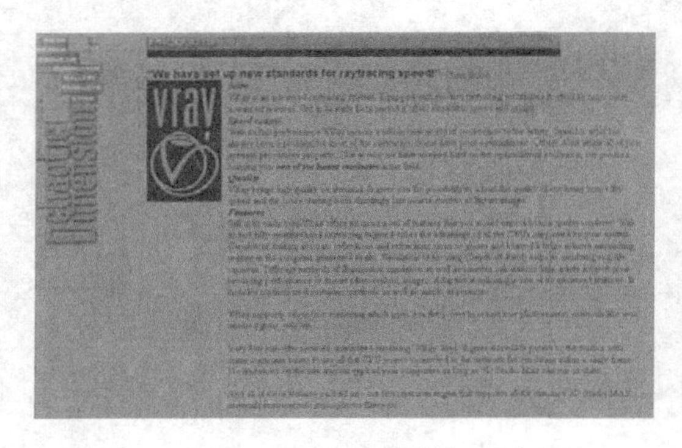

图1-4　VRay最初版本的公布信息

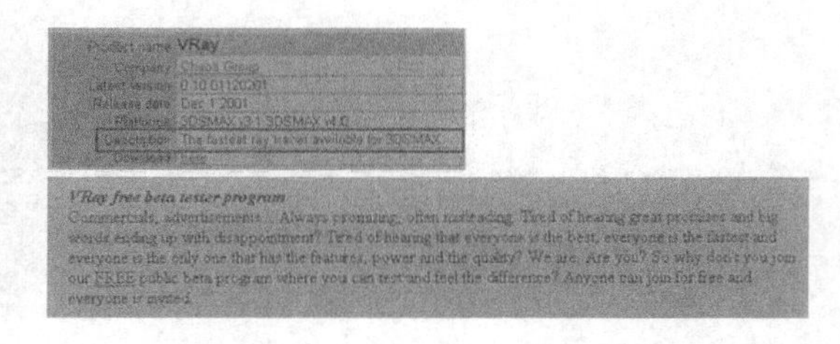

图1-5　VRay 0.10.0.20201版本信息

VRay渲染器于2002年3月开始正式对外进行官方预售，如图1-6所示，共推出了同一版本的免费（Free）、基本(Basic)以及高级(Advance)三种预售信息，不同的版本对应着不同的价格以及使用功能。VRay渲染器发展到现今仍保留了基本(Basic)以及高级(Advance)两种类别的区分，前者功能简单，价格也低廉，适合学生与业余爱好者使用；后者功能全面，价格较高，适合专业人员使用。同年 5 月，网上提供了最新版本 VRay 渲染器试用版的下载，如图 1-7 所示即为当时试用版的卷展栏设置。可以看到，虽然当时的 VRay 渲染器在参数以及功能上显得比较简单，但这同样标志着 VRay 渲染器已经正式诞生并杀入了竞争十分激烈的渲染器市场。

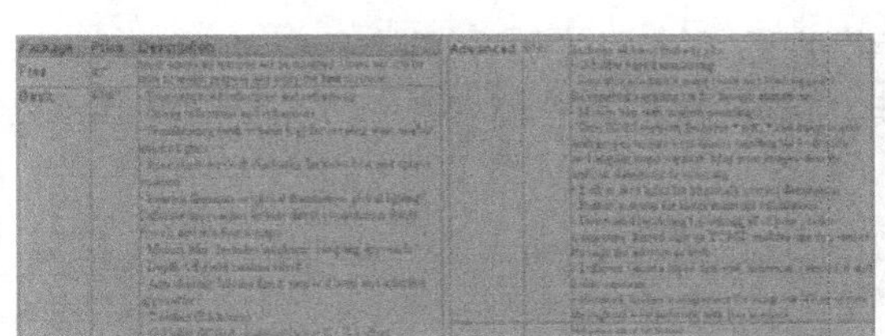

图 1-6　VRay 渲染器官方预售信息

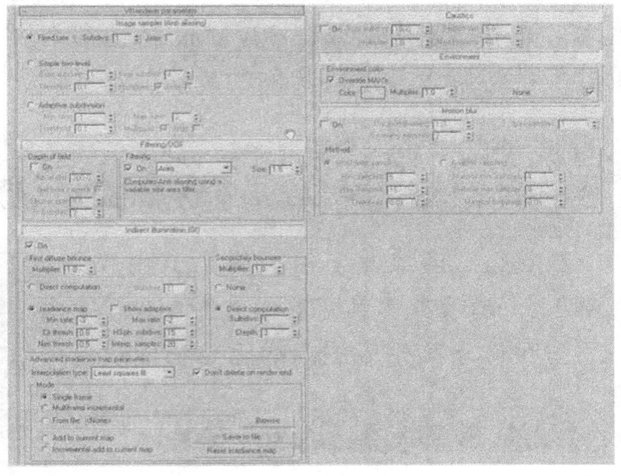

图 1-7　VRay 渲染器最初试用版参数卷展栏

随着 VRay 渲染器推广力度的加大与用户数量的增加，2002 年 6 月推出了如图 1-8 所示的 VRay 渲染器官方论坛，用于 VRay 渲染器官方的最新信息发布以及 VRay 渲染器用户信息的交流与反馈。至此，VRay 渲染器开始在全世界悄然得到广泛的应用，如图 1-9 所示，由于在动画短片、影视特效以及游戏等领域的渲染表现出了非凡的效果，VRay 渲染器获得了如潮的好评，开始在全世界风靡起来。

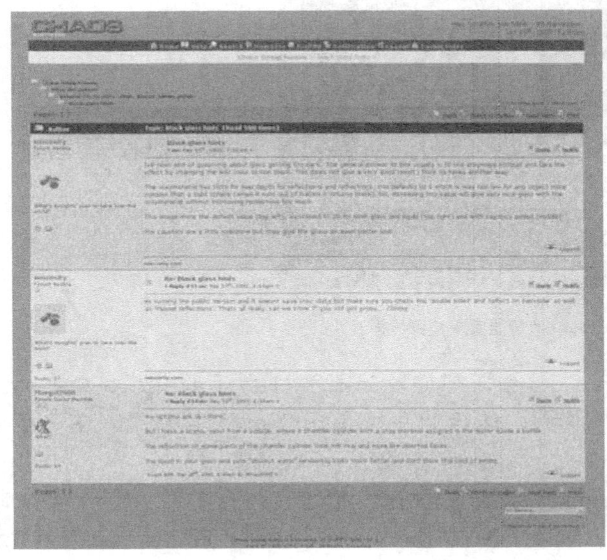

图 1-8　VRay 渲染器官方论坛

图 1-9　VRay 渲染器参与完成的各类作品

此后，VRay 渲染器于 2005 年先后推出了与 MAYA、XSI、SketchUp 与 Rhino 软件平台相配套的版本，扩大了其在业界的影响力，现在 VRay 渲染器已经较全面地应用于各种主流的三维软件，影响力十分广泛。

与此同时，根据用户反馈的使用信息，VRay 渲染器在功能上进行了不断的完善，针对 3ds Max 软件平台先后推出了诸如 V1.45、V1.47、V1.50、V.1.50RC 以及 V.2.0 系列版本。本书将使用加载在 3ds Max 2018 软件平台上的 VRay adv 3.60.03 版渲染器进行其相关参数的讲解以及渲染实例的制作。

1.2 VRay 渲染器在 3ds Max 中的安装、激活与卸载

VRay 渲染器虽然提供了试用版免费下载并进行试用体验，但是只有其发售的高级(Advance)版本才具有前面介绍的所有特点，用户只有在将其正确安装至 3ds Max 中并激活后方可体验其相应的高级渲染功能。

1.2.1 VRay 渲染器的安装

VRay 渲染器在 3ds Max 软件中的安装十分容易，在购买其安装程序后只需要几个步骤即可完成安装，具体的安装步骤如下：

Steps 01 双击 VRay 渲染器安装程序图标，将进入如图 1-10 所示的安装协议界面，在该界面最上方的标题栏中可以查看到该版本渲染器所配套的 3ds Max 版本以及其自身的版本号，界面中还罗列出了用户使用必须接受的各种协议。

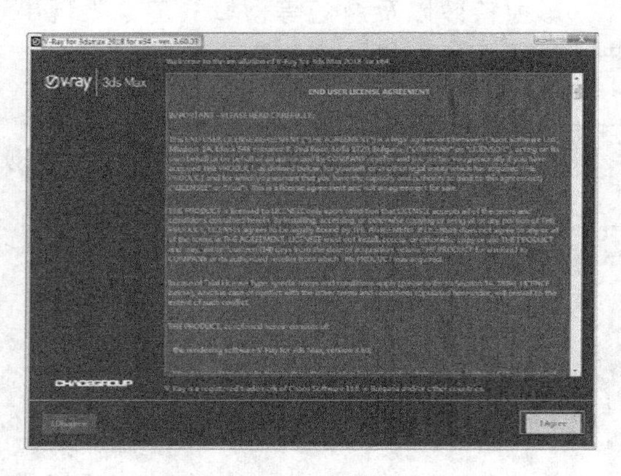

图 1-10 VRay 渲染器安装协议界面

Steps 02 单击安装协议界面下的“I Agree”按钮，可进入如图 1-11 所示的安装类型界面，通常保持默认的“Worksation (工作站)”模式，然后单击“Install Now”按钮进入下一步安装步骤。

Steps 03 单击安装类型界面下的“Customize”自定义按钮，可进入如图 1-12 所示的安装路径界面。在许可方式选项中通常保持默认的“Local V-Ray license server on this machine”（本地本机许可）即可。在 adv3.60.03 版本中，VRay 安装程序已经能自动寻找到正确的安装路径，如果使用之前的一些版本，则需要手动在第一个路径中找到电脑中 3ds Max 的安装

文件路径，在第二个路径中找到 3ds Max 安装路径中的“Plugins”文件夹。确定好文件路径后，再单击其下的“Install Now”按钮进入下一步安装步骤。

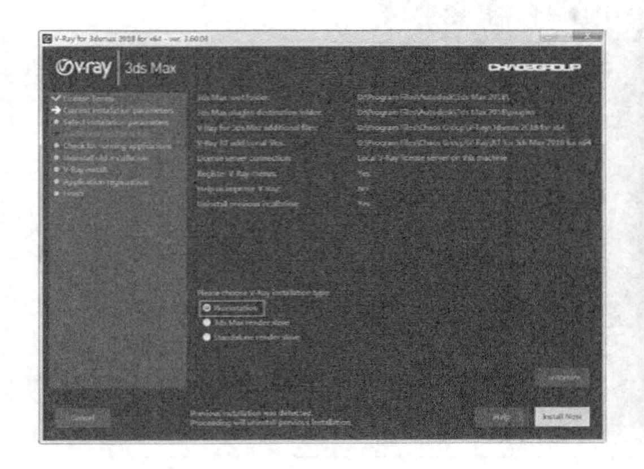

图 1-11　VRay 渲染器安装类型界面

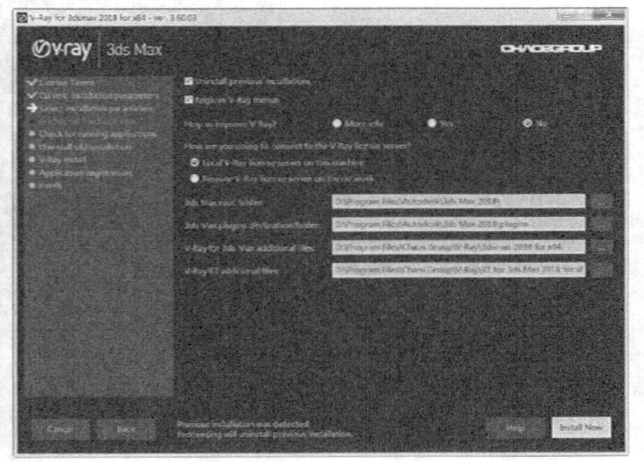

图 1-12　VRay 渲染器安装路径界面

Steps 04 如果安装程序检测到需要关闭应用程序，会出现如图 1-13 所示的安装界面，提醒关闭 3ds Max 软件再进行安装，此时就需要在关闭 3ds Max 软件后单击其下的“Back”按钮返回上一安装界面，再单击“Install Now”按钮方可正常进行安装，如图 1-14 所示。

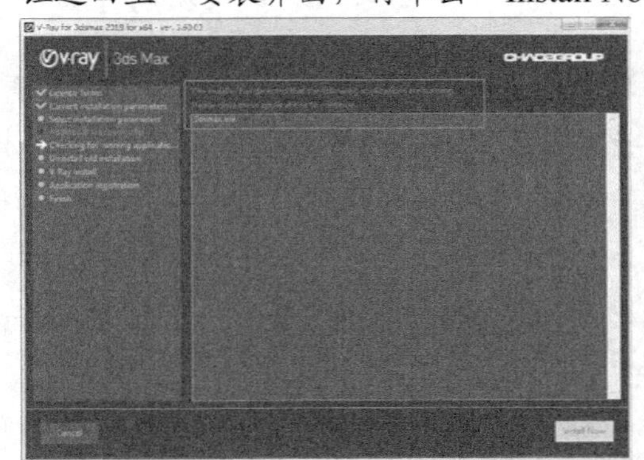

图 1-13　VRay 安装提示关闭 3ds Max 软件

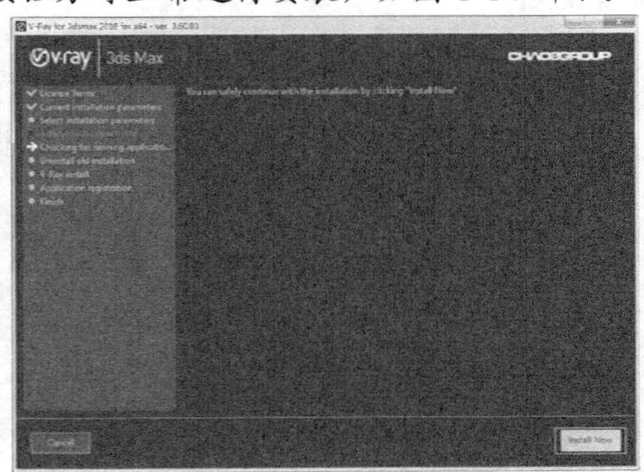

图 1-14　单击按钮继续进行安装

Steps 05 单击立即安装按钮后，安装程序将卸载以前的版本，如图 1-15 所示，并且在你的电脑上安装 VRay3.6.03 版本，如图 1-16 所示。

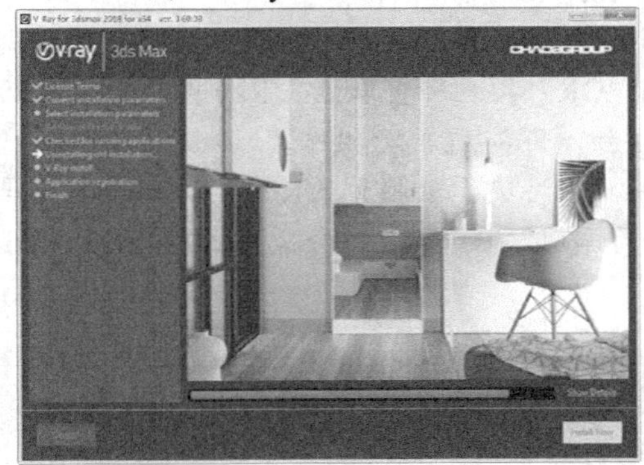

图 1-15　卸载旧版本

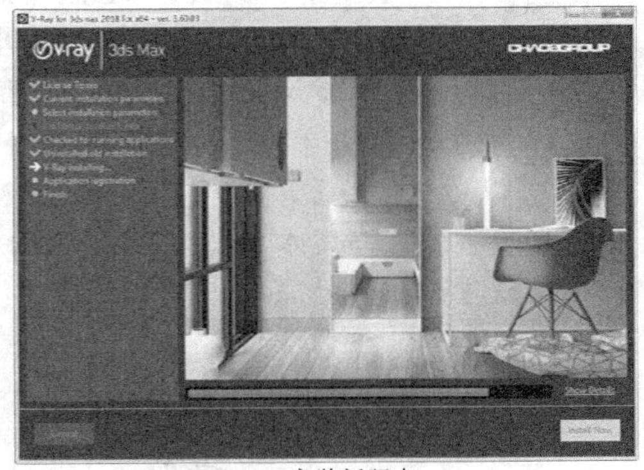

图 1-16　安装新版本

Steps 06 安装成功后，你将看到如图 1-17 所示的界面，单击“Finish”按钮，完成安装。

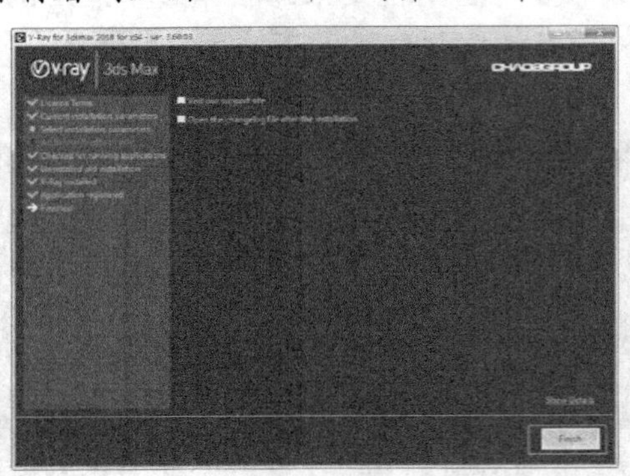

图 1-17　安装完成界面

1.2.2　VRay 渲染器的激活

在完成了 VRay 渲染器的安装后，还需要进行激活方能进行正常使用，具体的步骤如下：

Steps 01 单击电脑任务栏左侧的“开始”按钮，然后选择“所有程序”，并在其右侧的列表中选择“Chaos Group”项，如图 1-18 所示。

Steps 02 找到“Chaos Group”列表项后，进入“V-Ray Adv for 3ds Max 2018 for x64”，再如图 1-19 所示逐级找到“Register V-Ray license service”(VRay 注册器)命令。

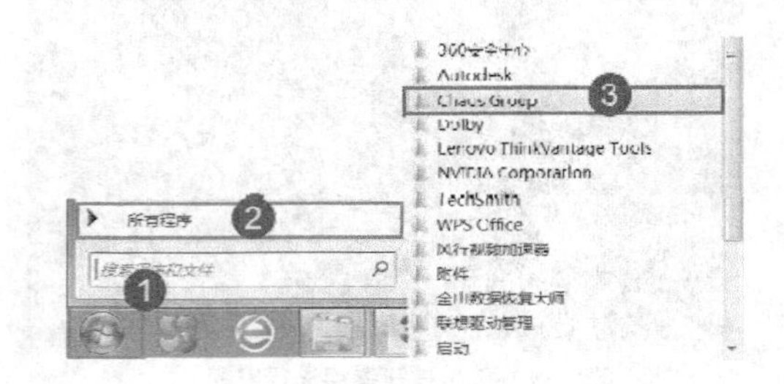

图 1-18　从“所有程序”中找到“Chaos Group”

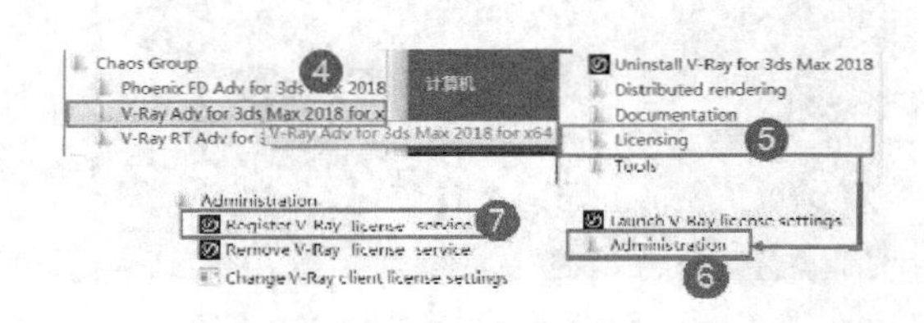

图 1-19　选择“Register V-Ray license service”命令

Steps 03 单击“Register V-Ray license service”(VRay 注册器)命令，即会弹出如图 1-20 中所示的注册器面板，复制其上方的字符串并发送至 VRay@chaosgroup.com 邮箱，购买到配套的激活码后，输入至其下方的空白栏，单击“OK”按钮即可激活 VRay 渲染器。然后单击弹出的如图 1-20 所示对话框中的“确定”按钮，即完成激活操作。

Steps 04 VRay 渲染器激活后，打开 3ds Max 软件，将渲染器切换到 VRay adv 3.60.03（具体的切换方法可参阅本章的“1.3.1VRay 渲染器的调用”一节），即会弹出如图 1-21 所示的渲染设置面板。

1.2.3　VRay 渲染器的卸载

VRay 渲染器的卸载比较简单，具体操作步骤如下：

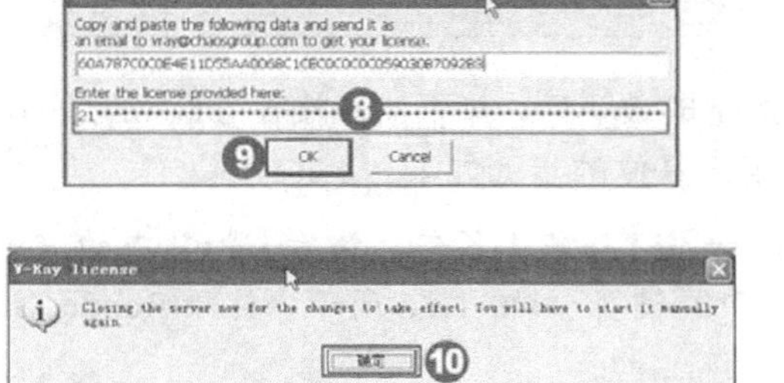

图 1-20　填入激活码完成 VRay 渲染器的激活

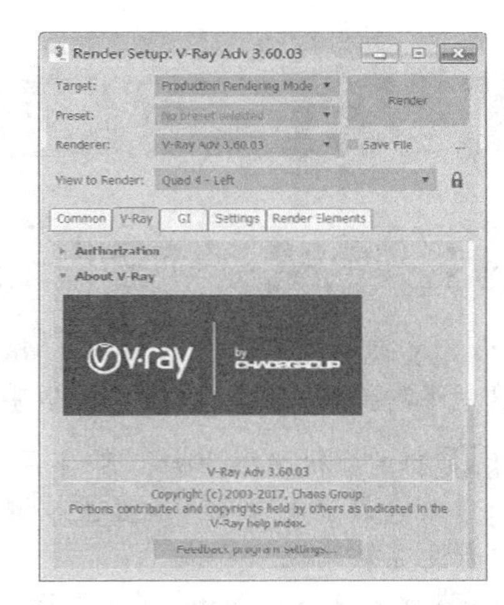

图 1-21　3ds Max 中 VRay 渲染器激活后的渲染设置面板

Steps 01 通过“开始”按钮找到“ChaosGroup”目录下的“V-Ray Adv for 3ds Max 2018 for x64”子目录，如图 1-22 所示单击其右侧下拉按钮中的“Uninstall V-Ray for 3ds Max 2018 for x64”命令。

Steps 02 弹出如图 1-23 所示的界面，提示用户单击“Uninstall”按钮开始进行 VRay 渲染器的卸载。

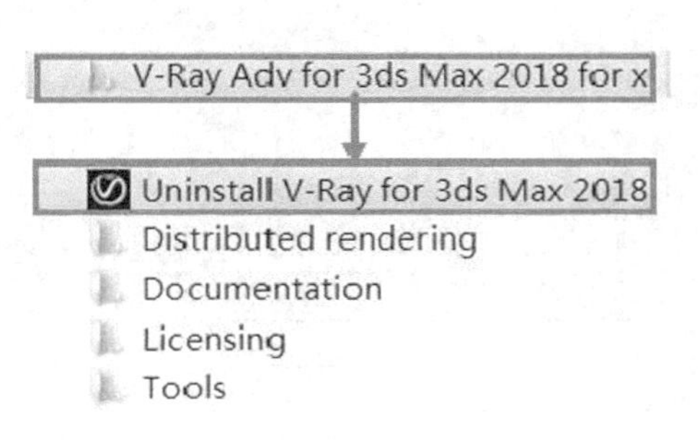

图 1-22　单击 Uninstall V-Ray for 3ds Max 2018 for x64 命令

图 1-23　进入 VRay 渲染器卸载界面

Steps 03 在单击“Next”按钮后，即可进入如图 1-24 所示的界面开始进行卸载。在 VRay 渲染器卸载进程结束后，单击“Uninstall”按钮，将进入如图 1-25 所示的界面，单击“Finish”按钮即完成 VRay 渲染器的卸载。

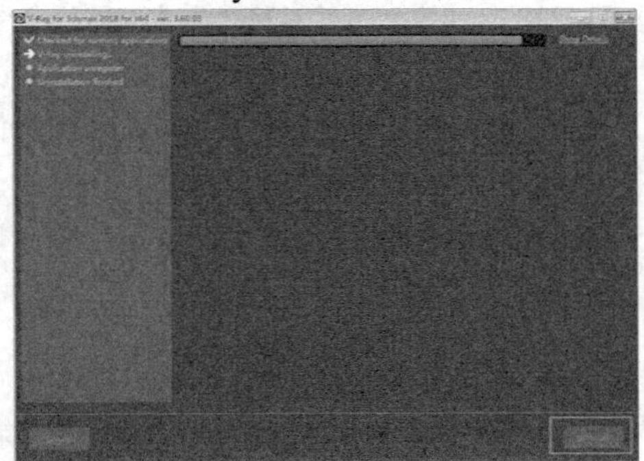

图 1-24　开始进行 VRay 渲染器的卸载

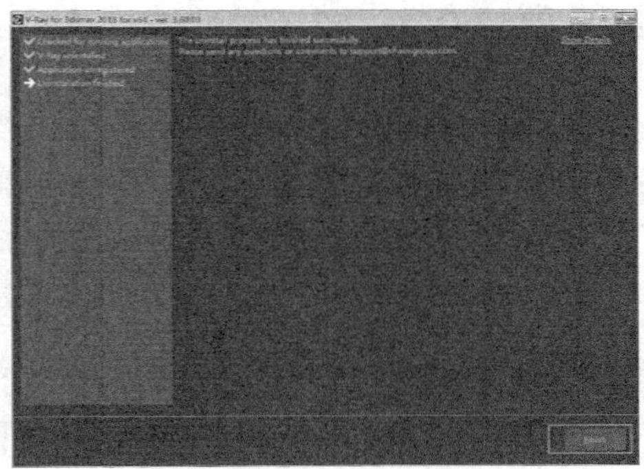

图 1-25　完成 VRay 渲染器的卸载

1.3 VRay 渲染器的调用与 3ds Max 的嵌合

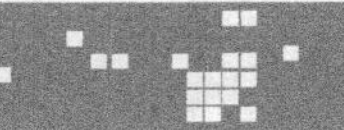

1.3.1 VRay 渲染器的调用

VRay 渲染器成功安装至 3ds Max 2018 并完成激活后，并不能直接在 3ds Max 2018 中使用，还需要在“渲染设置”面板中进行调用，具体的步骤如下：

Steps 01 打开 3ds Max 2018，单击其中的 Rendering【渲染】菜单，然后选择其中的 Render Setup【渲染设置】命令（或直接按键盘上的<F10>键），如图 1-26 所示，打开 Render Setup【渲染设置】面板。

Steps 02 打开 Render Setup【渲染设置】面板后，选择其中的 Common【通用】选项卡。然后进入 Assign Renderer【指定渲染器】卷展栏，在弹出的 Choose Renderer【选择渲染器】对话框中选择 V-Ray Adv 3.60.03，如图 1-27 所示，单击“OK”按钮完成渲染器的调用。

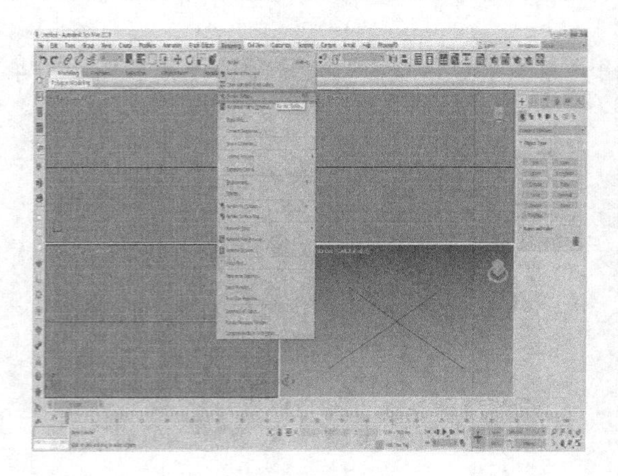

图 1-26 选择“Render Setup”命令

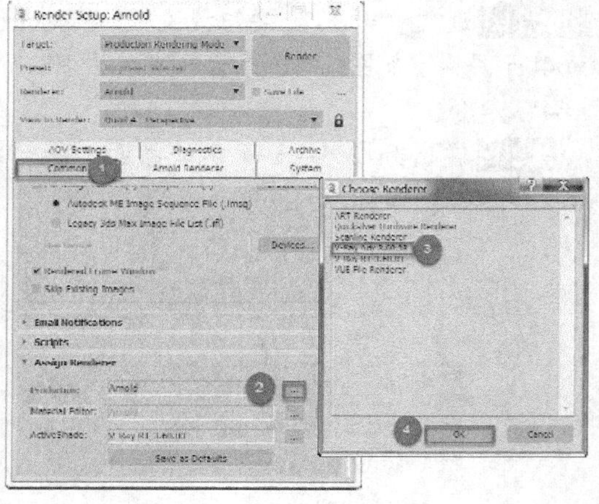

图 1-27 选择“VRay Adv 3.60.03”渲染器

技巧：第一，在【渲染设置】面板以及 VRay 渲染器的各个选项卡内，单击鼠标右键可以打开如图 1-28 所示的快捷菜单，以方便用户选择各卷展栏. 快捷菜单中卷展栏名称前带有“√”标记的，为当前已经展开的卷展栏。选择“Close All”或是“Open All”，可以关闭或是打开当前选项卡内的所有卷展栏。

第二，对于如图 1-29 所示的带有“OK”按钮以完成选择确认的对话框，都可以直接在列表框中双击列表项以快速完成选择，不需要每次都去单击“OK”按钮，从而提高工作效率。

第三，指定好 VRay 渲染器后，如果单击面板下方的 Save as Defaults【保存为默认渲染器】按钮，则以后 3ds Max 都以 VRay 渲染器为默认渲染器，无需再另行设置。

Steps 03 选择调用“VRay Adv 3.60.03”渲染器后，Render Setup【渲染设置】面板显示如图 1-30 所示，可以看到其中增加了与 VRay 渲染器相关的 VRay 选项卡、GI【间接光照】选项卡、Settings【设置】选项卡以及 Render Elements【渲染元素】选项卡。单击选项卡名称即可打开相应的选项卡，以查看其中的卷展栏参数，如图 1-31 所示。本书第 2 章~第 5 章将详细讲解各个卷展栏的参数及其用法。

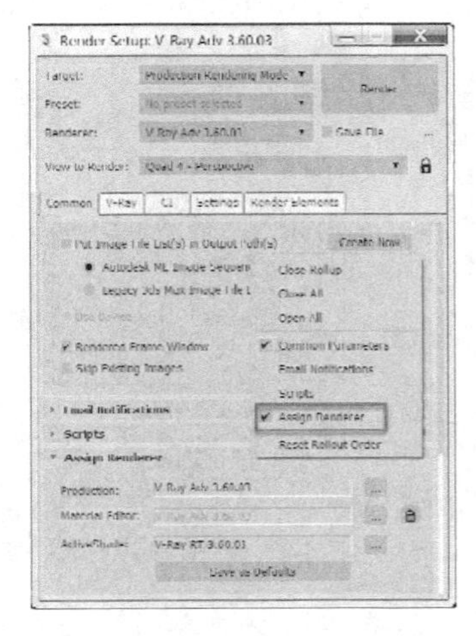

图 1-28　卷展栏快捷菜单

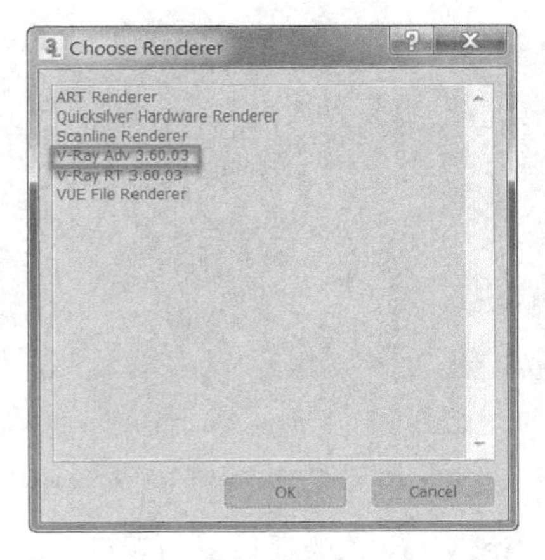

图 1-29　双击列表项快速完成选择

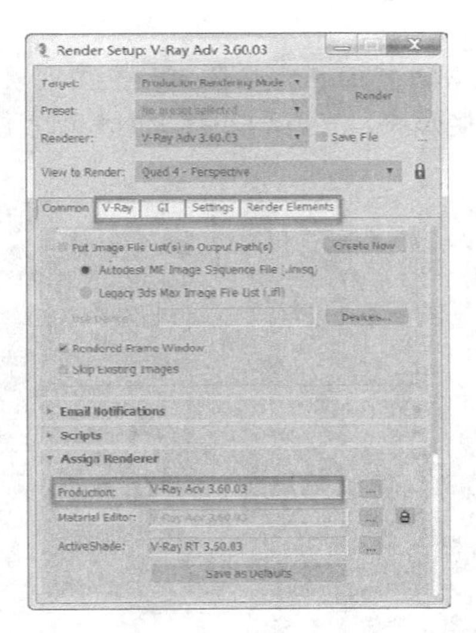

图 1-30　VRay 渲染器选项卡

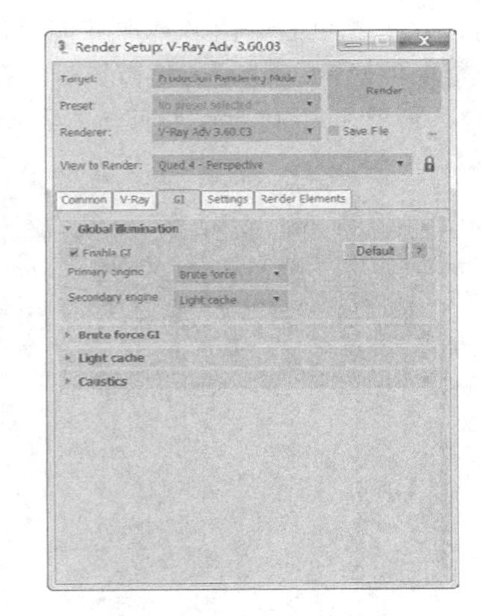

图 1-31　查看卷展栏参数

在了解了 VRay 渲染器的调用方法后，接下来继续了解 VRay 渲染器各种材质贴图类型、创建命令、修改命令在 3ds Max 软件中的嵌合位置，以方便后面的深入学习。

1.3.2　VRay 渲染器与 3ds Max 的嵌合

本节首先讲解如何在 3ds Max 软件中调用 VRay 渲染器材质，然后介绍 VRay 对象在 3ds Max 面板中的位置。

Steps 01 单击 3ds Max 工具栏的按钮，打开 Material Editor【材质编辑器】，选择其中任意一个空白材质球，然后单击其右侧的 Standard【标准材质】按钮，如图 1-32 所示，打开 Material/Map Browser【材质/贴图浏览器】。

Steps 02 此时 Material/Map Browser【材质/贴图浏览器】如图 1-33 所示，可以看到在材质列表中集中了 VRay 的各种材质类型，双击其中的材质名称即可转换至该材质。

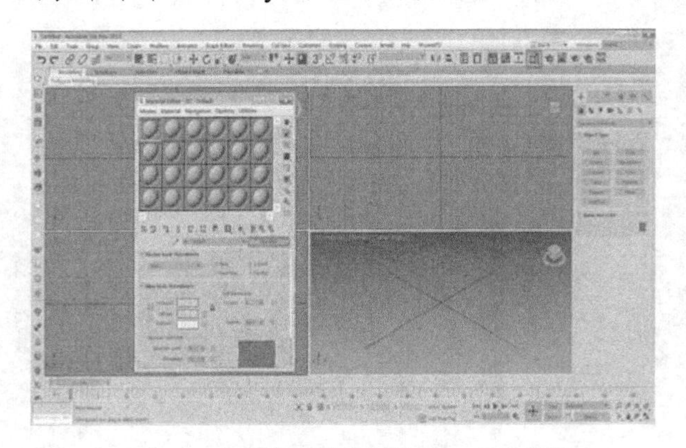
图 1-32 打开材质编辑器并单击 Standard 按钮

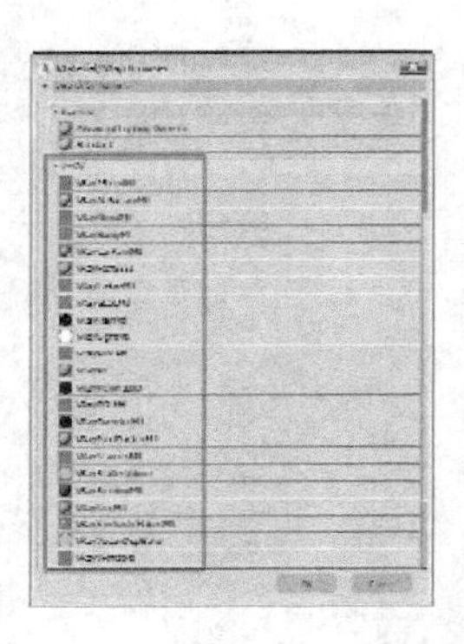
图 1-33 各种 VRay 材质类型

Steps 03 VRay 渲染器贴图的调用方法如图 1-34 所示。首先单击材质参数栏任意一个贴图通道按钮，进入 Material/Map Browser【材质/贴图浏览器】后可查看到各种类型的 VRay 贴图，双击其中的贴图名称即可调用该贴图。

Steps 04 单击 3ds Max 创建面板按钮，进入几何体创建面板，在几何体类型列表中选择 VRay，如图 1-35 所示，即可进入 VRay 几何体创建面板，查看到各种 VRay 几何体类型。

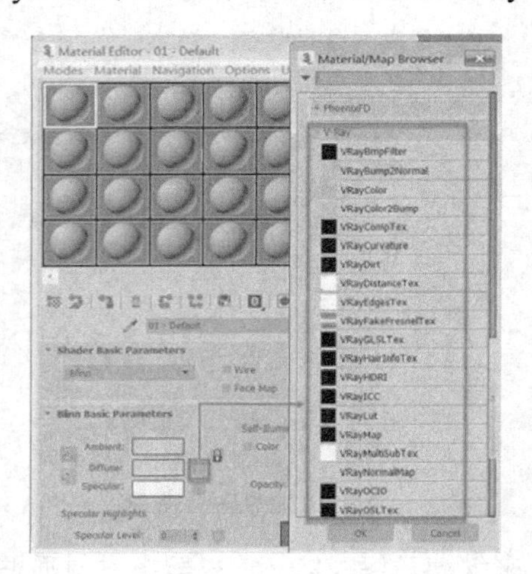

图 1-34 各种类型 VRay 贴图

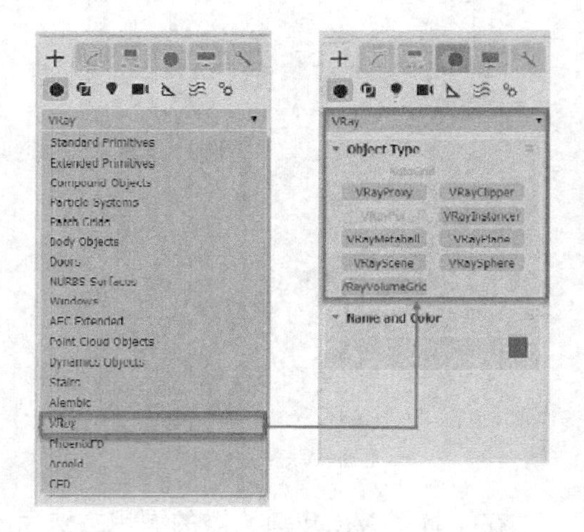

图 1-35 VRay 几何体类型

Steps 05 VRay 灯光创建面板的进入方法如图 1-36 所示。单击按钮进入灯光创建面板，在灯光类型列表中选择 VRay，即可查看到各类 VRay 灯光创建按钮。

Steps 06 VRay 摄像机创建面板如图 1-37 所示。单击进入摄像机创建面板，在摄像机类型下拉列表中选择 VRay，即可查看到 VRay 摄像机创建按钮。

Steps 07 VRayDispalcementMod【VRay 置换修改命令】的调用如图 1-38 所示。在场景中选择需要修改的模型后，单击按钮进入修改面板，在修改器下拉列表中选择该修改器，即可调用该修改器。

Steps 08 按键盘上的<8>键，打开 Environment and Effects【环境/特效】面板，如图 1-39 所

示进入 Atmosphere【大气】卷展栏，单击其中的 Add【添加】按钮，打开 Add Atmospheric Effect【添加大气效果】对话框，选择 VRay 渲染器提供的大气效果。

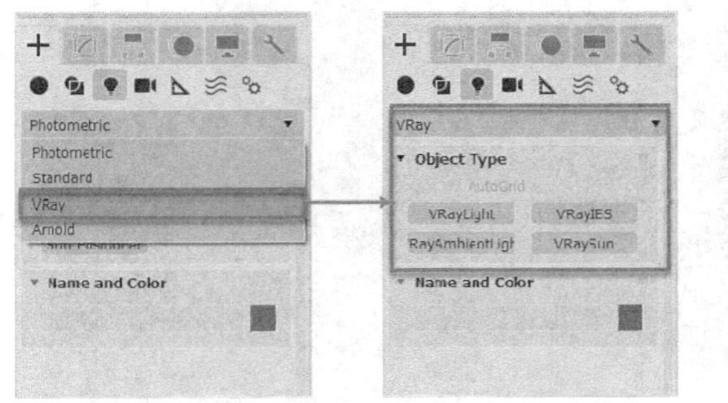

图 1-36　VRay 灯光创建按钮

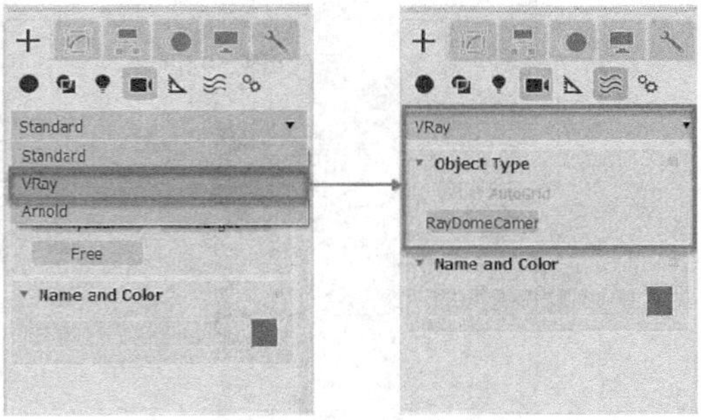

图 1-37　VRay 摄像机创建按钮

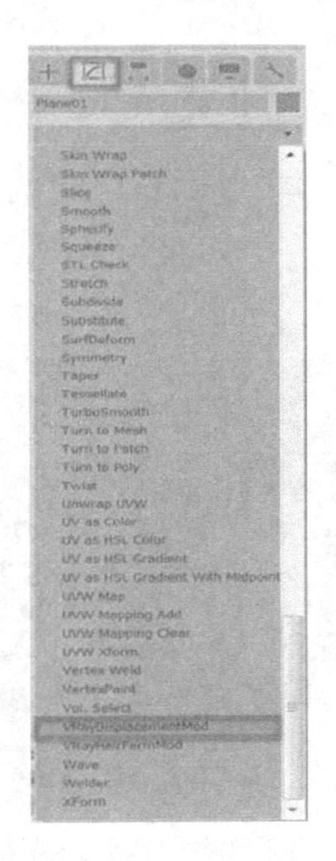

图 1-38　选择 VRay 置换修改命令

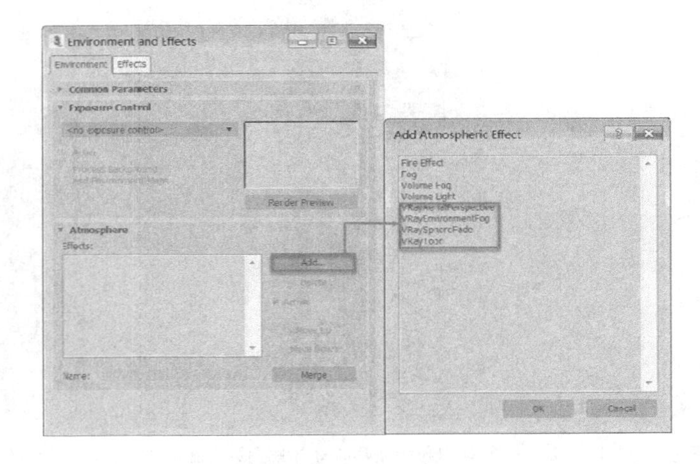

图 1-39　VRay 大气选项

Steps 09 此外，在场景中选择任意一个创建对象后，单击鼠标右键，打开如图 1-40 所示的快捷菜单，即可在其中选择与 VRay 渲染器相关的快捷命令进行调整应用。图 1-41 所示即为选择 VRay Properties【对象属性】命令后打开的物体参数设置面板，在该面板内可以快速对选择对象的全局照明效果和焦散强度等 VRay 属性进行调整。

注 意： 以上介绍的与 VRay 渲染器相关的材质、贴图以及灯光等对象必须在调用了 VRay 渲染器的前提下才能完整地找到。如果仅安装并激活 VRay 渲染器，进入 Material/Map Browser【材质/贴图浏览器】时只能查看到如图 1-42 所示的参数。此外，对于 VRay 创建对象中的 VRay Fur【VRay 毛发】创建按钮，需要先在场景中选择创建毛发效果的模型对象才能将其激活，如图 1-43 所示。

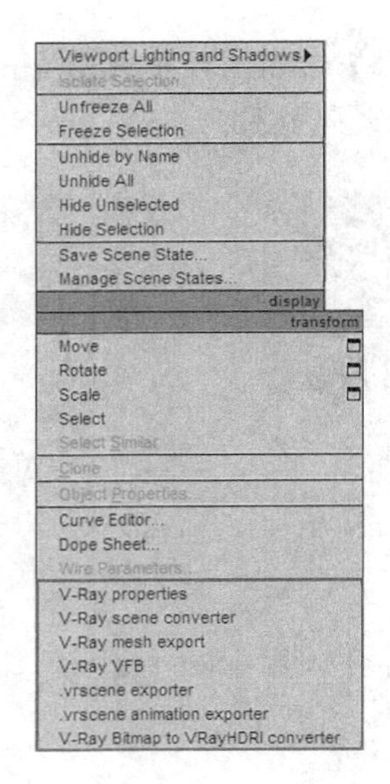

图 1-40　鼠标右键快捷菜单中的 VRay 选项

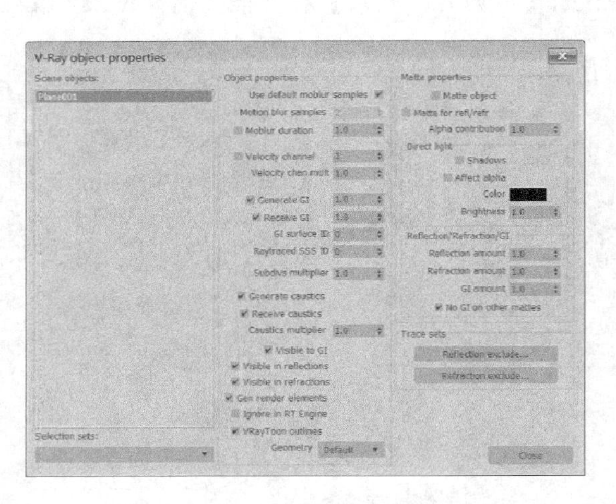

图 1-41　VRay 对象属性具体参数设置

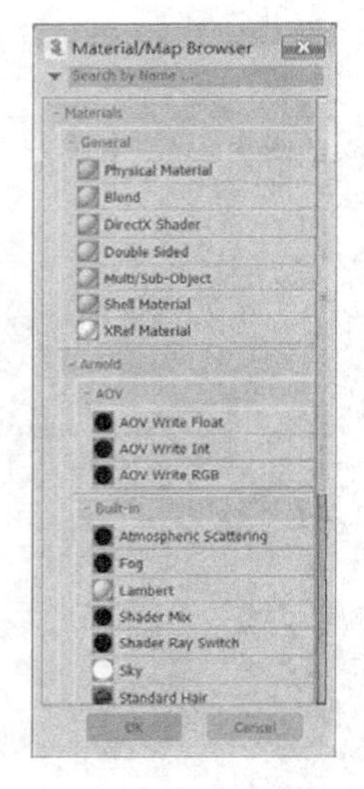

图 1-42　未调用 VRay 渲染器时材质/贴图浏览器参数

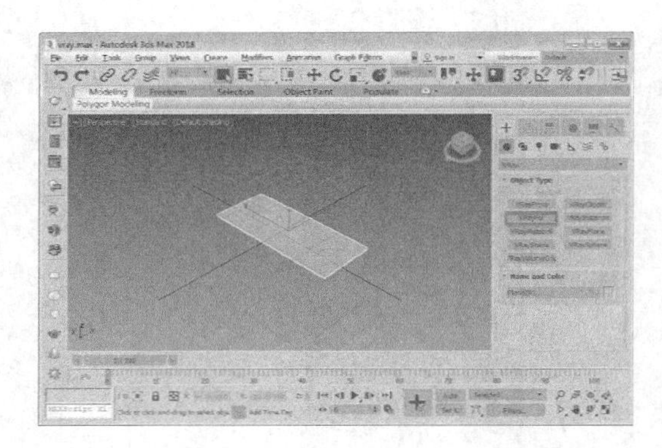

图 1-43　选择毛发创建对象激活 VRay 毛发创建按钮

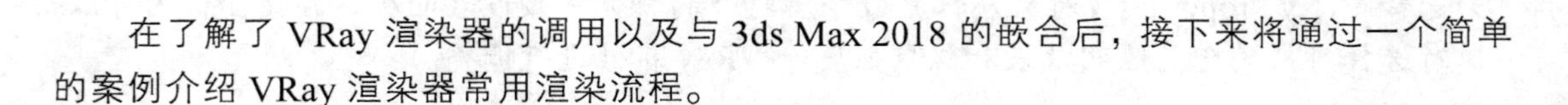

1.4　VRay 渲染器常用渲染流程

在了解了 VRay 渲染器的调用以及与 3ds Max 2018 的嵌合后，接下来将通过一个简单的案例介绍 VRay 渲染器常用渲染流程。

1.4.1　设置场景测试渲染参数

对于一个已经创建完成的场景，为了得到逼真的材质效果以及自然的灯光效果，必须对材质、灯光效果进行测试渲染，并通过测试渲染图像反馈的效果，以确定是否还需要进行调整，或是确定应该从哪些方面进行调整。但是这种“调整—测试渲染—调整”循环的过程并不需要高品质的渲染图像效果，因此从渲染效率的角度出发，此时可以调整出一个渲染品质适用、渲染速度极高的测试渲染参数，以提高渲染效率。

对于具体的测试渲染参数的设置以及下面各个步骤的详细内容，读者可以参考本书第12章中的实例教学内容，这里不再详细讲述。

1.4.2 检查模型

测试渲染参数设置完成后，可以根据场景的特点进行材质和灯光的制作，但为了确保材质与灯光的效果不因模型的缺陷而产生错误的效果，避免往返进行参数的调整降低渲染效率，最好对模型进行一次全面检查。检查的方式十分简单，重点在于设置好白模测试材质以及环境天光，如图 1-44 所示。

从图 1-45 所示模型检查的渲染图片中，可以方便地查看场景模型自身的完整度、模型表面是否破损以及模型间相对摆放位置是否符合现实情况，如该场景中耳机与 CD 架模型是否有不真实的重合部位，耳机是否陷入地面等细节。

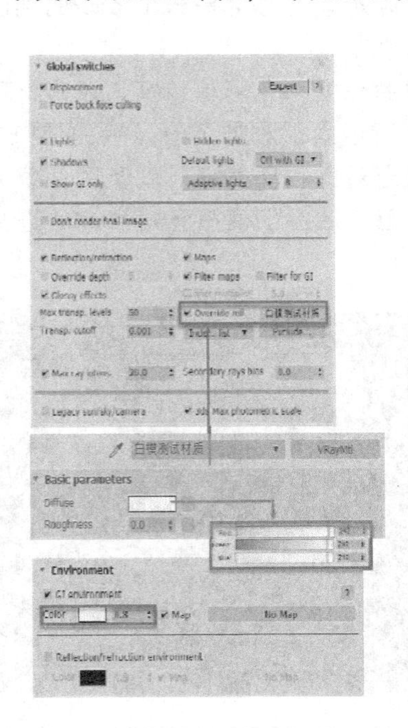

图 1-44　设定白模材质及白色环境天光

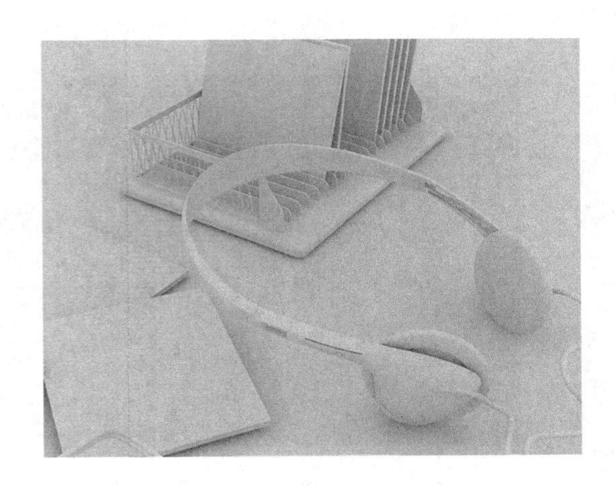

图 1-45　模型检查渲染效果

1.4.3 制作材质效果

完成模型的检查，将参数调回测试渲染参数后，接下来便可以正式进行场景材质或是灯光的制作了，场景材质和灯光制作并没有严格的先后顺序，但最好先确定反射与折射较明显的材质效果，然后隐藏这些材质所对应的模型，从而以相对更快的测试渲染速度完成其他材质效果的测试，如图 1-46~图 1-48 所示。

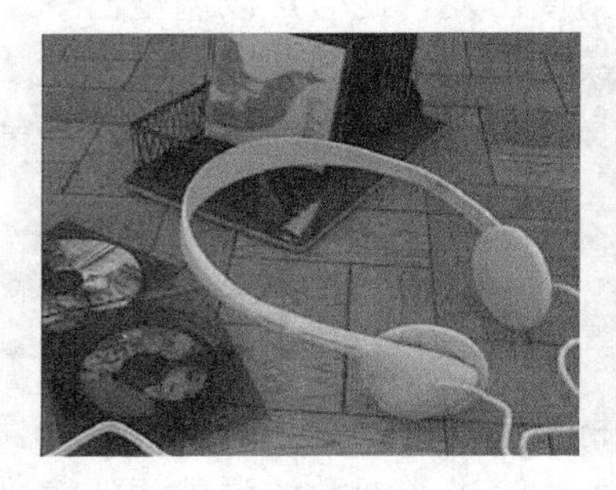

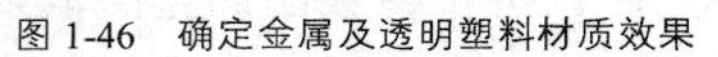
图 1-46　确定金属及透明塑料材质效果

图 1-47　确定耳机模型材质效果

图 1-48　查看场景整体材质效果

1.4.4　创建灯光及环境效果

在 VRay 渲染器中，灯光与环境两者的效果是密不可分的，灯光决定了使用什么样的环境效果进行搭配（如在室外建筑表现中，阴天的灯光氛围必定是一个较暗的周围环境），环境则将影响灯光最终的亮度和对比度等特征。

此外，灯光与环境效果不但能影响到渲染图像的亮度和色彩等特征，还对材质折射与反射的细节效果有着十分大的作用。例如，图 1-49 所示为仅添加了灯光后的渲染效果，可以看到图像中虽然有了投影效果，但图像中材质高光对比、反射细节以及图像整体的光感明显缺乏；如图 1-50 所示为利用了 HDRI（高动态范围贴图）模拟环境生成的逼真反射效果。

图 1-49　仅添加了灯光后的渲染效果

图 1-50　利用了 HDRI 模拟环境生成的反射

1.4.5　进行最终渲染输出

在完成了场景中材质以及灯光效果的制作后，最后将进行最终渲染，以解决测试渲染图像中诸如边缘锯齿、噪波等问题，并通过渲染参数的提升获得更为细腻的光影效果，场景的最终渲染效果如图 1-51 所示，测试渲染与最终渲染效果细节对比如图 1-52 所示。

图 1-51　最终渲染效果

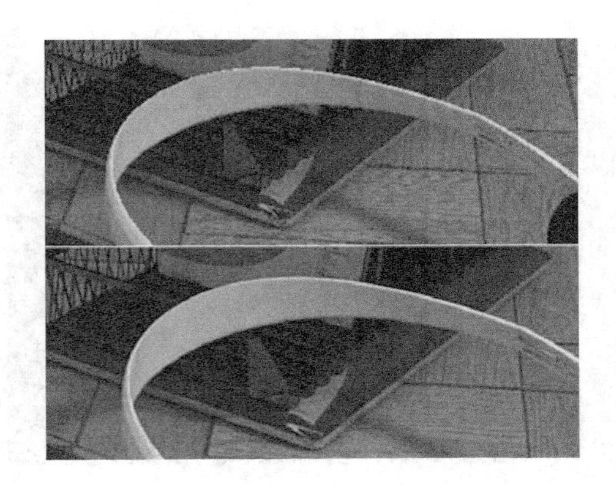

图 1-52　测试渲染与最终渲染效果细节对比

1.5　VRay 渲染器的特点

从图 1-51 所示的最终渲染效果中可以发现，VRay 渲染器所渲染出的效果十分逼真，但目前渲染效果出众的的渲染器并非 VRay 渲染器一家,Brazil、FinalRender、Mental Ray、FryRender、MaxWell、Lightscape 和 RenderMan 等渲染器均能渲染出十分真实的效果，如图 1-53 ~图 1-58 所示。

图 1-53　Brazil 渲染器优秀表现作品

图 1-54　FinalRender 渲染器优秀表现作品

图 1-55　Mental Ray 渲染器优秀表现作品

图 1-56　FryRender 渲染器优秀作品

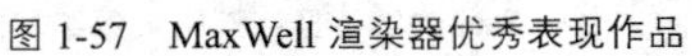

图 1-57 MaxWell 渲染器优秀表现作品

图 1-58 Lightscape 渲染器优秀表现作品

单独就渲染效果的特点而言，以上介绍的各种渲染器显然都有着自身的特点与渲染适用对象，但相比于当前其他所有同类的渲染器，VRay 渲染器所表现的焦散效果最为精致细腻，如图 1-59 与图 1-60 所示。因此 VRay 渲染器有着“焦散之王”的美誉.其中图 1-59 所示的图片相信大家十分熟悉，这也是 VRay 渲染器内置宣传用图的原始图像，从这个细节足以证明 VRay 渲染器对焦散效果表现的自信。

图 1-59 VRay 渲染器焦散表现一

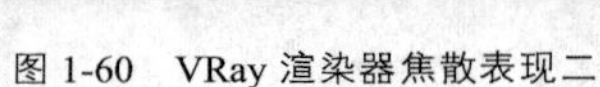

图 1-60 VRay 渲染器焦散表现二

此外，VRay 渲染器的天光与反射、折射效果也十分理想，所能表现的渲染效果几乎达到了以假乱真的地步，如图 1-61 与图 1-62 所示。

图 1-61 VRay 渲染器优秀的天光表现效果

图 1-62 VRay 渲染器逼真的反射与折射表现效果

VRay 渲染器除了在渲染效果上得到了用户的一致认可外，其对于类似的渲染品质所耗费的渲染计算时间相对较少，这也是 VRay 渲染器能吸引到众多用户的一大原因。

VRay 渲染器的诸多特性限于篇幅难以一一表述，这里将其大致归纳如下。

1.5.1 材质功能特点

- VRay 材质能够更准确并更快计算出自然材质表面所有的特点与特征（如高光强度、表面粗糙度等）。
- 真正的光影追踪反射和折射从而产生细腻真实的反射和折射材质效果。
- 半透明材质用于创建石蜡、大理石和磨砂玻璃材质效果，快速 3S 材质能逼真模拟出玉石和皮肤材质效果。
- VRay 渲染器提供的多种程序贴图可快速完成边纹理效果、复合及脏旧等特殊材质效果。
- 使用 VRay 置换修改命令可以通过细致的三角面置换模拟出材质表面真实的凹凸细节（如毛巾绒毛、草地效果）或是山脉起伏等凹凸效果。
- 利用 VRay 毛发物体能模拟出自然的毛发、草地等细节效果，通过 VRay 代理物体能迅速减少场景模型的面数，减轻显示及渲染资源占用。

1.5.2 灯光、阴影功能特点

- VRay 灯光可产生正确物理照明的自然面光源、球光源以及穹顶光源效果。
- VRayIES 可直接加载光域网文件，模拟出丰富多彩的点光源效果。
- VRaysun 与 VRay 天光程序贴图结合能十分快速模拟出所有日光时段氛围效果。
- VRay 阴影能模拟出逼真的阴影效果，并可根据光源形态对应调整面阴影以及球体阴影效果。

1.5.3 渲染功能特点

- 多种图像采样器与图像抗锯齿功能可满足不同渲染图像质量与渲染速度的理想平衡。
- 多种图像色彩映射模式可迅速调整图像包括亮度、对比度等效果。
- 全局照明系统可灵活调整搭配照明引擎方式，并能重复使用光子贴图，提高引擎计算效率。
- 真正支持 HDRI（高动态范围贴图），提供多种贴图方式，从而保证不会产生变形或切片现象。
- 内置多种的摄像机镜头，能逼真的渲染出摄像机景深效果以及运动模糊效果。
- 基于 TCP/IP 协议的分布式渲染，而网络许可证管理使得只需购买较少的授权就可以在网络上使用 VRay 系统。

第 2 章 VRay 选项卡

本章重点：

- Frame Buffer【帧缓冲器】卷展栏
- Global Switches【全局开关】卷展栏
- Image sampler【图像采样（抗锯齿）】卷展栏
- Environment【环境】卷展栏
- Color mapping【色彩映射】卷展栏
- Camera【摄像机】卷展栏

双击 Render Setup【渲染设置】面板上的 VRay 选项卡，将切换到如图 2-1 所示的卷展栏面板，单击展开 Authorization【授权】卷展栏可以查看到 VRay 许可授权相关信息，而单击展开 About VRay【关于 VRay】卷展栏则会如图 2-2 所示显示当前使用的 VRay 渲染器版本以及其他软件支持信息。

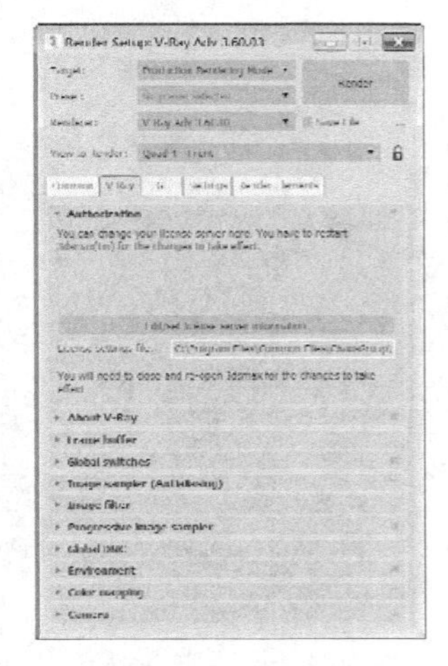

图 2-1　卷展栏面板

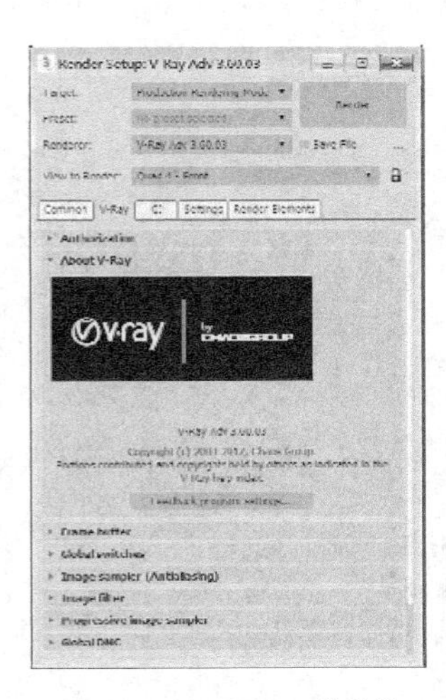

图 2-2　About VRay 卷展栏

2.1 Frame Buffer【帧缓冲器】卷展栏

单击展开 Frame Buffer【帧缓冲器】卷展栏，其具体参数项设置如图 2-3 所示，可以看到在默认状态下该卷展栏只有 Enable built-in Frame Buffer【启用内置帧缓冲器】参数可用。

勾选【启用内置帧缓冲器】复选框，将激活其他参数。由于默认设置下其 Memory frame buffer【帧缓冲存储器】参数为勾选，因此此时单击渲染按钮将弹出如图 2-4 所示的 VRay Frame Buffer【VRay 帧缓冲器窗口】。

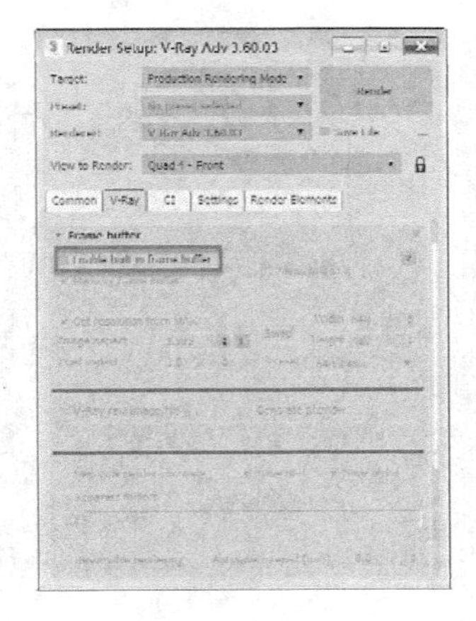

图 2-3　[VRay 帧缓冲器]卷展栏参数

图 2-4　VRay 帧缓冲器窗口

注意：启用 VRay Frame Buffer【VRay 帧缓冲器窗口】后，在进行图像的渲染时，3ds Max 自带的帧窗口仍然会计算渲染图像并占用系统资源。因此，在确定使用【VRay 帧缓冲器窗口】后，首先应如图 2-5 所示在 Common【公用】选项卡内将其输出尺寸设置为最小，然后再如图 2-6 所示进入 Render Output【渲染输出】参数组，取消 Rendered Frame Window【渲染帧窗口】复选框的勾选。

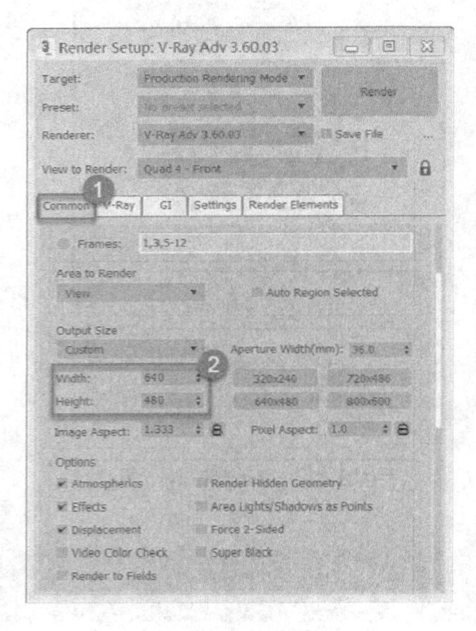

图 2-5　设置最小输出尺寸

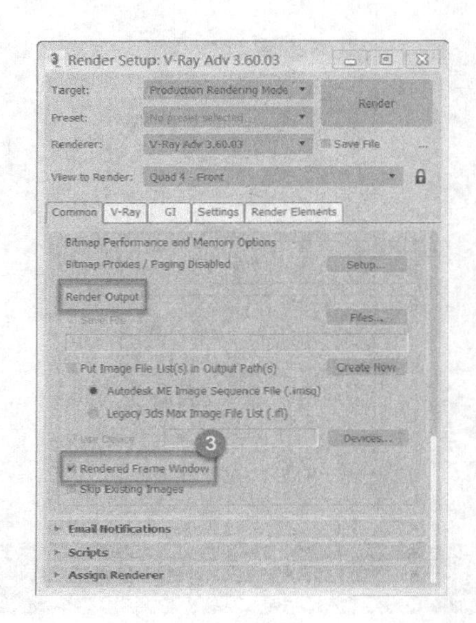

图 2-6　【渲染输出】参数组

此外，当渲染完成后如果关闭了【VRay 帧缓冲器窗口】，想再次查看渲染图像，只需单击该卷展栏右侧的 Show last VFB 【显示上一次 VFB】按钮即可.接下来首先了解【VRay 帧缓冲器窗口】的使用。

2.1.1　如何使用【VRay 帧缓冲器窗口】

勾选 Enable built-in Frame Buffer【启用内置帧缓冲器】参数进行渲染时，系统将会弹出如图 2-7 所示 VRay 帧缓冲器窗口，可以看到该窗口上设置了许多功能按钮，接下来就了解这些按钮的功能以及使用方法。

图 2-7　VRay 帧缓冲器窗口

1. 【预览颜色通道】按钮

从左至右的这些按钮，提供了 RGB（RGB 为默认的通道，图像效果如图 2-7 所示）以及图 2-8~图 2-12 所示的单色（从左至右逐次为 Red【红】、Green【绿】、Blue【蓝】）通道、Alpha 通道以及单色模式的预览画面)。

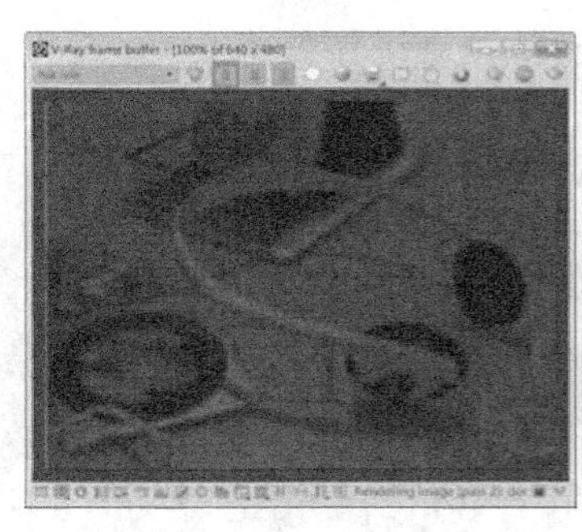

图 2-8　红色通道预览效果

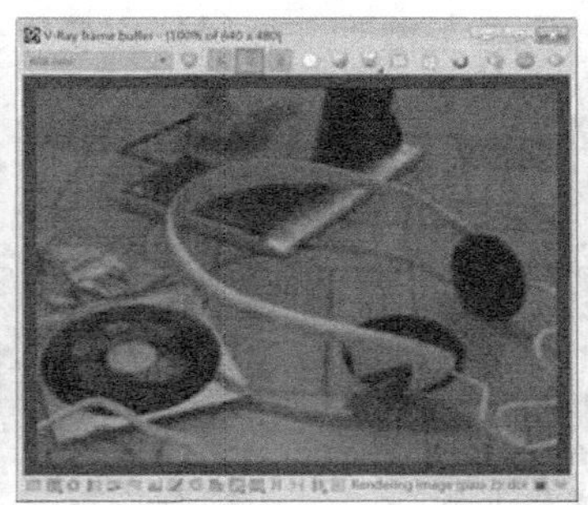

图 2-9　绿色通道预览效果

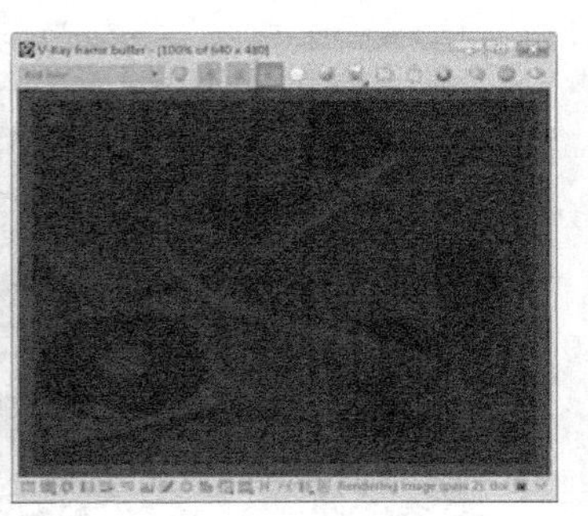

图 2-10　蓝色通道预览效果

注意：第一，观察单色通道图像时必须先激活 RGB 通道按钮，否则只能看到色块效果，而 Alpha 图像在图像没有天空背景时会形成一片白色的效果。第二，红绿蓝三个通道的按钮也可以两两搭配进行混合显示，其混合效果遵守色彩混合原理，如图 2-13 所示的红绿两个通道混合将产生黄色的图像效果。

图 2-11　Alpha 通道预览效果

图 2-12　单色模式（灰度）预览效果

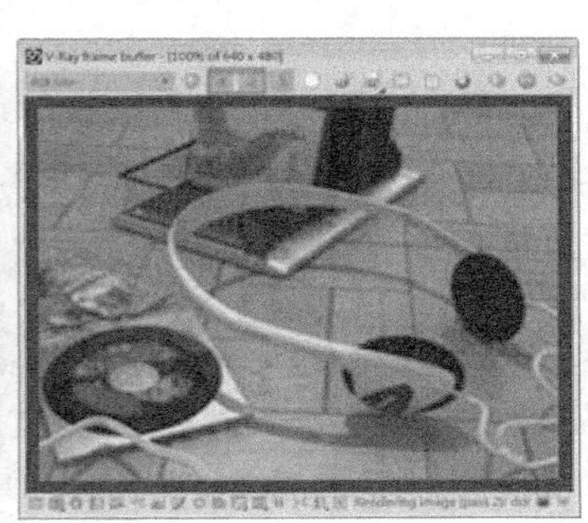

图 2-13　红绿两色通道混合预览效果

2. Save image【保存图像】按钮

单击该按钮可保存渲染窗口内的图像文件，该按钮不仅能在渲染完成后进行图像保存，在渲染的过程单击该按钮将实时保存渲染窗口内的图像文件。

3. Clear image【清除图像】按钮

在渲染进行时或渲染完成后单击该按钮，都将清除渲染窗口中的图像内容，将窗口还原至纯黑色。

4. Duplicate to Max frame buffer【复制图像副本至 Max 帧缓冲器】按钮

在渲染进行时或渲染完成后可单击该按钮。按下该按钮后，将把 VRay 帧缓存器中渲染得到的图像以副本的方式复制到【Max 帧缓冲器】的窗口内.通过窗口效果的直接对比，在进行材质或灯光效果调整时可以更直接准确地判断调整效果是否到位，如图 2-14 所示。

5. Track mouse while rendering【渲染跟随鼠标】按钮

按下该按钮后，在渲染过程中鼠标指针放置的区域将如图 2-15 所示优先进行渲染，因此在进行局部材质或是灯光效果的调整时，利用该功能将有效提高工作效率。

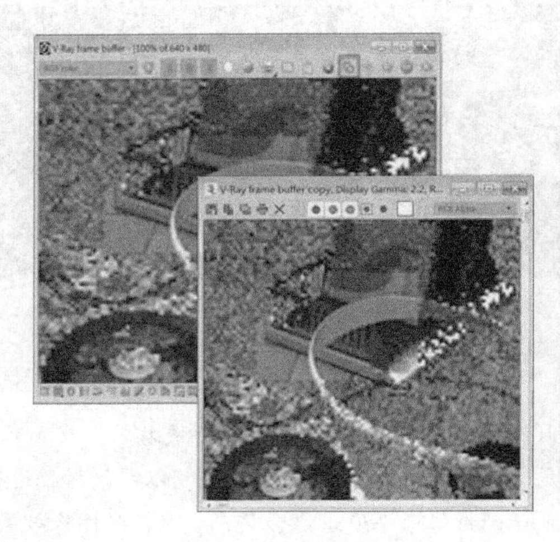

图 2-14　保存副本进行调整效果对比

图 2-15　跟随鼠标渲染效果

6. Show corrections control【显示校正控制器】按钮

按下该按钮后弹出如图 2-16 所示的控制器面板，通过调整其参数、曲线可以改变渲染图像中的色彩等效果，每种颜色矫正工具都可以在底部的 VFB 工具栏中启用或禁用。

技巧：如果只激活 Show corrections control【显示校正控制器】，此时调整控制器中的曲线或拖动三角按钮都不会看到渲染图像产生变化，如果同时选择激活其中的（色阶、曲线或是曝光控制）按钮再调整控制器，则能如图 2-17 所示实时对调整效果进行预览。

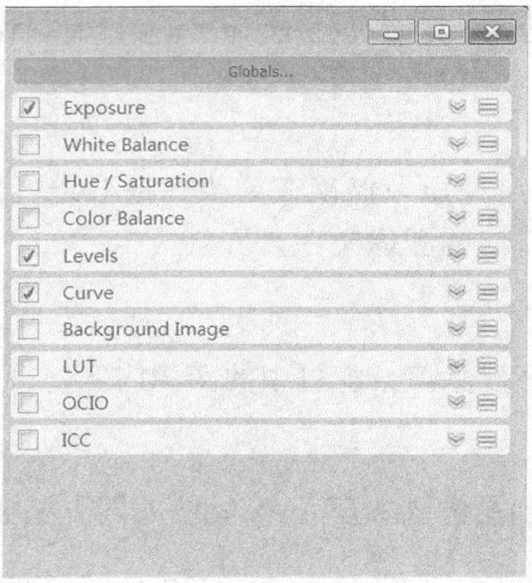

图 2-16　显示校正控制器

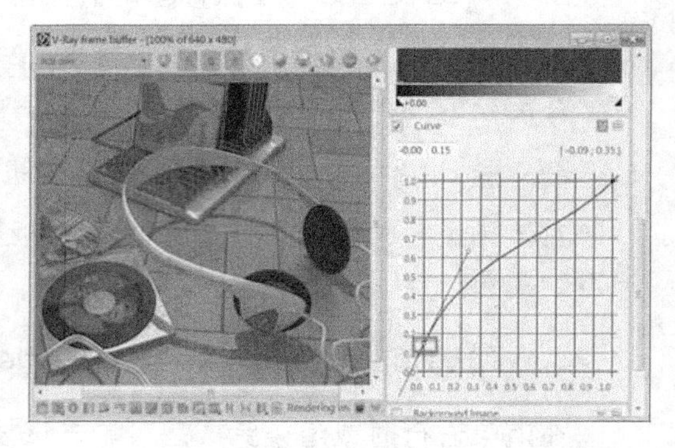

图 2-17　实时预览调整效果

7. Force color clamping【强制钳制颜色】按钮

默认情况下该按钮是激活的，因此渲染图像中超出正常显示范围的色彩将被钳制，显示出正常的色彩效果，再次单击后将不会对渲染图像中超出正常显示范围的颜色进行钳制校正，两者对比效果如图 2-18 所示。

8. View clamped colors【查看钳制颜色】按钮

单击按钮并按住鼠标左键，选择按钮，可以显示如图 2-19 所示的图片，其中灰色表示正常的颜色区域，而白点则为被钳制的颜色区域。

图 2-18　钳制颜色对比效果

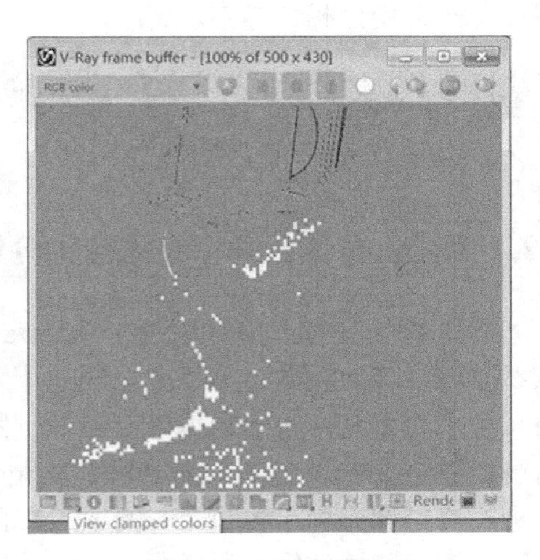

图 2-19　查看钳制颜色

9. Show pixel informations【显示像素信息】按钮

单击该按钮后鼠标移动至帧缓存渲染图像上的某一点，即会如图 2-20 所示弹出独立的窗口，显示该点的位置以及颜色 RGB 值等信息。

10. Display colors in sRGB space 【显示 sRGB 颜色空间】按钮

国际上通用的 sRGB 颜色空间内的 Gamma 标准值为 2.2，3ds Max 系统内部默认的 Gamma 值则为 1，因此渲染图片显示会相对较暗。单击该按钮能将 Gamma 值切换至 2.2，提高图片的亮度，如图 2-21 所示。

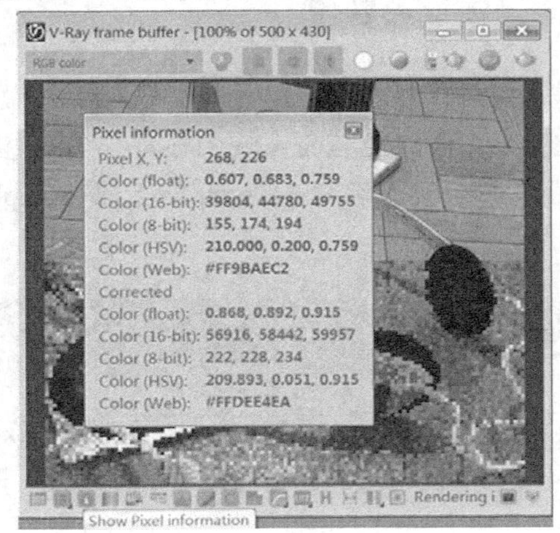

图 2-20　显示像素信息

图 2-21　切换至 sRGB 颜色空间图像效果

11. Show stamp control【显示水印控制】按钮

单击该按钮后，将在【VRay 帧缓冲器窗口】下方弹出如图 2-22 所示的水印控制按钮，再单击激活其中的Apply stamp【应用水印】按钮，将在渲染窗口下方出现如图 2-23 所示的水印信息。对于水印信息的具体控制方法，请读者参考第 4 章 4.2 System“【系统】卷展栏”一节中的相关内容。

图 2-22 水印控制按钮组

VRayAdv 3.60.03|file:vray.max|fram:fram|primitives:32|render time: 0h 0m 12.0s

图 2-23 显示水印信息

2.1.2 Output Resolution【输出分辨率】参数组

默认参数下 Get Resolution From Max【从 Max 获取分辨率】为勾选状态，这样将冻结该参数组内其他参数，并以 Common【公用】选项卡内如图 2-5 中所示的 Output Size【输出尺寸】参数组中设定的像素数值进行图像的渲染，取消该参数的勾选后，则可以利用其自身参数组中的 Width【宽度】与 Height【高度】参数或是直接选择预置好的输出尺寸按钮进行渲染图像大小的设定。而通过左侧的 Pixel aspect【像素比例】可以确定输出图像中长宽像素的实际比例，通常保持默认的数值 1 即可，这样可以避免图像内模型比例失真。

2.1.3 VRay raw image file【VRay 图像文件】参数组

勾选 VRay raw image file【渲染到 VRay 图像文件】参数后，单击其后的...【浏览】按钮可以设置好将要渲染的图像的文件名与保存路径，这样在完成渲染后系统将自动把渲染得到的图片以.vrimg 的文件格式保存至设定路径处。

而其中的 Generate Preview【生成预览】参数 VRay V1.47.03 版本后已经失效，在之前的版本中勾选该参数将弹出一个小的窗口代替【VRay 帧缓冲器窗口】用于预览渲染图像。

2.1.4 Separate render channels【分离渲染通道】参数组

勾选 Separate render channels【保存单独渲染通道】参数，其后的两个选项将被激活，单击其后的...【浏览】按钮可以预先进行渲染图像文件路径与文件名的设置，勾选 Save RGB【保存 RGB】参数在渲染时将生成 RGB 通道图像，而勾选 Save alpha【保存 Alpha】参数将在渲染时生成 Alpha 通道图像。

2.2 Global Switches【全局开关】卷展栏

Global switches【全局开关】卷展栏包含 Default【默认】、Advanced【高级】、Expert【专家】三种模式，具体的参数项设置如图 2-24 所示。可以发现，该卷展栏全面地控制了渲染效果的主要组成部分。

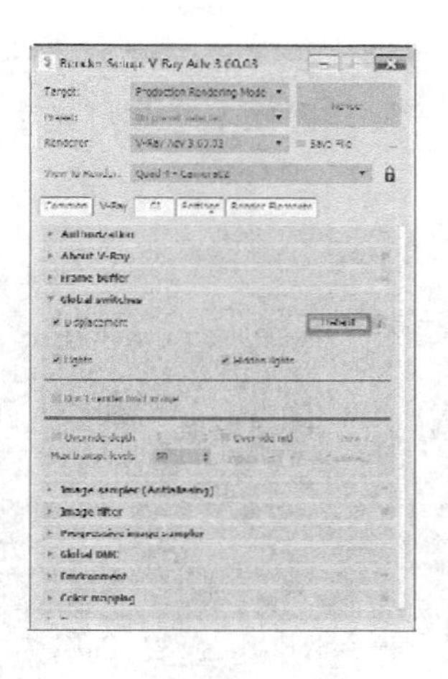

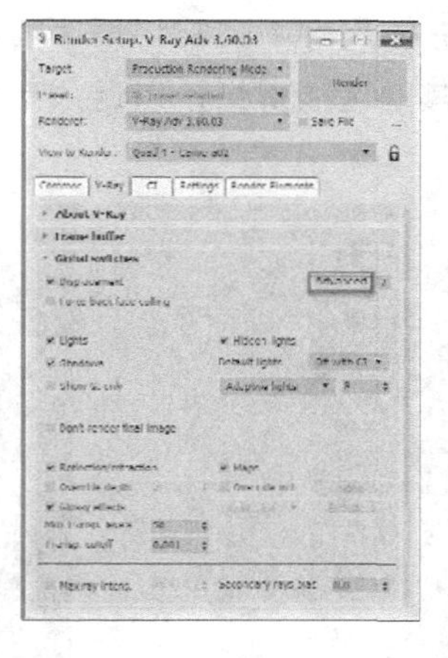

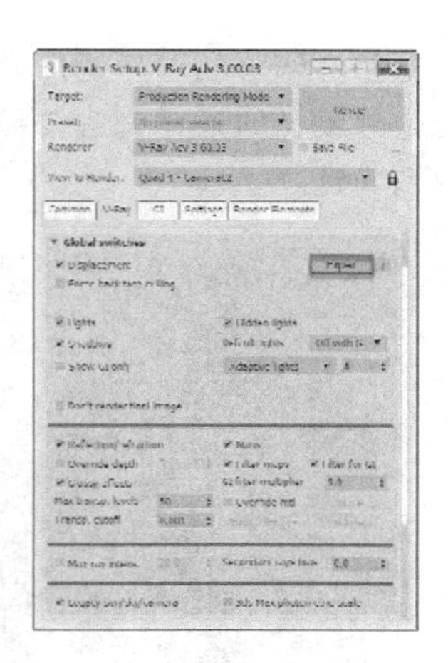

图 2-24　VRay 全局开关参数

2.2.1 Default【默认模式】参数组

1. Displacement【置换】

Displacement【置换】复选框用于控制是否在渲染图像内产生置换效果，如图 2-25 和图 2-26 所示。需要注意的是，该参数不但能控制 Displace【置换】贴图通道制作的置换效果，而且对使用 VRay 渲染器的 VRayDisplacementMod【VRay 置换修改器】制作的置换效果同样有效。

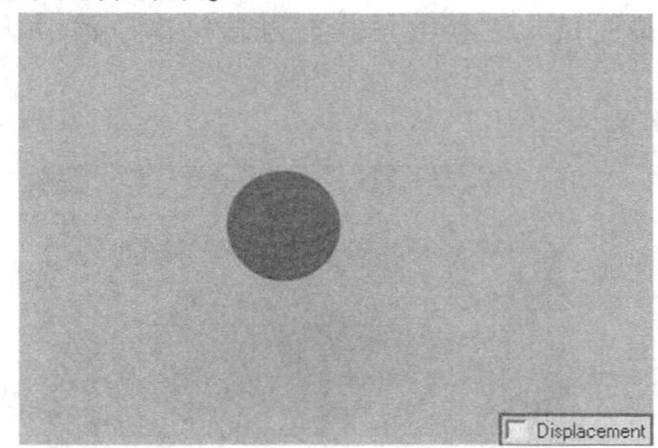

图 2-25　关闭【置换】渲染效果

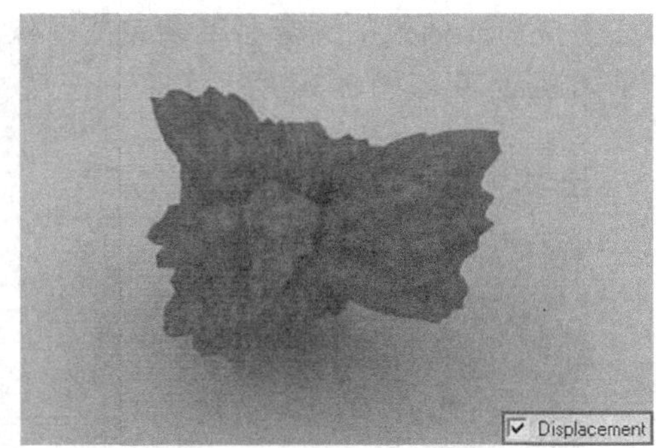

图 2-26　开启【置换】渲染效果

2. Lights【灯光】

Lights【灯光】控制场景中布置的灯光是否产生照明效果，取消该参数的勾选，场景中布置的灯光将不会产生任何照明效果，如图 2-27 与图 2-28 所示。

注意：Lights【灯光】参数只能控制场景中由灯光产生的照明效果，从渲染效果可以发现，由天光产生的照明效果仍然存在，不受其影响。

3. Hide lights【隐藏灯光】

Hide lights【隐藏灯光】参数决定场景中被隐藏的灯光是否对场景产生照明效果。该复选框勾选时，场景中的灯光无论隐藏与否都将产生照明效果。在实际工作中，进行局部灯光效果测试时通常都会隐藏其他区域灯光，以避免产生干扰，因此【隐藏灯光】参数最好取消勾选。

图 2-27 开启【灯光】照明效果

图 2-28 取消【灯光】照明效果

4. Don't render final image【不渲染最终图像】

Don't render final image【不渲染最终的图像】决定渲染时是只进行灯光效果的计算还是在完成灯光效果的计算后继续完成图像的渲染生成，该参数勾选与否渲染窗口最终状态分别如图 2-29 与图 2-30 所示。

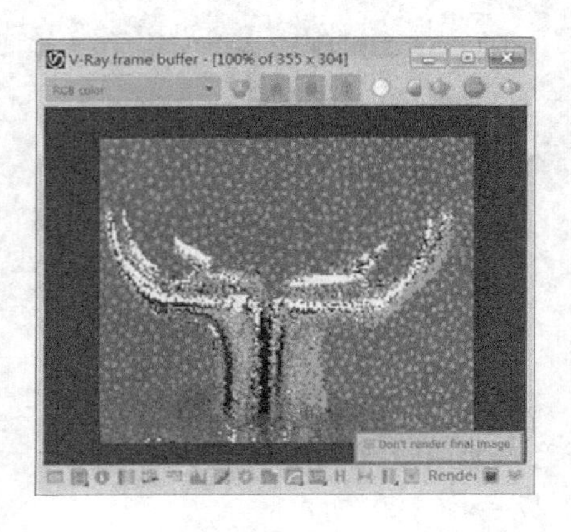

图 2-29 未勾选【不渲染最终图像】渲染窗口最终图像

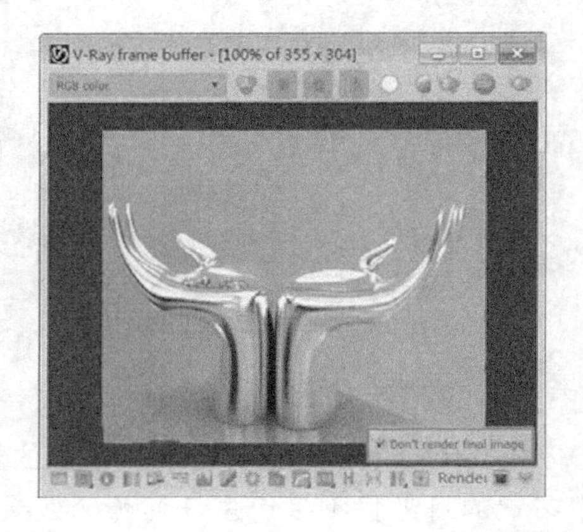

图 2-30 勾选【不渲染最终图像】渲染窗口最终图像

技巧： 如果灯光与材质效果已经确定，渲染的目的仅在于计算高质量的灯光效果，则可以勾选 Don't render final image【不渲染最终图像】参数以节省渲染图像的时间。关于其详细用法，请读者参考第 3 章“间接照明选项卡”中的相关内容。

5. Override depth【覆盖深度】

勾选 Override depth【覆盖深度】参数后，通过其后的数值可以控制场景中所有材质的反射/折射的最大反弹次数，所有的局部参数设置将会被它取代。该数值设置越大，反射与折射计算得越彻底，所表现出的细节也越丰富，但耗费的计算时间也越长，如图 2-31 与图 2-32 所示。

图 2-31　覆盖深度为 1 时的渲染效果

图 2-32　覆盖深度为 5 时的渲染效果与耗时

技巧：在实际工作中，通常保持此处的 Override depth【覆盖深度】为默认设置，而当场景中如果有材质需要进行反射与折射的细节表现时，可以分别通过 VRaymtl【VRay 材质】的 Reflection【反射】与 Refraction【折射】参数组中的 Max depth【最大深度】进行单独的调整，如图 2-33 与图 2-34 所示。这样既能表现出镜头近端的细节效果，又能避免场景无论远近都进行细节表现，从而使渲染计算时间拉长的问题。

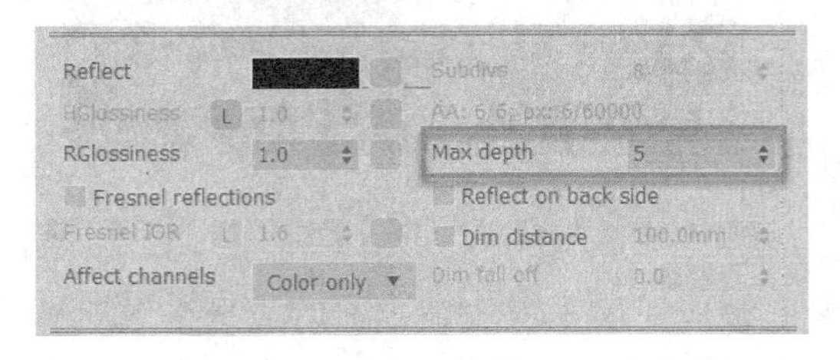

图 2-33　通过材质反射参数组调整反射最大深度

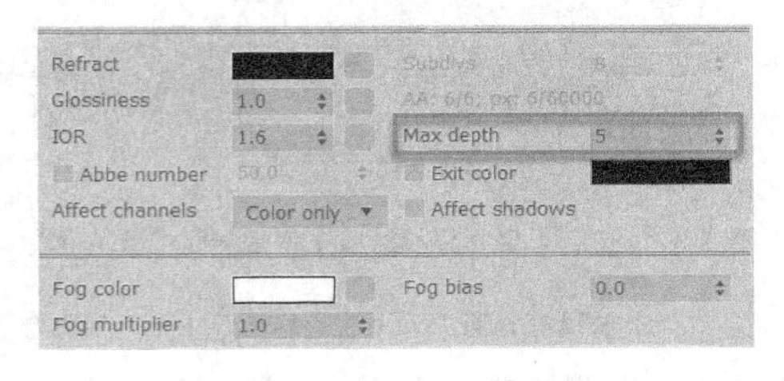

图 2-34　通过材质折射参数组调整折射最大深度

注意：Materials【材质】参数组中的 Max depth【最大深度】参数一旦激活，场景反射与折射的反弹次数均以其后设定的数值为准，材质中设置的 Max depth【最大深度】将失效。

6. Override Mtl【全局替代材质】

勾选 Override Mtl【全局替代材质】参数，然后如图 2-35 所示在【材质编辑器】中拖动一个材质球关联复制至其后的 None 按钮，这样之前制作好的材质效果就会在渲染图像中被关联复制至 None 按钮上的材质代替，如**错误！未找到引用源。**所示。

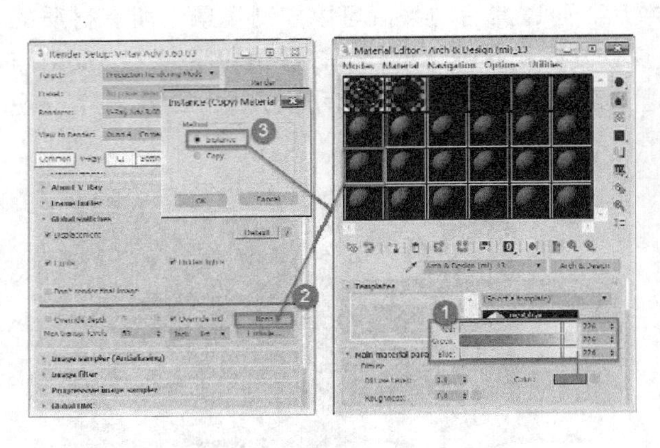

图 2-35 关联复制材质球至全局替代材质按钮

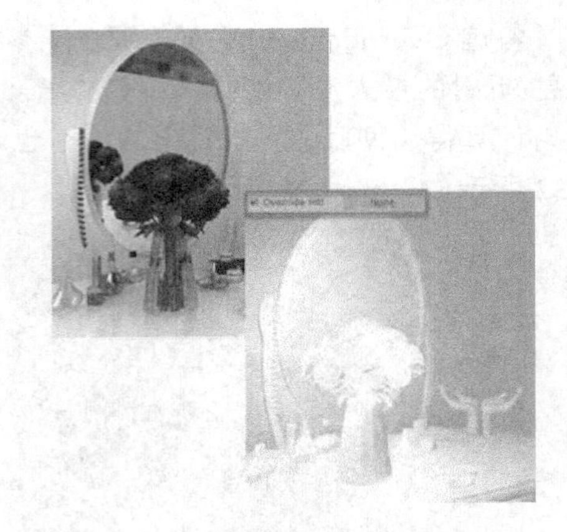

图 2-36 场景启用【全局替代材质】后的效果变化

技巧：Override Mtl【全局替代材质】在效果图的制作过程中十分实用，在进行灯光布置，特别是室外阳光效果时经常需要多次调整灯光位置与角度才能获得满意的光影效果，如果此时场景中有许多模糊反射及折射的材质则每次检验灯光调整效果的测试渲染都将耗费十分长的计算时间，此时可以首先如图 2-37 所示调整一个简单的【全局替代材质】快速测试好灯光的角度、投影等大体效果，然后再取消【全局替代材质】进行灯光亮度的细节调整，如图 2-38 所示。

图 2-37 开启【全局替代材质】快速测试灯光大体效果

图 2-38 取消【全局替代材质】进行灯光亮度细节调整

而在室内效果图的制作时，为了避免【全局替代材质】将场景中透明或是半透明材质（如玻璃、窗帘）等模型实心化，从而阻挡室外阳光进入室内，可以通过单击其中的 None 按钮下方的 Exclude... 【覆盖排除】按钮选择对应的模型名称进行排除，使其不受【全局替代材质】的覆盖，保持原有的材质效果，使室外阳光顺利进入室内。

7. Max transp. levels【最大透明等级】

Max transp. levels【最大透明等级】参数控制透明物体光线追踪的最大深度.该参数对于透明材质的模型渲染效果并没有太多影响，主要是影响透明物体所形成的投影，如图 2-39 与图 2-40 所示。

图 2-39　最大透明度为 50 时的效果

图 2-40　最大透明度为 5 时的效果

2.2.2 Advanced【高级模式】参数组

当设置到高级模式时，会有以下新增的参数出现在【全局开关】卷展栏中。

1. Force back face culling【强制背面消隐】

勾选 Force back face culling【强制背面消隐】复选框，如图 2-41 所示，场景中反转法线的模型将在渲染图像中不可见。注意该参数与如图 2-42 所示鼠标右击快捷菜单中 Object properties【对象属性】参数栏内的 Backface Cull【背面消隐】参数的区别，【背面消隐】参数的勾选只影响视图中物体的显示效果，但在渲染时该物体仍然可见，如图 2-43 和图 2-44 所示。

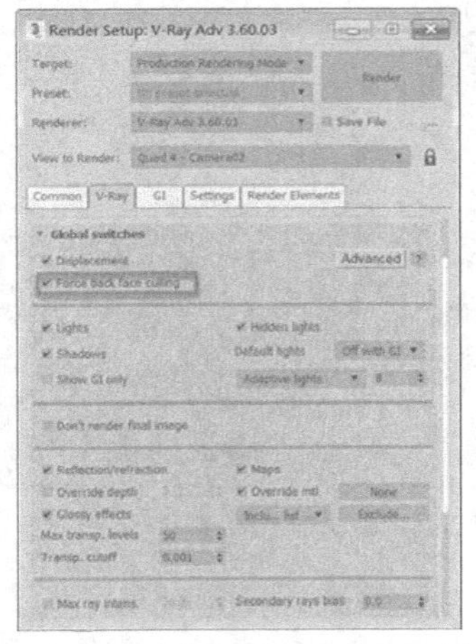

图 2-41　勾选【强制背面消隐】复选框

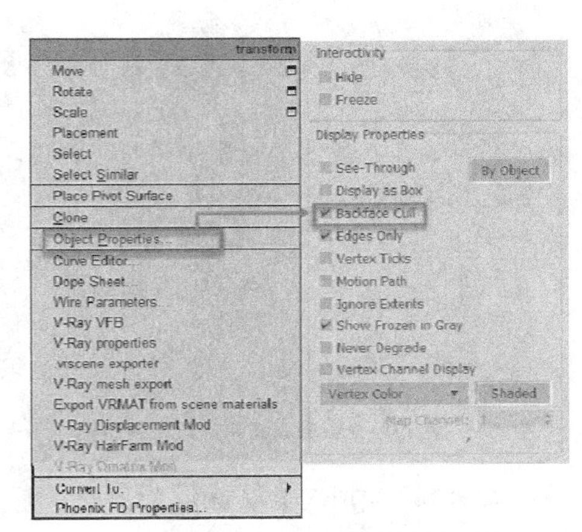

图 2-42　对象属性中的背面消隐参数

注 意：Force back face culling【强制背面消隐】与如图 2-42 所示鼠标右击快捷菜单中 Object properties【对象属性】参数栏内的 Backface Cull【背面消隐】参数的区别是，【背面消隐】参数的勾选只影响视图中物体的显示效果，但在渲染时该物体仍然可见。

图 2-43 未勾选【强制背面消隐】法线翻转模型渲染效果

图 2-44 勾选【强制背面消隐】法线翻转模型渲染效果

2. Shadows【阴影】

Shadows【阴影】参数控制灯光是否生成阴影。在勾选的状态下，场景中所有灯光（未调整阴影参数）都将投射阴影。在实际工作中，通常只需要对场景中单个或一些灯光投射阴影，因此通常如图 2-45 所示调整灯光自身控制参数。此外，还可以如图 2-46 所示通过灯光的 Exclude【排除】按钮，单独控制某盏灯光对场景中的一些模型是否产生投影(该功能的具体用法请参考本书第 9 章“VRay 灯光与阴影”中的相关内容)。

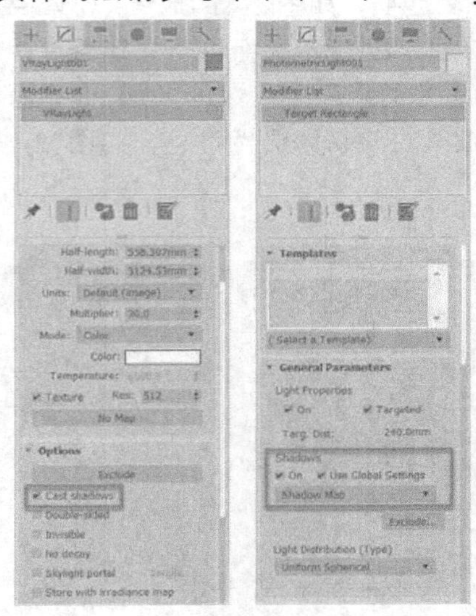

图 2-45 通过灯光参数设置单独灯光的阴影

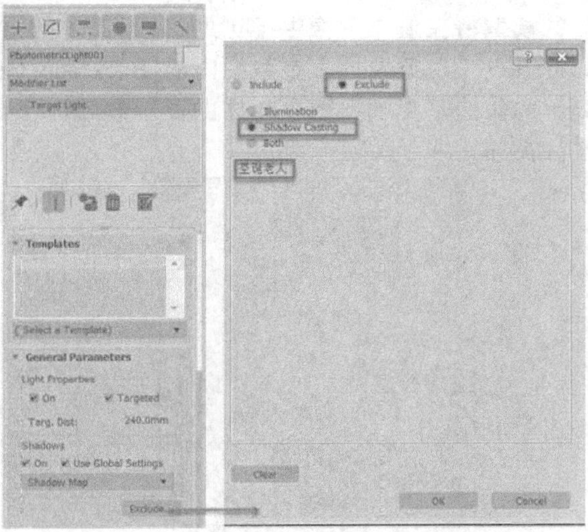

图 2-46 通过灯光参数排除对物体投影

3. Default lights【默认灯光】

Default lights【默认灯光】参数决定是否在场景中开启 3ds Max 默认灯光的照明。为了避免默认灯光对布置的灯光的干扰，通常会取消该参数的勾选。

4. Show GI only【仅显示间接照明】

在启用了 VRay 渲染器的【间接照明】的前提下，勾选 Show GI only【仅显示间接照明】复选框，在进行渲染时仅利用场景中灯光的直接照明计算出间接照明，而在渲染结果中仅显示【间接照明】的灯光效果，开启与关闭【间接照明】的渲染效果对比如图 2-47与图 2-48 所示。

对于【直接照明】、【间接照明】以及【全局照明】三者之间的关系，请读者参考本书第 3 章 3.1 中“什么是全局光照明”一节的内容。

图 2-47　显示直接照明与间接照明效果（全局照明）

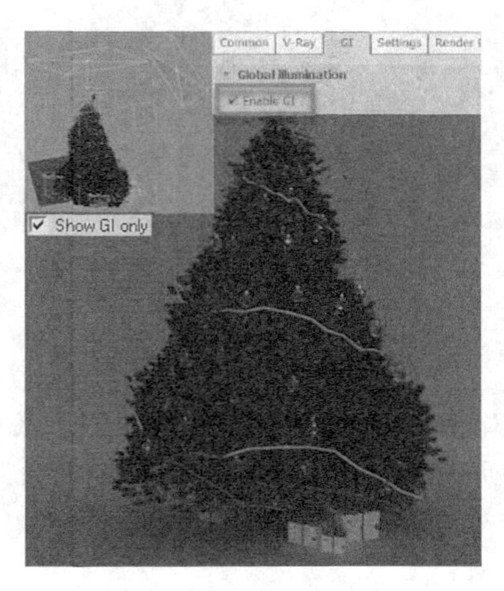

图 2-48　仅显示间接照明效果

5. Reflection/refraction【反射/折射】

Reflection/refraction【反射/折射】参数控制场景所有反射与折射效果的开启和关闭。如果取消该参数的勾选，则场景中的反射和折射材质将全部失效，效果对比如图 2-49 与图 2-50 所示。

图 2-49　开启【折射/反射】参数渲染效果

图 2-50　关闭【折射/反射】参数渲染效果

6. Maps【贴图】

Maps【贴图】参数控制场景中是否使用从外部载入的各材质纹理贴图。取消其勾选，材质加载的外部纹理贴图将失效，效果对比如图 2-51 与图 2-52 所示。

图 2-51　勾选【贴图】模型渲染效果

图 2-52　不勾选【贴图】模型渲染效果

7. Glossy effects【光泽模糊】

Glossy effects【光泽模糊】参数控制在渲染时是否考虑材质表面的模糊效果（包括反射模糊与折射模糊）。该参数勾选与否对具有表面模糊效果材质表现的影响与耗时差别如图 2-53 与图 2-54 所示。

技巧：比较图 2-53 与图 2-54 可以发现，两者所耗费的时间差距十分大，因此在场景进行灯光效果的测试时通常取消 Glossy effects【光泽模糊】参数的勾选，以加快测试渲染的效率。

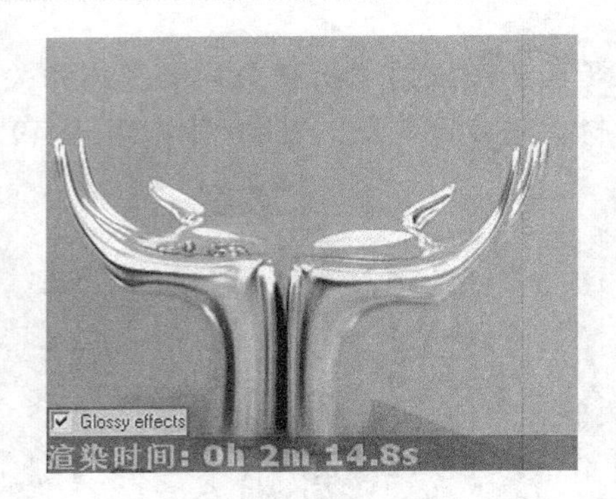

图 2-53　未开启【光泽模糊】参数的材质效果与耗时

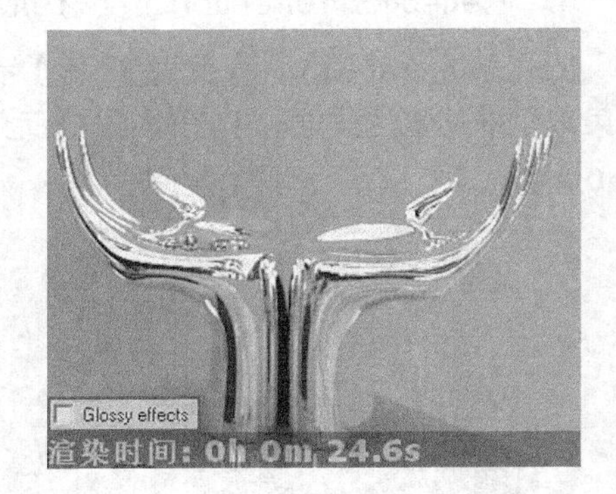

图 2-54　开启【光泽模糊】参数的材质效果与耗时

8. Transp. Cutoff【透明度中止】

Transp. Cutoff【透明度中止】参数控制追踪穿过透明物体的光线到达什么数值时即中止追踪，如图 2-55 与图 2-56 所示，该参数同样更多地用于调整透明物体的投影细节，其后的参数值越小，透明物体的投影层次越清晰。

9. Max ray intensity【最大光线强度】

通过 Max ray intensity【最大光线强度】可抑制很亮的二次光线以及在渲染图像中可能出现的过度的且难以会聚的噪波（即萤火虫），但不会在最终图像中丢失太多的 HDR 信息。其效果类似于颜色贴图卷展栏的钳制最终渲染图像，但【最大光线强度】适用于所有的二次光线，而不是最终的图像样本。

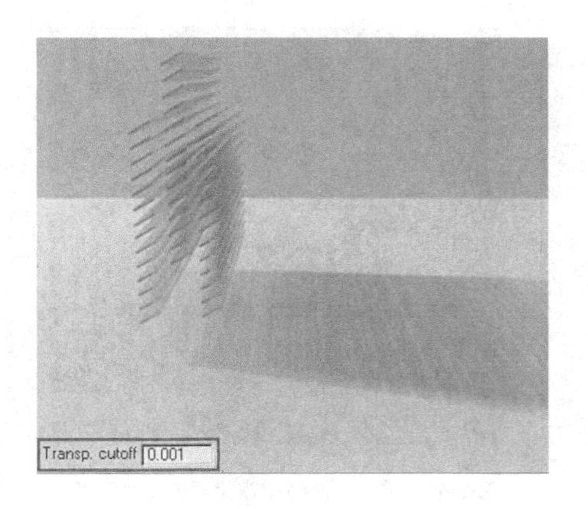

图 2-55 透明度中止值为 0.001 时的效果

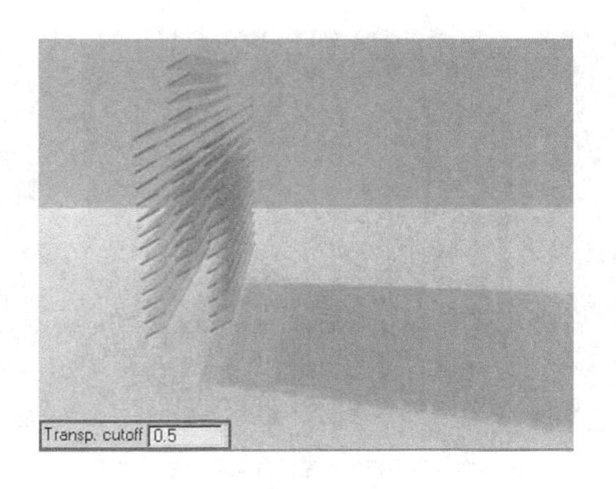

图 2-56 透明度中止值为 0.5 时的效果

10. Second rays bias【二次光线偏移】

通过 Secondary rays bias【二次光线偏移】参数后的数值可以如图 2-57 与图 2-58 所示控制光线穿过物体（或被物体反弹）后再次传播的路径偏移改变量。如果完全不偏移，则由于光线不断累积在一处容易形成浓重的阴影效果（即黑斑）；而偏移量过大，则材质与投影效果会变得不真实。

图 2-57 二次光线偏移数值为 0.001 时的渲染效果

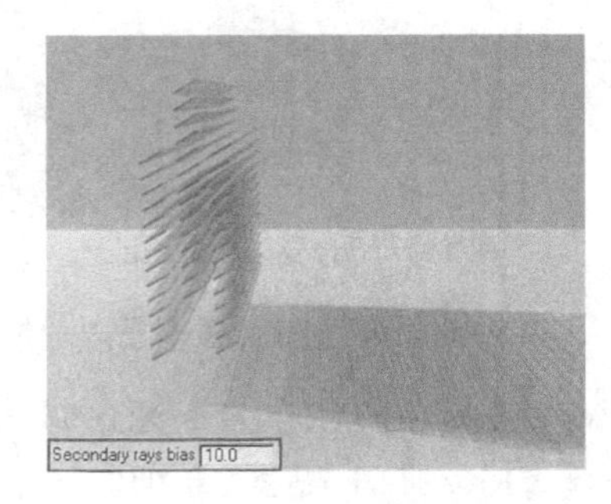

图 2-58 二次光线偏移数值为 10 时的渲染效果

技巧：在实际工作中，将 Secondary rays bias【二次光线偏移】值设置为 0.001 能避免由于模型重面等原因产生的重叠处黑斑现象。

2.2.3 Expert【专家模式】参数组

当设置到专家模式时，有以下新增的参数出现在全局开关卷展栏中。

1. Filter Maps【过滤贴图】

Filter Maps【过滤贴图】参数控制 VRay 渲染器是否使用纹理贴图的抗锯齿效果。启用【过滤贴图】后，贴图渲染后放大观察时，可以发现细节更为真实，如图 2-59 与图 2-60

所示。

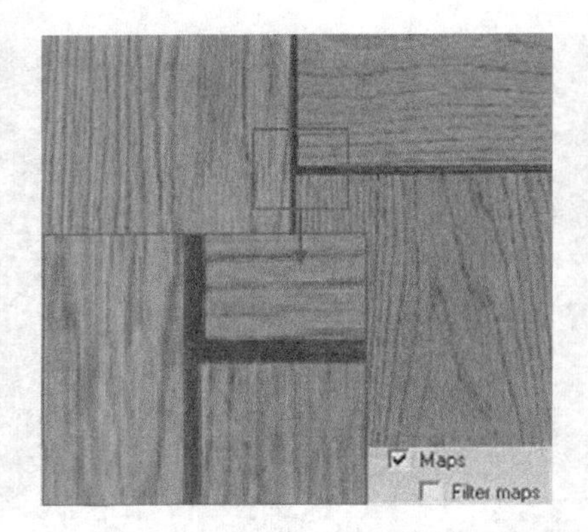

图 2-59　不进行过滤贴图渲染后的放大细节

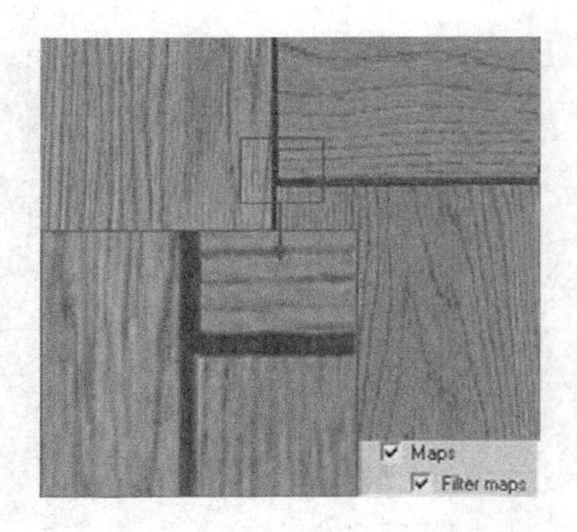

图 2-60　进行过滤贴图渲染后的放大细节

注意：Filter Maps【过滤贴图】使用的图像过滤方式是贴图自身的 Filtering【过滤类型】，如图 2-61 所示，而非 VRay 渲染器的 Image filter【图像过滤器】，如图 2-62 所示。

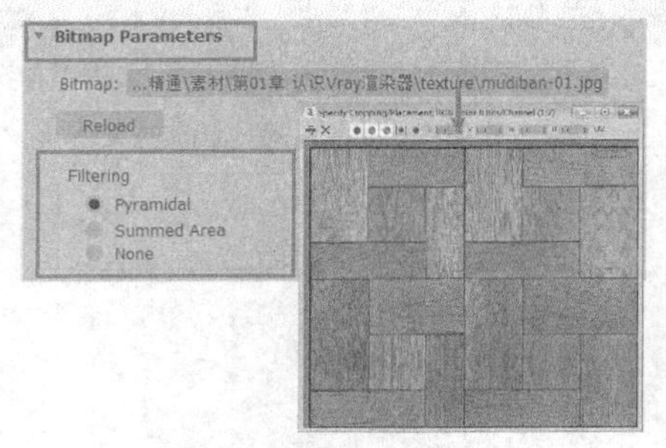

图 2-61　贴图自身过滤类型

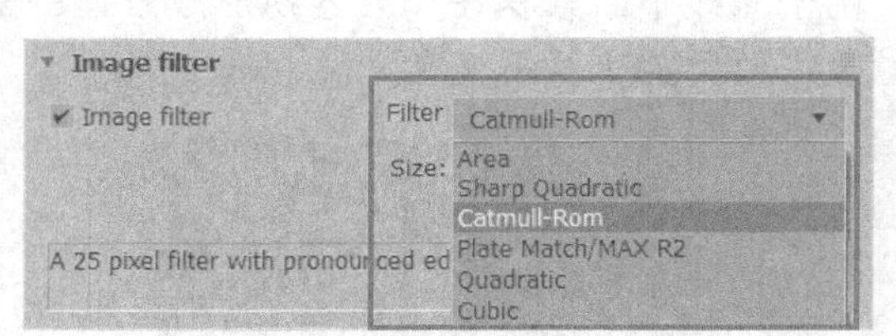

图 2-62　图像过滤器类型

2. Filter Maps for GI【全局光过滤贴图】

Filter Maps for GI【全局光过滤贴图】参数在 VRay 2.40.03 版本中主要作用是控制 VRayDirt【VRay 脏旧】贴图，详细内容请参考本书第 6 章“VRay 材质与贴图”中 6.2VRayDirt【VRay 脏旧贴图】一节的内容。

3. Legacy sun/sky/camera【继承阳光/天光/摄像机模式】

随着 VRay 渲染器版本的不断更新，在新的版本中对 VRaysun【VRay 阳光】、VRaysky【VRra 天光】环境贴图以及 VRaycamera【VRay 摄像机】的计算方式进行了改进，勾选 Legacy sun/sky/camera【继承阳光/天光/摄像机模式】参数时将继承旧版本 VRay 渲染器的计算方式。对比如图 2-63 与图 2-64 所示的渲染效果可以发现，勾选该项参数时灯光的亮度会降低。

注意：Legacy sun/sky/camera【继承阳光/天光/摄像机模式】参数只针对使用了【VRay 阳光】、【VRra 天光】环境贴图、【VRay 摄像机】这三项或其中至少一项的场景产生作用，如果场景中不涉及这三项中的任何一项，则该参数的勾选与否通常不会产生效果上的改变。此外，对比图 2-63 与图 2-64 可以发现，该参数对【Vra 天光】环境贴图亮度的影响尤为明显。

图 2-63　不继承阳光/天光/摄像机模式的渲染效果

图 2-64　继承阳光/天光/摄像机模式的渲染效果

4. Use 3ds Max photometric scale【使用 3ds Max 光度学比例】

Use 3ds Max photometric scale【使用 3ds Max 光度学比例】参数用于切换 3ds Max 与 VRay 渲染器的灯光比例，如在 VRay 灯光类型中推出了 VRayIES 灯光，该灯光的计算方式与 3ds Max 的【Photometric】光度学灯光类似。对比如图 2-65 与图 2-66 所示的渲染结果可以发现保持【使用 3ds Max 光度学比例】为默认的勾选 VRayIES 能获得较理想的灯光效果。

图 2-65　使用 3ds Max 光度学比例 VRayIES 渲染效果

图 2-66　不使用 3ds Max 光度学比例 VRayIES 渲染效果

注意：Legacy sun/sky/camera【继承阳光/天光/摄像机模式】与 Use 3ds Max photometric scale【使用 3ds Max 光度学比例】通常能且只能勾选其中的一项，如果两项参数同时勾选或都不勾选将出现十分昏暗的图像效果。通常保持两项参数为默认的状态即可。

2.3 Image sampler（Antialising）【图像采样（抗锯齿）】卷展栏

Image sampler（Antialising）【图像采样器（抗锯齿）】卷展栏包含 Default【默认】、Advanced【高级】和 Exprt【专家】三种模式，其具体参数项设置如图 2-67 所示。切换 Image sampler【图像采样器】的 Type【类型】，将如图 2-68 所示在【VRay 选项卡】内添加对应的独立卷展栏进行采样细节的控制。

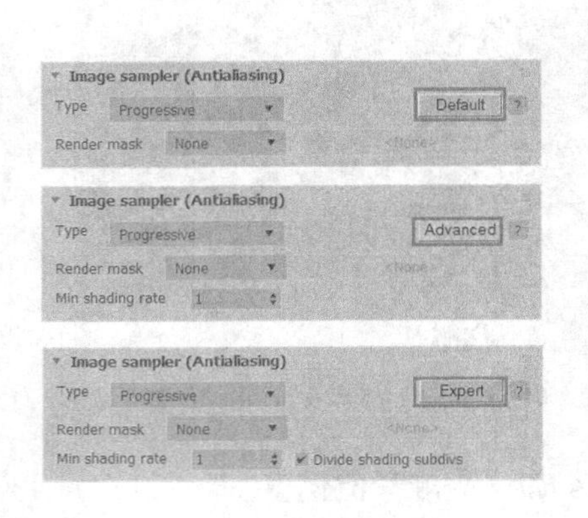

图 2-67 【图像采样器（抗锯齿）】卷展栏参数设置

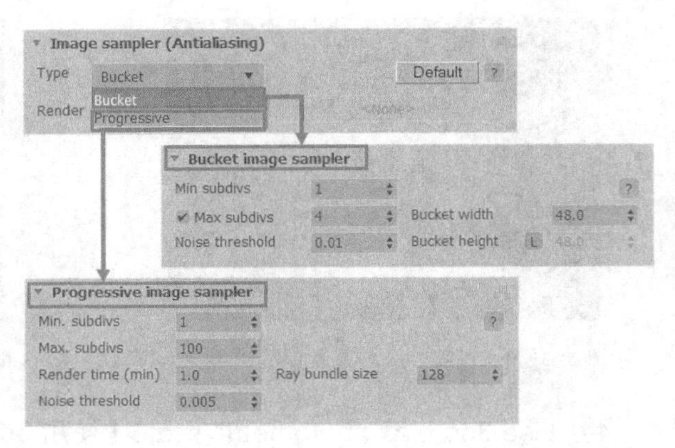

图 2-68 各图像采样器独立卷展栏参数

2.3.1 Default 【默认模式】参数组

1. Bucket【块】图像采样器

Bucket【块】图像采样器是通常作为最终渲染图像的采样器。该采样器卷展栏参数设置如图 2-69 所示。

如图 2-70 所示，该采样器的特点在于可以在采样进行时先确定一组数据序列决定采样分配，即在边缘及粗糙区域分配多的采样样本（该样本数由 Max subdivs【最大细分】值决定）以得到精细的效果，而在中心及平坦区域分配少的样本（该样本数由 Min subdivs【最小细分】值决定）以加快渲染速率，因此该采样器适用于具有大量需要细节表现的场景。

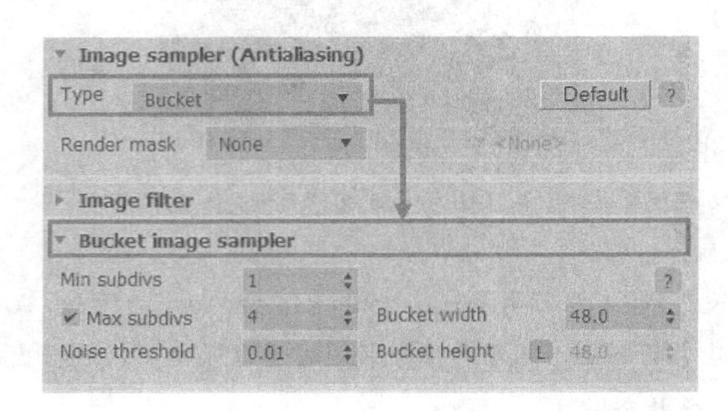

图 2-69 【块】图像采样器卷展栏参数设置

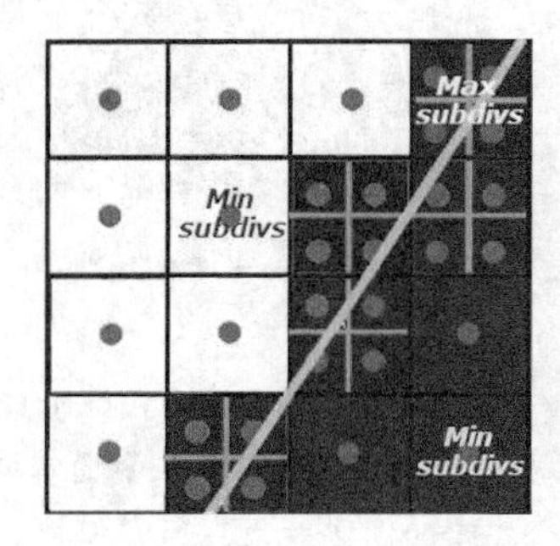

图 2-70 块图像采样原理示意图

❑ Min subdivs【最小细分】

Min subdivs【最小细分】参数定义像素使用样本的最少数量，通常这个最少数量的采样会应用于图像中的平坦区域，观察图 2-71 与图 2-72 可以发现，提高该参数值很难在渲染图像上观察到质量的提高，但会延长渲染时间，因此通常保持默认的数值为 1 即可。

当 Max subdivs【最大细分】参数不被勾选时，就由 Min subdivs【最小细分】决定其对图像的采样精度，当参数值为 1 时其对图像中每一个像素仅进行一个样本的采样分析；

当参数值大于 1 时则将按照低差异的蒙特卡罗序列来产生样本。接下来我们就来了解一下这其中的原因。

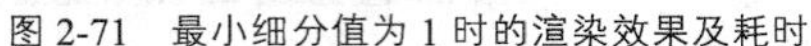

图 2-71　最小细分值为 1 时的渲染效果及耗时　　图 2-72　最小细分值为 3 时的渲染效果及耗时

如图 2-73 所示，图中的每个方格均代表一个像素点，红点则代表采样中心点，当 Subdivs【细分】数值为 1 时将平均地对每个方格进行数量为 1 的采样，因此每个像素只有一个采样中心点。而图中的黄线代表模型理想的直线边缘（模型位于黄线下侧），当黄线位于采样点的上方时(占用面积超过 1/2)该采样点所在的像素将在渲染图像中表现出模型边缘的色彩与纹理效果（即图中蓝色色块），因此如图 2-73 所示的采样关系在渲染图像中将表现出如图 2-74 所示的边缘对比强烈、颜色过渡生硬的效果，从而形成锯齿现象。

注 意：像素点是图片最小的单元组成，不可再分割，因此在一个像素点内只可能表示出一种颜色与亮度，而其形状也只能是如图 2-74 所示的正方形。也正因为如此，无论怎么样调整参数，渲染得到的图像经过放大后都将看到锯齿边缘，不可能在图像中形成完美的边缘。

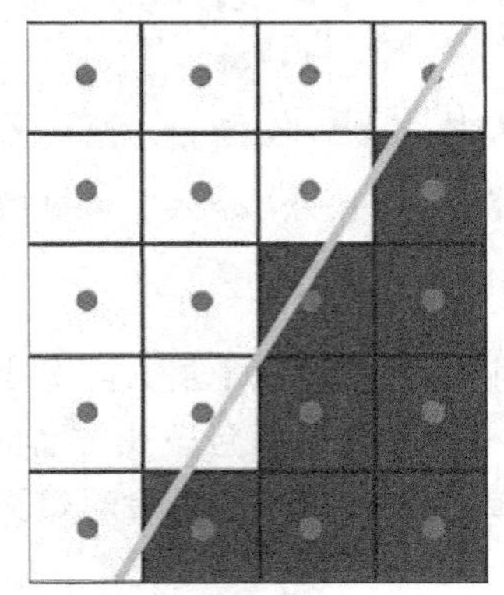

图 2-73　细分值为 1 时的采样示意图

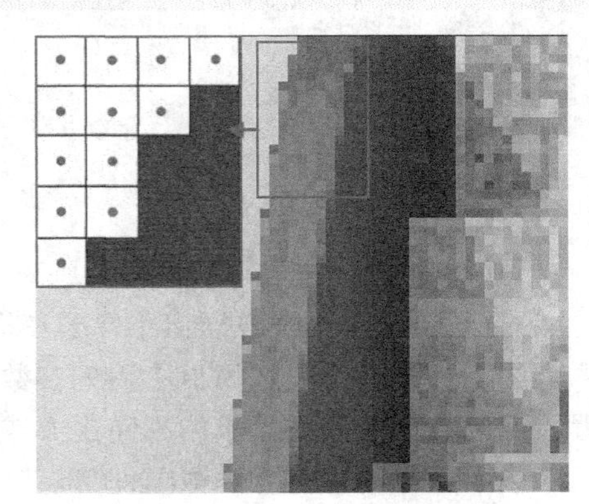

图 2-74　细分值为 1 时的图像效果示意图

而当 Subdivs【细分】参数值为 2 时，如图 2-75 所示，在每个单独的像素内将形成 4 个（最终采样数目为【细分】参数值 2 的平方）采样点，这样黄线所经过的像素会根据黄线占有的采样数目与整体数目的比重进行颜色与亮度的重新分配（最上角的比重为 1/4），因此如图 2-75 所示的采样关系在渲染图像中将表现出如图 2-76 所示的边缘对比模糊、颜色过渡自然的效果，从而在视觉上减轻锯齿现象。

注 意：如图 2-75 和图 2-76 所示的示意图只是针对于采样原理的描述，实际情况中所需要考虑到的情况要复杂许多。

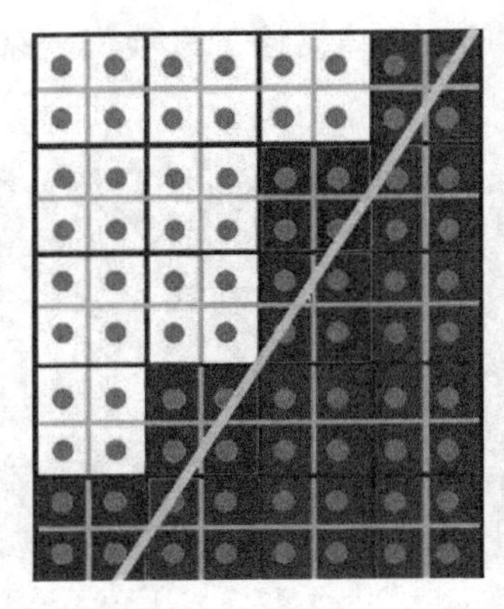

图 2-75　细分值为 2 时的采样示意图

图 2-76　细分值为 2 时的图像效果示意图

- Max subdivs【最大细分】

Max subdivs【最大细分】参数定义像素使用样本的最多数量，通常这个最多数量经过分析应用于场景中模型的边缘或是图像中具有景深、运动模糊等需要大量微小细节的区域。观察图 2-77 与图 2-78 可以发现降低该参数数值十分明显的降低了渲染的质量。

图 2-77　最小细分对渲染效果与渲染时间的影响

图 2-78　最大细分对渲染效果与渲染时间的影响

- Noise threshold【噪波阈值】

Noise threshold【噪波阈值】需要在取消其上方的 Max subdivs【最大细分】参数勾选时才能激活。通过【噪波阈值】后的参数值能控制采样器在像素颜色改变方面的灵敏性，设置较低的数值能更为精准的判断中心或边缘（平坦或粗糙）区域，但会耗费更多的渲染时间。该参数通常保持默认数值即可。

- Bucket width/height【渲染块宽度/高度】

Bucket width【渲染块宽度】参数控制每个 VRay 渲染块横向占用的像素大小，而 Bucket height【渲染块高度】参数则控制着其在竖向占用的像素大小，默认状态下渲染块经 L 锁定为横竖均为 48 像素的正方形，单击 L 按钮解除锁定后就可以自由设置宽度与高度的像素大小。

2. Progressive【渐进】图像采样器

Progressive【渐进】图像采样器可一次渲染整体的图像。当需要快速查看整体结果（如放置光源、构建着色器或查看整体开发工作）时，渐进式功能非常有用，它一次生成整个图像，并且逐渐清除其中的噪点。此外，渲染可以在任何时候停止。在渲染测试动画时，渐进式功能也是很有用的，它可以在特定的时间范围内进行渲染。该采样器卷展栏参数设置如**错误！未找到引用源。**所示。

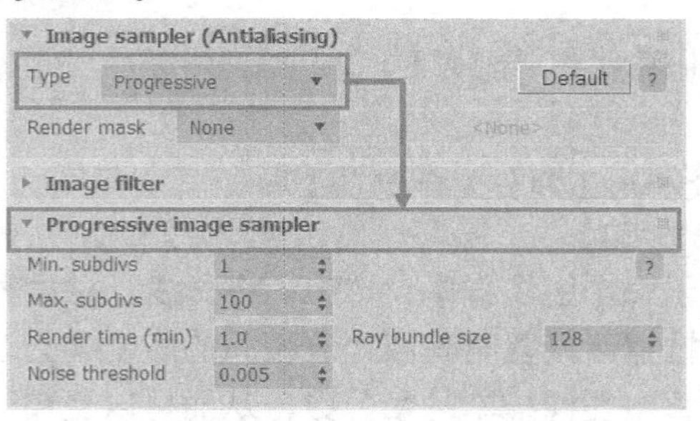

图 2-79 【渐进】图像采样器卷展栏参数设置

❑ Min rate【最小比率】

定义每个像素使用的样本的最小数量。值为 0 意味着 1 个像素使用一个样本，-1 意味着每两个像素使用一个样本，-2 意味着每 4 个像素使用一个样本，以此类推。

❑ Max rate【最大比率】

❑ 定义每个像素使用的样本的最大数量。值为 0 意味着每个像素使用一个样本，1 意味着每个像素使用 4 个样本，2 意味着每个像素使用 8 个样本，以此类推。

❑ Render time【渲染时间】

最大渲染时间以分钟为单位，当达到这个时间时，渲染器将停止。如果是 0.0，那么渲染是不受时间限制的。

❑ Noise threshold【噪波阈值】

该参数与【块图像采样器】中的同名参数作用一致，用于调整采样器判断像素颜色改变的灵敏度。

❑ Ray bundle size【光束大小】

该参数对分布式渲染很有用，用于控制交给每台机器的渲染块的大小。使用分布式渲染时，较高的值可以更好地利用渲染服务器上的 CPU。

❑ Render mask【渲染遮罩】

使用渲染遮罩来确定图像的哪些像素被计算，其余的像素保持不变。此功能在 VRay 帧缓冲区作为渲染窗口和类型设置为 Bucket 时效果最佳。

2.3.2 Advanced【高级模式】参数组

Min shading rate【最小着色速率】

该选项控制投射光线的抗锯齿数目和其他效果，如光泽反射，全局照明 GI，区域阴影等。提高这个数字通常会提高这些效果的质量而不会影响渲染时间，且不亚于提高抗锯齿采样所使用的渲染时间，此设置对于渐进式图像采样器尤其有用。

2.3.3 Expert【专业模式】参数组

Divide shading subdivs【划分着色细分】

启用该选项时，对于每个图像样本，VRay 将光线、材质等的样本数量除以抗锯齿样本的数量，以便在更改抗锯齿设置时获取大致相同的质量和光线数量。禁用此选项时，灯光、材质等的细分指定每个图像样本的细分数，从而可以更精确地控制这些效果的采样。

2.4 Image Filter【图像过滤器】卷展栏

当图像采样器确定了像素采样的整体方法以生成每个像素的颜色与亮度后，图像过滤器就会锐化或模糊相邻像素颜色的过渡区域，当渲染中的纹理包含非常精细的细节时，图像过滤尤为重要。VRay 渲染器提供了如图 2-80 所示的多达 17 种类型的 Image Filter【图像过滤器】供选择使用，选择每一种图像过滤器都会如图 2-81 所示在其下侧进行文字说明。

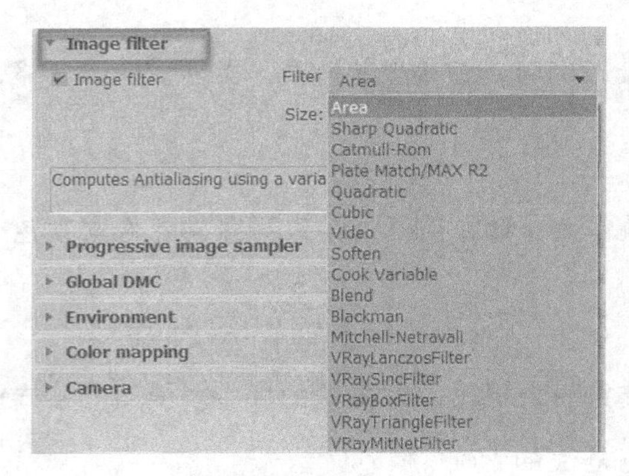

图 2-80 VRay 渲染器提供的图像过滤器

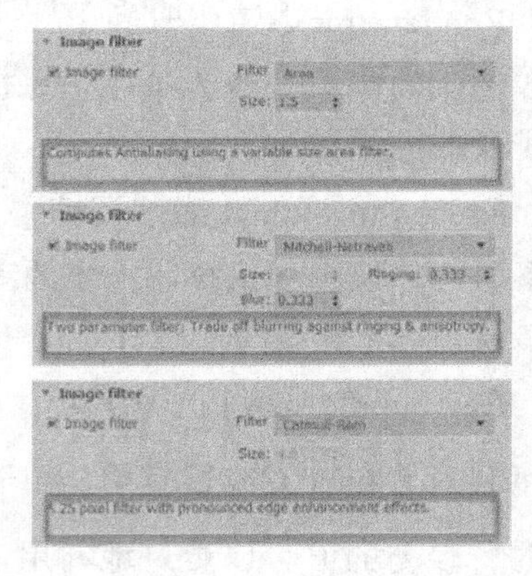

图 2-81 VRay 对各图像过滤器的文字说明

Antialiasing Filter【抗锯齿过滤器】在很多资料上简称为“AA”。

图像过滤器通常会对图像进行两方面的处理，第一消除图像中各个对象边缘的锯齿现象，第二则是对图像中清晰区域与模糊区域的对比度进行处理。基本上所有的图像过滤器都能对锯齿现象进行良好的处理，但对于清晰与模糊区域所表现出的对比效果以及计算耗时则各有所异，接下来通过图像的对比效果了解各个图像过滤器具体的效果与特点。

1. Area【区域】

Area【区域】类型以变化的区域大小对图像进行处理，其默认参数的效果如图 2-82 所示，增大其 Size【尺寸】数值将如图 2-83 所示模糊化图像并延长渲染时间。

图 2-82 默认区域抗锯齿过滤器效果及耗时

图 2-83 增大尺寸数值后图像效果及耗时

技巧：从图 2-82 与图 2-83 可以看到，Area【区域】类型抗锯齿过滤器能根据透视远近较正确地表现场景清晰与模糊的区域效果，且耗时较少，因此在进行测试渲染时常被选用。

2. Sharp Quadratic【锐利四边形】

Sharp Quadratic【锐利四边形】类型使用 Neslon Max 算法处理图像效果，使用其获得的图像效果及耗时如图 2-84 所示。

3. Catmull-Rom

Catmull-Rom 类型能取得如图 2-85 所示的十分清晰的图像效果，因此在表现细节较多的场景时其是首先的抗锯齿类型过滤器。

图 2-84 默认锐利四边形抗锯齿过滤器效果及耗时

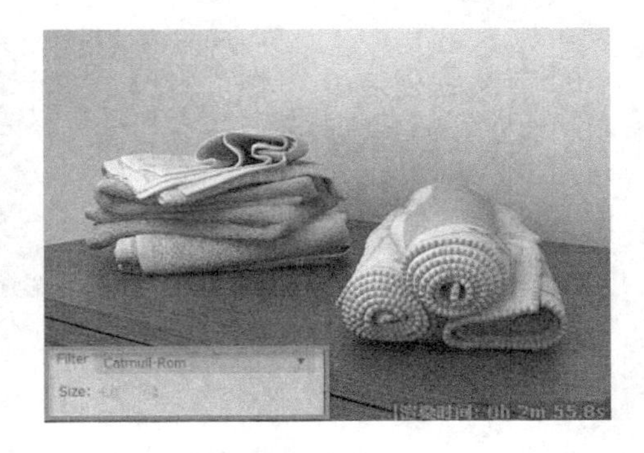

图 2-85 Catmull-Rom 抗锯齿过滤器效果

4. Plate Match/MAXR2【图像匹配/MAX R2】

Plate Match/MAXR2【图像匹配/MAX R2】类型图像使用 3ds Max R2 的方法将摄像机和场景或无光/投影元素与未过滤的背景图像相匹配，由于通常在场景中不会使用无光/投影元素，因此渲染时将出现如图 2-86 所示的无图像效果。

5. Quadratic【四方形】

Quadratic【四方形】类型使用基于四边形样条线单元以 9 个像素模糊处理图像效果，

其取得的效果及耗时如图 2-87 所示。

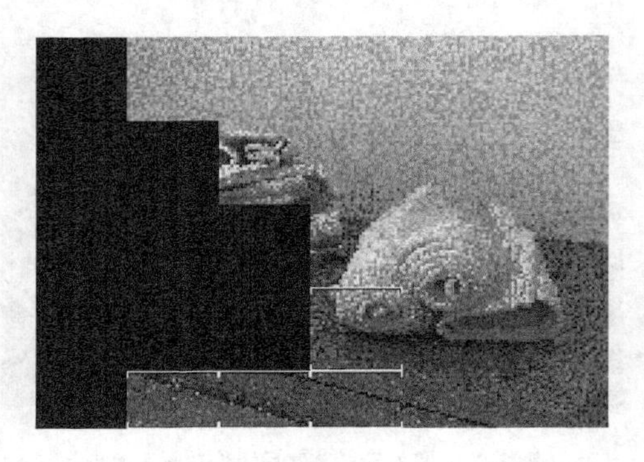

图 2-86 【图像匹配/MAX R2】抗锯齿过滤器效果

图 2-87 【四方形】抗锯齿过滤器效果及耗时

6. Cubic【立方体】

Cubic【立方体】类型使用基于立方体单元以 25 个像素模糊处理图像效果，其取得的效果及耗时如图 2-88 所示。

7. Video【视频】

Video【视频】类型针对视频流常用的 NTSC 与 PAL 色彩制式进行 25 像素模糊优化方式处理图像，其取得的效果如图 2-89 所示。

图 2-88 立方体抗锯齿过滤器效果及耗时

图 2-89 视频抗锯齿过滤器效果及耗时

注意：以上四种抗锯齿过滤器均未设置可调参数，其所表现图像中模糊与清晰的层次也并不明显，因此在效果图的制作中很难被利用。

8. Soften【柔化】

Soften【柔化】类型可对物体边缘产生高斯模糊效果，默认参数下其取得的效果及耗时如图 2-90 所示，增大其 Size【尺寸】数值将如图 2-91 所示强化图像的模糊度并延长渲染时间。

图 2-90　默认参数的柔化抗锯齿过滤器效果及耗时

图 2-91　尺寸值为 12 的柔化抗锯齿过滤器效果及耗时

9. Cook Variable【Cook 变量】

Cook Variable【Cook 变量】类型会根据其 Size【尺寸】的变化改变对图像的处理效果，当 Size【尺寸】参数值为 1~2.5 时可以得到如图 2-92 所示的较清晰图像，而数值高于 2.5 时就如图 2-93 所示倾向产生模糊的图像效果。

图 2-92　尺寸值为 1 的 Cook 变量抗锯齿过滤器效果及耗时

图 2-93　尺寸值为 10 的 Cook 变量抗锯齿过滤其效果及耗时

10. Blend【混合】

Blend【混合】类型通过调整其下 Size【尺寸】与 Blend【混合】数值可以灵活调整图像清晰与模糊的过渡效果，其默认参数取得的效果及耗时如图 2-94 所示，增大其【尺寸】与【混合】数值均能强化图像的模糊效果，如图 2-95 所示。

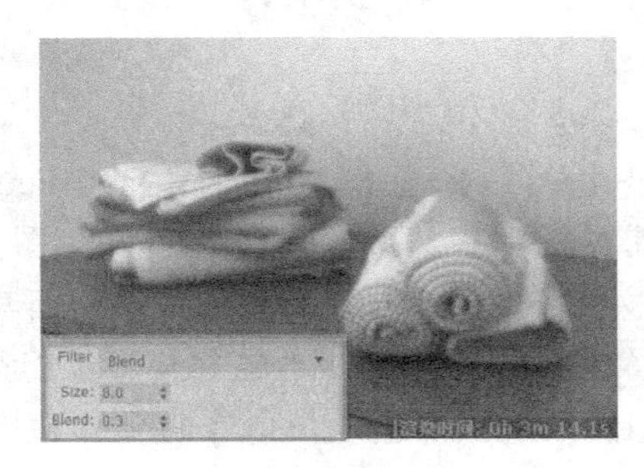

图 2-94　默认混合抗锯齿类型的图像效果及耗时

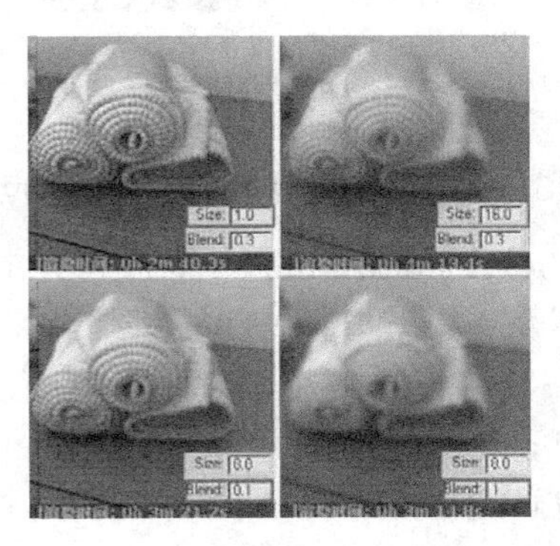

图 2-95　尺寸与混合参数对渲染效果的影响

11. Blackman

Blackman 类型能获得清晰的图像效果，但对模型边缘不会进行锐化处理，其取得的效果及耗时如图 2-96 所示。

12. Mitchell-Netravali

Mitchell-Netravali 类型在实际工作中经常使用，保持其默认参数获得的图像效果及耗时如图 2-97 所示，增大其 Ringing【圆环】参数值将如图 2-98 所示获得更为清晰锐得的图像，而增大其 Blur【圆环化】参数值将如图 2-99 所示获得更为模糊的图像。

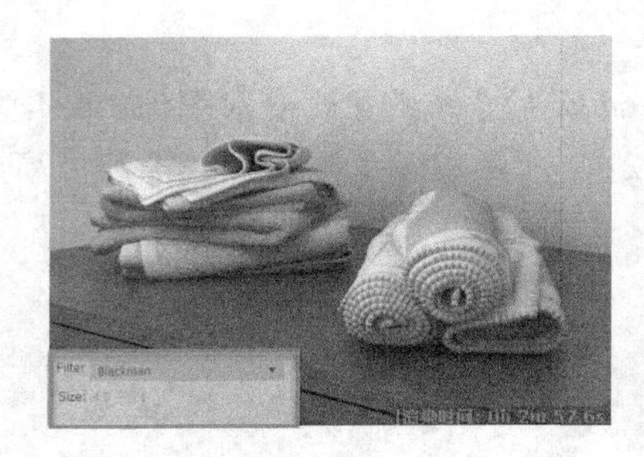

图 2-96 Blackman 抗锯齿过滤器效果及耗时

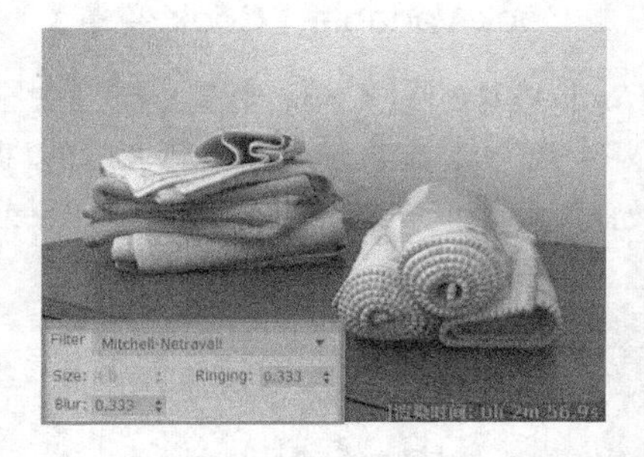

图 2-97 Mitchell-Netravali 抗锯齿过滤器效果及耗时

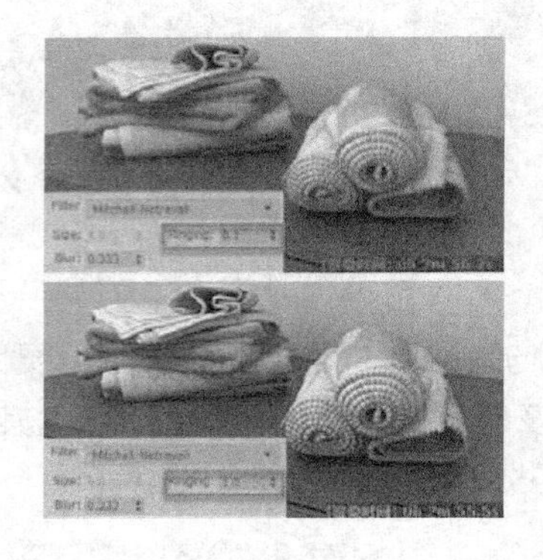

图 2-98 增大圆环参数将锐化图像效果

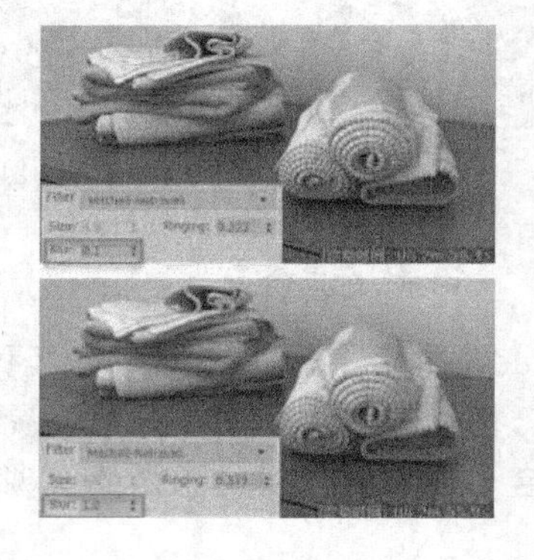

图 2-99 增大模糊参数值将使图像效果更模糊

13. VRayLanczosFilter~VRayMitNetFilter

VRayLanczosFilter 与之后将介绍的 VRaySincFilter、VRayBoxFilter、VRayTriangleFilter，以及 VRayMitNetFilter 都是 VRay 渲染器自带的抗锯齿类型。观察图 2-100~图 2-107 可以发现，它们在默认的参数下均能取得类似于 Mitchell-Netravali 类型的效果，而其中的 VRayLanczosFilter 与 VRayBoxsFilter 两种类型增大其 Size【尺寸】数值将模糊图像效果，而 VRaySincFilter 与 VRayTrianglesFilter 则恰好相反，增大 Size【尺寸】数值将锐化图像效果。

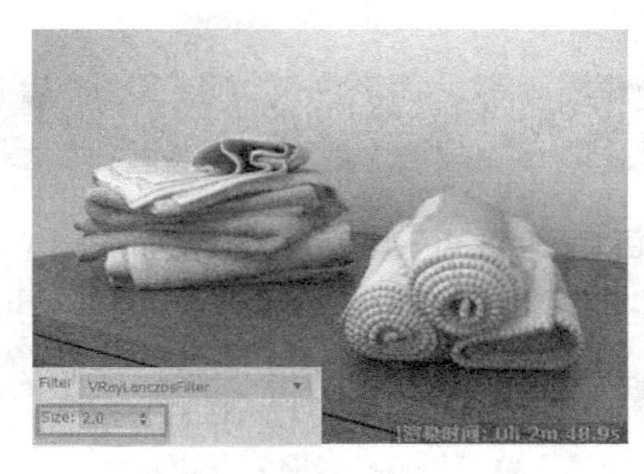

图 2-100　VRayLanczos 抗锯齿过滤器效果及耗时

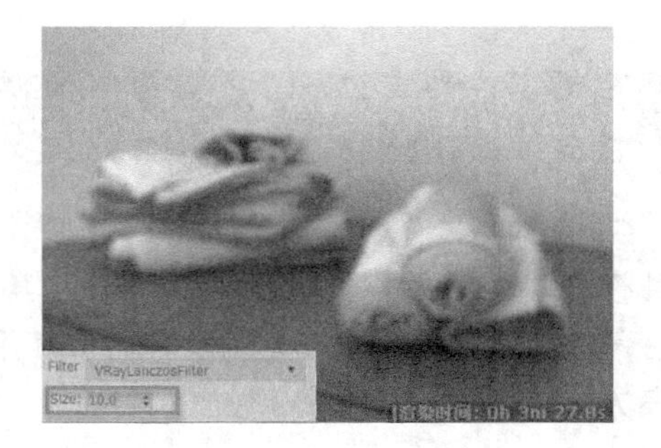

图 2-101　VRaySinc 抗锯齿过滤器效果及耗时

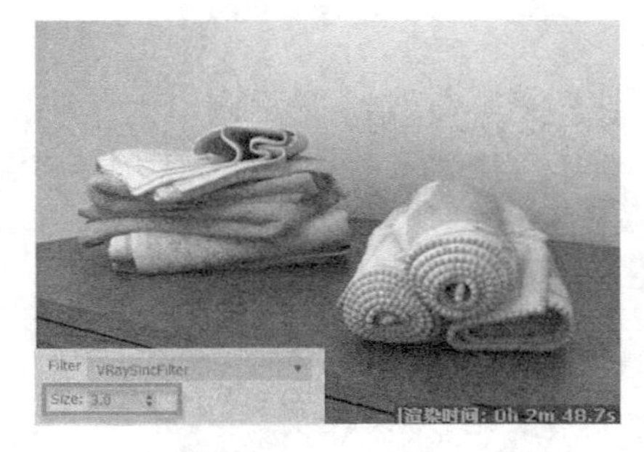

图 2-102　VRayLanczos 抗锯齿过滤器效果及耗时

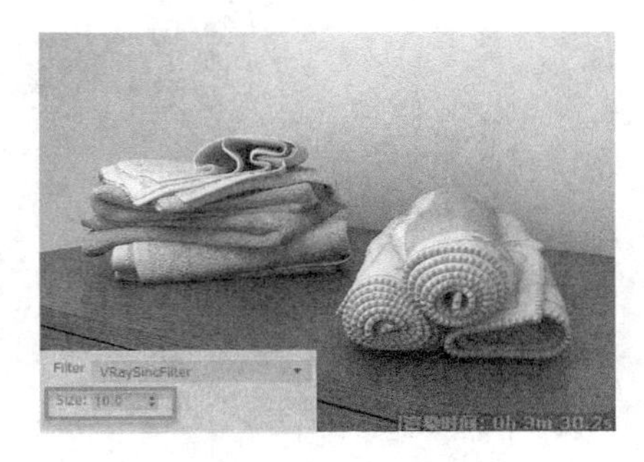

图 2-103　VRaySinc 抗锯齿过滤器效果及耗时

图 2-104　VRayBox 抗锯齿过滤器效果及耗时

图 2-105　VRayTriangle 抗锯齿过滤器效果及耗时

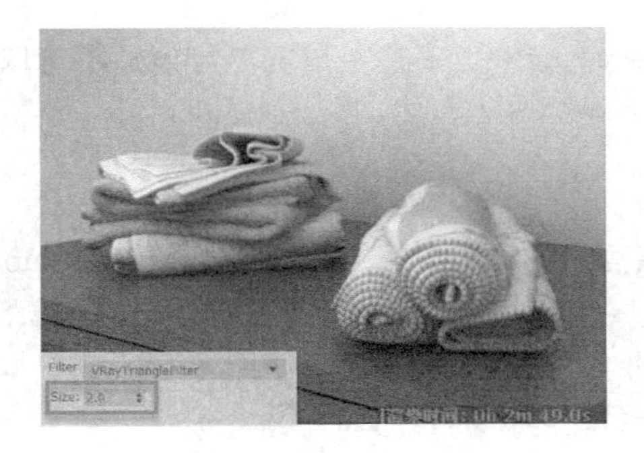

图 2-106　VRayBox 抗锯齿过滤器效果及耗时

图 2-107　VRayTriangle 抗锯齿过滤器效果及耗时

2.5 Global DMC【全局确定性蒙特卡罗】卷展栏

Global DMC【全局确定性蒙特卡罗】卷展栏包含 Default【默认】和 Advanced【高级】两种模式，其参数设置如图 2-108 所示。其中 DMC 的全称为 Deterministic Monte Carlo（确定性蒙特卡罗），是 VRay 渲染器之前使用的 QMC(Quasi-Monte Carlo 准蒙特卡罗)的一种改良方式。

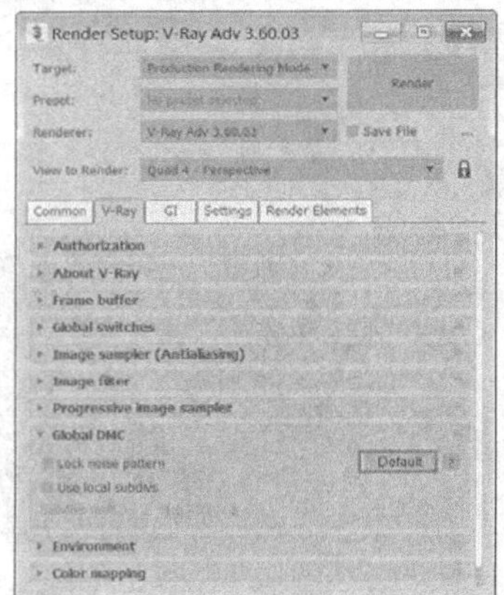

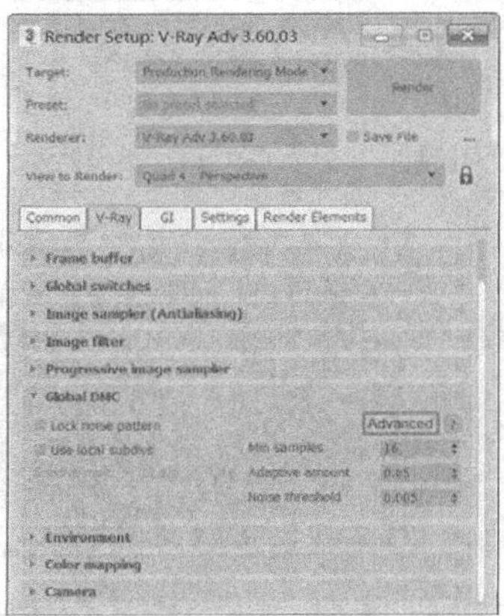

图 2-108 【全局确定性蒙特卡罗】卷展栏参数设置

【全局确定性蒙特卡罗】是 VRay 整体渲染质量与渲染速度的最终控制核心，在进行具体的采样前其将识别场景中哪些是近距物体，哪些是远距物体，从而判断哪些材质作为重点计算对象，需要分配到更多的采样样本以得到细致的效果，而哪些灯光的细分值又需要提高以进行追加采样，消除噪波现象。总而言之，【全局确定性蒙特卡罗】对图像的采样、抗锯齿、景深、运动模糊效果以及材质的反射/折射模糊效果将进行最终精度的确定。

2.5.1 Default【默认模式】参数组

1. Lock noise pattern【锁定噪波图案】

启用时，将动画的所有帧强制使用相同的噪波图案，由于某些情况下可能是不可取的，因此可以禁用此选项时采样模式随时间而改变。

2. Subdivs mult.【细分倍增器】

通过 Subdivs mult.【细分倍增器】后的数值可以将 VRay 渲染器中所有设置的 Subdivs【细分】进行整体的百分比调整。数值保持默认的 1 时各细分值将按其所设定的数值产生作用，如果设置其参数为 1.5 则会按设定数值的 150%的比例进行。如图 4-109 与图 4-110 所示，设置较高的数值可以提升图像品质，但也需要更多的计算时间。

注意：虽然提升 Global subdivs multiplier【全局细分倍增器】数值对渲染图像的品质有着比较大的提升，但其对渲染耗时的延长更为明显，因此通常保持该参数为默认数值 1，而尽可能通过其他参数提升图像的品质。

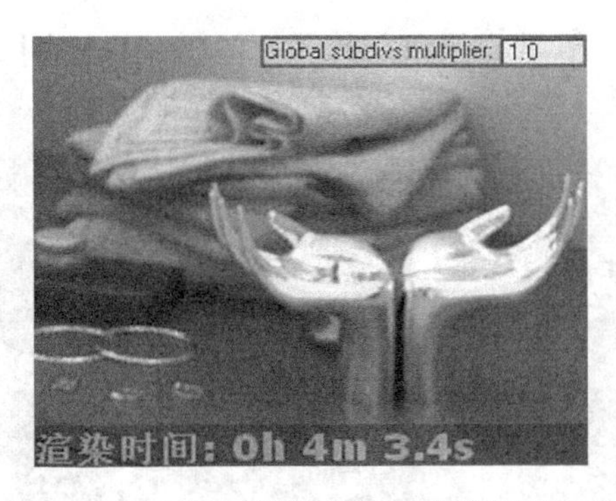

图 4-109　全局细分倍增数值为 1 时的渲染效果及耗时

图 4-110　全局细分倍增数值为 10 时的渲染效果及耗时

2.5.2 Advanced【高级模式】参数组

1. Adaptive amount【自适应数量】

Adaptive amount【自适应数量】参数控制重要性采样程序，即是否要根据表现对象距摄像机的远近进行采样分配，其后的数值调整范围为 0~1。当取值为 0 时，将不加分析对场景中的对象进行同一数量的采样，因此取得十分精细的渲染效果，但这样无疑会增加很多的采样计算，因此渲染时间会变得十分漫长；而当取值为 1 时，则会对亮度与色彩类似的区域减少采样以提高渲染速度。对比观察图 2-111 与图 2-112 中图像的层次感、木板模糊反射以及墙体阴影噪波等细节并比较渲染时间，可以较好地理解【自适应数量】参数值在渲染质量与渲染速度上的作用与影响。

技巧：Adaptive amount【自适应数量】同样可以影响阴影的质量，如果其默认设置值为 0.85 会使阴影区产生十分明显的噪波，可以考虑降低该数值以获得更精细的采样效果。

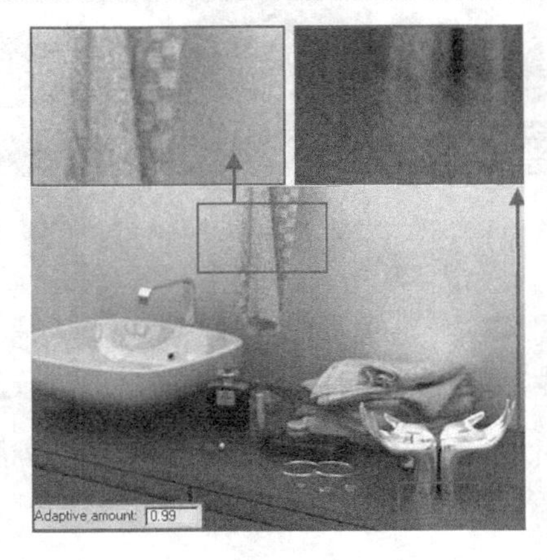

图 2-111　自适应数量为 0.99 时的渲染效果

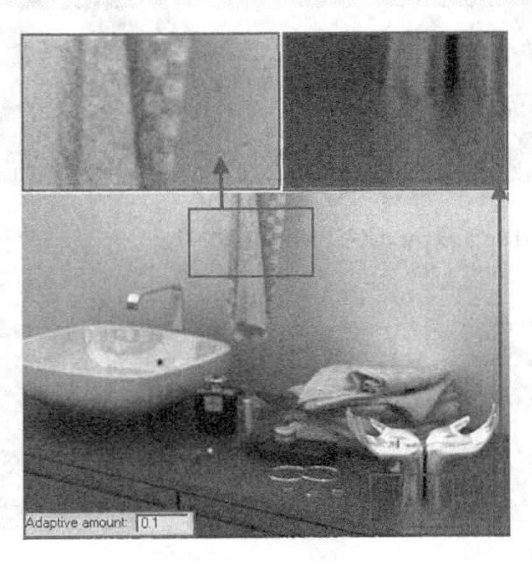

图 2-112　自适应数量为 0.1 时的渲染效果

2. Min samples【最小采样】

Min samples【最小采样】通过其后的数值确定采样终止前必须获得的最小采样样本数

量。提高其参数值将使采样更为细致，从而有可能表现出更好的细节。如图 2-113~图 2-115 所示，提高该参数值会使模糊表现得更细腻，但在渲染计算时间上的加长也十分明显。

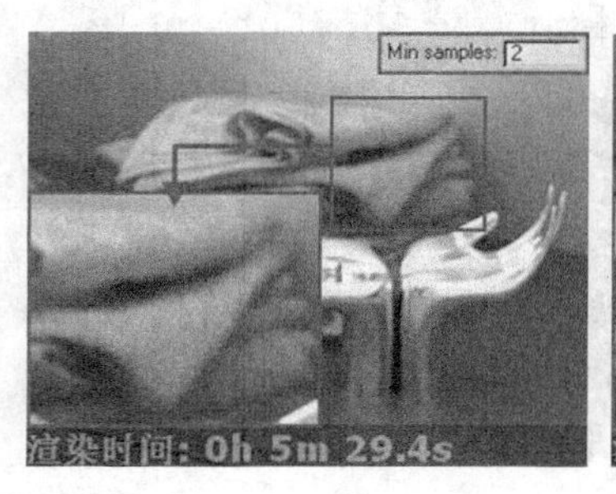

图 2-113　最小采样为 2 的效果及耗时

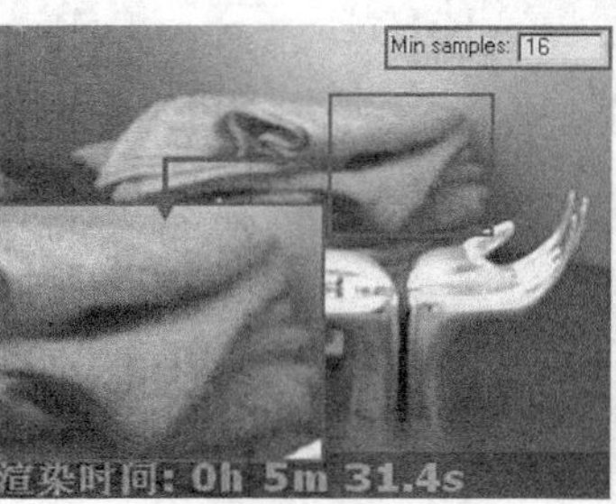

图 2-114　最小采样为 16 的效果与耗时

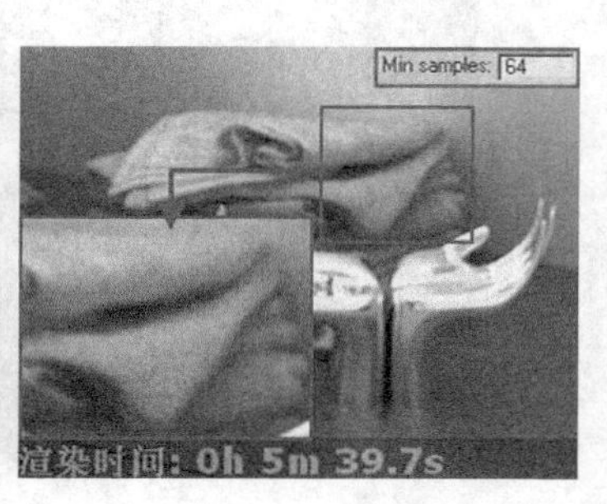

图 2-115　最小采样为 64 的效果与耗时

技 巧：对比图 2-114 与图 2-115 可以发现，一味的提高 Min samples【最小采样】参数值对渲染细节改善的效果并不突出，因此工作中在进行最终图像的渲染时将其调整至 16 即可，过高的数值所延长的计算时间很多，而对效果的改善却十分有限。

3. Noise threshold【噪波极限】

Noise threshold【噪波极限】参数全面控制渲染过程中包括抗锯齿、图像采样以及灯光采样过程中产生噪点的极限值，如图 2-116～图 2-118 所示，该参数值越小，渲染的图片噪波越少，渲染计算时间越长。

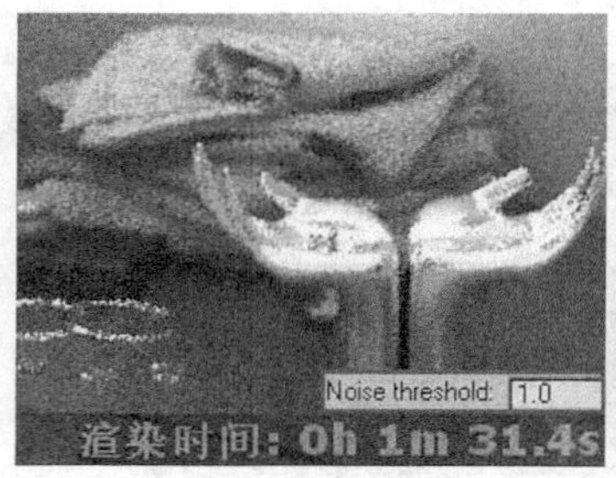

图 2-116 噪波极限值为 1 的效果及耗时

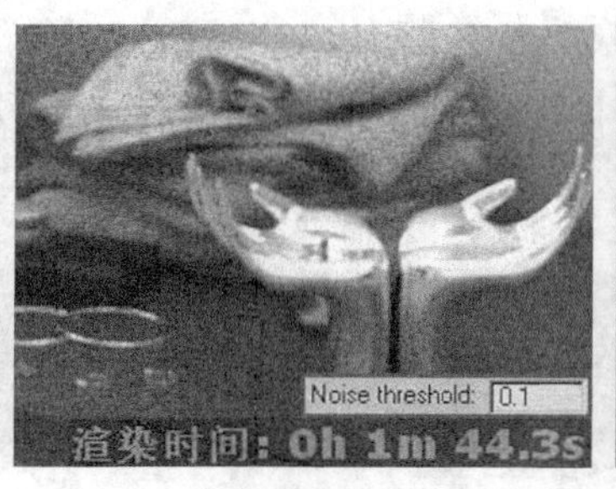

图 2-117 噪波极限值为 0.1 的效果及耗时

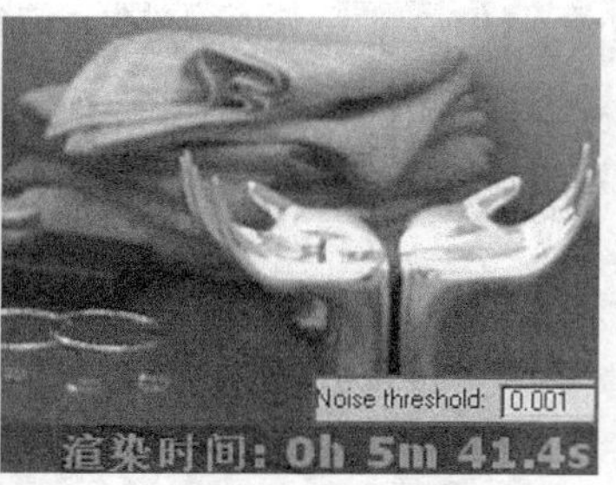

图 2-118 噪波极限值为 0.001 的效果及耗时

2.6 Environment【环境】卷展栏

单击展开 Environment【环境】卷展栏，其默认参数设置如图 2-119 所示。通过该卷展栏的调整可以调整天光效果以及反射与折射细节。

1. GI environment【全局照明环境】参数组

- ON【启用】

勾选 GI environment 参数启用框后将由【全局照明环境】取代 3ds Max 中如图 2-120 所示的 Environment and Efects【环境与效果】进行场景天光效果的控制。

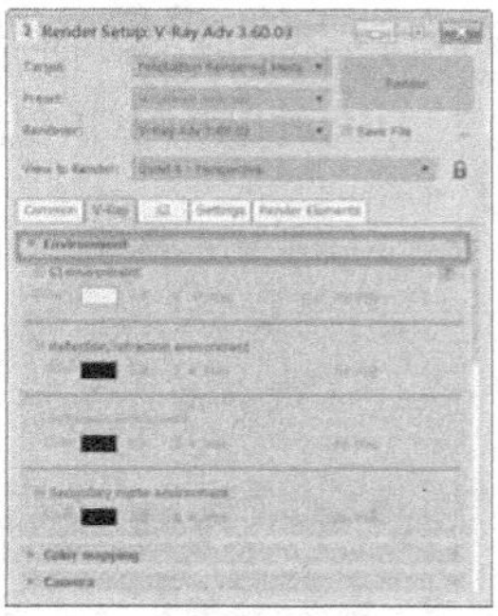

图 2-119 VRay 环境卷展栏参数设置

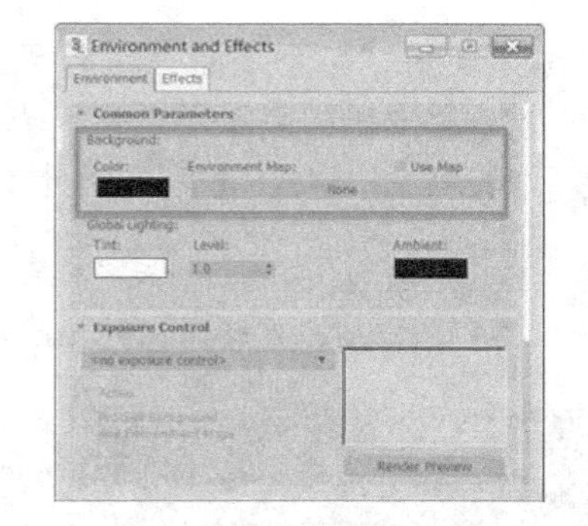

图 2-120 3ds Max 背景卷展栏环境设置参数

如图 2-121 与图 2-122 所示，通过其后的“色彩通道”可调整天光的颜色。

图 2-121 蓝色天光效果

图 2-122 桔红色天光效果

技巧：通过“色彩通道”不但能控制的颜色效果，同一色系中的 Value【明度】值高的颜色能使渲染图像获得更高的亮度。

❑ Multiplier【倍增值】

当使用“色彩通道”进行天光颜色的调整时，通过其后的 Multiplier【倍增值】可以如图 2-123 与图 2-124 所示对天光的强度进行调整。

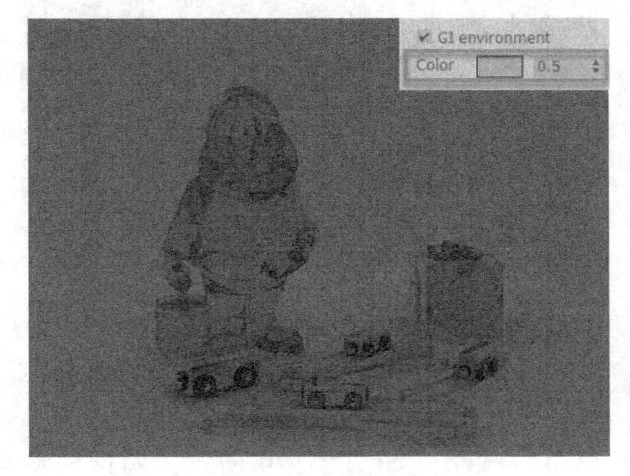

图 2-123 倍增值为 0.5 时的天光亮度

图 2-124 倍增值为 2 时的天光亮度

除了使用“色彩通道”进行天光颜色的调整外，还可以如图 2-125 所示单击其后的 No Map 按钮加载贴图进行天光效果的模拟，通常加载 VRayHDRI【VRay 高动态范围贴图】能得到如图 2-126 所示的十分理想的天光效果。

注意：当加载贴图进行天光效果的模拟时，前面调整的颜色与倍增值将失效，而对于【VRay 高动态贴图】，读者可以参考第 6 章“VRay 材质与贴图”中的相关内容进行具体的了解。

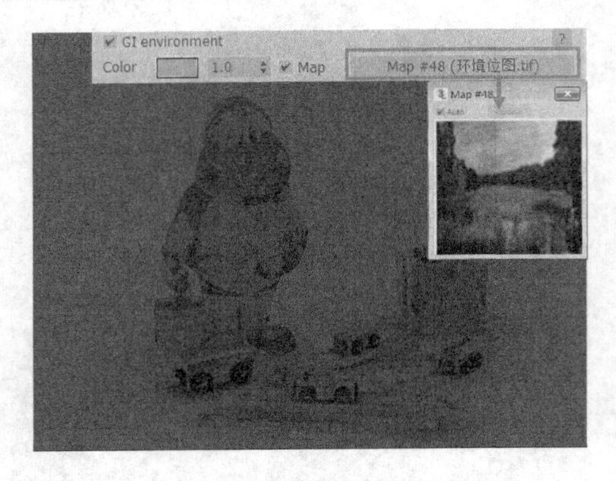

图 2-125 加载贴图模拟天光效果

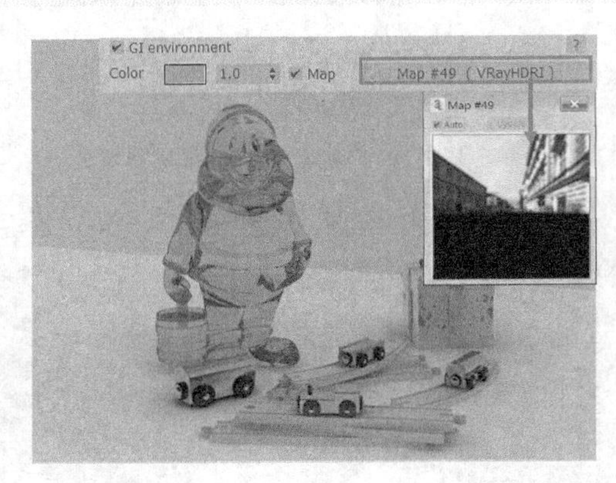

图 2-126 VRay 高动态范围贴图模拟的天光效果

2. Reflection/refraction environment【反射/折射环境】参数组

该参数组功能与【全局照明环境】一致，但其调整的效果只针对场景中的反射与折射而言。图 2-127 所示为调整一个微弱的白色天光。勾选该卷展栏 Reflection/refraction environment 启用框后所调整的蓝色效果只表现在图像中具有反射与折射效果的材质面上。同样为其加载 VRayHDRI【VRay 高动态范围贴图】能模拟出如图 2-128 所示的理想反射/折射细节。

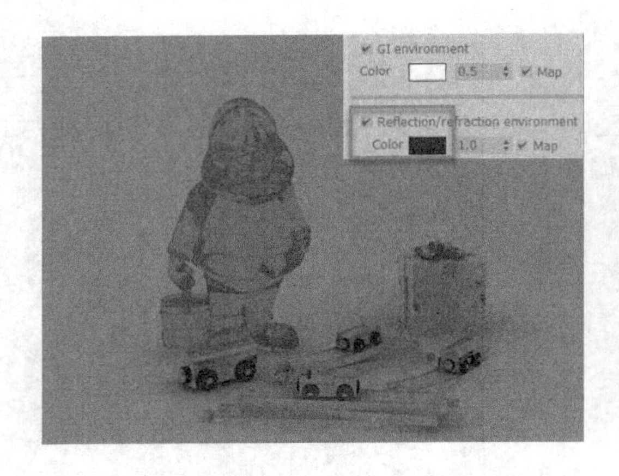

图 2-127 利用色彩通道调整反射/折射效果

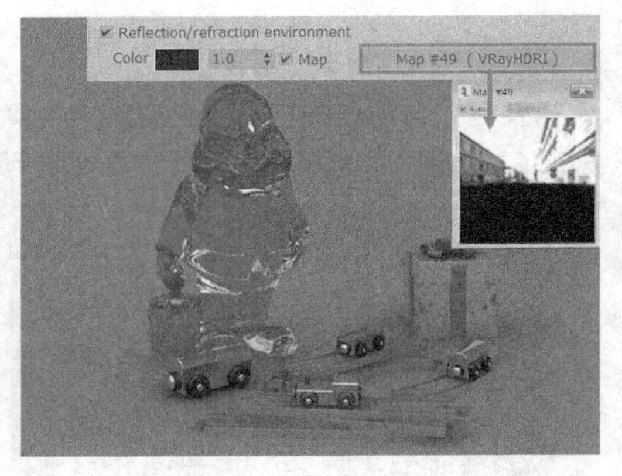

图 2-128 利用高动态范围贴图模拟反射/折射效果

3. Refraction Environment【折射环境】参数组

该参数组可单独针对场景中材质的折射效果进行调整。如图 2-129 所示，勾选该参数组中的 Refraction environment 启用框后调整“色彩通道”为蓝色，在渲染图像中折射材质将表现出单独的蓝色特征。同样为其加载 VRayHDRI【VRay 高动态范围贴图】能模拟出如图 2-130 所示的较为理想的折射细节效果。

注意 Refraction environment override【折射环境覆盖】参数组只有在启用了 Reflection/refraction environment override【反射/折射环境覆盖】参数组才有效。

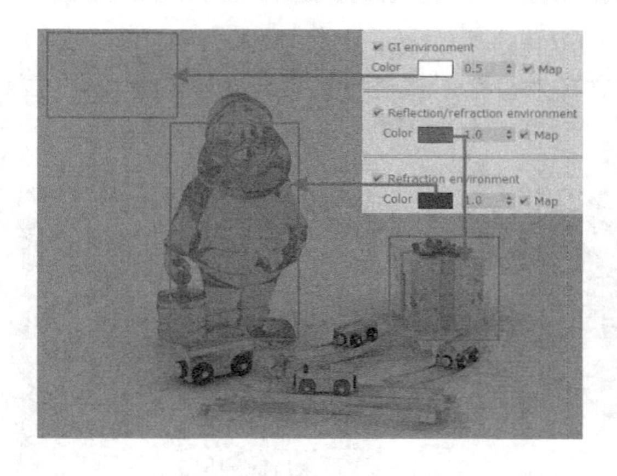

图 2-129 利用色彩通道单独调整折射效果

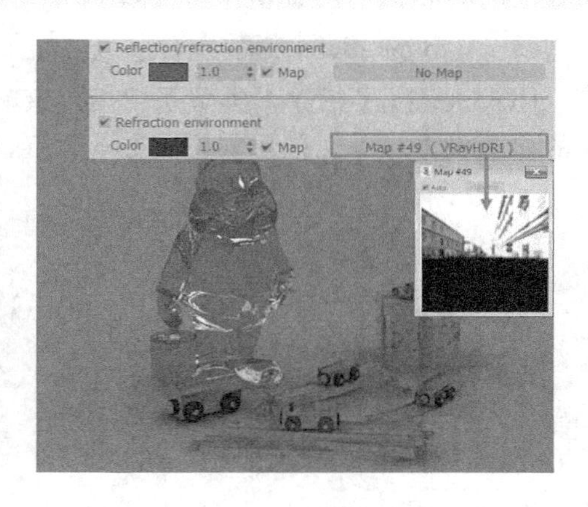

图 2-130 利用高动态范围贴图单独模拟折射效果

2.7 Color mapping【色彩映射】卷展栏

Color mapping【色彩映射】卷展栏包含 Default【默认】、Advanced【高级】、Expert【专家】三种模式，其具体的参数设置如图 2-131 所示。

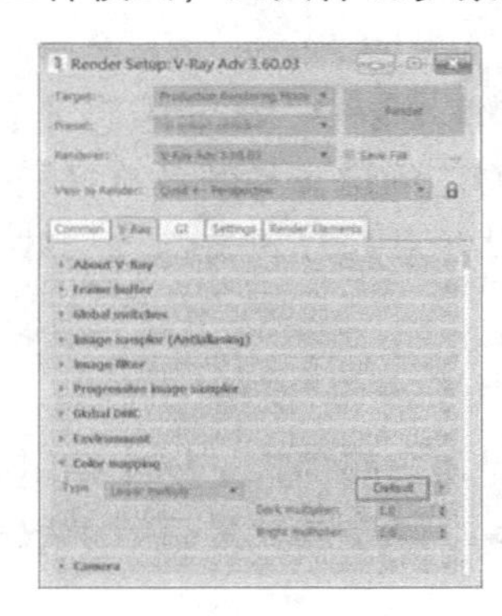

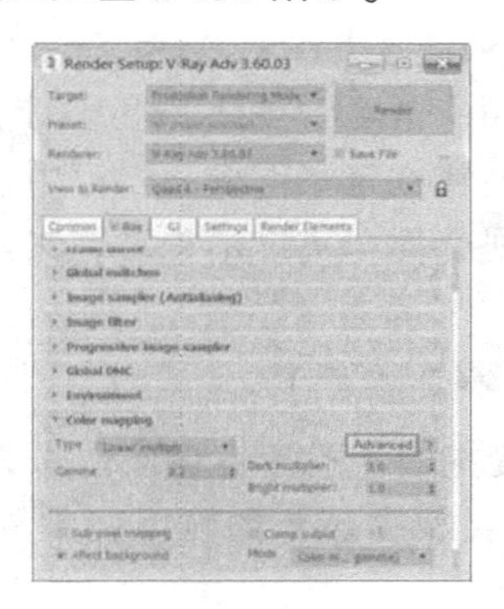

图 2-131 【色彩映射】卷展栏参数设置

2.7.1 Default【默认模式】参数组

1. Type【类型】

单击 Type【类型】下拉按钮可以看到，VRay 渲染器共提供了如图 2-132 所示的 7 种曝光类型供选择。

❑ Linear multiply【线性倍增】

Linear multiply【线性倍增】类型采用线性曝光衰减方式对渲染图像进行亮度与色彩的影响，其具体的控制参数设置与曝光特点如图 2-133 所示.可以看到，该类型在进光口处表现出十分明亮的效果，因此容易造成曝光过度，而灯光从室内至室外衰减比较急骤，如果场景空间纵深很大则容易在室内远端角落形成死黑效果，但其色彩表现效果比较明艳。

❑ Exponential【指数】

Exponential【指数】类型采用指数衰减方式对渲染图像进行亮度与色彩的影响，其具体的参数设置与曝光效果如图 2-134 所示。

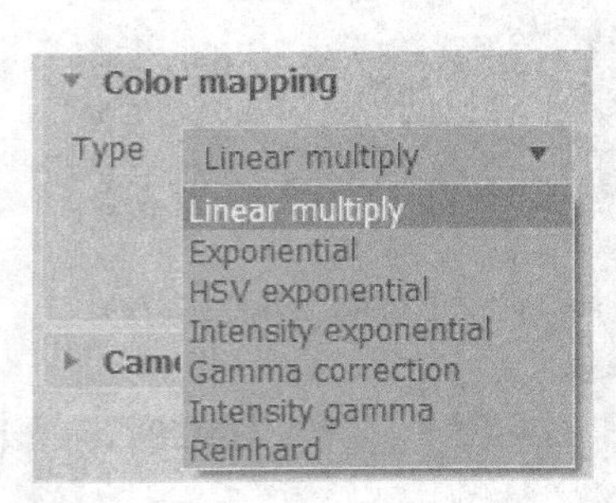

图 2-132 VRay 渲染器提供的色彩映射类型

图 2-133 【线性倍增】类型参数设置与曝光效果

图 2-134 【指数】类型参数设置与曝光效果

❑ HSV exponential【HSV 指数】

HSV 分别代表颜色的 Hue【色度】、Saturation【饱和度】以及 Value【明度】，HSV exponential【HSV 指数】类型注重在渲染图像的过程中对物体的这三种颜色特性进行最大保留的前提下以【指数】类型进行图像亮度的处理，其具体的参数项设置与渲染效果如图 2-135 所示。

❑ Intensity exponential【亮度指数】

Intensity exponential【亮度指数】类型在保证图像亮部颜色的前提下以【指数】类型进行图像曝光的控制，它通常会改变颜色的强度，其具体的参数项设置与渲染效果如图 2-136 所示。

❑ Gamma correction【伽玛校正】

Gamma correction【伽玛校正】类型注重对渲染图像中亮部与暗部的信息进行保留并以伽玛曲线进行重新分析，其具体的参数设置与渲染效果如图 2-137 所示。

❑ Intensity gamma【亮度伽玛】

Intensity gamma【亮度伽玛】类型通过伽玛曲线的调整对图像的亮度进行影响，其具体的参数设置与渲染效果如图 2-138 所示。

图 2-135 【HSV 指数】类型参数设置与渲染效果

图 2-136 【亮度指数】类型参数设置与渲染效果

图 2-137 【伽玛校正】类型参数设置与渲染效果

图 2-138 【亮度伽玛】类型参数设置与渲染效果

❑ Reinhard【莱恩哈德】

对比图 2-133 所示的【线性倍增】曝光效果可以发现，【指数】产生的渲染图像在明暗对比以及色彩表现力上稍逊一筹，但光线十分柔和，不会产生曝光过度的缺点。鉴于此，VRay 渲染器结合两者的特点推出了 Reinhard【莱恩哈德】类型。

2. Burn value【混合值】

当类型选择为 Reinhard【莱因哈德】时，参数中的 Burn value【混合值】参数是其效果调整的关键，通过其后的数值，它可以调配【线性倍增】与【指数】两种类型对渲染图像产生影响的比例，如数值为 1 时完全按照【线性倍增】类型产生效果，数值为 0 时则完全按照【指数】类型产生效果，因此通过调整一个合理的数值能兼具两者的优点，获得色彩丰富明亮、明暗过渡自然的图像效果，如图 2-139 所示即为该类型的参数设置与曝光效果。

3. Dark multilier【暗部倍增】

Dark multiplier【暗部倍增】参数可针对图像中较暗区域的亮度进行调整，如图 2-140 所示即为提高该数值后增强暗部亮度、减弱图像明暗的对比效果。

图 2-139 【莱恩哈德】类型参数设置与曝光效果

图 2-140 【暗部倍增】参数对图像暗部亮度的影响

4. Bright multilier【亮部倍增】

Bright multiplier【亮部倍增】参数可针对图像中明亮区域的亮度进行调整，如图 2-141 所示即为提高该数值后继续增强亮度，进一步拉开图像明显对比的效果。但这样较容易形成曝光过度的现象。

5. Inverse gamma【反伽玛】

【反伽玛】是当类型选择为【伽玛校正】或【亮度伽玛】时出现的参数项，反伽玛值为伽玛值的倒数，Inverse gamma【反伽玛】参数是调整图像亮度效果的关键，其值小，之前图像中处于中等亮度的像素将变为高亮度像素，图像因此显得更为明亮。图 2-141 所示为反伽玛值对图像亮度的影响。

图 2-141 【亮部倍增】参数对图像暗部亮度的影响

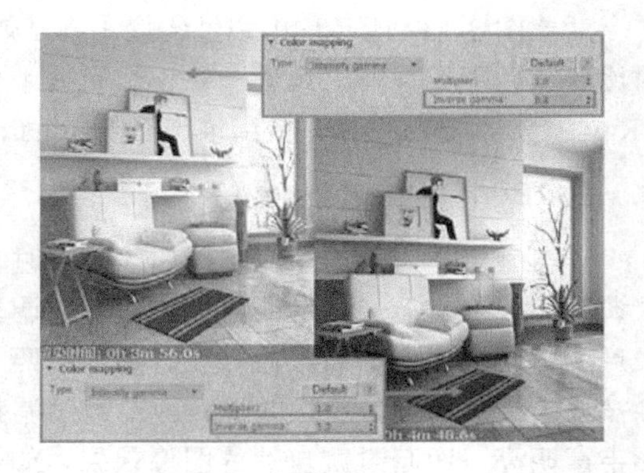

图 2-142 反伽玛值对图像亮度的影响

2.7.2 Advanced【高级模式】参数组

1. Gamma【伽玛】

在本章 2.1.1 “如何使用【VRay 帧缓冲器窗口】”一节中曾经提到激活 SRGB 空间按钮（其 Gamma【伽玛】值为 2.2）可以快速改变渲染图像的亮度，这里通过 Gamma【伽玛】数值同样可以调整图像整体的亮度。

2. Sub-pixel mapping【子像素映射】与 Clamp output【钳制输出】

当渲染图像中出现如图 2-143 所示的异常的高亮点时，通常需要如图 2-144 所示同时勾选 Sub-pixel mapping【子像素映射】与 Clamp output【钳制输出】参数才能得到解决。

造成如图 2-143 中所示的异常高亮点主要有两个原因：一是在渲染的图像中物体表面高光区与非高光区的分界线将是一条暗线，开启【子像素映射】参数能使这条暗线两侧的明暗过渡更为自然；二是 Clamp output【钳制输出】则能使超出渲染器所能正常表现的亮度的高亮点强制降低其亮度以进行合理的显示。通过其后的 Clamp Level【钳制级别】可调整钳制的强度。

图 2-143 无法处理的亮度像素显示为异常高亮点

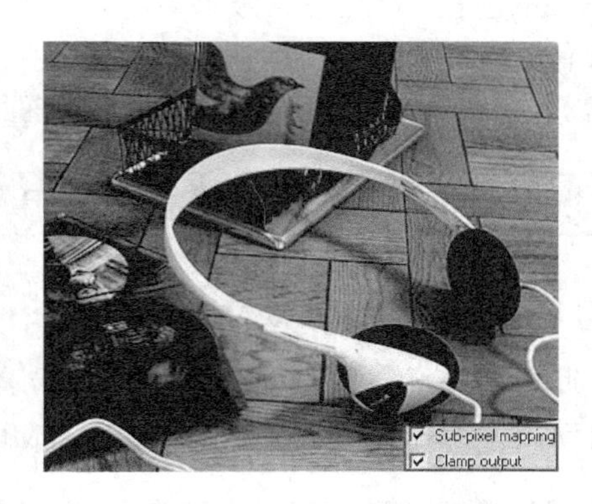

图 2-144 勾选子像素映射与钳制输出处理高亮点现象

注意：在【环境】卷展栏中使用 VRayHDRI【VRay 高动态范围贴图】模拟照明效果时，特别容易出现高亮点，因此通常需要勾选这两项参数才能得到理想的效果。

3. Affect background【影响背景】

单击勾选 Affect background【影响背景】参数后，使用不同映射类型时对灯光效果所带来的亮度以及色彩的改变同样将影响到背景效果。该参数勾选与否的背景对比渲染效果如图 2-145 与图 2-146 所示。

注意：第一，Affect background【影响背景】所能影响的仅为通过 3ds Max 的 Environment and effect【环境与特效】面板中添加的环境位图模拟的背景效果，对于使用自发光等材质添加贴图并赋予模型所制作的背景效果不产生影响。第二，Affect background【影响背景】参数对背景的影响十分有限，因此该项参数勾选与否对渲染结果并不会产生明显的影响。

图 2-145 勾选【影响背景】参数时背景天空的效果

图 2-146 取消【影响背景】参数时背景天空的效果

4. Mode【模式】

在 VRay3.60.03 版本中，Mode【模式】参数将替换以前版本中的【不影响颜色（仅自适应）】参数。Colormapping and Gamma【色彩映射与伽玛】选项对应于原版本中的不开启【不影响颜色（仅自适应）】选项，表示颜色映射与伽玛都会影响最终图像；None（don't apply anyting）对应于原版本中的开启【不影响颜色（仅自适应）】选项，VRay 将继续执行所有的计算，但不会加深最终的图像；Color mapping only（no gamma）【仅色彩映射（无伽玛）】为默认选项，只有色彩映射加深最终的图像。

2.7.3 Expert【专家模式】参数组

Linear workflow【线性工作流】

此选项已经弃用，将在以后的 Vray 版本中删除。该选项启用时，VRay 将在你的场景中自动应用所有你在 Vray 材质（VRayMtl）中设置的伽玛场景来校正倒数。

2.8 Camera【摄像机】卷展栏

单击展开 Camera【摄像机】卷展栏，其具体参数设置如图 2-147 所示，共有【摄像机类型】、【景深】以及【运动模糊】三个参数组。

2.8.1 Camera type【摄像机类型】参数组

1. Type【类型】

通过 Type【类型】后的下拉按钮（见图 2-148）可以更换 11 种不同类型的摄像机镜头，其中 7 种镜头渲染图像的效果分别如图 2-149~图 2-155 所示。

2. Override FOV【覆盖视野】

勾选 Override FOV【覆盖视野】参数后，如图 2-156 中所示的 3ds Max 标准摄像机 FOV

参数将失效。3ds Max 标准摄像机 FOV 最大值为 175°，而勾选【覆盖视野】参数后，通过其下的 FOV【视野】参数可以调整出 360° 的全视野效果。

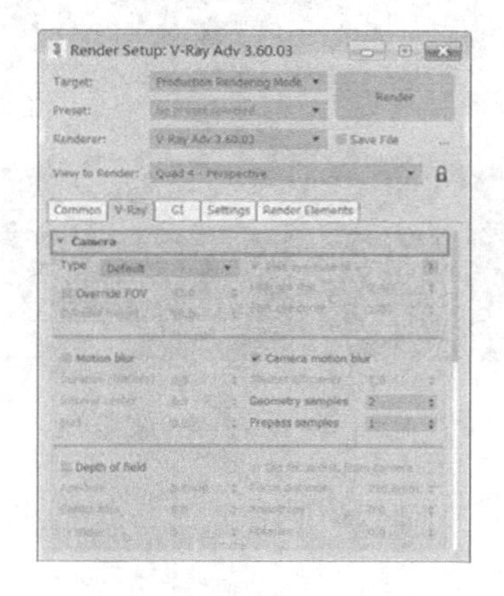

图 2-147 【摄像机】卷展栏参数设置

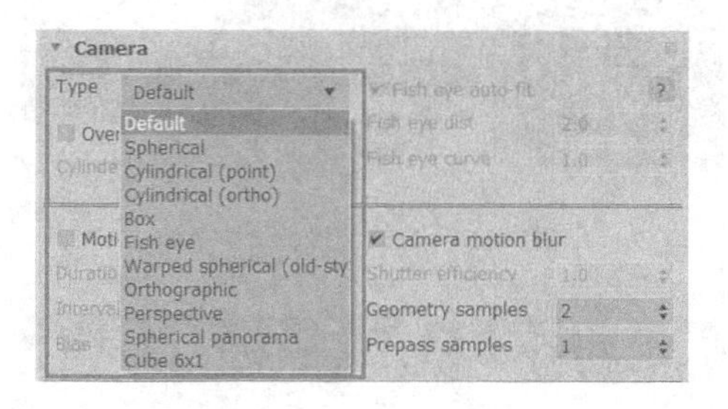

图 2-148 摄像机类型

图 2-149 标准摄像机渲染图像

图 2-150 球形摄像机渲染图像

图 2-151 点式圆柱体摄像机渲染图像

图 2-152 正交圆柱体摄像机渲染图像

3. Cylinder Height【圆柱高度】

在使用 Cylinderical (ortho)【圆柱体（正交）】摄像机类型时，改变 Cylinder Height【圆柱高度】参数值可以调整摄像机的高度以改变取景范围，如图 2-157 与图 2-158 所示。

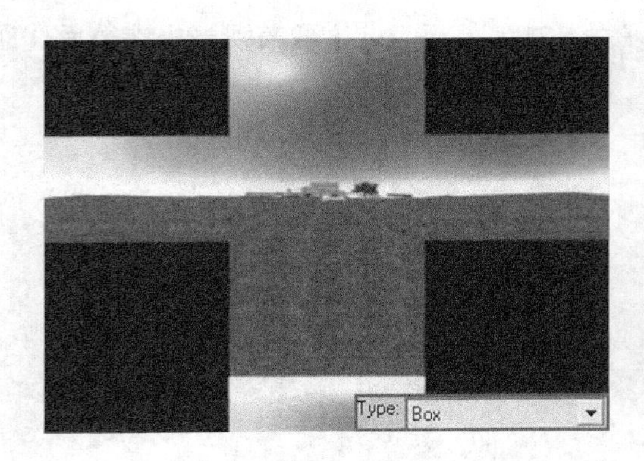

图 2-153　盒式摄像机渲染图像

图 2-154　鱼眼摄像机渲染图像

图 2-155　旧式包裹球形摄像机渲染图像

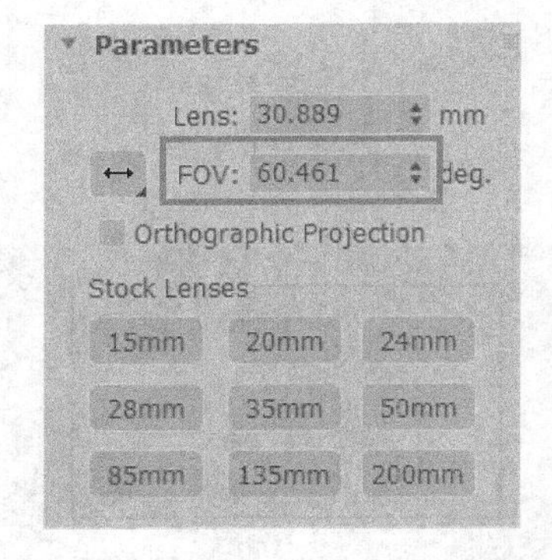

图 2-156　3ds Max 标准摄像机 FOV 参数

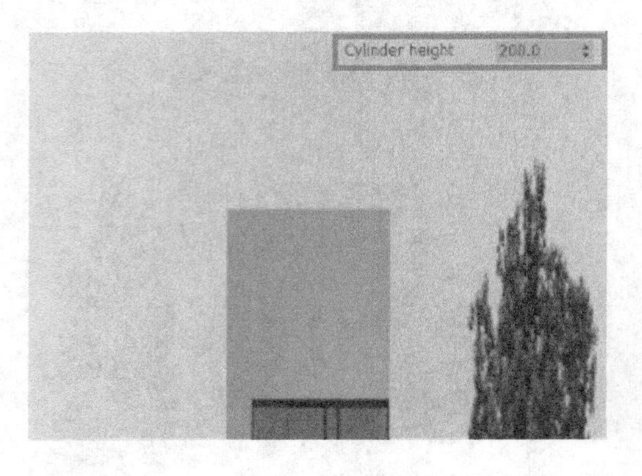

图 2-157　高度值为 200 时的渲染图像

图 2-158　高度值为 600 时的渲染图像

4. Fish eye auto-fit【鱼眼自适应】

在使用 Fisheye【鱼眼】摄像机类型时，保持 Fish eye auto-fit【鱼眼自适应】参数为默认的勾选时其能自动适配出合适的焦距，以获得如图 2-159 所示最大化的圆形透视效果；取消勾选该参数并保持其他参数值不变（Fish eye dist【鱼眼距离】为 2，Fish eye curve【鱼眼曲线】为 1）时，【鱼眼】摄像机类型的渲染效果如图 2-160 所示。此时将通过 Fish eye dist【鱼眼距离】参数手动进行调整。

图 2-159　勾选【鱼眼自适应】参数时的摄像机效果

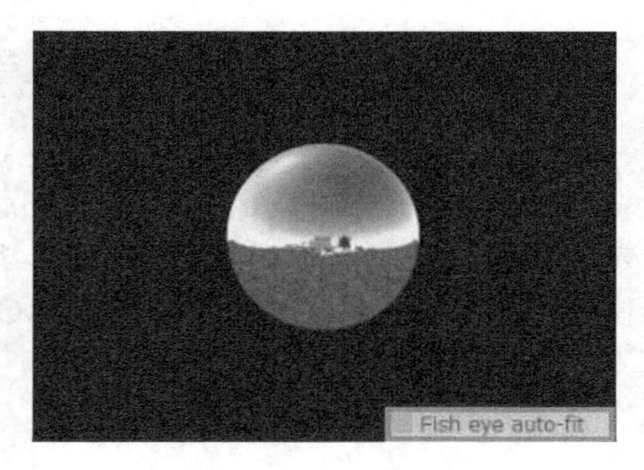

图 2-160　取消【鱼眼自适应】参数勾选时的摄像机效果

5. Fish eye dist【鱼眼距离】

在使用 Fisheye【鱼眼】摄像机类型时，取消 Fish eye auto-fit【鱼眼自适应】参数的勾选后通过调整 Fish eye dist【鱼眼距离】参数值可改变渲染图像的变形效果，如图 2-161 与图 2-162 所示。

图 2-161　距离为 1 时鱼眼摄像机的渲染效果

图 2-162　距离为 1.5 时鱼眼摄像机的渲染效果

6. Fish eye curve【鱼眼曲线】

在使用 Fisheye【鱼眼】摄像机类型时，通过调整 Fish eye curve【鱼眼曲线】参数值可以控制图像的扭曲度，取值为 0 时将获得扭曲最为严重的图像效果，而取值靠近 2 时图像的扭曲程度将会降低，如图 2-163 与图 2-164 所示。

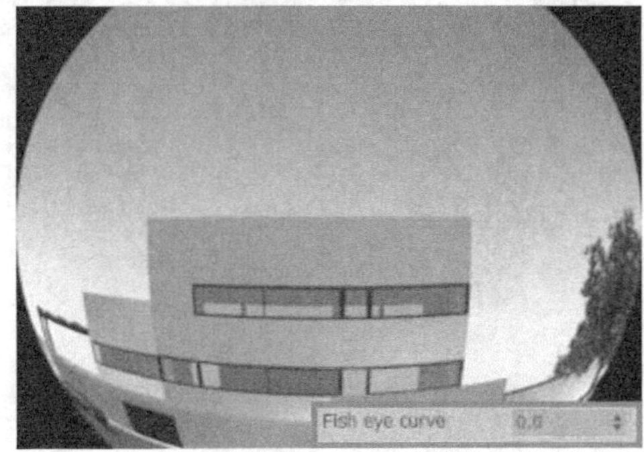

图 2-163　鱼眼曲线值为 0 时鱼眼摄像机的渲染效果

图 2-164　鱼眼曲线值为 2 时鱼眼摄像机的渲染效果

2.8.2 General Motion Blur【一般运动模糊】参数组

Camera【摄像机】卷展栏中 General Motion Blur【一般运动模糊】参数组具体参数设置如图 2-165 所示，而 VRay Physical camera【VRay 物理摄像机】仅设置了如图 2-166 所示的 Motion Blur【运动模糊】开启参数，其具体的效果需要通过控制场景中的模型运动规律去调整，因此相对而言，使用如图 2-165 所示的参数组进行【运动模糊】效果的调整更为方便有效。

✔ Motion blur		✔ Camera motion blur	
Duration (frames)	0.5	Shutter efficiency	1.0
Interval center	0.5	Geometry samples	2
Bias	0.0	Prepass samples	1

图 2-165 【摄像机】卷展栏运动模糊参数设置

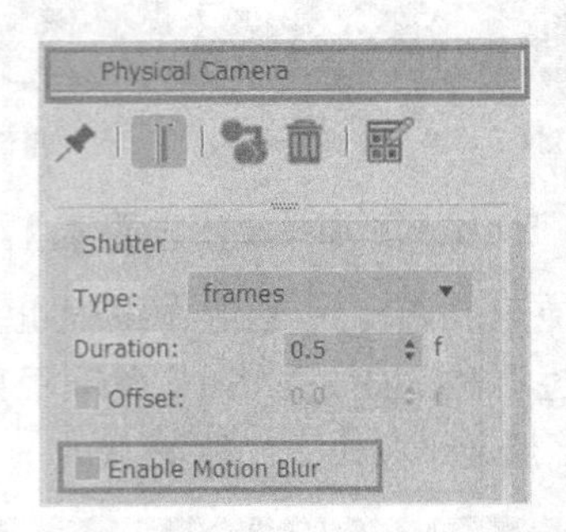

图 2-166 VRay 物理摄像机相关参数

接下来了解 General Motion Blur【一般运动模糊】参数组中各项参数的具体功能。

1. Motion blur【运动模糊】

勾选 Motion blur【运动模糊】启用框将启用渲染图像的运动模糊。

Steps 01 打开本书配套资源中如图 2-167 所示的"Motion blur.Max"（运动模糊.Max）文件，接下来为其中的香水瓶与细珠制作简单的运动效果。

Steps 02 首先将时间滑块移动至第 20 帧处，激活 Autokey【自动关键帧】按钮，然后如图 2-168 所示首先利用旋转工具给香水瓶制作翻倒动作，再利用移动工具给细珠制作远近不一的移动动作。

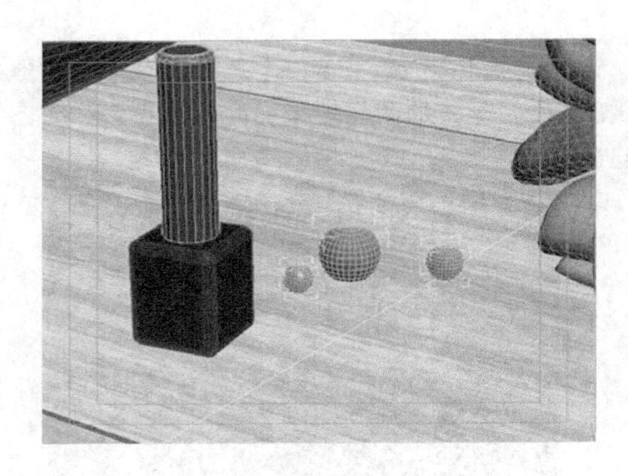

图 2-167 打开摄像机运动模糊.Max 文件

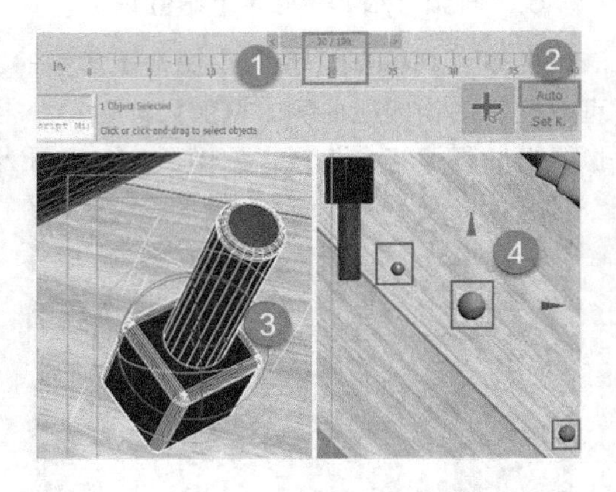

图 2-168 设置香水瓶翻倒以及细珠移动动作

Steps 03 制作完成后将时间滑块退回第 0 帧处，然后如图 2-169 所示勾选 Motion blur【运动模糊】启用框并设置好其他参数，设置完成单击渲染按钮将得到如图 2-170 所示的渲染结果，可以看到图像中相关模型对象由于动作产生的运动模糊效果。

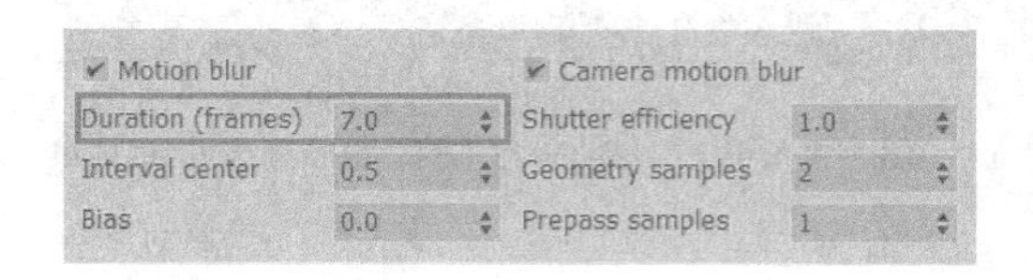

图 2-169　启用【运动模糊】并设置参数

图 2-170　运动模糊渲染效果

2. Duration Frame【帧持续时间】

Duration frame【帧持续时间】参数控制从第 0 帧开始到第多少帧的运动效果将被考虑用于运动模糊的计算。如图 2-171 与图 2-172 所示，该参数值越大，持续时间越长，用于计算模糊效果的帧越多，图像中记录的动作过程越完整，因此运动模糊效果也越明显。

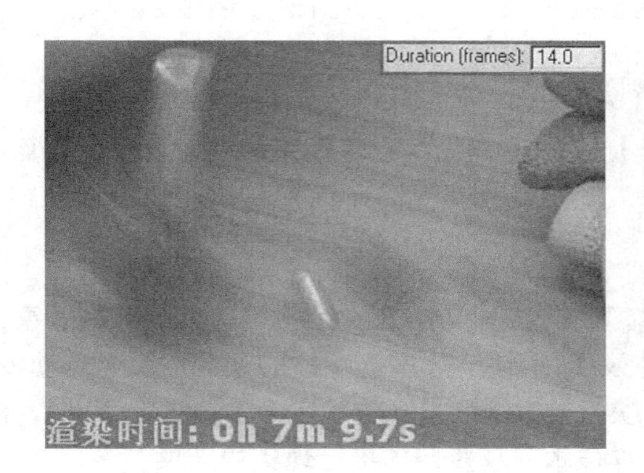

图 2-171　帧持续时间为 14 时的运动模糊效果及耗时

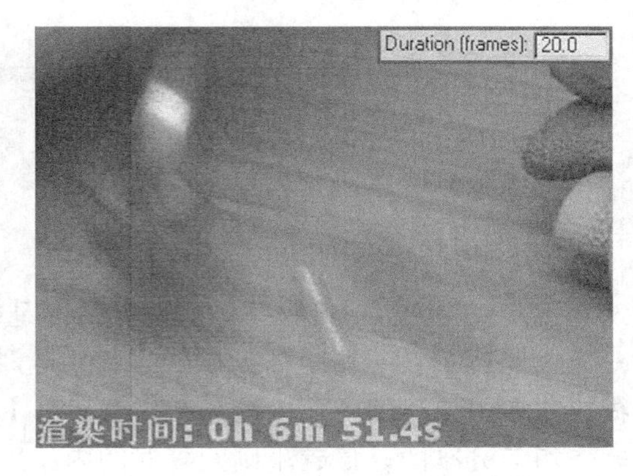

图 2-172　帧持续时间为 20 时的运动模糊效果及耗时

3. Interval center【间隔中心】

Interval center【间隔中心】参数指定帧与帧之间产生运动模糊效果的时间位于前后两个帧之间的什么位置，默认数值为 0.5 时相当于前后两个帧的中心位置。如图 2-173~图 2-175 所示，增大该数值将使运动模糊形成轨迹越明显。

4. Bias【偏移】

通过 Bias【偏移】参数可以决定运动模糊效果的偏移程度，值为 0 时灯光均匀通过全部运动模糊的间隔中心。如图 2-176~图 2-178 所示，该数值为负时光线偏向于运动的起始端，渲染图像中球体位于起始位置，而该数值为正值时光线偏向于运动间隔的末端，渲染图像中球体位于结束位置。

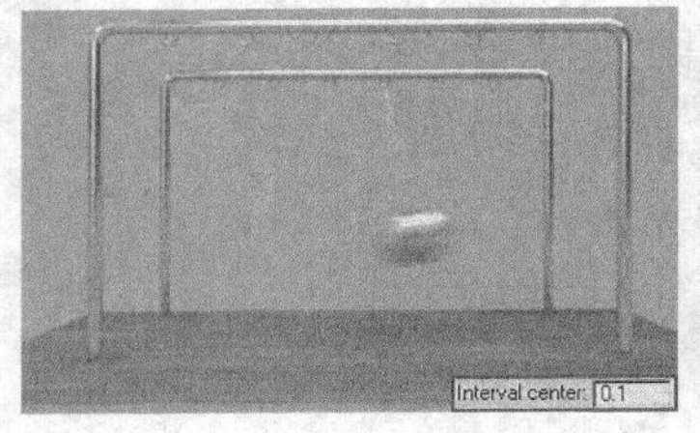

图 2-173　间隔中心为 0.1 时的效果

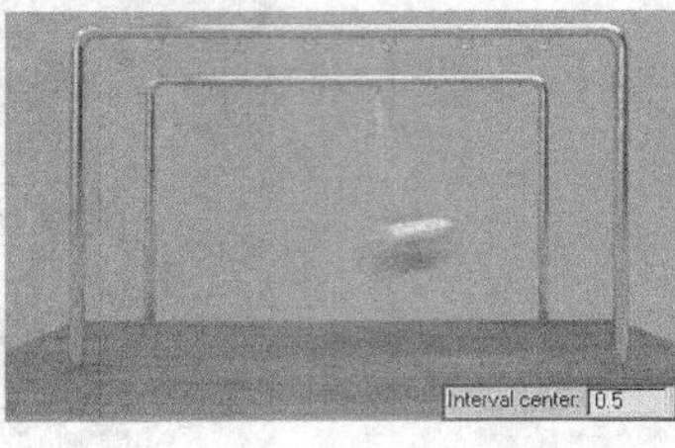

图 2-174　间隔中心为 0.5 时的效果

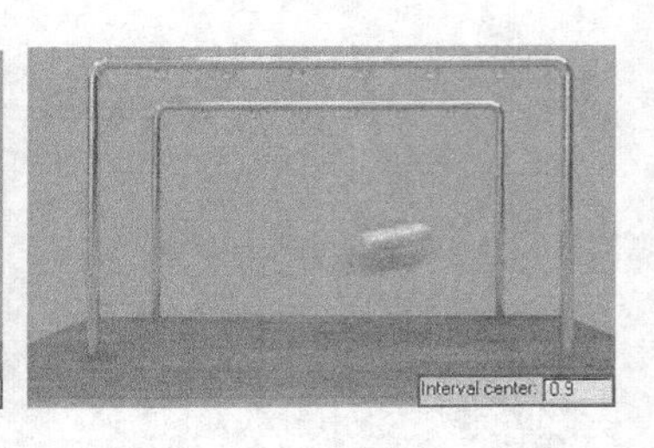

图 2-175　间隔中心为 0.9 时的效果

图 2-176　偏移值为-4 时的效果

图 2-177　偏移值为 0 时的效果

图 2-178　偏移值为 4 时的效果

5. Camera motion blur【相机运动模糊】

勾选 Camera motion blur【相机运动模糊】启用框，启用相机移动引起的运动模糊计算，相机移动与物体移动是相反的。

6. Shutter efficiency【快门效率】

现实生活中，相机快门的打开和关闭是需要一定时间的，因此会影响运动模糊的效果，对于大光圈的镜头更是如此。为了模拟这种效果，【快门效率】参数的设置控制了运动模糊样本在拍摄时间间隔内的分布方式。当【快门效率】的参数值设定为 1 时，就意味着样本是均匀分布的，值越小则间隔时间内的采样样本就越多，越接近现实的结果。

7. Geometry samples【几何结构采样】

通过 Geometry samples【几何结构采样】后的数值可以设定近似运动模糊的几何学片断数目，如图 2-179 与图 2-180 所示，对于快速旋转运动形成的模糊效果，如果该参数值过低在运动模糊效果中有可能观察不到旋转主体，提高该数值可以突出旋转主体的存在。

8. Prepass samples【预采样】

通过设置 Prepass samples【预采样】后的数值可决定 Irrdiance map【发光贴图】计算的过程中每时间段有多少样本用于计算运动模糊效果。

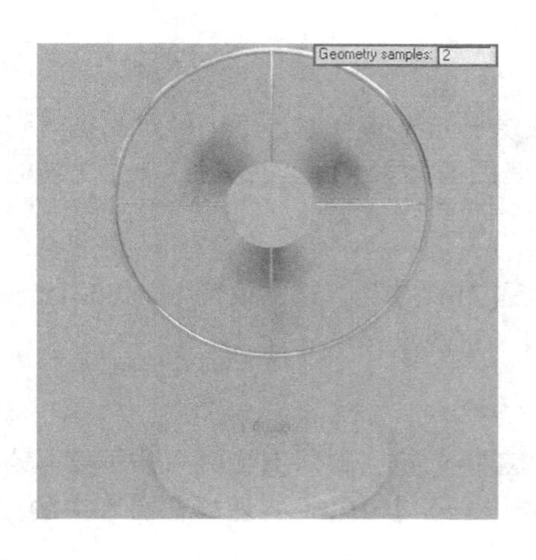

图 2-179　几何结构采样为 2 时的效果

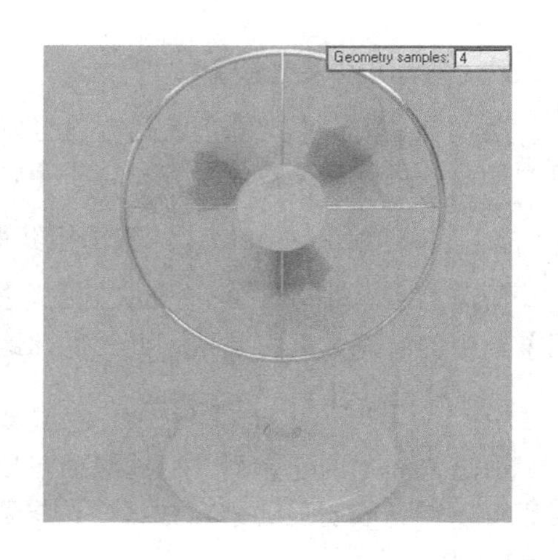

图 2-180　几何结构采样为 4 时的效果

2.8.3　Depth of field【景深】卷展栏

Depth of field【景深】卷展栏的具体参数设置如图 2-181 所示.在 VRay 渲染器推出 VRay physical camera【VRay 物理摄像机】之前，要完成场景中的【景深】和【散景】特殊效果就必须通过这些参数实现，但有了【VRay 物理摄像机】后便可以通过如图 2-182 所示的参数进行【景深】、【散景】特效的制作。

Depth of field		Get focus dist. from camera	
Aperture	5.0mm	Focus distance	200.0mm
Center bias	0.0	Anisotropy	0.0
Sides	5	Rotation	0.0

图 2-181　【景深】卷展栏参数设置

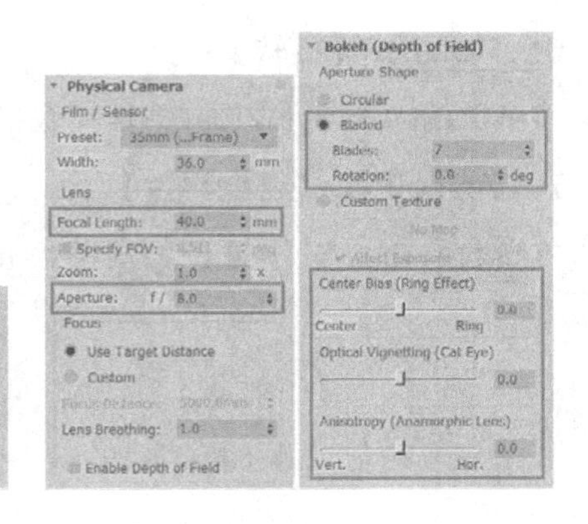

图 2-182　VRay 物理摄像机景深相关参数设置

此外,【VRay 物理摄像机】自身对【景深】效果的控制手段也更为直观，因此在本节中将只大概介绍一下这些参数的功能，而在本书的第 10 章“VRay 摄像机”中则详细地讲解了【景深】与【散景】的产生以及使用【VRay 物理摄像机】表现出这两种特效的详细方法，读者可以进行查阅。

1.　On【启用】

勾选 Depth of field【景深】启用框将启用场景中标准摄像机的景深功能。

2. Aperture【光圈】

通过 Aperture【光圈】后的数值可以定义摄像机的光圈尺寸，较小的光圈将得到较明显的景深效果。该参数的功能相当于【VRay 物理摄像机】中的 Aperture: f/【光圈数值】。

3. Get from camera【从摄像机获取】

勾选 Get focus dist. from camera【从摄像机获取焦距】后，通过设定 Focal distance【焦距】产生的景深效果将失效，此时的焦距将由摄像机的目标点确定。

4. Focas distance【焦距】

通过 Focas dist【焦距】后的数值可以手动调整摄像机到物体完全聚焦的距离，较大的距离可以得到较明显的景深效果，该参数的功能相当于【VRay 物理摄像机】中的 Focal length【焦距】。

注意：以上四项参数可针对表现【景深】特效进行调整，而参数组中的 Sides【边数】、Anisotropy【各向异性】和 Rotation【旋转】参数则主要针对于【散景】特效，其功能与【VRay 物理摄像机】中的 Bokeh (Depth of Filed)【散景（景深）】卷展栏参数一致。

5. Sides【边数】

Sides【边数】与【VRay 物理摄像机】中的 Blades【叶片数】功能一致，用于调整光圈形状。

6. Rotation【旋转】

该参数的功能与【VRay 物理摄像机】中的同名参数功能一致。

7. Anisotropy【各向异性】

该参数的功能与【VRay 物理摄像机】中的同名参数功能一致。

第 3 章 间接照明选项卡

本章重点：

- 什么是全局光照明
- Global illumination 【全局照明】卷展栏
- Irradiance map【发光贴图】卷展栏
- Global Photon map【全局光子贴图】卷展栏
- Light cache【灯光缓存】卷展栏
- Brute force GI【强力全局照明】卷展栏
- Caustics【焦散】卷展栏

双击 Render setup【渲染设置】面板上的GI【间接照明】选项卡，将切换到如图 3-1 所示的卷展栏面板，通过这些卷展栏的调整可以制作出逼真的全局光照明效果以及焦散特效，接下来首先了解什么是全局光照明。

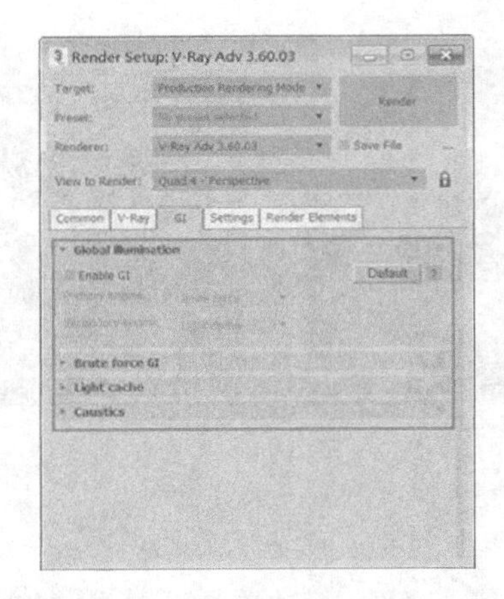

图 3-1　间接照明选项卡卷展栏设置

3.1 什么是全局光照明

全局光照明由直接照明与间接照明两部分组成，如图 3-2 所示的场景中共有室外阳光与室内光源两处灯光，如果保持图 3-1 中的 Enable GI【启用 GI】为关闭状态，渲染场景将会得到如图 3-3 所示的结果。可以看到，除了灯光直射的区域外，其他区域没有任何光线。

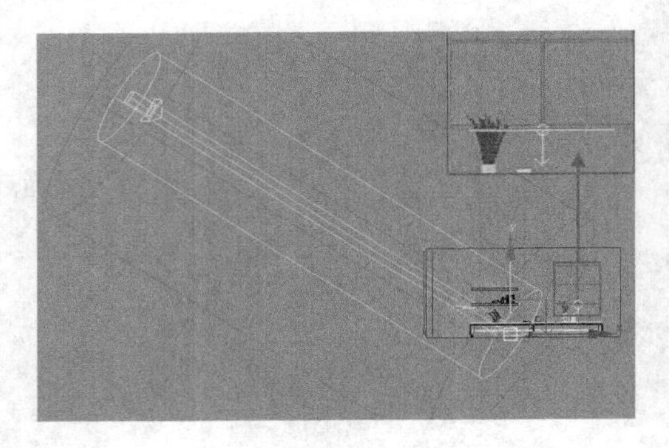

图 3-2　渲染场景

图 3-3　仅有直接照明的图像效果

图 3-3 表现的是只有灯光直射区域产生的照明，即直接照明效果。此时的光线在到达第一个碰撞物体后即停止了传播，如图 3-4 所示。但在现实物理世界中，光线传播到第一个物体表面，会在损失一部分能量后经反弹改变方向继续传播，如图 3-5 所示，并不断重复这个过程，直至能量完全衰竭，这种由于光线反弹造成的照明效果即间接照明。

图 3-4　直接照明示意图

图 3-5　现实灯光传播示意图

因此，同样对于如图 3-2 所示的场景，如果勾选图 3-1 中的 Enable GI【启用 GI】参数开启【间接照明】，再次进行渲染，就会得到如图 3-6 所示的渲染结果。观察可以发现，此时场景亮度与灯光的衰减效果与现实效果更为接近。但要注意的是，此时得到的灯光效果是全局光效果，即图像中既有直接照明又有间接照明的效果，如果仅有间接照明，则在图像中只能形成如图 3-7 所示的灯光效果。可以看到，图像中缺少直接照明效果，因而缺乏灯光层次感。

图 3-6　全局光照明效果

图 3-7　仅间接照明效果

现实的光线反弹情况远比如图 3-5 所示的要复杂，渲染器通常会使用一定的计算方式以尽可能地模拟出真实的反弹效果。接下来将通过对各个卷展栏的学习，了解 VRay 渲染器如何实现全局光照明效果，并通过怎么样的计算方式模拟真实的光线反弹。

3.2 Global illumination【全局照明】卷展栏

Global illumination【全局照明】卷展栏包含 Default【默认】、Advanced【高级】、Expert【专家】三种模式，其参数默认设置如图 3-8 所示，勾选其中的 Enable GI【启用 GI】参数，将激活其他参数。该卷展栏最重要的作用即根据渲染的不同需求，通过其 Primary engine【首次引擎】参数组与 Secondary engine【二次引擎】参数组调整场景灯光计算引擎方式，以最少的时间获得最佳的渲染效果。

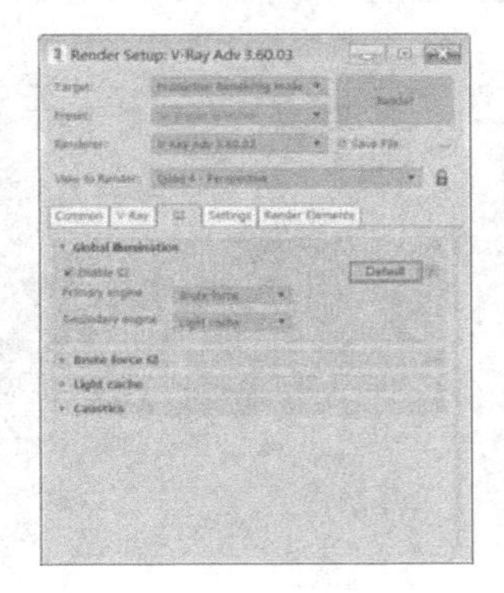

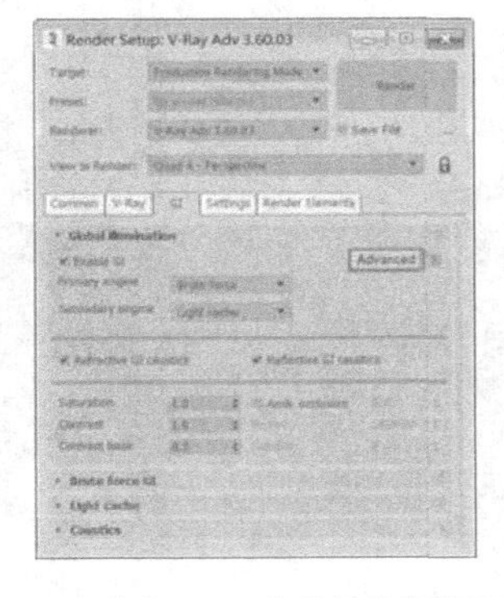

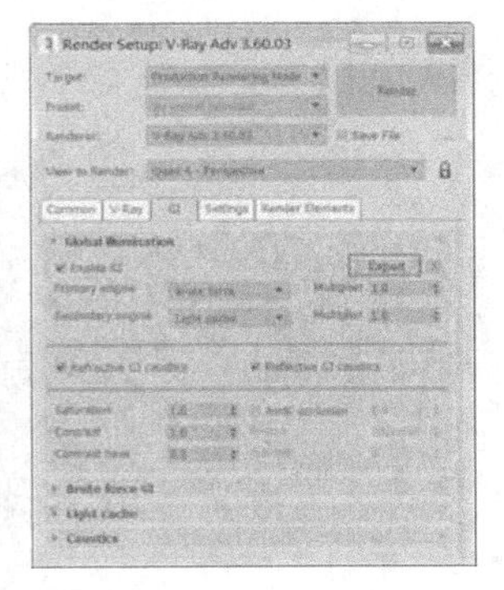

图 3-8　【全局照明】卷展栏参数设置

3.2.1 Default【默认模式】参数组

1. Primary engine【首次引擎】

Primary engine【首次引擎】参数组用于调整光线经场景对象首次反弹后对其颜色与明暗的影响，具体包括对反弹强度以及反弹计算引擎的调整。VRay 渲染器为首次引擎提供了如图 3-9 所示的 4 种计算引擎，类似于 Image sampler【图像采样器】的使用，选择其中的任何一个计算引擎，均会在【间接照明】选项卡内增加一个对应的卷展栏，以便进行精确的参数控制。

2. Secondary engine【二次引擎】

Secondary engine【二次引擎】参数组用于调整光线再次经过对象反弹后的颜色与明暗，其参数设置与功能都与【首次引擎】参数组十分类似，唯一的区别在于只提供了如图 3-10 所示的 3 种计算引擎。VRay 渲染器提供的总共 4 种灯光计算引擎对光线的计算方式均不相同，所得到的计算结果与耗费的计算时间也各有差异。

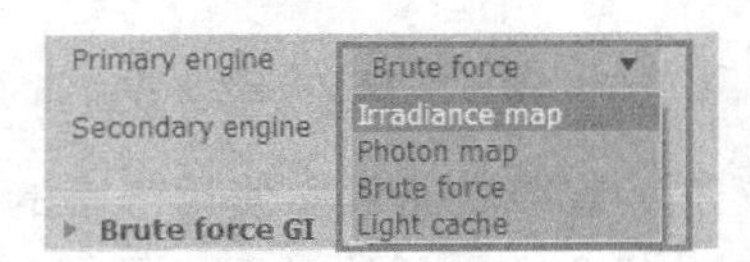

图 3-9　首次反弹全局照明引擎类型

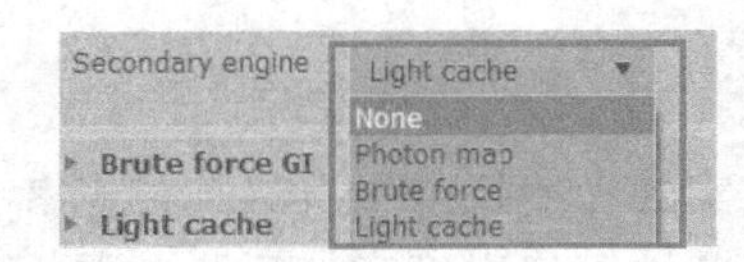

图 3-10　二次反弹全局照明引擎类型

3.2.2 Advanced【高级模式】参数组

1. GI caustics【全局照明焦散】参数组

GI caustics【全局照明焦散】参数组的设置如图 3-11 所示。Caustics【焦散】效果是 VRay 渲染器十分出色的灯光表现细节，指的是灯光在经过反射或折射聚集在物体表面的光线效果如图 3-12 所示。在本章最后一节“3.7Caustics【焦散】卷展栏”中将会对其进行详细的介绍，但该处的 GI caustics【全局照明焦散】与 Caustics【焦散】并没有太大的联系。

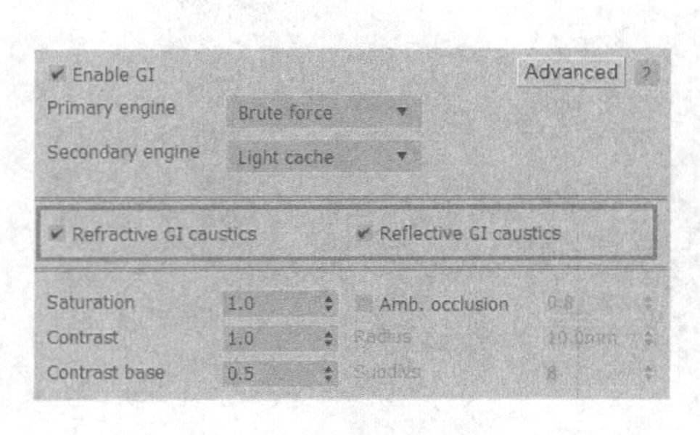

图 3-11　【全局照明】焦散参数组设置

图 3-12　VRay 渲染器的焦散效果

❑ Refractive GI caustics【折射全局照明焦散】

Refractive GI caustics【折射全局照明焦散】参数控制间接光照是否能穿透场景中的透明物体，如图 3-13 与图 3-14 所示.保持该项参数为默认勾选能得到正常的材质透明效果，取消勾选后将在透明物体上形成阴影叠加的效果，影响材质通透感的表现。

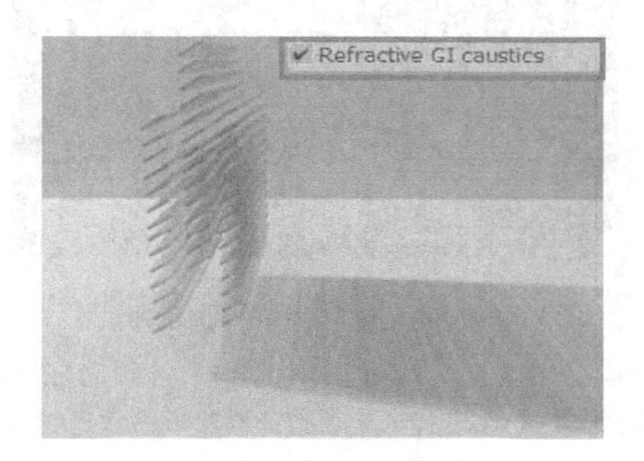

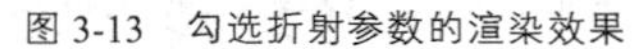
图 3-13　勾选折射参数的渲染效果

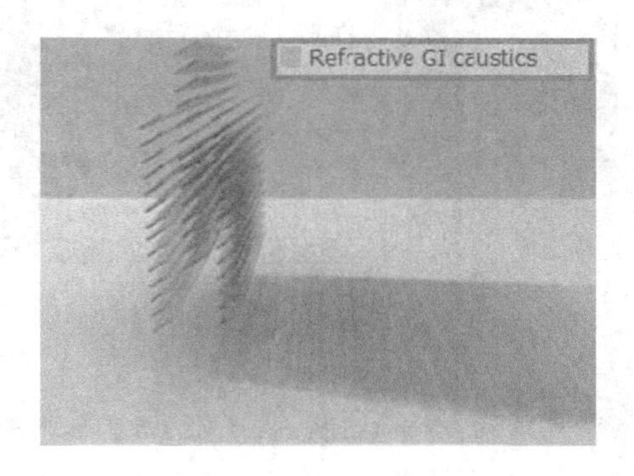

图 3-14　未勾选折射参数的渲染效果

注意：即使 GI caustics【全局照明焦散】参数组中关于焦散的两项参数都未勾选，通过 Caustics【焦散】卷展栏参数的设置与灯光的调整仍可表现出理想的焦散效果，即这两组参数互不冲突。

❑ Reflective GI caustics【反射全局照明焦散】

Reflective GI caustics【反射全局照明焦散】参数控制间接光照是否影响场景中由于反射形成的高光效果。勾选该参数后有可能在高光处形成阴影效果。通常保持默认状态即可。

2. Saturation【饱和度】

在场景当前灯光与材质参数不进行调整的前提下，可以通过 Saturation【饱和度】参数对最终渲染图像的颜色饱和度进行调整。如图 3-15 与图 3-16 所示，饱和度数值越大，图像颜色饱和度越高。

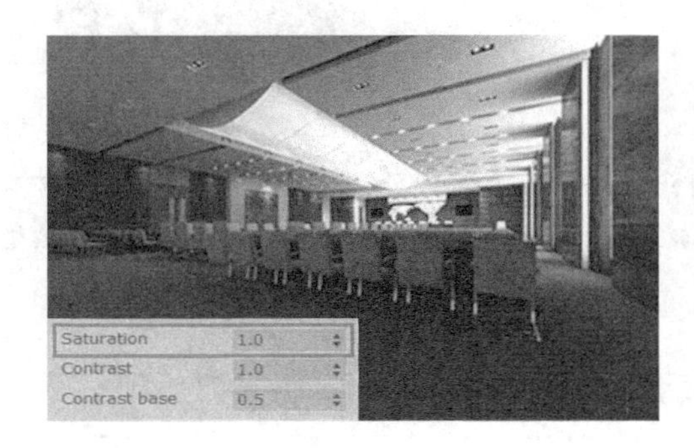

图 3-15　Saturation=1.0

图 3-16　Saturation=5.0

3. Contrast【对比度】

在场景当前灯光与材质参数不进行调整的前提下，可以通过 Contrast【对比度】参数对最终渲染图像进行对比度的调整，如图 3-17 与图 3-18 所示。

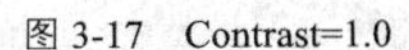
图 3-17　Contrast=1.0

图 3-18　Contrast=5.0

技巧： 由于 Contrast【对比度】参数能对图像颜色饱和度进行快速调整，因此当场景中溢色较明显时，降低该参数可以产生一定的控制效果，而如果要表现黄昏时分色彩较浓的光线效果时，也可以适当提高该参数，以突出光线的色彩氛围。

4. Contrast base【对比度基数】

Contrast base【对比度基数】参数用于调整 Contrast【对比度】参数调整幅度.如图 3-19 与图 3-20 所示，增大该参数数值后，同样的【对比度】参数值所产生的明暗对比将变得更强烈。

图 3-19　Contrast base=0.5

图 3-20　Contrast base=0.8

注意： Saturation【饱和度】、Contrast【对比度】和 Contrast base【对比度基数】参数组可以在场景的间接照明作用到最终渲染图像前进行一些额外的修正，要注意的是必须在进行渲染之前调整相关参数。

3.2.3 Expert【专家模式】参数组

1. （Primary engine）Multiplier【（首次引擎）倍增】

通过 Multiplier【倍增】参数后的数值可以调整光线【首次引擎】的强度，该数值越大，反弹越强烈，渲染图像效果亮度越高，如图 3-21 与图 3-22 所示。

图 3-21 Multiplier=1

图 3-22 Multiplier=1.8

2. （Secondary engine）Multiplier【（二次引擎）倍增】

通过 Multiplier【倍增】参数后的数值可以调整光线【二次引擎】的强度，默认值为 1.0 可以产生精确的物理图像，若取接近 0.0 的值可能会产生一个黑暗的图像。

3.3 Brute force GI【强力全局照明】卷展栏

单击展开 Brute force GI【强力全局照明】卷展栏，其具体参数设置如图 3-23 所示。【强力全局照明】引擎能单独验算每一个发光点的全局光照明效果，因此能得到十分精确细致的渲染效果，特别是对具有大量细节的场景表现尤为出色；其缺点是由于验算每一个发光点，将造成计算速度十分缓慢。

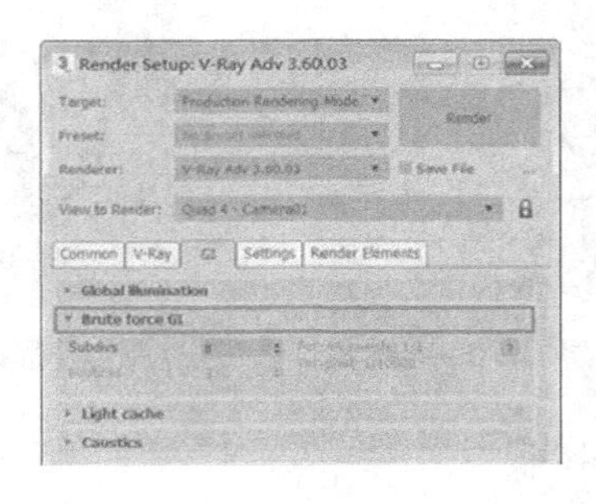

图 3-23 【强力全局照明】卷展栏参数设置

3.3.1 Subdivs【细分】

Subdivs【细分】参数用于确定 Burute force GI【强力全局照明】灯光引擎对灯光采样时使用的近似样本数量。如图 3-24 与图 3-25 所示，该参数值越高，采样越精细，图像品质越好，但也会耗费更多的计算时间。

3.3.2 Bounces【反弹】

Bounces【反弹】参数只有在 Brute force GI【强力全局照明】被选为二次引擎时才可用，用于计算光线反弹的次数.如图 3-26 与图 3-27 所示，反弹数值越高，图像中灯光效果越明亮越自然，但对于图像中的噪点等品质问题，单独提高该参数并不能得到十分有效的解决，而需要对 Subdivs【细分】参数值进行提高。

图 3-24 低细分渲染效果及耗时

图 3-25 高细分渲染效果及耗时

技巧: Brute force GI【强力全局照明】灯光引擎参数设置十分简单，虽然其所耗费的计算时间较多，但在细节表现上能取得十分满意的效果，因此在进行工业产品等特写渲染时可以将其设置为 Secondary engine【二次引擎】灯光引擎，从而在图像细节表现与渲染时间上都能取得比较满意的结果。

图 3-26 低反弹渲染效果及耗时

图 3-27 高反弹渲染效果及耗时

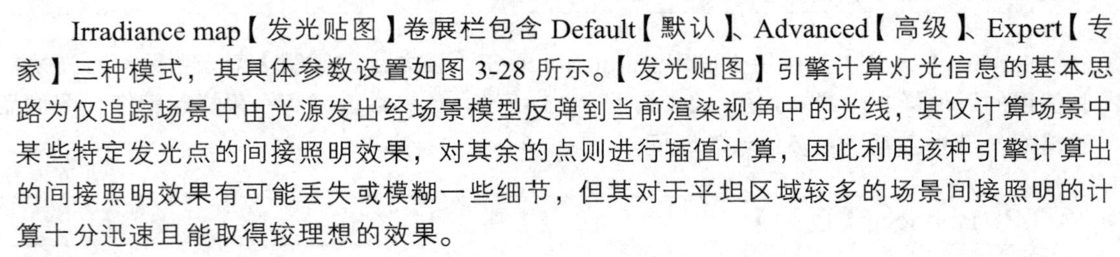

3.4 Irradiance map【发光贴图】卷展栏

Irradiance map【发光贴图】卷展栏包含 Default【默认】、Advanced【高级】、Expert【专家】三种模式，其具体参数设置如图 3-28 所示。【发光贴图】引擎计算灯光信息的基本思路为仅追踪场景中由光源发出经场景模型反弹到当前渲染视角中的光线，其仅计算场景中某些特定发光点的间接照明效果，对其余的点则进行插值计算，因此利用该种引擎计算出的间接照明效果有可能丢失或模糊一些细节，但其对于平坦区域较多的场景间接照明的计算十分迅速且能取得较理想的效果。

在室内效果图的制作过程中，常选用其为 Primary engine【首次引擎】，然后在【二次引擎】使用 Light cache【灯光缓存】进行细节灯光信息的补充计算，这种搭配方式能在渲染品质与渲染速度两者间获得比较理想的平衡。

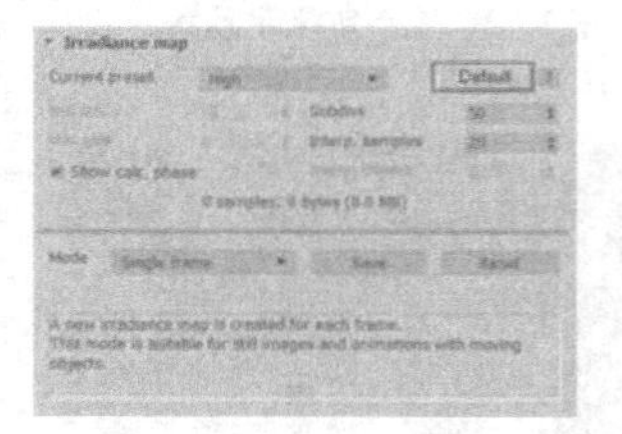
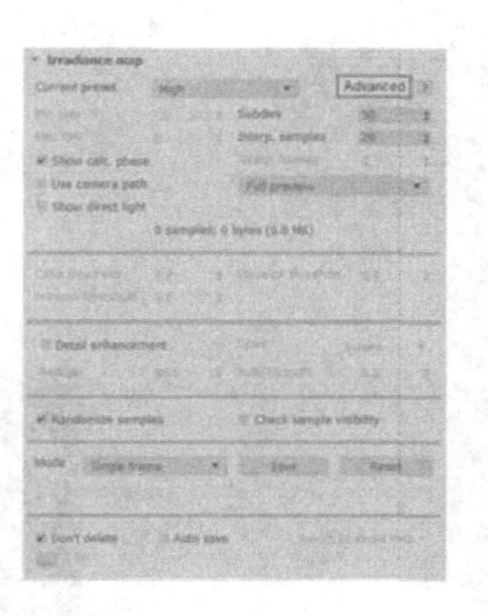
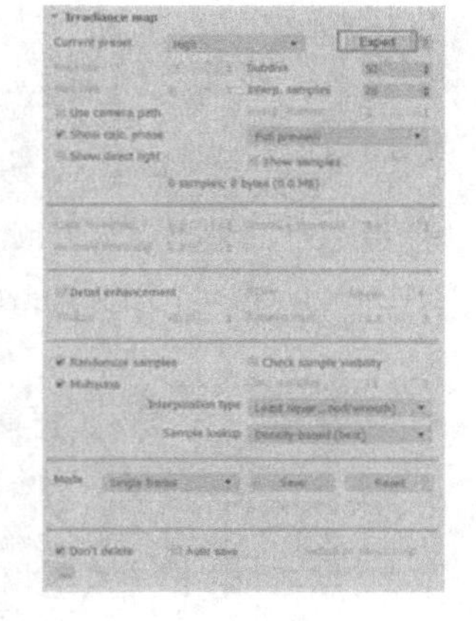

图 3-28 【发光贴图】参数设置

3.4.1 Default【默认模式】参数组

1. Current preset【当前预置】

VRay 渲染器提供了如图 3-29 所示的 8 种预置供选择，其中除了 Custom【自定义】预置之外，选择其他任何一种预置，系统都将自动调整并锁定其下的基本参数组,，如图 3-30 所示。

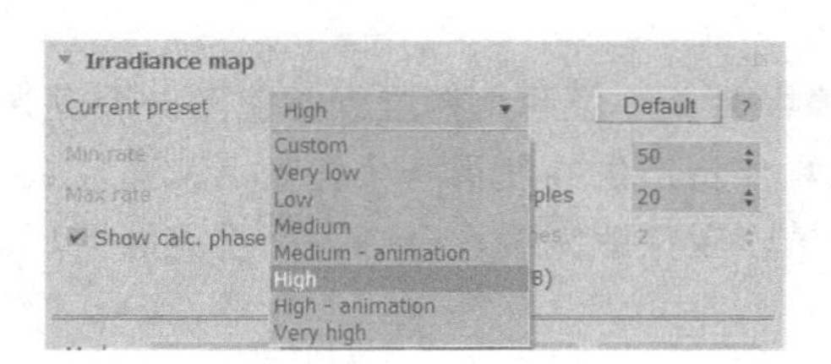

图 3-29 VRay 渲染器内置的 8 种预设模式

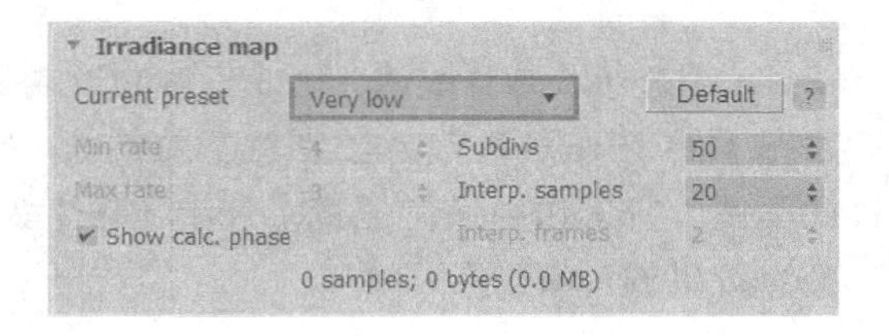

图 3-30 选择预置模式将锁定部分基本参数

VRay 渲染器从静帧与动画（Animation）两个角度提供了多种档次（从 very low 到 very high）的预置，但通常这些预置参数并不能完全适合每个场景的特点，为此我们可以根据表现的大致要求选择其中的某种预置，如在最终渲染时可以先选择如图 3-31 所示的 High【高】预置，然后再如图 3-32 所示切换至 Custom【自定义】预置，这样就可以在保留部分 High【高】预置参数的基础上，根据场景的需要，通过调整其基本参数中的其他参数以获得较理想的渲染品质与渲染速度平衡。

2. Min rate【最小比率】

Min rate【最小比率】参数确定【发光贴图】引擎第一次 Prepass【预处理】的分辨率大小.【预处理】即如图 3-33 所示【发光贴图】引擎计算的方式，当【最小比率】取值为 0 时，将对图像中每一个单独的像素点使用一个单独的发光点，这样计算的结果相当精细，但也会耗费相当多的计算时间，如图 3-34 所示。

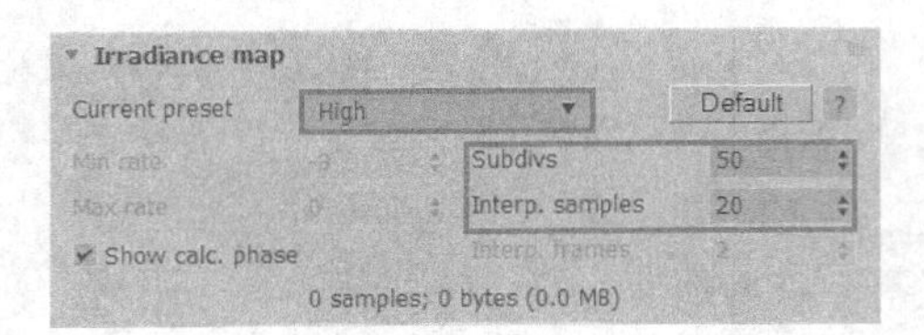

图 3-31 选择高预置

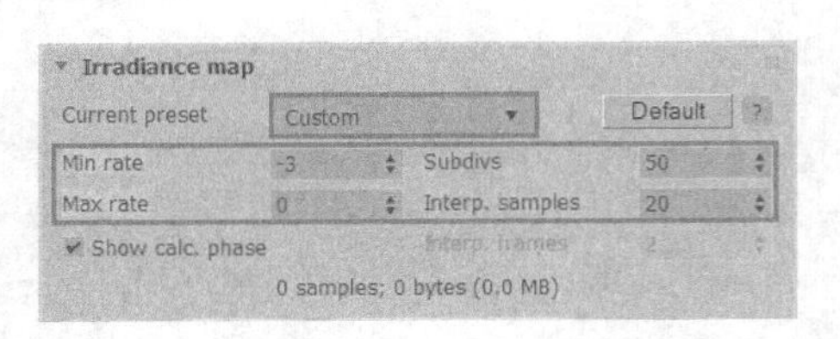

图 3-32 【自定义】预置

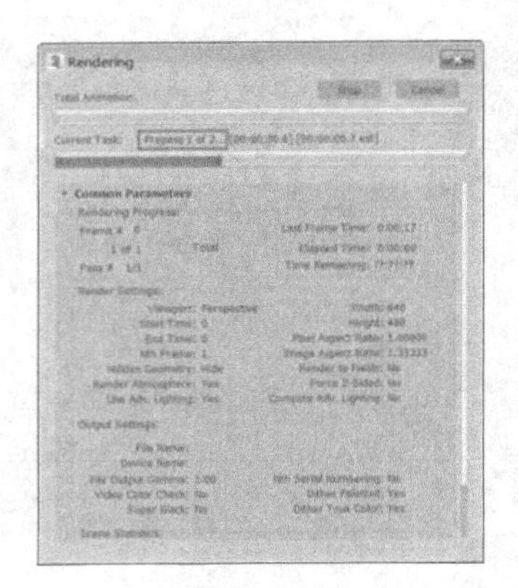

图 3-33 发光贴图预处理

图 3-34 最小比率为 0 时的预处理分辨率

技巧：勾选 Options【选项】参数组中的 Show calc. phase【显示计算状态】参数，可以在渲染窗口中观察到如图 3-34 所示的预处理过程。

当【最小比率】取值为-1 时，则意味着图像中每 4 个像素点将产生并使用一个发光点，如图 3-35 所示。取值为-2 则意味着每 16 个像素点将产生并使用一个发光点，其他数值依此类推。在工作中通常设置【最小比率】为负值，以快速完成场景中大而平坦的区域的间接光效果的计算。

3. Max rate【最大比率】

Max rate【最大比率】参数则确定【发光贴图】引擎最后一次 Prepass【预处理】的分辨率大小，其后的取值对像素与发光点的分配与【最小比率】一致，因此增大其中的任意一项参数的数值都会提升渲染质量并增加计算时间，而【发光贴图】对灯光【预处理】的次数则为【最大比率】与【最小比率】间的差值加 1，如图 3-36 所示。

4. Subdivs【细分】

Subdivs【细分】参数决定【发光贴图】计算采样时被用于单独计算的间接照明样本的数量。该参数数值越大，渲染图像越平滑细腻，但也会耗费更多的计算时间，如图 3-37~图 3-39 所示。

注意：实际用于单独计算间接照明样本的数量为 HSph subdivs【半球细分】参数值的平方。

图 3-35　最小比率为-1 时的预处理分辨率

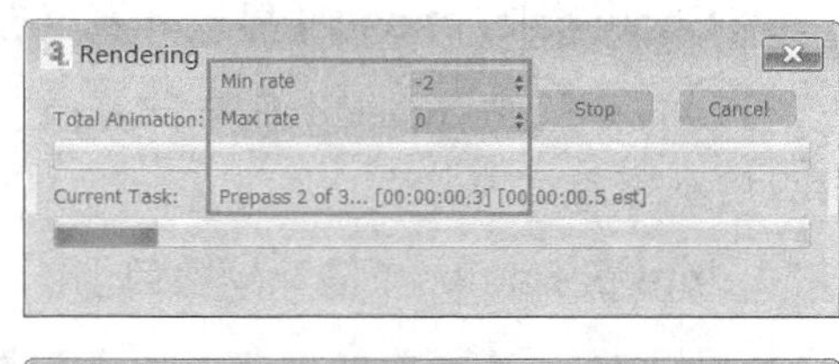

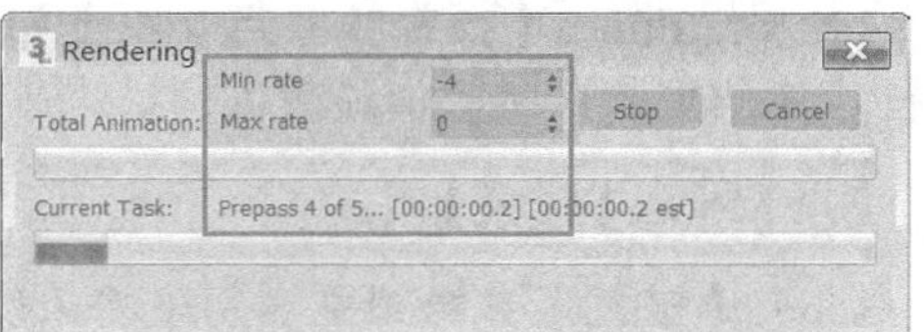

图 3-36　最大比率与最小比率差值决定预处理次数

图 3-37　半球细分为 10 的效果及耗时

图 3-38　半球细分为 20 的效果及耗时

图 3-39　半球细分为 60 的效果及耗时

5. Interp. samples【插值的样本】

Interp. samples【插值的样本】参数决定【发光贴图】计算采样时被用于插值计算间接照明样本的数量。小的取值会产生锐利的细节效果，但可能出现黑斑，使得图像显得粗糙，而较大的值会模糊转角面的细节，以得到光滑的图像，同时将耗费更长的计算时间，如图 3-40 与图 3-41 所示。

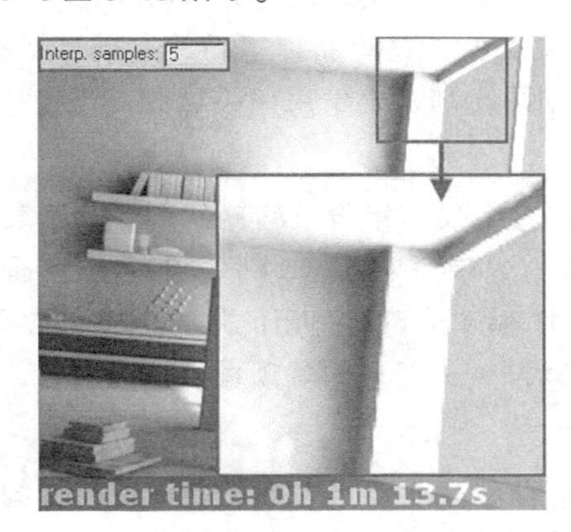

图 3-40　插补样本为 5 的渲染效果及耗时

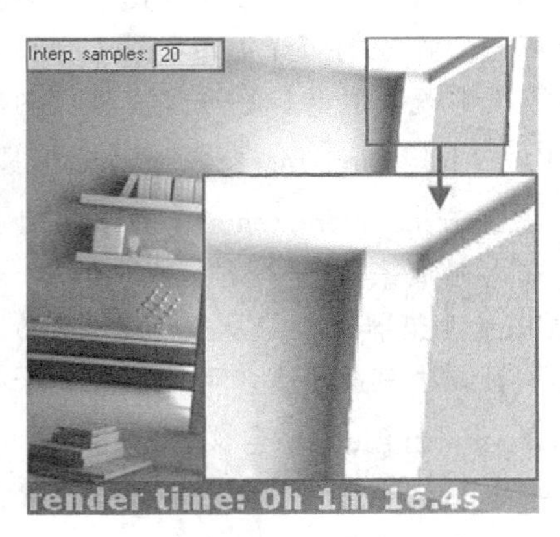

图 3-41　插补样本为 20 的渲染效果及耗时

6. Show calc. phase【显示计算状态】

勾选 Show calc. phase【显示计算状态】参数，在进行 Prepass【预处理】时可以在渲染窗口内观察到计算状态。

7. Interp. frames【插补帧数目】

Interp. frames【插补帧数目】用于调整动画帧与帧之间对象运动模糊进行插补计算的数目。保持其默认参数值设置即可。

8. Mode【模式】

Mode【模式】参数组主要用于将【发光贴图】的计算结果以 Vrmap 格式的文件进行保存，并能进行不同方式的调用，从而提高渲染计算效率。VRay 渲染器共提供了如图 3-42 所示的 8 种模式，选择哪一种模式需要根据各种场景不同渲染任务来确定。接下来对每一种模式的功能进行具体介绍。

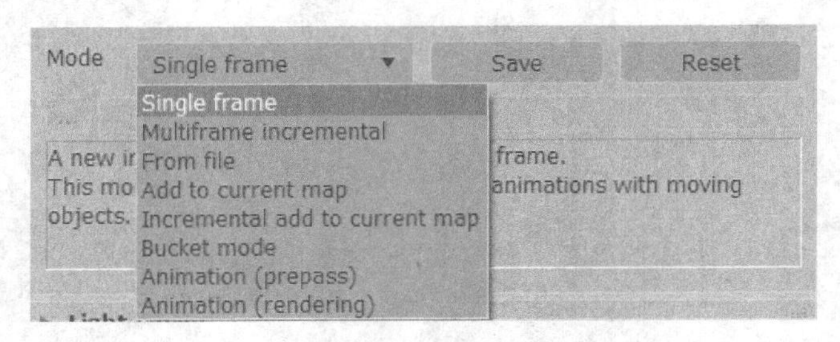

图 3-42 VRay 渲染器提供的 8 种模式

- Bucket mode【块模式】

Bucket mode【块模式】适用于多台计算机同时对同一场景进行渲染（即网络渲染），该种模式会使渲染块交界边都需要进行计算，而且通常需要设置较高的渲染参数才能得到比较好的效果。

- Single frame【单帧】

Single frame【单帧】为 VRay 渲染器默认模式，使用该模式进行计算时，将对整个图像计算一个独立的灯光信息贴图。如果是动画，则每帧都将重新计算新的【发光贴图】，如果场景中既有摄像机移动又有模型对象移动的动画，则只能使用该类型。

- Multiframe incremental【多帧累加】

Multiframe incremental【多帧累加】适用于场景中仅有摄像机移动的漫游动画表现，该模式将在渲染第一个动画帧时计算一张全新的灯光信息贴图，对于接下来的动画帧渲染，VRay 渲染器则设法从第一帧保存的信息贴图中提炼出可以利用的灯光信息。如果【发光贴图】参数设置较高，可以避免由于摄像机移动产生的图像闪烁现象。

- From file【来自文件】

要使用 From file【来自文件】模式，必须在当前场景中已经成功保存一张相关的信息贴图。选择该模式后，单击图 3-42 中的 Browse【浏览】按钮，可以将保存好的信息贴图进行加载，而对于动画的渲染，加载的发光贴图将作用于所有的渲染帧。

- Add to current map【添加到当前贴图】

使用 Add to current map【添加到当前贴图】模式时，VRay 渲染器会将当前渲染帧计算的全新灯光信息贴图加载到内存中已经存在的上一帧计算完成的灯光信息贴图中，该模式可用于动画渲染。

- Incremental add to current map【增量添加到当前贴图】

使用 Incremental add to current map【增量添加到当前贴图】模式时，VRay 渲染将使用内存中已存在的信息贴图，而仅在某些没有足够细节的地方进行重新计算。该种模式通常用于摄像机镜头变换或是动画的渲染。

- Animation（prepass）【动画（预处理）】

使用 Animation（prepass）【动画（预处理）】模式时，VRay 渲染将为每个帧分别计算和保存一个新的发光贴图，在这种模式下，最终的图像不会被渲染，只会计算 GI（全局照明），这是作为渲染移动物体的动画的第一步。

- Animation（rendering）【动画（渲染）】

使用 Animation（rendering）【动画（渲染）】的方法计算贴图将渲染最终的动画。插入的发光贴图数量由 Interp. frames【插补帧数目】的设定参数决定。

9. Save【保存】

当【发光贴图】计算完成后，其相关的灯光信息贴图将暂时保存在内存中，此时单击 Save【保存】按钮，可以将其以 vrmap 格式的文件进行永久保存，而选择 From file【来自文件】模式时，则可以单击 Browse【浏览】按钮将其调用。

10. Reset【重置】

如果【发光贴图】计算完成后单击 Reset【重置】按钮，将删除计算完成并暂时保存在内存中的灯光信息贴图。

3.4.2 Advanced【高级模式】参数组

1. Show direct light【显示直接照明】

Show direct light【显示直接照明】参数只有在启用 Show calc. phase【显示计算状态】时才被激活.对比图 3-43 与图 3-44 可以发现，勾选该参数，将在 Prepass【预处理】过程中观察到直接的光照效果，其效果与如图 3-45 所示的最终渲染效果更为接近，这样有利于对灯光效果做出更早的判断。

2. Color threshold（Clr thresh）【颜色极限值】

Color threshold（Clr thresh）【颜色极限值】参数确定【发光贴图】计算间接照明时对色彩变化进行判断的敏感程度，色彩变化越丰富，所分布的样本也越多，该参数值越小，其对色彩的变化越敏感，所分布的样本数量也越多，因此所耗费的计算时间越长，如图 3-,46

与图 3-47 所示。

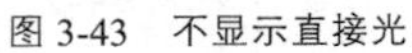
图 3-43 不显示直接光

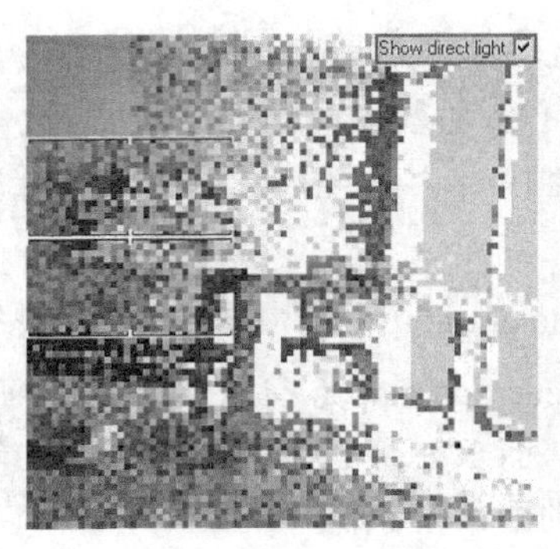

图 3-44 显示直接光

图 3-45 最终渲染结果

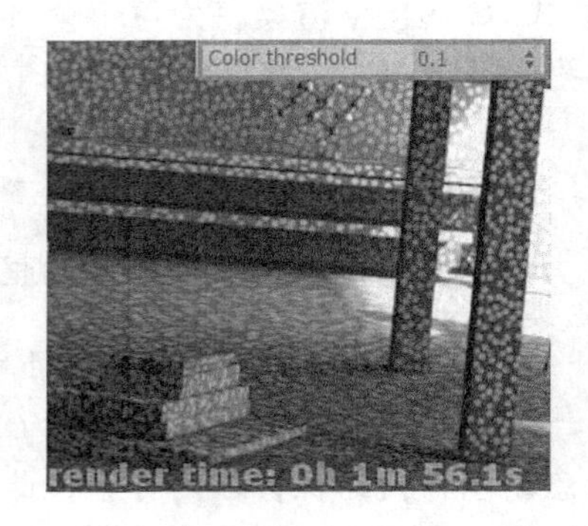

图 3-46 颜色极限值为 0.1 时的样本分布

图 3-47 颜色极限值为 0.5 时的样本分布

技巧：勾选 Options【选项】参数组中的 Show samples【显示样本】参数可以在渲染图像中观察到样本的分布。

3. Distance threshold（Dist thresh）【距离极限值】

Distance threshold (Dist thresh)【距离极限值】参数确定【发光贴图】计算时对两个表面之间距离判断的敏感程度。参数值越大，样本的分布越紧密，如图 3-48 与图 3-49 所示。

图 3-48 距离极限值为 0.001 时的样本分布

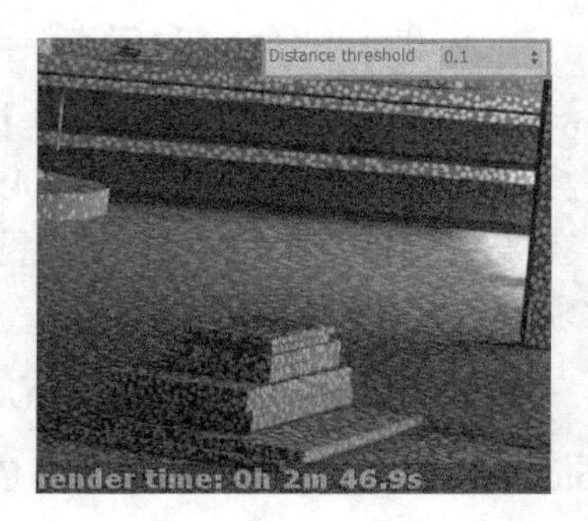

图 3-49 距离极限值为 0.1 时的样本分布

4. Normals threshold（Nrm thresh）【法线极限值】

Normals threshold（Nrm thresh）【法线极限值】参数确定【发光贴图】计算时对表面法线变化进行判断的敏感程度，法线变化越剧烈说明该区域越圆滑，从而需要分配到更多的样本。参数值越小，场景中球状以及弧形的表面将分配到越多的样本，如图 3-50 与图 3-51 所示。

图 3-50　法线极限值为 0.01 时的样本分布

图 3-51　法线极限值为 0.1 时的样本分布

5. Detail enhancement【细节增强】

Detail enhancement【细节增强】是 VRay1.5 系列版本后推出的一组参数.由于【发光贴图】使用插补计算的方法受到分辨率的约束，因此在参数较低的情况下，所表现的细节(如阴影细节)并不理想，如图 3-52 与图 3-53 所示。开启【细节增强】的场景在窗口以及墙角处的阴影更为真实。

图 3-52　未进行细节增强的渲染效果及耗时

图 3-53　进行细节增强后的渲染效果及耗时

6. Scale【缩放】

通过 Scale【缩放】参数的下拉按钮，可以选择 Screen【屏幕】以及 World【世界】两种单位，以决定其下的 Radius【半径】参数产生的效果。

7. Radius【半径】

通过 Radius【半径】后的数值，可以调整【细节增强】效果的影响半径（即增加采样样本的范围），该数值越大，图像中的阴影等细节越充分，由灯光衰减产生的层次感越突出，但也将耗费更多的计算时间，如图 3-54 与图 3-55 所示。

图 3-54　细节增强半径为 100 的渲染效果及耗时

图 3-55　细节增强半径为 500 的渲染效果及耗时

8. Subdivs mult.【细分倍增】

通过 Subdivs mult.【细分倍增】后的数值，可以调整【细节增强】效果的影响半径内增加采样样本的数量，其取值为 1 时，添加的样本将与规则发光贴图的采样样本一致。

9. Randomize samples【随机采样值】

勾选 Randomize samples【随机采样值】参数后，在【发光贴图】计算过程中会将图像样本随机放置，如图 3-56 所示；取消勾选则将如图 3-57 所示进行规则的样本放置。

图 3-56　勾选【随机采样值】分布效果

图 3-57　不勾选【随机采样值】分布效果

10. Check sample visibility【检查样本的可见性】

勾选 Check sample visibility【检查样本的可见性】参数，在渲染过程中将仅使用【发光贴图】中的样本且样本在插补点直接可见，这样可以有效地防止灯光穿透两面，接受完全不同照明的薄壁物体时产生的漏光现象，而由于 VRay 渲染器要追踪附加的光线来确定样本的可见性，所以它会减慢渲染速度。

11. On render end【渲染结束后】

On render end【渲染结束后】参数组主要用于设置【发光贴图】计算完成后对其暂时保存在内存中的灯光信息贴图的处理方式，如图 3-58 所示。

图 3-58 渲染结束后参数设置

❑ Don’t delete【不删除】

Don’t delete【不删除】默认为勾选，因此【发光贴图】计算完成后会将计算好的灯光信息暂时保存在内存中，直到被下一次的计算结果所覆盖。如果要进行永久保存，则需单击【模式】参数组中的【保存】按钮进行手动保存。取消该参数勾选则在渲染完成后不会将灯光信息储存于内存中，系统将即时进行删除。

❑ Auto save【自动保存】

勾选 Auto save【自动保存】参数，在【发光贴图】计算完成后，系统会将计算好的灯光信息自动保存到用户指定的目录，因此需要先单击 Browse【浏览】按钮，设置信息贴图保存的文件名和保存路径。

❑ Switch to saved map【切换到保存的贴图】

Switch to saved map【切换到保存的贴图】只有在 Auto save【自动保存】参数被勾选时才有效。勾选该参数后，VRay 渲染器不但能将计算好的信息贴图以预先设置好的文件名与文件路径进行保存，并能在当次渲染完成后将 Mode【模式】自动切换为 From file【来自文件】，并自动调用保存好的灯光信息贴图。

3.4.3 Expert【专家模式】参数组

1. Show samples【显示样本】

勾选 Show samples【显示样本】参数后，VRay 渲染器将在最终的渲染图像上以小原点的形态直观地显示发光贴图样本的分布状态。

2. Multipass【多过程】

勾选 Multipass【多过程】参数后，VRay 渲染器在【发光贴图】的计算过程中如果存在重复计算时，将利用之前已经计算过的【发光贴图】样本，从而加快计算速率。

3. Calc. samples【计算采样数】

Calc. samples【计算采样数】控制在【发光贴图】计算过程中已经被采样算法计算的样本数量。比较理想的取值范围是 10 ~ 25，较低的数值可以加快计算传递，但会导致信息存储不足，而较高的取值能减慢计算传递从而增加更多的附加采样。

4. Interpolation type【插补类型】

Interpolation type【插补类型】参数决定【发光贴图】使用什么样的方式进行插值的计算.VRay 渲染器提供了如图 3-59 所示的 4 种插补类型供选用。

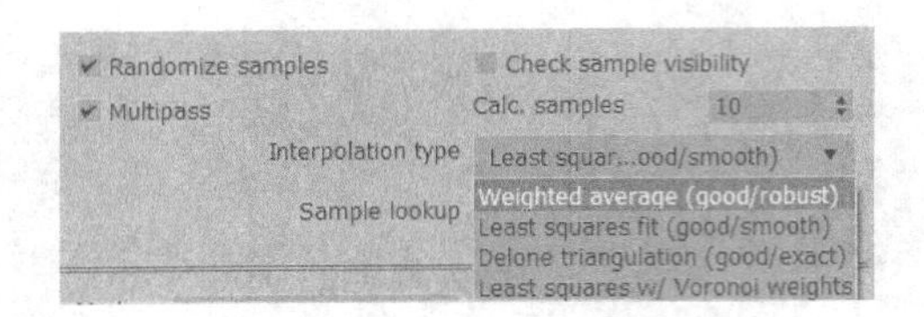

图 3-59 发光贴图插补类型

❑ Weighted average(good/robust)【加权平均值】

Weighted average(good/robust)【加权平均值】将使【发光贴图】以间接照明采样点到插补点的距离与法线差异计算平均值的方式进行插补作用，这是一种较为简单的插补方式。

❑ Least squares fit(good/smooth)【最小平方适配】

Least squares fit(good/smooth)【最小平方适配】是 VRay 渲染器默认的插补方式，它将设法计算一个在发光贴图样本之间最合适的间接照明数值，可以产生比加权平均值更平滑的效果。

❑ Delone triangulation(good/exact)【三角测量类型】

Delone triangulation(good/exact)【三角测量类型】是一种不会产生模糊效果的插补方式，它可以避免产生样本密度的偏移，从而最大程度保留场景细节，但也因此更容易产生噪波。通过采样样本的增加可以减缓这一现象。

❑ Least squares w/Voronoi weights【最小平方加权测试法】

Least squares w/Voronoi weights【最小平方加权测试法】结合了【加权平均值】与【最小平方适配】两种类型的优点，但它的计算相当缓慢。

技巧：在渲染参数较合理的前提下，不同的【插补类型】通常不会产生太大的细节变化，因此通常可以保持默认的【最小平方适配】类型，而如果场景需要表现出十分高的细节与品质，则考虑选择【最小平方加权测试法】，如图 3-60~图 3-63 所示。

图 3-60 加权平均值插补类型的渲染效果及耗时

图 3-61 最小平方适配插补类型渲染效果及耗时

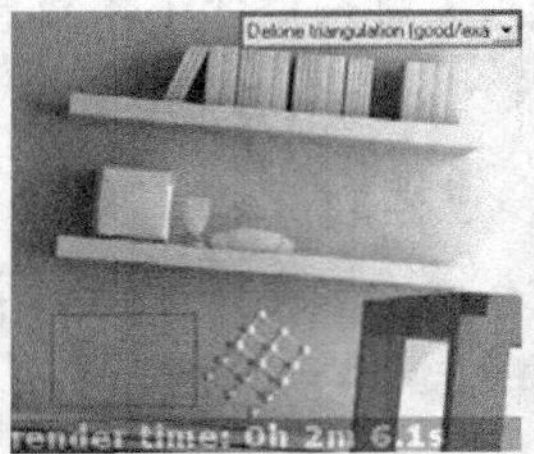

图 3-62 三角测量插补类型渲染效果及耗时

图 3-63 最小平方加权测试法插补类型渲染效果及耗时

5. Sample lookup【样本查找】

Sample lookup【样本查找】参数确定在渲染过程中【发光贴图】中被用于插补基础合适点的选择方法，主要影响细微的阴影细节，VRay 渲染器共提供了如图 3-64 所示的 4 种类型以供选择。

❑ Nearest(draft)【最靠近的】

使用 Nearest(draft)【最靠近的】查找类型，将简单地选择【发光贴图】中那些最靠近插补点的样本作为插补基础的合适点.这是最快的一种查找方法，缺点在于当发光贴图中某些地方样本密度发生改变的时候，它将在高密度的区域选取更多的样本数量（即密度偏置现象），从而造成其他区域样本过低而产生不理想的效果。

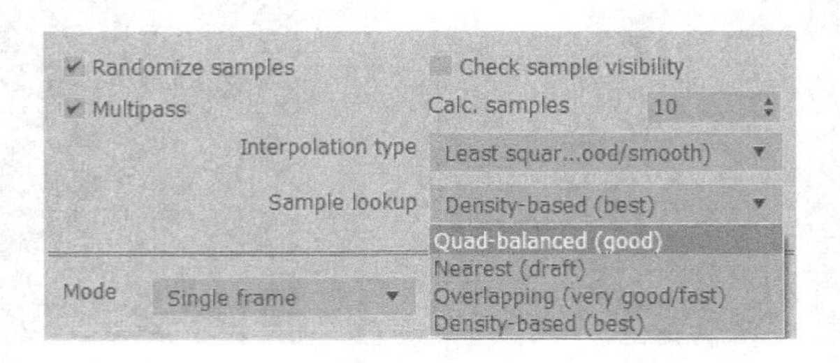

图 3-64　发光贴图样本查找类型

- ❑ Quad-balanced（good）【最靠近四方平衡】

Quad-balanced（good）【最靠近四方平衡】查找类型是针对【最靠近的】类型产生密度偏置现象一种修正方法。它把插补点在空间划分成 4 个区域，并设法在它们之间寻找相等数量的样本。它比简单的【最靠近的】方法要慢，但效果要好一些，缺点是在查找样本的过程中可能会拾取其他区域与插补点不相关的样本。

- ❑ Overlapping(Very good/fast)【预先计算的重叠】

Overlapping(Very good/fast)【预先计算的重叠】查找类型需要对【发光贴图】中的每一个样本进行影响半径的计算预处理。这个半径值在低密度样本的区域较大，在高密度样本的区域较小，而当其在任意点进行插补的时候，将会选择周围影响半径范围内的所有样本，因此可以解决上面介绍的两种方法的密度偏置以及查找无关样本的缺点。其可以使用模糊插补方法产生连续的平滑效果，而且在一般情况下它的计算速度更为快速。

- ❑ Density-base(best)【基于密度】

Density-base(best)【基于密度】查找类型将使用对总体密度进行样本查找的方法，以使平坦区域（细节较少）和凹凸区域（细节较多）均获得足够的样本密度，因此也会耗费更多的计算时间。

3.5 Global Photon map【全局光子贴图】卷展栏

单击展开 Global Photon map【全局光子贴图】卷展栏，其具体参数设置如图 3-65 所示.【全局光子贴图】引擎通过搜寻光子的密度计算特定位置的合适亮度，优点在于计算结果不受摄像机方位变化的影响，缺点是对于模型转角以及亮度差异较大的区域的计算结果有可能出现较大偏差，此外其对灯光以及阴影类型的兼容性也不强。

3.5.1 Bounces【反弹】

Bounces【反弹】参数可以控制 Global Photon map【全局光子贴图】灯光反弹的计算次数，反弹次数越高，灯光传递越彻底，图片亮度越高，所表现的细节也越多，但将耗费更多的计算时间，如图 3-66~图 3-68 所示。

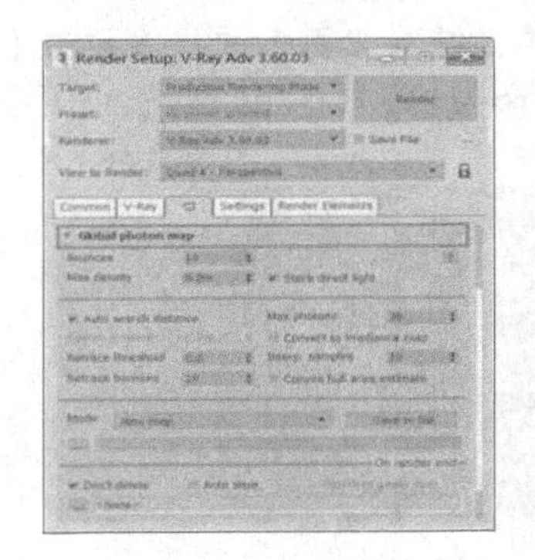

图 3-65 【全局光子贴图】卷展栏参数设置

图 3-66 【反弹】参数为 1 渲染效果及耗时

图 3-67 【反弹】参数为 10 渲染效果及耗时

图 3-68 【反弹】参数为 100 渲染效果及耗时

3.5.2 Max density【最大密度】

Max density【最大密度】参数用于控制样本的密度，即两个光子间的最小距离。保持默认数值为 0 时，将由系统内定的数值控制样本密度，如图 3-69~图 3-71 所示。该数值越大光子间的距离越大，采样越少，得到的图像越粗糙。

图 3-69 最大密度为 0 的效果

图 3-70 最大密度为 10 的效果

图 3-71 最大密度为 50 的效果

3.5.3 Store direct lights【保存直接光】

Store direct lights【保存直接光】参数用于设置在进行 Global Photon map【全局光子贴

图】计算时是否保存直接照明计算的相关信息。如果场景内灯光较多，勾选该参数可以提高一定的渲染速度。

3.5.4 Auto search distance【自动搜寻距离】

勾选 Auto search distance【自动搜寻距离】参数时，VRay 渲染器会估算一个距离来搜寻光子，设置合适的搜寻距离，可以利用最少的光子计算获得最佳的效果。如果距离偏大，则可能导致图片亮度过高，并增加计算量；而如果距离偏小，则可能导致图片过暗，产生噪波现象。

3.5.5 Search distance【搜寻距离】

取消 Auto search distance【自动搜寻距离】参数的勾选，通过设置 Search distance【搜寻距离】数值，可以手动设置一个搜寻光子的距离，该参数值越大，得到的图像效果越平滑，但也会耗费更多的计算时间，如图 3-72~图 3-74 所示。

图 3-72　搜寻距离为 10 的效果

图 3-73　搜寻距离为 100 的效果

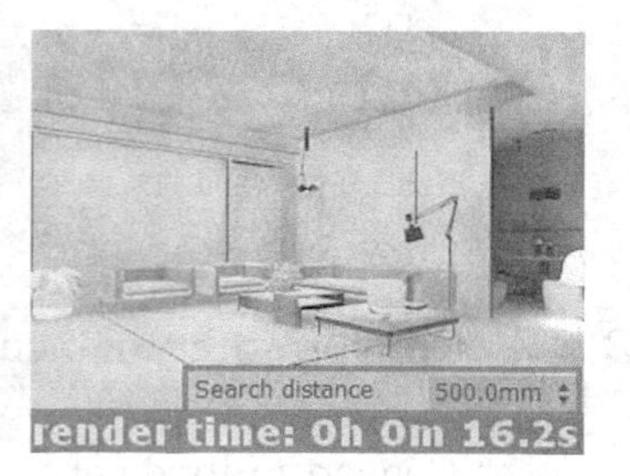

图 3-74　搜寻距离为 500 的效果

注意：Search distance【搜寻距离】并没有一个恒定的适合数值，不同的场景需要不同的搜寻距离，因此需要在测试渲染时进行判断与调整。通常在使用 Auto search distance【自动搜寻距离】选项得不到满意效果的情况下才使用该参数进行手动调整。

3.5.6 Max photons【最大光子数】

Max photons【最大光子数】参数确定场景中每一个采样点周围区域能搜寻到的参与计算光子的最大数量，较高的数值将取得较平滑的图像效果，如图 3-75~图 3-77 所示。但也需要注意一点，当图像中存在较粗糙的斑点时，较小的数量反而会耗费更多的计算时间。因此，应设置一个合理的最大光子数值。

注意：Max photons【最大光子数】数值与搜寻距离有着十分密切的关系。对比图 3-77 与图 3-78 可以看出，由于在当前的搜寻距离内光子数目小于 300，因此再提高【最大光子数】参数值并不会改变渲染效果，而手动增加搜寻距离或是直接选择 Auto search distance【自动搜寻距离】参数，提高的【最大光子数】参数值就会产生作用，如图 3-79 与图 3-80 所示。

图 3-75　最大光子数为 30 的效果

图 3-76　最大光子数为 100 的效果

图 3-77　最大光子数为 300 的效果

图 3-78　最大光子数为 900 的效果

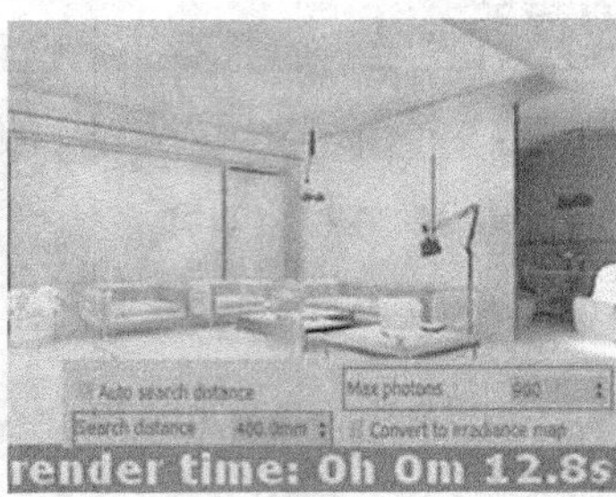

图 3-79　增大搜寻距离后的效果

图 3-80　勾选自动搜寻距离后的效果

3.5.7　Convert to irradiance map【转化为发光贴图】

勾选 Convert to irradiance map【转化为发光贴图】参数，VRay 渲染器将预先计算储存在光子贴图中的光子碰撞点的发光信息，这样做的好处是在渲染过程中进行发光插补的时候，可以使用较少的光子得到平滑的图像效果，但仔细对比图 3-81 与图 3-82 所示的效果，可以发现在保持其下的 Interp. samples【插补采样值】为默认时，会使场景的本该锐利的边缘也变得十分模糊。

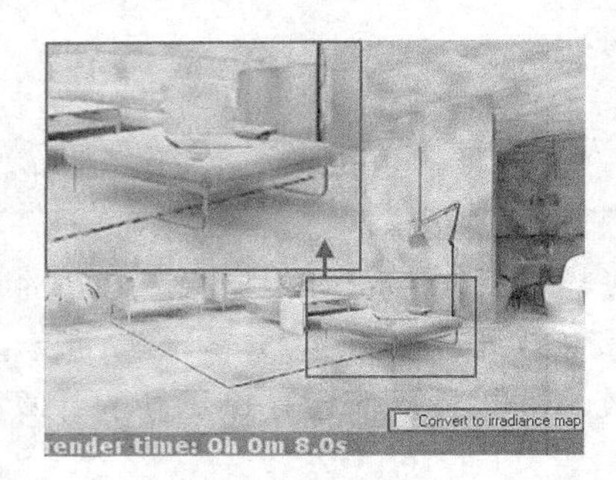

图 3-81　未勾选【转换为发光贴图】的渲染效果

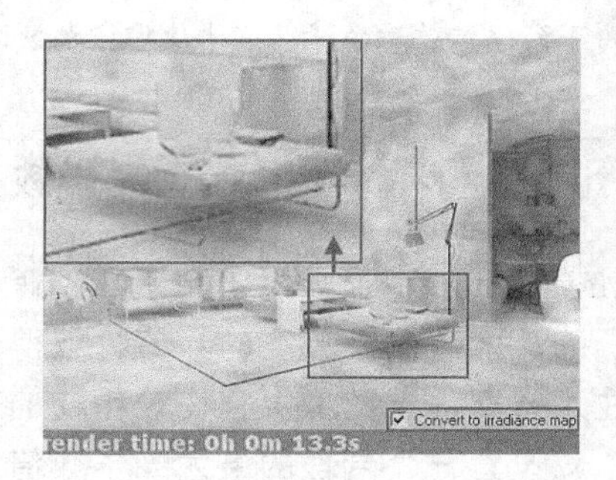

图 3-82　勾选【转换为发光贴图】的渲染效果

3.5.8　Interp. samples【插补采样值】

通过调整 Interp. samples【插补采样值】参数值，可以解决类似图 3-83 中出现的边缘模糊效果，提高其参数对边缘效果的影响，如图 3-84 所示。

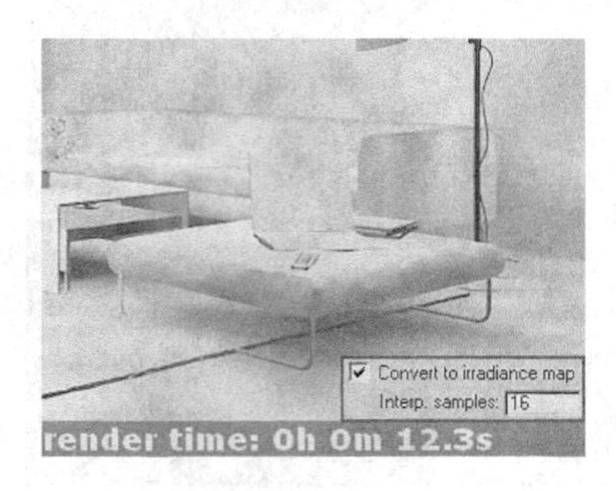

图 3-83　插补采样值为 16 的边缘效果

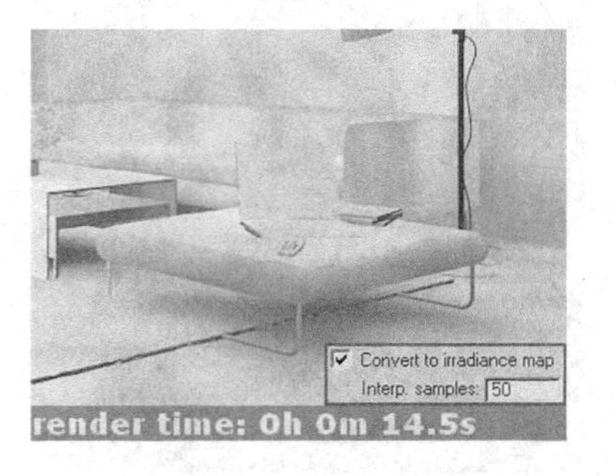

图 3-84　插补采样值为 50 的边缘效果

3.5.9　Convex hull area estimate【凸起壳体区域评估】

默认情况下 Convex hull area estimate【凸起壳体区域评估】参数未勾选，此时 VRay 渲染器将只使用单一化的算法来计算凸体区域光子覆盖的区域.这种算法可能会在角落处形成如图 3-85 所示的黑斑，勾选该参数后黑斑将得到改善，如图 3-86 所示。

图 3-85　未勾选【凸起壳体区域评估】参数将在转角与角落形成黑斑

图 3-86　勾选【凸起壳体区域评估】参数可减轻黑斑

3.5.10　Retrace threshold【折回阈值】

Retrace threshold【折回阈值】参数用于设置光子反弹时每次碰撞能量的衰减值，如图 3-87 与图 3-88 所示.数值越小，光子能反弹的次数越多，图像转角处的阴影越暗，图像亮度也会有些许提高。

3.5.11　Retrace bounces【折回反弹】

Retrace bounces【折回反弹】用于设置光子进行来回反弹的次数，其对图像的影响类似于 Retrace threshold【折回阈值】，通常将该参数的数值设定与 Bounces【反弹】数值一致即可。

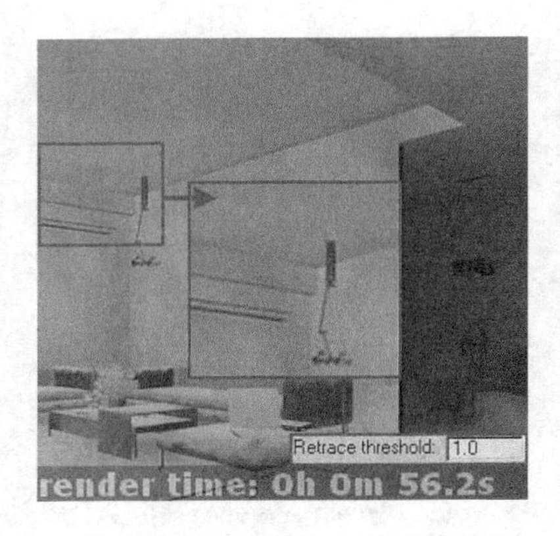

图 3-87 折回阈值为 1 时的渲染图像

图 3-88 折回阈值为 10 时的渲染图像

3.5.12 Mode【模式】/ On render end【渲染完成后】参数组

Global Photon map【全局光子贴图】卷展栏中的 Mode【模式】/ On render end【渲染完成后】两个参数组的功能与 Irradiance map【发光贴图】卷展栏中的同名参数组基本相似，其中前者的 New map 模式相当于后者的 Single frame 模式。

3.5.13 使用【全局光子贴图】注意事项

- 【全局光子贴图】对天光以及自发光材质所表现的灯光效果不能进行正确的光子计算。
- 【全局光子贴图】对于具有衰减效果的灯光能表现出更为真实的光影效果。
- 【全局光子贴图】只支持 VRay 阴影。

3.6 Light cache【灯光缓存】卷展栏

Light cache【灯光缓存】卷展栏包含 Default【默认】、Advanced【高级】、Expert【专家】三种模式，其具体参数设置如图 3-89 所示。【灯光缓存】引擎是 VRay 基于【全局光子贴图】的计算理念自主开发的一种灯光引擎，它的基本思路是沿着摄像机的可见光线出发，逆向追踪到光线的出发点（即光源位置）进行采样计算，而【全局光子贴图】则是从光源开始进行光线追踪采样。

此外 Light cache【灯光缓存】引擎全面支持 3ds Max 系统提供的所有灯光与阴影类型，在室内效果图的实际制作中，其常被选用为 Secondary engine【二次引擎】。

3.6.1 Default【默认模式】参数组

1. Subdivs【细分值】

Subdivs【细分值】参数确定将有多少条从摄像机视图出发的光线被反向追踪，实际的追踪光线数量为其设置参数的平方值，如设置 1000，则有 1000000 条光线被反向追踪.每条独立的光线被反向追踪至光源后用以确定每块像素的颜色与亮度，如图 3-90~图 3-92 所示。该数值越大，得到的图像效果越平滑细腻，光线越明亮自然，所耗费的计算时间也越长。

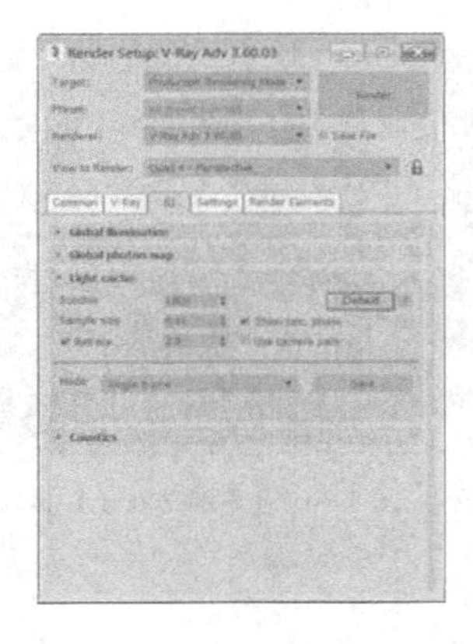

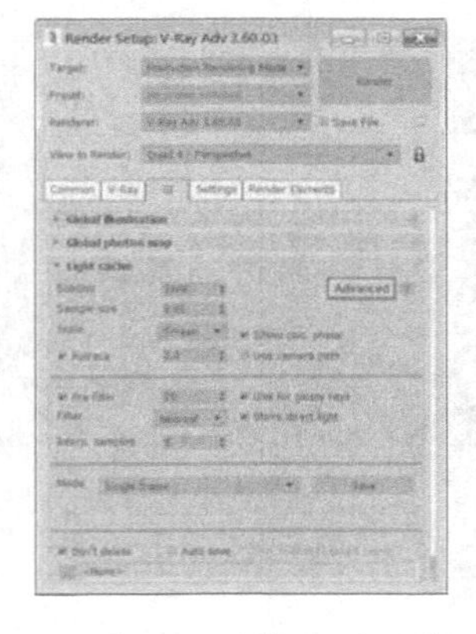

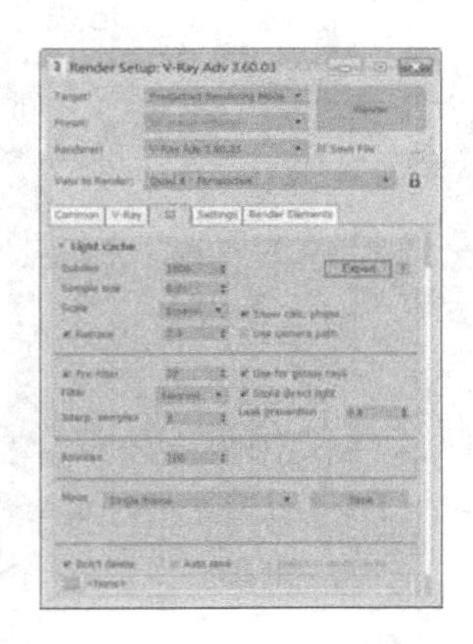

图 3-89 【灯光缓存】卷展栏参数设置

图 3-90 细分值为 10 的效果及耗时

图 3-91 细分值为 100 的效果及耗时

注意：对比图 3-90 与图 3-91 可以发现，细分值为 100 的计算时间似乎比细分值为 10 的计算时间要少.在这里要明白一个概念，渲染时间并不等同于灯光计算时间，在渲染的过程中，如图 3-93 所示观察到的才是真正的灯光计算时间，而渲染时间除了灯光计算时间外，还包括图像的渲染时间，图 3-91 中的渲染时间小于图 3-90 的，主要是因为效果相对平滑，减少了图像渲染的时间。

图 3-92 细分值为 1000 的效果及耗时

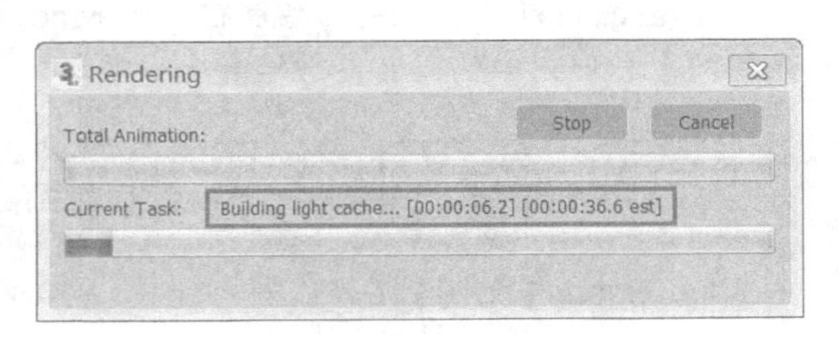

图 3-93 灯光缓存计算时间

2. Sample size【采样大小】

Sample size【采样大小】确定 Light cache【灯光缓存】采样样本的大小。较小的值意味着样本距离近，这样更能准确地捕捉并计算到相隔很近距离的光影变化信息。该数值越小，渲染图像越平滑，光线过渡越自然，如图 3-94~图 3-96 所示。

图 3-94 【采样大小】数值为 0.02 的效果及耗时

图 3-95 【采样大小】数值为 0.2 的效果及耗时

图 3-96 【采样大小】数值为 2 的效果及耗时

注 意: Sample size【采样大小】数值的效果受 Scale【比例】参数影响。

3. Show calc. phase【显示计算状态】

勾选 Show calc. phase【显示计算状态】参数后，在进行如图 3-97 所示的【灯光缓存】计算时，可以在渲染窗口内显示具体的计算过程与状态，如图 3-98 与图 3-99 所示。它对灯光缓存的计算结果没有影响，但可以给用户一个比较直观的视觉反馈。

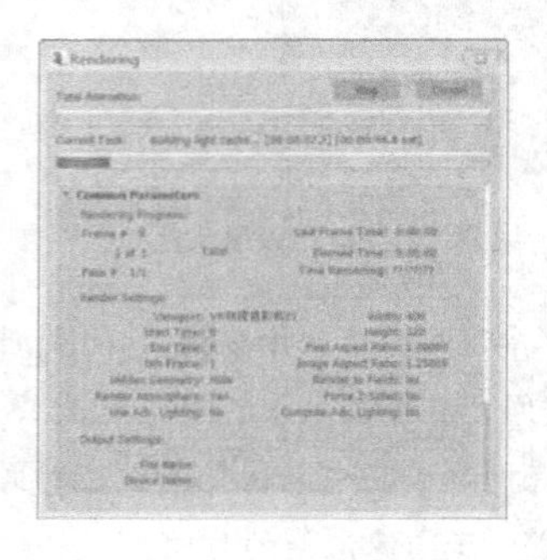

图 3-97 灯光缓存计算过程

图 3-98 显示灯光缓存计算过程一

图 3-99 显示灯光缓存计算过程二

4. Mode【模式】

Light cache【灯光缓存】卷展栏中的 Mode【模式】参数组的功能与 Irradiance map【发光贴图】卷展栏中的同名参数组完全一致。

3.6.2 Advanced【高级模式】参数组

1. Scale【比例】

Scale【比例】用于调整采样样本大小的最终尺寸。保持默认的 Screen【屏幕】为比例时，采样分布会随着距摄像机的距离而改变，即在屏幕远端会减少采样以节省时间；而选择 World【世界】为比例时，图像的任何一处采样都是以设定的 Subdivs【细分值】为准，同一数值下切换单位对图像渲染效果的影响如图 3-100 与图 3-101 所示。

图 3-100　以屏幕为比例的渲染效果及耗时

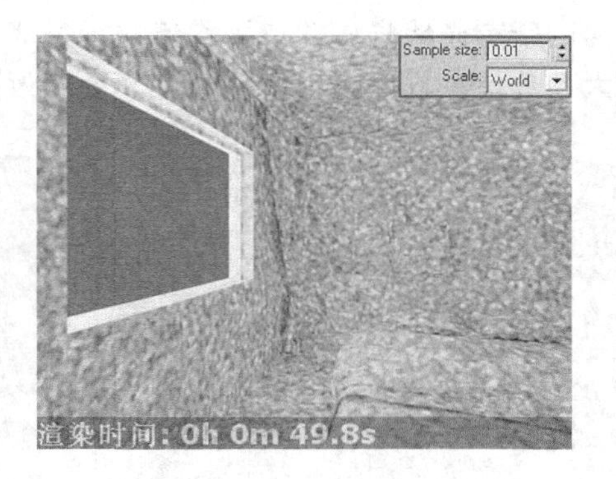

图 3-101　以世界为比例的渲染效果及耗时

2. Pre filter【预滤器】

勾选 Pre filter【预滤器】参数将在【灯光缓存】进行过滤时将光线四周样本与临近的样本进行比较，如果比较接近后面设定的判断值就会将相互接近的光线使用同一个样本代替。勾选该参数与否以及【预滤器】参数值高低对图像效果的影响如图 3-102~图 3-104 所示，可以看到勾选该参数并适当增大数值可以有效减少模型转角以及重叠处的黑斑。

图 3-102　未进行预过滤渲染效果

图 3-103　预过滤为 2 的渲染效果

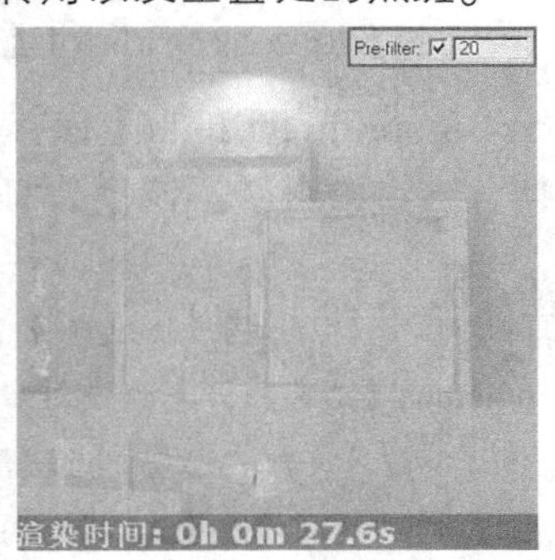

图 3-104　预过滤为 20 的渲染效果

3. Filter【过滤器】

单击 Filter【过滤器】后的下拉按钮，可以确定【灯光缓存】进行过程中使用的过滤器类型，有以下三种方式可进行选择：

- None【没有】

选择 None【没有】参数后，【灯光缓存】将不使用过滤器而仅将最靠近着色点的样本被作为发光点使用，其渲染效果如图 3-105 所示。可以看到，在图像内出现了十分明显的色块。

- Nearest【相近】

选择 Nearest【相近】过滤器时，【灯光缓存】会搜寻最靠近着色点的样本并取它们的平均值进行过滤采样，其渲染效果如图 3-106 所示.可以看到，图像效果十分干净细腻。

❑ Fixed【固定】

选择 Fixed【固定】过滤器时，【灯光缓存】会根据其后的数值搜寻距离着色点某一距离内的所有光线样本并取平均值进行过滤采样。如图 3-107 与图 3-108 所示，其后参数值越大，参考的样本越丰富，得到的图像效果越干净细腻，但会增加十分多的计算时间。

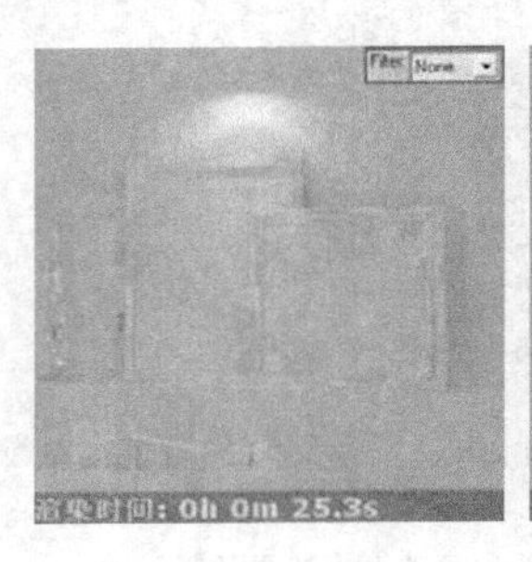

图 3-105 未进行过滤的图像效果

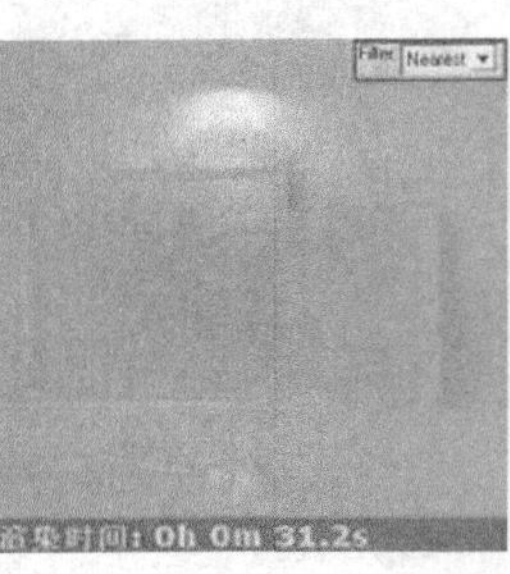

图 3-106 勾选【相近】过滤器的渲染效果及耗时

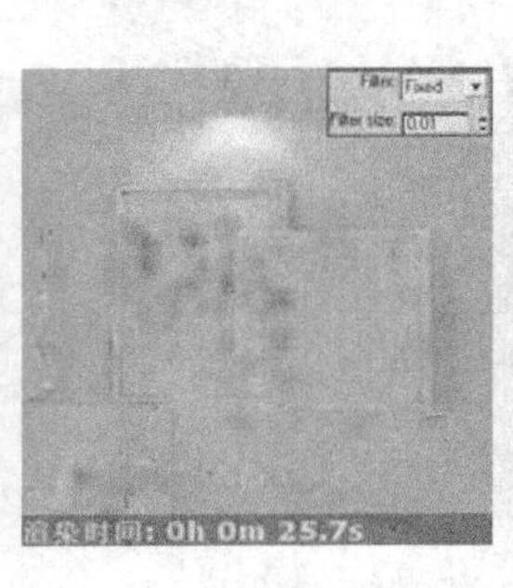

图 3-107 固定采样数值为 0.01 的渲染效果

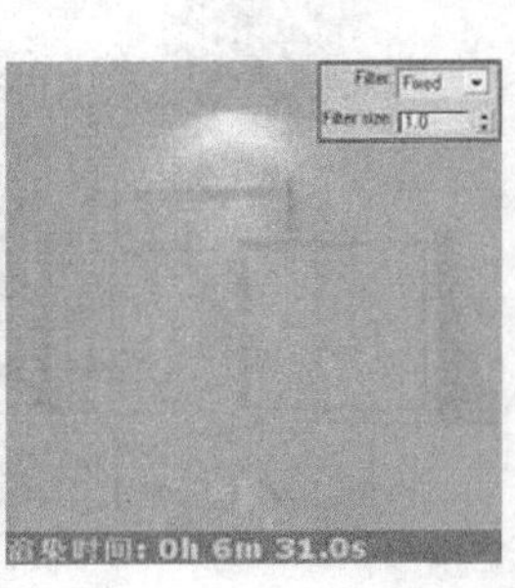

图 3-108 固定采样数值为 1 的渲染效果

4. Use for glossy rays【使用光泽光线】

如果场景中有较多的材质表现出了光泽效果，勾选 Use for glossy rays【使用光泽光线】参数有可能会缩短渲染时间。

5. Store direct light【保存直接光】

Store direct light【保存直接光】参数主要影响场景中阴影的清晰度，其对灯光形态也具有一定的影响。该参数勾选与否的对比效果如图 3-109 与图 3-110 所示。

注意：如图 3-109 与图 3-110 所示的渲染结果是在 Primary bounces【首次反弹】与 Secondary bounces【二次反弹】均使用 Light cache【灯光缓存】时获得的，可以看到，勾选【保存直接光】会使模型边缘、灯光形态以及阴影均变得模糊，但如果将【首次反弹】调整为 Irradiance map【发光贴图】，将得到如图 3-111 所示的效果。

图 3-109 保存直接光的效果及耗时

图 3-110 不保存直接光的效果及耗时

图 3-111 调整灯光引擎后的效果

6. On render end【渲染完成后】

On render end【渲染完成后】参数组的功能与 Irradiance map【发光贴图】卷展栏中的

同名参数组完全一致。

3.6.3 Expert【专家模式】参数组

1. Leak prevention【防止泄露】

【防止泄露】用于启用额外的计算，以防止灯光泄露并减少闪烁灯光的缓存。值为 0.0 表示禁用【防止泄露】，0.8 的默认值应该足够用于所有情况下的案例。

2. Bounces【反弹】

【反弹】用于控制一束光线可能产生二次反弹的最大次数，这是一个上限值。通常无需更改此设置。

3.7 Caustics【焦散】卷展栏

Caustics【焦散】卷展栏包含 Default【默认】和 Advanced【高级】两种模式，其具体参数设置如图 3-112 所示。该卷展栏单独对场景中如图 3-113 所示的折射以及反射材质产生的焦散效果进行控制。

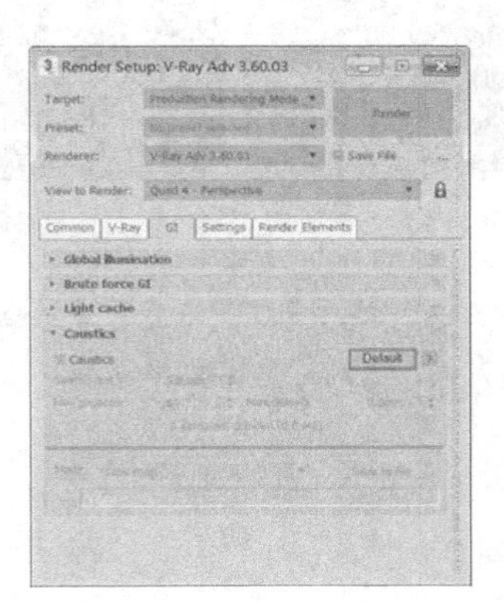

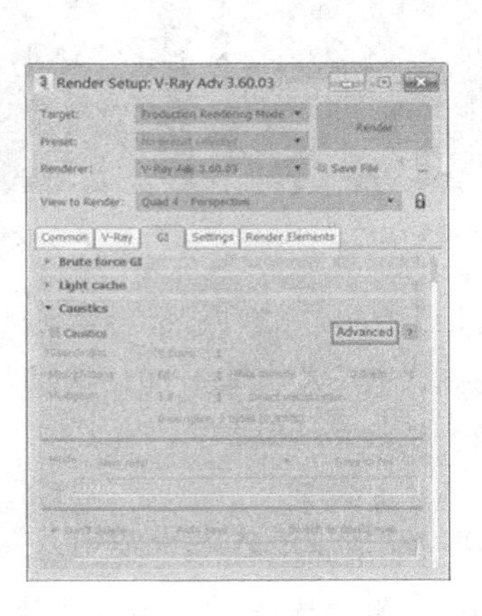

图 3-112 【焦散】卷展栏参数设置

3.7.1 Default【默认模式】参数组

1. On【启用】

勾选 Caustics【焦散】启用框后才能将图 3-112 中的所有参数激活，并将在渲染时如图 3-114 所示进行 Caustics photon map【焦散光子图】计算，因此进行焦散效果表现必须勾选此项参数。

2. Search dist【搜寻距离】

VRay 渲染器在追踪撞击在物体表面的某些点的单独光子时，会自动搜寻撞击点周边区域同一平面内的其他光子，Search dist【搜寻距离】则控制搜寻区域的大小。如图 3-115~图 3-117 所示，该参数数值越大，焦散效果越平滑明亮，但也会增加计算时间。

图 3-113　VRay 渲染器表现的焦散效果

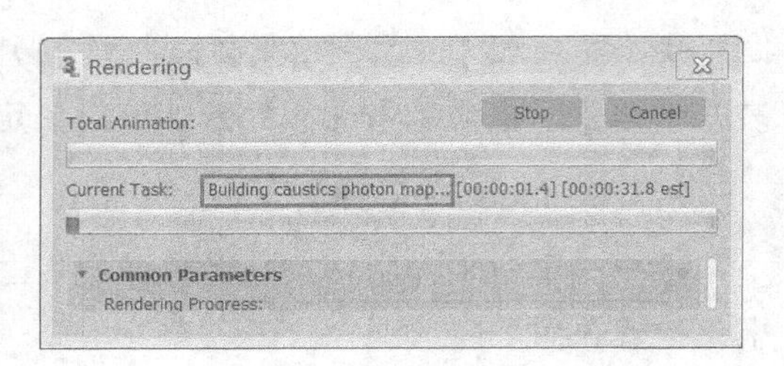

图 3-114　勾选参数进行焦散光子图计算

图 3-115　搜寻距离为 1 的焦散效果

图 3-116　搜寻距离为 5 的焦散效果

图 3-117　搜寻距离为 50 的焦散效果

注 意：比较图 3-116 与图 3-117 可以发现，Search dist【搜寻距离】并非越大越好，过大的数值对焦散效果的改变并不大，但会增加很多的计算时间，因此通常需要根据测试渲染进行判断，以在较短的时间内得到理想的焦散效果。

3. Max photons【最大光子数】

Max photons【最大光子数】用于限定 VRay 渲染器搜寻撞击点周边区域同一平面内的其他光子的最大数值，如果搜寻到的光子数量超过 Max photons【最大光子数】后设定的数值，则会按【最大光子数】设定数值进行计算.如图 3-118~图 3-120 所示，该数值越大焦散效果越平滑，效果越集中明亮，但也会耗费更多的计算时间。

4. Max density【最大密度】

Max density【最大密度】确定 Caustics photon map【焦散光子图】最终的分辨率大小。如图 3-121~图 3-123 所示，该数值越小，搜寻到的光子间距离越小，所表现出的焦散效果越平滑集中，所耗费的计算时间也越多。

5. Mode【模式】

Caustics【焦散】卷展栏中的 Mode【模式】参数组的功能与之前介绍的 Global Photon map【全局光子贴图】卷展栏中的同名参数组完全一致。

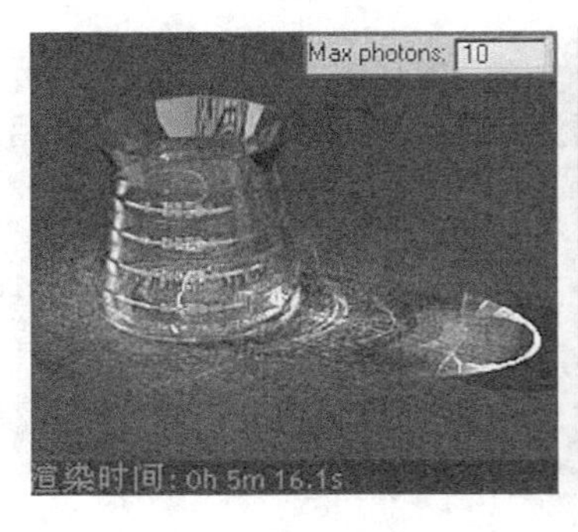

图 3-118　最大光子数为 10 的焦散效果　图 3-119　最大光子数为 50 的焦散效果　图 3-120　最大光子数为 200 的焦散效果

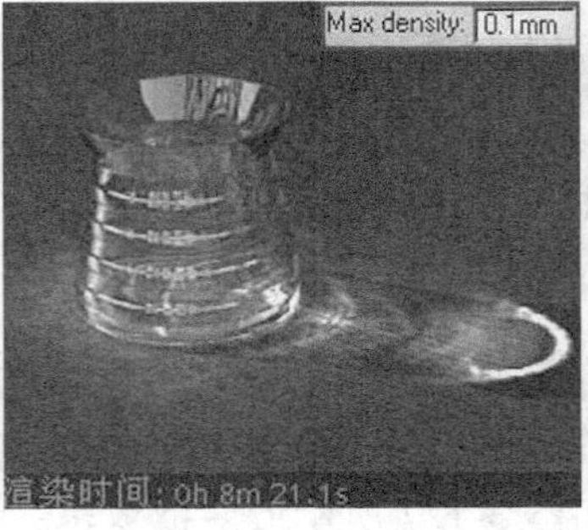

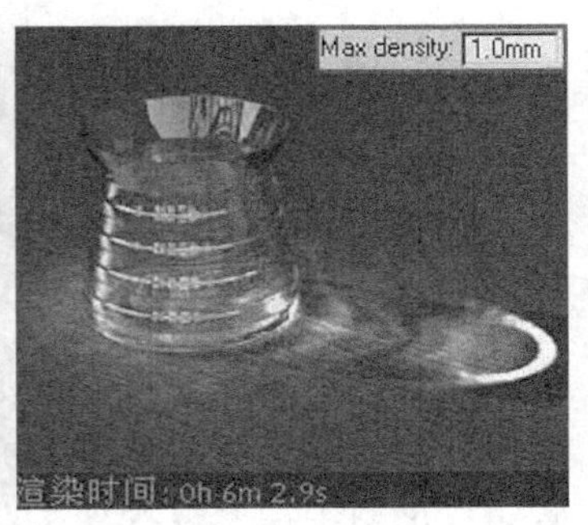

图 3-121　最大密度为 0.001 的焦散效果　图 3-122　最大密度为 0.1 的焦散效果　图 3-123　最大密度为 1 的焦散效果

3.7.2 Advanced【高级模式】参数组

1. Multiplier【倍增】

调整 Multiplier【倍增】后的数值，可以整体控制场景中所有焦散效果的强弱，如图 3-124 与图 3-125 所示。

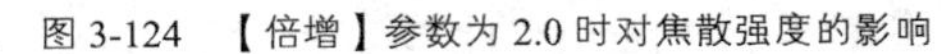

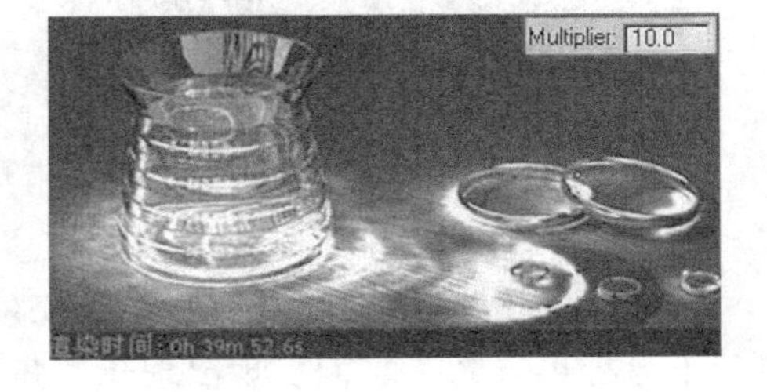

图 3-124　【倍增】参数为 2.0 时对焦散强度的影响　图 3-125　【倍增】参数为 10.0 时对焦散强度的影响

注意：Caustics【焦散】中的 Multiplier【倍增】参数可以对场景中产生的所有焦散效果进行强弱控制，而选择场景中的模型或是灯光后单击鼠标右键，在弹出的快捷菜单中选择 VRay properties【VRay 属性】命令，则可以在弹出的面板中对焦散效果进行更多的调整。这一点将在“焦散的产生条件与其他控制方法”小节中详细讲解。

2. Direct visualization【直接可视化】

启用该选项时显示焦散贴图的计算。此选项仅用于预览，应该在最终的渲染中禁用。

3. On render end【渲染完成后】

On render end【渲染完成后】参数组的功能与 Irradiance map【发光贴图】卷展栏中的同名参数组完全一致。

Caustics【焦散】卷展栏中的 On render end【渲染完成后】参数组的功能与之前介绍的 Global Photon map【全局光子贴图】卷展栏中同名参数组完全一致。

3.7.3 焦散的产生条件与其他控制方法

1. 产生焦散的条件

在设置了正确的 Caustics【焦散】卷展栏参数的条件下，要表现出理想的焦散效果还需要注意以下两点：

❑ 材质条件

通常具有折射效果（透明度较高）的对象以及具有反射能力（表面较光滑）的对象才能表现出理想的焦散效果，前者通过折射聚集光线表现出如图 3-126 所示的焦散效果，后者通过反射聚集光线表现出如图 3-127 所示的焦散效果。

图 3-126 由折射产生的焦散效果

图 3-127 由反射产生的焦散效果

❑ 灯光条件

就 VRay 渲染器而言目前使用 Plane【平面】类型的 VRaylight 与 3dsmax 自带的 Direct light【目标平行光】才能表现出理想的焦散效果，前者表现出的焦散效果如图 3-128 与图 3-129 所示，后者表现的焦散效果则如图 3-126 与图 3-127 所示，比较可以发现 Direct light【目标平行光】表现的效果更为理想，但 VRaylight 渲染速度上具有一些优势。

注意：除了灯光的种类会对焦散效果产生影响外，同一类灯光的面积大小也会产生影响，通常面积较小光线越集中的灯光会产生比较强烈的焦散效果。

图 3-128　VRay 平面灯光产生的折射焦散效果

图 3-129　VRay 平面产生的反射焦散效果

2. 控制焦散的其他方法

除了通过 Caustics【焦散】卷展栏内的参数整体控制焦散效果外，还可以通过 VRay properites【VRay 属性】进行控制。

❑ 通过 VRay 灯光属性控制焦散

选择场景中用于表现焦散效果的灯光，单击鼠标右键弹出快捷菜单（见图 3-130），然后单击其中的 VRay properties【VRay 属性】命令，弹出如图 3-131 所示的 VRay light properties【VRay 灯光属性】面板。通过该面板内红色框内的参数可以从灯光的角度对焦散效果进行控制。

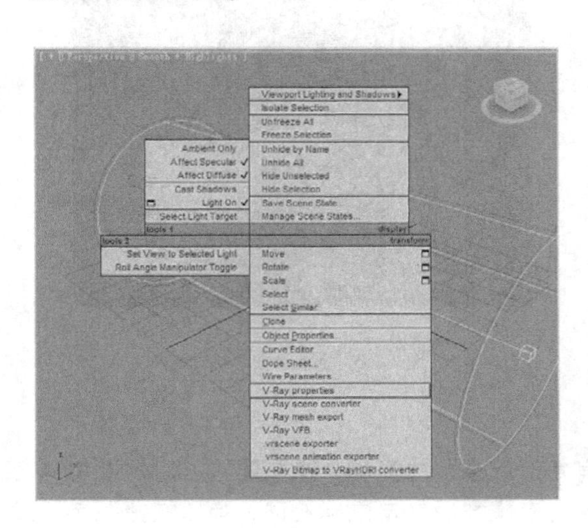

图 3-130　快捷菜单

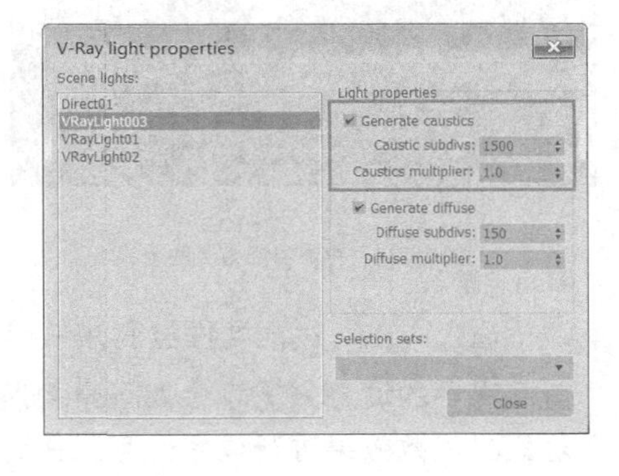

图 3-131　【VRay 灯光属性】面板

➘ Generate caustics【产生焦散】

灯光只有在勾选 Generate caustics【产生焦散】参数后才能使照射对象表现出焦散效果。

➘ Caustics subdivs【焦散细分】

Caustics subdivs【焦散细分】参数值影响焦散效果的集中感与细腻程度，如图 3-132 与图 3-133 所示，该数值越大，焦散效果越明亮细腻，耗费的计算时间也越多。

图 3-132 【焦散细分】参数为 1500 的渲染效果

图 3-133 【焦散细分】参数为 4000 的渲染效果

- Caustics multiplier【焦散倍增】

Caustics multiplier【焦散倍增】直接影响灯光产生焦散效果的程度.如图 3-134 与图 3-135 所示该数值越大，焦散效果越明显，亮度越高。

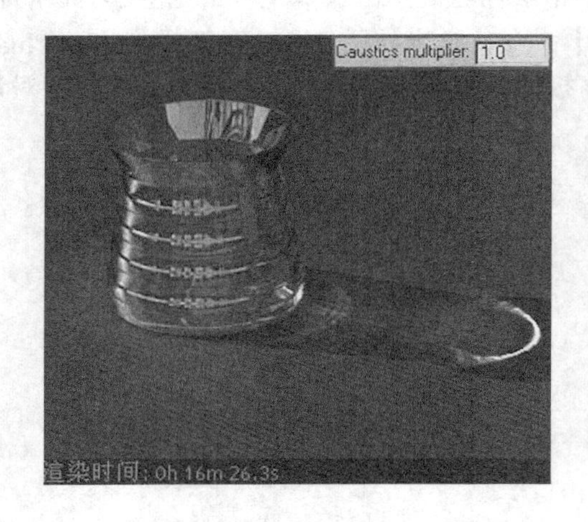

图 3-134 焦散倍增为 1 的效果

图 3-135 焦散倍增为 5 的效果

- 通过 VRay 对象属性控制焦散

前面讲到的调整方式均会对场景中所有焦散效果产生影响，如果要单独对场景中的若干个对象的焦散效果进行调整，可以在选择对应模型后单击鼠标右键，弹出快捷菜单，然后选择其中的 VRay properties【VRay 属性】命令，通过弹出的如图 3-136 所示的 VRay object properties【VRay 对象属性】面板来实现。

模型对象只有在勾选 Generate caustics【产生焦散】参数后才能表现出焦散效果。如图 3-137 所示，取消该参数勾选后对象将不能产生焦散效果。

【VRay 对象属性】面板内的 Caustics multiplier【焦散倍增】对单独对象产生焦散的加强效果并不明显。

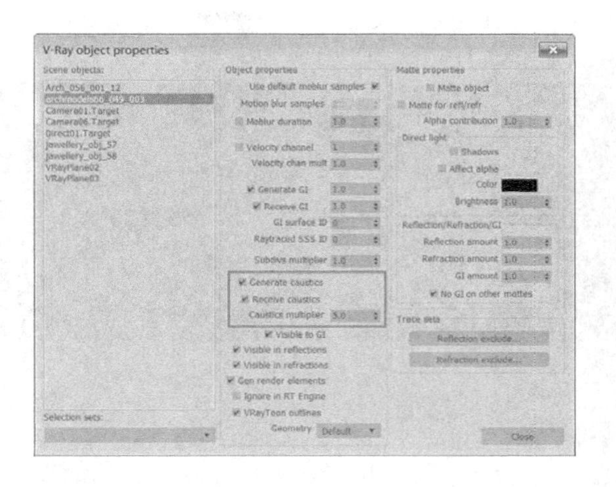

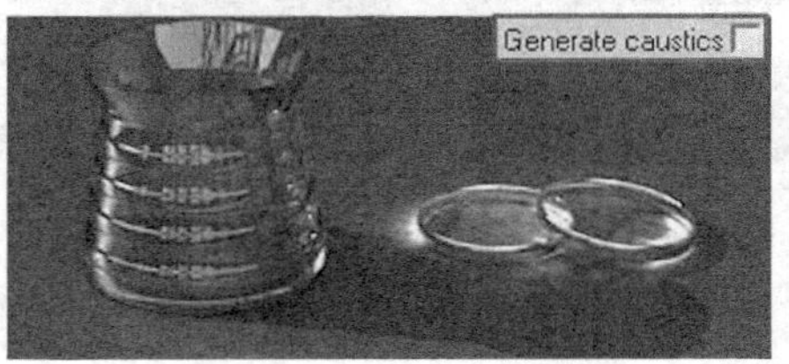

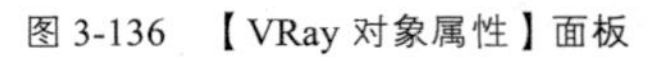
图 3-136 【VRay 对象属性】面板

图 3-137 取消勾选【产生焦散】后不再产生焦散效果

❑ 通过 VRay 对象属性控制接受焦散程度

除了通过调整灯光与产生焦散的对象自身的属性加强焦散效果外，在接受焦散效果的柜台模型勾选 Receive caustics【接受焦散】的前提下，调整其下的 Caustics Multiplier【焦散倍增】数值同样可以控制焦散强度，如图 3-138 与图 3-139 所示。

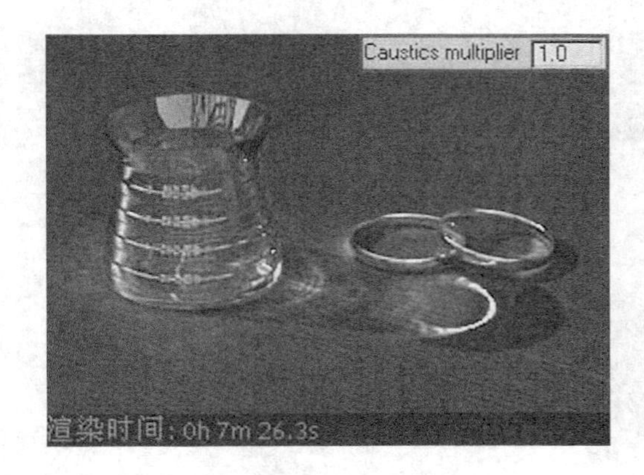

图 3-138 柜台模型接受焦散倍增为 1 的效果

图 3-139 柜台模型接受焦散倍增为 3 的效果

第 4 章 设置选项卡

本章重点：

- Default displacement【默认置换】卷展栏
- System【系统】卷展栏

4.1 Default displacement【默认置换】卷展栏

单击展开 Settings【设置】选项卡，可以看到其集中了 Default displacement【默认置换】、System【系统】、Tiled texture options【平铺贴图选项】、Preview cache【预览缓存】以及 IPR options【IPR 选项】5 个卷展栏，如图 4-1 所示。单击打开【默认置换】卷展栏，其具体参数设置如图 4-2 所示。

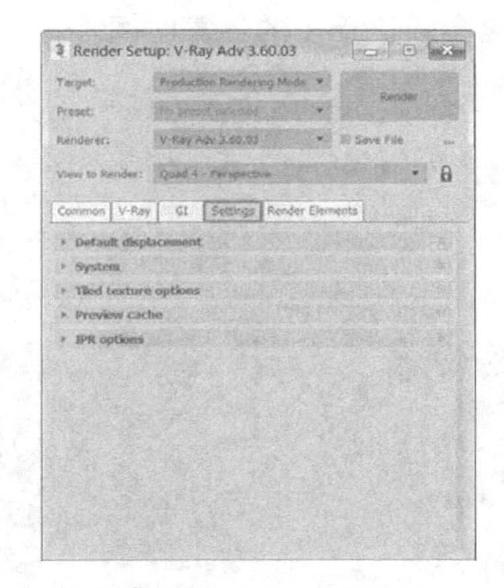

图 4-1 【设置】选项卡卷展栏

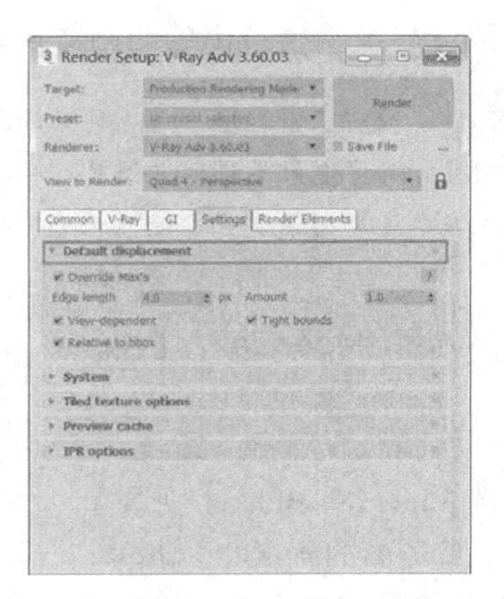

图 4-2 Default displacement【默认置换】卷展栏

VRay 渲染器通过【VRayMtl】(VRay 材质）的 Displace【置换】贴图通道（见图 4-13）内载入黑白位图模拟出的凹凸效果，区别于 Bump【凹凸】贴图通道以模型对象表面的明暗差异模拟出的凹凸效果。VRay【置换】贴图使用三角面细分模型表面并产生真正的起伏效果，而通过如图 4-2 所示的 Default displacement【默认置换】卷展栏参数则可以对细分表面的特征进行控制。

如果利用【置换】想要得到比较理想的凹凸效果，通常会使用本书第 7 章介绍的“VRay Displace Mod【VRay 置换修改器】”进行控制，而在参数的设置上两者也有许多十分类似的地方，因此在本节中对【默认置换】卷展栏的参数只做简单介绍，对于各参数具体的功能与特点，读者可以参阅第 7 章的相关内容进行深入了解。

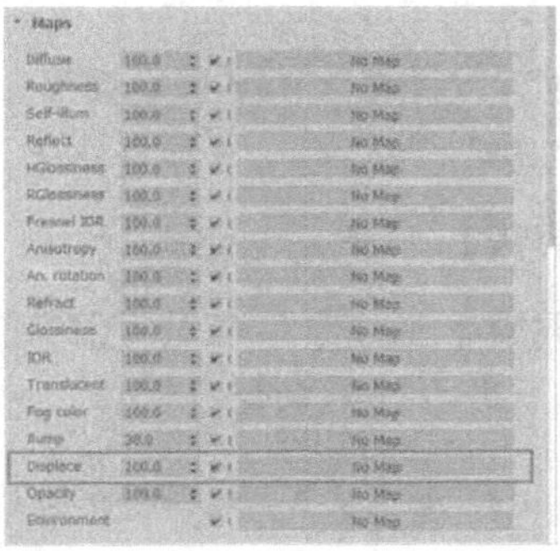

图 4-3 VRay 材质【置换】贴图通道效果

1. Override Max's【覆盖 MAX 设置】

Override Max's【覆盖 MAX 设置】参数默认情况下是勾选的，此时系统会使用 Dafault displacement【默认置换】卷展栏中的参数取代 3ds Max 系统关于置换效果的相关参数产生作用，也就是说只有勾选该项参数后其下的控制参数才有效。

2. Edge length【边长度】

Edge length【边长度】参数控制产生置换时模型三角面细分表面产生的最小三角面长度，该数值越小，模拟出的凹凸效果越逼真，但也会耗费更多的计算时间。

注意：通常在多边形中看到的细分面都是矩形的，但事实上细分面是三角形的，按“2”键进入多边形的 Edges【边】层级后，如图 4-4 所示进入 Edit Edges【编辑边】卷展栏激活 Edit triangle【编辑三角边】即可看到细分面显示为三角形，而默认显示为矩形可以减轻显示负担。

3. View-dependent【视野】

勾选 View dependent【视野】参数时，三角面的长度将以像素为单位，取消勾选后将以 3ds Max 系统设定的单位为准。

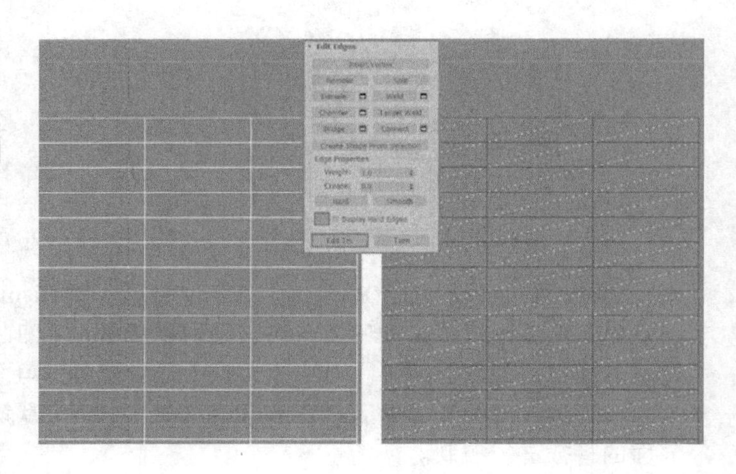

图 4-4 显示多边形的三角面

4. Relative to bbox【相对于边界框】

勾选 Relative to bbox【相对于边界框】参数时，设定的 Amount【数量】参数值将以模型边框为比例进行凹凸效果的模拟，这样产生的置换效果将十分强烈，未进行该参数的勾选时则以系统单位为准。

5. Amount【数量】

通过 Amount【数量】参数可以调整 VRay 置换强度，该数值越大，置换强度越大，如果设定为负值则会产生内陷的效果。

6. Tight bounds【紧密界限】

勾选 Tight bounds【紧密界限】参数时，在进行渲染前将根据设定的 Amount【数量】参数值与模型自身细分面的高低进行预先采样分析。

注意：Default displacement【默认置换】卷展栏内的参数只能影响到使用【VRay 材质】的【置换】贴图通道所产生的凹凸效果，并不能影响 VRay Displace Mod【VRay 置换修改器】产生的凹凸效果。

4.2 System【系统】卷展栏

System【系统】卷展栏包含 Default【默认】、Advanced【高级】和 Expert【专家】三种模式，其具体参数组设置如图 4-5 所示。

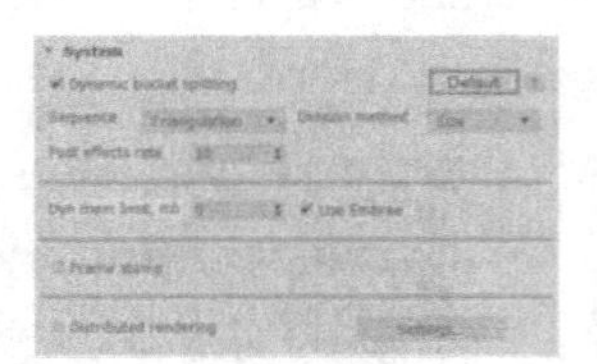

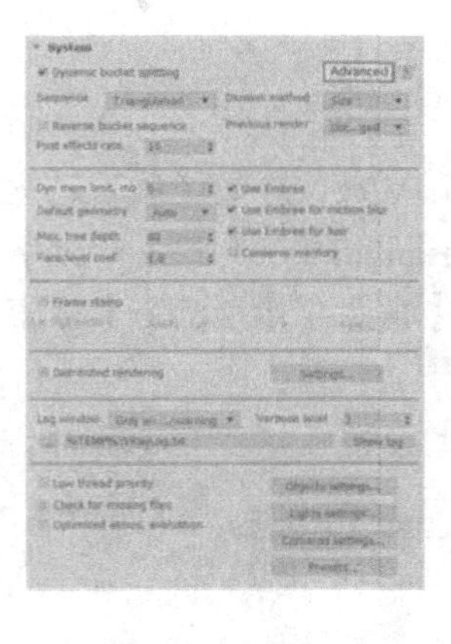

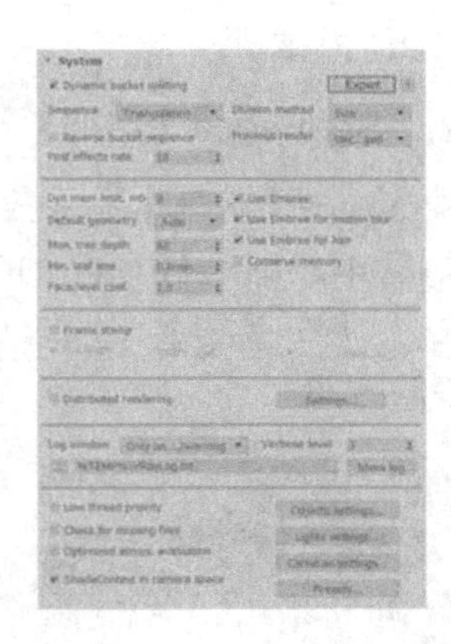

图 4-5 【系统】卷展栏参数设置

可以看到，Expert【专家模式】共包含了 6 个参数组，分别为 Render region division【渲染区域分割】、Raycaster paramas【光计算参数】、Frame stamp【帧水印】、Distributed rendering【分布式渲染】、VRay log【VRay 日志】以及 Miscellaneous options【杂项】参数组。

❑ Render region division【渲染区域分割】

通过【渲染区域分割】可以设定渲染区域分割方法以及计算顺序等特征。

❑ Raycaster paramas【光计算参数】

通过【光计算参数】的设置可将组织 VRay 渲染构架并可调整渲染所占用的系统内存数量。

❑ Frame stamp【帧水印】

通过【帧水印】可以在渲染图像上显示 VRay 渲染器版本和渲染时间等相关信息。

❑ Distributed rendering【分布式渲染】

通过【分布式渲染】的设置可以实现网络渲染，即多台计算机同时对同一场景进行分布渲染。

❑ VRay log【VRay 日志】

通过【VRay 日志】可以了解渲染过程数据（如内存占用量）信息以及警告、错误等信息。

❑ Miscellaneous options【杂项】

Miscellaneous options【杂项】中参数所针对的功能各异，较重要的有通过其调整 3ds Max、VRay 渲染器与第三方插件的兼容性，并能对【VRay 对象】、【VRay 灯光】以及【预设】进行属性调整。

4.2.1 Default【默认模式】参数组

1. Dynamic bucket splitting【动态分割渲染块】

启用该选项后，V-Ray 将在渲染接近完成时自动缩小渲染块的大小，以便使用所有可用的 CPU 内核。

2. Sequence【序列】

Sequence【序列】参数控制 VRay 渲染块的移动方式，通过其右侧的下拉按钮，可以选择如图 4-6~图 4-11 所示的 Triangulation【三角剖分】(默认方式)、Top-Bottom【上至下】、Left-Right【左至右】、Checker【棋盘格】、spiral【螺旋】和 Hilbert curve【希尔伯特曲线】6 种移动方式。

图 4-6　三角剖分区域排序

图 4-7　上至下区域排序

图 4-8　左至右区域排序

图 4-9　棋盘格区域排序

图 4-10　螺旋区域排序

图 4-11　希尔伯特曲线区域排序

技巧：渲染块移动方式的改变对渲染速度没有太多的影响，通常可以使用运动规律较简单的【上至下】或是【左至右】并配合 VRay 渲染缓冲帧窗口上的【渲染跟随鼠标】按钮控制渲染块的移动。

3. Division method【分割方法】

该参数控制图像被划分为块的方式，因此控制【块图像采样器】卷展栏“渲染块宽度”和“渲染块高度”参数的含义。

- Size【大小】

选择 Size【大小】的分割方法时，“渲染块宽度”和“渲染块高度”参数都以像素为单位进行测量。

- Count【数量】

选择 Count【数量】的分割方法时，“渲染块宽度”和“渲染块高度”参数指定覆盖整个图像所需要的块数。

4. Post effects rate【后期效果速率】

Post effects rate【后期效果速率】在渐进渲染期间更新的频率。数值设定为 0 时，表示在渐进渲染期间禁止更新。较大的值会导致更频繁的更新效果，如数值设定为 100 时会尽可能地经常更新。通常将值设定在 5～10 之间就足够了。

5. Dyn mem limit【动态内存极限】

设置 Dynamic memory limit【动态内存极限】后的数值即 VRay 渲染器在进行渲染时所能占用的【动态内存】最大数量。如果【最大树形深度】以及【面/级别系数】参数值设置使得内存需求量超过了设定的最大数量，VRay 渲染器就会将超过的内存数量进行释放后再加载所需要的内存继续进行渲染，这个过程会使得渲染速度变慢。在 V-Ray3.60.01 或更高的版本中，将数值默认设置为 0 以消除任何限制，使 V-Ray 可以根据需要使用尽可能多的内存。

注意：Dyn mem limit【动态内存极限】参数后设定的数值将被用于渲染的核心平均分配，如参数设置为 400MB 而使用的是双核心进行渲染，则每个核心分配均为 200MB。

6. Use Embree【使用高性能光线跟踪】

打开该选项可启用英特尔高性能光线跟踪。在默认情况下为启用。

7. Frame stamp【帧水印】

勾选 Frame stamp【帧水印】可以在渲染图像显示出如图 4-12 所示的 VRay 版本、渲染场景名以及渲染时间等相关信息。

在遵循 VRay 渲染器特定的语法基础上可以自行更改水印显示的信息内容，常用的语法与关键词如下：

- %VRayversion：显示当前使用的 VR 的版本号；
- %filename：当前场景的文件名称；
- %frame：当前帧的编号；

- %primitives：当前帧中交叉的原始几何体的数量（指与光线交叉）；
- %rendertime：完成当前帧花费的渲染时间；
- %computername：网络中计算机的名称；
- %date：显示当前系统日期；
- %time：显示当前系统时间；
- %w：以像素为单位的图像宽度；
- %h：以像素为单位的图像高度；
- %camera：显示帧中使用的摄像机名称（如果场景中存在摄像机的话，否则是空的）；
- %ram：显示系统中物理内存的数量；
- %vmem：显示系统中可用的虚拟内存；
- %mhz：显示系统 CPU 的时钟频率；
- %os：显示当前使用的操作系统。

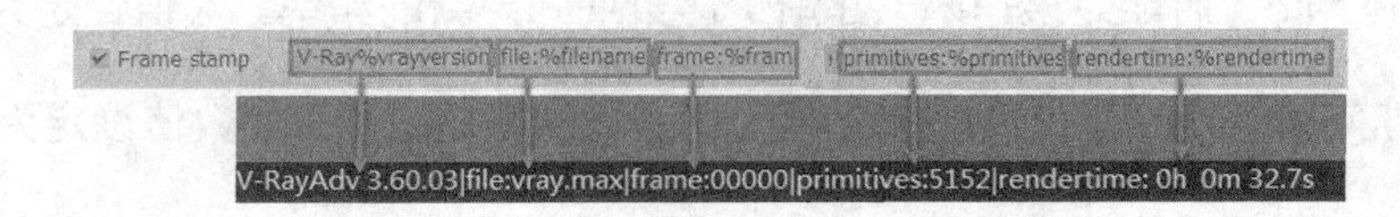

图 4-12 帧水印信息

8. Distributed rendering【分布式渲染】

Distributed rendering【分布式渲染】参数组用于组建 VRay 网络渲染，即建立一台渲染主机后添加同一网络中的其他电脑(服务器)同时进行渲染。如图 4-13 所示，勾选 Distributed rendering【分布式渲染】参数即启用网络渲染功能。

9. Settings【设置】

单击 Settings【设置】按钮则会弹出 VRay distributed rendering settings【VRay 分布式渲染设置】对话框，可进行服务器的添加、移除以及解析等操作。

❑ Add server【添加服务器】

单击 Add server【添加服务器】按钮后会弹出 Add render server【添加渲染服务器】对话框，如图 4-14 所示，输入在同一网络其他服务器的名称，单击“OK”按钮即可将其添加入网络渲染。

❑ Edit server【编辑服务器】

Edit server【编辑服务器】允许用户更改有关渲染服务器的数据。

❑ Remove server【移除服务器】

选择已添加的网络渲染服务器的名称，然后单击 Remove server【移除服务器】即可将其移除出网络渲染。

❑ Find servers【寻找服务器】

Find servers【寻找服务器】按钮在该版本的 VRay 渲染器中已经失效。

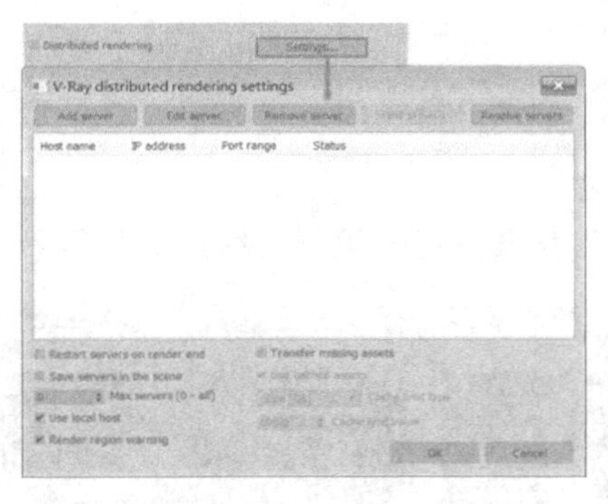

图 4-13 启用并设置分布式渲染

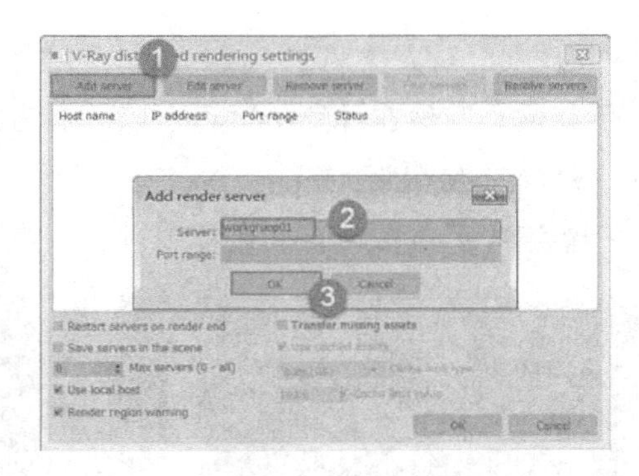

图 4-14 【添加渲染服务器】对话框

❑ Resolve servers【解析服务器】

当利用 Add server【添加服务器】按钮将同一网络中的服务器名称添加完成后，单击 Resolve severs【解析服务器】按钮，VRay 渲染器即可以根据服务器名称自动添加进服务器所使用的 IP 地址。

4.2.2 Advanced【高级模式】参数组

1. Reverse bucket sequence【反转渲染块序列】

勾选 Reverse bucket sequence【反转渲染块序列】参数后，实际的渲染块移动规律将为 Sequence【序列】中设置的移动方式的反方向，如设定为上至下，实际则为下至上。

2. Previous render【上次渲染】

如果如图 4-15 所示已完成渲染，则在进行下次渲染前通过 Previous render【上次渲染】后的下拉按钮可以控制在下次渲染进行时 VRay 渲染器对比上一次渲染结果以什么样的方式显示新的渲染图像结果。各参数对应的具体效果分别如图 4-16~图 4-20 中所示。

图 4-15 上次渲染结果

图 4-16 无变化显示方式

图 4-17 交叉显示方式

❑ Unchanged【无变化】

新渲染图像在计算的过程中显示与上次渲染的图像保持完全一致。

- ❑ Cross【交叉】

新渲染图像在计算的过程中以上次渲染图像为背景进行一黑一白方格交替显示。

- ❑ Fields【区域】

新渲染图像在计算的过程中以上次渲染图像为背景进行一黑一白线形交替显示。

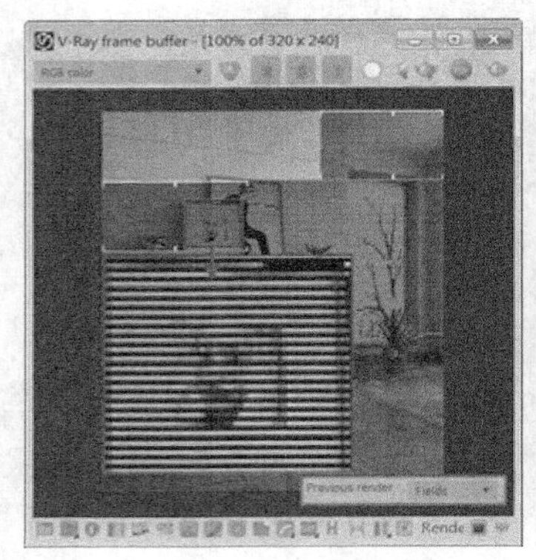

图 4-18　区域显示方式

图 4-19　暗灰显示方式

图 4-20　蓝色显示方式

- ❑ Darken【黑色】

新渲染图像在计算的过程中以上次渲染图像为背景进行暗灰色显示。

- ❑ Blue【蓝色】

新渲染图像在计算的过程中以上次渲染图像为背景进行蓝色显示。

3. Default geometry【默认几何体】

通过 Default geometry【默认几何体】参数后的三角下拉按钮可以选择 Static【静态】、Dynamic【动态】和 Auto【自动】内存调用的方式。

- ❑ Auto【自动】

选择 Auto【自动】时，VRay 渲染器根据在渲染时内存的占用情况自行判断以【动态】或【静态】的方式进行内存控制。

- ❑ Static【静态】

选择 Static【静态】时，VRay 渲染器将不会在渲染的过程释放内存以保持一个恒定的计算速度来保证渲染速度，但如果场景模型比较复杂，在渲染时则容易由于内存不足自动跳出渲染。

- ❑ Dynamic【动态】

选择 Dynamic【动态】时，VRay 渲染器在每完成一个渲染块的计算后释放出内存，再开始进行下一个区域的计算。这样虽然会使渲染速度产生一些影响，但相对而言比较稳定。

4. Use Embree for motion blur【使用高性能光线跟踪运动模糊】

对运动模糊对象使用高性能光线跟踪库。该选项默认是打开的，但要注意，高性能光线跟踪不支持多个几何体运动模糊的采样。此外，高性能光线跟踪运动模糊不一定比默认的 V-Ray 运动模糊光线投影更快。

5. Max. tree depth【最大树形深度】

VRay 渲染器在进行渲染时将场景划分出若干个细分区域，并分区域同时进行光线投射及计算。Max. tree depth【最大树形深度】数值越大，区域划分越细致，能同时计算的区域也越多，虽然会占用系统更多的内存，但同时也会加快渲染速度，如图 4-21 与图 4-22 所示。

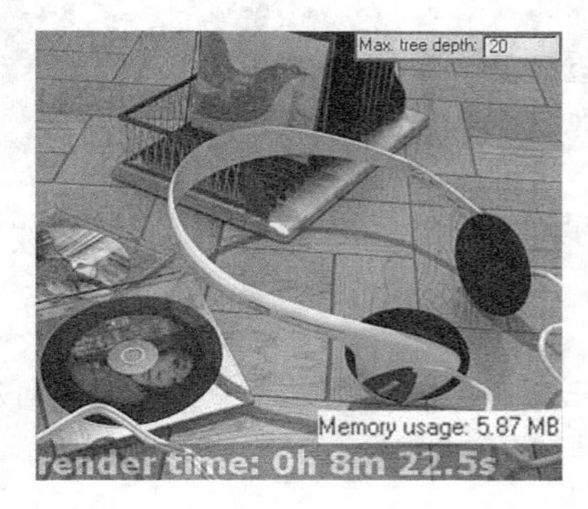

图 4-21 最大树形深度为 20 时的渲染时间与内存占用量

图 4-22 最大树形深度为 60 时的渲染时间与内存占用量

注意：当 Max. tree depth【最大树形深度】超过场景所能细分的极限时仍然进行提高则有可能如图 4-23 与图 4-24 所示在渲染时间上出现波动，因此通常保持默认参数值设置即可。此外对于【最大树形深度】以及即将介绍的 Min. leaf size【最小叶片深度】与 Face/level coef.【面/级别系数】参数引起的变化，通过如图 4-25 所示的 VRay 信息窗口可以进行详细的查看。

图 4-23 最大树形深度为 80 的耗时

图 4-24 最大树形深度为 100 的耗时

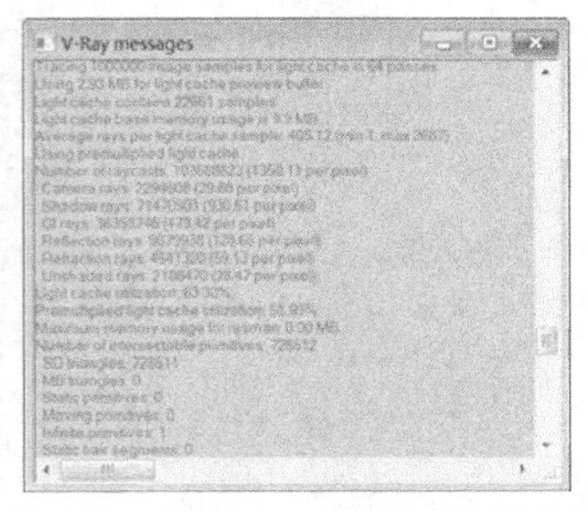

图 4-25 通过 VRay 信息窗口查看相关数值

6. Use Embree for hair【使用高性能光线跟踪毛发】

高性能光线跟踪库使用样条曲线来模拟头发（这有别于 V-Ray 的经典模型）。用户可能会预期高性能跟踪里的毛发模型和 V-Ray 的毛发模型之间的一些细微差异，如果发束是在最后的图像中大于一个像素的，那么这些差异就变得更为明显。

7. Face/level coef.【面/级别系数】

Face/level coef.【面/级别系数】参数控制【树形深度】划分区域中最多三角面的数量。

如图 4-26~图 4-28 所示。该数值越小。区域划分越精细，因此渲染速度会越快，同时将占用更多的内存。

图 4-26　面/级别系数为 0.5 的渲染状态

图 4-27　面/级别系数为 1 的渲染状态

图 4-28　面/级别系数为 4 的渲染状态

8. Conserve memory【节省内存】

高性能光线跟踪将使用更精简的方法来存储三角形，这可能会慢一些，但是可减少内存的使用量。

9. Front【字体】

单击 Front【字体】按钮将弹出如图 4-29 所示的对话框，在该对话框中可以对水印字体的【字体样式】、【字形】、【大小】等进行调整。

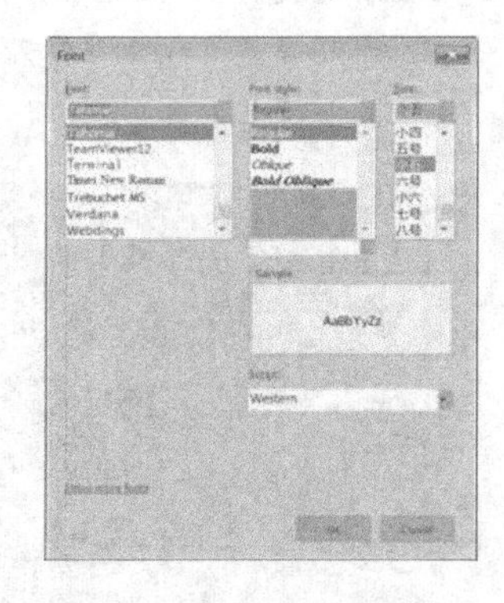

图 4-29　【字体】设置对话框

10. Full width【全宽度】

勾选 Full width【全宽度】参数后，当渲染完成后显示水印信息的灰色透明条将如图 4-30 所示，从左至右完全占满整个图像而不考虑文字内容长度；如果取消该参数的勾选，则如图 4-31 所示显示水印信息的灰色透明条将与其文字内容等长。

11. Justify【对齐】

通过 Justify【对齐】方式的切换，可以调整水印信息 Left【居左】、Center【居中】、Right【居右】三种对齐位置，如图 4-32~图 4-34 所示。

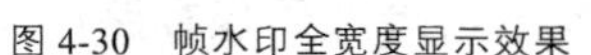
图 4-30　帧水印全宽度显示效果

图 4-31　帧水印非全宽度显示效果

图 4-32　居左对齐效果

图 4-33　居中对齐效果

图 4-34　居右对齐效果

注 意：如果渲染图像较小，则根据不同的水印信息对齐位置，所遮盖的材质与灯光信息也不同。对齐位置的变化可能会对渲染耗时产生一些影响。

12. Log window【日志窗口】

选择 Log window 【日志窗口】后显示日志的条件。有四种条件，分别为从不、始终、尽在错误/警告时以及尽在错误时。在以后每次进行渲染时都将弹出如图 4-35 所示的 VRay messages【VRay 信息】窗口，在该窗口中记录了包括光计算参数细节、场景安装时间、内存使用量及渲染耗时等渲染细节。

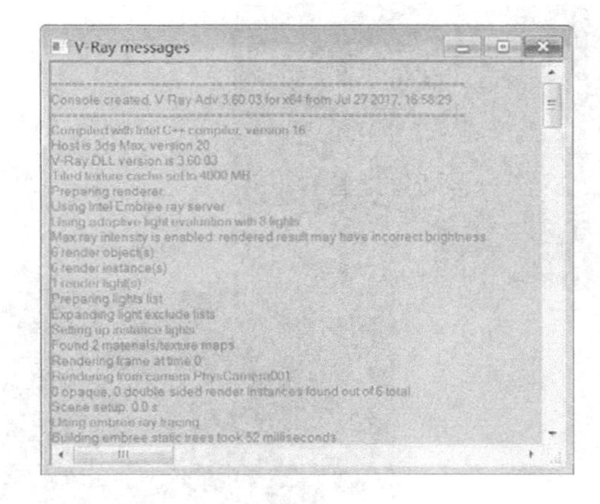

图 4-35　VRay 信息窗口

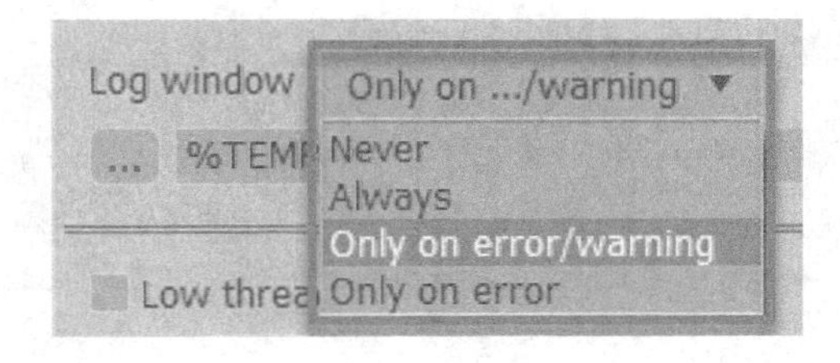

图 4-36　VRay 信息分类

13. Verbose level【详细级别】

Verbose level【详细级别】参数用于设定在 VRay messages【VRay 信息】窗口显示哪些方面的信息，如图 4-36 所示，在信息窗口内最多显示 4 种颜色对 4 类信息进行分类，VRay 渲染器则设置了 4 个信息级别（默认级别为 3）控制显示哪些类别的信息.各级别对应的信息内容如下：

- 1——仅显示错误信息；
- 2——显示错误信息和警告信息；
- 3——显示错误信息、警告信息以及场景信息；
- 4——显示错误信息、警告信息、场景信息以及情报信息。

此外，单击该参数组最下方的 ... 按钮可以设定 VRay 信息的保存路径与保存文件名称，默认的文件名称和保存路径是 C:\VRayLog.txt。

14. Low thread priority【低线程优先权】

勾选 Low thread priority【低线程优先权】参数时将不优先运行 VRay 渲染器，即在使用 VRay 渲染器时能较流畅的同时运行其他程序。

15. Check for miss files【检查缺少的文件】

勾选 Check for missing files【检查缺少的文件】后，在进行渲染前 VRay 渲染器将自动验证场景中是否有丢失的文件（如贴图与光域网文件），如果有相关文件丢失将弹出如图 4-37 所示的 Missing files【丢失的文件】面板显示具体的文件丢失的信息（这将耗费一些时间），并能将丢失的文件信息保存至 C:\VRayLog.txt。

16. Optimized atmospheric evaluation【优化大气评估】

勾选 Optimized atmospheric evaluation【优化大气评估】参数后可以使 VRay 渲染器优先评估大气效果，如图 4-38 所示勾选该参数能加快 VRay 大气特效的渲染速度，对于 VRay 大气特效大家可以查阅本书第 11 章“VRay 属性与大气效果”相关内容进行详细了解。

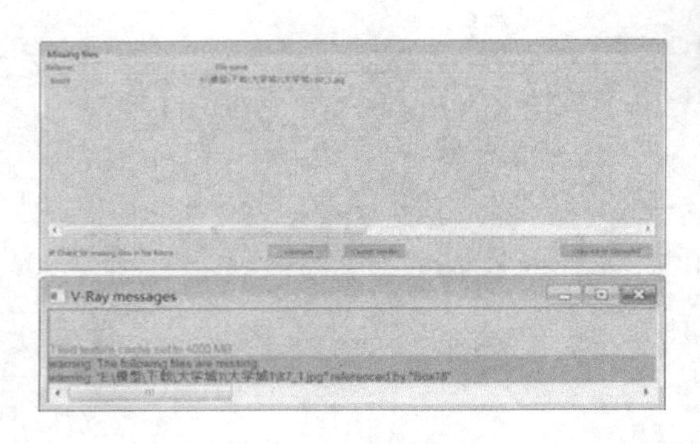

图 4-37 VRay 丢失文件提示面板

图 4-38 优化大气评估参数对大气效果渲染耗时的影响

17. Objects settings【对象属性】/Lights settings【灯光属性】按钮

Objects settings【对象属性】/Lights settings【灯光属性】按钮用于控制模型对象与灯

光对象的 VRay 属性，在本书第 11 章“VRay 属性与大气效果”中有详细介绍，读者可以进行查阅。

18. Cameras settings【相机设置】

Cameras settings【相机设置】按钮用于控制 V-Ray 摄像机属性，在本书第 10 章“VRay 摄像机”中有详细介绍，读者可以进行查阅。

19. Presets【预设】

单击 Presets【预设】按钮将弹出如**错误！未找到引用源。**所示的 VRay presets【VRay 预设】面板，通过该面板可以将 VRay 渲染器当前设置的各个卷展栏参数以及 3ds Max 输出等参数设置进行保存，在以后的渲染中还可以直接进行加载应用，而不再需要逐个进行调整。

❑ Save【保存】

在 VRay presets【VRay 预设】面板右侧的 Available roll-ups【可用卷展栏】列表中选择将要保存的各项参数卷展栏名称后，再在左侧的 Presets in file【预设文件】下方的空白框中输入将要保存的预设文件名，然后如图 4-40 所示单击 Save【保存】按钮即可将当前设定好的参数保存进【VRay 预设】面板最上方设置的文件路径中，并在【预设文件】下方的列表中出现预设文件名方便以后加载。

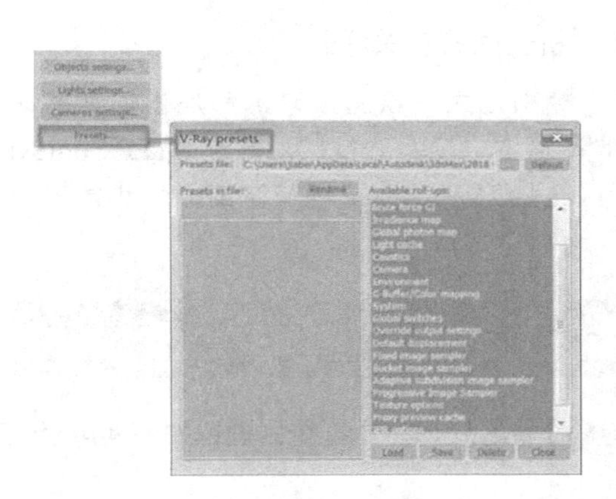

图 4-39 【VRay 预设】面板

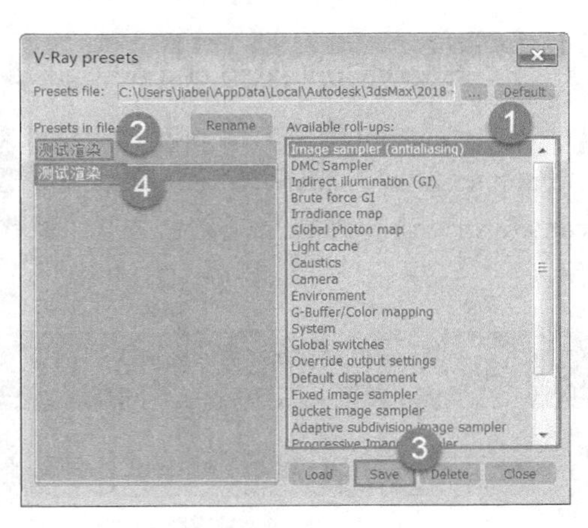

图 4-40 保存预设文件

❑ Load【加载】

当场景中已经保存了预设文件后，在 VRay presets【VRay 预设】面板左侧的 Presets in file【预设文件】列表中选择预设文件名，然后单击 Load【加载】按钮，即可将预设文件中保存好的参数自动设置为场景当前渲染参数，十分简捷有效。

4.2.3 Expert【专家模式】参数组

1. Min. leaf size【最小叶片深度】

【叶片深度】指的是场景根据【树形深度】划分区域的极限判断值，小于 Min./ leaf size【最小叶片深度】设定数值的区域将不会再被细分。如图 4-41~图 4-43 所示,该数值越大，划分的区域越少，即能同时进行光线计算的区域就越少，因此计算时间会越长。

图 4-41 最小叶片深度为 0 的渲染耗时

图 4-42 最小叶片深度为 10 的渲染耗时

图 4-43 最小叶片深度为 40 的渲染耗时

2. ShadeContext in camera space【摄像机空间着色关联】

3ds Max 系统中大部分内置的插件效果（特别是大气氛围效果）都是根据其默认的 Default scanline render【默认扫描线渲染器】的计算方式配套开发的。勾选 ShadeContext in camera space【摄像机空间着色关联】参数后可以保证 VRay 渲染器与这些插件也能协同使用。

4.3 Tiled texture options【平铺贴图选项】卷展栏

单击展开 Tiled texture options【平铺贴图选项】卷展栏，其具体参数设置如图 4-44 所示。

图 4-44 【平铺贴图选项】卷展栏参数设置

1. Cache size（MB）【缓存大小（MB）】

Cache size（MB）【缓存大小（MB）】用于指定平铺图像的缓存大小，单位为兆字节。当图像缓存已满时，部分图块将被刷新，并根据需要腾出空间来加载新的图块。

2. Clear cache on render end【在渲染结束时清除缓存】

Clear cache on render end【在渲染结束时清除缓存】在完成渲染后清除平铺图像的缓存以避免速度变慢。

4.4 IPR options【IPR 选项】卷展栏

单击展开 IPR option【IPR 选项】卷展栏，其具体参数项设置如图 4-45 所示。

1. Fit resolution to VFB【将分辨率拟合到 VFB】

启用时，在渲染期间手动调整 VFB 大小将改变 IPR 使用的渲染分辨率，使分辨率与新调整大小的窗口匹配。禁用时，即使 VFB 已调整了大小，IPR 分辨率也将锁定在【公共】选项卡下设的分辨率下。

图 4-45 【IPR 选项】卷展栏参数设置

2. Force progressive sampling【强制渐进式采样】

启用时，渐进式图像采样器将始终用于 IPR 渲染。禁用时，IPR 将使用【图像采样器（抗锯齿）】卷展栏中“类型”选项设置的图像采样器。

第 5 章 VRay 渲染元素选项卡

本章重点:

- 什么是渲染元素
- 如何分离单个渲染元素图片
- 后期处理中渲染元素的使用

双击 Render Setup【渲染设置】面板上的 Render Elements【渲染元素】选项卡，将切换到如图 5-1 所示的卷展栏面板，可以看到该选项卡的参数组设置十分简单，仅 Render Elements【渲染元素】一个卷展栏。

单击 Render Elements【渲染元素】卷展栏中的 Add【添加】按钮，将弹出如图 5-2 所示的 Render Elements【渲染元素】面板.可以看到,在该面板中罗列了数十种与 VRay 相关的渲染元素.下面介绍什么是渲染元素,渲染元素的作用又是什么.

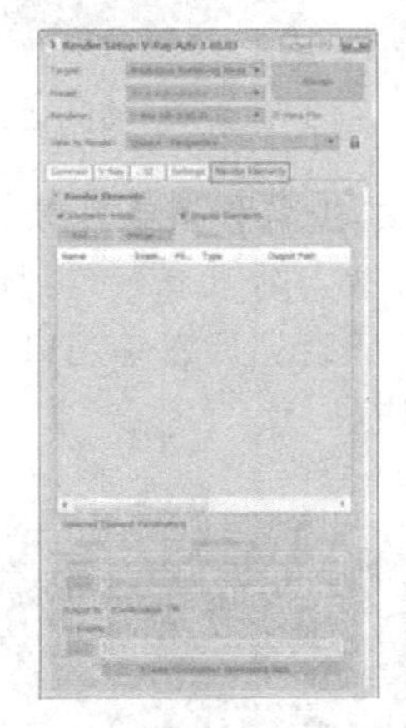

图 5-1 【渲染元素】选项卡卷展栏

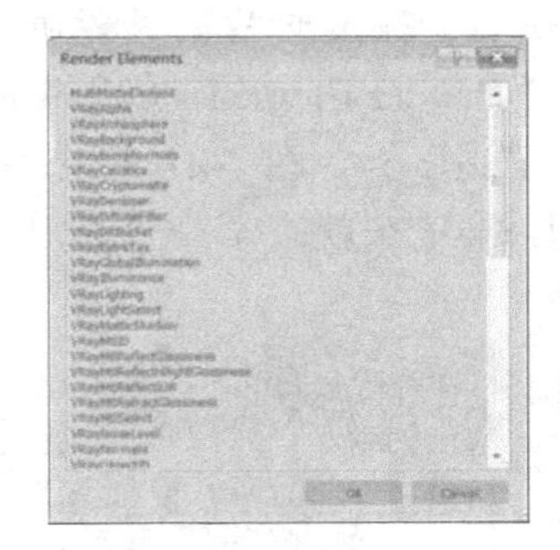

图 5-2 [渲染元素]面板

5.1 什么是渲染元素

对于一张如图 5-3 所示的室内效果最终渲染图片，从整体划分图片来看其主要由灯光与材质两大效果构成，而灯光与材质效果又是由其他更为细小的元素组成，如灯光可以再细分为如图 5-4 与图 5-5 所示的灯光与阴影特征元素，而材质则可以细分成如图 5-6~图 5-8 所示的高光、反射以及折射等多种特征元素，这些单个的特征元素就是渲染元素。

图 5-3 最终渲染图片

图 5-4 灯光渲染元素图片

图 5-5 阴影渲染元素图片

技巧：除了构成最终渲染图像材质与灯光的各种渲染元素之外，VRay 渲染器还提供了具有特别功能的元素，如图 5-9 与图 5-10 所示的 VRay WireColor【VRay 线框颜色】与 VRay-ZDepth【VRay Z 通道】.前者用于后期选区的精确建立，后者则用于制作景深效果。

图 5-6　高光渲染元素图片

图 5-7　反射渲染元素图片

图 5-8　折射渲染元素图片

通常在渲染完成时我们只能得到一张如图 5-3 所示的由各种渲染元素合成的最终图片，但通过 Render Elements【渲染元素】卷展栏参数的设置，则可以在得到最终渲染图片的同时得到如图 5-4~图 5-10 所示将灯光、阴影、高光、反射、折射等渲染元素一一分离的单个图片.接下来就来学习分离单个渲染元素图片的方法。

图 5-9　线框颜色渲染元素图片

图 5-10　Z 通道渲染元素图片

5.2　如何分离单个渲染元素图片

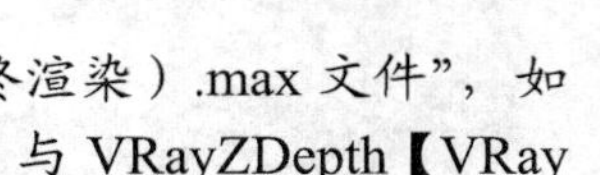

Steps 01 首先打开配套资源第 13 章中的“现代简约客厅日景（最终渲染）.max 文件”，如图 5-11 所示;接下来为其分离出 VRay WireColor【VRay 线框颜色】与 VRayZDepth【VRay Z 通道】渲染元素，并利用其完成该场景最终渲染图片后期效果的处理。

Steps 02 利用 VRay frame buffer【VRay 帧缓冲窗口】分离渲染元素图片的操作相对复杂，所以如图 5-12 所示关闭其【VRay 帧缓冲窗口】的使用，并保证 3ds Max 自带帧缓冲窗口启用。

Steps 03 然后进入 Render Elements【渲染元素】选项卡，如图 5-13 所示，单击 Add【添加】按钮，然后在弹出的面板中选择其中的 VRay WireColor【VRay 线框颜色】与 VRayZDepth【VRay Z 通道】渲染元素。

Steps 04 选择完成后单击“OK”按钮即可，如果渲染完成后想自动保存 VRayZDepth【VRay Z 通道】渲染元素图片，还可以单击如图 5-14 所示的 ... Browse【浏览】按钮预先设置好文件名与路径。

图 5-11　打开渲染元素测试文件

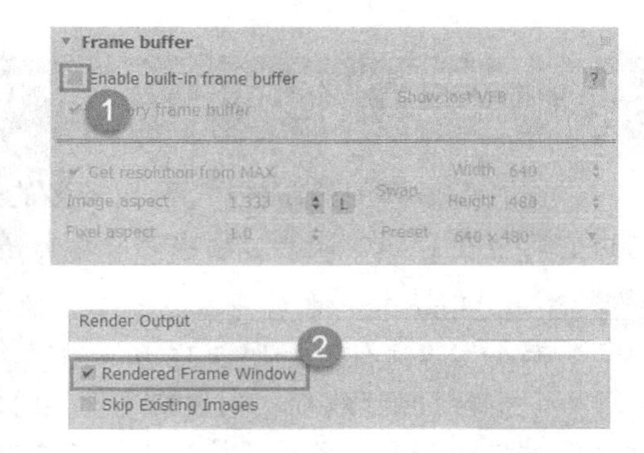

图 5-12　调整图像帧缓冲窗口

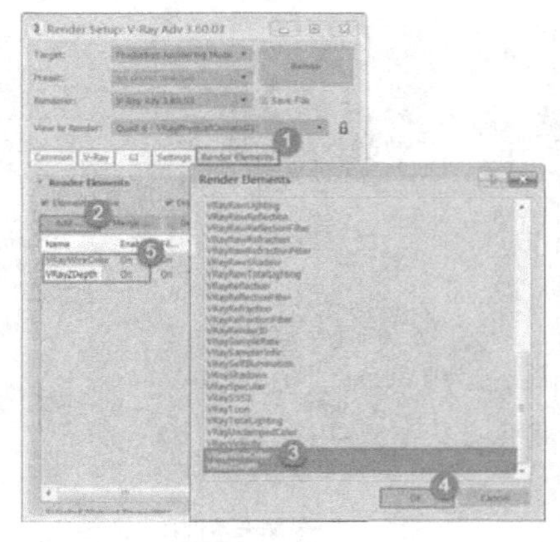

图 5-13　选择【VRay 线框颜色】与【VRay Z 通道】

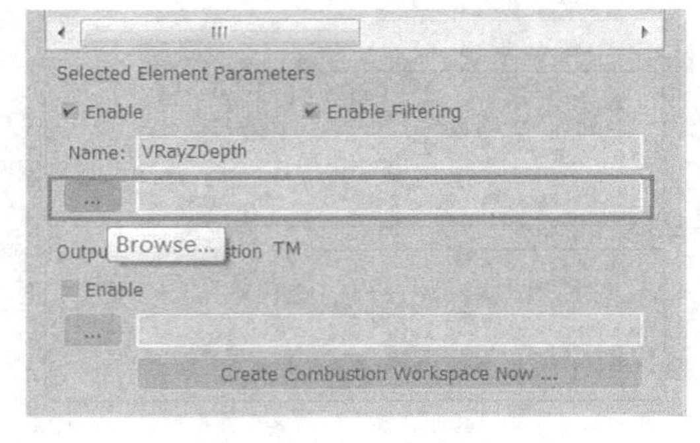

图 5-14　设置【VRay Z 通道】渲染元素图片保存路径与文件

Steps 05 设置完成后单击渲染按钮，如图 5-15 所示，最终图片渲染完成后会自动弹出 VRay WireColor【VRay 线框颜色】与 VRayZDepth【VRayZ 通道】渲染元素窗口，单击【保存】按钮将其保存即可。

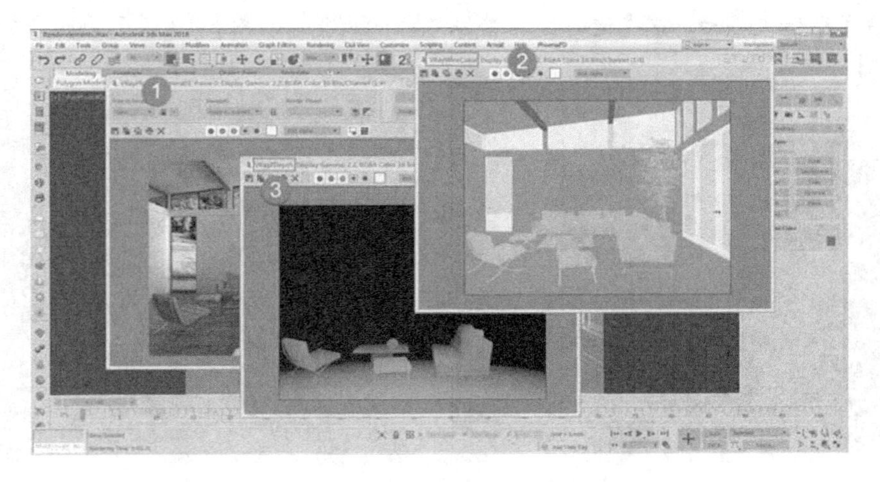

图 5-15　自动弹出渲染元素图片窗口

5.3 后期处理中渲染元素的使用

在室内外效果图的制作中，利用最多的渲染元素为 VRay WireColor【VRay 线框颜色】，通过它可以在后期处理的过程中建立十分精确的选区，具体的使用方法如下：

Steps 01 在 Photoshop 中打开本章配套资源文件夹中的“客厅日景”与“客厅线框颜色渲染元素”两个图像文件，如图 5-16 所示。

Steps 02 选择“客厅线框颜色渲染元素”图像文件，按 V 键启用移动工具后，再按住 Shift 键的同时拖动其至“客厅日景”图像文件中，将其复制并对齐“客厅日景”，如图 5-17 所示。

图 5-16　打开“客厅日景”与“客厅线框颜色渲染元素”图像文件

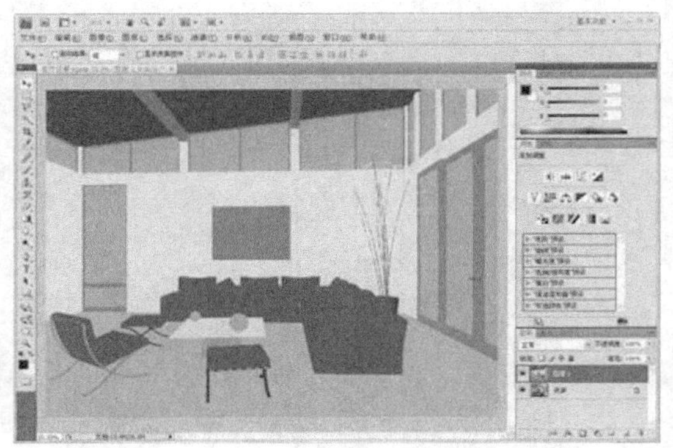

图 5-17　复制并对齐图片

Steps 03 选择“背景图层”，按组合键 Ctrl+J 将其复制一份，然后关闭“客厅线框颜色渲染元素”所在的图层 1，并按下组合键 Ctrl+S 将其以.psd 格式保存为“客厅日景后期处理.psd”文件，如图 5-18 所示。

Steps 04 保存好文档后，首先进行图像整体效果的调整，如图 5-19 所示为其添加亮度/对比度调整图层。

图 5-18　保存文档为.psd 文件

图 5-19　添加亮度/对比度调整图层

Steps 05 调整其具体参数如图 5-20 所示，获得如图 5-21 所示的处理效果。

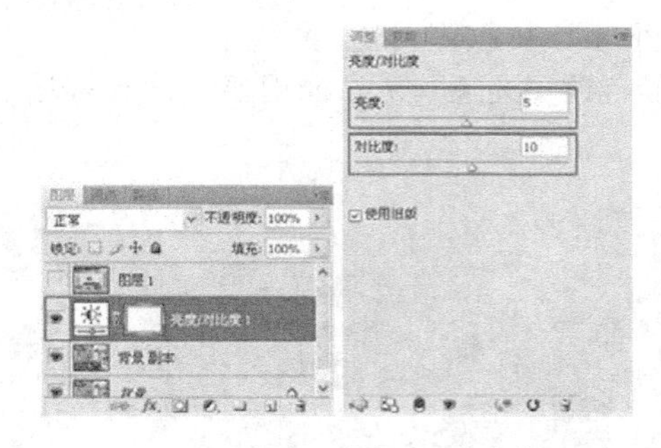

图 5-20 设置亮度/对比度参数

图 5-21 图像亮度/对比度调整完成的效果

Steps 06 调整好图像整体的亮度与对比度效果后，按组合键 Ctrl+Alt+Shift+E 将其盖印至图层 2。接下来将使用“客厅线框颜色渲染元素”所在的图层 1 进行图像局部效果的调整。

Steps 07 开启并选择“客厅线框颜色渲染元素”所在的图层 1，如图 5-22 所示；然后如图 5-23 所示启用“魔棒工具”选择墙体所在位置的颜色，建立一个选区。

图 5-22 开启“客厅线框颜色渲染元素”所在的图层 1

图 5-23 利用魔棒工具建立墙体选区

Steps 08 保持建立好的选区，然后关闭图层 1 并进入图层 2，可以发现之前建立好的选区精准地选择到了图像中的墙体，如图 5-24 所示。

图 5-24 精确的选择到图像中的墙体

图 5-25 将墙体复制至图层 3

Steps 09 保持墙体的选区，然后按下组合键 Ctrl+J 如图 5-25 所示将其复制至图层 3，然后如图 5-26 所示为其添加“色彩平衡”调整图层并进行颜色的调整。

Steps 10 调整好墙体的效果后，利用“客厅线框颜色渲染元素”所在的图层 1 建立如图 5-27 所示的地板选区。

图 5-26　添加“色彩平衡”调整图层及墙体颜色

图 5-27　建立地板选区

注 意：在为复制的“图层 3”添加色彩平衡调整图层后，为了保证其调整效果不影响到其他区域，应该在两者的交界线处按住 Ctrl 键的同时单击鼠标左键为其添加“剪切蒙版”。

Steps 11 为刚创建的地板选区添加“亮度/对比度”调整图层进行其效果的改善，如图 5-28 所示。

Steps 12 调整好地板的效果后再重复类似的操作，完成图像中沙发等区域的颜色与亮度效果的改善，最终图像处理效果如图 5-29 所示。

图 5-28　添加“亮度/对比度”调整图层及调整地板效果

图 5-29　最终图像处理效果

第 6 章 VRay 材质与贴图

本章重点：

- VRay2Sidemtl【VRay 双面材质】
- VRayLightMtl【VRay 灯光材质】
- VRayMtlWrapper【VRay 材质包裹器】
- VRayOverrideMtl【VRay 代理材质】
- VRayBlendMtl【VRay 混合材质】
- VRayFastSSS【VRay 快速 SSS 材质】
- VRayBmpFilter【VRay 纹理过滤贴图】
- VRayColor【VRay 颜色贴图】
- VRayComTex【VRay 合成贴图】
- VRayHDRI【VRay 高动态范围图像】

将 VRay 渲染器成功安装并调用后，按 M 键打开 Material Editor【材质编辑器】，如图 6-1 所示，单击 Standard【标准材质】按钮，在弹出的 Material/Map Browser【材质/贴图浏览器】中便可以找到 VRay 渲染器所提供的 8 种材质类型，这些材质功能各异，在使用方法上也有所区别，接下来介绍用途最为广泛的 VRayMtl【VRay 基础材质】。

6.1 VRayMtl【VRay 基础材质】

VRayMtl【VRay 基础材质】是 VRay 渲染器用途最为广泛的一种材质。在 Material/Map Browser【材质/贴图浏览器】中选择该材质后，即可在 Material Editor【材质编辑器】内看到如图 6-2 所示的材质卷展栏设置。通过该卷展栏内参数的调整，可以对材质色彩、纹理、表面光滑度、反射与折射、高光以及表面凹凸等材质属性与特征进行逼真的模拟。接下来就逐一进行介绍。

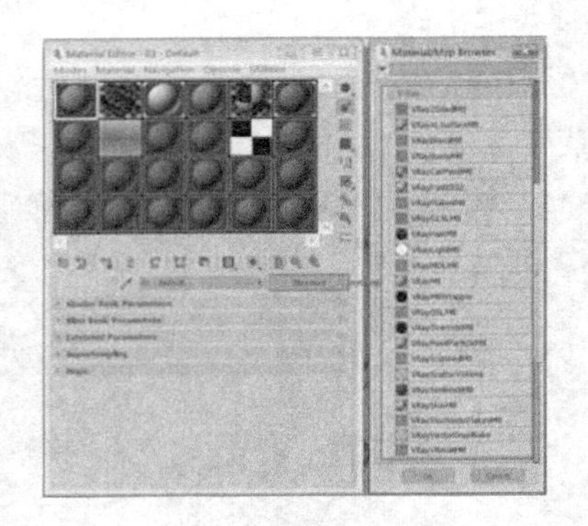

图 6-1 VRay 材质类型

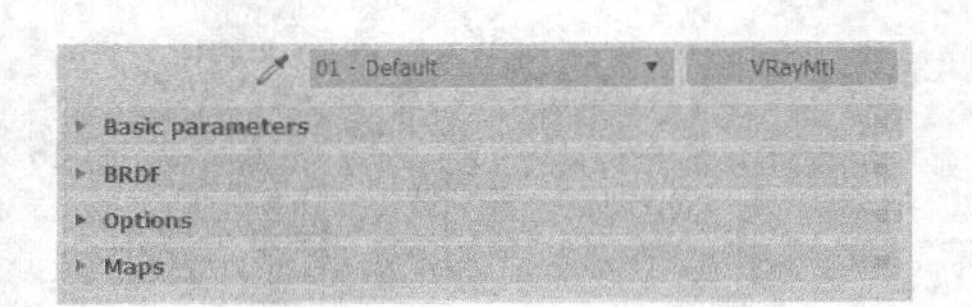

图 6-2 VRay 基础材质卷展栏设置

6.1.1 Basic parameters【基本参数】卷展栏

单击展开 Basic parameters【基本参数】卷展栏，其具体参数设置如图 6-3 所示。可以看到，其分为 Diffuse【漫反射】、Reflection【反射】、Refraction【折射】、Fog【雾】、Translucency【半透明】以及 Self-illumination【自发光】六大参数组，因此通过【基本参数】卷展栏的设置可以完成材质表面颜色、纹理、反射、高光以及透明度等基本材质属性的制作。

1. Diffuse【漫反射】参数组

❑ Diffuse【漫反射】

单击 Diffuse【漫反射】后的色块（色彩通道），将弹出如图 6-4 所示的 Color Selector【拾色器】面板，通过调整其中的颜色可以在材质表面表现出对应的色彩效果，如图 6-5 所示。

注意：在如图 6-4 所示的 Color Selector【拾色器】中有多种颜色调整方式，但通常使用 RGB 三原色的混合比例调整色彩。

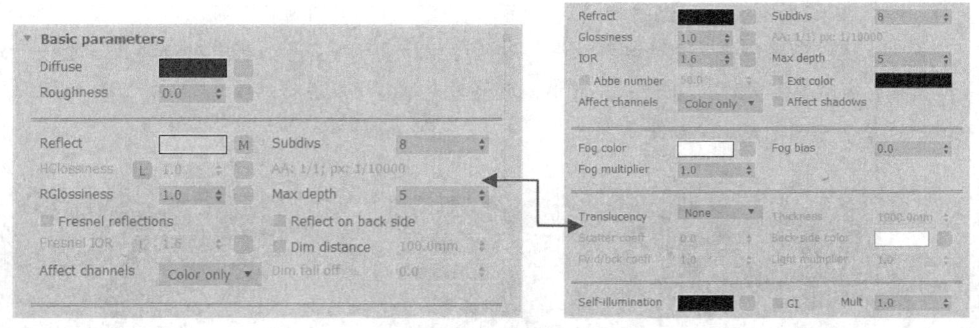

图 6-3 【基本参数】卷展栏参数设置

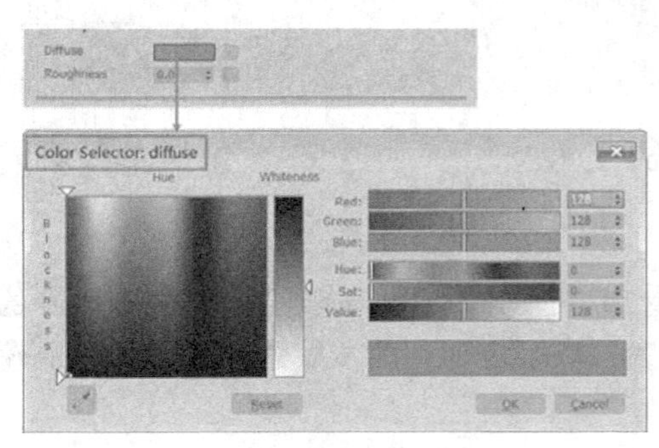

图 6-4 漫反射拾色器面板

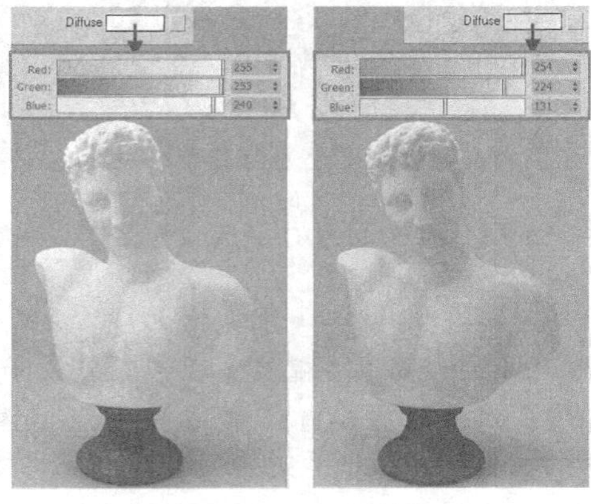

图 6-5 通过漫反射拾色器调整材质表面颜色效果

单击Diffuse【漫反射】色块后的 (贴图通道)按钮，将弹出如图 6-6 所示的Material/Map Browser【材质/贴图浏览器】面板，在该面板内单击 BitMap【位图】可以为材质表面加载外部纹理贴图（如木质纹理、石质纹理），或是直接使用 3ds Max 以及 VRay 渲染器提供的程序贴图（如 Checker【棋盘格】、VRayDirt【VRay 脏旧贴图】），制作出如图 6-7 所示的各种表面纹理效果。

图 6-6 单击【贴图通道】按钮进入材质/贴图浏览器

图 6-7 利用贴图制作材质表面纹理效果

注 意：在 VRay 相关的材质中如果对“色彩通道”与“贴图通道”都做出了调整，默认设置下材质将优先表现“贴图通道”中的调整效果，但通过 Map【贴图】卷展栏中对应的数值可以控制两者的表现比例，如图 6-8~图 6-10 所示。其中，数值越大越倾向表现“贴图通道”中调整的效果，这种调整比例对每个可调参数均是如此。

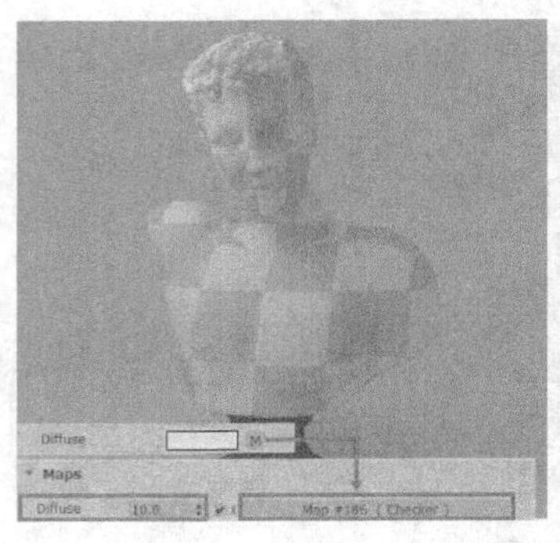

图 6-8 数值为 10 的表现效果

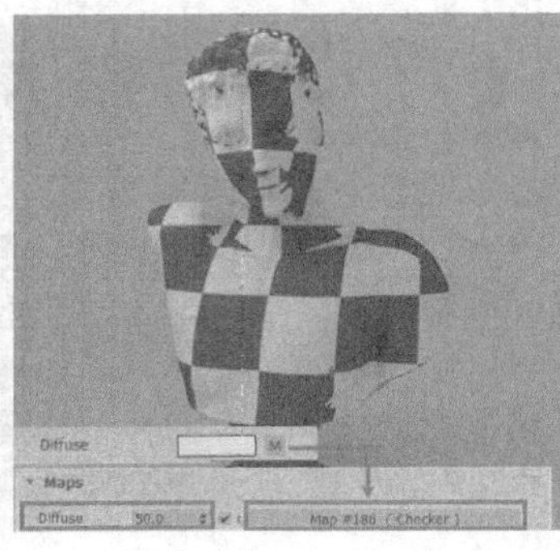

图 6-9 数值为 50 的表现效果

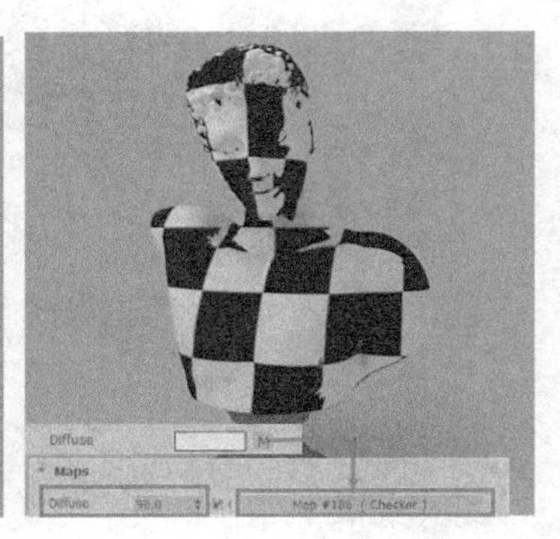

图 6-10 数值为 90 的表现效果

❑ Roughness【粗糙度】

Roughness【粗糙度】参数主要用于调整材质表面明亮区域与阴暗区域交界过渡的柔和度，对比如图 6-11 与图 6-12 所示的渲染结果，可以发现，该参数值越低，模型的轮廓线越饱满清晰，细节表现越突出。

图 6-11 粗糙度为 0.1 的效果

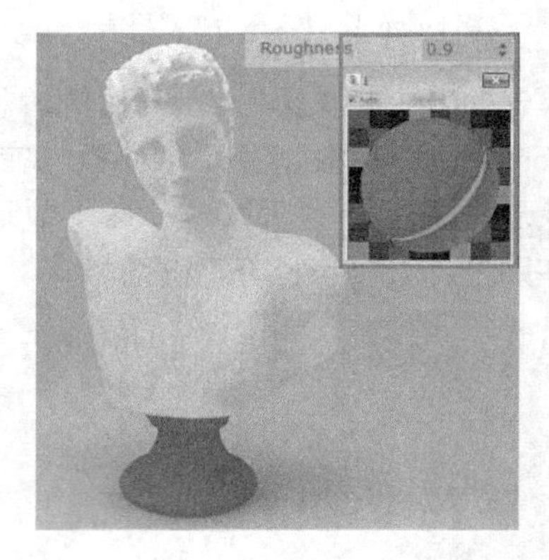

图 6-12 粗糙度为 0.9 的效果

2. Reflection【反射】参数组

❑ Reflect【反射】

单击 Reflect【反射】参数后的色块（色彩通道）同样将弹出 Color Selector【拾色器】面板，此时通过其 Value【明度】数值可以调整反射的强度，如图 6-13~图 6-15 所示，数值越大，说明反射越强烈。

如果要表现出有色金属的反射效果，只需在 Color Selector【拾色器】面板中调整出颜色效果即可，如图 6-16 与图 6-17 所示，但这里要注意的一点是通过颜色通道仅能表现出有色金属的色彩与反射强度，并不能调整其表面质感。

图 6-13　明度值为 30 的反射效果

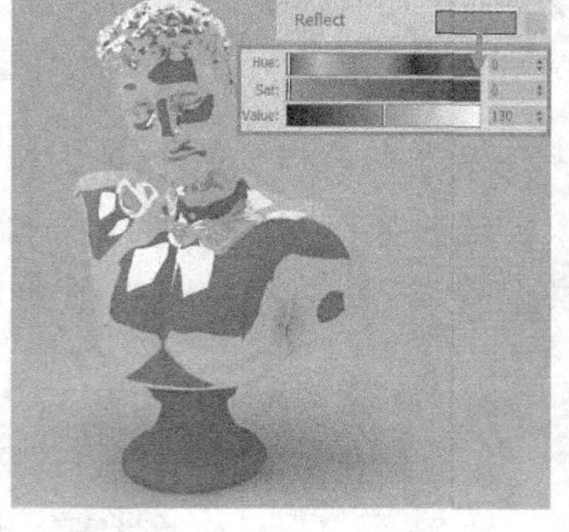

图 6-14　明度值为 130 的反射效果

图 6-15　明度值为 255 的反射效果

同样，单击 Reflect【反射】后面的 （贴图通道)按钮也可以利用外部位图或程序贴图控制反射效果，如图 6-18 与图 6-19 所示。

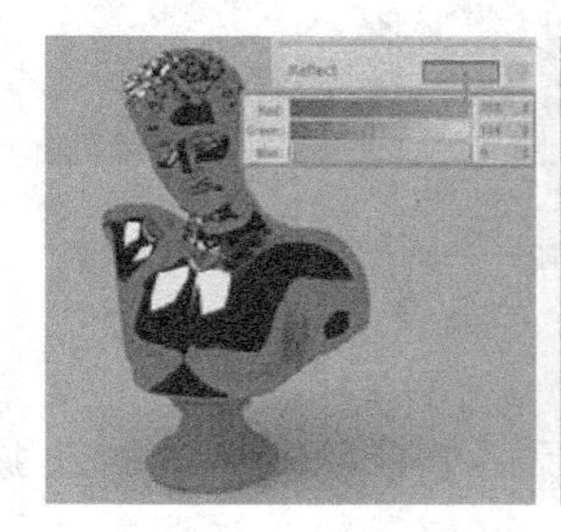

图6-16　调整金色金属反射效果

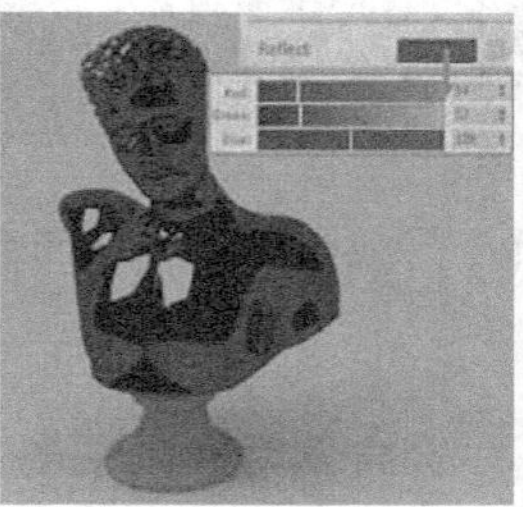

图6-17　调整灰蓝色金属反射效果

图6-18　使用外部位图进行反射模拟

图6-19　使用渐变程序贴图进行反射模拟

❑　HGlossiness【高光光泽度】/RGlossiness【反射光泽度】

HGlossiness【高光光泽度】/RGlossiness【反射光泽度】两个参数共同调整材质表面的光滑度。HGlossiness【高光光泽度】调整反射材质表面的高光大小，默认被锁定，而 RGlossiness【反射光泽度】则调整反射材质表面的模糊度，如图 6-20~图 6-22 所示。可以看出，该数值越大，反射表面越光滑，得到的反射能力也越强。

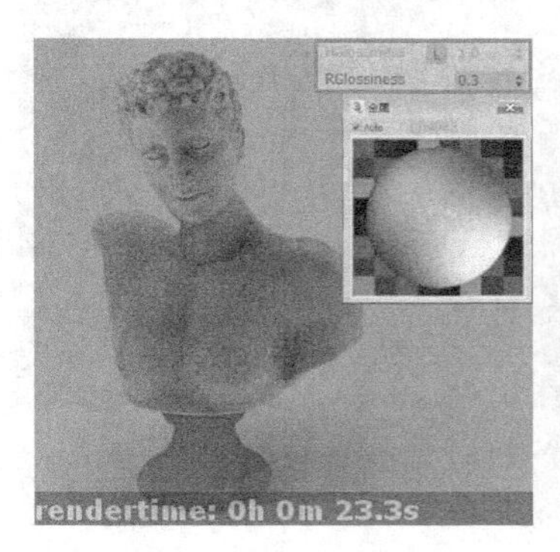

图 6-20　反射光泽度为 0.3 的反射效果

图 6-21　反射光泽度为 0.6 的反射效果

图 6-22　反射光泽度为 0.9 的反射效果

注 意：观察图 6-20~图 6-22 中的材质球效果，可以发现在调节 RGlossiness【反射光泽度】时，如果 HGlossiness【高光光泽度】保持锁定，VRay 会自动调整高光的形态，【反射光泽度】数值越大高光越集中，数值越小高光越散淡。

单击 HGlossiness【高光光泽度】参数后的 L 按钮，解除其锁定后可以自由调整材质表面的高光形态，但就材质具体表现效果而言，其对材质的光亮度特别是向光面的亮度有一定的影响，但不如材质球中表现得强烈，如图 6-23~图 6-25 所示。

图 6-23　高光光泽度为 0.3 的效果

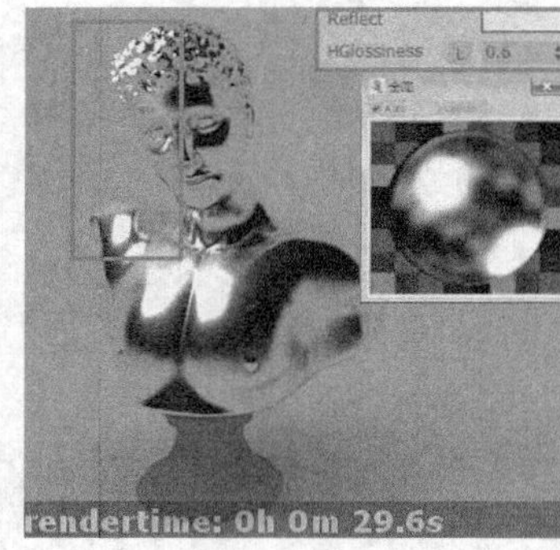

图 6-24　高光光泽度为 0.6 的效果

图 6-25　高光光泽度为 0.9 的效果

❑ Fresnel reflections【菲涅尔反射】

【菲涅尔反射】指的是在水面、地板等材质的表面所产生的反射效果随着光线的入射角度，以及观察距离远近、角度大小等因素发生强弱变化的现象，这种现象在物理学上称为菲涅尔反射，如图 6-26 与图 6-27 所示。

在 VRayMtl【VRay 基础材质】中勾选 Fresnel reflections【菲涅尔反射】参数，即可实现如图 6-28 所示的反射效果，单击其下的 L 按钮解除其锁定，调整其下的 Fresnel IOR 数值则可以调整如图 6-29 所示的菲涅尔反射强度。可以看到，该数值越接近 1，反射由内至外的衰减越强烈，菲涅尔现象越明显。

图 6-26　水面的菲涅尔反射现象

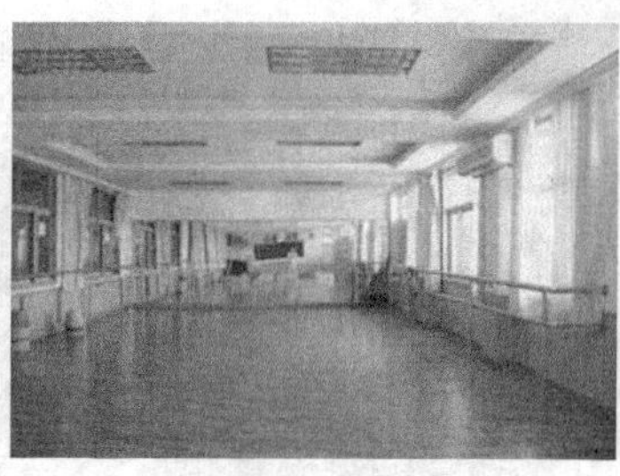

图 6-27　光滑木地板表面的菲涅尔反射现象

图 6-28　勾选【菲涅尔反射】产生的效果

此外，还可以单击如图 6-32 所示 Reflect【反射】后面的“贴图通道”，为其加载 Falloff【衰减】程序贴图，通过将 Type【衰减类型】调整为 Fresnel【菲涅尔】实现菲涅尔反射，此时可以通过调整其 Front:Side【正前:侧边】两个色块颜色进行反射效果的调整，其中上方的 Front 色块控制材质中最弱（即材质中心）的反射效果，下方的 Side 色块则控制最强（即材质边缘）的反射效果，如图 6-31 所示。

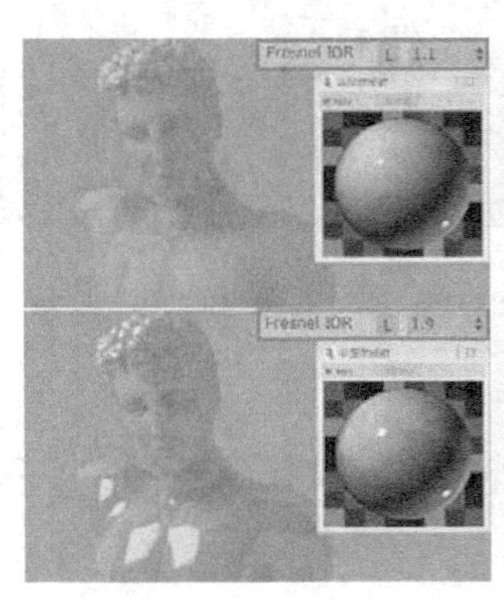

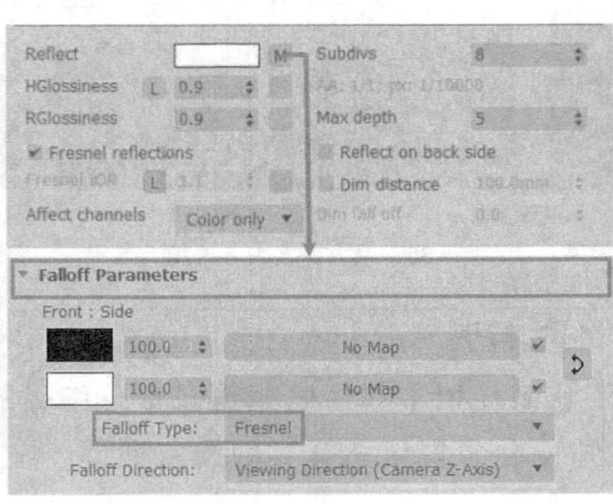

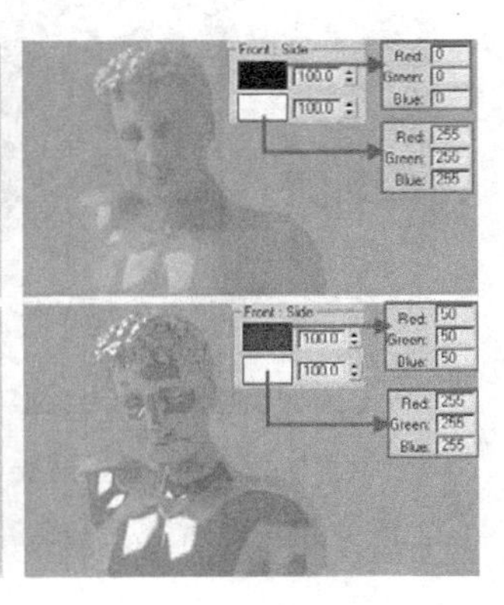

图 6-29 通过数值控制菲涅尔反射强度

图 6-30 由反射贴图内的衰减程序贴图模拟菲涅尔反射

图 6-31 通过色块颜色控制菲涅尔效果

❑ Subdivs【细分】

当材质表面由于 RGlossiness【反射光泽度】的调整产生较多噪点时，通过提高 Subdivs【细分】值可以减轻噪点程度，如图 6-32 与图 6-33 所示，且数值越高，效果越明显，但所耗费的计算时间也越长。此外，提高该数值对灯光在材质表面产生的品质问题也可进行一定程度上的校正。

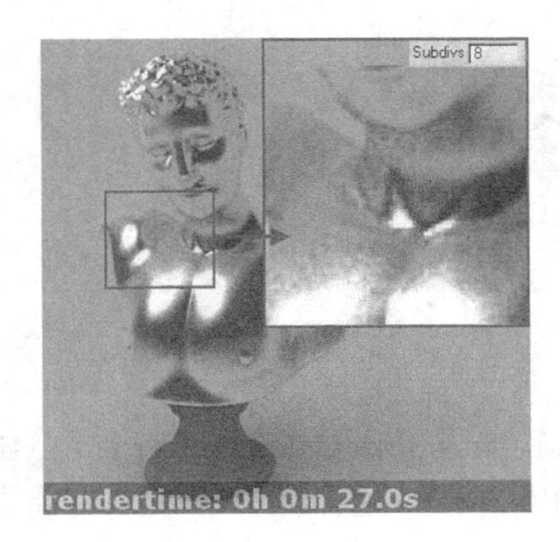

图 6-32 细分值为 8 的材质表面效果

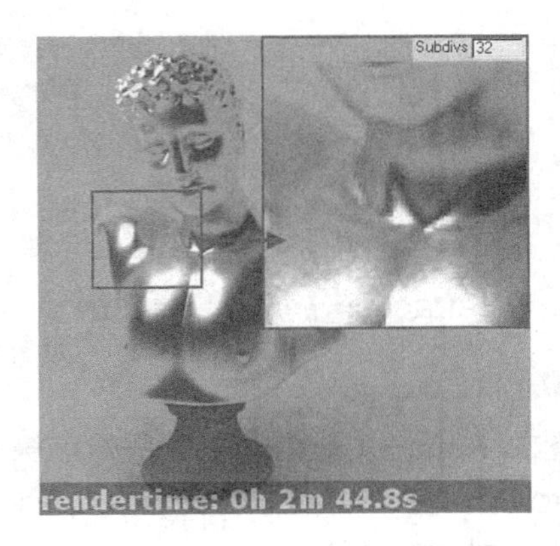

图 6-33 细分值为 32 的材质表面效果

❑ Max depth【最大深度】

Max depth【最大深度】参数控制单个材质对反射的计算次数。该参数数值越高，反射计算越彻底，所表现的反射细节越充分，如图 6-34~图 6-36 所示，但也会耗费更多的计算时间。而对比图 6-35 与图 6-36 可以发现，默认的参数值 5 已经能取得相当不错的效果，再提高该参数值对细节的改善并不多。

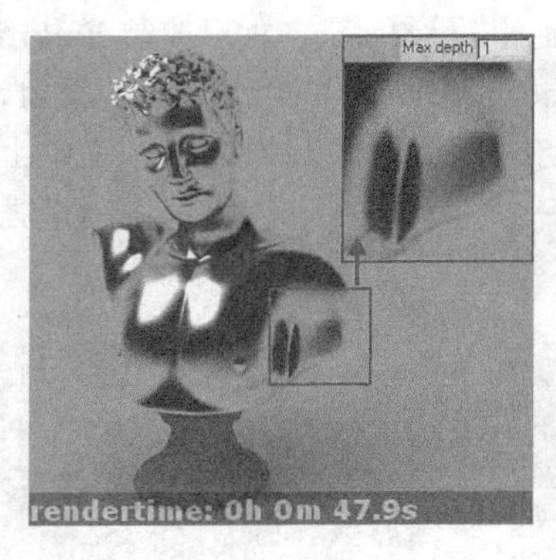

图 6-34　最大深度为 1 的细节效果

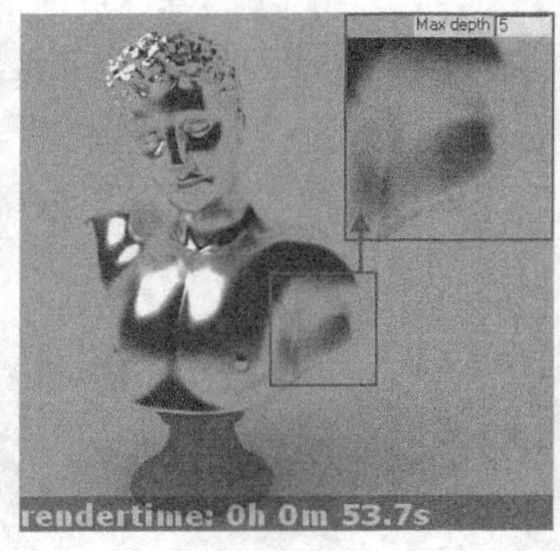

图 6-35　最大深度为 5 的细节效果

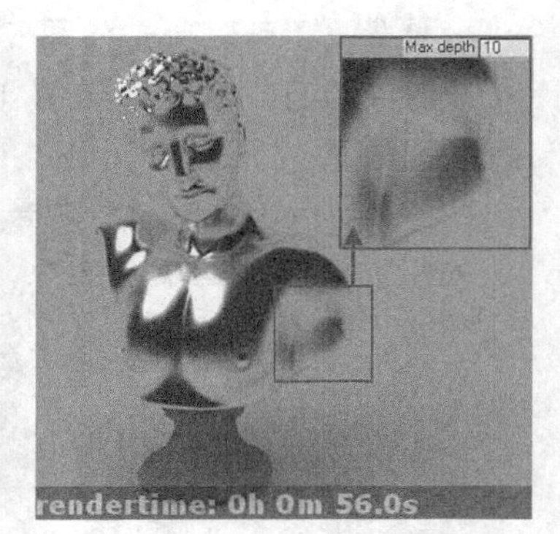

图 6-36　最大深度为 10 的细节效果

❑　Reflect on back side【背面反射】

Reflect on back side【背面反射】对材质效果有十分细微的影响。如图 6-37 所示，勾选该参数后在透明材质的背面会表现出更真实的反射细节。

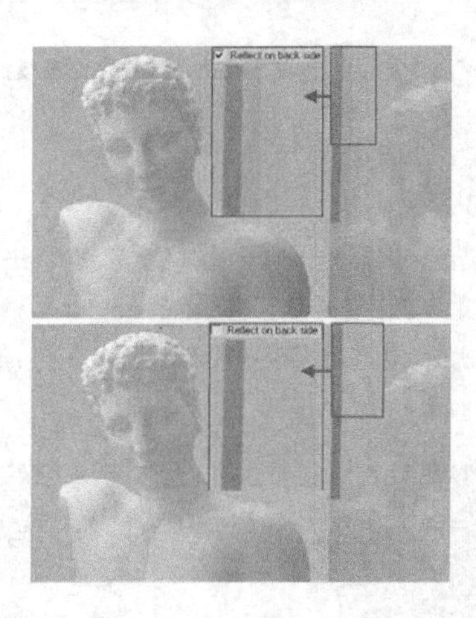

图 6-37　背面反射对材质效果的影响

3. Refraction【折射】参数组

❑　Refraction【折射】

单击 Refract【折射】参数后的色块（色彩通道），将弹出 Color selector【拾色器】面板，此时通过其 Value【明度】数值可以调整如图 6-38~图 6-40 所示材质折射的强度，数值越大，材质越透通。

同样，通过在 Color selector【拾色器】中调整出彩色效果，能制作出如图 6-41 与图 6-42 所示的有色透明材质，但在 VRayMtl【VRay 基础材质】中通过 Fog color【雾效颜色】参数，能更为有效地制作有色透明效果。

而单击 Refract【折射】参数后的 "通道贴图" 按钮，通过添加位图与程序贴图同样可以控制如图 6-43 与图 6-44 所示的折射效果，系统会根据加载的贴图色彩的 Value【明度】

高低控制透明的程度。

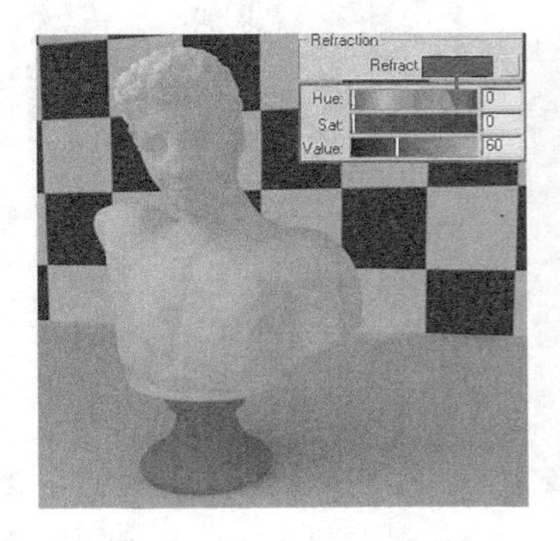

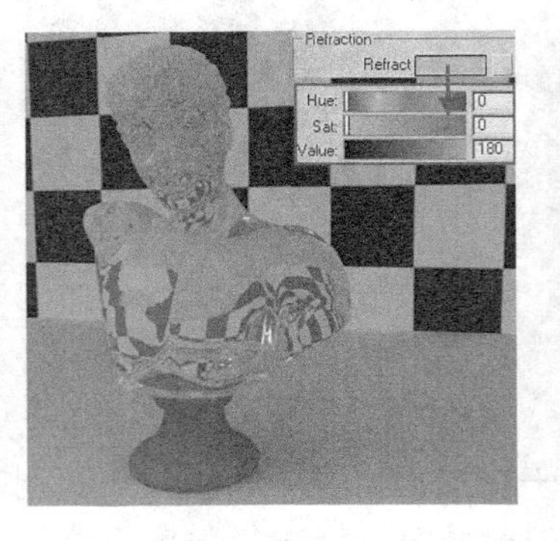

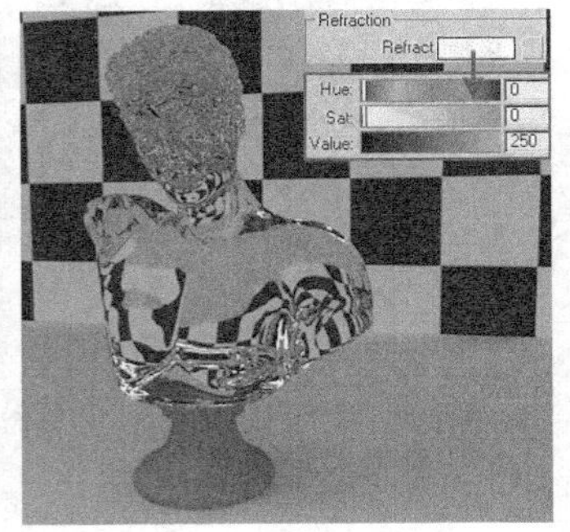

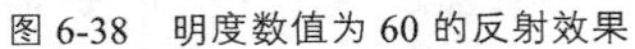

图 6-38　明度数值为 60 的反射效果　　图 6-39　明度数值为 180 的反射效果　　图 6-40　明度数值为 250 的反射效果

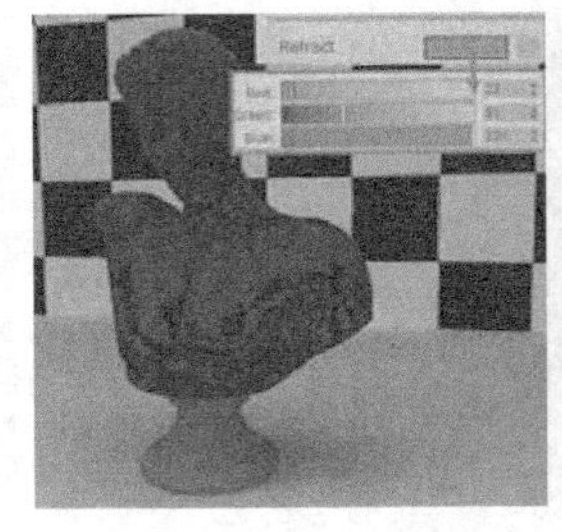

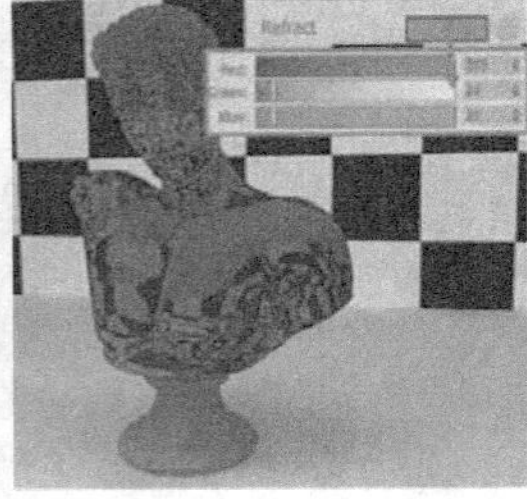

图 6-41　蓝色透明材质效果　　图 6-42　红色透明材质效果　　图 6-43　利用外部贴图控制折射效果　　图 6-44　利用程序贴图控制折射效果

❑　Glossiness【光泽度】

Glossiness【光泽度】控制折射产生的透明效果的模糊度。如图 6-45~图 6-47 所示，该数值越大，材质表现得越光洁，材质通透感也越好，而越模糊的折射效果所需要的计算时间越长。

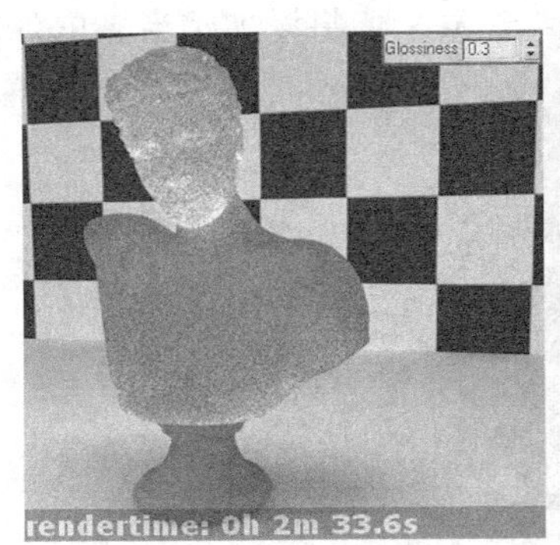

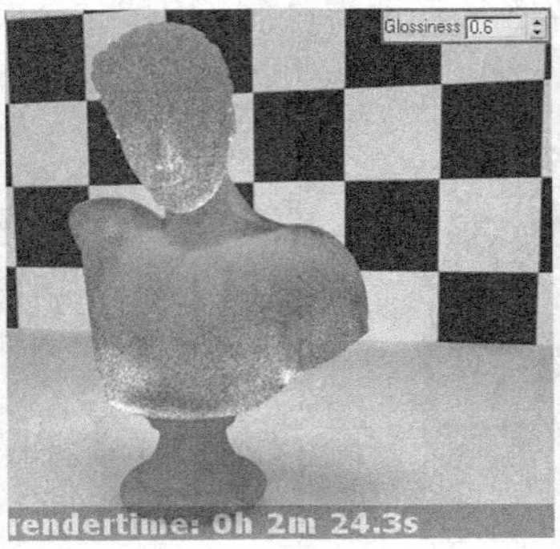

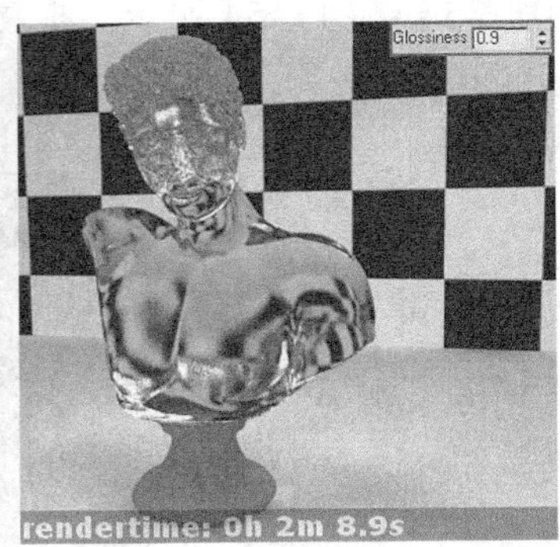

图 6-45　光泽度为 0.3 的透明效果　　图 6-46　光泽度为 0.6 的透明效果　　图 6-47　光泽度为 0.9 的透明效果

❑　IOR【折射率】

IOR【折射率】即 Index Of Refraction。折射率不同，光线透过透明材质后传播的路径也会发生变化，通过【折射率】数值的调整可改变材质的通透感，如图 6-48~图 6-50 所示。

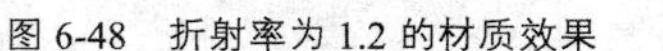

图 6-48　折射率为 1.2 的材质效果

图 6-49　折射率为 1.5 的材质效果

图 6-50　折射率为 1.8 的材质效果

这里需要注意的是，由于在工程光学中常把空气折射率当作 1，而其他介质的折射率就是对空气的相对折射率，因此如果将材质折射率设置为 1，将出现如图 6-51 所示的接近于消失的现象。常用材质的折射率如图 6-52 所示。

图 6-51　折射率为 1 时的材质效果

常用折射率表

物质名称	分子式或符号	折射率
熔凝石英	SiO_2	1.45843
氯化钠	NaCl	1.54427
氯化钾	KCl	1.49044
萤　石	CaF_2	1.43381
重冕玻璃	ZK6	1.61263
	ZK8	1.61400
钡冕玻璃	BaK2	1.53988
火石玻璃	F1	1.60328
钡火石玻璃	BaF8	1.62590
松节油		1.4721
橄榄油		1.4763
水	H_2O	1.3330

图 6-52　常用材质折射率

❑　Subdivs【细分】

当材质调整出比较低的 Glossiness【光泽度】数值，表现出,如磨砂玻璃的效果时，如图 6-53 与图 6-54 所示，提高该参数能消除材质表面的噪点现象，但将增加相当多的计算时间。

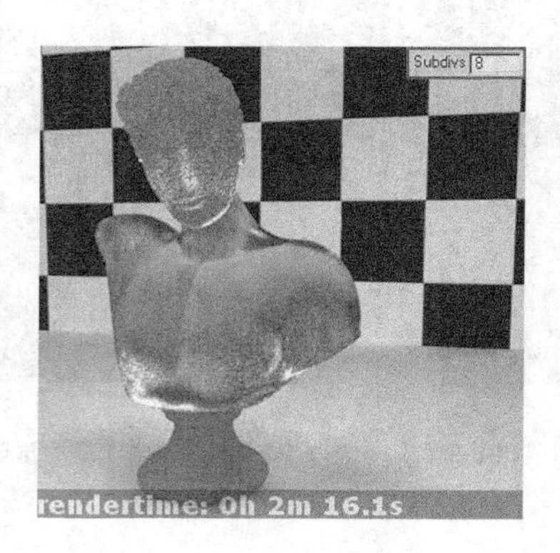

图 6-53　细分值为 8 时的模糊折射表面效果

图 6-54　细分值为 32 时的模糊折射表面效果

❑ Max depth【最大深度】

Max depth【最大深度】参数控制单个材质对折射的计算次数.如图 6-55~图 6-57 所示，该参数值越高，折射计算越彻底，透明材质越通透，细节也更为丰富。而对比图 6-56 与图 6-57 可以发现，保持默认的参数值 5 已经有了相当丰富的细节与良好的透明感，再提高该参数值并没有过于明显的效果改善。

❑ Exit color【退出颜色】

当 Max depth【最大深度】取值过低时，Exit color【退出颜色】后“色彩通道”的色彩将会如图 6-58 与图 6-59 所示出现在本应计算折射但未能进行折射计算的区域。

❑ Affect shadows【影响阴影】

透明物体与实体所表现出的阴影效果截然不同，如图 6-60 与图 6-61 所示，只有当勾选 Affect shadows【影响阴影】参数后，光线才能正确通过透明物体并产生真实的透明阴影效果，否则透明物体将表现出与实体一样的实体黑色阴影。

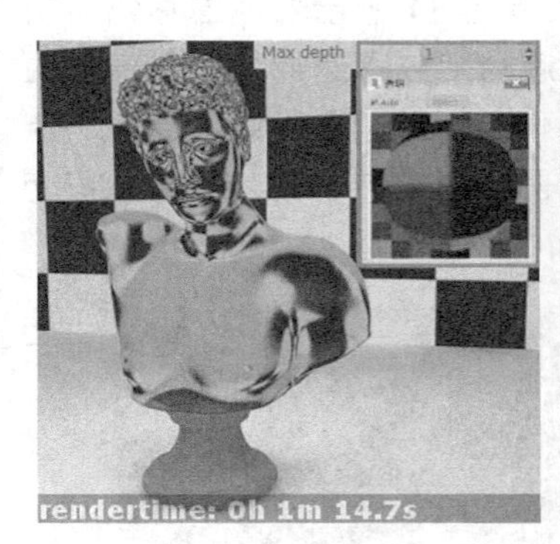

图 6-55　最大深度为 1 的透明效果

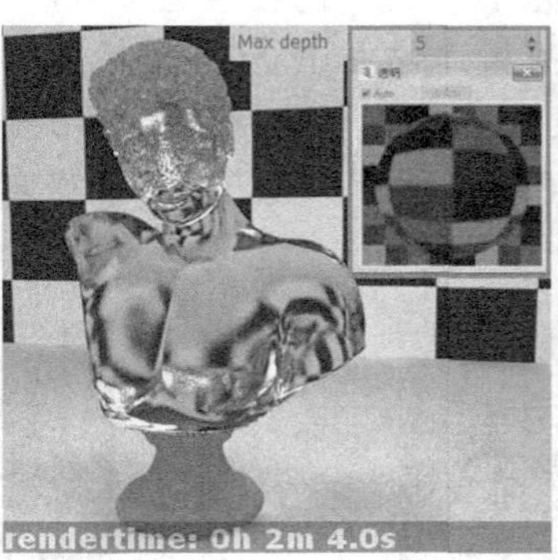

图 6-56　最大深度为 5 的透明效果

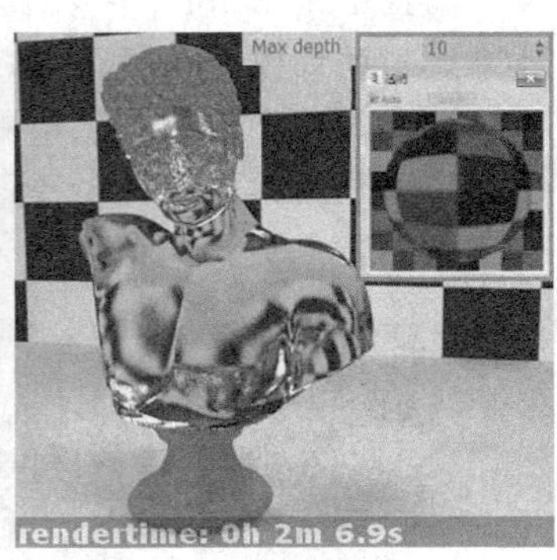

图 6-57　最大深度为 10 的透明效果

图 6-58　蓝色折射退出颜色效果

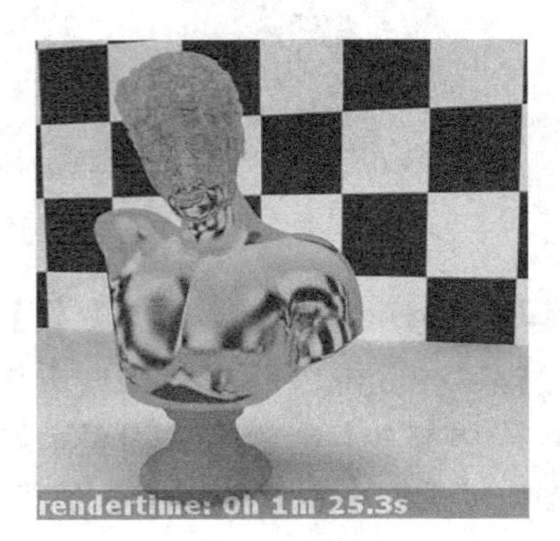

图 6-59　红色折射退出颜色效果

❑ Affect alpha【影响 Alpha】

对比图 6-62 与图 6-63 可以发现，勾选 Affect alpha【影响 alpha】参数后折射细节将作为灰色区域体现在图像的 Alpha 通道图像中。

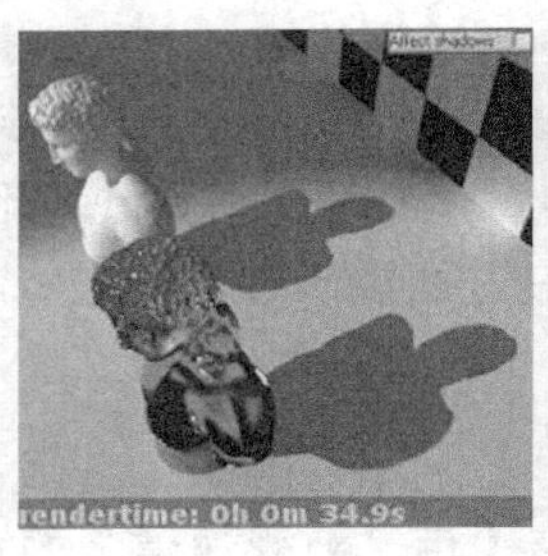

图 6-60 未勾选【影响阴影】产生的阴影效果

图 6-61 勾选【影响阴影】产生的阴影效果

图 6-62 未勾选【影响 Alpha】时的 Alpha 贴图

图 6-63 勾选【影响 Alpha】时的 Alpha 贴图

4. Fog【雾效】参数组

❑ Fog color【雾效颜色】

调整 Fog color【雾效颜色】后的“色彩通道”可以如图 6-64 所示表现出彩色透明的效果。对比如图 6-65 所示的直接通过 Refraction【折射】后的“色彩通道”调整表现的材质，可以发现【雾效颜色】更能表现出透明材质的细节变化，而通过【折射】后的“色彩通道”只是简单地将模型表面染成彩色，无法计算模型内部色彩细节。此外【雾效颜色】在渲染速度上更具优势。

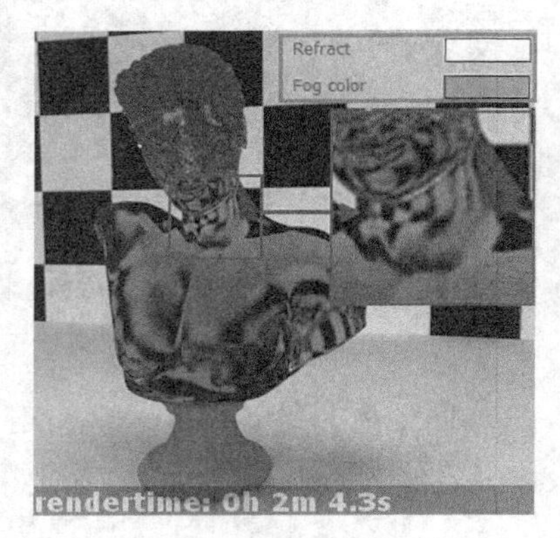

图 6-64 雾效颜色所表现的彩色透明材质

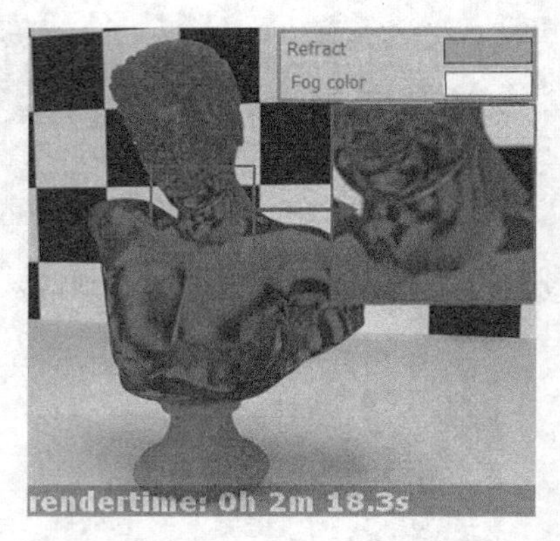

图 6-65 通过折射颜色表现的彩色透明材质

❑ Fog multiplier【雾效倍增】

当 Fog multiplier【雾效倍增】参数保持为默认的 1 时，Fog color【雾效颜色】后的“色彩通道”调整的颜色通常会表现出如图 6-66 所示的十分浓重的效果，降低材质本身的通透感.调整合适的【雾效倍增】数值则能在体现色彩效果的同时保留材质的通透程度，如图 6-67 与图 6-68 所示。

❑ Fog bias【雾效偏移】

Fog bias【雾效偏移】参数用来控制【雾效颜色】的偏移程度。如图 6-69~图 6-71 所示，当该参数取负值时，透明效果将变得暗淡无光（类似于使用【折射】“色彩通道”调整的彩色效果），而取正值时，数值越大，材质通透感越好，表面的光泽也越明显。

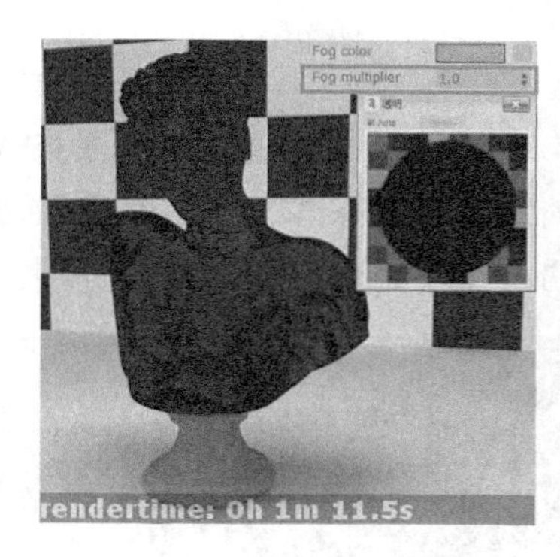

图 6-66　雾效倍增为 1 的透明效果

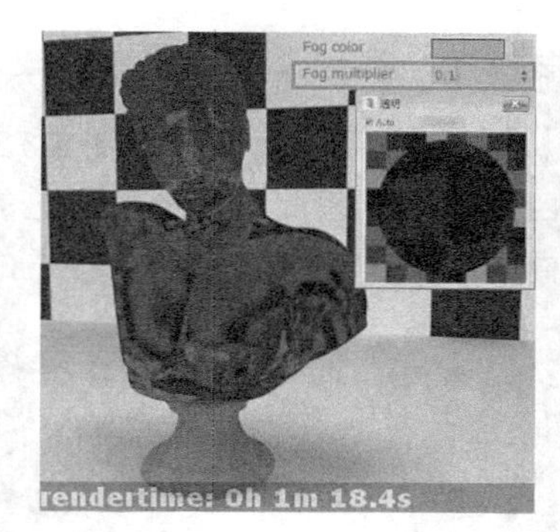

图 6-67　雾效倍增为 0.1 的透明效果

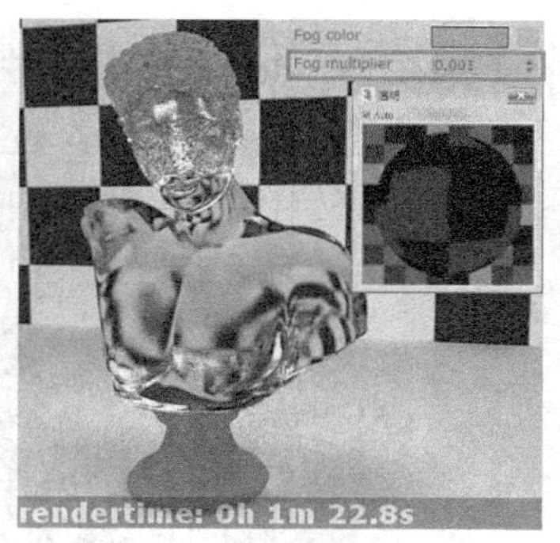

图 6-68　雾效倍增为 0.001 的透明效果

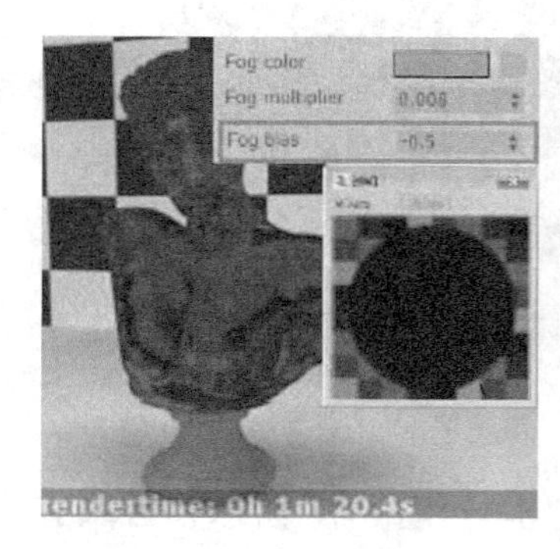

图 6-69　雾效偏移为-0.5 的透明效果

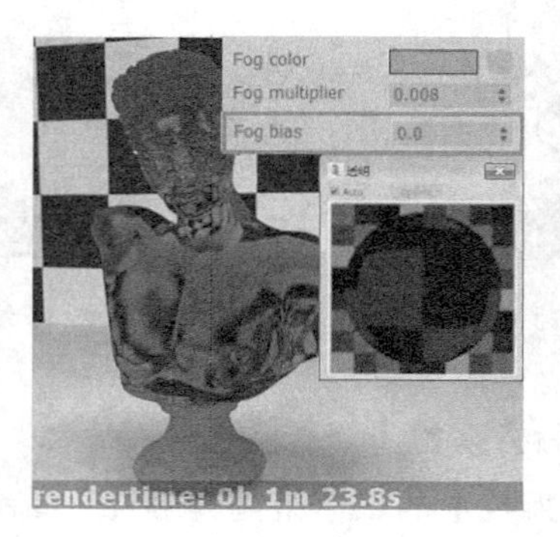

图 6-70　雾效偏移为 0.0 的透明效果

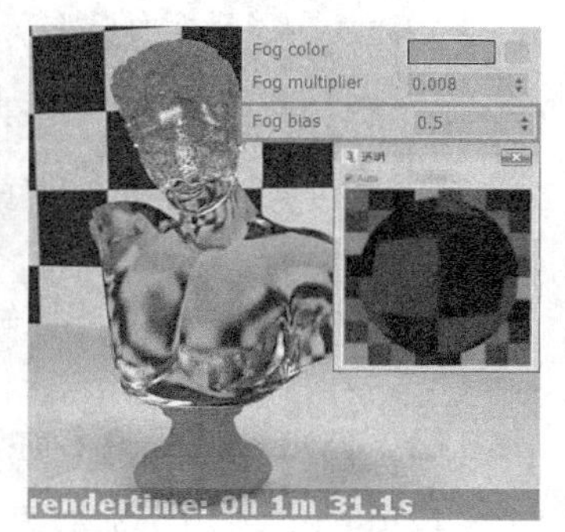

图 6-71　雾效偏移为 0.5 的透明效果

5. Translucency【半透明】参数组

Translucency【半透明】参数组可以说是对 Refraction【折射】参数组的一种补充，其用于模拟蜡、皮肤、奶酪等并不完全透明但透光性良好的 3S 材质特征（对于 3S 材质，读者可以参阅本章 6.7“VRayFastSSS【VRay 快速 3S 材质】”一节中的详细介绍）。

❑ Translucency【半透明】

通过 Translucency【半透明】下拉按钮可以分别选择 None【无】、Hard(wax)model【硬（蜡）】、Soft(water)model【柔软（水）】以及 Hybrid model【混合】四种类型，其中 None【无】表示不进行半透明效果处理，其余三种类型的效果分别如图 6-72~图 6-74 所示。

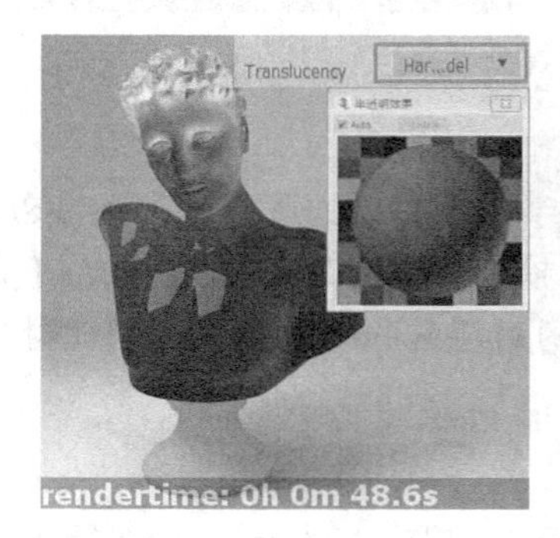

图 6-72　【硬（蜡）】类型半透明效果

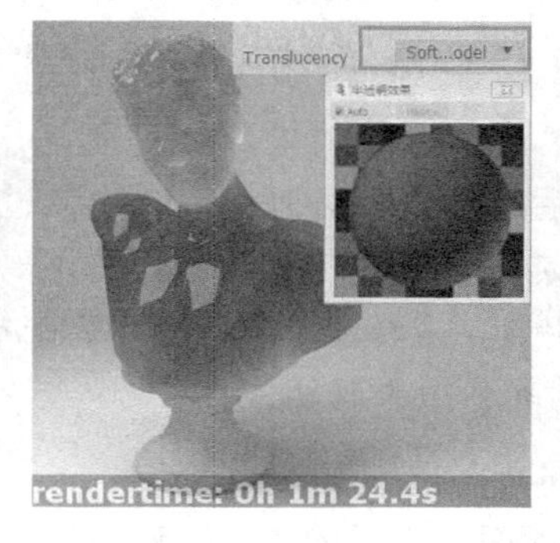

图 6-73　【柔软（水）】类型半透明效果

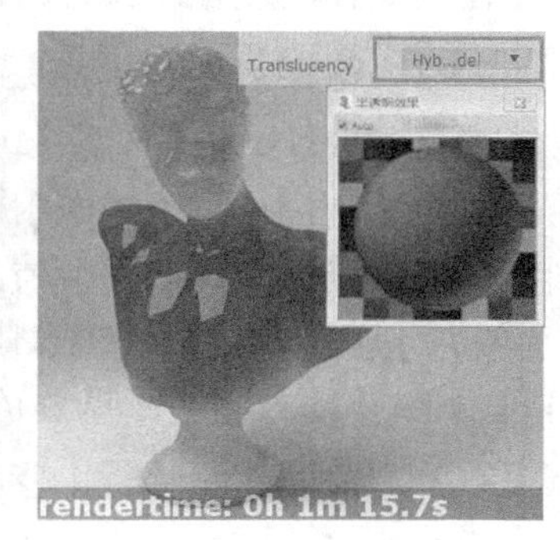

图 6-74　【混合】类型半透明效果

❑ Scatter coeff【散射系数】

Scatter coeff【散射系数】的取值范围为0~1。如图6-75与图6-76所示，当取值靠近0时，光线在半透明材质中向四周扩散，因此光线无法穿透的区域就暗一些，而取值靠近1时，光线则在半透明材质中向内聚集，因此光线无法穿透的区域就显得明亮。

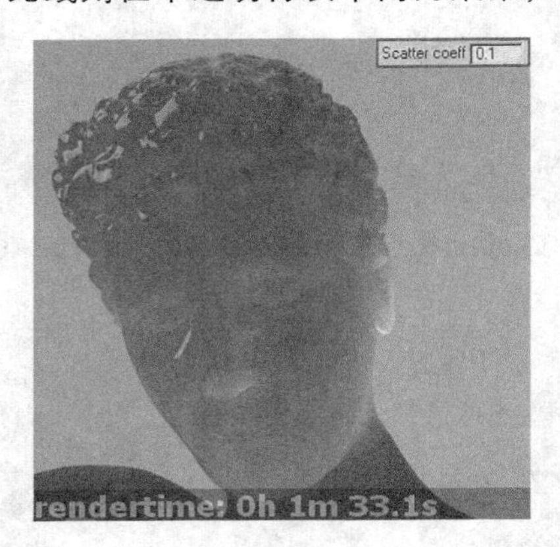

图6-75　散射系数为0.1的半透明效果

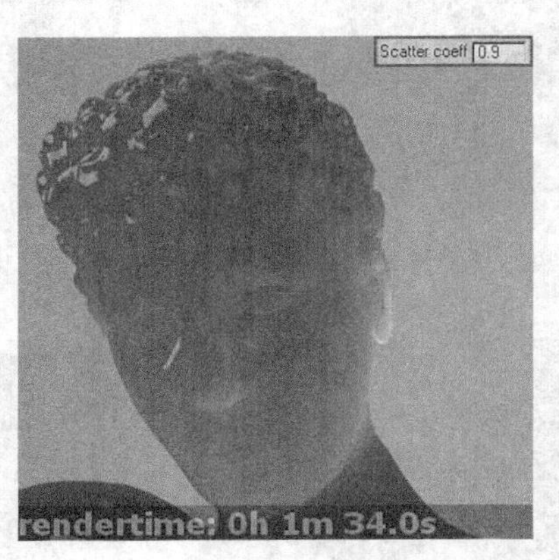

图6-76　散射系数为0.9的半透明效果

❑ Fwd/bck coeff【前后方系数】

Fwd/bak coeff【前后方系数】的取值范围为0~1。如图6-77~图6-78所示，当取值靠近0时，光线倾向于在内部传播，而取值靠近1时，光线则倾向于在外部传播，此时材质边缘的透光效果会更理想。

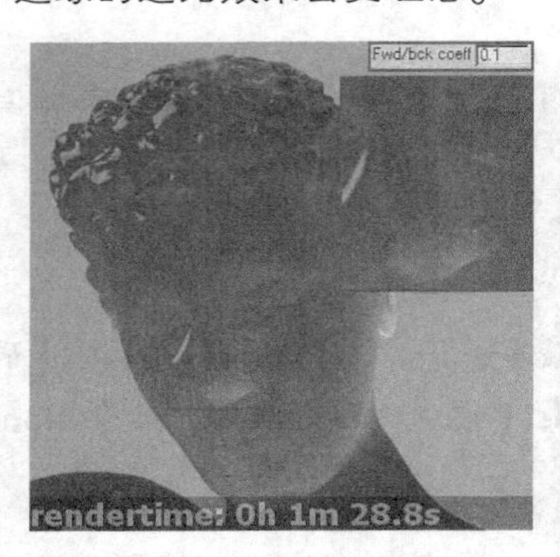

图6-77　前后方系数为0.1的效果

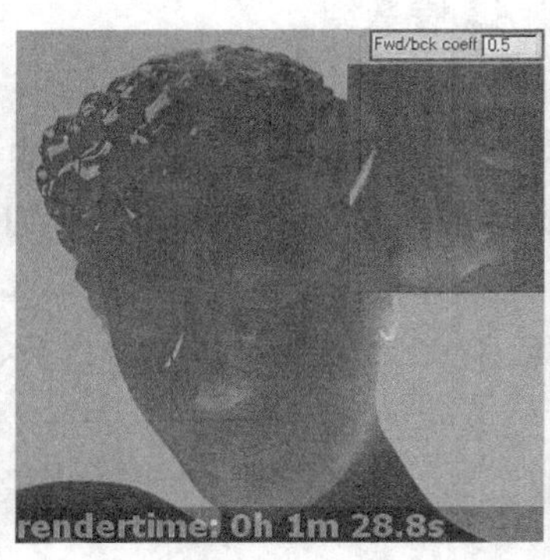

图6-78　前后方系数为0.5的效果

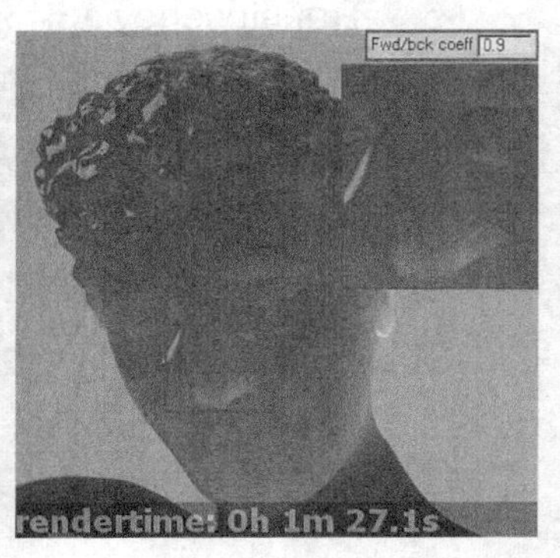

图6-79　前后方系数为0.9的效果

❑ Thickness【厚度】

通过Thickness【厚度】后的参数值可以设定光线透过半透明物体的厚度，如图6-80~图6-82所示，【厚度】数值越大则光线相对能透过的距离越小，因此Back-side color【背面颜色】调整的颜色表现越明显，【厚度】数值越小则光相对穿透的距离越大，因此材质Fog color【雾效颜色】调整的颜色效果越明显。

❑ Back-side color【背面颜色】

通过Back-side color【背面颜色】后的“色彩通道”，可以如图6-83与图6-84所示调整半透明材质中透明度最差（光线不能完全穿透）的区域的颜色效果。

图 6-80　厚度为 10 的半透明效果

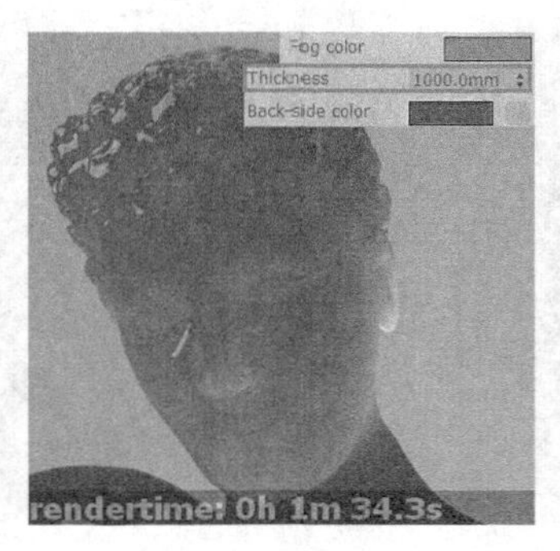

图 6-81　厚度为 1000 的半透明效果

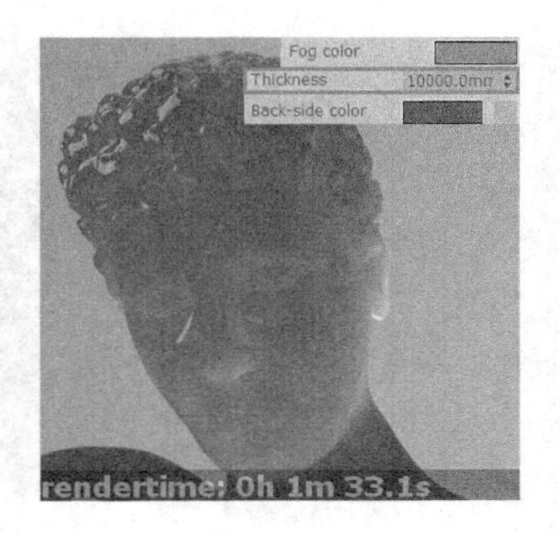

图 6-82　厚度为 10000 的半透明效果

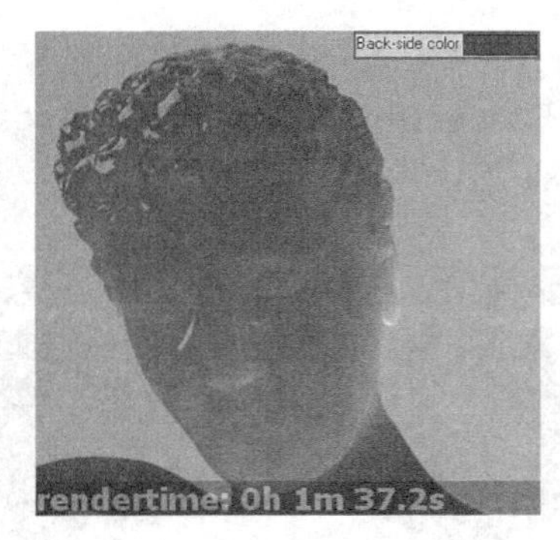

图 6-83　背面颜色为蓝色时的半透明材质效果

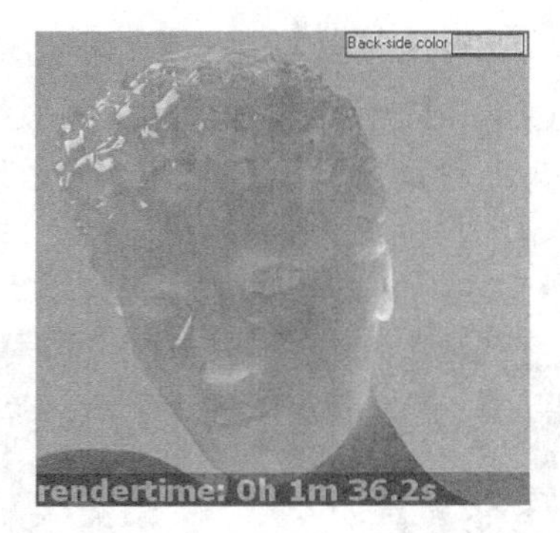

图 6-84　背面颜色为黄色时的半透明材质效果

❑　Light multiplier【灯光倍增】

通过 Light multiplier【灯光强度】后的数值调整，可以如图 6-85 与图 6-86 所示设置半透明材质的灯光亮度，其调整的灯光值为相对场景布置灯光亮度的倍数。

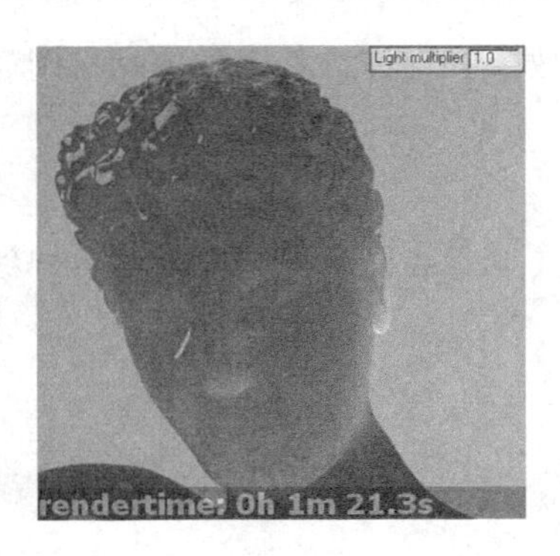

图 6-85　灯光倍增为 1 的半透明材质效果

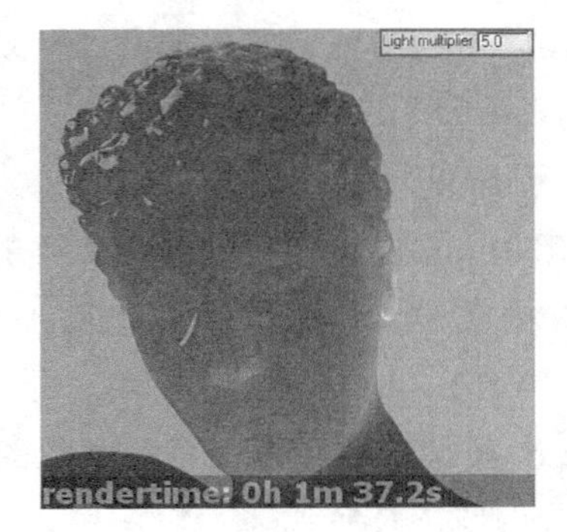

图 6-86　灯光倍增为 3 的半透明材质效果

6.1.2　BRDF 卷展栏

BRDF 卷展栏用于调整如图 6-87 所示的高光形状、大小和角度等特征，在表现细节的高光特写效果时十分有效。

图 6-87　高光特写效果

1. Type【类型】

通过 Type【类型】参数后的下拉按钮可以调整出 Phong、Blinn、Ward 以及 Microsoft GRT（GGX）四种高光类型，其具体的效果分别如图 6-88~图 6-91 所示。

图 6-88 Phong 类型高光形态

图 6-89 Blinn 类型高光形态

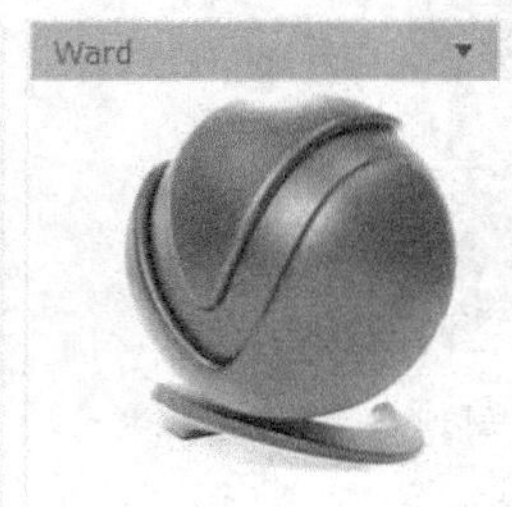

图 6-90 Ward 类型高光形态

图 6-91 GGX 类型高光形态

❑ Phong

Phong 类型常选用于表面较薄的材质表面高光效果的制作，其表现的高光形态通常比较尖锐，但亮度不及 Blinn 类型。

❑ Blinn

采用 Blinn 类型将呈现最为真实的材质效果，其可对高光暗部与亮部的分界线进行十分光滑清晰的处理。

❑ Ward

Ward 类型综合了以上两种类型的特点，不但适用于大多数高光效果的表现，在渲染速度上也有较大优势。

❑ Microsoft GRT（GGX）

Microsoft GRT（GGX）类型最适用于金属表面以及汽车油漆图层，其镜面高光部分具有明亮的中心，渲染时间更长。

2. Use glossiness【使用光泽度】/Use roughness【使用粗糙度】

勾选 Use glossiness【使用光泽度】时，则原样本使用 RGlossiness【反射光泽度】的值，当反射光泽度的值为 1.0 时将导致锐利的反射高光。勾选 Use roughness【使用粗糙度】时，使用【反射光泽度】的反向值，如果【反射光泽度】的值为 1.0 并勾选【使用粗糙度】，则会导致漫反射阴影。

3. GTR tail falloff【GTR 尾衰减】

当 BRDF 类型设置为 Microsoft GRT（GGX）时，GTR tail falloff【GTR 尾衰减】参数控制从高光区域到非高光区域的过渡。

4. Anisotropy【各向异性】

Anisotropy【各向异性】参数用于调整高光表现的长度，其取值范围为 0~1。如图 6-92~图 6-94 所示，当【各向异性】值为 0 时，高光长度比较适中，边缘呈弧形效果，取值越靠近-1，高光长度越长并显得明亮，而取值越靠近 1 时则高光长度变短，倾向于被横向拉宽并显得模糊。

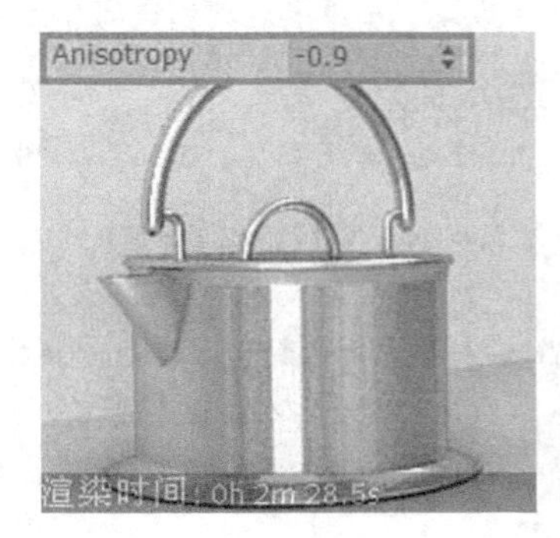

图 6-92 各向异性为-0.9 的高光形态

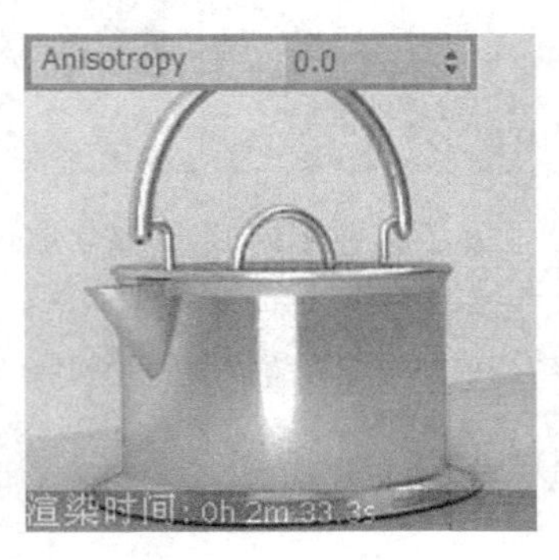

图 6-93 各向异性为 0 的高光形态

图 6-94 各向异性为 0.9 的高光形态

5. Rotation【旋转】

Rotation【旋转】参数用于控制高光产生的角度，如图 6-95~图 6-97 所示，当【旋转】参数取值为 0 时高光呈笔直的效果，调整为负值时将产生对应角度的顺时针旋转，调整为正值时将产生对应角度的逆时针旋转。但无论做出哪个方向的调整都会对高光的聚集度及亮度产生影响。

图 6-95 旋转度数为-75 的高光形态

图 6-96 旋转度数为 0 的高光形态

图 6-97 旋转度数为 75 的高光形态

6. Local axis【局部轴】

通过其下的X、Y、Z三个选项，可以如图6-98~图6-100所示调整高光产生的轴向，取X轴时将在模型表面产生横向高光效果，此时高光整体较暗淡；取Y轴时在模型表面产生竖向的高光效果，但通常只在圆滑区域才能产生明亮的竖向高光效果；通常保持默认设置的Z轴能取得比较理想的高光效果。

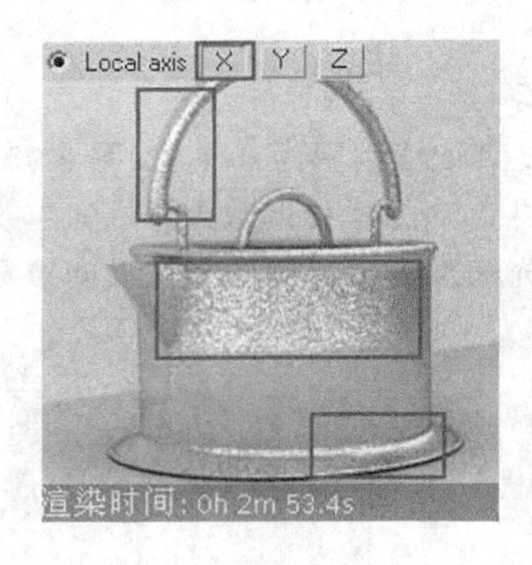

图6-98　局部轴为X轴的高光效果

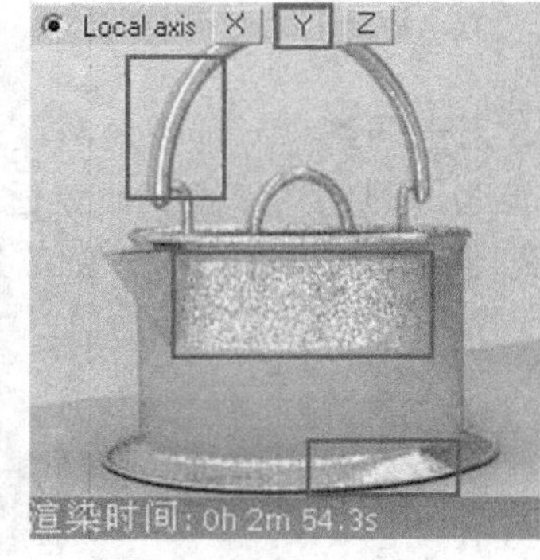

图6-99　局部轴为Y轴的高光效果

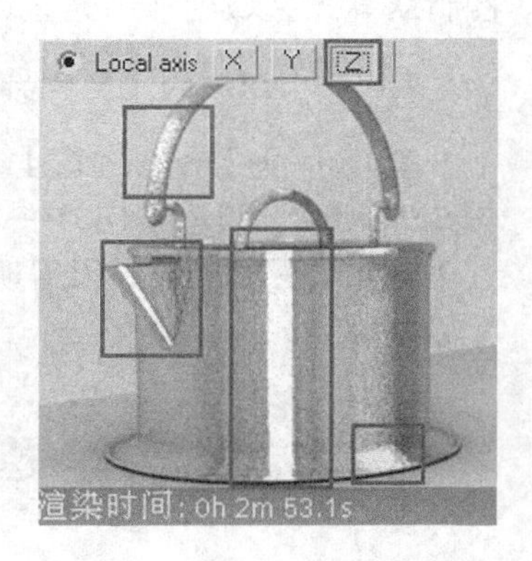

图6-100　局部轴为Z轴的高光效果

技巧： Local axis【局部轴】调整的效果受模型UVW Map【UVW贴图】坐标的影响。此外，如果模型较为复杂，可以选择拆分进行高光细节的控制，如图6-99与图6-100中可以将茶壶提手设置为Y轴，茶壶主体保持为Z轴，以得到最好的高光表现效果

7. Map channel【贴图通道】

Map channel【贴图通道】参数用于进行同一对象的多种UVW Map【UVW贴图】坐标控制，如制作茶壶表面纹理效果的漫反射贴图与控制高光的贴图，需要分别使用单独的【UVW贴图】进行不同拼贴效果的控制时，可以通过如图6-101所示设置其【贴图通道】参数为2，然后对应地修改好高光贴图与【UVW贴图】的【贴图通道】即可。

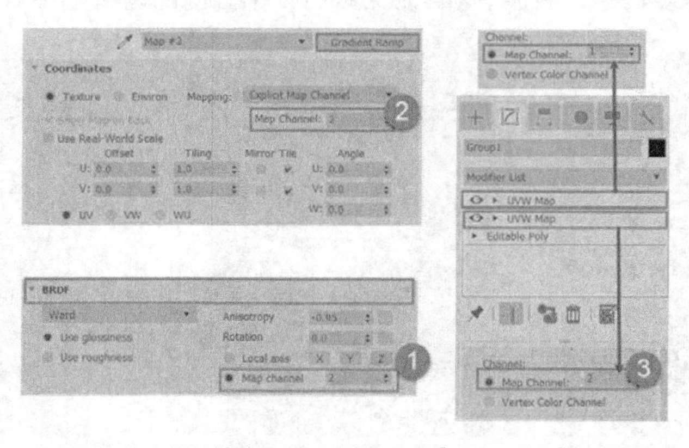

图6-101　通过调整贴图通道进行单独【UVW贴图】控制

6.1.3 Options【选项】卷展栏

1. Trace reflcetions【反射跟踪】

Trace reflcetions【反射跟踪】参数控制该材质是否进行反射计算，如图 6-102 所示，取消该参数后模型的反射效果将消失，但仍能保留高光与光泽度特征。

2. Trace refractions【折射跟踪】

Trace refractions【折射跟踪】参数控制该材质是否进行折射计算，如图 6-103 所示，取消该参数后材质的折射透明效果将失效。

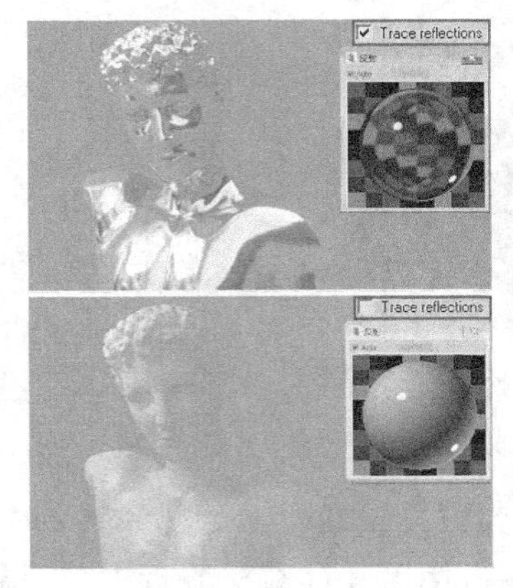

图 6-102　反射跟踪参数对材质效果的影响

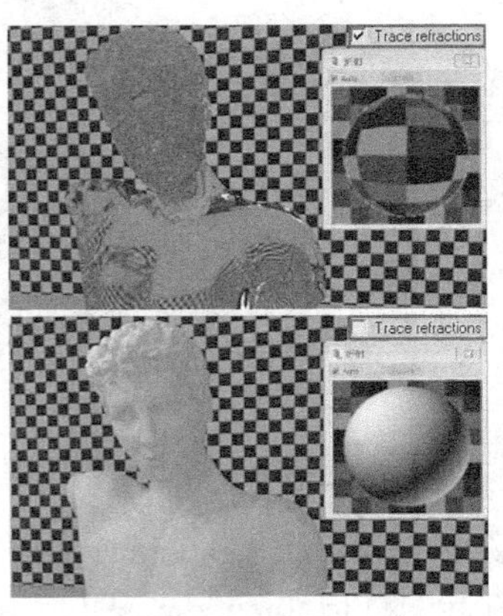

图 6-103　折射跟踪对材质效果的影

3. Cutoff【中止】

Cutoff【中止】参数控制反射与折射结束计算的值，如图 6-104~图 6-106 所示，其数值越大，反射与折射结束计算越早，所表现的细节效果得越不充分。

图 6-104　中止数值为 0.1 的材质效果

图 6-105　中止数值为 0.4 的材质效果

图 6-106　中止数值为 0.7 的材质效果

4. Env. priority【环境优先】

通过 Env. priority【环境优先】后的数值可以设定环境光以反射与折射细节的影响度，

通常保持默认参数值设置即可。

5. Double-sided【双面】

当模型由单面构成时，勾选 Double-sided【双面】参数将使模型两面都表现出材质效果，否则只有一面表现材质效果，如图 6-107 所示。

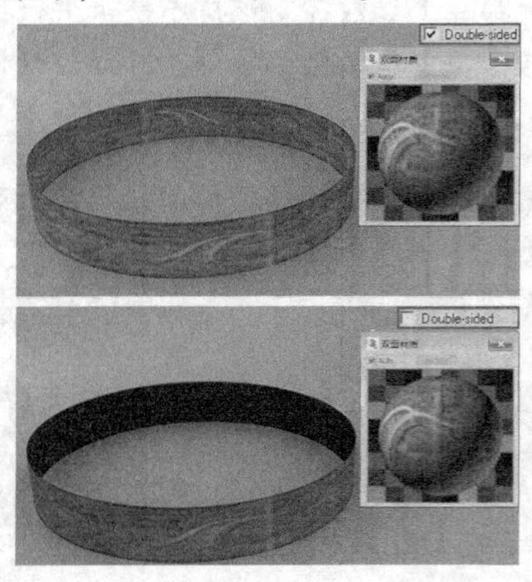

图 6-107　双面参数对单面模型材质的影响

6. Use irradiance map【使用发光贴图】

当场景的使用了 Irradiance map【发光贴图】作为灯光引擎时，如图 6-108 与图 6-109 所示，勾选 Use irradiance map【使用发光贴图】参数将使用其计算材质折射与反射细节的全局光，通常这种计算方式会快许多。而取消该项参数的勾选，则将使用 Bruforce【强力引擎】计算，通常会耗费很多的计算时间。

注意：如果场景没有使用 Irradiance map【发光贴图】以及 Bruforce【强力引擎】作为全局光计算引擎（如均使用 Light cache【灯光缓存】），则勾选 Use irradiance map【使用发光贴图】与否都不会对渲染结果与计算耗时产生明显的影响，如图 6-110 与图 6-111 所示。

图 6-108　使用发光贴图的灯光细节与耗时

图 6-109　未使用发光贴图的灯光细节与耗时

图 6-110　使用发光贴图的灯光细节与耗时

图 6-111　未使用发光贴图的灯光细节与耗时

7. Fog system units scaling【雾系统单位比例】

勾选 Fog system units scaling【雾系统单位比例】时，雾色衰减取决于当前的系统单位。

8. Glossy Fresnel【光泽菲涅尔】

启用时，使用光泽菲涅尔插入光泽反射和折射。最明显的效果是随着光泽度的降低，图像边缘的亮度减弱。使用常规的菲涅尔透镜时，光泽度低的物体可能看起来不自然，并且在边缘“发光”。有光泽的菲涅尔计算使这个效果更加自然。

9. Preservation energy【储存能量】

通过 Preservation energy【储存能量】后的下拉按钮，可以选择场景中反射与折射光线能量衰减的方式，从而决定漫反射与反射和折射之间的关系。

- RGB:使用该方式，光线的衰减将按照现实的色彩模式进行，材质的色彩表现十分丰富，如图 6-112 所示。
- Monochrome【单色】：使用该方式，光线的衰减通常会受到材质漫反射、反射以及折射颜色亮度的影响，整个材质所表现的颜色将倾向于这三者中最为明亮的一种，如图 6-113 所示。

10. Opacity mode【不透明度模式】

- No mal【法线】:计算表面照明使光线获得透明效果。
- Clip【剪辑】:根据不透明度映射的值，表面被着色为完全不透明或完全透明。这是最快的渲染模式，但在渲染动画时可能会增加闪烁。
- Stochastic【随机】:表面随机着色为完全不透明或完全透明，因此平均而言，该模式看起来具有真正的透明度。此模式减少了照明计算，但可能会在不透明的图具有灰色值得区域引入一些噪声。

6.1.4 Maps【贴图】卷展栏

VRayMtl【VRay 基础材质】的 Maps【贴图】卷展栏的具体参数设置如图 6-114 所示，对于之前讲解过的 Diffuse【漫反射】、Reflect【反射】以及 Refract【折射】等参数贴图通道的使用这里就不再赘述，接下来主要介绍 Bump【凹凸】、Displace【置换】、Opacity【不透明】以及 Environment【环境】四种贴图通道的使用方法。

图 6-112　RGB 模式材质效果

图 6-113　单色模型材质效果

图 6-114　贴图卷展栏具体参数设置

1. Bump【凹凸】贴图

在效果图的制作中有时需要对模型表现出一些真实、细致的褶皱效果以及边缘细节，此时可以选择通过模型建立相应细节，如图 6-115 中右侧红色枕头模型及其渲染效果所示。但通过 Bump【凹凸】贴图的使用也可以使图 6-115 中左侧简单的模型枕头表现一定的褶皱与边缘细节。如图 6-116 所示，在其【凹凸】贴图通道加载一张黑白位图并将数值调整为 400，渲染即可得到如图 6-117 所示的表面效果。

图 6-115 两种类型的枕头模型及渲染效果

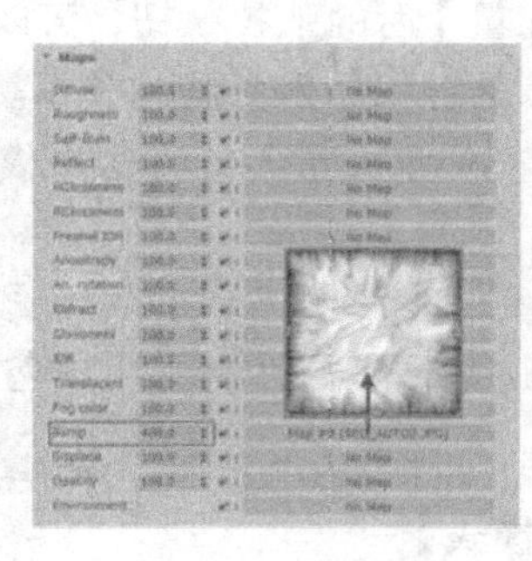

图 6-116 在凹凸贴图通道内加载黑白位图

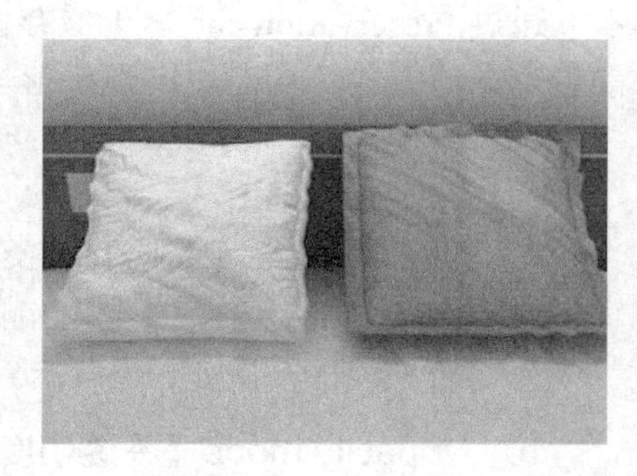

图 6-117 添加凹凸贴图后的渲染结果

但比较起来，利用 Bump【凹凸】贴图所模拟的表面褶皱与边缘细节都不是太理想，模型立体感并不强烈。接下来可以通过 Displace【置换】贴图通道模拟出更逼真的效果。

2. Displace【置换】贴图

Displace【置换】贴图通道的使用方法与【凹凸】贴图通道十分类似，都是通过在贴图通道加载黑白位图进行表面凹凸效果的模拟。如图 6-118 所示，在【置换】贴图中添加同样的一张黑白位图并将数值调整为 25，添加完成后再次渲染得到如图 6-119 所示的渲染结果。

观察渲染效果可以发现，使用【置换】贴图通道所模拟的表面褶皱下边缘细节效果十分真实，区别于【凹凸】贴图使用颜色的明暗进行凹凸效果的模拟。【置换】贴图会对模型产生真实的高低起伏变换，位图中黑色部分在渲染时会产生凹陷效果，白色部分则产生凸起效果。此外，如果直接使用彩色贴图，同样能完成凹凸效果的制作，因为 VRay 渲染器会自动将其转换成黑白位图进行计算，但这个过程会增加一定的渲染计算时间。

3. Opacity【不透明】贴图

利用 Opacity【不透明】贴图通道可以给如图 6-120 所示的简单的实体模型快速制作出如图 6-121 所示的镂空效果。

【不透明】贴图同样通过加载黑白位图产生效果.位图中黑色区域在渲染时表现为透明镂空的效果，白色区域则表现为实心的效果，而图片中使用灰色的区域将根据具体数值产生不同程度的透明效果。

4. Environment【环境】贴图

Environment【环境】贴图通道用于单独控制材质所赋予的模型反射面上体现的环境效

果，如图 6-122 所示，单独为右边模型添加一张环境图，在如图 6-123 所示的渲染结果中两者的反射效果便可区分开来。

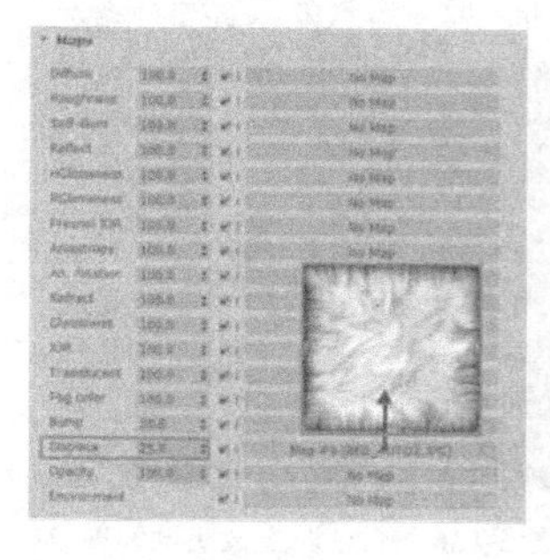

图 6-118　在置换贴图通道内加载黑白位图

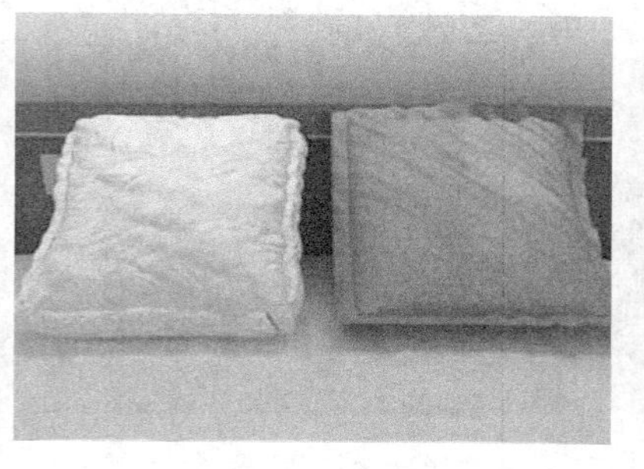

图 6-119　添加置换贴图后的渲染结果

图 6-120　实体模型

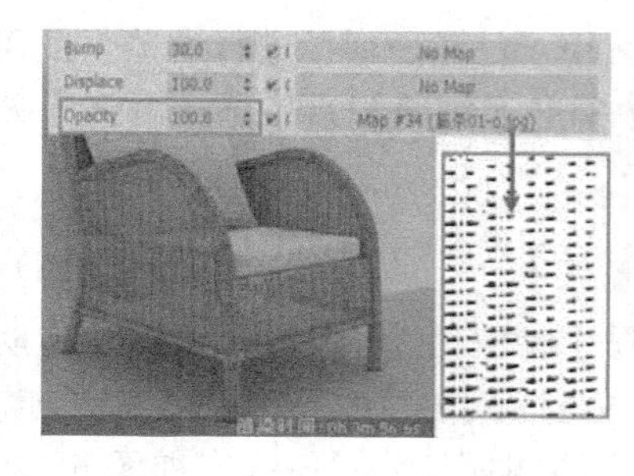

图 6-121　不透明贴图通道模拟的镂空效果

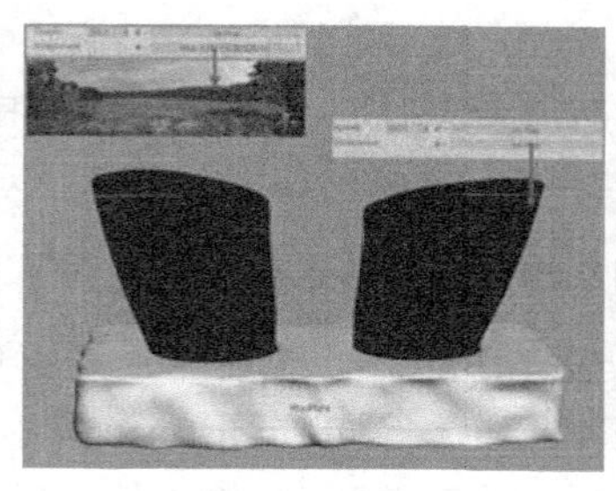

图 6-122　通过环境贴图通道加载环境位图

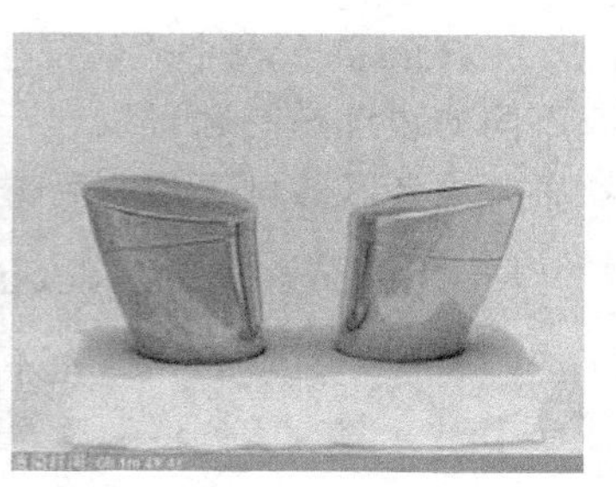

图 6-123　渲染结果

注 意：不同于 VRay 渲染面板中的 Environment【环境】卷展栏对整个场景环境产生影响，Environment【环境】贴图只针对赋予了该材质的模型产生影响。

6.2 VRay2SidedMtl【VRay 双面材质】

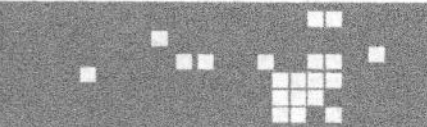

VRay2SidedMtl【VRay 双面材质】具体参数设置如图 6-124 所示.其可以使同一模型表现出两种材质的效果。区别于多维材质分别指定模型不同区域的表现方式，该材质将通过其中的 Translucency【透明度】调整两种材质在整体模型上的表现比例。

1. Front material【前方材质】

Front material【前方材质】为默认 Translucency【透明度】参数设定下模型所表现出的材质，如图 6-125 所示，调整其为一个具有贴图效果的【VRay 灯光材质】，可以对场景进行照明。

2. Back material【后方材质】

Back material【后方材质】通过如图 6-126 所示的调整 Translucency【透明度】与【前

方材质】进行混合表现，【透明度】越高其表现得越明显。

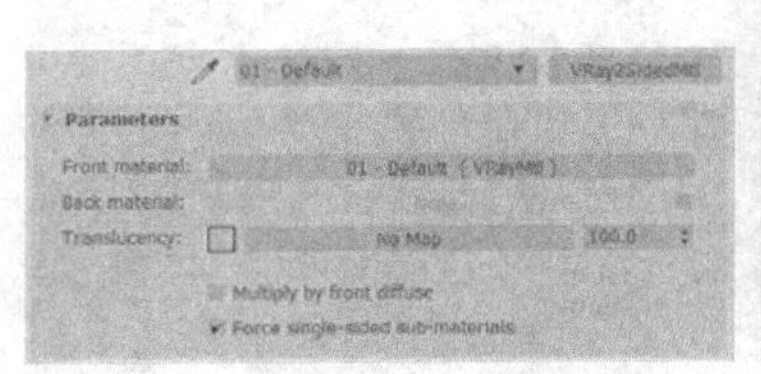

图 6-124 【VRay 双面材质】参数设置

图 6-125 仅前方材质表现效果

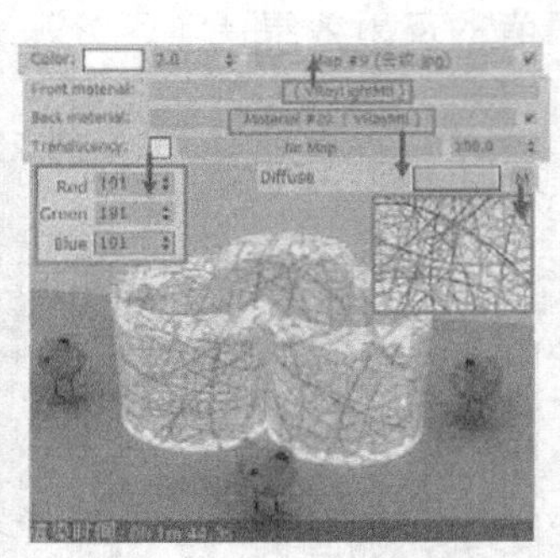

图 6-126 通过调整透明度和前方材质混合表现的后方材质

3. Translucency【透明度】

Translucency【透明度】参数不但可以通过如上所述使用“色彩通道”进行调整，使用不同的纹理贴图也可以进行材质表现比例的分配，贴图中黑色区域将表现【前方材质】效果，白色区域则表现【后方材质】效果，如图 6-127 所示。

4. Force single-sided sub-materials【强制单面子材质】

勾选 Force single-sided sub-materials【强制单面子材质】参数后， Translucency【透明度】相关调整功能将失效，将只能体现 Front material【前方材质】效果，如图 6-128 所示。

以上即为常用的一些 VRay 材质类型，而单击某个材质的“贴图通道”将弹出如图 6-129 所示的【材质/贴图浏览器】。可以看到，其中包含了数种 VRay 渲染器提供的贴图类型。接下来笔者将详细介绍在室内效果图中常用的几种贴图类型。

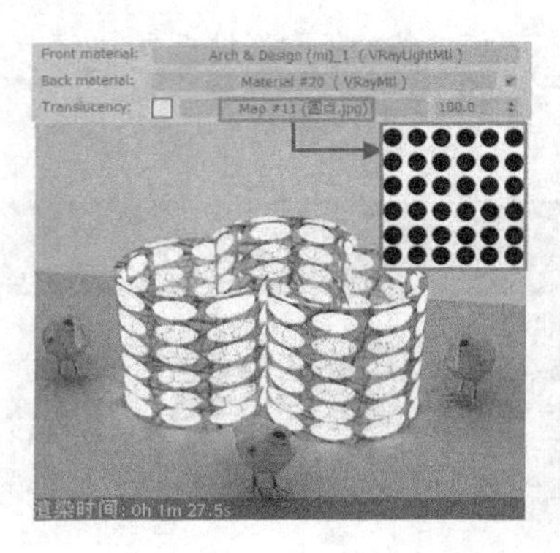

图 6-127 利用贴图控制表现比例

图 6-128 强制单面子材质对材质效果的影响

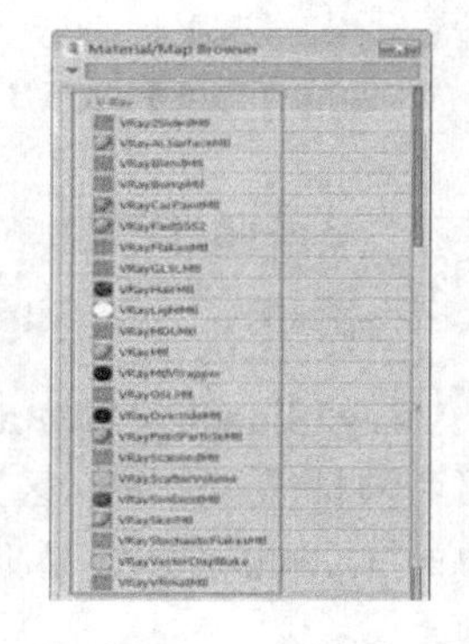

图 6-129 VRay 材质贴图浏览器

6.3 VRayLightMtl【VRay 灯光材质】

VRayLightMtl【VRay 灯光材质】的具体参数设置如图 6-130 所示，利用其可以快速地

制作出如图 6-131 所示的发光材质效果。

1. Color【颜色】

通过 Color【颜色】参数后的“色彩通道”，可以如图 6-141 所示调整出各种颜色的发光效果，并通过其后的数值进行发光强度的控制，而其后的贴图通道内加载位图可以如所图 6-133 所示制作发光表面纹理效果。

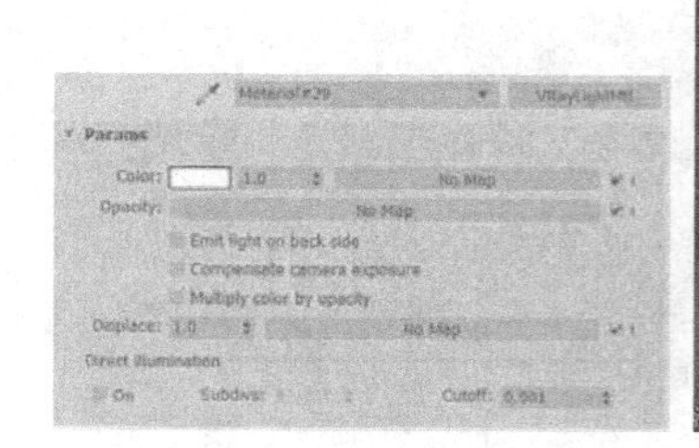

图 6-130 【VRay 灯光材质】参数设置

图 6-131 VRay 灯光材质制作的发光材质效果

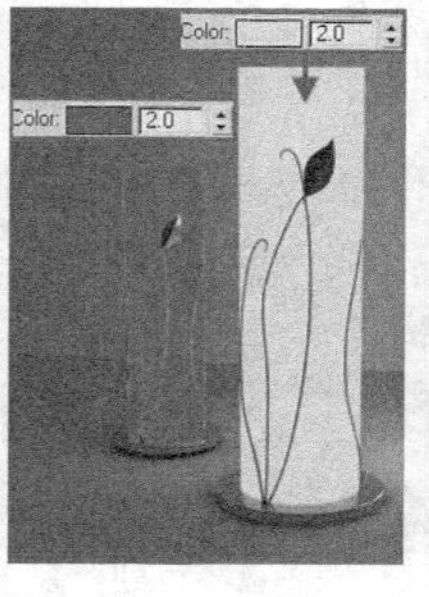

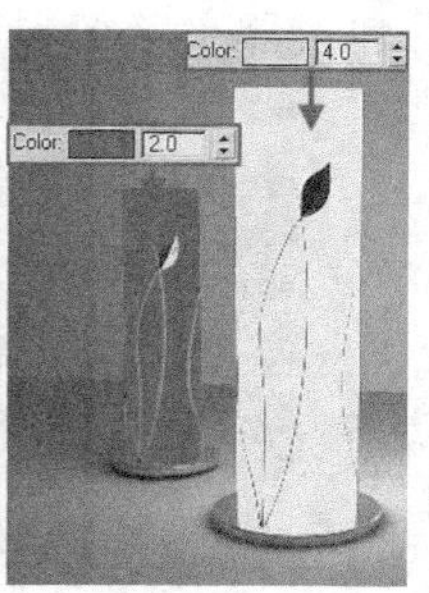

图 6-132 通过颜色与倍增调整发光颜色与强度

2. Opacity【不透明度】

使用 Opacity【不透明度】贴图通道，同样可以在对模型表面制作发光效果的同时进行镂空效果的表现，如图 6-134 所示。

但要注意的一点是，如果调整较强的发光强度，则会由于光线过强的原因镂空效果并不能体现，如图 6-135 所示。此外，勾选其下的 Emit light on backside【背面发光】参数，则模型内部的面也会产生发光效果。

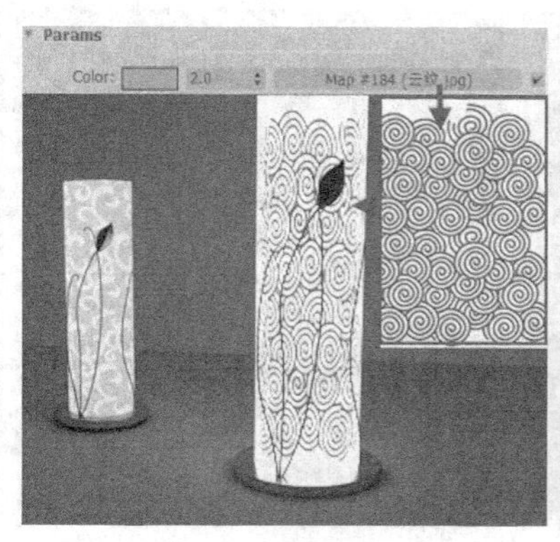

图 6-133 使用位图模拟发光表面纹理效果

图 6-134 利用不透明贴图制作镂空效果

图 6-135 发光强度将影响到镂空效果的体现

6.4 VRayMtlWrapper【VRay 材质包裹器】

VRayMtlWrapper【VRay 材质包裹器】的具体参数设置如图 6-136 所示，其主要通过其下的 Additional surface properties【表面附加属性】参数组对其中的 Base material【基本材质】进行间接光照属性的控制。

1. Base material【基本材质】

Base material【基本材质】为【VRay 材质包裹器】进行控制的对象，如图 6-137 所示，单击材质名后选择【VRay 材质包裹器】，该材质即成为【基本材质】。通过【VRay 材质包裹器】下的参数即可对其进行间接光照属性的调整。

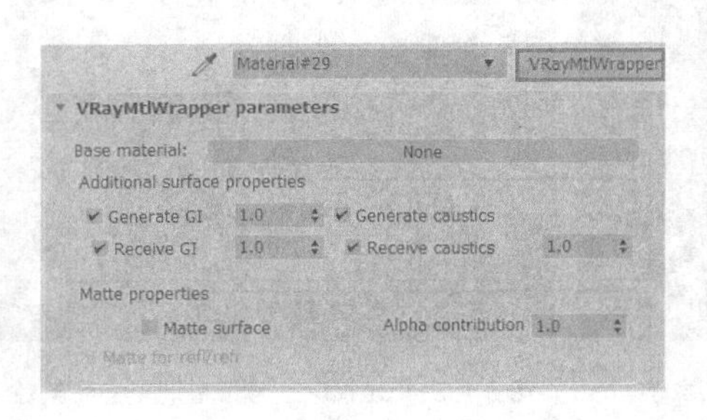

图 6-136 【VRay 材质包裹器】常用参数设置

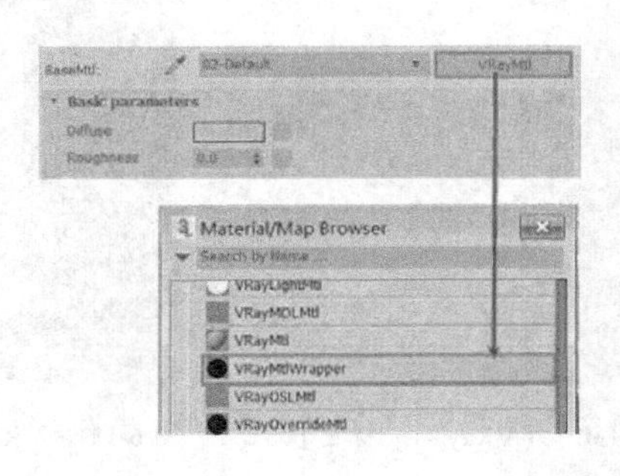

图 6-137 添加 VRay 材质包裹器

2. Additional surface properties【表面附加属性】参数组

❑ Generate GI【产生全局光照】

通过 Generate GI【接收全局光照】后的参数值，可以调整材质赋予对象对全局光的影响程度，如图 6-138 ~图 6-140 所示，随着参数值的增大，其能产生类似 VRayLightMtl【VRay 灯光材质】的照明效果，但其自身亮度不会产生大的改变。

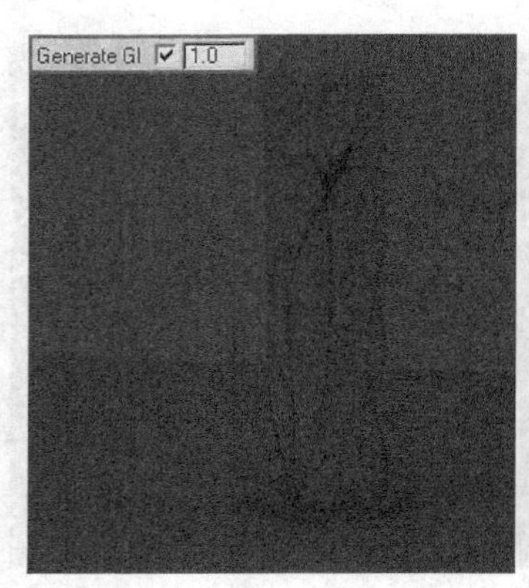

图 6-138 产生全局光照为 1 的效果

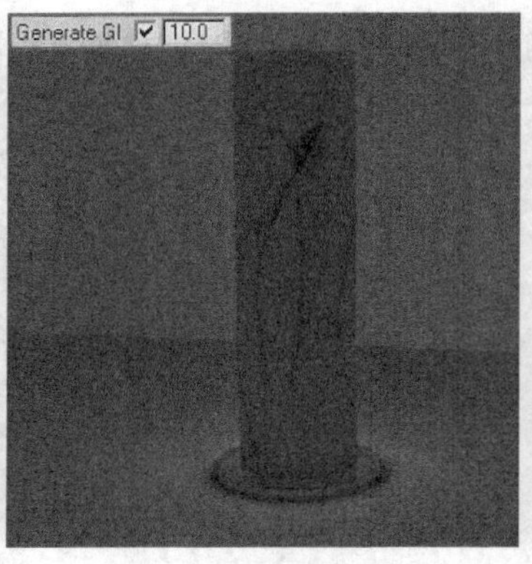

图 6-139 产生全局光照为 10 的效果

图 6-140 产生全局光照为 20 的效果

❑ Receive GI【接收全局光照】

通过 Receive GI【接收全局光照】后的参数值，可以调整材质赋予对象自身的亮度，如图 6-141~图 6-143 所示，数值越大，模型对象越亮，但其对周围的环境不会产生明显的照明效果。

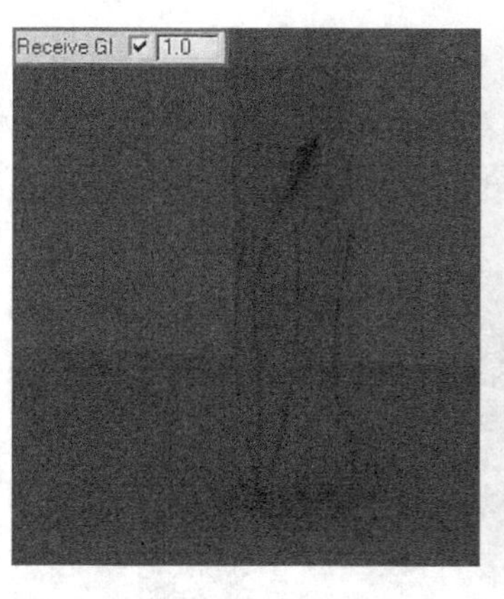

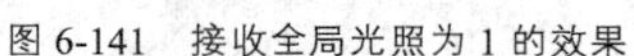
图 6-141　接收全局光照为 1 的效果

图 6-142　接收全局光照为 5 的效果

图 6-143　接收全局光照为 10 的效果

3. Generate caustics【产生焦散】/ Receive caustics【接收焦散】

Generate caustics【产生焦散】/ Receive caustics【接收焦散】这两项参数与 VRay object properties【VRay 对象属性】中的同名参数功能一致，用于调整焦散效果的强弱。

6.5 VRayOverrideMtl【VRay 代理材质】

VRayOverrideMtl【VRay 代理材质】的具体参数设置如图 6-144 所示，可以看到，其同样具有 Base material【基本材质】，因此【VRay 代理材质】在功能与用法上与【VRay 材质包裹器】都有类似的地方。它将使用其后的 GI Material【全局光材质】和 Reflect mtl【反射材质】对【基本材质】的材质特征进行调整。

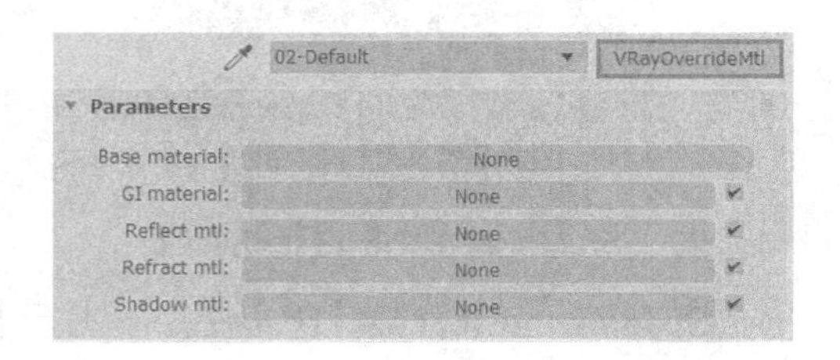

图 6-144　VRay 代理材质参数设置

1. GI Material【全局光材质】

GI Material【全局光材质】用于控制【基本材质】对全局光效果的影响，如图 6-145 所示，当【基本材质】不具发光效果时，在【全局光材质】内调整出一个具有发光能力的材质即可使其获得发光效果而不改变其他材质特征。

此外，【全局光材质】另一个重要的用途是用于控制溢色。当【基本材质】为色彩较艳丽的材质时，在【全局光材质】内调整出一个浅色材质即可减轻溢色现象而又不影响材质表面颜色效果，如图 6-146 所示。

2. Reflect mtl【反射代理材质】

Reflect mtl【反射材质】专用于【基本材质】反射效果的调整，如图 6-147 所示，在没有制作漫反射纹理的【基本材质】的【反射材质】中添加漫反射纹理贴图后，在右侧镜子的反射效果中即会出现添加的纹理效果。

3. Refract mtl【折射材质】

Refract mtl【折射材质】专用于进行【基本材质】折射效果的调整。如图 6-1,48 所示，在没有制作漫反射纹理的【基本材质】的【折射材质】中添加漫反射纹理贴图后，其透过玻璃折射观察的部分即会出现添加的纹理效果。

图 6-145　利用代理全局光材质制作发光效果

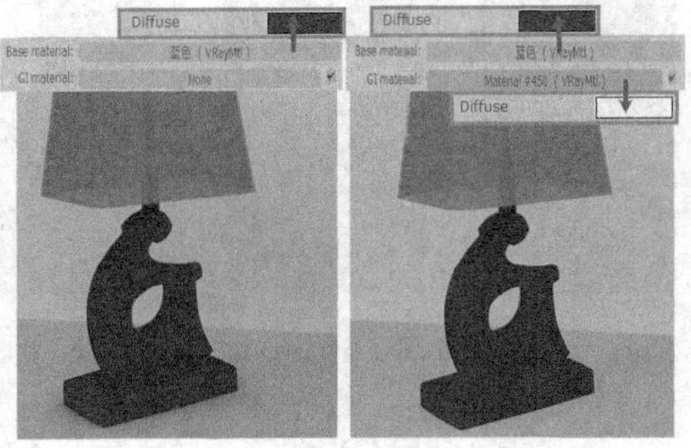

图 6-146　用代理全局光材质控制色溢

图 6-147　利用替代反射材质制作漫反射纹理效果

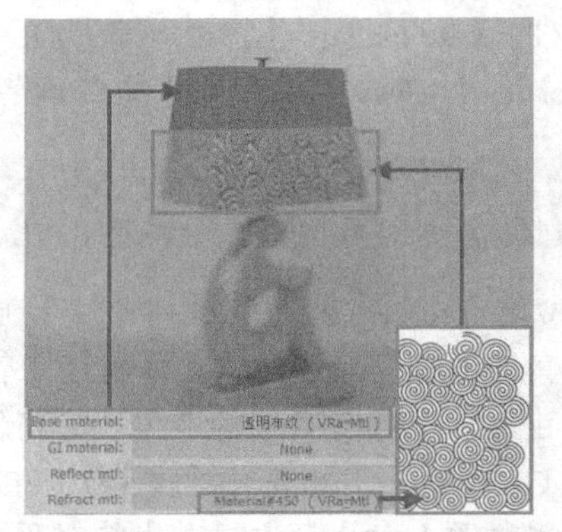

图 6-148　利用替代折射材质制作漫反射纹理效果

4. Shadow mtl【阴影材质】

Shadow mtl【阴影材质】专用于进行【基本材质】阴影效果的调整，如图 6-149 所示，未制作折射透明效果的【基本材质】表现出了实心的阴影效果；如果在其【阴影材质】中添加具有折射透明属性的材质，则在其渲染效果中将出现如图 6-150 所示的透明阴影效果。

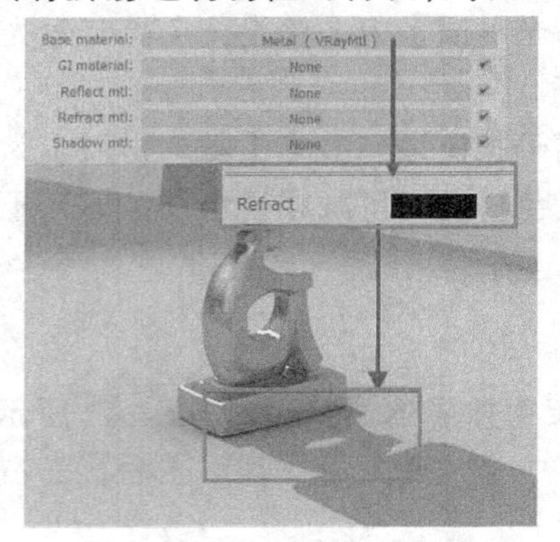

图 6-149　实体材质所表现的实心阴影效果

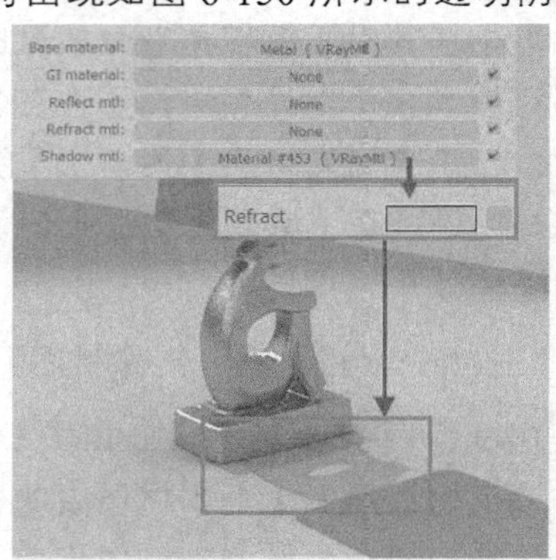

图 6-150　利用替代阴影材质表现的透明阴影效果

6.6 VRayBlendMtl【VRay 混合材质】

VRayBlendMtl【VRay 混合材质】的具体参数设置如图 6-151 所示。接下来通过学习如图 6-152 中所示的花纹玻璃材质效果了解该材质的使用方法与参数含义。

1. Blend amount【混合数量】

Blend amount【混合数量】参数是 VRayBlendMtl【VRay 混合材质】的调整关键，通常可以如图 6-153 所示为其加载一张贴图用于控制 Base material【基本材质】与 Coat materials【封套材质】的分布。贴图黑色区域将表现【基本材质】的效果，而白色区域则表现【封套材质】的效果。

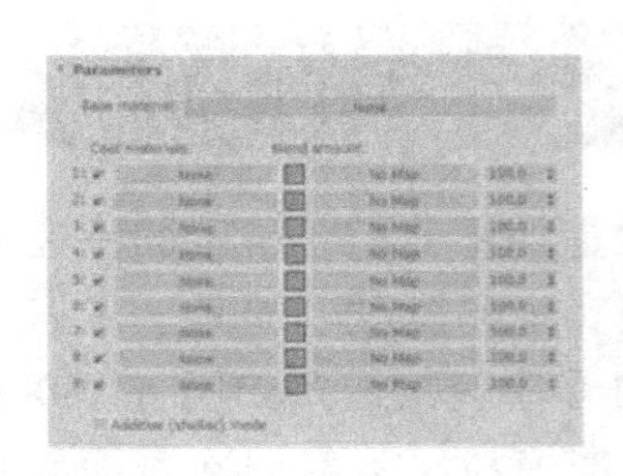

图 6-151 【VRay 混合材质】参数设置

图 6-152 利用 VRay 混合材质制作的花纹玻璃效果

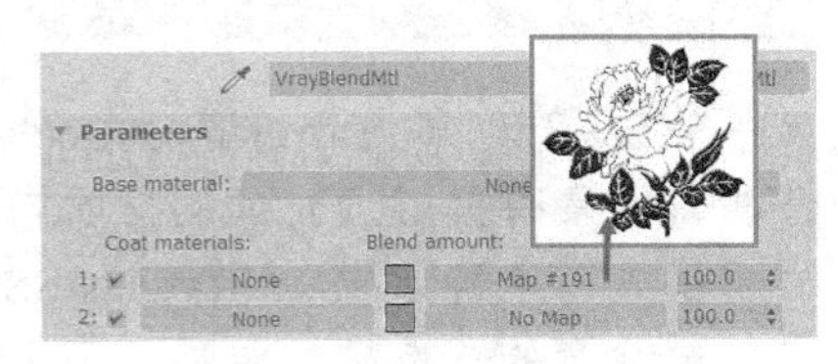

图 6-153 在混合数量贴图通道加载黑白位图

2. Coat materials【封套材质】

单击进入 Coat materials【封套材质】可以编辑【混合数量】中加载贴图白色区域的材质效果，如图 6-154 所示为其添加一个白色反射效果的材质后，渲染将得到如图 6-155 所示的效果。

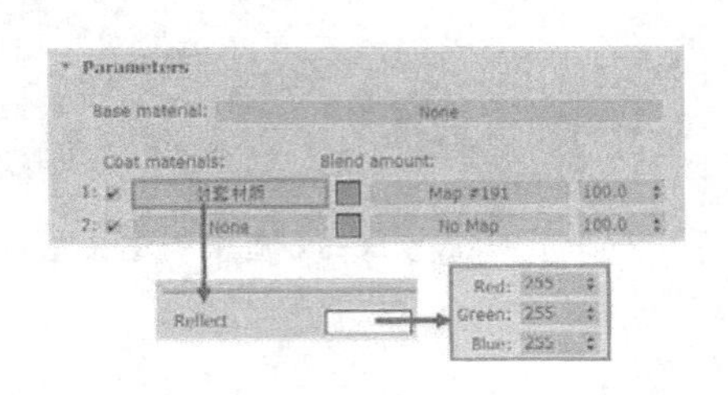

图 6-154 编辑封套材质效果

图 6-155 封套材质表现的效果

3. Base material【基本材质】

单击进入 Base material【基本材质】可以编辑【混合数量】中加载贴图黑色区域的材质效果。如图 6-156 所示为其添加一个金色反射效果的材质后，渲染将得到如图 6-157 所示的效果。可以看到，花纹表现出了金色的反射效果。此时如图 6-158 所示再更换【混合数量】后的贴图可以呈现各种花纹效果。

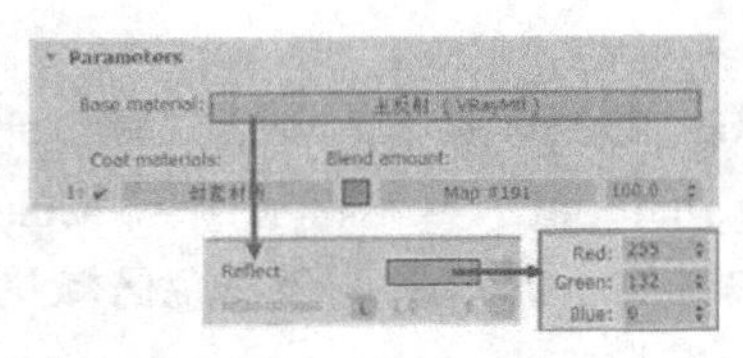

图 6-156　编辑基本材质效果

图 6-157　编辑基本材质的渲染效果

图 6-158　通过更换混合数量贴图调整花纹效果

6.7　VRayFastSSS【VRay 快速 SSS 材质】

SSS（3S）即 Subsurface Scattering【次表面散射】，指的是如图 6-159 所示的不完全透明，但具有良好透光性的材质内部产生的光线散射效果，现实中的皮肤、蜡烛，玉石等材质都具有这种效果。VRayFastSSS【VRay 快速 SSS 材质】的具体参数设置如图 6-160 所示，要注意的一点是，单独使用【VRay 快速 SSS 材质】并不能模拟出真实的次表面散射效果。

图 6-159　蜡烛的 3S 效果

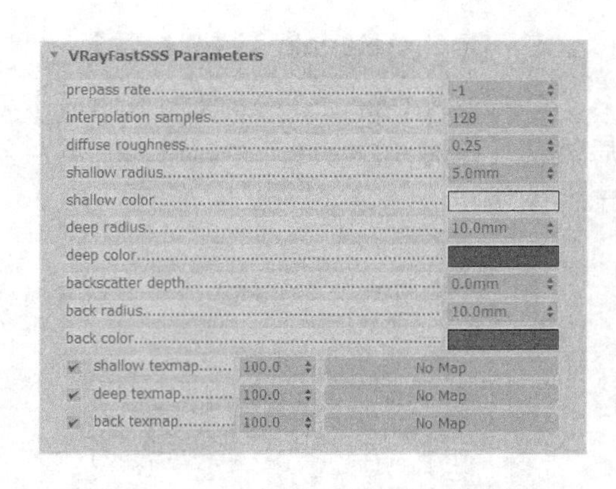

图 6-160　VRay 快速 3S 材质具体参数设置

1.　prapass rate【预处理比率】

设置 prapass rate【预处理比率】后的数值将影响场景 Irradiance map【发光贴图】计算时 Prepass 【预处理】的次数，即其后设定的数值将取代【发光贴图】中的 Max rate【最大比率】数值进行【预处理】次数的计算。

2.　interpolation samples【插补采样】

调整该处的 interpolation samples【插补采样】数值将取代【发光贴图】卷展栏中的同

名参数设定数值，数值越高，得到的渲染品质越好。

3. diffuse roughness【漫反射粗糙度】

该处的 diffuse roughness【漫反射粗糙度】参数与 VRayMtl【VRay 基础材质】中 Diffuse【漫反射】参数组中的 Roughness【粗糙度】功能与用法完全一致。

4. shallow radius【浅层半径】

shallow radius【浅层半径】控制【VRay 快速 SSS 材质】表面的深度，该数值越大，细节越模糊，如图 6-161~图 6-163 所示。

5. shallow color【浅层颜色】

shallow color 【浅层颜色】控制【VRay 快速 SSS 材质】表面的颜色，如图 6-164~图 6-166 所示。

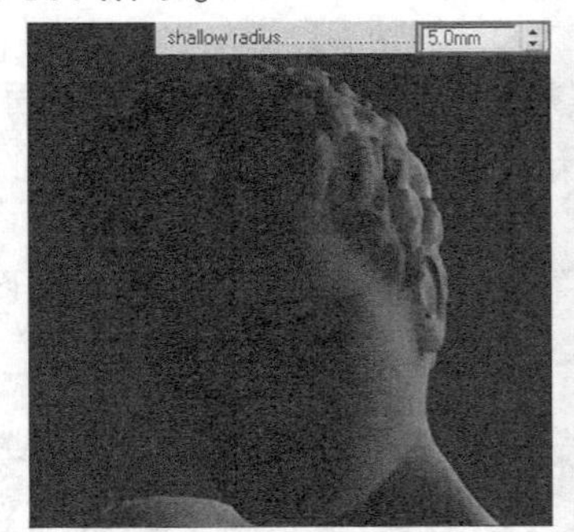

图 6-161 浅层半径为 5 的效果

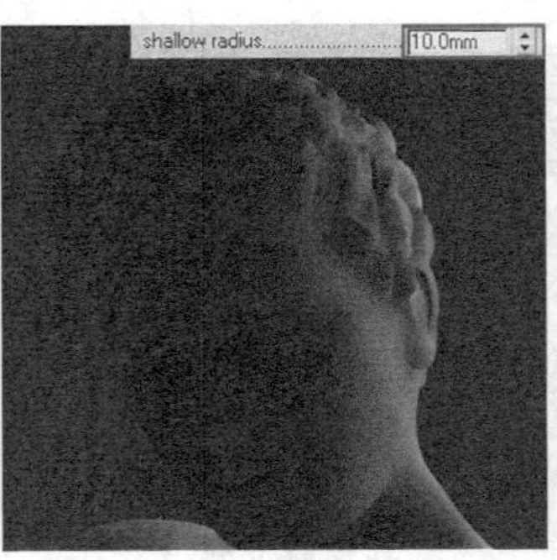

图 6-162 浅层半径为 10 的效果

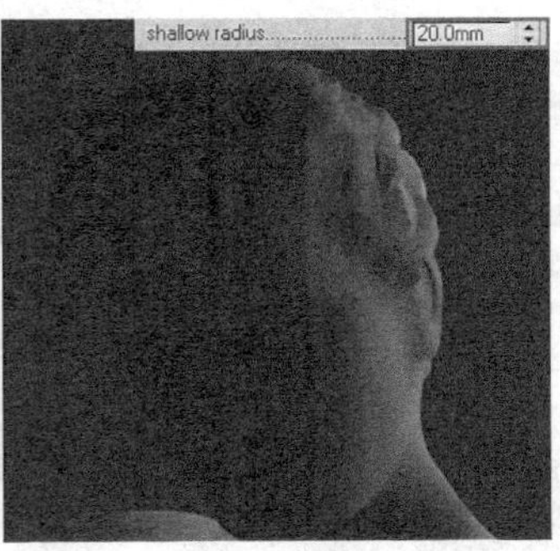

图 6-163 浅层半径为 20 的效果

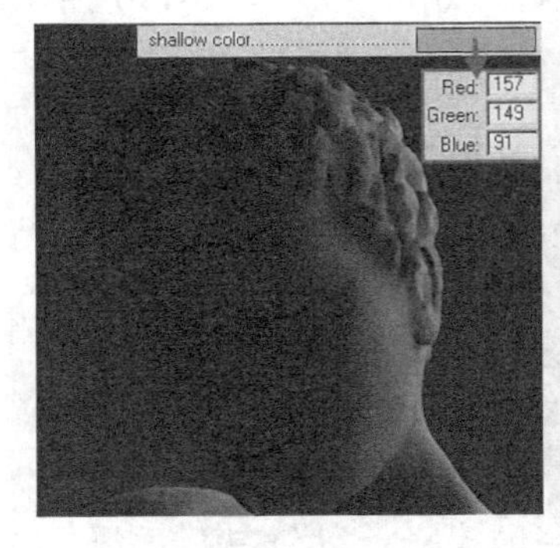

图 6-164 浅层颜色一

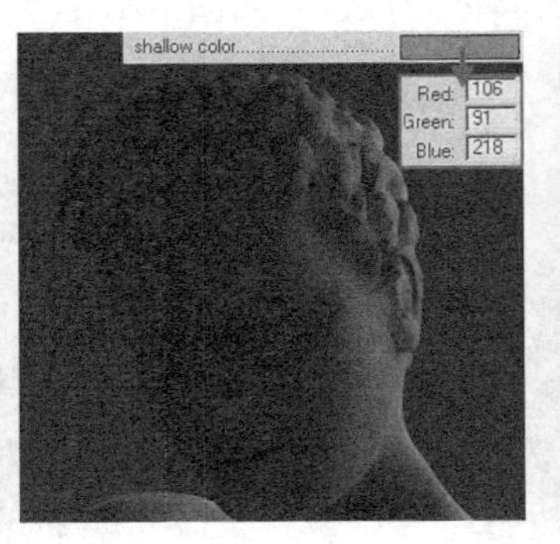

图 6-165 浅层颜色二

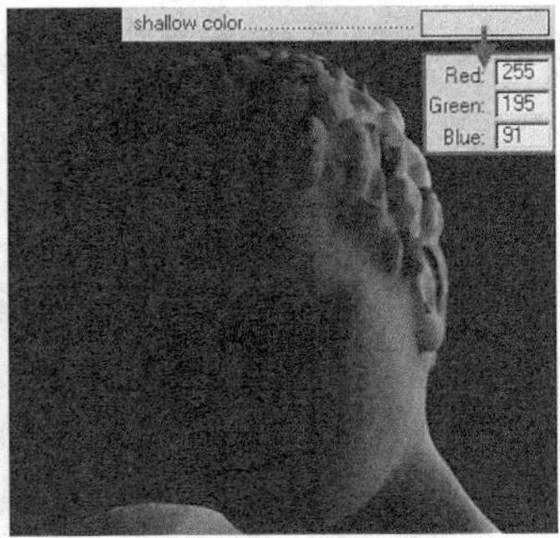

图 6-166 浅层颜色三

6. deep radius【深层半径】/deep color【深层颜色】

deep radius【深层半径】与 deep color【深层颜色】分别控制【VRay 快速 SSS 材质】第二层的深度与颜色变化，通常受到 Shallow color【浅层颜色】的影响而不会表现出明显的调整效果。

7. backscatter depth【背面散射深度】/ back radius【背面半径】/back color【背面颜色】

backscatter depth【背面散射深度】/ back radius【背面半径】/back color【背面颜色】参

数共同控制材质在模型向光边缘处的深度、扩散程度以及颜色效果，如图 6-167 与图 6-168 所示。

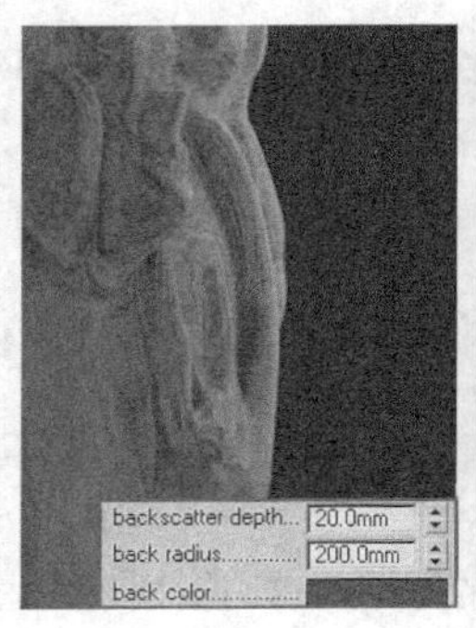

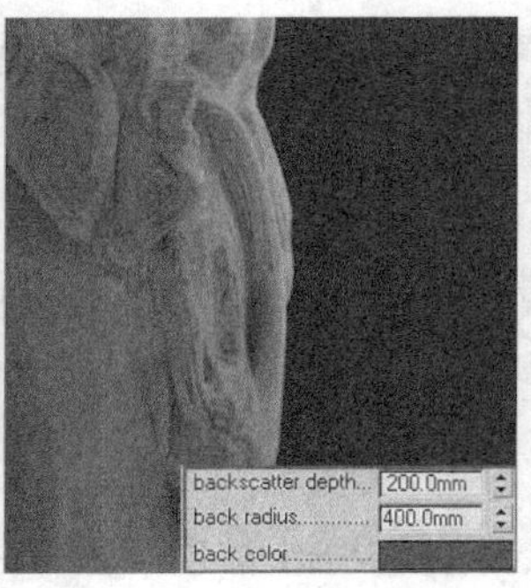

图 6-167　背面散射深度与半径对材质的影响

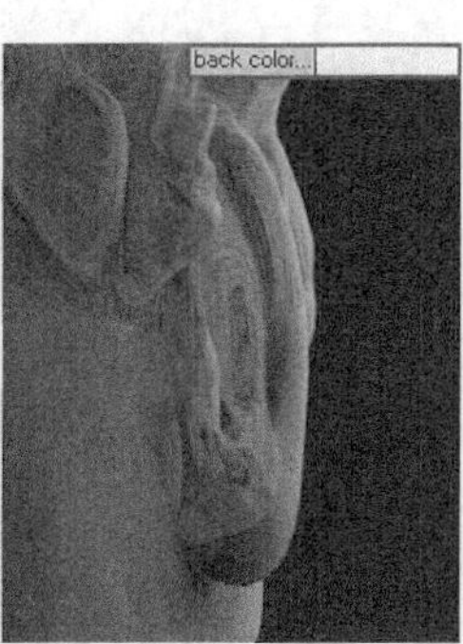

图 6-168　背面颜色对材质的影响

8. shallow texmap/deep texmap/backtexmap【浅层贴图】/【深层贴图】/【背面贴图】

通过 shallow texmap/deep texmap/backtexmap【浅层贴图】/【深层贴图】/【背面贴图】三个参数后的“贴图通道”可以添加位图来控制这三个参数的效果。

6.8 VRaySimbiontMtl

VRaySimbiontMtl 材质的具体参数设置如图 6-169 所示，其用于与如图 6-170 所示的 Darktree 着色插件进行衔接。

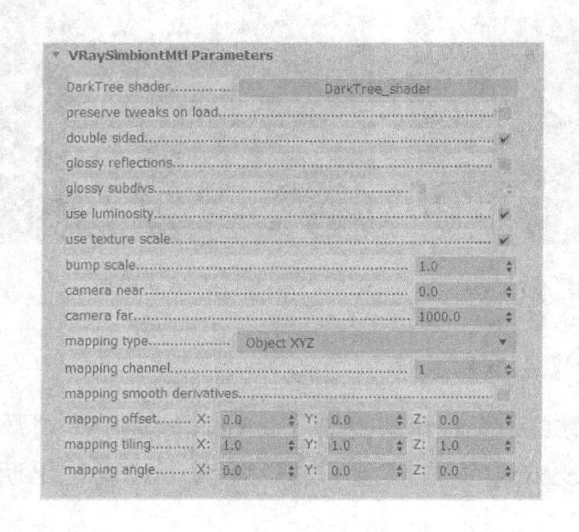

图 6-169　VRaySimbiont Mtl 材质具体参数设置

图 6-170　Darktree 着色插件

Darktree 是一款通过集成树程序元件，以交互方式创建逼真的纹理、表面着色和动画效果的高级插件。有兴趣的读者可以自行对其进行了解，限于篇幅这里不再介绍。

至此，VRay 渲染器提供的材质介绍完成。VRay 渲染器除了提供如上的材质类型外，如图 6-171 所示单击材质的任何一个“贴图通道”，在弹出的 Material/Map Browser【材质/贴图浏览器】中便可以找到 VRay 渲染器所提供的多种贴图类型，接下来对其逐一进行介绍。

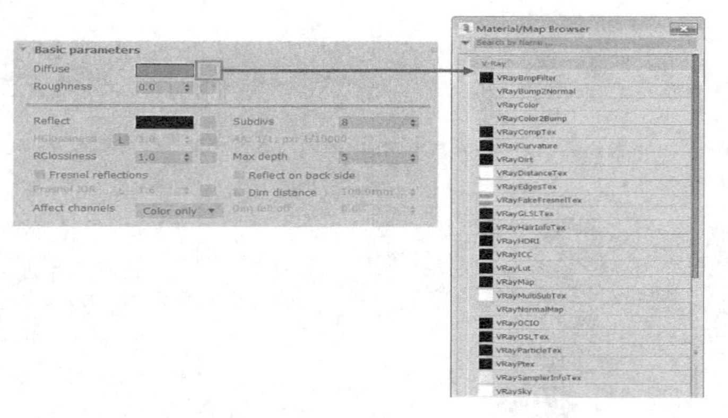

图 6-171 单击贴图通道弹出【材质/贴图浏览器】

6.9 VRayBmpFilter【VRay 纹理过滤贴图】

VRayBmpFilter【VRay 纹理过滤贴图】的具体参数设置如图 6-172 所示。该贴图能对加载在其“贴图通道”内的位图进行过滤从而得到更为精确的图像效果。如图 6-173 所示，利用其对置换图片进行处理后将得到更多的细节。

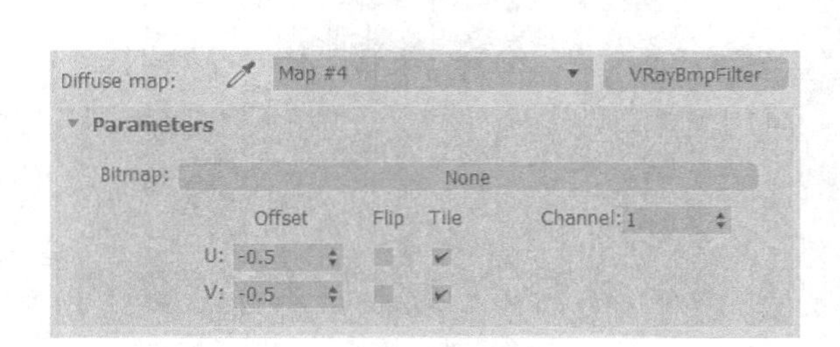

图 6-172 【VRay 纹理过滤贴图】参数设置

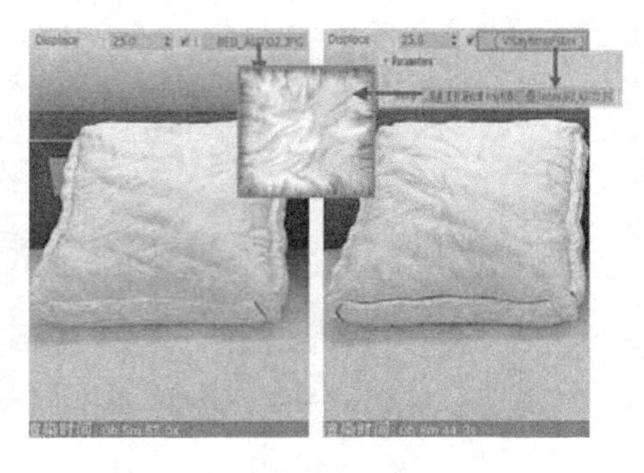

图 6-173 VRay 纹理过滤贴图的效果

1. U/V offset【水平/垂直偏移】

调整 U/V offset【水平/垂直偏移】后的数值，可以对贴图的水平方向与垂直方向的位置进行控制，如图 6-174~图 6-179 所示。

注意：勾选 U/V offset【水平/垂直偏移】后的 Filip【反转】参数，将分别产生如图 6-180 与图 6-181 所示的左右对调与上下对调效果。

图 6-174　水平偏移为-100 的效果

图 6-175　水平偏移为-0.5 的效果

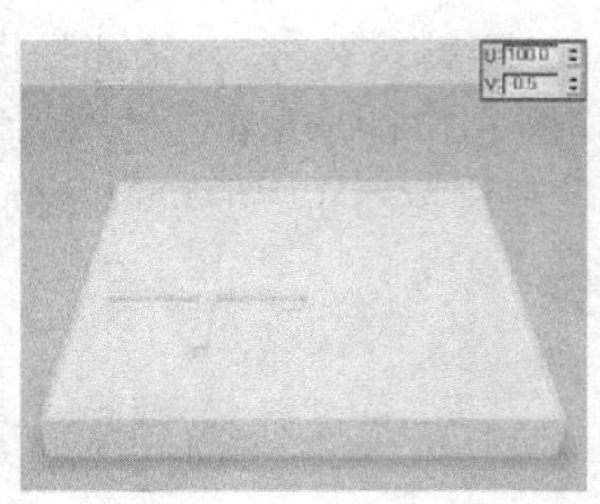

图 6-176　水平偏移为 100 的效果

图 6-177　垂直偏移为-100 的效果

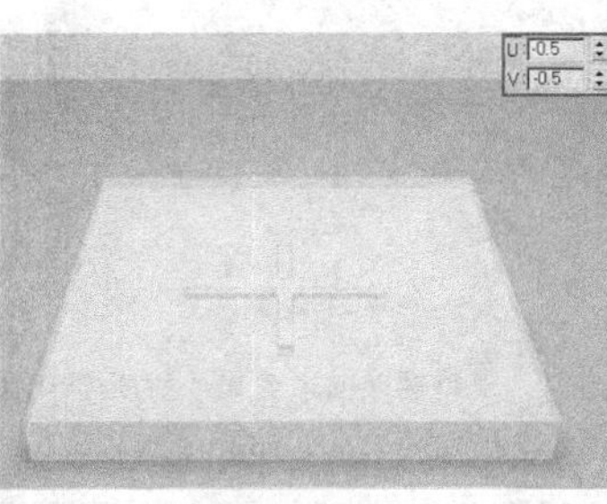

图 6-178　垂直偏移为-0.5 的效果

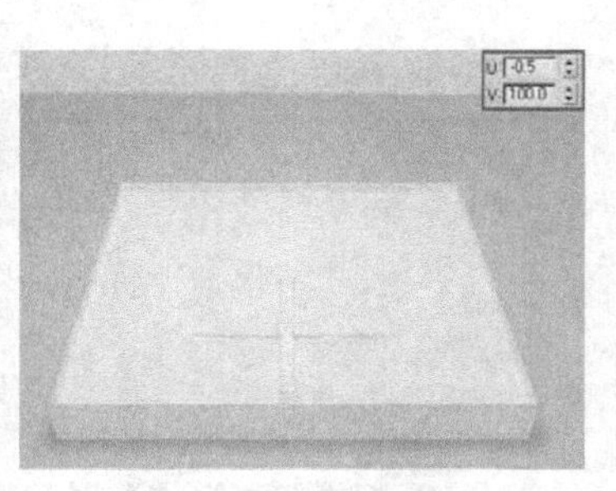

图 6-179　垂直偏移为 100 的效果

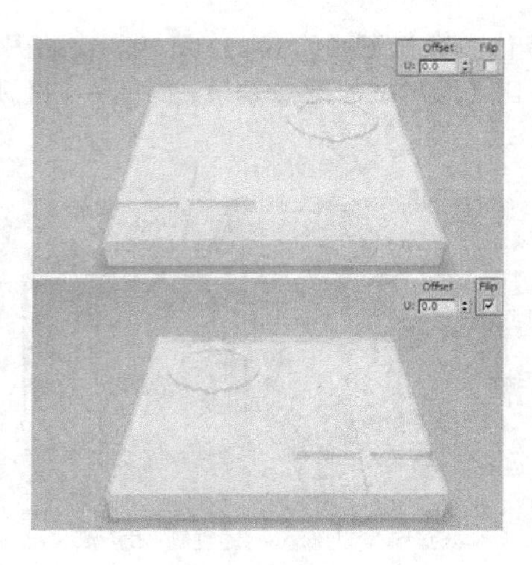

图 6-180　水平方向的翻转效果

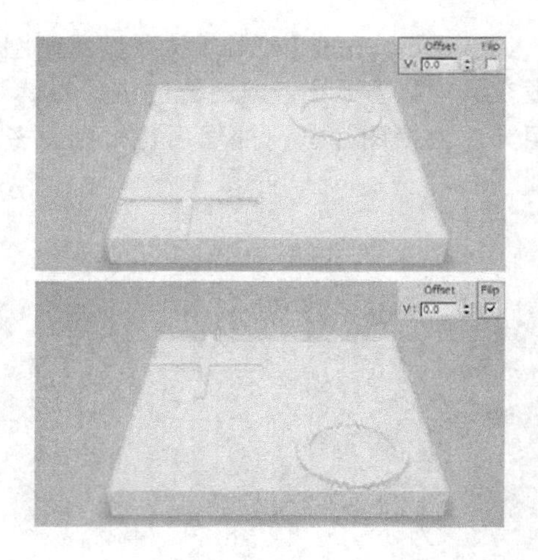

图 6-181　垂直方向的翻转效果

2. Channel【贴图通道】

通过调整 Channel【贴图通道】后的编号，可以使用对应编号 UVW Map【贴图通道】单独进行贴图拼贴效果控制。

6.10 VRayColor【VRay 颜色贴图】

VRayColor【VRay 颜色贴图】的具体参数设置如图 6-182 所示，其主要针对如图 6-183

所示的拾色器中对色彩的调整只能使用整数调整(即只存在 0~255 共 256 种色阶)而设定，其后的参数能精确定义至小数点后三位，能表现出更为细致的色彩变化。

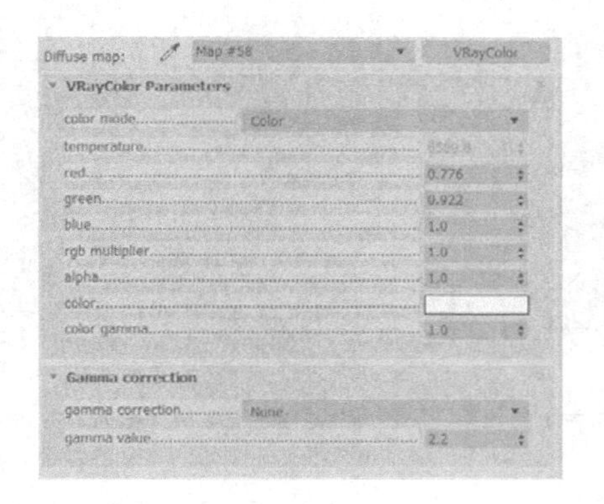

图 6-182 【VRay 颜色贴图】参数设置

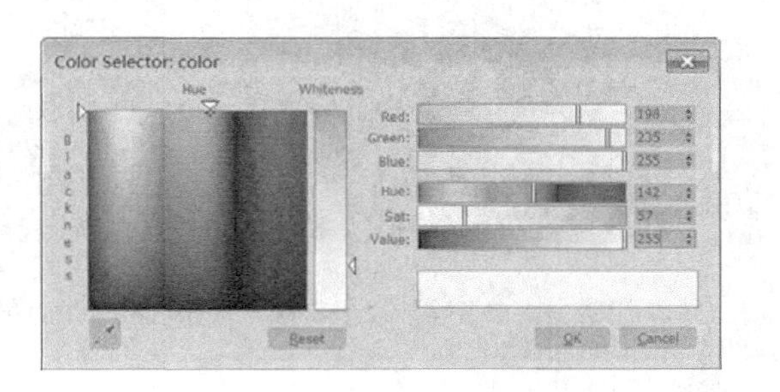

图 6-183 拾色器具体参数设置

6.10.1 VRayColor Parameters【VRay 颜色贴图参数】

1. color mode【颜色模式】

- color【颜色】：颜色由 Color 参数直接指定。
- temperature【温度】：色温（以开尔文为单位）由温度参数指定。

2. red/green/blue【红绿蓝】

通过调整 red/green/blue【红绿蓝】参数后的数值，可以精确地指定不同色阶的颜色效果，如图 6-184~图 6-186 所示。

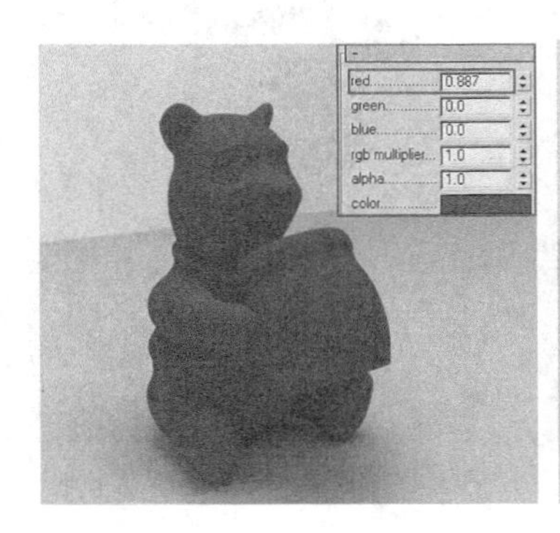

图 6-184 调整红色效果

图 6-185 调整绿色效果

图 6-186 调整蓝色效果

3. rgb multiplier【rgb 倍增器】

调整 rgb multiplier【rgb 倍增器】后的数值可以快速调整色彩的效果，如图 6-187~图 6-189 所示。

图 6-187 rgb 倍增器为 0.5 的效果

图 6-188 rgb 倍增器为 1 的效果

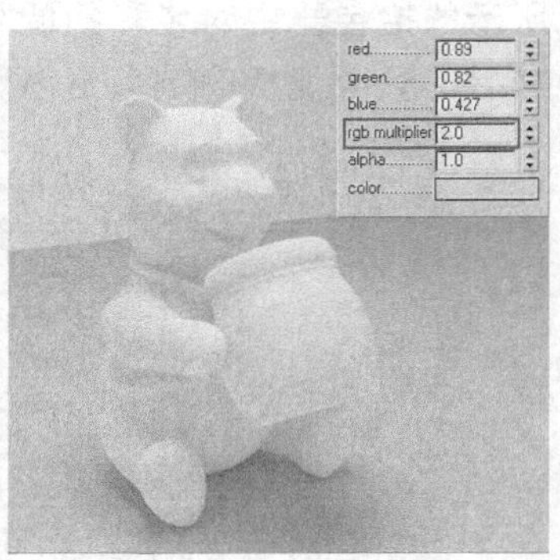

图 6-189 rgb 倍增器为 2 的效果

注意：rgb multiplier【rgb 倍增器】参数并不直接对色彩的明度进行倍增，而是将其设定后的数值进行翻倍（如由 0.5 倍增至 1），因此通常非红、绿、蓝色三种原色增大倍增后都会倾向于表现浅色（数值倾向于 1）的效果。

4. alpha

alpha 参数用于调整外部“色彩通道”中的颜色与 VRayColor【VRay 颜色贴图】调整的色彩在模型上表现的比例，如图 6-190~图 6-192 所示，alpha 数值越大，越倾向于表现【VRay 颜色贴图】调整的色彩。

5. color【颜色】

通过 color【颜色】后的“色彩通道”可以预览调整好的色彩或调整一个基准色，再通过 red/green/blue【红绿蓝】参数值进行校正。

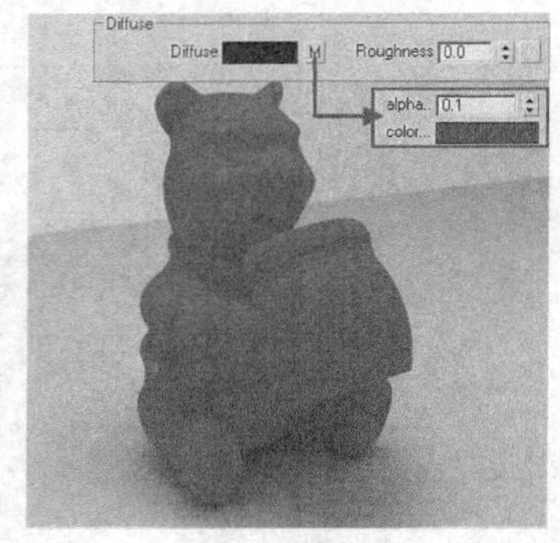

图 6-190 alpha 数值为 0.1 的效果

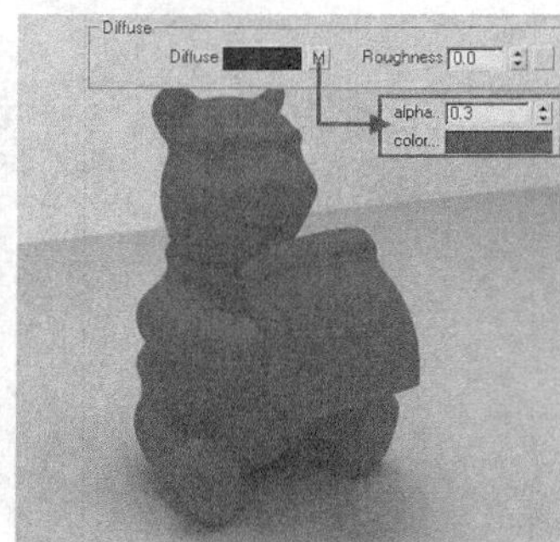

图 6-191 alpha 数值为 0.3 的效果

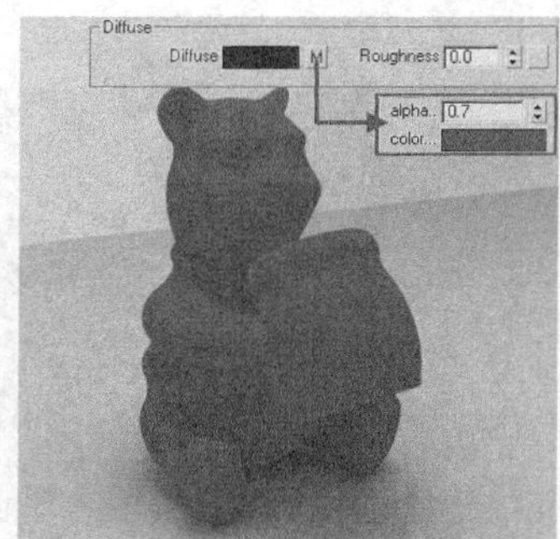

图 6-192 alpha 数值为 0.7 的效果

6. color gamma【颜色伽玛】

在渲染过程中应用的伽玛校正，但不会影响颜色样本。

6.10.2 Gamma correction【伽玛校正】参数

VRay 颜色贴图纹理允许对显示的颜色应用伽玛校正，此校正仅适用于 Color 参数的显示色样，它不会以任何方式影响实际的 RGB 值。伽玛校正控制可以共享给 VRay 颜色贴图纹理的所有实例，如你在 VRay 颜色贴图纹理中更改了伽玛校正值，那么其他的 VRay 颜色贴图纹理也会相应地更改。

1. Gamma correction【伽玛校正】

- None：不在显示的颜色上应用伽玛校正。
- Specify【指定】：伽马值由 Gamma 参数值明确指定。
- 3ds Max：正确的伽马值是从 3ds Max 首选项对话框中设置的 3ds Max 伽玛设置中获得的。

2. Gamma Value【伽玛值】

在选择【指定】伽玛校正时需设置的伽玛校正参数。

6.11 VRayComTex【VRay 合成贴图】

VRayComTex【VRay 合成贴图】的具体参数设置如图 6-193 所示。其类似于【VRay 混合材质】将两种材质进行混合表现，【VRay 合成贴图】可以将两种不同的位图进行合成表现，如图 6-194 所示。

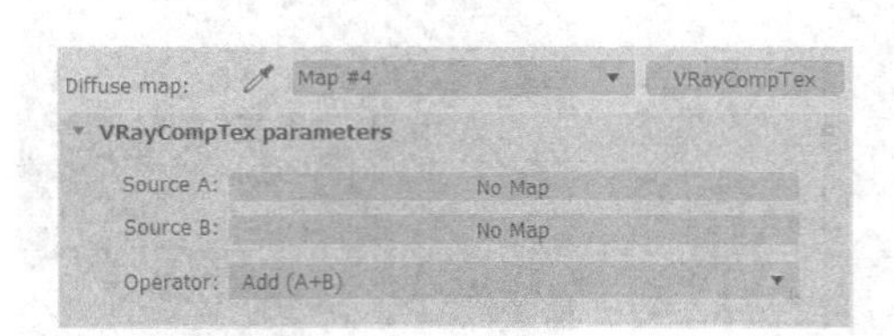

图 6-193 【VRay 合成贴图】参数设置

图 6-194 【VRay 合成贴图】表现效果

1. Source A【资源 A】

单击 Source A【资源 A】后的“贴图通道”，可以如图 6-195 所示载入位图或是程序贴图，而加载的贴图在没有使用 Source B【资源 B】进行控制时会完整的表现出纹理效果，如图 6-196 所示。

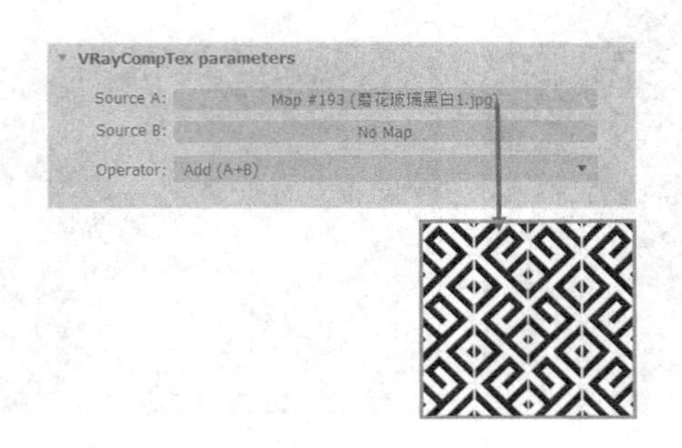

图 6-195 添加位图至资源 A 贴图通道

图 6-196 资源 A 贴图通道表现效果

2. Source B【资源 B】

单击 Source B【资源 B】后的“贴图通道”同样可以如图 6-197 所示载入位图或是程序贴图，但加载的贴图通常如图 6-195 所示用于控制 Source A【资源 A】中加载的位图的表现区域，白色区域将掩盖位图纹理的表现。

3. Operator【运算模式】

Operator【运算模式】用于控制 Source A 与 Source B 的作用方式，如图 6-198 所示，单击其下拉按钮，可以看到除了如图 6-195 所示表现的默认 Add(A+B)【加集运算】外，还有其他 6 种模式。其各自表现的效果如图 6-199~图 6-204 所示。

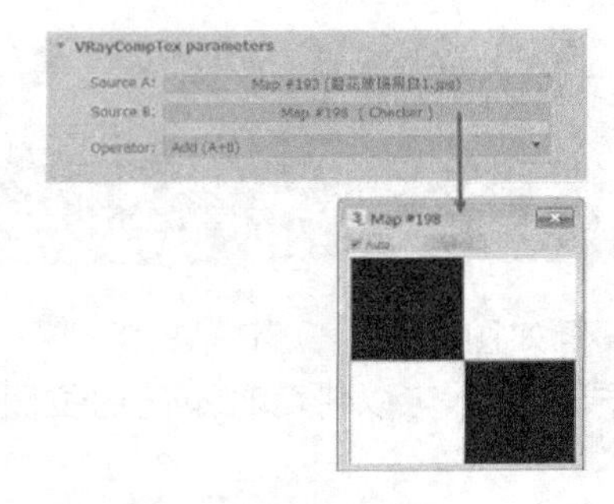

图 6-197　添加棋盘格程序贴图至资源 B 贴图通道

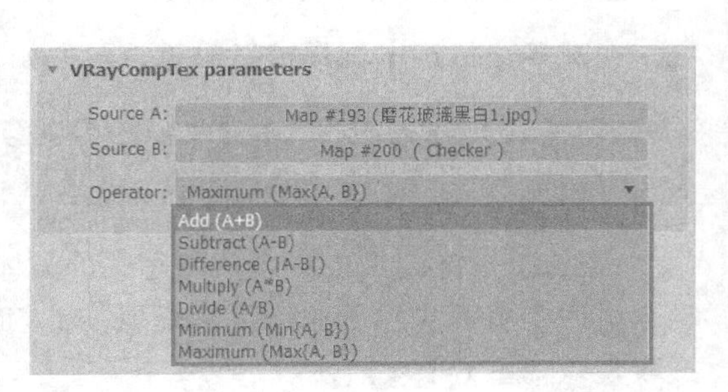

图 6-198　运算模式类型

图 6-199　相减运算效果

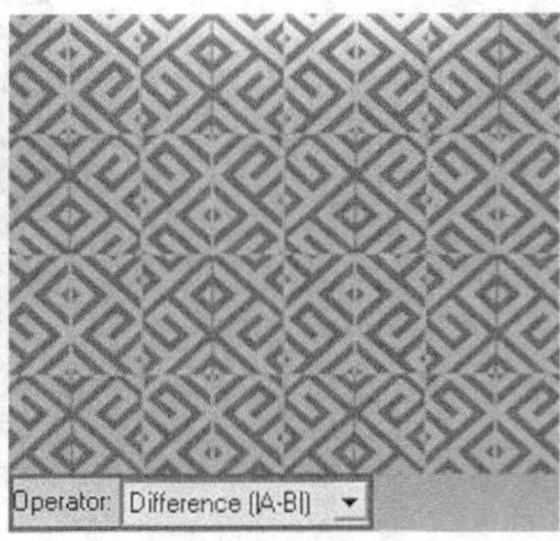

图 6-200　差值运算效果

图 6-201　相乘运算效果

图 6-202　相除运算效果

图 6-203　最小化运算效果

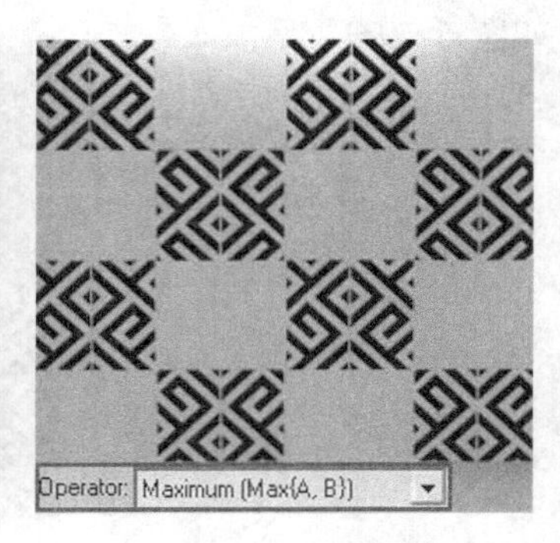

图 6-204　最大化运算效果

6.12 VRayDirt【VRay 脏旧贴图】

VRayDirt【VRay 脏旧贴图】的具体参数设置如图 6-205 所示，将其加载在材质的【漫反射】贴图通道后，可以模拟如图 6-206 所示的物体表面陈旧、脏污的效果。接下来介绍该贴图在室内效果图的制作中常用的一些参数的具体含义。

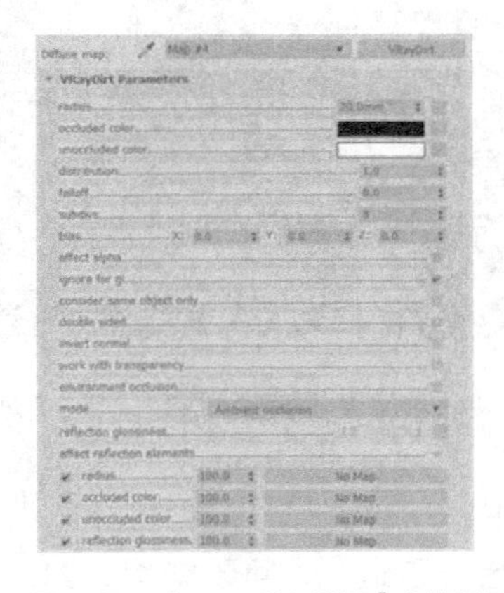

图 6-205 【VRay 脏旧贴图】参数设置

图 6-206 【VRay 脏旧贴图】模拟的表面纹理效果

1. radius【半径】

通过调整 radius【半径】的数值，可以控制其下的 occluded color【污垢区颜色】对 unoccluded color【无污垢区颜色】的影响范围。如图 6-207~图 6-209 所示，该数值越大，【污垢区颜色】侵蚀【无污垢区颜色】越深入。

图 6-207 半径数值为 20 的效果

图 6-208 半径数值为 50 的效果

图 6-209 半径数值为 200 的效果

技巧： VRayDirt【VRay 脏旧贴图】模拟的真实的污垢侵蚀效果，在模型的边缘会产生强烈的侵蚀现象，但在内部则变得平缓，因此 radius【半径】参数值到后面通常不会产生十分明显的效果表现。此外，在 VRay3.60.03 中需要勾选 Global switches【全局开关】中的 Fliter maps for GI【过滤全局光贴图】才有效。

2. occluded color【污垢区颜色】

通过 occluded color【污垢区颜色】后的“色彩通道”，可以如图 6-210~图 6-212 所示调整模型表面污垢的颜色。

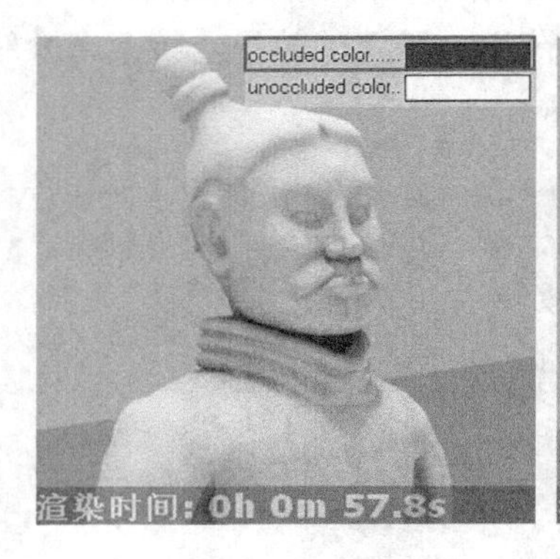

图 6-210 蓝色污垢效果

图 6-211 黄色污垢效果

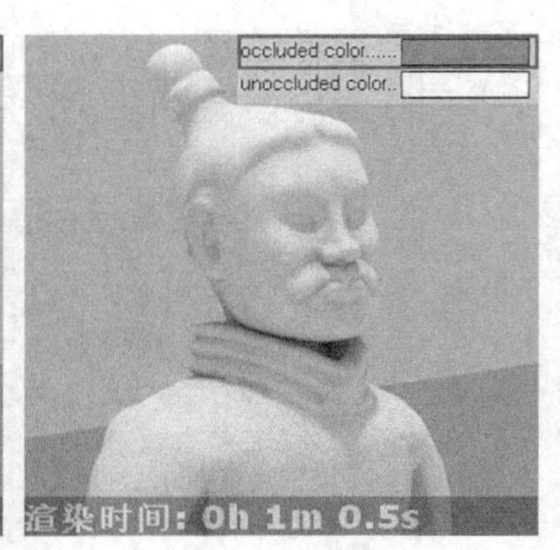

图 6-212 灰色污垢效果

3. unoccluded color【非污垢区颜色】

通过 unoccluded color【非污垢区颜色】后的“色彩通道”，可以如图 6-213~图 6-215 所示调整模型主体的颜色效果。

图 6-213 非污垢区为蓝色效果

图 6-214 非污垢区为黄色效果

图 6-215 非污垢区为橙色效果

4. distribution【分布】

distribution【分布】控制【污垢区颜色】分布的密集程度，如图 6-216~图 6-218 所示，当取值为 0 时，其分布得相当均匀，随着数值的增大，污垢颜色越来越亮，但范围也变得相对集中。

5. falloff【衰减】

该参数控制【非污垢区颜色】效果的衰减程度，如图 6-219~图 6-221 所示，该参数越低，【污垢区颜色】在模型表面分布越广，衰减越平缓，而随着数值增大，则衰减将变得急促，影响范围越随之变小。

图 6-216　分布为 0 的材质效果

图 6-217　分布为 10 的材质效果

图 6-218　分布为 50 的材质效果

图 6-219　衰减为 0 的材质效果

图 6-220　衰减为 10 的材质效果

图 6-221　衰减为 50 的材质效果

6. subdivs【细分】

subdivs【细分】参数控制【污垢区颜色】表现的品质高低与整体渲染耗时，如图 6-222 与图 6-223 所示，该参数越高，所获得的效果越平滑，计算耗时越长。

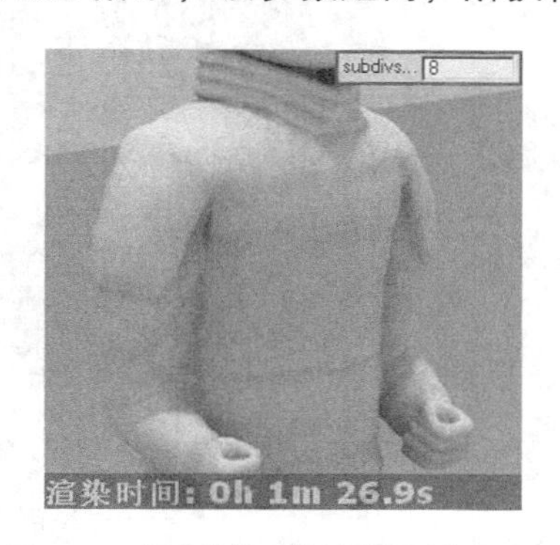

图 6-222　细分值为 8 的材质表面效果

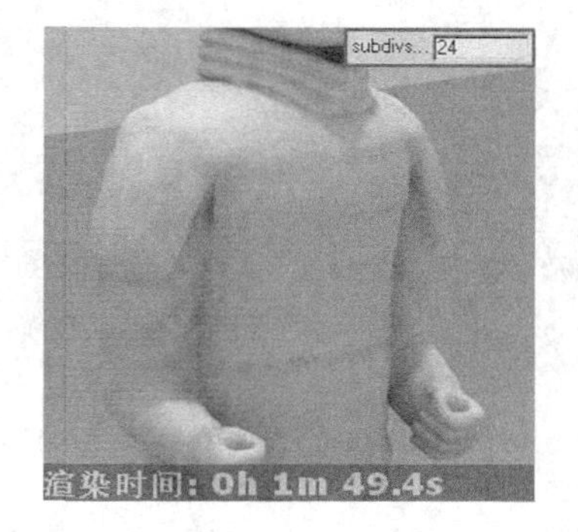

图 6-223　细分值为 24 的材质表面效果

7. bias【偏移】

调整 bias【偏移】参数后的 X、Y、Z 三个轴向的数值，可以控制污垢在某个轴向上产生的更为强烈的效果，如图 6-224~图 6-226 所示。

图 6-224　X 轴上集中表现的污垢效果

图 6-225　Y 轴上集中表现的污垢效果

图 6-226　Z 轴上集中表现的污垢效果

8. affect alpha【影响 alpha】

勾选 affect alpha【影响 alpha】后，材质 Diffuse【漫反射】“色彩通道”调整的效果与“贴图通道”加载 VRayDirt【VRay 脏旧贴图】调整的效果将共同作用于材质表面效果，其产生的变化如图 6-227 所示。

9. Ignore for gi【忽略全局照明】

勾选 ignore for gi【忽略全局照明】后，材质由【VRay 脏旧贴图】所产生的影响将不计入全局照明的计算当中，对溢色等现象可以进行一定的钳制,如图 6-237 所示。

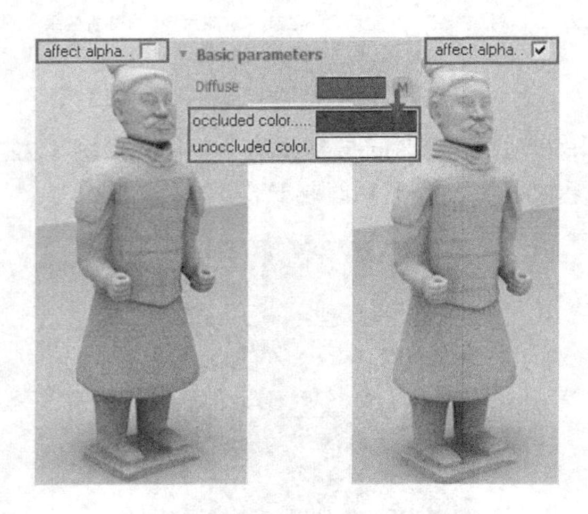

图 6-227　影响 alpha 参数对材质效果的影响

图 6-228　忽略全局照明对材质效果的影响

10. conside same object only【仅考虑同一对象】

勾选 conside same object only【仅考虑同一对象】后，【VRay 脏旧贴图】仅对赋予的模型产生脏污侵蚀，对于与其接触的模型将不能产生影响，如图 6-229 与图 6-230 所示，勾选该参数后，【VRay 脏旧贴图】的侵蚀范围变小了许多。

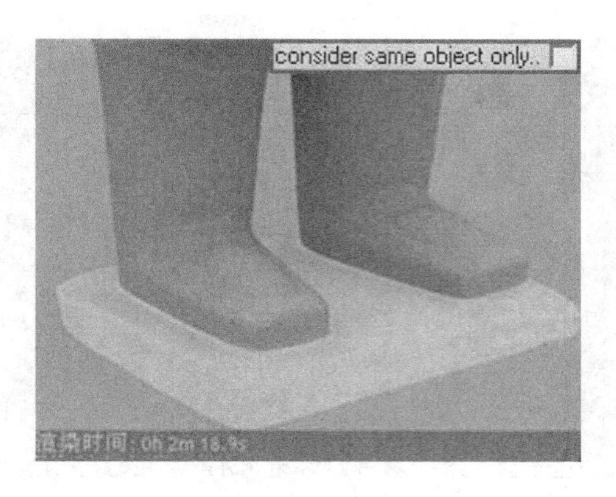

图 6-229　未勾选【仅考虑同一对象】的脏旧材质效果

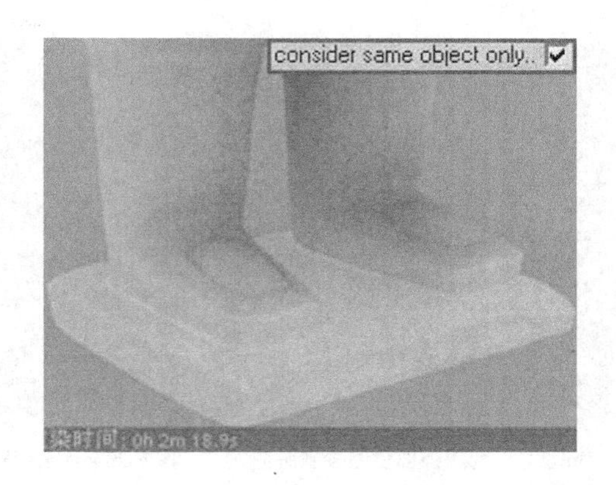

图 6-230　勾选【仅考虑同一对象】后的脏旧材质效果

11. invert normal【反转法线】

勾选 invert normal【反转法线】后，【VRay 脏旧贴图】中【污垢区颜色】将出现之前不能侵蚀的区域，而之前被侵蚀的区域将由【非污垢区颜色】取代，如图 6-231 所示。

12. work with transparency【作用于透明】

当材质同时具有透明效果时，勾选 work with transparency【作用于透明】可以如图 6-232 所示使脏旧效果侵蚀至材质内部。

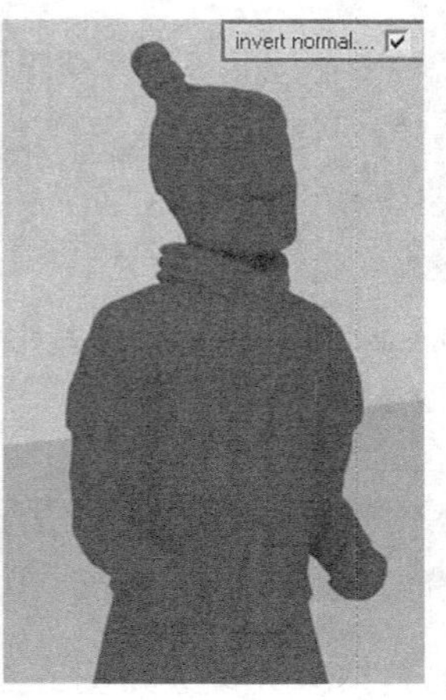

图 6-231　反转法线对脏旧材质的影响

图 6-232　作用于透明对脏旧材质的影响

13. radius texture【半径贴图】

单击 radius texture【半径贴图】参数后的“贴图通道”，可以如图 6-233 与图 6-234 所示加载外部位图或是程序贴图进行【污垢区颜色】与【非污垢区颜色】区域的控制。

14. occluded texture【污垢区贴图】

单击 occluded texture【污垢区贴图】参数后的“贴图通道”，可以如图 6-235 与图 6-236 所示加载外部位图或是程序贴图进行脏旧效果的制作。

图 6-233　利用外部位图控制脏旧效果分布

图 6-234　利用程序贴图控制脏旧效果分布

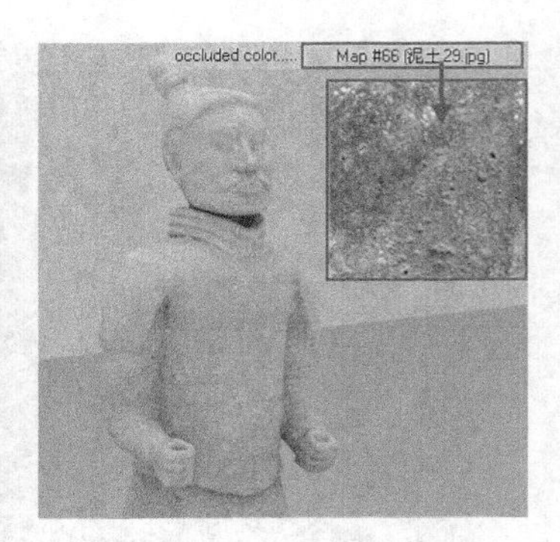

图 6-235　利用外部位图模拟脏旧效果

15. Unoccluded Texture【非污垢区贴图】

单击 Unoccluded Texture【非污垢区贴图】参数后的“贴图通道”，可以如图 6-237 与图 6-238 所示加载外部位图或是程序贴图进行非污垢区效果的制作。

图 6-236　利用程序贴图模拟脏旧效果

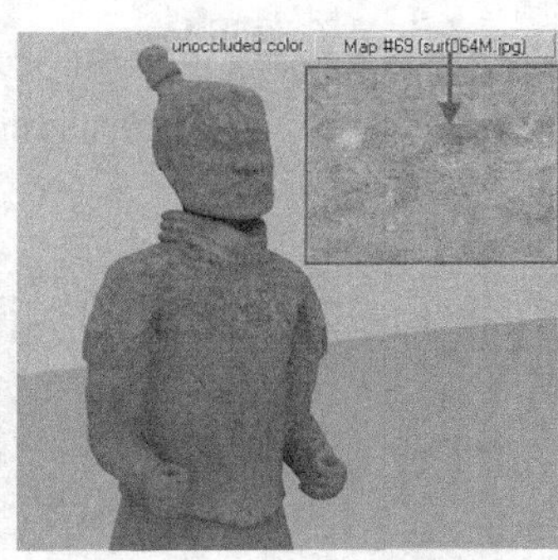

图 6-237　利用外部位图模拟非污垢区效果

图 6-238　利用程序贴图模拟非污垢区效果

6.13 VRay EdgesTex【VRay 边纹理贴图】

VRayEdgesTex【VRay 边纹理贴图】的具体参数设置如图 6-239 所示，利用其可以制作出如图 6-240 所示的模型轮廓线效果。

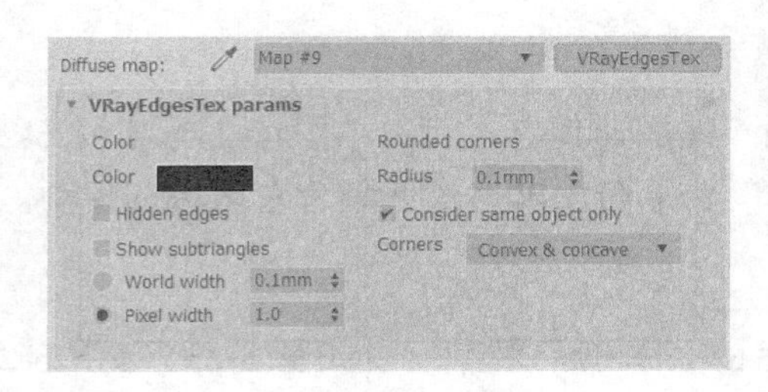

图 6-239　【VRay 边纹理贴图】参数设置

图 6-240　VRay 边纹理贴图效果

6.13.1 Color Edges【颜色】参数组

1. Color【颜色】

调整 Color【颜色】后的“色彩通道”，可以如图 6-241 与图 6-242 所示改变渲染图像中模型轮廓线的颜色。

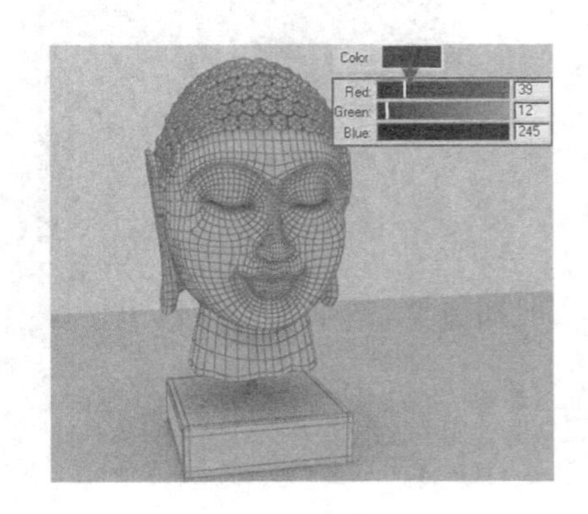

图 6-241　蓝色轮廓线效果

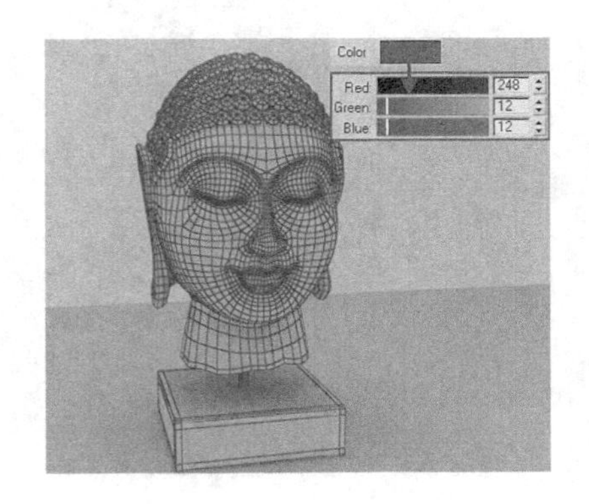

图 6-242　红色轮廓线效果

2. Hidden edges【隐藏边界线】

勾选 Hidden edges【隐藏边界线】，模型表面被隐藏的三角边界线将被渲染出来。勾选该项前后的对比效果如图 6-243 与图 6-244 所示。

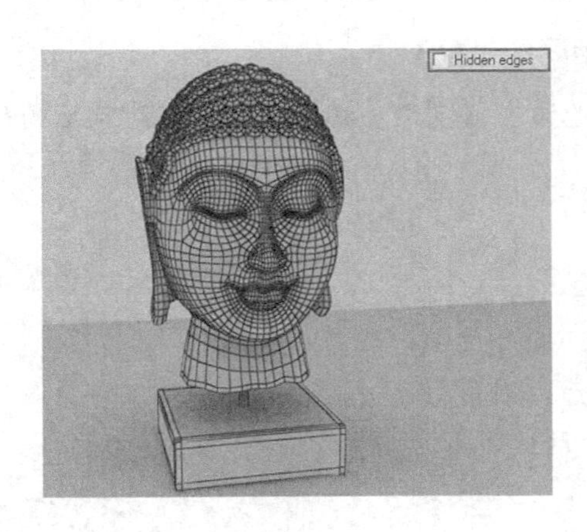

图 6-243　未渲染隐藏三角边界线的效果

图 6-244　渲染隐藏三角边界线的效果

3. Show subtriangles【显示子三角形】

启用时，通过位移贴图或渲染时间细分生成的边将是可见的。

4. World units【世界单位】/Pixels【像素】

World units【世界单位】或是 Pixels【像素】可以如图 6-245 与图 6-246 所示控制轮廓

线的粗细程度。

技巧：以 World units【世界单位】渲染时，其后设定的数值即为真实厚度，如设置 1 系统单位为 mm 时，其厚度即为 1mm。而以 Pixels【像素】为单位时，其后设定的数值为像素宽度，如设置为 1，则其线框宽度为 1 个像素大小。

图 6-245　以世界单位渲染的线条效果

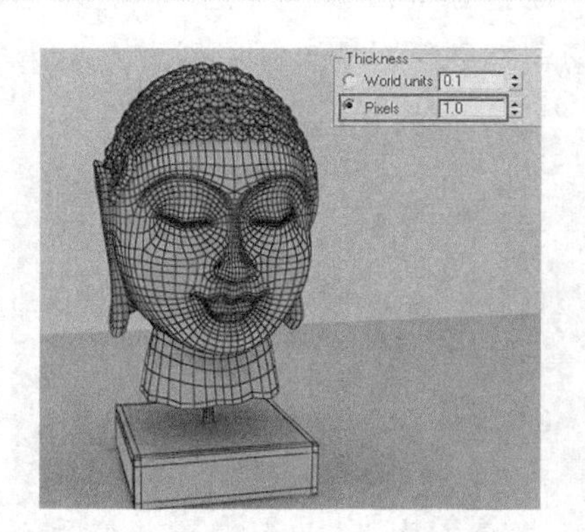

图 6-246　以像素为单位的线条效果

6.13.2 Rounded corners【圆角】参数组

1. Radius【半径】

该参数指定将纹理用作凹凸贴图时圆角的半径。这个值总是以世界单位表示。

2. Consider same object only【仅考虑相同的对象】

启用时，只会沿着属于与贴图相同的对象的边生成圆角。禁用时，会在对象与场景中的其他对象相交时形成边缘，从而产生圆角。

3. Corners【角落】

该参数指定要应用圆角边缘的面的类型。

- Convex&concave【凸面和凹面】：在凸面和凹面上都产生圆角。
- Convex only【仅凸面】：只在凸面上产生圆角。
- Concave only【仅凹面】：只在凹面上产生圆角。

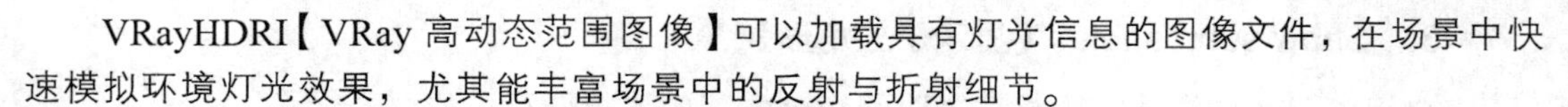

6.14 VRayHDRI【VRay 高动态范围图像】

VRayHDRI【VRay 高动态范围图像】可以加载具有灯光信息的图像文件，在场景中快速模拟环境灯光效果，尤其能丰富场景中的反射与折射细节。

VRayHDRI【VRay 高动态范围图像】通常如图 6-247 所示加载到 Environment【环境】卷展栏 Reflection/Refraction environment override【反射/折射环境】参数中的“贴图通道”内进行使用，加载完成后如图 6-248 所示将其关联复制到一个空白材质球上即可查看其具体参数。

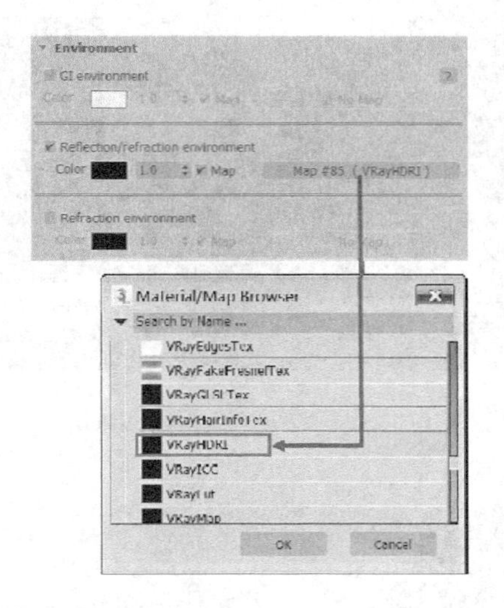

图 6-247　添加 VRayHDRI 至【环境】卷展栏

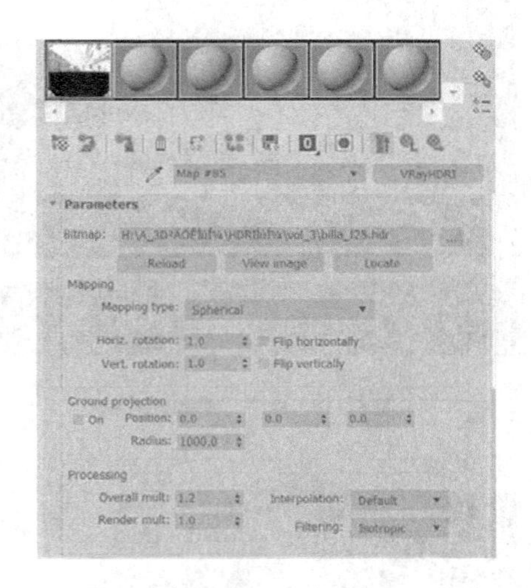

图 6-248　将 VRayHDRI 复制至空白材质球

1. HDRI map【高动态范围贴图】

单击 HDRI map【高动态范围贴图】后的浏览按钮，可以如图 6-249 所示为其添加 hdr 格式的图像文件。该种文件不但能记录色彩亮度信息，对取景时的灯光信息也能保留。

2. Map type【贴图类型】参数组

在该参数下一共提供了 5 种【VRay 高动态范围图像】贴图类型，各自对应的渲染效果分别如图 6-250~图 6-254 所示。其中 Spherical environment【球体环境贴图】类型是效果最为理想的一种。

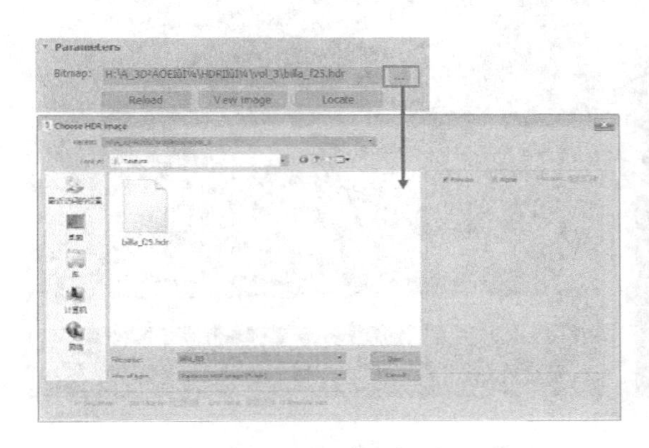

图 6-249　单击浏览按钮添加 HDR 图像文件

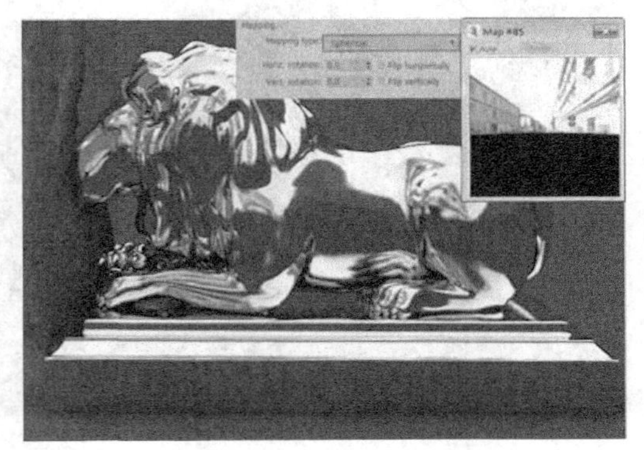

图 6-250　球体环境贴图类型渲染效果

3. Overall mult【全局倍增】

调整 Overall mult【全局倍增】后的数值，可以如图 6-255 与图 6-256 所示控制 VRayHDRI【VRay 高动态范围图像】的亮度，并对应地使用。

图 6-251　成角贴图类型渲染效果

图 6-252　立方环境贴图类型渲染效果

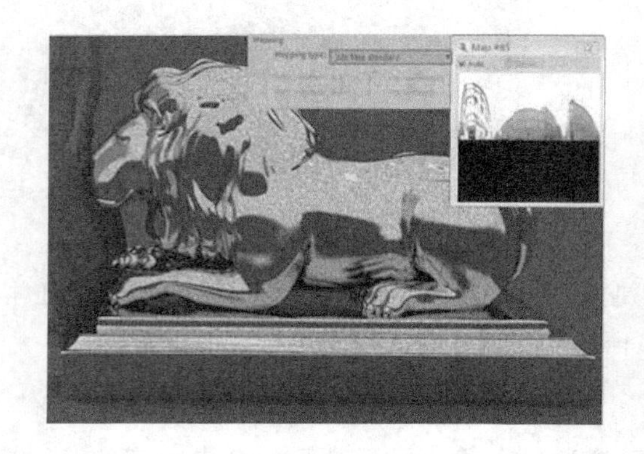

图 6-253　标准 3ds Max 类型渲染效果

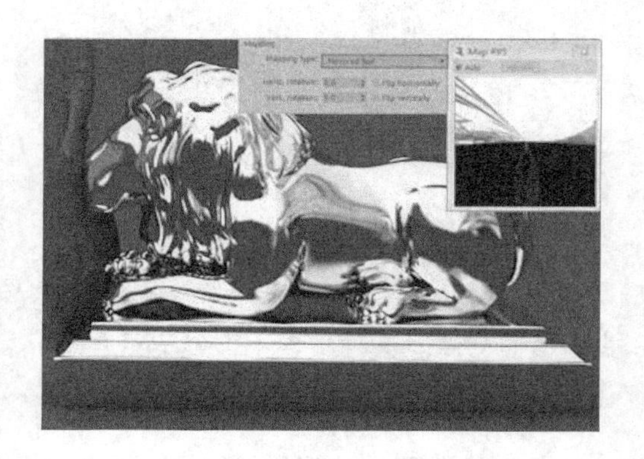

图 6-254　球体反射贴图类型渲染效果

图 6-255　全局倍增为 0.5 时的渲染效果

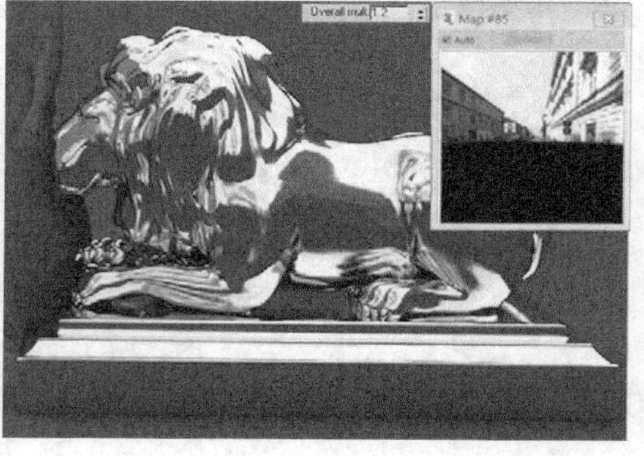

图 6-256　全局倍增为 1.2 时的渲染效果

4. Render mult【渲染倍增】

调整 Render mult【渲染倍增】后的数值可以同样控制 VRayHDRI【VRay 高动态范围图像】的亮度，但在图像的渲染效果中只能针对加载的参数进行调整，如图 6-257 与图 6-258 所示，如加载在【反射/折射环境】中就只能对反射/折射环境进行影响，并不能提高环境光亮度。

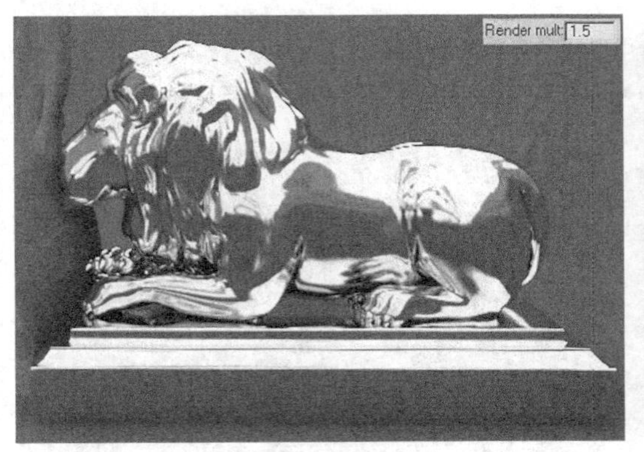

图 6-257　渲染倍增为 1.5 时的渲染效果

图 6-258　渲染倍增为 0.5 时的渲染效果

5. Horiz. rotation/Flip horizontally【水平旋转/水平镜像】

通过 Horiz. rotation/Flip horizontally【水平旋转/水平镜像】两个参数，可以控制 hdr 贴图的水平位移与水平方向，并将在渲染图像的反射面上产生调整后的图像效果，如图 6-259 与图 6-260 所示。

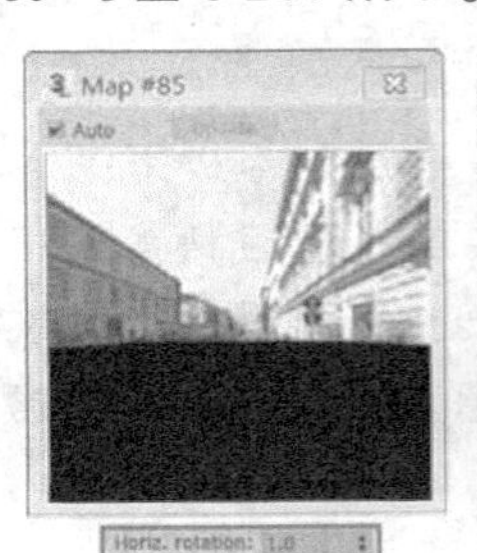

图 6-259　水平旋转参数对 hdr 贴图的影响

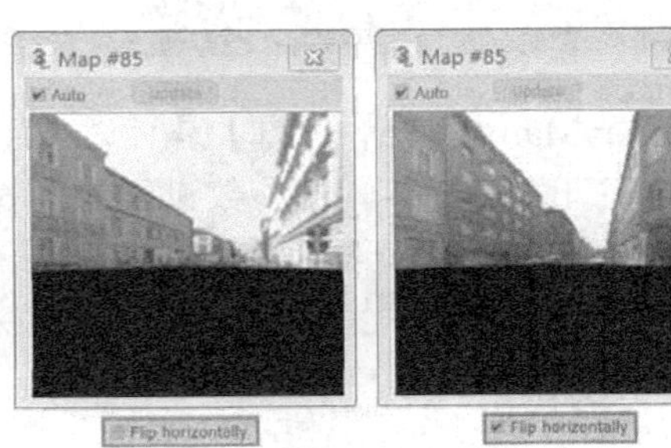

图 6-260　水平镜像参数对 hdr 贴图的影响

6. Vert. rotation/Flip Vertically【垂直旋转/垂直镜像】

通过 Vert. rotation/Flip Vertically【垂直旋转/垂直镜像】两个参数，可以控制 hdr 贴图的垂直位移与垂直方向，并将在渲染图像的反射面上产生调整后的图像效果，如图 6-261 与图 6-262 所示。

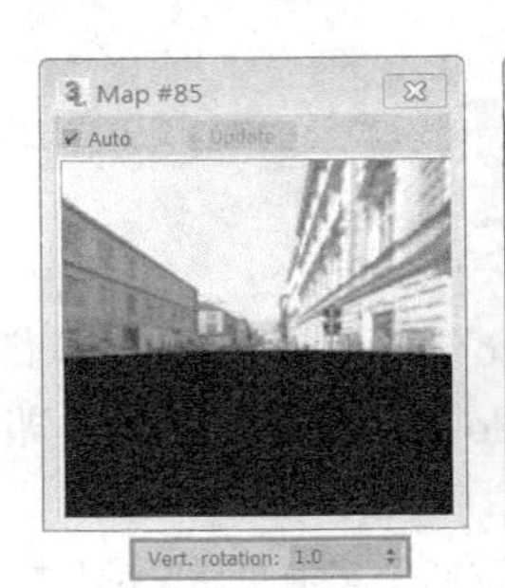

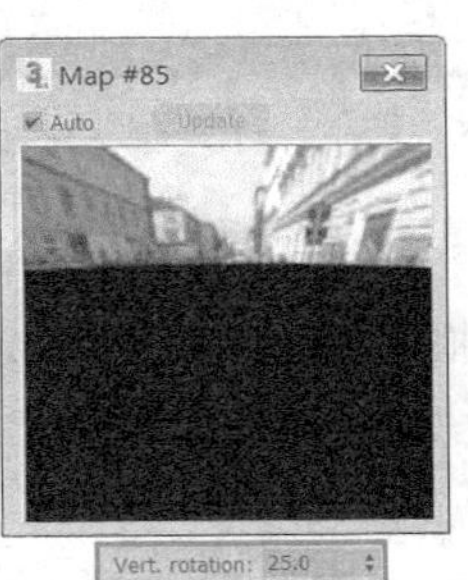

图 6-261　垂直旋转参数对 hdr 贴图的影响

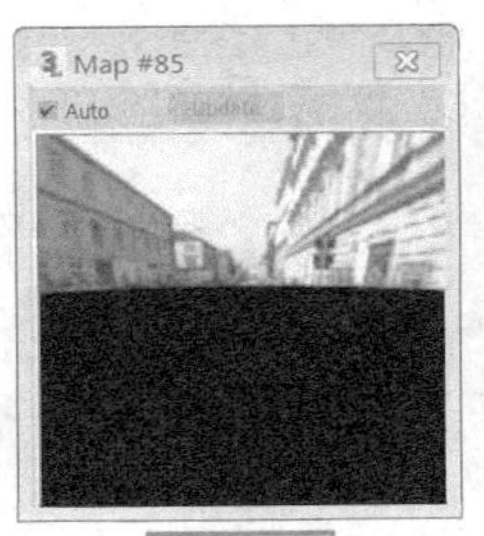

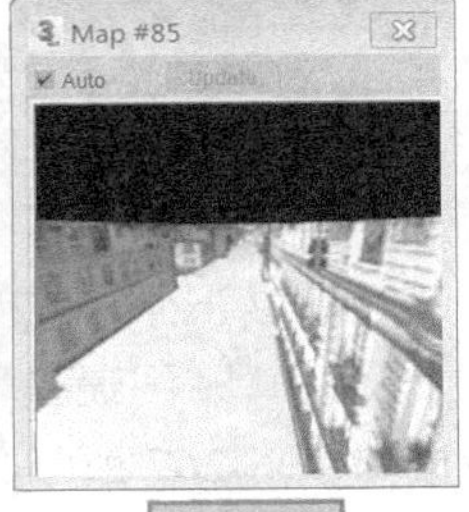

图 6-262　垂直镜像参数对 hdr 贴图的影响

7. Inverse gamma【反伽玛值】

调整 Inverse gamma【反伽玛值】数值，可以影响 VRayHDRI【VRay 高动态范围图像】亮度与色彩的对比效果，并在渲染图像中产生同样的影响，如图 6-263 与图 6-264 所示。

图 6-263　反伽玛值为 1 时的图像效果

图 6-264　反伽玛值为 4 时的图像效果

6.15 VRayMap【VRay 贴图】

VRayMap【VRay 贴图】是针对 3ds Max 默认的【标准材质】在反射与折射细节表现的欠缺而开发，其具体的参数设置如图 6-265 所示.可以看到，其中的各项控制参数在讲解 VRayMtl【VRay 基础材质】中的 Reflection【反射】参数组与 Refraction【折射】参数组中都有涉及，因此在这里不再对各个参数进行详细讲解，仅简单介绍其使用的一些注意点。

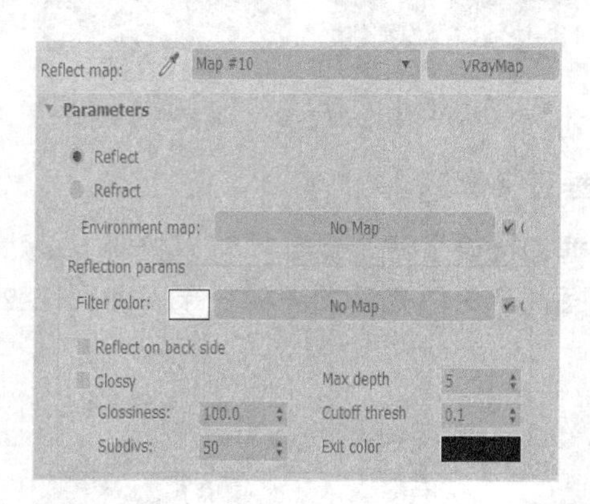

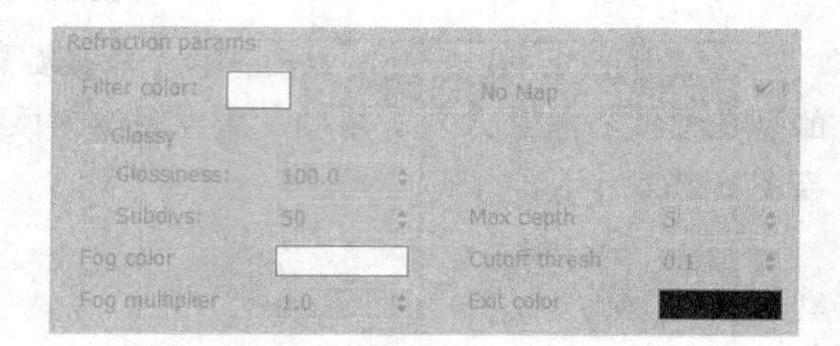

图 6-265　VRay 贴图具体参数设置

默认情况下，VRayMap【VRay 贴图】模拟反射效果如图 6-266 所示加载至【标准材质】反射“贴图通道”后，调整其 Filter color【过滤颜色】以及 Glossiness【光泽度】即可完成如图 6-267 所示的反射效果。

而如果要使用 VRayMap【VRay 贴图】模拟折射效果，就必须首先将其加载至【标准材质】折射“贴图通道”，如图 6-268 所示，然后单击 Refract【折射】并通过调整其 Filter color【过滤颜色】以及 Glossiness【光泽度】完成如图 6-269 所示的反射效果。

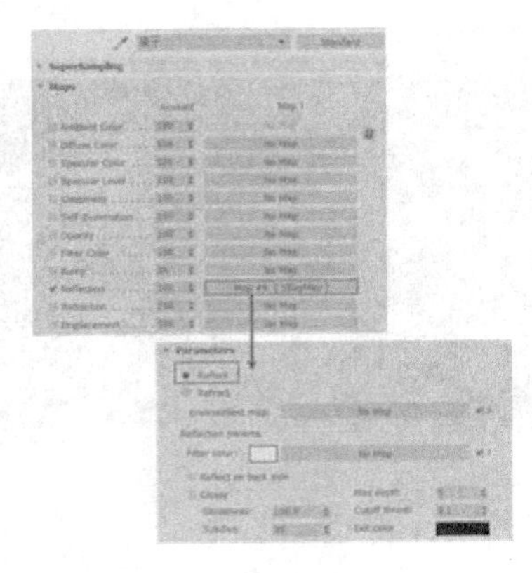

图 6-266 在标准材质反射贴图通道中使用 VRay 贴图

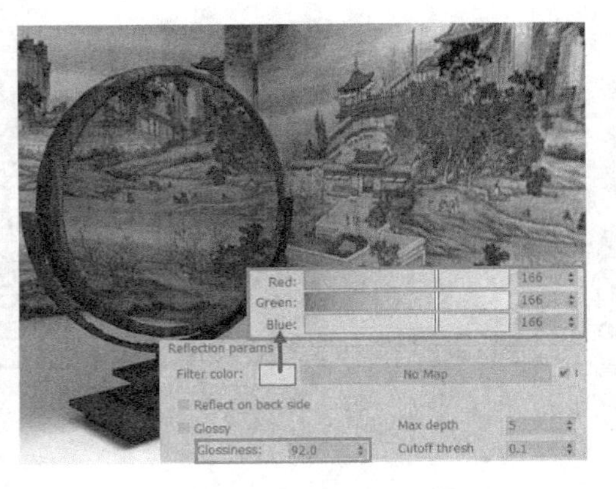

图 6-267 VRay 贴图模拟的反射效果

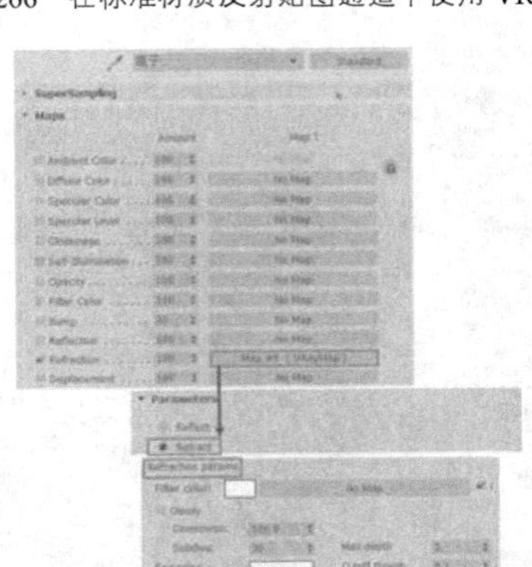

图 6-268 在标准材质折射贴图通道中使用 VRay 贴图

图 6-269 VRay 贴图模拟的折射透明效果

6.16 VRaySky【VRay 天光贴图】

利用 VRaySky【VRay 天光贴图】可以模拟出如图 6-270 所示的天空效果，其通常与 VRaySun【阳光】联动进行使用，因此对于它的具体使用方法与各参数的功能请读者查阅本书第 9 章“VRay 灯光与阴影”中的 9.4“VRaySky 以及与 VRaySun 的联动使用”一节中的内容。

图 6-270 VRay 天光贴图模拟的天空效果

第 7 章 VRay 置换修改器

本章重点：

- Type【类型参数组】
- Common params【通用参数组】
- 2D mapping【2D 映射】参数组
- 3D mapping/Subdivision 【3D 映射/细分】参数组

在前面的内容中曾经学习到使用 VRayMtl【VRay 材质】的 Displace【置换】贴图通道制作出如图 7-1 所示的布料凹凸效果，而使用本章介绍的 VRay DisplaceMod【VRay 置换修改器】则可以表现出如图 7-2 所示的布料绒毛细节效果。

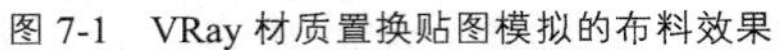
图 7-1　VRay 材质置换贴图模拟的布料效果

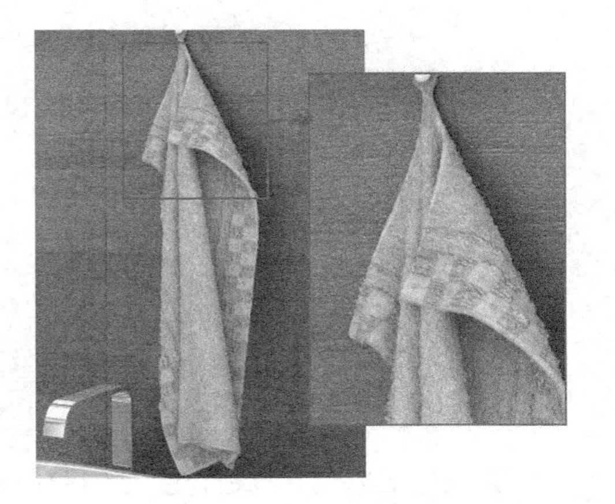

图 7-2　VRay 置换修改器模拟布料绒毛细节效果

Steps 01 打开配套资源本章文件夹中的“VRay 置换修改器测试.max”文件，如图 7-3 所示接下来将为场景中右侧的毛巾使用 VRay DisplaceMod【VRay 置换修改器】进行绒毛效果的模拟。

Steps 02 选择右侧的毛巾模型，如图 7-4 所示;进入修改命令面板,为其添加 VRay Displace Mod【VRay 置换修改器】命令。

图 7-3　VRay 置换修改器测试文件

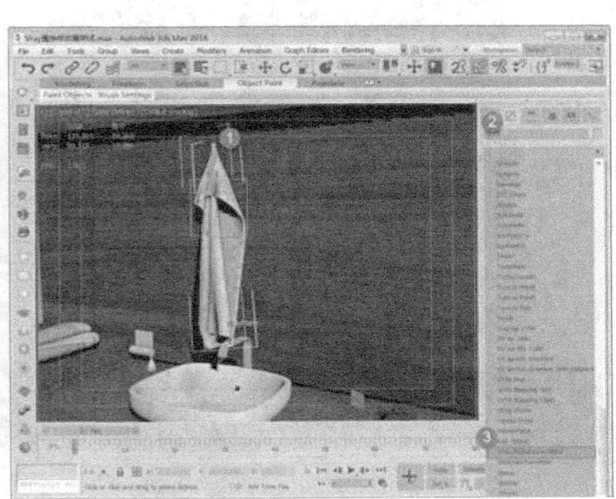

图 7-4　为右侧毛巾添加 VRay 置换修改器

Steps 03 添加【VRay 置换修改器】命令后，在修改命令面板下方可以看到如图 7-5 所示的参数设置。

Steps 04 如图 7-6 所示,保持【VRay 置换修改器】默认参数不变，仅为其添加一张黑白位图进行效果模拟，而左侧的毛巾模型则在其对应材质的 Displace【置换】贴图通道添加同一张黑白位图。

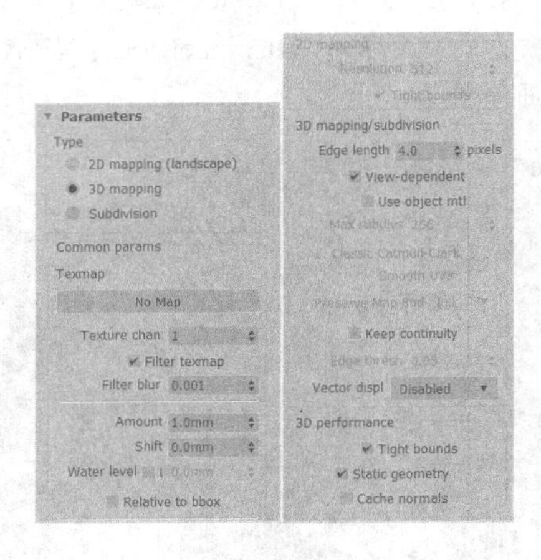

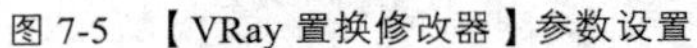

图 7-5 【VRay 置换修改器】参数设置

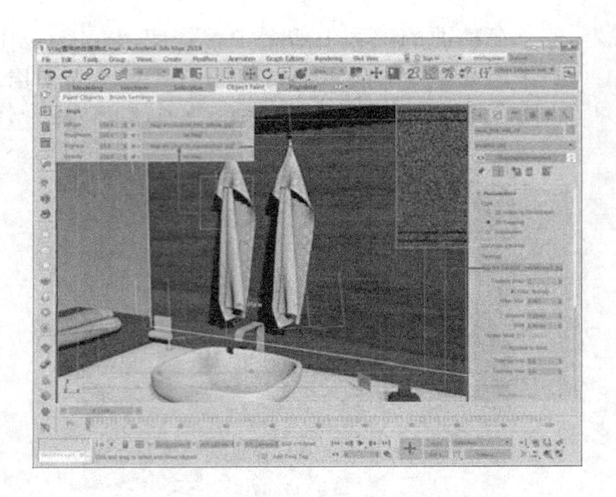

图 7-6 添加黑白位图至 VRay 置换修改器

Steps 05 经过上述设置后进行渲染，得到如图 7-7 所示的渲染效果，在如图 7-8 所示的细节放大图中可以发现，利用【VRay 置换修改器】模拟的绒毛细节更为逼真，接下来对如图 7-5 所示的【VRay 置换修改器】的参数进行具体介绍。

图 7-7 渲染效果

图 7-8 细节对比效果

7.1 Type【类型参数组】

Type【类型参数组】用于控制在【通用参数】内添加的位图。在模型表面产生置换效果的具体方法共有 2D mapping【2D 映射】、3D mapping【3D 映射】与 Subdivision【细分】三种类型。

7.1.1 2D mapping【2D 映射】

2D mapping【2D 映射】是工作中常选择的置换类型，对于在效果图中常常表现的如图 7-7 所示的毛巾效果以及如图 7-9 所示的草地等效果，【2D 映射】都能胜任。其缺点如图 7-10 中所示，仅能控制表面两个轴向的贴图拼贴效果，而模型内部转折面的贴图效果与外部的贴图效果难以衔接完美（这是由于无法控制 Z 轴拼贴造成的）。

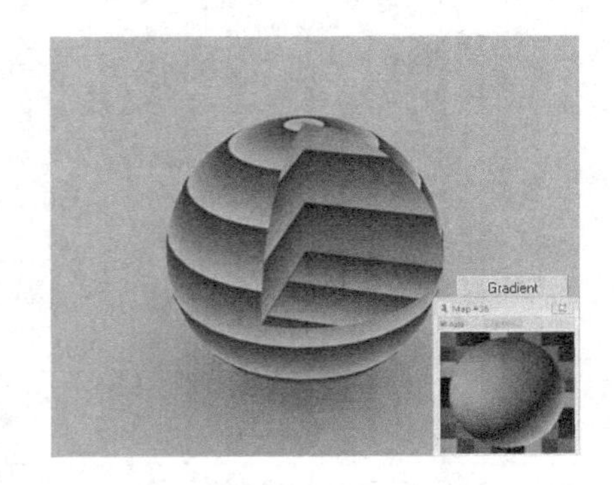

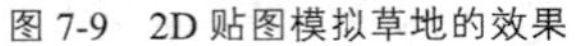

图 7-9　2D 贴图模拟草地的效果

图 7-10　2D 贴图无法完整控制所有轴向贴图的拼贴效果

注意：在工作中导入的 Bitmap【位图】以及 3ds Max 自身提供的 Checker【棋盘格】、Combustion【混合】、Gradient【渐变】、Gradient Ramp【渐变坡度】、Swirl【漩涡】以及 Tiles【平铺】等程序贴图均为二维贴图，在这些贴图中只有当使用 Bitmap【位图】时可以保持默认的 3D mapping【3D 映射】参数不变，渲染结果不会产生错误。

7.1.2　3D mapping【3D 映射】

3D mapping【3D 映射】置换类型适合表现如图 7-11 所示的三维立体模型的表面变形效果。如图 7-12 所示，其能完美的控制三个轴向的贴图效果。

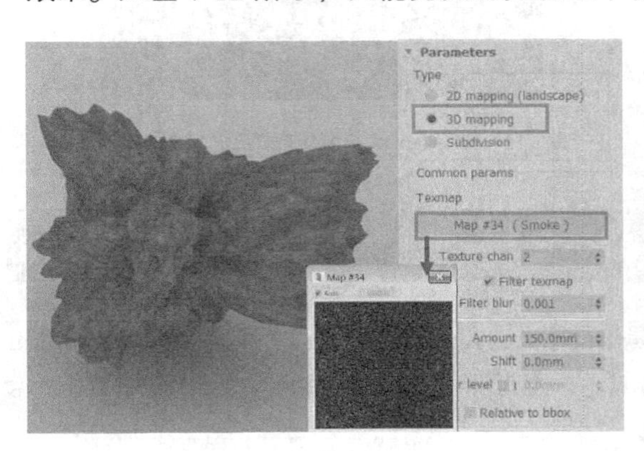

图 7-11　3D 贴图模拟岩石的效果

图 7-12　3D 贴图能控制三个轴向的贴图效果

注意：第一、如果要表现出比较理想的置换效果，模型表面的细分值最好设置相对高一些。第二、如果添加了三维程序贴图进行置换效果的制作，那么最好选择对应的 3D mapping【3d 映射】模式，否则渲染效果将不理想。第三、3ds Max 自身提供的 Cellular【细胞】、Falloff【衰减】、Noise【噪波】、Smoke【烟雾】、Waves【波浪】以及 Wood【树木】等程序贴图均为三维贴图。区别程序贴图是 2D 贴图还是 3D 贴图十分简单，在加载该贴图后进入其 Coordinates【坐标】卷展栏查看轴向参数即可，如图 7-13 与图 7-14 所示。比较可以发现，3D 贴图提供了完整的 X、Y、Z 三个轴向的控制。

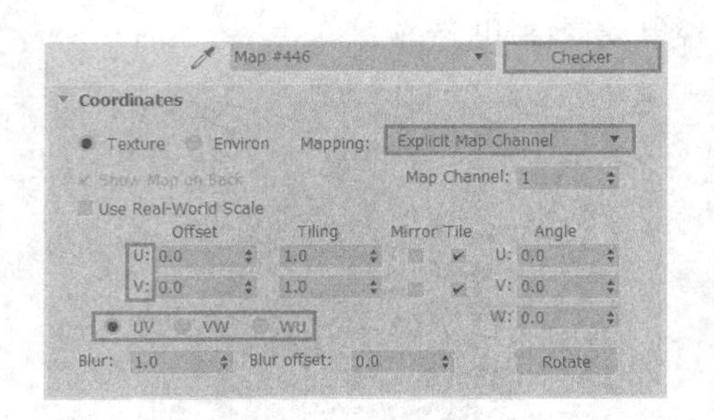

图 7-13　2D 贴图坐标参数设置

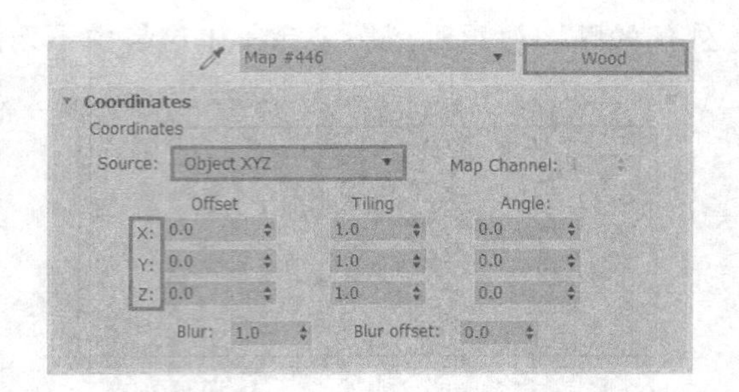

图 7-14　3D 贴图坐标参数设置

7.1.3　Subdivision【细分】

Subdivision【细分】与 3Dmapping【3D 映射】置换类型十分相似，使用该类型产生的凹凸效果如图 7-15 所示。比较如图 7-16 所示的细节效果可以发现，该类型在表面产生较圆滑的效果，一些在【3D 映射】置换类型中表现出的尖锐细节被忽略。

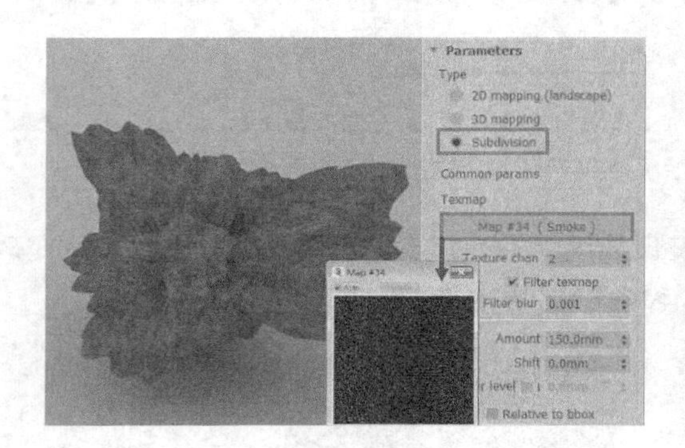

图 7-15　细分置换类型产生的渲染效果

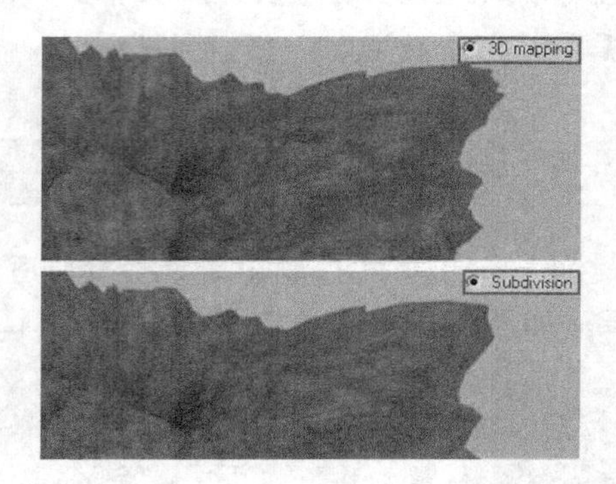

图 7-16　3D mapping 与细分类型产生效果的细节对比

7.2　Common params【通用参数组】

无论是使用【2D 映射】、【3D 映射】, 还是 Subdivision【细分】类型, 都需要通过 Common params【通用参数】加载产生置换效果的贴图，并通过其下的参数控制所产生的细节效果。

7.2.1　Texmap【纹理贴图】

如图 7-17 与图 7-18 所示，通过在 Texmap【纹理贴图】下方的空白按钮加载不同的贴图将产生不同的置换效果。

7.2.2　Texture chan【纹理通道】

在利用 VRay DisplaceMod【VRay 置换修改器】制作诸如毛巾、地毯等的置换效果时，如果材质所加载的【漫反射】贴图与用于产生置换的贴图在拼贴效果上有所区别，此时首先应该为置换贴图的 Map Channel【贴图通道】设置新的编号，如图 7-19 所示，然后再使用同样编号的 Texture chan【纹理通道】与 UVW map【UVW 贴图】Map Channel【贴图通道】，如图 7-20 所示，这样统一了编号后就可以通过【UVW 贴图】的参数单独控制置换贴图的拼贴效果。

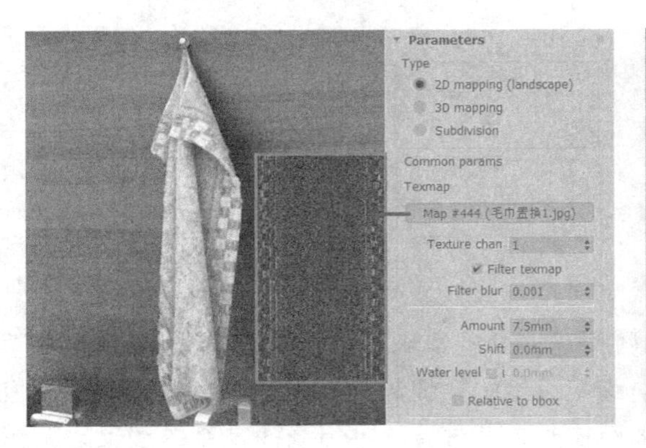

图 7-17　置换效果一

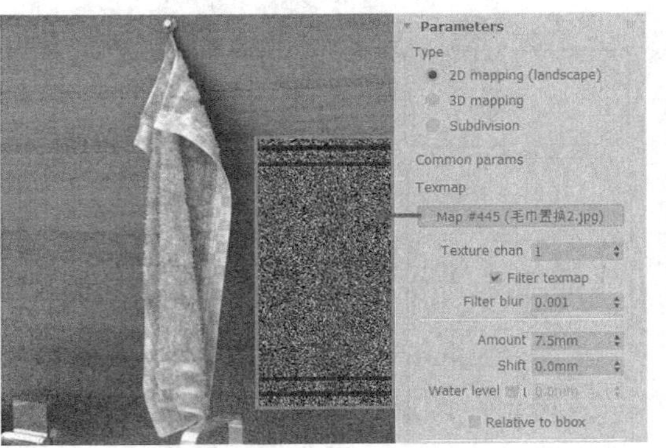

图 7-18　置换效果二

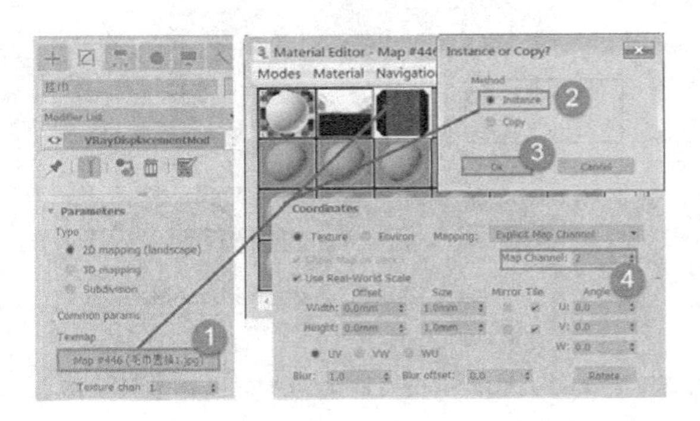

图 7-19　关联复制置换贴图至材质球并修改通道号

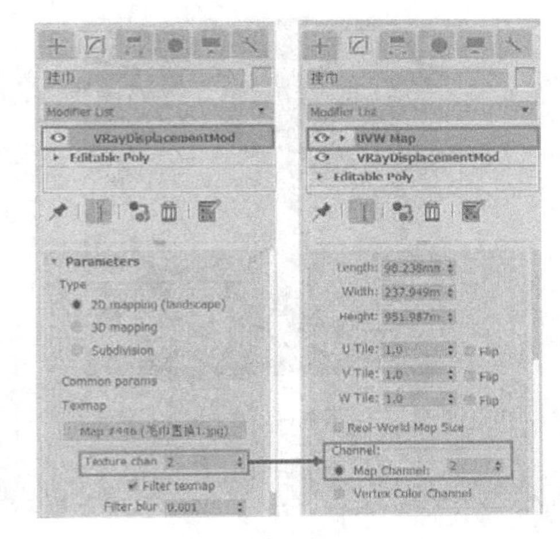

图 7-20　使用对应编号的纹理通道与 UVW 贴图进行控制

7.2.3 Filter texmap【过滤纹理】

在进行置换效果的渲染时，如果勾选 Filter texmap【过滤纹理】参数，VRay 渲染器会自动根据渲染对象与观察摄像机的远近对置换细节进行分配，即在特写区域表现细节度高的置换效果，在看不到的区域则忽略置换细节从而缩短渲染时间，该参数勾选与否所产生的细节与耗时分别如图 7-21 与图 7-22 所示。

注意：当勾选 3D mapping/Subdivision【3D 映射/细分】参数组中的 Use object mtl【使用对象材质】参数时，Filter texmap【过滤纹理】将失效。

图 7-21　勾选【过滤纹理】的渲染细节及耗时

图 7-22　不勾选【过滤纹理】的渲染细节及耗时

7.2.4　Filter blur【过滤模糊】

通过 Filter blur【过滤模糊】参数后的数值可以对置换细节进行控制，如图 7-23 与图 7-24 所示，设置的数值越低，置换细节越精细，设置的数值越高，置换细节越不明显。但最终的渲染时间要完全根据置换细节的精细而拉长，有时渲染平坦表面复杂的漫反射贴图反而可能耗费更多的时间。

图 7-23　低数值过滤模糊效果及耗时

图 7-24　高数值过滤模糊效果及耗时

技巧：VRay DisplaceMod【VRay 置换修改器】中的 Filter blur【过滤模糊】通过置换位图自身的 Coordinates【坐标】卷展栏中 Blur offset【模糊偏移】参数的调整同样能完成。如图 7-25 与图 7-26 所示，调整该参数同样能达到类似的效果。

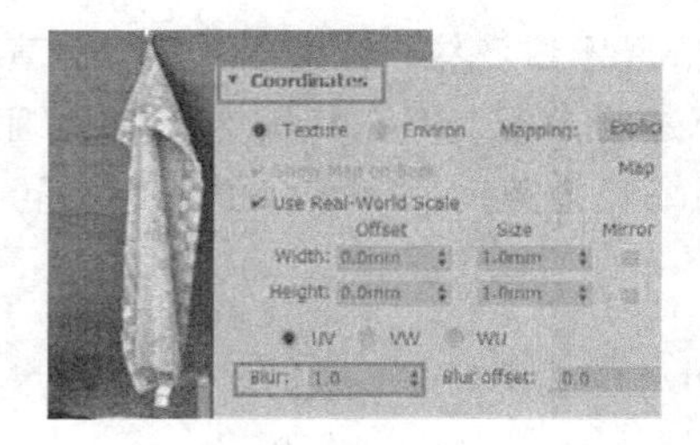

图 7-25　置换贴图低数值模糊的效果及耗时

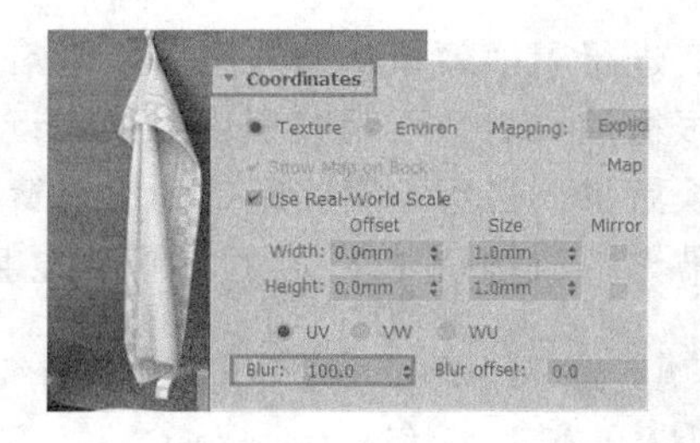

图 7-26　置换贴图高数值模糊的效果及耗时

7.2.5 Amount【数量】

通过 Amount【数量】参数后的数值可以如图 7-27 与图 7-28 所示调整置换强度，数值越高，所产生的置换效果越强烈。

图 7-27 数量为 2 时的置换效果

图 7-28 数量为 7 时的渲染效果

注意：适当的增大 Amount【数量】将有利于置换细节效果的突出，但过于高的数值则会使置换效果显得不真实，因此在实际工作中常常需要通过测试渲染来逐步确定最终数值以模拟出最佳的效果。

7.2.6 Shift【移动】

通过 Shift【移动】参数后的数值可以控制在置换的同时整体模型是否产生凹或凸的效果，如图 7-29~图 7-31 所示，取正值时为膨胀（凸出）效果，取负值时为收缩（凹陷）效果，如果没有特别的效果要求，保持其默认数值会取得最真实的效果。

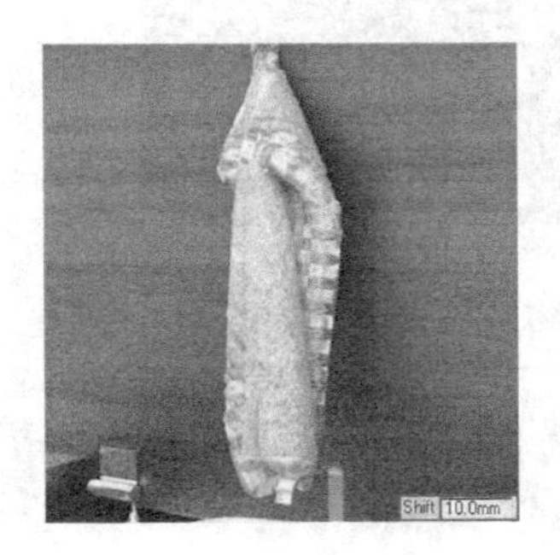

图 7-29 移动为 10 的效果（膨胀）

图 7-30 保持默认数值 0 的效果

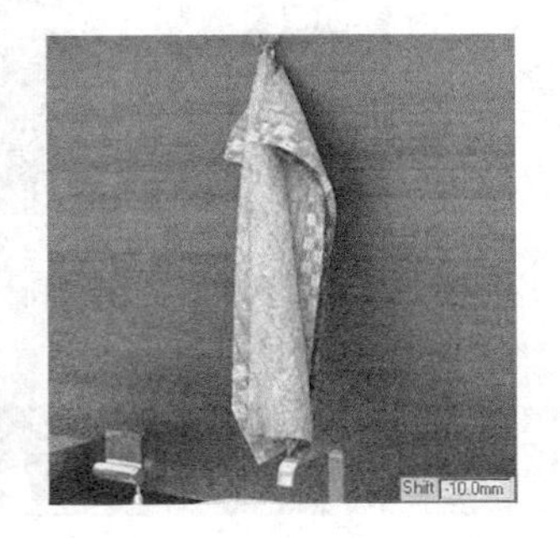

图 7-31 移动-10 时的效果（收缩）

7.2.7 Water level【水平面】

勾选 Water level【水平面】参数后，其设定的数值将决定置换效果在渲染中的可见性，如图 7-32 与图 7-33 所示，如果当模型被置换存在强度小于该参数设定数值的凹凸面时，这些凹凸面就不能被渲染，因此通常保持该参数为默认的不勾选状态即可。

图 7-32　水平面数值为 1.5 时的置换渲染效果

图 7-33　水平面数值为 2.5 时的置换渲染效果

7.2.8　Relative to bbox【相对于边界框】

Relative to bbox【相对于边界框】用于改变之前设定 Amount【数量】参数后数值的单位，如图 7-34 所示，不进行勾选时将用设定的 System Units【系统单位】，勾选该参数后将以参考模型的边界框长度为准，通常会形成如图 7-35 所示十分剧烈但很不真实的置换效果，因此通常保持其默认的不勾选状态。

图 7-34　不勾选【相对于边界框】参数的置换效果

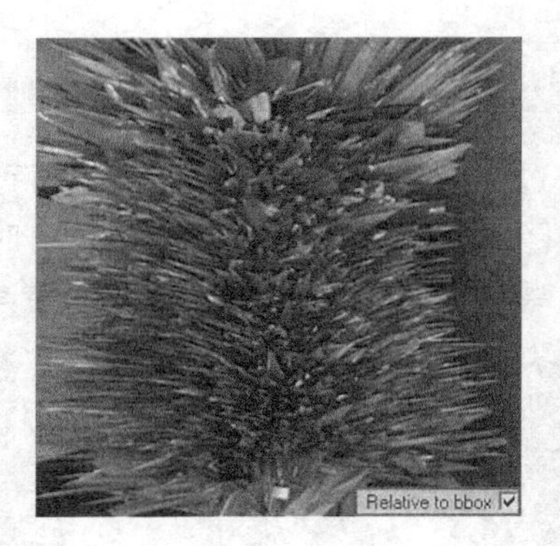

图 7-35　勾选【相对于边界框】参数的置换效果

7.3　2D mapping【2D 映射】参数组

如果之前选择了【2D 映射】置换类型，将激活对应的 2D mapping【2D 映射】参数组用于进行其置换效果的调整。

7.3.1　Resolution【分辨率】

通过该参数的调整，可以得到用于置换的位图的分辨率，如图 7-36~图 7-38 所示，分辨率高时置换细节将更为丰富。

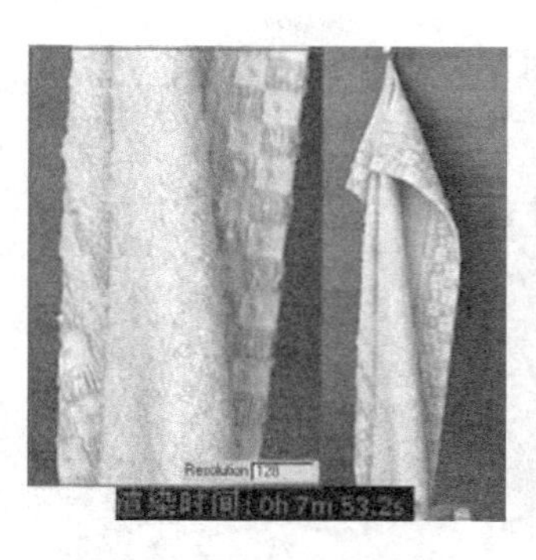

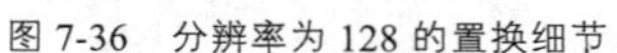

图 7-36　分辨率为 128 的置换细节

图 7-37　分辨率为 512 的置换细节

图 7-38　分辨率为 1024 的置换细节

注意：从图 7-36~图 7-38 可以发现，虽然提高 Resolution【分辨率】能加强置换细节的表现，但同样也会增长渲染计算时间。通常【分辨率】保持默认的 512 即可，其达到的细节已经能满足通常的表现要求，同时也能保证相对较快的渲染速度，而对过于微小的细节的突出体现反而会使渲染效果变得不再真实。

7.3.2 Tight bounds【紧密界限】

Tight bounds【紧密界限】参数默认为勾选，因此在进行渲染时 VRay 渲染器将会根据设定的 Amount【数量】参数值与模型自身细分面的高低进行预先采样分析，如图 7-39 所示。理论上勾选该参数能加快渲染速度但会损失一些细节，但从如图 7-40 所示的对比效果上可以看到，勾选该参数，渲染图像产生的改变十分微小，但渲染速度却有明显的改变，因此通常保持该参数为默认的勾选状态即可。

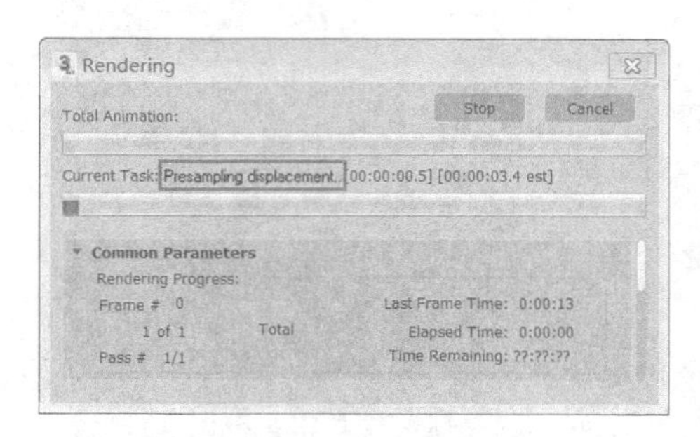

图 7-39　在渲染计算对置换进行预采样计算

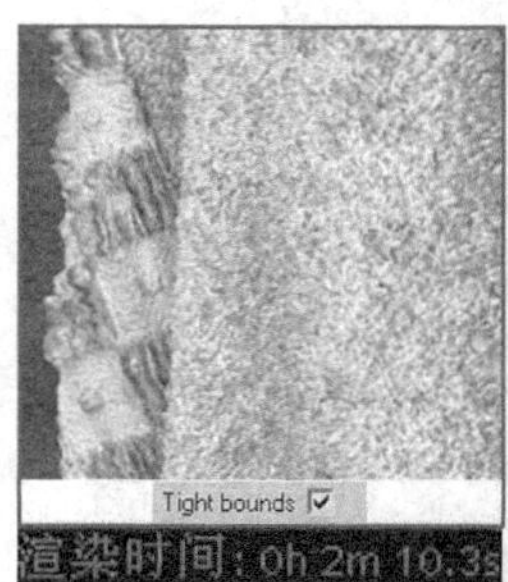

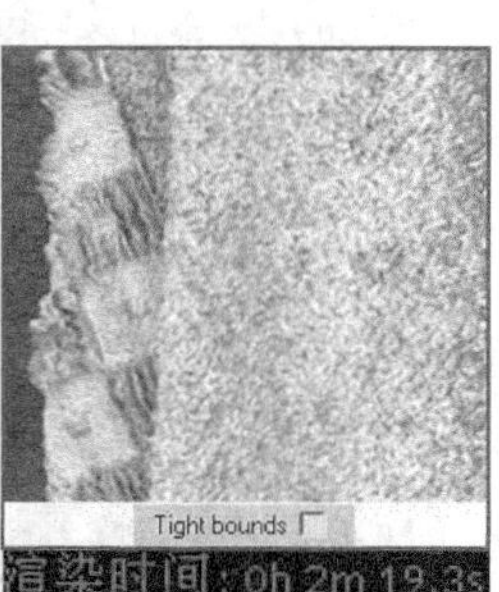

图 7-40　勾选【紧密界限】将加快渲染速度

7.4 3D mapping/Subdivision 【3D 映射/细分】参数组

7.4.1 Edge length【边长度】

通过 Edge length【边长度】参数可以调整置换三角面的最长边的长度，如图 7-41 与

图 7-42 所示，该数值越小，置换效果越精细，耗费的计算时间越多。

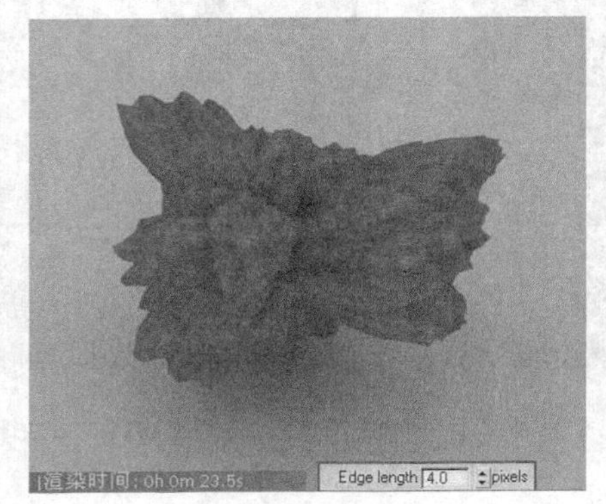

图 7-41　边长度为 4 的渲染效果及耗时

图 7-42　边长度为 40 的渲染效果及耗时

技巧：第一，Edge length【边长度】对置换效果的影响类似于模型自身的细分面大小的影响，【边长度】数值越大，模型最长边的长度越长，这样就相当于模型自身单个细分面增大而细分面总数降低，因此置换细节会变少。第二，勾选该参数后，通过其后的 View dependent【视野】参数可以调整边长度是以像素为单位(勾选时)还是以世界单位为参考标准。

7.4.2 Max subdivs【最大细分】

通过 Max subdivs【最大细分】参数后的数值，可以决定模型表面自身分段数产生的细分面在进行置换时被分割为更小的三角面的最大数值，如图 7-43 与图 7-44 所示，数值越大，细分越精密，所得到的置换效果也越好，耗费的计算时间也越长。

图 7-43　最大细分为 1 时的渲染效果及耗时

图 7-44　最大细分为 256 时的渲染效果及耗时

注意：第一，模型表面最终的最大细分数值为 Max subdivs【最大细分】参数值的平方，如默认的数值为 256，那么最终的细分数将为 256*265=65536 个。大多数情况下，这个数值足以满足微小置换细节的需要，因此该参数保持默认即可。第二，如果需要制作比较精细的置换效果，为了降低模型自身面数对场景操作的影响，可以将模型自身面数降低并提高【最大细分】值来完成，而对于模型自身细分面数量已经很大的模型，【最大细分】数值的调整对置换效果的影响并不大。

7.4.3 Tight bounds【紧密界限】

此处的 Tight bounds【紧密界限】参数与【2D 映射】参数组内的同名参数含义一致。

7.4.4 Use object mtl【使用对象材质】

勾选 Use object mtl【使用对象材质】参数时，模型对象如图 7-45 与图 7-46 所示，即使添加了 VRay DisplaceMod【VRay 置换修改器】，因其表面的凹凸效果由其材质参数决定，如果自身材质中没有凹凸或是置换效果，则模型不会产生任何表面特征的变化。

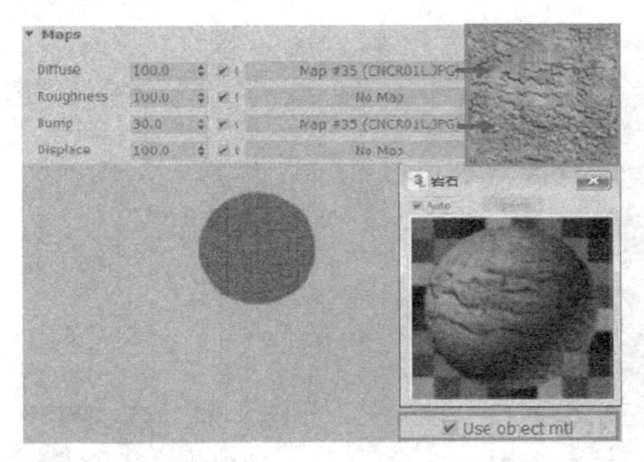

图 7-45　勾选【使用对象材质】将使用材质表面特征

图 7-46　不勾选【使用对象材质】所产生的表面效果

7.4.5 Keep continuity【保持连续性】

勾选 Keep continuity【保持连续性】参数，可以控制模型转折面以及不同材质 ID 面衔接处产生圆滑的置换效果。如图 7-47 与图 7-48 所示，对于转折面丰富的置换模型，勾选该参数将避免转折处有可能产生的破面现象。

图 7-47　不勾选【保持连续性】参数将产生破面现象

图 7-48　勾选【保持连续性】将有效防止破面的产生

注意： 在勾选了 Keep continuity【保持连续性】参数后，可以通过 Edge thresh【边阈值】后的参数值控制由置换产生的转折面间的缝隙可被自动连接的最大距离，其可设置的最大数值为 0.5，距离大于这个数值的缝隙将不会被连接。

第 8 章 VRay 创建对象

本章重点：

- VRayProxy【VRay 代理】
- VRayFur【VRay 毛发】
- VRayPlane【VRay 平面】
- VRaySphere【VRay 球体】

VRay 创建对象包括如图 8-1 所示的 VRayProxy【VRay 代理】、VRayFur【VRay 毛发】、VRaySphere【VRay 球体】与 VRayPlane【平面】。

这 4 个创建对象的功能各异，针对效果图的制作，概括而言，【VRay 代理】用于精简场景复杂的模型，降低场景面数，【VRay 毛发】用于模拟毛发，能制作出十分理想的地毯绒毛效果，而【VRay 球体】与 VRayPlane【平面】则能在一定程度上为场景模型的创建带来便捷。接下来首先介绍【VRay 代理】创建对象。

8.1 VRayProxy【VRay 代理】

单击 VRayProxy【VRay 代理】按钮，将进入如图 8-2 所示的 MeshProxy params【网格代理参数】面板，单击其中的 Browse【浏览】按钮，可以如图 8-3 所示导入*.vrmesh 格式的 VRay MeshProxy【VRay 网格代理物体】，因此要了解【VRay 代理】的使用，就必须先了解什么是【VRay 网格代理物体】。

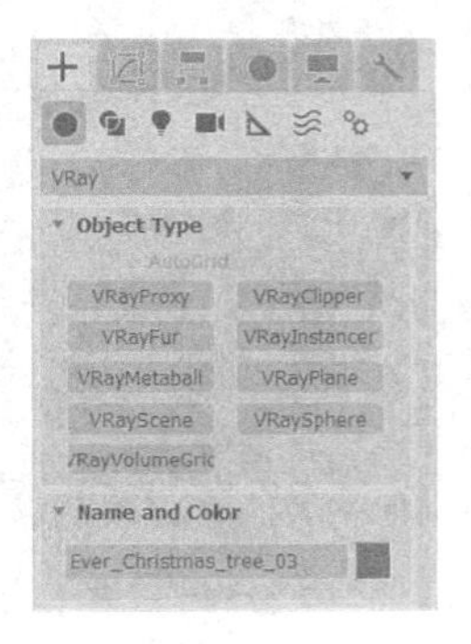

图 8-1　VRay 创建对象

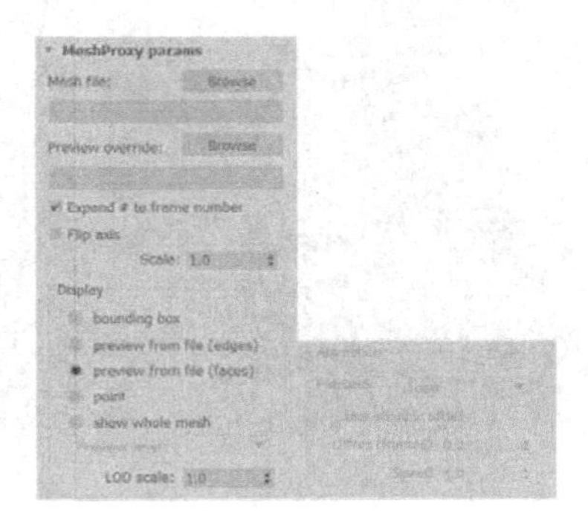

图 8-2　【网格代理参数】面板

在室内效果图的制作中，有时会导入一些细节相当丰富的模型，用于烘托场景的氛围。打开配套资源中本章文件夹中的“VRay 代理原始.max”，可以看到如图 8-4 所示的圣诞树模型。观察可以发现，其细节十分丰富，激活视图按键盘上的 7 键可以发现，该模型的面数接近 150 万，这个数值相当于一个较复杂的室内场景模型的总面数。

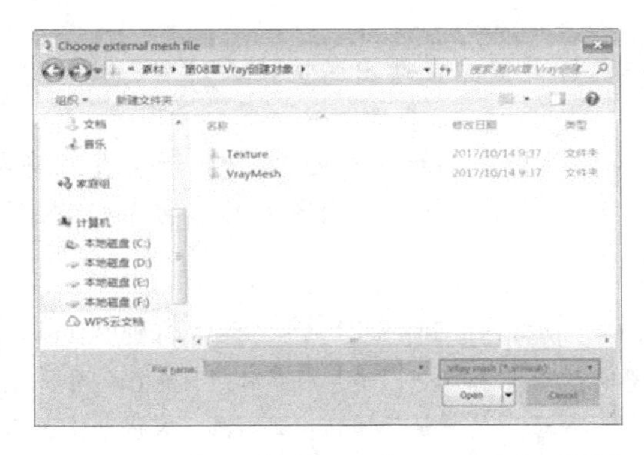

图 8-3　单击【浏览】按钮导入【VRay 网格代理物体】

图 8-4　细节丰富的圣诞树模型

注意：过高的模型面数会造成两个问题：第一，会造成视图常规的平移、缩放等操作迟滞，影响工作效率；第二，会拉长渲染计算的时间。而通过 VRayProxy【VRay 代理】与 VRay MeshProxy【VRay 网格代理物体】能有效地解决这两个问题。

保持默认的模型状况，单击渲染按钮，将得到如图 8-5 所示的渲染结果。接下来利用【VRay 网格代理物体】对模型的面数进行精简。

Steps 01 由于圣诞树模型中最外层的树干与针状树叶所占用的模型面数最多，因此首先考虑对其进行精简。首先如图 8-6 所示，选择这些模型并按 Alt+Q 组合键将其独立显示。

Steps 02 如图 8-7 所示，选择最上方的树叶模型，单击鼠标右键，在弹出的快捷菜单中选择 Attach【附加】命令，然后自上至下单击场景中的其他模型并进行附加，使其成为一个整体。

图 8-5 默认模型渲染效果及耗时

图 8-6 选择外层树干与树叶独立显示

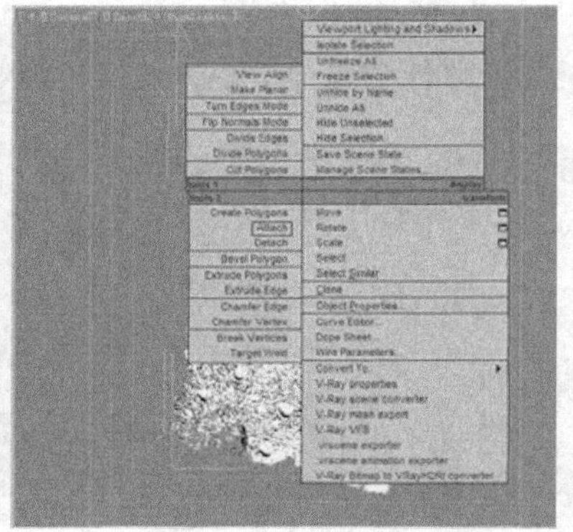

图 8-7 选择【附加】命令

注意：第一，单个的 Mesh【网格物体】或是 polygon【多边形物体】都能转换成 VRay MeshProxy【VRay 网格代理物体】，但如果逐个进行转换将会使操作变得繁琐，而在转换的过程中还会暂时性地占用大量内存，因此最好分段进行转化，即先选用 Attach【附加】命令，将整体模型分割成几个较大的局部整体再进行转换。第二，在进行模型附加的过程，如果被附加的模型材质有所区别，则会弹出如图 8-8 所示的对话框，此时保持默认的 Match Material IDs to Material【匹配材质 ID 至材质】即可。

Steps 03 附加到如图 8-9 所示的模型后，单击鼠标右键，在弹出的快捷菜单中选择 VRay mesh export【VRay 网格导出】命令。

Steps 04 在弹出的 VRayMesh export 【VRay 网格导出】面板中如图 8-10 所示设置好将要保存的 VRay mesh【VRay 网格】的保存路径、保存类型和保存名称等参数，再单击“OK”按钮即可。

技巧：在如图 8-10 所示的 VRay mesh export【VRay 网格导出】面板中，通常勾选 Automactically create proxies【自动创建网格物体】参数，这样在成功导出【VRay 网格】后系统将自动删除场景中的原有模型并自动调用保存的【VRay 网格】进行代替，从而节省置换的操作步骤，减少失误并提高工作效率，该面板中其他常用参数的含义如下：

- Export all selected objects in a single file【导出所有选择物体至单一文件】：使用该

种导出方式将使导出得到的【VRay 网格】物体共用一个处于原点的坐标。

▶ Export each selected objects in a separate file【导出每个选择的物体至单独的文件】：使用该种导出方式将在导出的【VRay 网格】物体中保持模型之前的各个坐标不变。

▶ Export animation【导出动画】：如果将被转换的模型自身存在动画属性，勾选该项参数在转换成的【VRay 网格】保留动画属性。

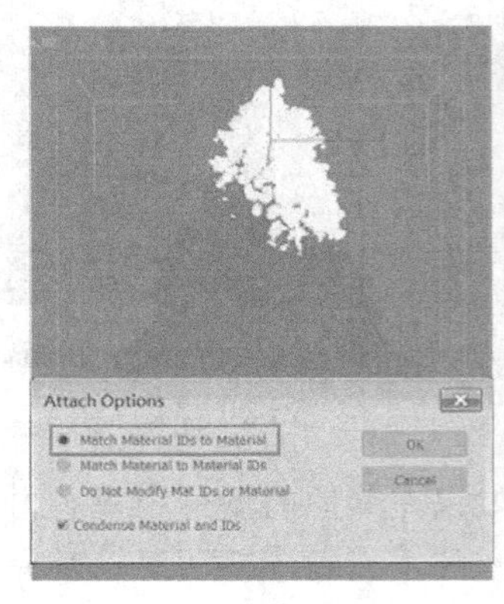

图 8-8 选择【匹配材质 ID 至材质】

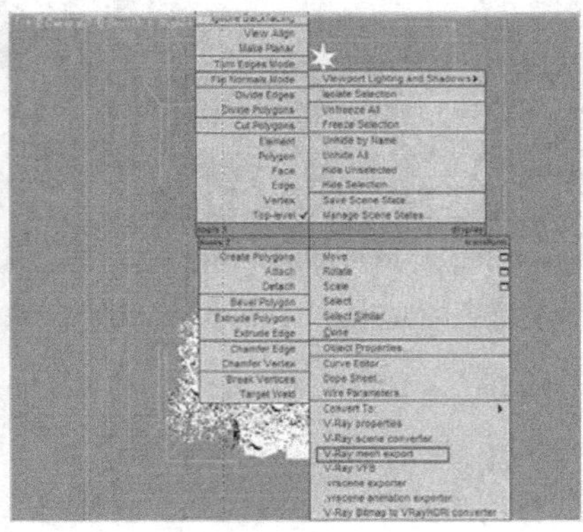

图 8-9 选择附加命令

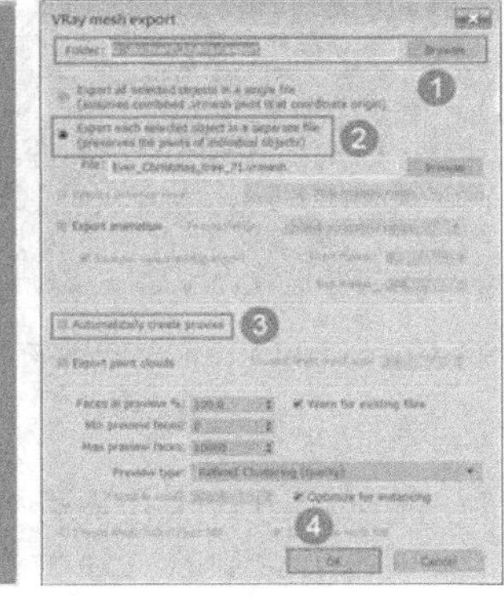

图 8-10 【VRay 网格导出】面板

Steps 05 单击 "OK"按钮后经过数秒时间的自动转换，转换完成后的效果如图 8-11 所示。可以看到，上端的模型已经显示为灰色的【VRay 网格代理物体】，而模型总面数也减少到 120 多万。

Steps 06 重复类似的操作，将余下的模型分中部与底部两个区域进行【VRay 网格代理物体】的转换，完成这两部分的转换后退出独立显示模式。如图 8-12 所示，此时的模型总面数已经锐减至 40 多万。如果此时视图操作仍不流畅，读者可以继续选择内部树干进行简化。

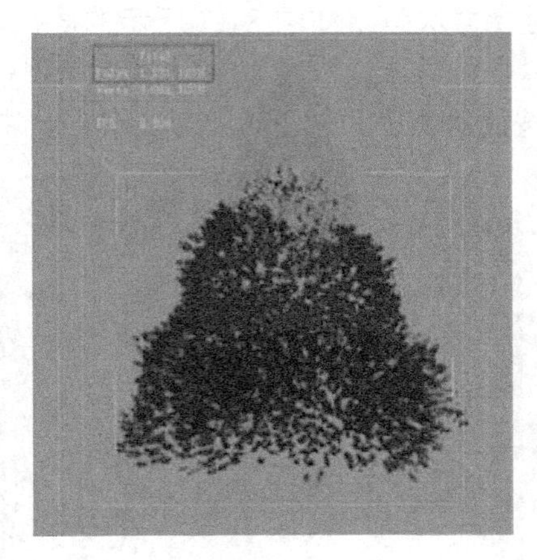

图 8-11 转换完成后的效果

图 8-12 精简模型总面数后的效果

注 意： 当模型变成【VRay 网格代理物体】后，其材质与贴图效果就不能再进行有效编辑了，因此在转换前必须确定好材质效果。此外，由于【VRay 网格代理物体】能进行移动、旋转、缩放以及复制等操作，因此利用其可以制作出如图 8-13 所示的十分庞大的模型组件，并渲染出如图 8-14 所示的效果。

利用【VRay 网格代理物体】完成如图 8-12 所示的模型简化后，再次进行渲染将得到如图 8-15 所示的渲染效果。从图中可以发现，模型细节并没有什么损失，但其渲染耗时减少至 4 分 20 秒。

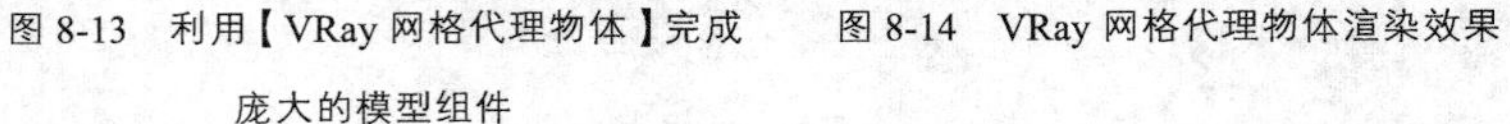

图 8-13　利用【VRay 网格代理物体】完成庞大的模型组件

图 8-14　VRay 网格代理物体渲染效果

图 8-15　精简模型面数后的渲染效果及耗时

而当我们创建并保存好了【VRay 网格代理物体】后，如果在其他的场景中需要再利用到相同的模型时，就可以利用 VRayProxy【VRay 代理】，单击【浏览】按钮直接选择进行导入而不需要再次进行转换。接下来详细介绍【VRay 代理参数面板】参数的具体含义或用法。

8.1.1 Mesh file【网格文件】

当模型成功导出为【VRay 网格代理物体】后，当在其他场景中需要用到该【VRay 网格代理物体】时，首先如图 8-16 所示，单击 Mesh file【网格文件】的 Browse【浏览】按钮找到目标文件“圣诞老人.vrmesh”并单击“Open”按钮。

然后在视图中单击模型将要摆放的位置，此时会再次弹出如图 8-17 所示的面板，单击“Open”按钮即可完成一次【VRay 网格代理物体】的导入。如果此时再次单击视图，将进行下一次的导入，因此在确定导入完成后应该按键盘左上角的 Esc 键以结束导入操作。

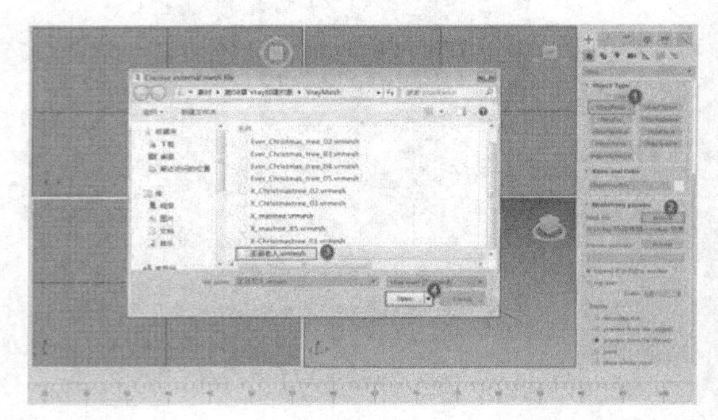

图 8-16　通过【浏览】按钮找到将要导入的目标文件

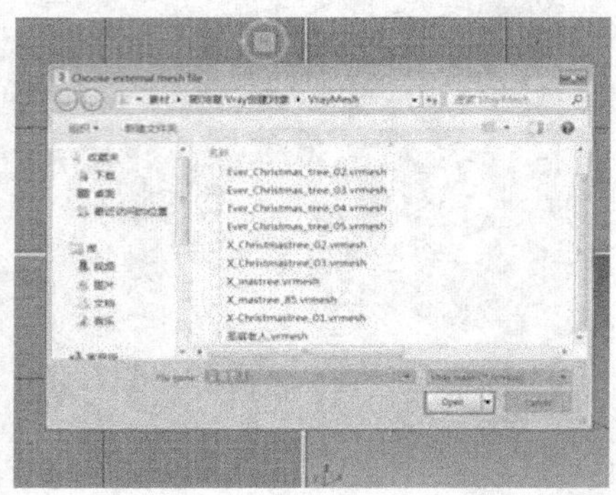

图 8-17　单击“Open”按钮完成导入

当如图 8-18 所示成功导入“圣诞老人.vrmesh”后，选择该网格物体，然后调整参数面板中的 Scale【缩放】参数，可以对其大小进行调整，如图 8-19 所示。

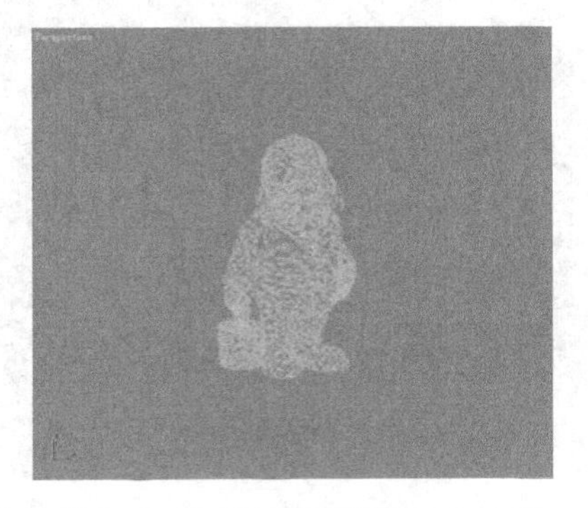

图 8-18　成功导入"圣诞老人.vrmesh"

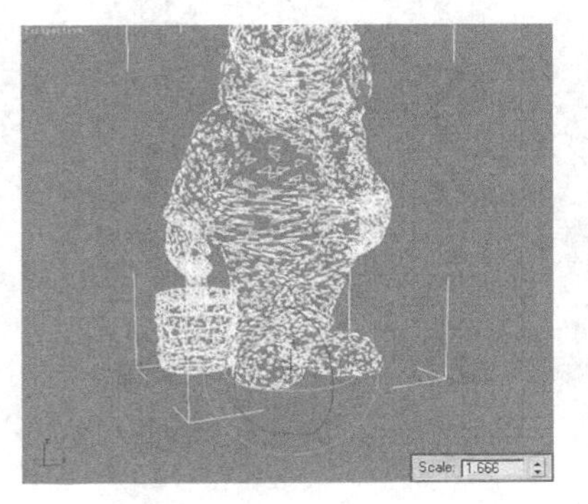

图 8-19　通过缩放参数调整 VRay 网格物体大小

技巧：如果在导入 VRay 网格代理物体前预先设置好 Scale【缩放】参数值，则在导入后网格物体将自动进行缩放，并自动与地平面对齐。

8.1.2 Display【显示参数组】

Display【显示参数组】控制导入的【VRay 网格代理物体】在视图中的显示方式，共有如图 8-20~图 8-22 所示的 bounding box【边界框】、preview from file【文件预览图】以及 point【轴心点】三种方式，这三种方式在网格物体导入前或导入后进行调整都能起到同样的效果。

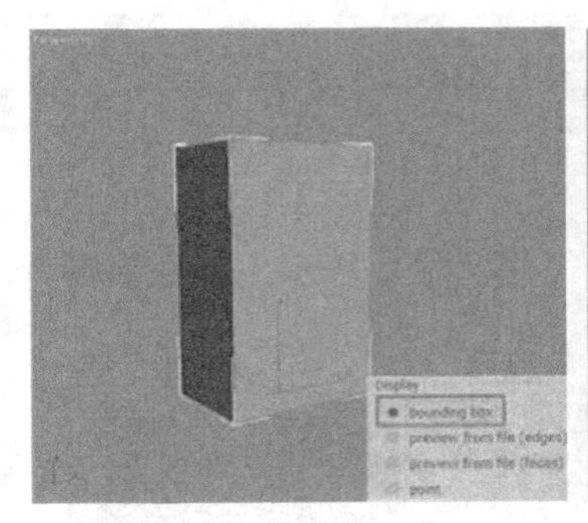

图 8-20　【边界框】显示方式

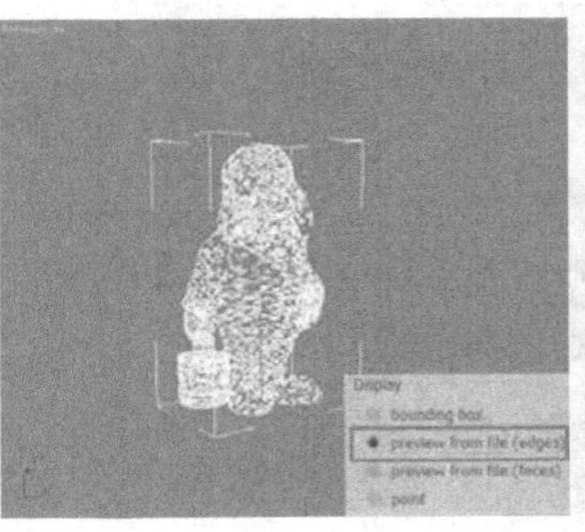

图 8-21　【文件预览图】显示方式

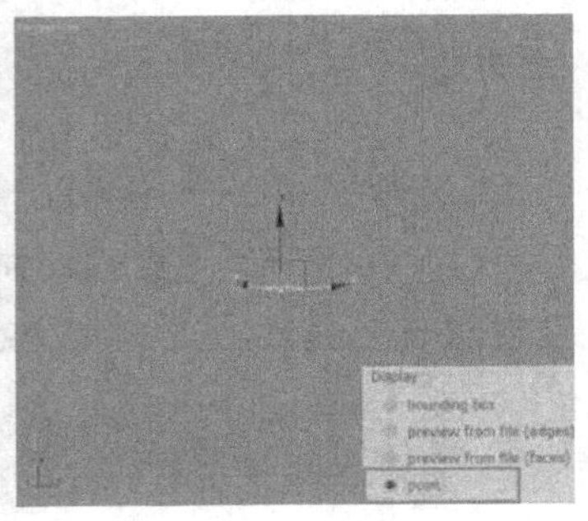

图 8-22　【轴心点】显示方式

8.2 VRayFur【VRay 毛发】

VRayFur【VRay 毛发】创建对象可以附着在场景的模型上，产生十分细致逼真的毛绒效果。在未选择模型对象的前提下，VRayFur【VRay 毛发】创建按钮如图 8-23 所示呈灰色冻结状态；选择场景中的地毯模型后再单击【VRay 毛发】创建按钮，可以生成如图 8-24 所示的毛发效果。

【VRay 毛发】生成后，进入修改命令面板，可以通过如图 8-25 所示的参数设置进行效果的调整，最终完成如图 8-26 所示的地毯毛发效果。

图 8-23 【VRay 毛发】创建按钮被冻结

图 8-24 附着于模型的 VRay 毛发效果

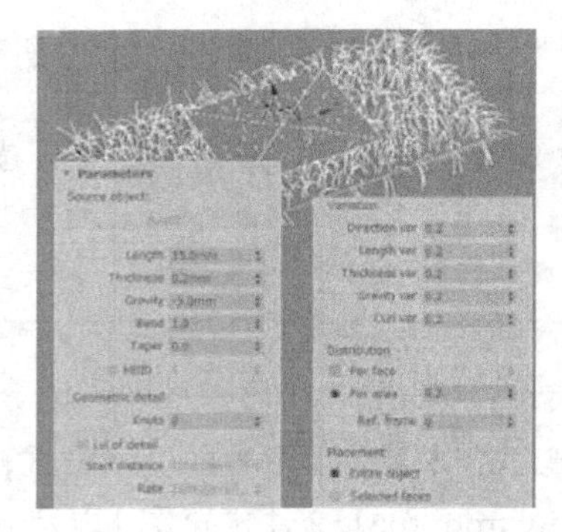

图 8-25 【VRay 毛发】参数设置

图 8-26 地毯毛发完成效果

8.2.1 常用参数组

1. Length【长度】

Length【长度】参数控制生成毛发的长度，如图 8-27 与图 8-28 所示，该数值越大，毛发越长，通常较长的毛发效果看上去也更为杂乱。

图 8-27 长度为 3 时的毛发效果

图 8-28 长度为 8 时的毛发效果

2. Thickness【厚度】

Thickness【厚度】参数控制生成毛发的粗细，如图 8-29 与图 8-30 所示，该数值越大，得到的毛发越粗大。值得注意的一点是，其调整效果需要进行渲染才能体现，无法直接通过视图进行预览。

图 8-29　厚度为 0.1 时的毛发效果

图 8-30　厚度为 1 时的毛发效果

3. Gravity【重力】

Gravity【重力】参数控制生成的毛发形态呈现上翘或是下垂的效果。如图 8-31 与图 8-32 所示，取不同的正值时毛发总体呈现不同程度的上翘效果；而取不同的负值时则表现为不同程度的下垂效果，如图 8-33 与图 8-34 所示。

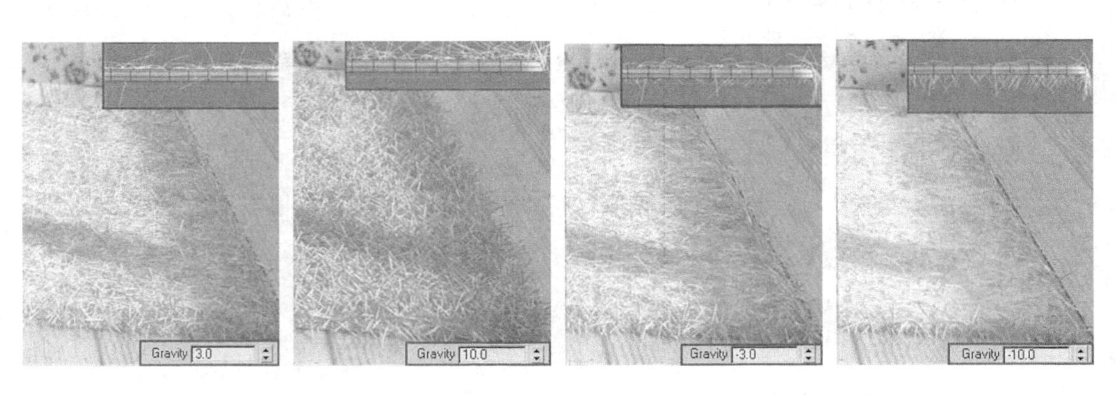

图 8-31　重力为 3 的效果　　图 8-32　重力为 10 的效果　　图 8-33　重力为-3 的效果　　图 8-34　重力为-10 的效果

4. Bend【弯曲】

Bend【弯曲】参数控制生成毛发的弯曲程度，如图 8-35 与图 8-36 所示，该数值越大，毛发越弯曲。

图 8-35　弯曲数值为 0.5 时的毛发效果

图 8-36　弯曲数值为 5 时的毛发效果

5. Taper【锥度】

Taper【锥度】参数用于控制生成毛发从根部到末梢逐渐变尖锐的效果，如图 8-37 与图 8-38 所示，当设置该参数为 0 时将不产生变化，将参数设置为 1 时毛发末梢会变得十分锐利。同样，该参数的调整效果并不能在视图中直接预览。

图 8-37 锥度为 0 时的毛发效果

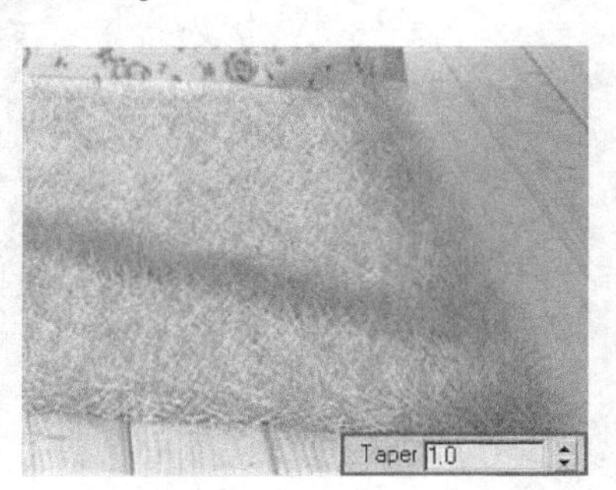

图 8-38 锥度为 1 时的毛发效果

8.2.2 Geometry【几何体】参数组

【几何体】参数组用于控制渲染时单根毛发诸如面数、分段等的细节。通常该参数组保持默认设置即可。

1. Sides【边数】

Sides【边数】参数控制毛发以实体单面的形式进行渲染时单根毛发的面数。

2. Knots【结数】

Knots【结数】参数控制单根毛发的分段数，通常分段越多，毛发的弯曲效果也越自然。

3. Flat normals【平面法线】

Flat normals【平面法线】参数控制是否以平面或是圆作为毛发形态。

8.2.3 Variation【变量】参数组

Variation【变量】参数组用于控制常用参数组中的【长度】、【厚度】、【重力】效果的随机变化，主要用于制作出自然散乱的效果。

1. Direction var【方向参量】

Direction var【方向参量】参数控制生成毛发在弯曲方向上的随机性，如图 8-39 与图 8-40 所示，参数设置为 0 时毛发将在同一方向上进行弯曲，而调整为较大的数值时其弯曲角度有了自然的随意性。

2. Length var【长度参量】

Length var【长度参量】参数控制生成毛发在长度上变化的随机性，如图 8-41 与图 8-42

所示，设置该参数为较大的数值能使毛发在长度上取得变化的效果。

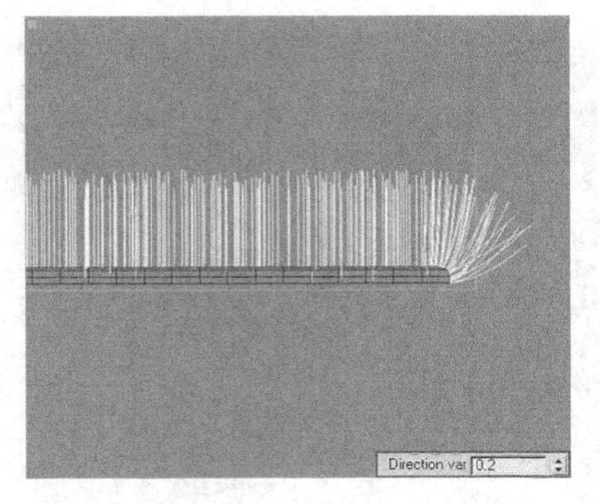

图 8-39　方向参量为 0.2 时的毛发效果

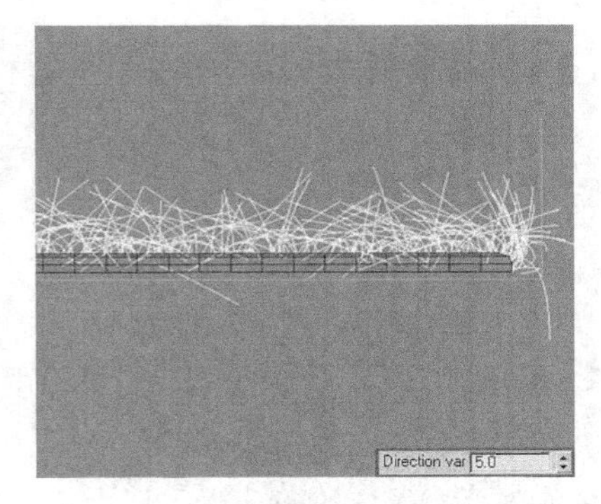

图 8-40　方向参量为 5 时的毛发效果

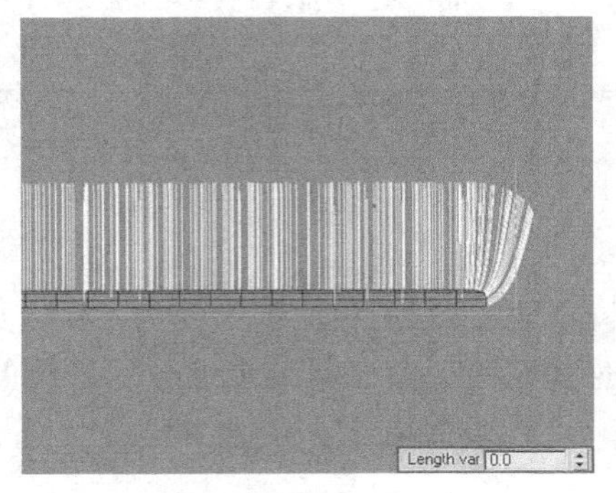

图 8-41　长度参量为 0 时的毛发效果

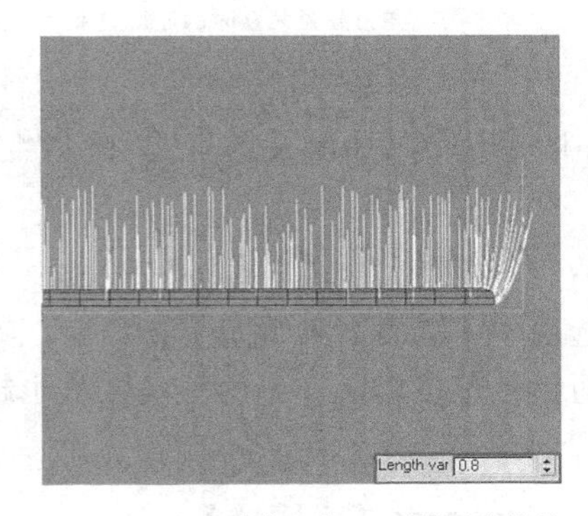

图 8-42　长度参量为 0.8 时的毛发效果

3. Thickness var【厚度参量】

Thickness var【厚度参量】参数控制毛发在厚度上变化的随机性，如图 8-43 与图 8-44 所示，调整该参数能使毛发的厚度产生自然的变化。

图 8-43　厚度参量为 0 时的毛发效果

图 8-44　厚度参量为 1 时的毛发效果

4. Gravity var【重力参量】

Gravity var【重力参量】控制毛发由于重力的影响在方向上变化的随机性，如图 8-45

与图 8-46 所示，该参数越大，由于重力的变化，毛发在方向上的感觉越杂乱。

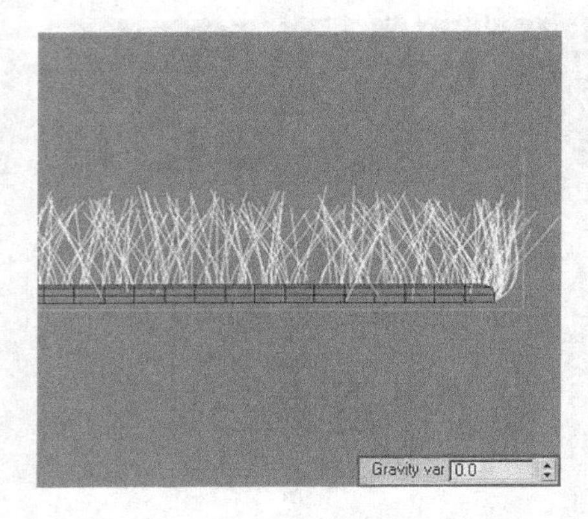

图 8-45　重力参量为 0 时的毛发效果

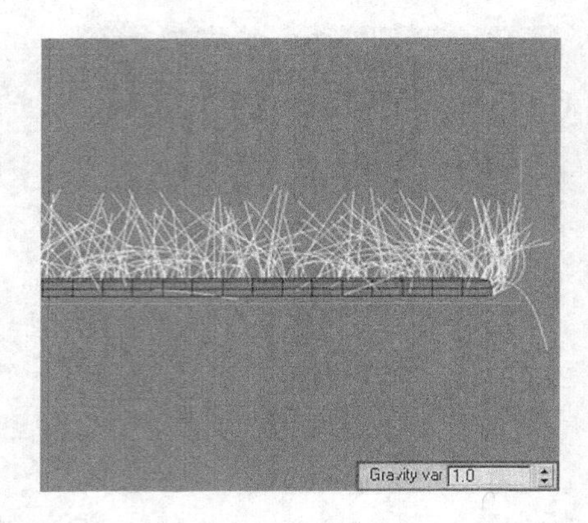

图 8-46　重力参量为 1 时的毛发效果

8.2.4 Distribution【分配】参数组

1. Per face【每个面】

选用 Per face【每个面】参数后，毛发将以模型表面的细分面为单位产生毛发，即模型表面细分越多，所产生的毛发数量也越多。此时其后的数值控制每个细分面产生的毛发数量。

2. Per area【每区域】

选用 Per area【每区域】参数后，毛发将以区域为单位生成毛发，此时该参数后的数值轻微的变化也会引起毛发数量产生急剧的变化。一般将该参数控制在 0.1 以下。一般在制作动画时勾选其后的 Ref.frame【折射帧】参数，以产生稳定的毛发效果。

8.2.5 Placement【布局】参数组

1. Entire object【全部对象】

选用 Entire object【全部对象】参数时，【VRay 毛发】将沿着附着对象所有的面生成毛发效果。

2. Selected faces【被选择的面】

选用 Selected faces【被选择的面】参数时，【VRay 毛发】仅在选择的面上生成毛发效果。

3. Material【材质 ID】

选用 Material【材质 ID】参数时，【VRay 毛发】仅在附着对象上与该参数设定编号一致的材质所赋予的面上产生毛发效果。

8.3 VRayPlane【VRay 平面】

8.3.1 VRayPlane【VRay 平面】的特点

VRayPlane【VRay 平面】是 VRay 渲染器中一个十分简单却又十分有特点的创建对象，单击其创建按钮，在视图中单击鼠标左键即可创建一个 VRayPlane【VRay 平面】对象，如图 8-47 所示。从图中左上角的统计数据可以发现，其不占用系统的资源，即本身没有模型面数。

注意：默认创建的【VRay 平面】将紧贴网格生成，即其高度处于系统设定的地平面上。

此外，从图 8-47 中可发现，VRayPlane【VRay 平面】的 Parameters【参数】卷展栏下没有任何参数设置，只有一行“VRay Geometry SDK Infinite plane example”的对象定义，可以理解为无限大的平面示例。图 8-48 所示即为默认参数创建的【VRay 平面】渲染效果。

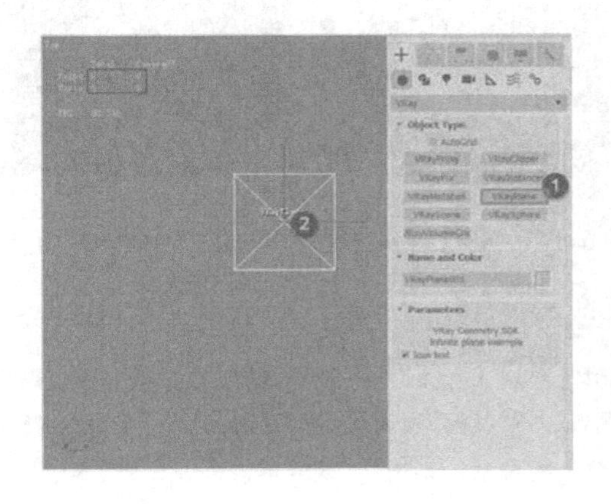

图 8-47 创建 VRay 平面

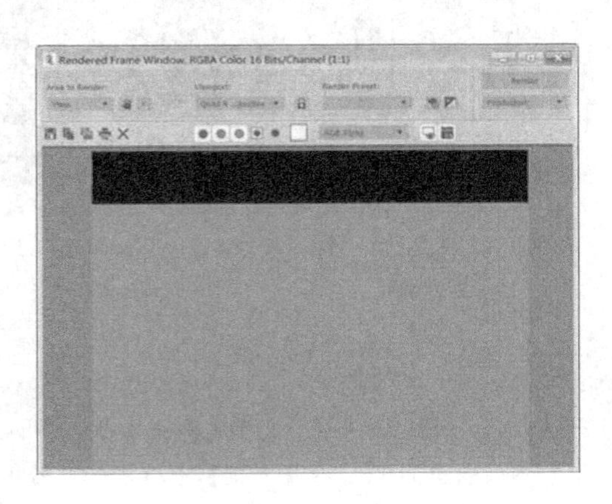

图 8-48 默认参数创建的【VRay 平面】渲染效果

【VRay 平面】虽然定义为无限大小的平面，但若要其完全覆盖整个渲染窗口，则需要参考决定该渲染角度的摄像机的 Horizon【地平线】，如图 8-49 所示，选择摄像机，勾选其 Show Horizon【显示地平线】，可以看到视图中出现代表地平面的黑色线条。视图中线条上方的区域就是【VRay 平面】无法覆盖的区域，通常调整为天空效果。

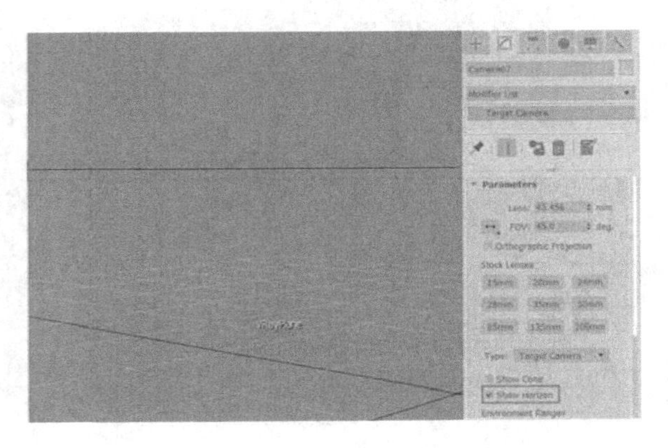

图 8-49 显示当前视角摄像机地平线

技巧：如果一定要完成渲染窗口被【VRay 平面】完全覆盖的效果，此时只需要通过摄像机角度的旋转，将地平线调整至视图外即可。

8.3.2 VRayPlane【VRay 平面】的用途

1. 模拟室外的地坪

在进行室外效果图的表现时，如需要表现草地、广场等面积较大、效果单一的地坪效果时，使用 Plane【平面】等模型创建的地坪（见图 8-50）在渲染时得到如图 8-51 所示的等大的地坪区域效果。

而在与树坛底面相贴处创建 VRayPlane【VRay 平面】并赋予对应的材质，如图 8-52 所示，然后调整好地平线位置，则在渲染结果中将产生如图 8-53 所示的无限大的地坪效果。

图 8-50 使用【平面】创建的草地模型

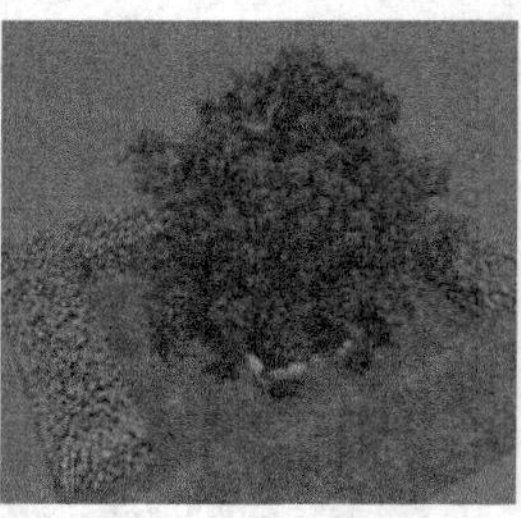

图 8-51 在渲染结果中得到等大的草地效果

图 8-52 使用【VRay 平面】创建草地模型

图 8-53 在渲染结果中产生无限大的地坪效果

注意：在使用 VRayplane【VRay 平面】模拟地坪时，无法再使用【UVW 贴图】控制其材质贴图平铺效果，如图 8-54 所示。此时如果需要调整贴图拼贴效果，则必须通过材质贴图的 Coordinates【坐标】参数组中的 Tiling【平铺】参数进行贴图拼贴效果的控制，如图 8-55 所示。

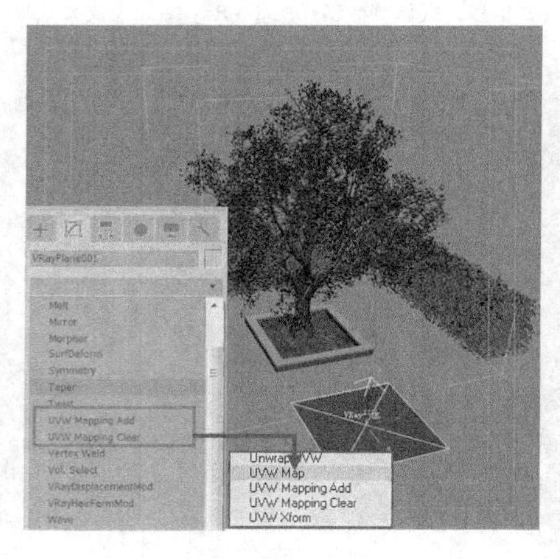

图 8-54 无法为【VRay 平面】添加【UVW 贴图】

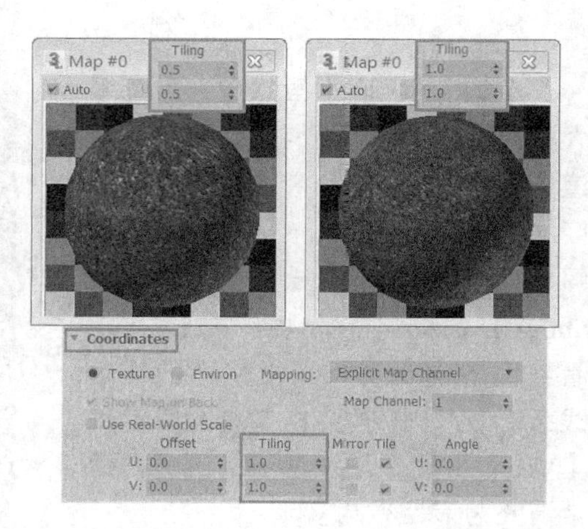

图 8-55 通过【坐标】参数组中的【平铺】参数控制贴图拼贴效果

2．加强室外光线的反弹

从前面关于【间接照明】的内容中，我们了解到灯光反弹对于渲染图像亮度的影响。在进行室内渲染图的制作时，有时会使用纯室外光线的照明手法，这个时候如果室外没有创建任何模拟地坪的模型，则现实中地坪反弹室外光线进入室内的照明影响将被忽略，可能出现如图 8-56 所示的室外光线从窗口至室内的衰减十分急骤，使室内出现死黑、图像整体偏暗的现象。

而通过在室外创建一个 VRayPlane【VRay 平面】，模拟无限大的地坪，则会得到如图 8-57 所示的渲染效果。从图像中可发现，光线从室外至室内的衰减十分自然，室内死黑的现象得到了解决，图像整体亮度理想。

图 8-56　室外光线急骤衰减

图 8-57　VRay 平面渲染效果

8.4　VRaySphere【VRay 球体】

VRaySphere【VRay 球体】是 VRay 渲染器最新开发的一个创建对象，该对象目前还没有太多实际的用途。区别于传统的 Sphere【球体】与 GeoSphere【几何球体】，【VRay 球体】自身并不占用系统任何资源，如图 8-58 所示。

而在如图 8-59 所示的渲染结果中也可以发现，【VRay 球体】渲染时表面十分光滑，不会出现细分三角面皱折的现象。

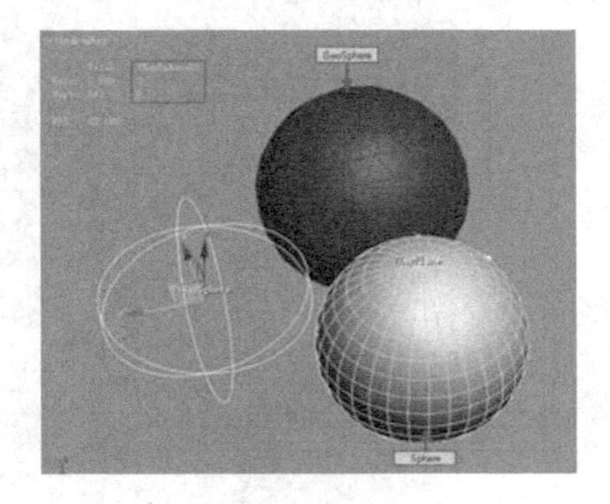

图 8-58　【VRay 球体】不占用系统资源

图 8-59　【VRay 球体】渲染表面十分光滑

【VRay 球体】的参数也十分简单，调整其下的 radius【半径】参数可以控制球体的大小，勾选 flip normals【反转法线】参数则球体内外表面翻转。

第 9 章 VRay 灯光与阴影

本章重点：

- VRayLight
- VRayIES
- VRaySun
- VRaySky 以及与 VRaySun 的联动使用
- VRayShadow
- VRayLight Lister

单击灯光创建面板，通过下拉按钮选择 VRay 类型可以发现，VRay adv 3.60.03 渲染器提供了如图 9-1 所示的四种类型的光源。而单击其中的 VRayLight【VRay 灯光】创建按钮，通过【类型】参数下拉按钮可展开其中包含的 Plane【平面】、Dome【穹顶】、Sphere【球体】、Mesh【网格】光源，如图 9-2 所示。接下来将通过其中使用最为频繁、参数最为全面的 Plane【平面】灯光详细介绍【VRay 灯光】类型的参数。

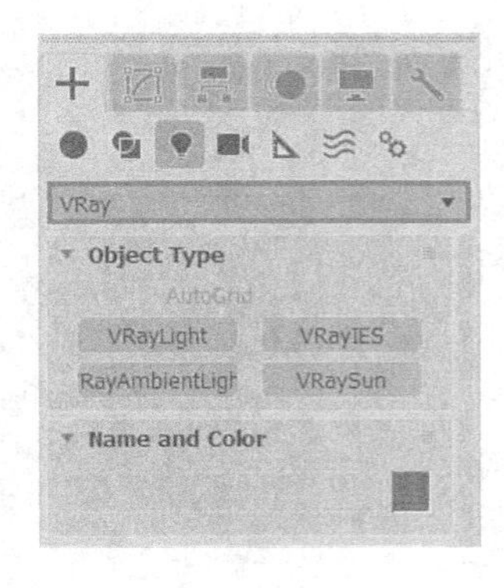

图 9-1 VRay 提供的四种光源

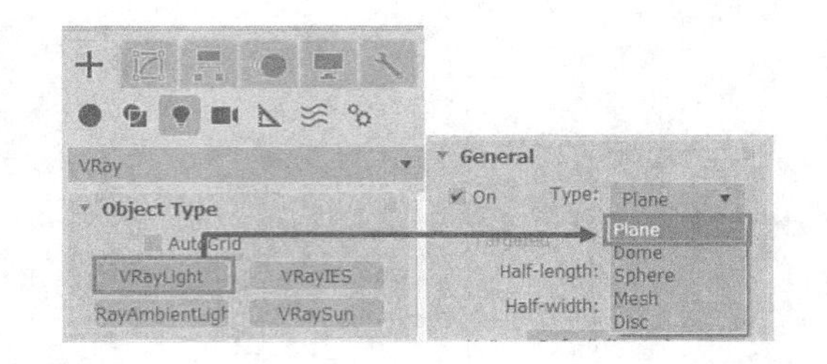

图 9-2 【VRay 灯光】所提供的四种类型灯光

9.1 VRay Light【VRay 灯光】

打开本书配套资源中对应章节文件夹中的“VRayLight 测试”模型，如图 9-3 所示可以看到场景中有一个士兵模型与狮身人面像模型，接下来将利用这个简单的场景讲解 VRay 灯光类型的参数。

图 9-3 打开 VRay 灯光测试场景

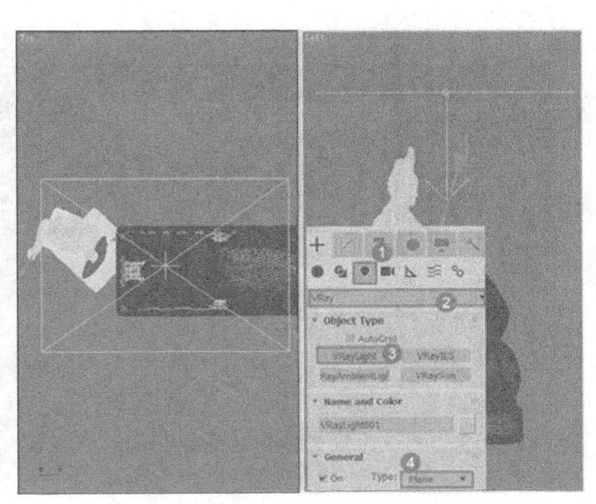

图 9-4 在场景中创建一盏平面类型的 VRayLight【VRay 灯光】

注意： 为了准确地在渲染结果中体现由灯光参数的变化而产生的影响（如阴影、亮度等），场景中的两个模型都只使用了接近白色的简单材质。接下来将通过对 VRay 渲染器参数以及默认 VRayLight【VRay 灯光】参数的调整，使渲染结果中可以观察到灯光细节的变化。

Steps 01 如图 9-4 所示，在场景中单击【VRay 灯光】创建按钮后通过拖动鼠标左键创建一盏【平面】类型的灯光。

Steps 02 选择灯光，单击按钮进入【修改面板】，可以看到如图 9-5 所示的默认的【VRay 灯光】参数。为了得到较精细的渲染图像，以观察到灯光变化的细节，再如图 9-6 所示设置好 VRay 渲染器的参数。

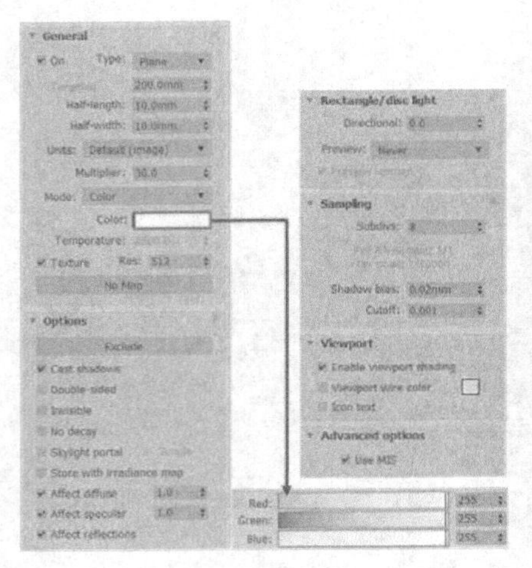

图 9-5　默认的【VRay 灯光】参数设置

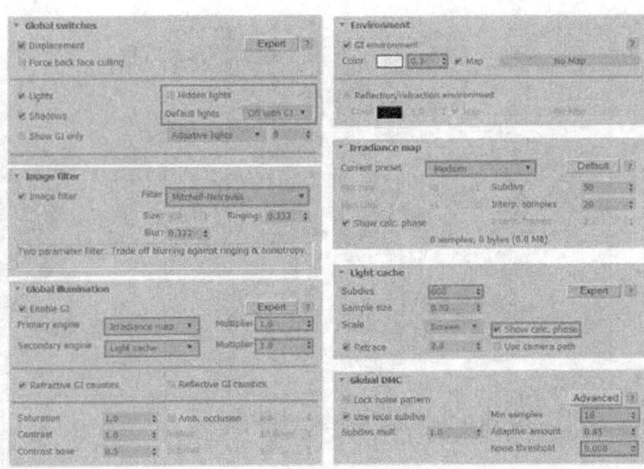

图 9-6　设置 VRay 渲染器参数

Steps 03 VRay 渲染器参数调整完成后，按 C 键进入摄像机视图，单击渲染按钮得到如图 9-7 所示的渲染结果。可以看到，渲染图像中灯光亮度过高，难以观察到模型与材质的细节。

Steps 04 如图 9-8 所示调整相关参数即可改善灯光效果。接下来对【VRay 灯光】的参数进行具体的介绍。

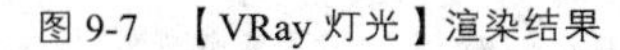

图 9-7　【VRay 灯光】渲染结果

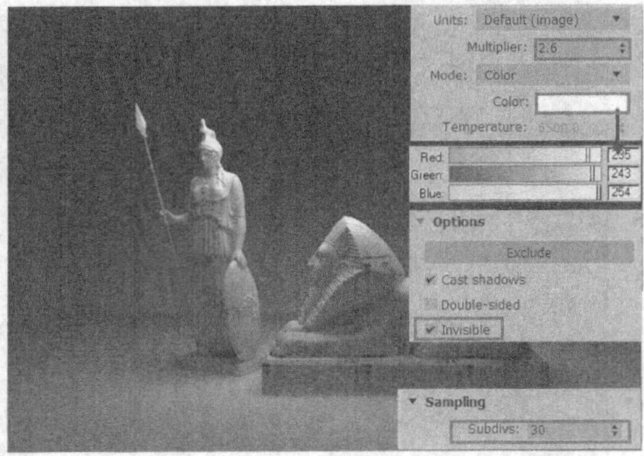

图 9-8　调整【VRay 灯光】参数后的渲染结果

9.1.1 General【常规】参数组

VRayLight【VRay 灯光】的 General【常规】参数组的具体参数设置如图 9-9 所示。该组参数用于控制 VRayLight【VRay 灯光】开启与否、照射对象以及灯光形态类型。

1. On【启用】

该参数在默认情况下处于勾选状态，若取消该参数勾选则将如图 9-10 所示，创建的【VRay 灯光】不会产生任何照明及投影效果。

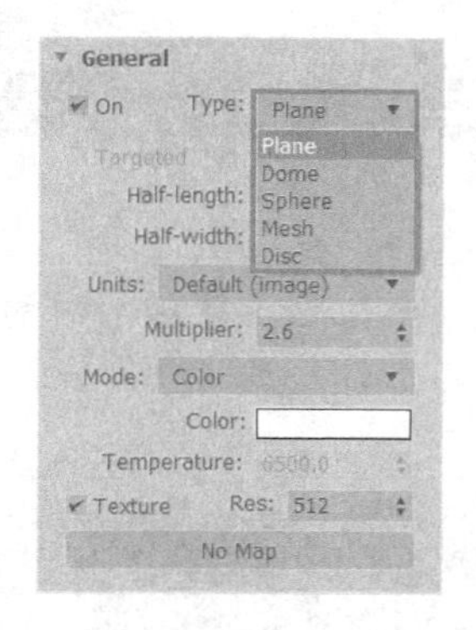

图 9-9 【常规】参数组设置

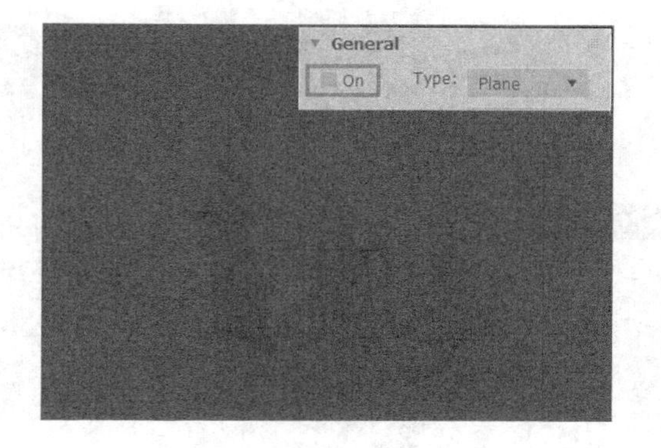

图 9-10 取消勾选【启用】参数的渲染结果

2. Type【类型】

单击该参数后的三角形下拉按钮，可以将灯光类型从默认的 Plane【平面】切换至如图 9-11 所示的 Dome【穹顶】类型或如图 9-12 所示的 Sphere【球体】类型。对于这两种灯光参数的变化，将在后面的内容中详细的穿插讲述。

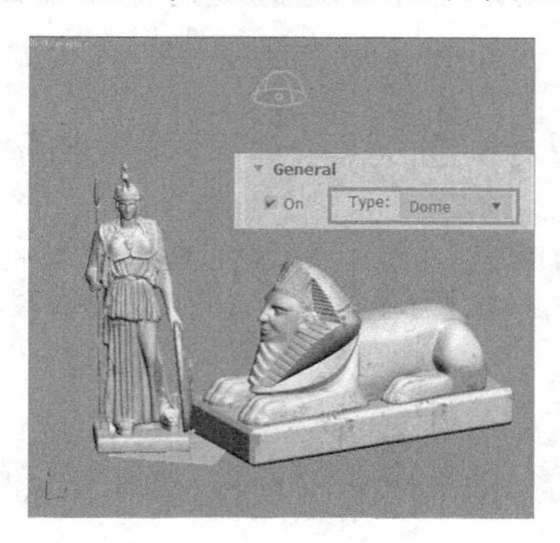

图 9-11 穹顶类型

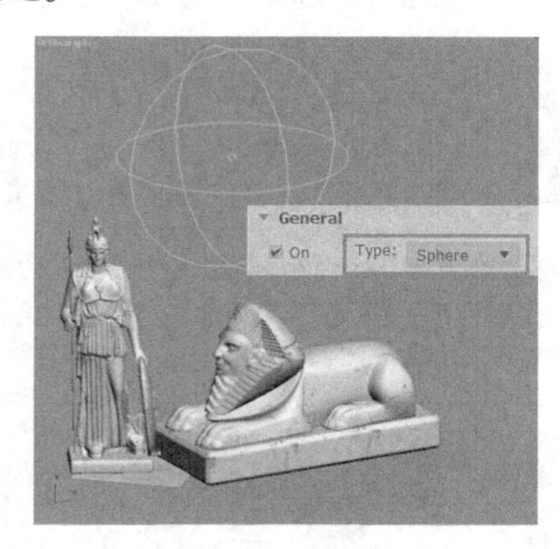

图 9-12 球体类型

注 意：默认的 VRayLight【VRay 灯光】形状类型为 Plane【平面】，虽然在灯光创建完成后仍然可以切换灯光形状类型，但如果需要用到 Dome【穹顶】类型或 Sphere【球体】类型，最好切换到对应类型后再进行灯光创建，这样才能更准确地定位灯光位置与大小。

3. Size【尺寸】参数组

VRayLight【VRay 灯光】的【尺寸】参数组会随着 VRayLight【VRay 灯光】的 Type

【类型】的改变而产生如图 9-13 所示变化。

图 9-13　灯光类型对尺寸参数组的影响

Steps 01 当 VRayLight【VRay 灯光】为 Plane【平面】类型时，除了模拟常用的面光源外，还可以通过其 Half-length【半长】与 Half-width【半宽】参数调整线光源与点光源的效果，如图 9-14 与图 9-15 所示。

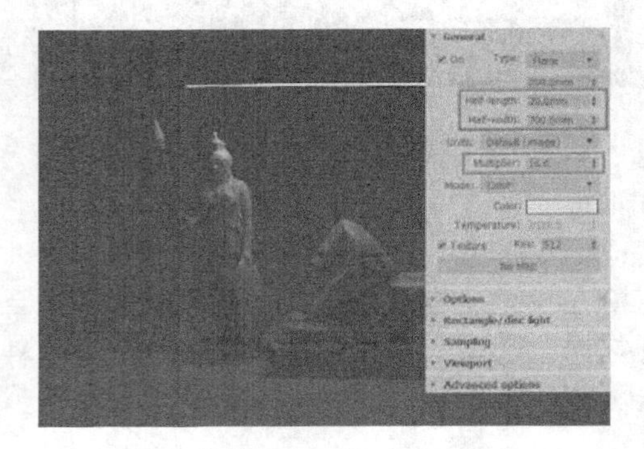

图 9-14　使用【平面】类型模拟线光源

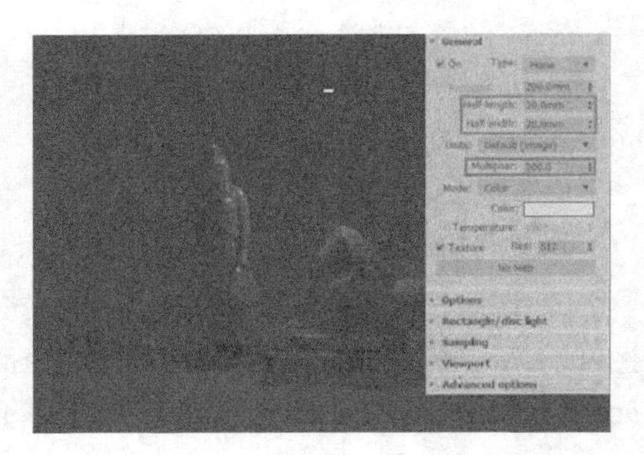

图 9-15　使用【平面】类型模拟点光源

技巧：由于灯光使用的是默认的 Image【图像】单位，因此当其变成面积较小的线光源与点光源时，为了取得明显的发光效果，其 Multiplier【倍增器】需要相应的增大。

Steps 02 当 VRayLight【VRay 灯光】为 Dome【穹顶】类型时，其 Size【尺寸】参数组呈灰色不可用的状态，此时灯光亮度只能通过 Multiplier【倍增器】后的数值大小进行控制，如图 9-16 与图 9-17 所示。

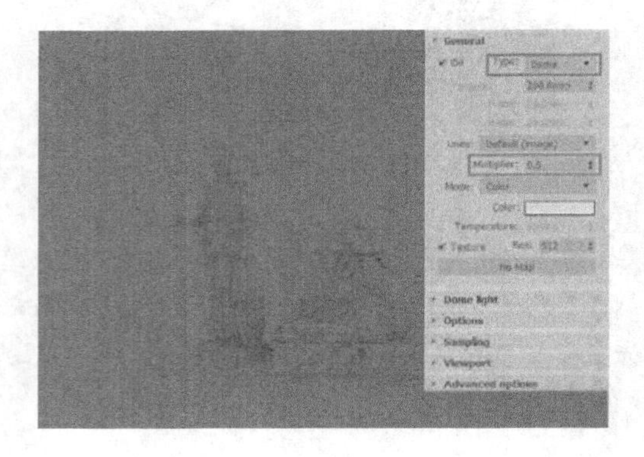

图 9-16　倍增器数值为 0.5 时穹顶类型 VRay 灯光亮度

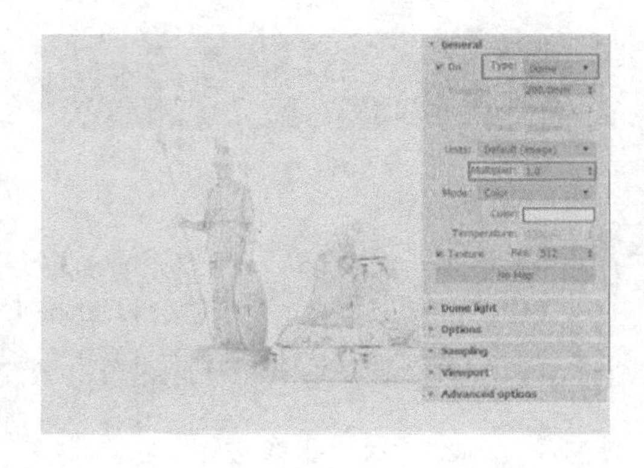

图 9-17　利用倍增器参数调整灯光形态

技巧：【VRay 灯光】为 Dome【穹顶】类型时，灯光的创建通常在 Top【顶视图】完成，这样灯光会自动紧贴地面生成，而灯光位于室内的任一位置均可。此外，从图 9-16 与图 9-17 的渲染结果可以发现，Dome【穹顶】类型的灯光自身形状并不能在渲染图像中显现，其能十分柔和的提高场景整体的亮度与色调，并不会形成投影效果，因此该类型灯光常用于模拟环境光或是作为补光用于改变渲染图像的亮度或色调。

Steps 03 当【VRay 灯光】为 Sphere【球体】类型时，其 Size【尺寸】参数组将只有 Radius【半径】参数可用，如图 9-18 与图 9-19 所示，通过该参数的调整可以控制灯光自身的大小与亮度。

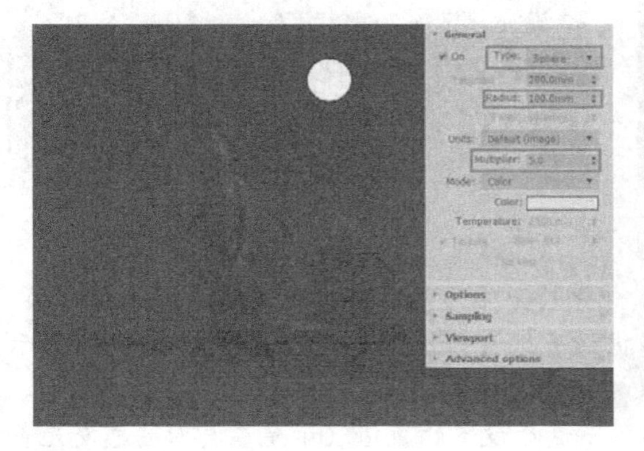

图 9-18　半径值为 100 时球体类型 VRay 灯光形状与亮度

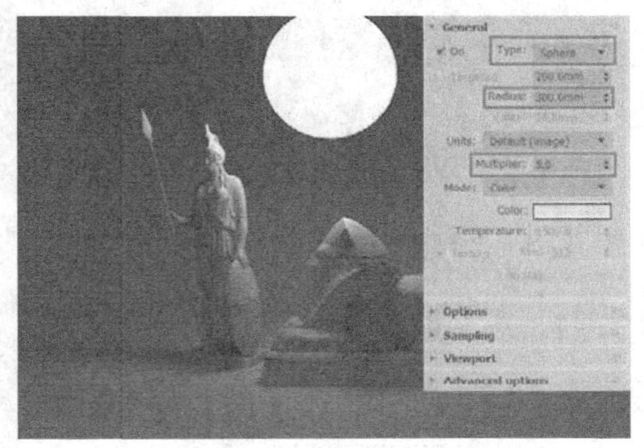

图 9-19　半径值为 300 时球体类型 VRay 灯光形状与亮度

技巧：【VRay 灯光】为 Sphere【球体】类型时，其可以模拟现实中任何自身呈球状的灯光效果，如太阳光和台灯灯光等，并且通过接下来将介绍的 Options【选项】参数组的调整，能控制出十分理想的灯光细节。

4. Units【单位】

该参数用于控制灯光以何种单位进行倍增变化。调整好其下的 Multiplier【倍增器】数值后，默认 Image【图像】为单位获得的图像效果如图 9-20 所示，切换至其他单位渲染得到的图像效果分别如图 9-21~图 9-24 所示。

图 9-20　以默认 Image【图像】单位的渲染效果

图 9-21　以 Luminous power【发光率】为单位的渲染结果

图 9-22　以 Luminance【亮度】为单位的渲染结果

从以上的渲染结果中可以发现，当在默认的 image【图像】单位下调整好 Multiplier【倍增器】数值取得了比较理想的灯光效果后，转换至其他任何单位，系统首先都会自动计算出相应的 Multiplier【倍增器】数值，而在最终的渲染结果中所产生的变化十分有限。这 5 个单位的具体定义如下：

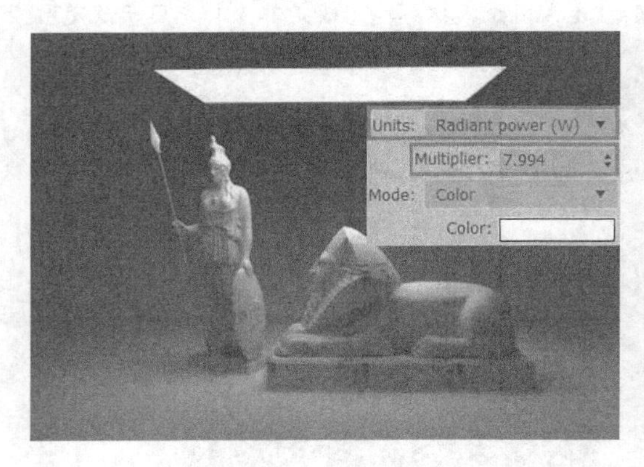

图 9-23　以 Radiant power【辐射率】为单位的渲染结果

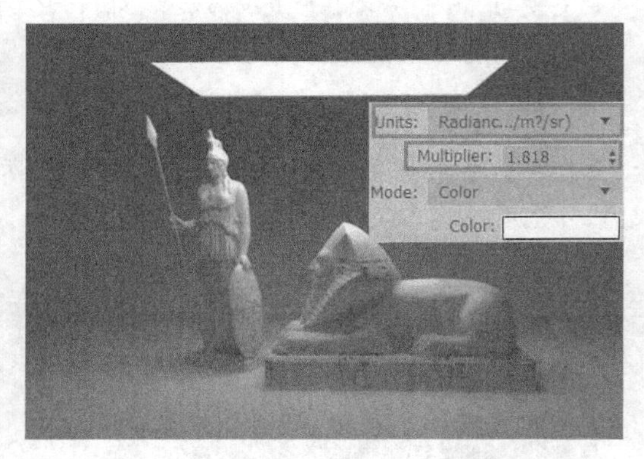

图 9-24　以 Radiance【辐射】为单位的渲染结果

- image【图像】：在该单位下以图像自身的亮度为基准，首先任意设定一个数值，通过渲染测试其亮度效果，然后根据该亮度进行调整。如图 9-25 与图 9-26 所示，在该单位下灯光的强度与灯光的尺寸大小有关。
- Luminous power【发光率】：在该单位下其后设定的数值表示光源发射的总发光量，因此当 Multiplier【倍增器】数值一定时，在该单位下灯光的尺寸大小对总体的亮度影响不大，但会影响到材质表面的高光大小、反射以及衰减等特征（如灯光尺寸越小，光束越集中，被灯光垂直照射区域的高光越亮），如图 9-27 与图 9-28 所示。

图 9-25　默认的 image【图像】单位下大尺寸灯光效果

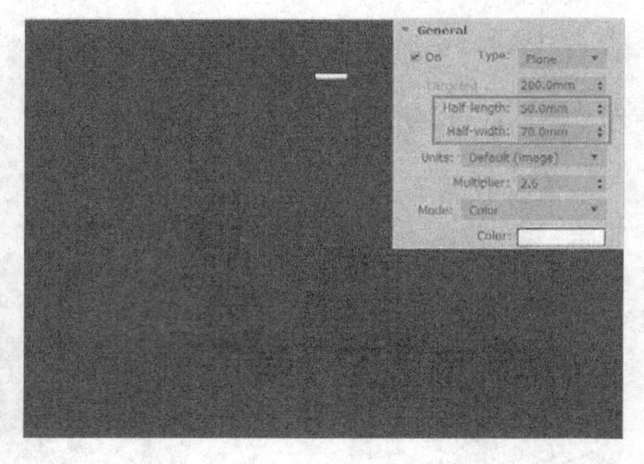

图 9-26　默认的 image【图像】单位下小尺寸灯光效果

- Luminance【亮度】：该单位表示物体表面的亮度（灰度）大小。如图 9-29 与图 9-30 所示，使用该单位时灯光的强度与尺寸大小有关（呈比例关系）。
- Radiant power【辐射率】：该单位通常以 Watt【瓦特】测定灯光亮度，因此当 Multiplier【倍增器】数值一定时，如图 9-3,1 与图 9-32 所示，使用该单位时灯光尺寸对整体亮度影响不大，与以 Luminous power【发光率】为单位时产生的变化类似。

图 9-27　在 Luminous power【发光率】单位下大尺寸灯光效果

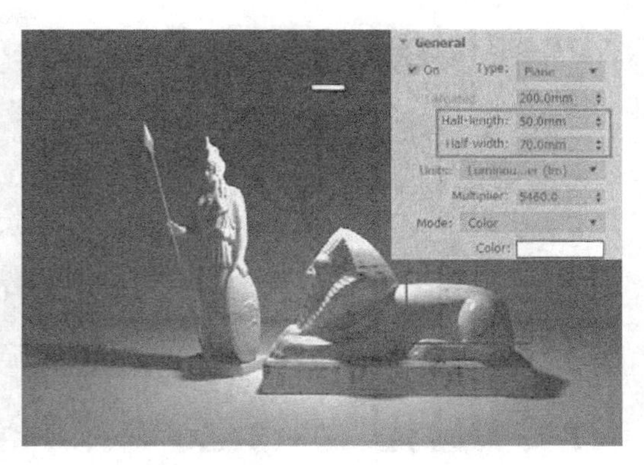

图 9-28　在 Luminous power【发光率】单位下小尺寸灯光效果

图 9-29　在 Luminance【亮度】单位下大尺寸灯光效果

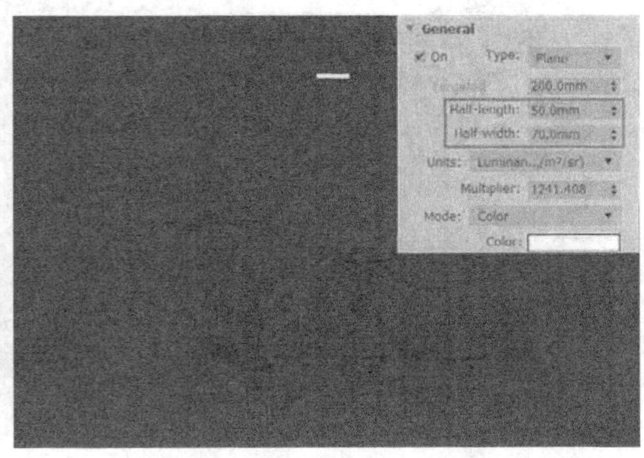

图 9-30　在 Luminance【亮度】单位下小尺寸灯光效果

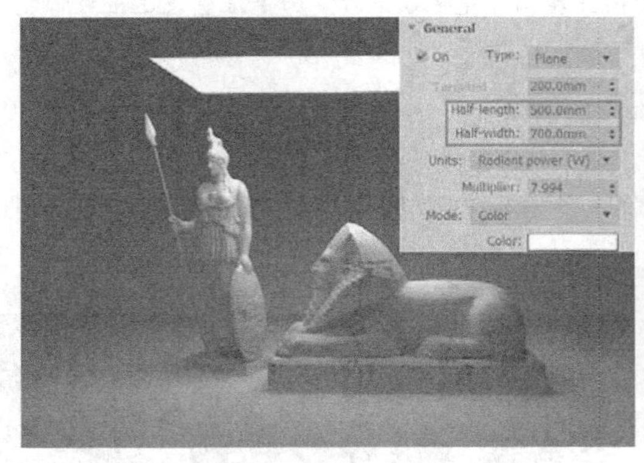

图 9-31　在 Radiant power【辐射率】单位下大尺寸灯光效果

图 9-32　在 Radiant power【辐射率】单位下小尺寸灯光效果

- Radiance【辐射】：该单位表示发光物体单位面积垂直向下的发光量，因此灯光的尺寸大小能直接影响到整体的亮度，如图 9-33 与图 9-34 所示。

5. Color【颜色】

通过单击 Color【颜色】参数后的“颜色通道”色块可直接设置灯光的发光颜色，如图 9-35 与图 9-36 所示。

图 9-33　在 Radiance【辐射】单位下大尺寸灯光效果

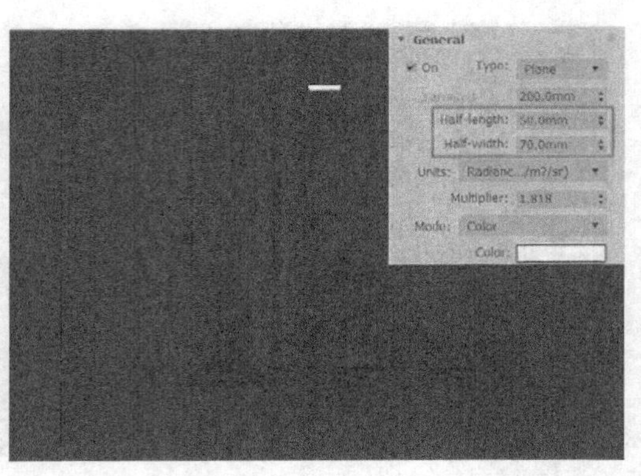

图 9-34　在 Radiance【辐射】单位下小尺寸灯光效果

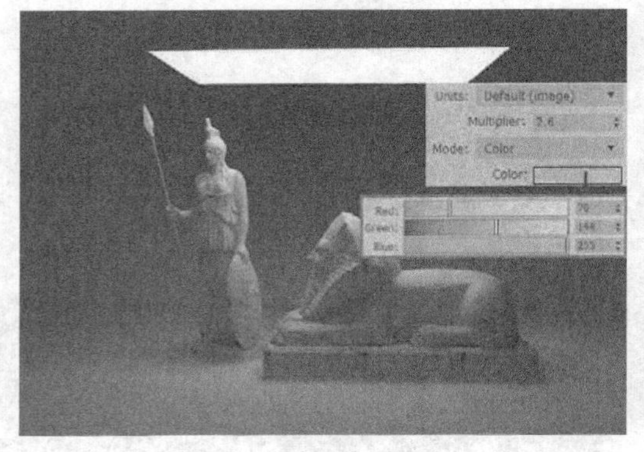

图 9-35　蓝色调冷色灯光效果

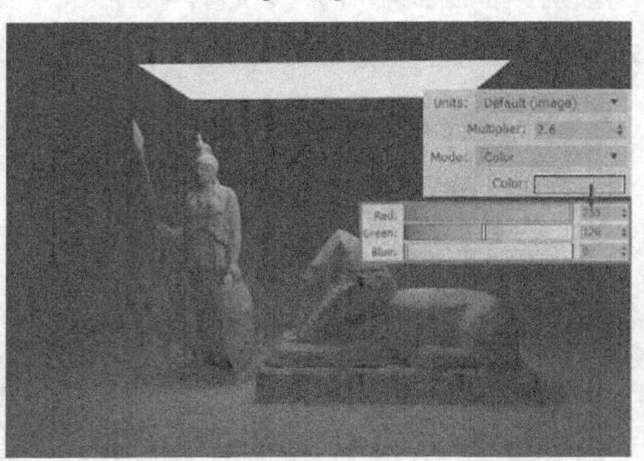

图 9-36　桔色调暖色灯光效果

注意　通过“颜色通道”设置的颜色一般而言只是光线在受光物体表面上呈现的颜色，灯光自身的颜色由于亮度的原因会产生或大或小的偏差，因此在制作光带效果时，为了准确表达出灯带发光时的颜色，最好使用发光材质进行表现。

6. Multiplier【倍增器】

VRay 灯光通过设定其 Multiplier【倍增器】参数后的数值可以调整灯光的强度大小，如图 9-37 与图 9-38 所示。

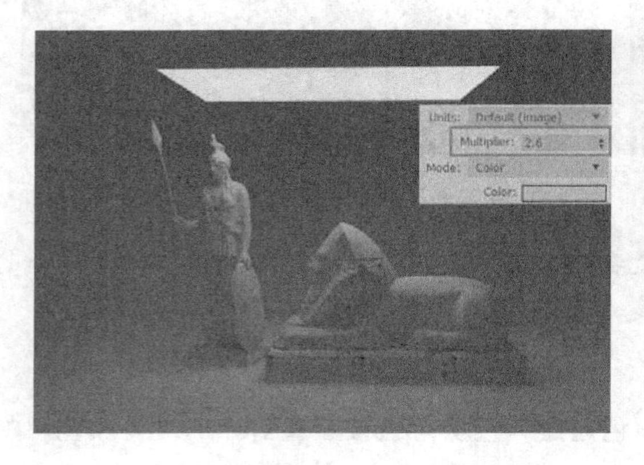

图 9-37　倍增器数值为 2.6 时灯光的强度

图 9-38　倍增器数值为 26 时灯光的强度

技巧：当灯光自身颜色亮度较高时，即使曝光过度，灯光的颜色也只会变成高亮的色调，如图 9-37 与图 9-38 所示；而当使用亮度较低的颜色时，灯光强度如果过高，则灯光颜色有可能在曝光区域变成纯白色，如图 9-39 与图 9-40 所示。

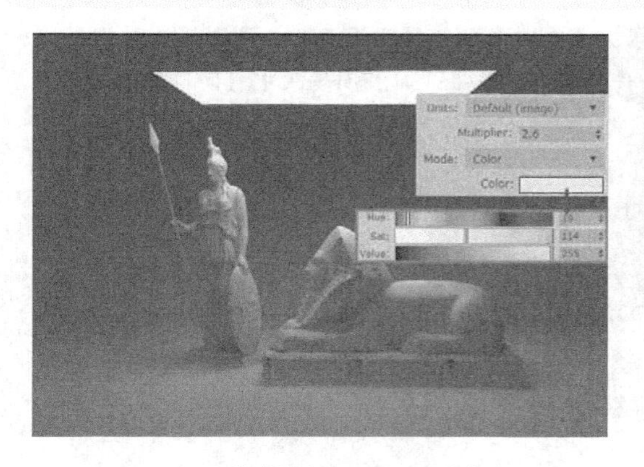

图 9-39　低亮度颜色合适灯光的亮度效果

图 9-40　低亮度颜色曝光过度的效果

9.1.2 Options【选项】参数组

VRay 灯光的 Options【选项】参数组的具体参数设置与默认参数勾选状态如图 9-41 所示。保持默认的勾选状态，灯光的渲染结果如图 9-42 所示，而通过调整这些参数能快捷地改变灯光的特征。

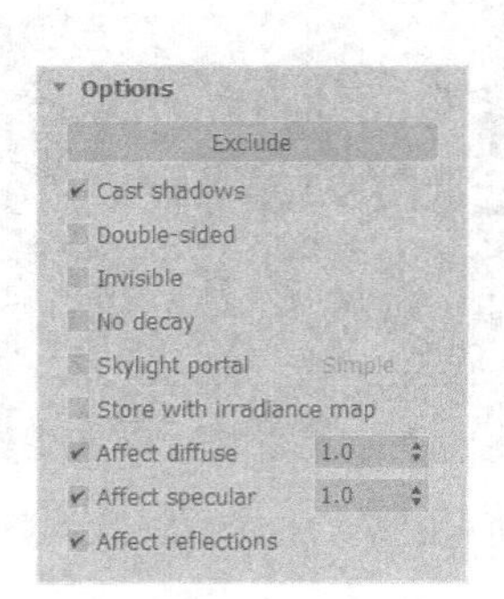

图 9-41　【VRay 灯光】的【选项】参数组

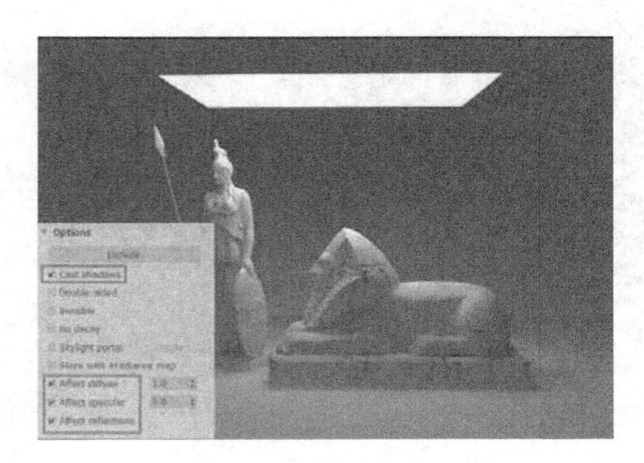

图 9-42　默认选项参数下灯光的渲染效果

1. Exclude【排除】

单击 Exclude【排除】按钮，将弹出如图 9-43 所示的 Exclude/Include【排除/包含】对话框。在其左侧的列表显示了当前场景中所有可操作的所有对象名称，选择对象名称后单击对话框中部的 » 按钮或直接双击对象名称可以将其添加至右侧列表内。

当对象添加至右侧列表后，通过其右上角的 Include【包含】或 Exclude【排除】参数便可以控制灯光对该对象的 Illumination【照明】、Shadow Casting【投射阴影】以及 Both【二者兼有】的灯光影响。接下来进行具体的介绍。

Steps 01 将场景中的【士兵】模型添加至 Exclude【排除】列表，并保持默认的 Both【二者兼有】参数，渲染完成后，可以看到在渲染结果中【士兵】模型没有接收到灯光直接照明的效果同时没有投影效果，如图 9-44 所示。

注意：灯光所调整的【排除】或是【包含】只影响灯光的直接照明效果，因此在图 9-44 中【士兵】模型受灯光【间接照明】以及环境光的影响仍然存在，如果此时关闭场景中【间接照明】进行渲染，将得到如图 9-45 所示的效果。

Steps 02 如果将此时默认的 Exclude【排除】选项切换 Include【包含】选项，渲染则产生如图 9-46 所示的效果。从图中可以看到，此时灯光只对【士兵】模型进行单独的照明与投影。

Steps 03 切换回 Exclude【排除】选项，然后选择 Illumination【照明】参数，渲染得到如图 9-47 所示的效果，可以看到，【士兵】模型没有得到灯光的直接照明，仅对其投射了阴影。

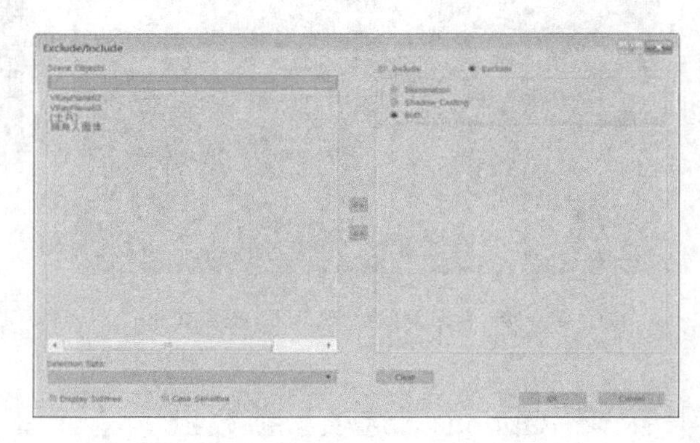

图 9-43 【排除/包含】对话框

图 9-44 排除士兵模型的照明与投影

图 9-45 关闭间接照明后的渲染效果

技巧：当场景中存在多个对象时，如果此时要排除多个对象的照明，可以双击选择不需要排除照明的少数对象名称，然后将默认的 Exclude【排除】参数切换至 Include【包含】，以较少的操作步骤完成同样的效果。

Steps 04 保持 Exclude【排除】选项，然后选择 Shadow Casting【投射阴影】，渲染完成后得到如图 9-48 所示的结果.可以看到，【士兵】模型接受到了灯光的直接照明，但没有产生相应的投影效果。图 9-49 所示为其细节放大与图 9-47 中相同区域细节放大的效果。

2. Cast shadows【投射阴影】

Cast shadows【投射阴影】参数用于控制灯光是否对场景中对所有的物体对象进行投

影，取消该参数的勾选将得到如图 9-50 所示的渲染图像，可以看到模型对象没有任何投影效果。

图 9-46　切换至【包含】选项后的渲染效果

图 9-47　选择【照明】参数后的渲染效果

图 9-48　选择【投射阴影】参数后的渲染效果

图 9-49　阴影细节对比效果

3. Double-sided【双面】

默认参数下 Plane【平面】类型的 VRay 灯光只在其法线方向(即灯光箭头所指方向)产生单面的照明效果。勾选 Double-sided【双面】参数后，在进行渲染时将对前后两面均产生直接照明的效果，如图 9-51 所示。

图 9-50　【投射阴影】参数对灯光投影的影响

图 9-51　【双面】参数对灯光照明效果的影响

4. Invisible【不可见】

如前面的渲染图片中所示，默认情况下灯光自身的形状（Dome【穹顶】类型灯光除外）在渲染图像中是可见的。勾选 Invisible【不可见】参数后，灯光自身形状在渲染图像中将被隐藏，仅保留其发光与投影效果，如图 9-52 所示.因此在工作中该参数常被勾选。

5. No decay【无衰减】

默认情况下，灯光将在法线方向一侧由近至远产生由强至弱直至消失的衰减现象。勾选 No decay【无衰减】后灯光的渲染效果如图 9-53 所示，可以看到，在灯光法线方向一侧产生了亮度恒定的照明效果。

图 9-52 【不可见】参数对灯光效果的影响

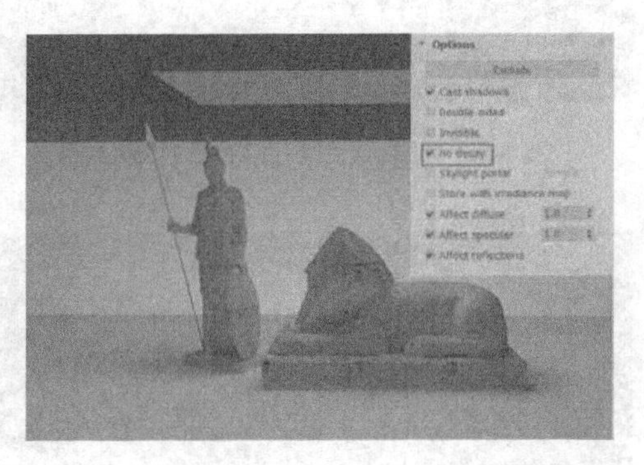

图 9-53 勾选【无衰减】参数对灯光效果的影响

6. Skylight portal【天光入口】

勾选 Skylight portal【天光入口】参数后，VRay 灯光的【倍增器】以及之前介绍的【选项】参数将失去独立调整的能力，渲染将不会产生光影效果，如图 9-54 所示.此时通过 VRay 渲染器 Environment【环境】卷展栏可以进行场景亮度的提高，如图 9-55 所示。而如果删除此时的 VRay 灯光仅保留环境天光，渲染将得到如图 9-56 所示的效果。对比两张图片的细节可以发现，此时 VRay 灯光对场景产生的影响已经十分微弱。

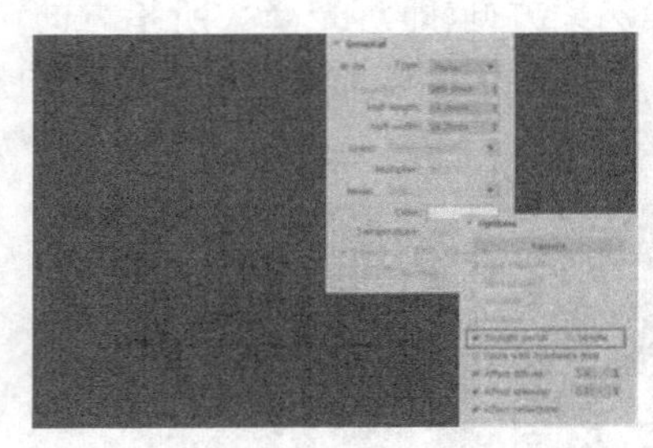

图 9-54 勾选【天光入口】参数对灯光效果的影响

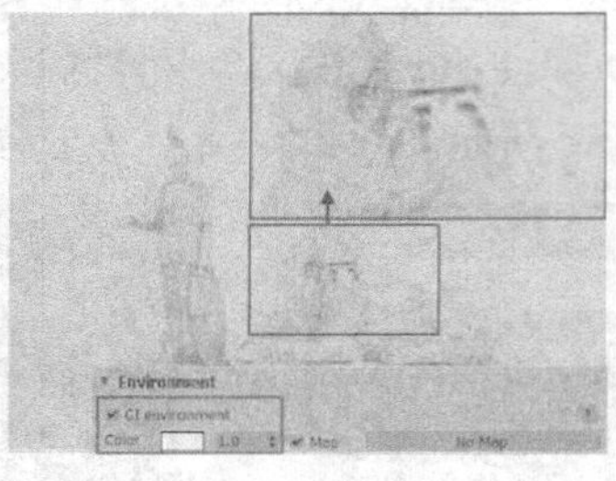

图 9-55 通过环境天光与 VRay 灯光提高场景亮度

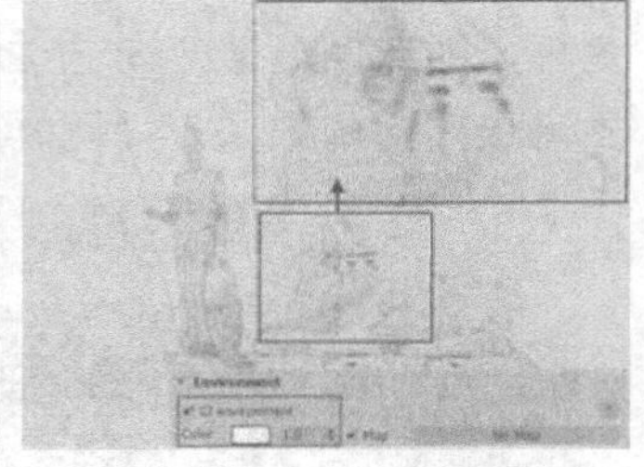

图 9-56 仅环竟天光照明得到的渲染效果

7. Store with irradiance map【储存发光贴图】

当场景的【间接照明】使用了【发光贴图】引擎时，如果勾选 Store with irradiance map【储存发光贴图】参数，则在相关的光照信息计算时场景中的 VRay 灯光的相关数据将被同时计算并且保存，在下一次进行重复计算时被保存的数据将被重新利用，以达到节省计算时间的目的.对比图 9-57 与图 9-58 可以发现，这样虽然能节省渲染时间，但图像中的阴影细节会变得模糊，明暗过渡显得十分平缓。

图 9-57　不勾选【储存发光贴图】的渲染效果及耗时

图 9-58　勾选【储存发光贴图】的渲染效果及耗时

8. Affect diffuse【影响漫反射】

默认参数下，Affect diffuse【影响漫反射】参数为勾选状态，对比如图 9-59 与图 9-60 所示的渲染效果可以发现，取消该参数的勾选后，场景中只有【士兵】模型的手中兵器具有反射效果，以及【狮身人面像】模型具有折射效果，反映出了 VRay 灯光直接照明的效果，对不具有反射/折射、只具有【漫反射】颜色的【士兵】模型躯体以及地面、背景均不再产生任何直接照明效果。

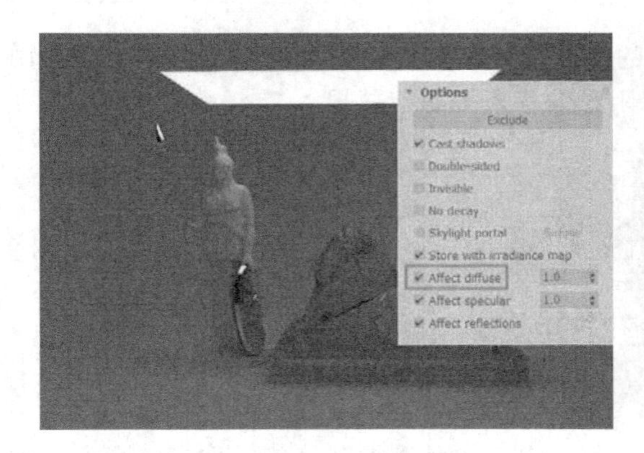

图 9-59　勾选【影响漫反射】参数的渲染结果

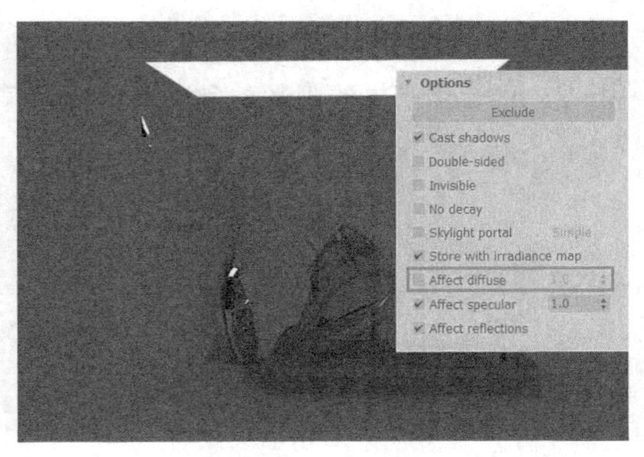

图 9-60　取消勾选【影响漫反射】参数的渲染结果

9. Affect specular【影响高光反射】

默认参数下，该项参数为勾选状态，取消该参数的勾选后，场景中材质极细微的高光反射细节将被忽略，除非是进行极细微的高光反射特写的渲染表现，否则该项参数勾选与否都不会对图像产生可观察到的影响，仅在渲染时间上产生极小的差异。

10. Affect reflections【影响反射】

默认参数下，Affect reflections【影响反射】参数为勾选状态。对比如图 9-61 与图 9-62 的渲染结果可以发现，取消该参数的勾选后，场景中【士兵】模型手中具有反射能力的兵器将不再体现直接照明的反射现象。

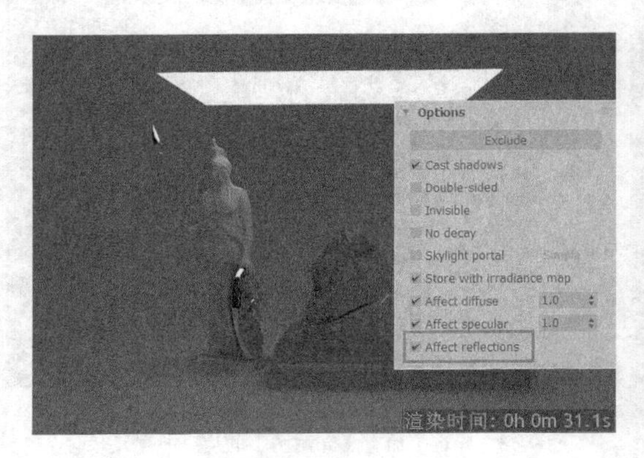

图 9-61 勾选【影响反射】参数的渲染结果

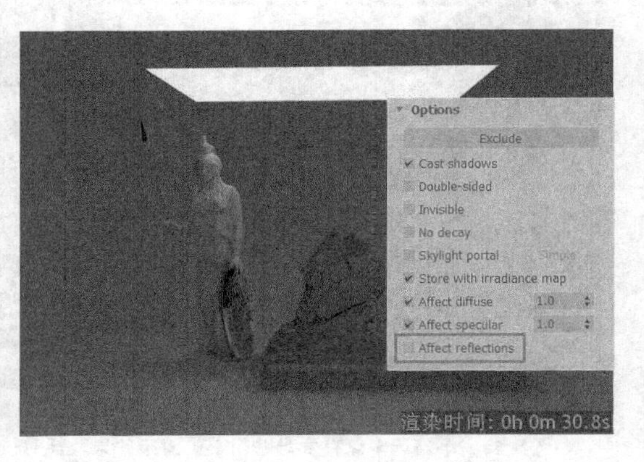

图 9-62 取消勾选【影响反射】参数的渲染结果

技巧：在渲染时，对反射效果的计算往往耗费较多的时间，因此当场景中有较多的灯光时，物体表面的反射计算就会变得复杂。为了提高渲染速度，可以取消其中一些辅助灯光、补光的 Affect reflections【影响反射】参数的勾选，同时材质反射面也会显得整洁一些。

9.1.3 Sampling【采样】参数组

VRay 灯光的 Sampling【采样】参数组的参数设置如图 9-63 所示。该组参数主要控制由 VRay 灯光产生的阴影的品质高低以及其阴影偏移量等细节效果。

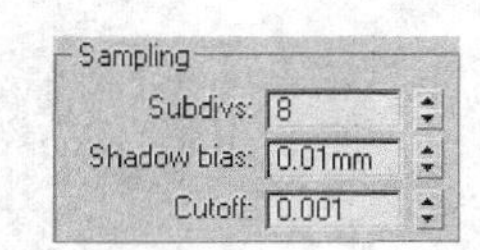

图 9-63 参数组的参数设置

1. Subdivs【细分】

通过 Subdivs【细分】数值的高低可以从灯光自身的角度控制渲染图像中的噪点、光斑等品质问题。如图 9-64 与图 9-65 所示，该参数值设置越高，图像质量越好，但同时也会增加渲染计算时间。

技巧：高数值的 Subdivs【细分】能得到较高的渲染图像质量，但同时也会耗费更多的计算时间。在实际工作中，当并非进行最终的渲染时，该数值一般保持为默认的 8，而最终渲染时则可以根据 VRay 灯光影响面积的大小进行调整，但一般不会超过 30。

图 9-64　低【细分】渲染图像的质量及耗时

图 9-65　高【细分】渲染图像的质量及耗时

2. Shadow bias【阴影偏移】

Shadow bias【阴影偏移】参数设定的大小控制着阴影与投影物体之间的距离远近，如图 9-66 与图 9-67 所示。在工作中保持其默认的参数值即可。

图 9-66　阴影偏移量为 0.01 时的阴影效果

图 9-67　阴影偏移量为 100 时的阴影效果

3. Cutoff【中止】

Cutoff【中止】参数用于控制 VRay 灯光照明的细节深浅，如图 9-68 与图 9-69 所示，该参数设置越大，灯光的照明效果越容易中止。在工作中保持该参数的数值为默认设置即可。

图 9-68　中止值为 0.001 时的渲染效果

图 9-69　中止值为 1 时的渲染效果

注意：Cutoff【中止】设置的数值必须小于 VRay 灯光在 Multiplier【倍增器】中设置的数值，否则灯光不会形成任何照明效果。

9.2 VRayIES

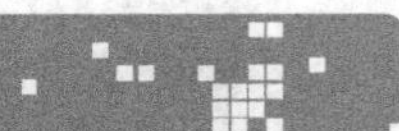

VRayIES 是 VRay 渲染器新推出的一种灯光类型，该种灯光具体的参数设置如图 9-70 所示。通过加载光域网文件，VRayIES 可以制作出如图 9-71 所示的筒灯光束效果。

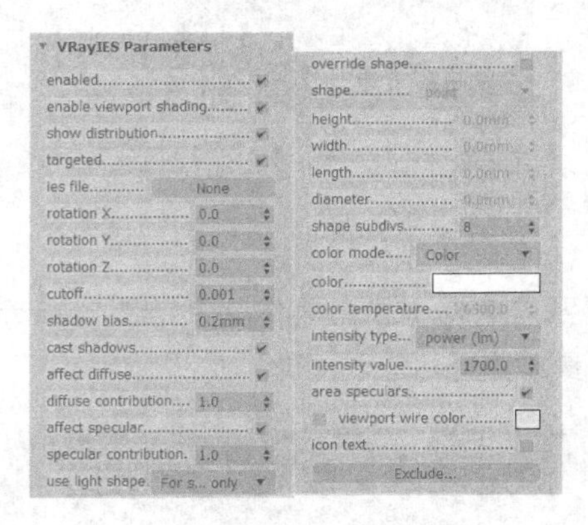

图 9-70 VRayIES 具体参数设置

图 9-71 使用 VRayIES 模拟出的灯光效果

9.2.1 enabled【启用】

enabled【启用】参数用于控制 VRayIES 是否启用。默认参数下其为勾选，取消勾选则盏 VRayIES 不产生任何效果，如图 9-72 所示。

9.2.2 targeted【目标点】

targeted【目标点】参数因子控制 VRayIES 是否利用目标点进行灯光方向与角度的控制.默认参数下其为勾选，取消勾选后灯光的方向与角度将只能通过旋转灯光自身进行控制，如图 9-73 所示。

图 9-72 取消勾选【启用】渲染效果

图 9-73 使用旋转工具调整 VRayIES 朝向

默认的 VRayIES 渲染效果如图 9-76 所示，单击其下的 按钮，如图 9-75 所示加载光域网文件进行发光效果的控制，渲染可以得到如图 9-71 所示的光束效果。

图 9-74　默认的 VRayIES 渲染效果

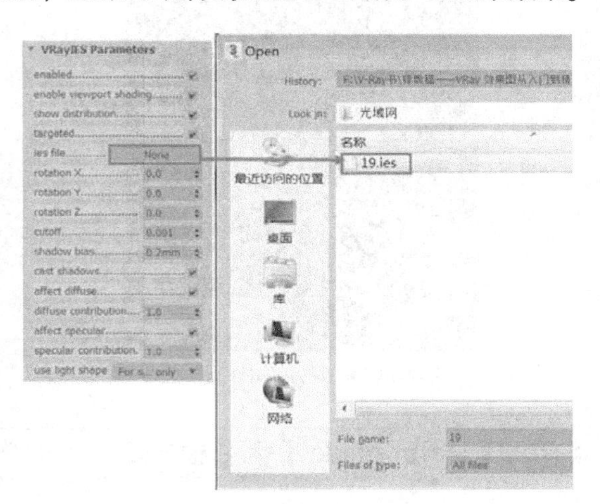

图 9-75　为 VRayIES 添加光域网文件

9.2.3　cutoff【截止】

cutoff【截止】参数用于控制 VRayIES 的结束值，当灯光由于衰减现象其亮度低于所设定的数值时，其照明效果将被结束。该参数与 VRay 灯光中同名参数的含义完全一致。

9.2.4　shadows bias【阴影偏移】

shadows bias【阴影偏移】控制 VRayIES 投影与投影物体的距离。该参数与 VRay 灯光中同名参数的含义完全一致。

9.2.5　cast shadows【投影】

该参数用于控制 VRayIES 是否启用投影效果。默认参数下其为勾选，产生投影效果。

9.2.6　use light shap【使用灯光截面】

当 VRayIES 加载了光域网文件时，勾选 use light shap【使用灯光截面】参数将产生的光束效果表现得更为明显，如图 9-76 与图 9-77 所示。

9.2.7　shape subdivs【截面细分】

shape subdivs【截面细分】参数类似于 VRay 灯光中的 Subdivs【细分】参数，用于控制灯光以及投影效果的品质。

图 9-76　默认 VRayIES 光束效果

图 9-77　为 VRayIES 添加光域网文件

9.2.8　color mode【色彩模式】

通过 color mode【色彩模式】后的下拉按钮，可以切换色彩模型为 Color【颜色】或 Temperature【温度】。

- 当选择 Color【颜色】模式时，VRayIES 将通过其下的“颜色通道”进行灯光颜色的控制。
- 当选择 Temperature【温度】模式时，VRayIES 将通过其下的 Color Temperature【色温】参数值进行灯光颜色的控制。

9.2.9　power【功率】

若 Intensity Type【强度类型】选择为 Power（lm）【功率值】，则通过下方 Intensity Value【强度值】参数后的数值可以调整 VRayIES 的灯光强度。

9.3　VRaySun

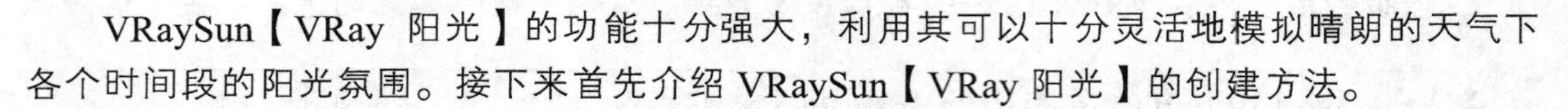

VRaySun【VRay 阳光】的功能十分强大，利用其可以十分灵活地模拟晴朗的天气下各个时间段的阳光氛围。接下来首先介绍 VRaySun【VRay 阳光】的创建方法。

Steps 01 打开配套资源中本章文件夹中的“VRaySun 测试.max”文件，如图 9-78 所示。可以看到这是一个简单的室外建筑场景。

Steps 02 按 T 键切换到 Top【顶视图】，然后单击 进入灯光创建面板，如图 9-79 所示。选择 VRay 类型，然后单击 VRaySun【VRay 阳光】创建按钮，在顶视图中拖动鼠标创建一盏 VRaySun【VRay 阳光】。

技巧： 当单击 VRaySun【VRay 阳光】创建按钮，在顶视图中拖动鼠标创建灯光时，鼠标的落下处将生成灯光，拖动结束处将生成灯光目标点，而当灯光创建完成时将自动弹出如图 9-79 中的对话框，询问“是否自动添加 VRaysky【VRay 天光】环境贴图”。为了尽可能地不影响到 VRaySun【VRay 阳光】的参数测试结果，这里选择“否”。

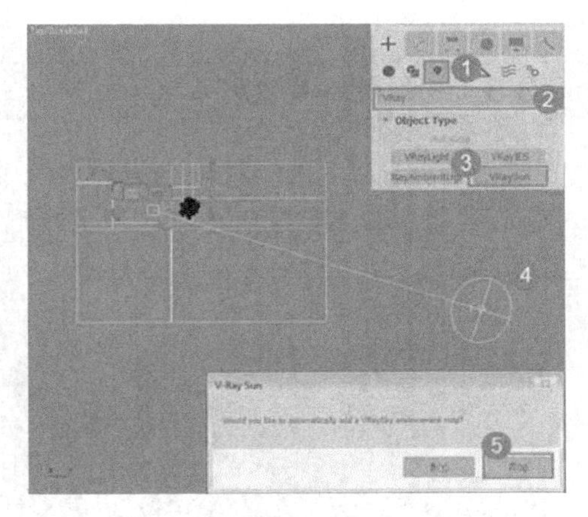

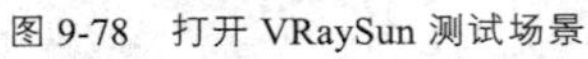

图 9-78 打开 VRaySun 测试场景

图 9-79 创建 VRay 阳光

Steps 03 在 Top【顶视图】中创建好 VRaySun【VRay 阳光】后，还需切换到 Left【左视图】或 Front【前视图】，根据所表现的时间段氛围调整好灯光的高度与角度，如图 9-80 所示。VRaySun【VRay 阳光】的具体参数设置如图 9-81 所示。接下来对各个参数进行详细的介绍。

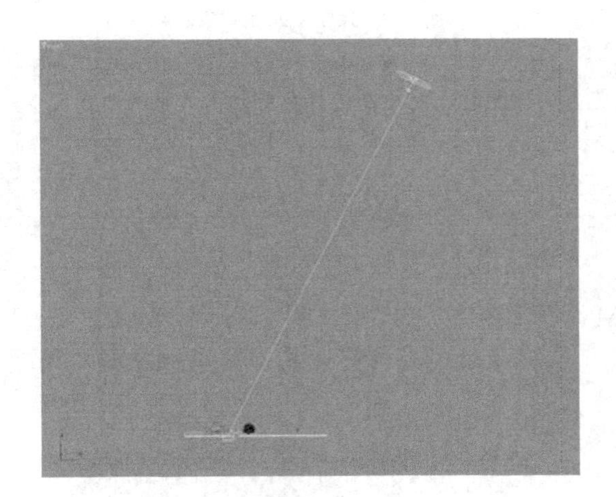

图 9-80 调整【VRay 阳光】的高度与角度

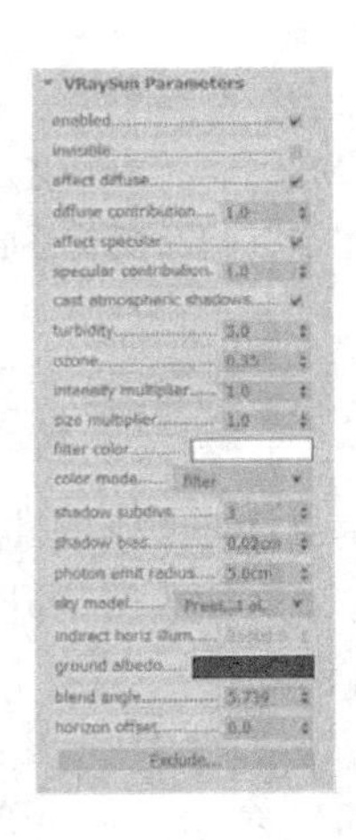

图 9-81 【VRay 阳光】参数设置

9.3.1 enabled【启用】

勾选该参数后场景中所创建的【VRay 阳光】才能产生光影效果，与 VRayIES 中的同名参数的含义完全一致。

9.3.2 invisible【不可见】

此处的 invisible【不可见】参数用于控制 VRaySun【VRay 阳光】是否在渲染中虚拟为球体。

9.3.3 turbidity【浊度】

turbidity【浊度】参数用于控制大气中浮尘的浑浊度。如图 9-82 与图 9-83 所示，在同一灯光强度下，该参数值越高，浮尘越混浊，因此渲染图像中光线变得越来越昏暗，色彩也偏向黄色。

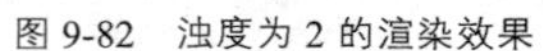
图 9-82 浊度为 2 的渲染效果

图 9-83 浊度为 20 的渲染效果

技巧：由于 turbidity【浊度】能使光线颜色偏向黄色，因此在进行黄昏效果的表现时，可以将其数值略微提高，以体现黄昏时阳光的色彩特点。

9.3.4 ozone【臭氧】

ozone【臭氧】参数用于控制大气中臭氧的厚度。如图 9-84 与图 9-85 所示，在同一灯光强度下，随着该参数值的升高，臭氧增厚，渲染图像中光线亮度将有轻微的减弱，而颜色氛围偏向蓝色。

图 9-84 臭氧数值为 0.1 时的渲染效果

图 9-85 臭氧数值为 1 时的渲染效果

技巧：区别于 turbidity【浊度】参数的改变对于灯光强度与氛围颜色的强烈影响，ozone【臭氧】参数所带来的改变十分微弱，因此在工作中很少通过调整该参数进行效果的改善。通常保持默认数值即可。

9.3.5 intensity multiplier【强度倍增】

intensity multiplier【强度倍增】参数用于控制 VRaySun【VRay 阳光】的强度，如图 9-86 与图 9-87 所示略微增大该参数值便可在灯光亮度上带来十分明显的改变，因此调整时不宜大幅度升降该参数。

图 9-86 强度倍增为 0.03 时的渲染效果

图 9-87 强度倍增为 0.05 时的渲染效果

9.3.6 size multiplier【尺寸倍增】

size multiplier【尺寸倍增】参数用于控制 VRaySun【VRay 阳光】投影边缘的清晰度。如图 9-88 与图 9-89 所示，该数值越小，投影越清晰。在室内效果图的制作中通常保持默认参数即可。

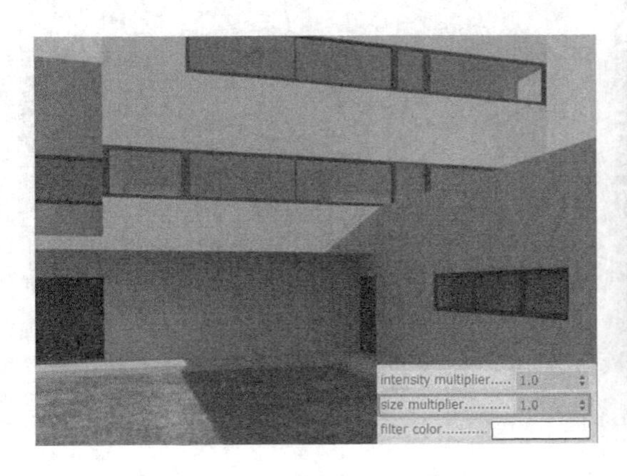

图 9-88 尺寸倍增为 1 时的渲染效果

图 9-89 尺寸倍增为 5 时的渲染效果

技巧： 当表现中午的氛围时，为了得到相应锐利的阴影边缘效果，VRay 阳光的 size multiplier【尺寸倍增】不会有大的改变；而表现清晨或是黄昏的氛围时，由于此时现实中阳光的阴影比较模糊，因此需要相应地将其数值增大以产生相应的阴影模糊边缘效果。

9.3.7 shadow subdivs【阴影细分】

shadow subdivs【阴影细分】参数用于控制 VRay 阳光产生的阴影的质量。如图 9-90 与图 9-91 所示，该参数设置越高，阴影边缘产生的噪波越少。

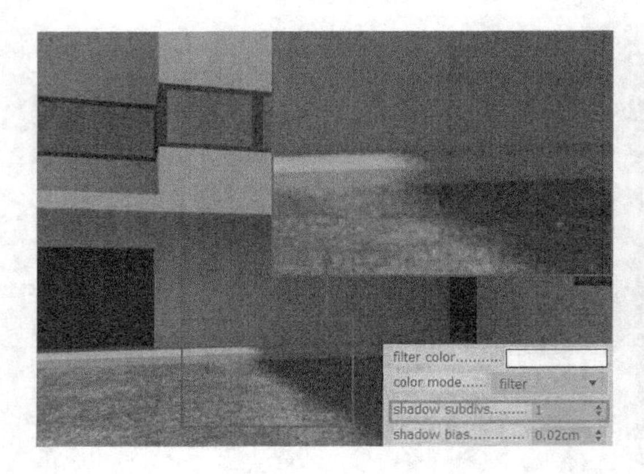

图 9-90　阴影细分为 1 时的渲染效果

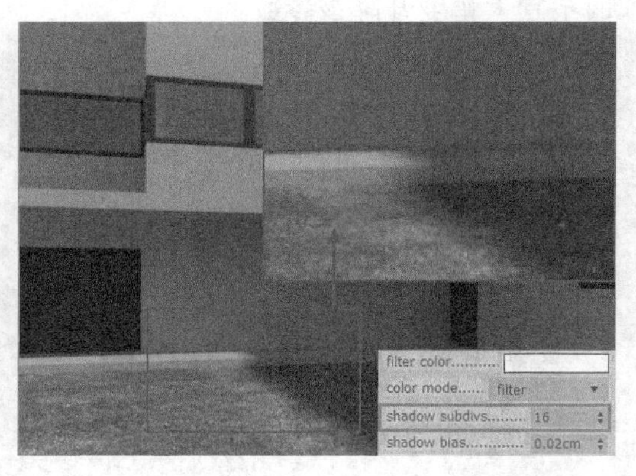

图 9-91　阴影细分为 16 时的渲染效果

9.3.8 Shadow bias【阴影偏移】

shadow bias【阴影偏移】参数通过其后的数值可以改变阴影相对投影物体位置的移动量，如图 9-92 与图 9-93 所示。通常保持默认的参数值设置即可。

图 9-92　阴影偏移为 0.01 时的渲染效果

图 9-93　阴影偏移为 10 时的渲染效果

9.3.9 photon emit radius【光子发射半径】

photon emit radius【光子发射半径】参数，通过其后的数值控制 VRaySun【VRay 阳光】的光子发射半径大小，但其对灯光亮度的影响并不明显，如图 9-94 与图 9-95 所示.通常保持其默认参数设置即可。

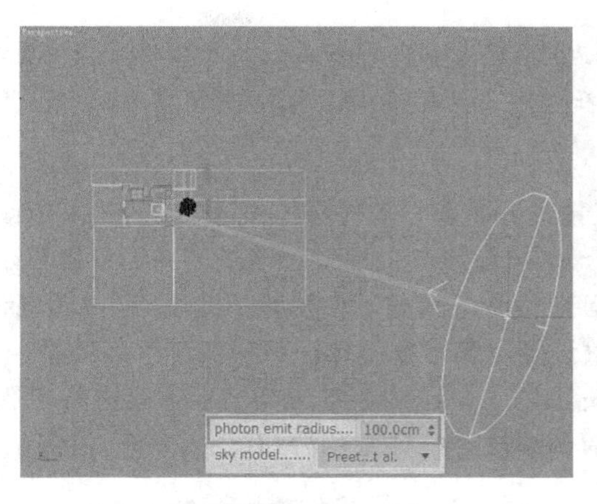

图 9-94　光子发射半径为 100 时的 VRay 阳光

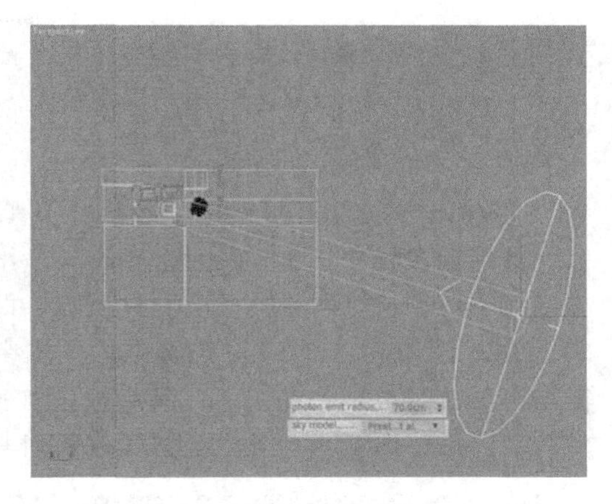

图 9-95　光子发射半径为 70 时的 VRay 阳光

9.3.10　Exclude【排除】按钮

Exclude【排除】按钮与 VRay 灯光参数中的同名按钮的功能与使用方法完全一致。

至此，VRaySun【VRay 阳光】的参数已介绍完毕。观察图 9-82~图 9-87 可以发现，此时无论【VRay 阳光】参数做出什么样的调整，天空背景以及环境光效果基本上都没有发生变化。接下来学习 VRaySky【VRay 天光】环境贴图及其与 VRaySun【VRay 阳光】联动使用，模拟真实阳光效果与天空环境效果的方法。

9.4　VRaySky 以及与 VRaySun 的联动使用

如图 9-96 所示，在创建 VRaySun【VRay 阳光】时如果选择“是”，将自动添加 VRaySky【VRay 天光】环境贴图。按 8 键打开 3ds Max 系统的 Environment and Effects【环境与特效】面板可以发现，在 Environment【环境贴图】中自动加载了默认参数【VRay 天光】环境贴图。默认参数下，该贴图渲染完成后得到如图 9-97 所示的渲染效果。观察可以发现，虽然天空及环境光的整体效果并不理想，但图像的远近层次还是能够区分的。

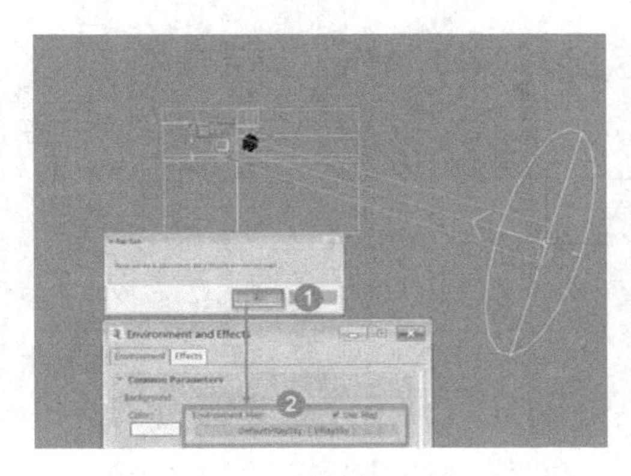

图 9-96　自动添加默认参数【VRay 天光】环境贴图

图 9-97　默认参数【VRay 天光】环境贴图的渲染效果

注意：在之前的渲染中为了避免出现黑色的天空背景，对 Environment and Effects【环境与特效】面板的 Color【颜色】进行了简单的调整，在添加 VRaySky【VRay 天光】环境贴图后，将取代之前设置的简单颜色效果。

【VRay 天光】环境贴图的参数并不能直接进行调整，首先需要按 M 键打开材质编辑器，然后用鼠标左键按住 DefaultVRaySky（VRaySky）按钮将其关联复制到一个空白材质球上，如图 9-98 所示。再单击相应的材质球，即可在材质编辑器下方观察到如图 9-99 所示的 VRaySky【VRay 天光】环境贴图的具体参数设置。双击材质球则可预览其大致的颜色渐变与亮度效果。默认情况下，其参数只有 Manual sun node【手动阳光节点】可进行勾选，将其勾选后将激活其他参数。接下来将对其具体参数进行详细的介绍。

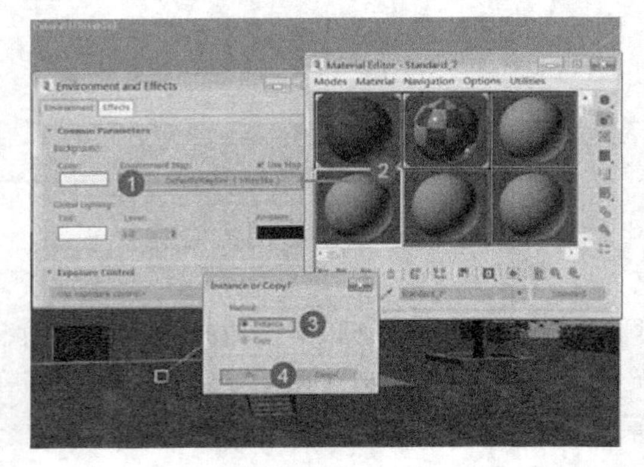

图 9-98　关联复制【VRay 天光】贴图至空白材质球

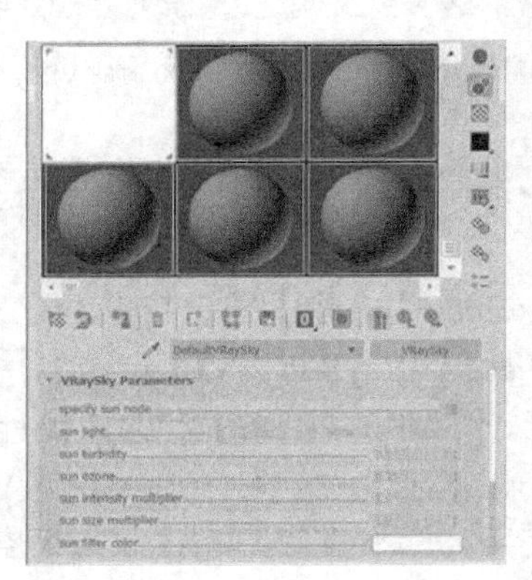

图 9-99　【VRay 天光】参数设置与预览效果

9.4.1　Sun node【阳光节点】

Sun node【阳光节点】参数用于 VRaySky【VRay 天光】环境贴图与 VRaySun【VRay 阳光】进联动。如图 9-100 所示，单击其后的 None 按钮，再拾取场景创建好的【VRay 阳光】，即可将两者进行关联。

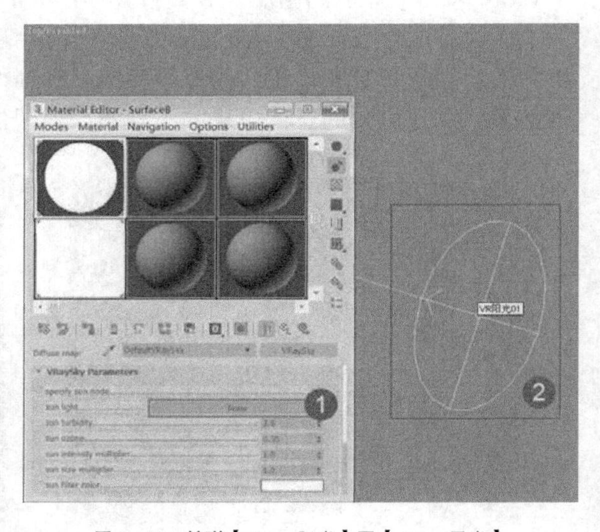

图 9-100　关联【VRay 阳光】至【VRay 天光】

将两者进行关联后，调整【VRay 阳光】的位置即可对【VRay 天光】环境贴图的效果产生相应的影响，如图 9-101 所示。而由于默认参数下【VRay 天光】环境贴图的【阳光强度倍增】参数为 1，渲染完成后极可能得到图 9-102 所示的效果。

为了联动后得到合适的亮度，接下来首先了解与其相关的 sun intenstiy

mulitplier【阳光强度倍增】参数。

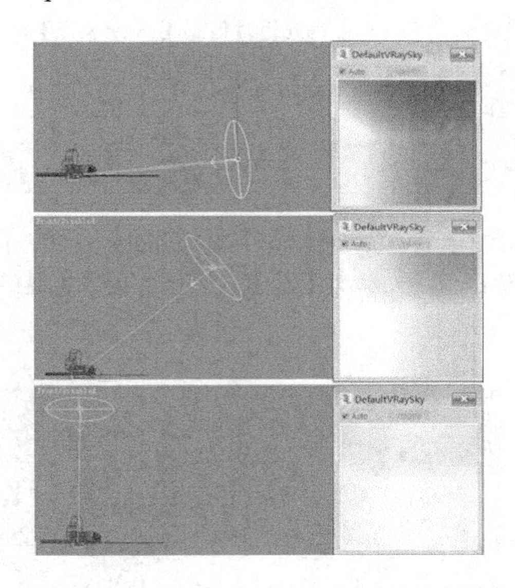

图 9-101　调整 VRay 阳光联动调整 VRay 天光的效果

图 9-102　联动后默认 VRay 天光参数的渲染效果

注意：VRaySky【VRay 天光】环境贴图通过 Sun node【阳光节点】参数后的 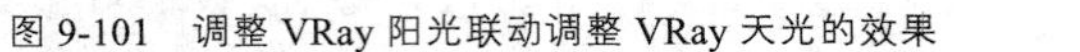 None 按钮能与场景中任何一盏灯光进行关联，但通常其只与用于模拟室外阳光效果的灯光进行联动，以全面模拟阳光效果与天空环境。

9.4.2 sun intensity multiplier【阳光强度倍增】

sun intensity multiplier【阳光强度倍增】参数用于控制 VRay Sky【VRay 天光】环境贴图中模拟的阳光的强度。如图 9-103 与图 9-104 所示，该参数值细微的调整同样能带来亮度上较大的改变。

图 9-103　阳光强度倍增为 0.03 时的效果

图 9-104　阳光强度倍增为 0.05 时的效果

技巧：当使用 VRaySun【VRay 阳光】与 VRaySky【VRay 天光】环境贴图联动进行灯光效果的制作时，通常先通过调整【VRay 阳光】产生合适的阳光光影效果，然后据此通过调整【VRay 天光】环境贴图获得理想的整体环境亮度。

9.4.3 sun turbidity【阳光浊度】

sun turbidity【阳光浊度】参数的含义及其用法与【VRay 阳光】中的 turbidity【浊度】参数基本一致，如图 9-105 与图 9-106 所示，参数值越低，光线氛围越蓝，天空的效果也越纯净蔚蓝。

图 9-105　阳光浊度为 2 时的渲染效果

图 9-106　阳光浊度为 12 时的渲染效果

9.4.4 sun ozone【阳光臭氧度】

sun ozone【阳光臭氧度】参数的含义及其用法与【VRay 阳光】中的 ozone【臭氧】参数基本一致，主要用于调整光线氛围与天空背景的色调。如图 9-107 与图 9-108 所示，该参数数值的变化所体现的影响并不明显，因此常保持默认参数值即可。

图 9-107　阳光臭氧度为 0.1 时的效果

图 9-108　阳光臭氧度为 1 时的效果

9.4.5 sun size multiplier【阳光尺寸倍增】

sun size multiplier【阳光尺寸倍增】参数用于控制阳光投影的清晰度。如图 9-109 与图 9-110 所示，该参数变化所带来的影响十分微弱，远不如 VRaySun【VRay 阳光】中的 size multiplier【尺寸倍增】参数般强烈，此外其对图像的亮度会有轻微的影响。通常保持其默认参数值即可。

图 9-109　阳光尺寸倍增为 1 时的效果

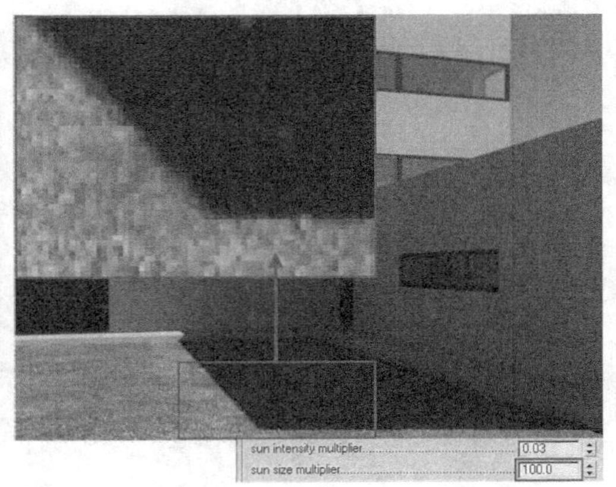

图 9-110　阳光尺寸倍增为 10 时的效果

至此，VRaySky【VRay 天光】环境贴图的参数已讲解完毕。其与 VRaySun【VRay 阳光】联动后，对于晴朗天气氛围下各时段日光效果的模拟将变得十分灵活简便，如图 9-111~图 9-116 所示。通过调整【VRay 阳光】的角度，再略微调整相关参数即能快速完成各处氛围的表现。

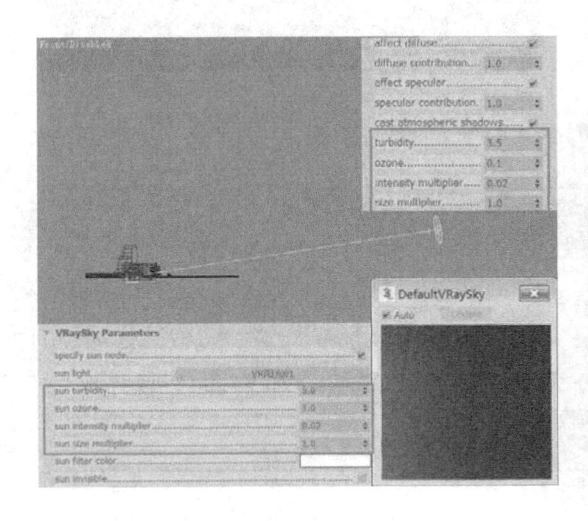

图 9-111　清晨时段 VRay 阳光与 VRay 天光参数调整

图 9-112　清晨时段渲染效果

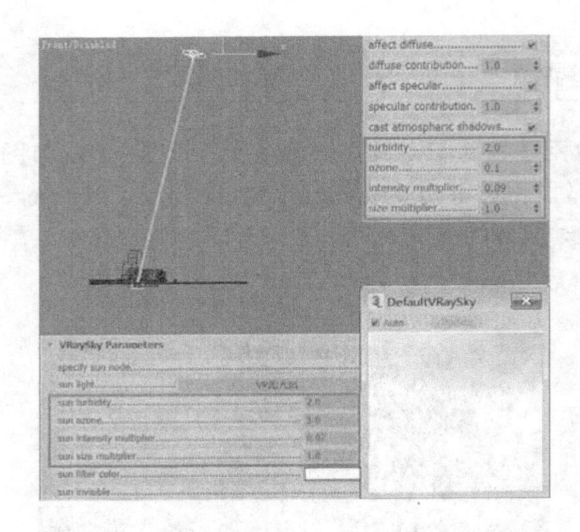

图 9-113　中午时段 VRay 阳光与 VRay 天光参数调整

图 9-114　中午时段渲染效果

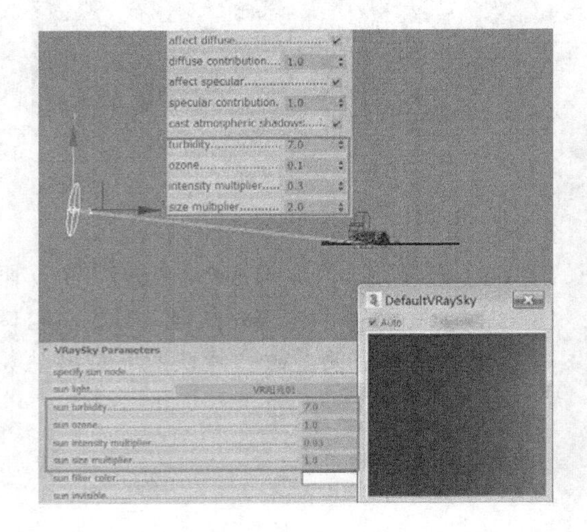

图 9-115　黄昏时段 VRay 阳光与 VRay 天光参数调整

图 9-116　黄昏时段渲染效果

9.5 VRayShadow

VRayShadow【VRay 阴影】是 VRay 渲染器为了提高 3ds Max 系统自带灯光的阴影效果，附属在 3ds Max 灯光 General parameters【常规参数】中的一种阴影类型，如图 9-117 所示。选择该种阴影类型后将在灯光的参数卷展栏内自动添加如图 9-118 所示的 VRayShadows params【VRay 阴影参数】卷展栏。

9.5.1 Transparent shadows【透明阴影】

Transparent shadows【透明阴影】参数默认情况下被勾选。该参数勾选与否所得到的阴影效果分别如图 9-119 与图 9-120 所示.可以看到，当投影物体为透明时，勾选该参数在渲染得到的阴影效果中也能反映出对象的透明感与色泽。

图 9-117　VRayShadow 阴影类型

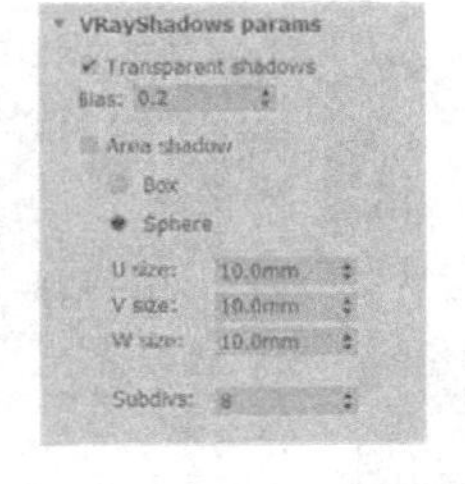

图 9-118　【VRay 阴影】参数卷展栏

图 9-119　不勾选【透明阴影】所产生的阴影效果

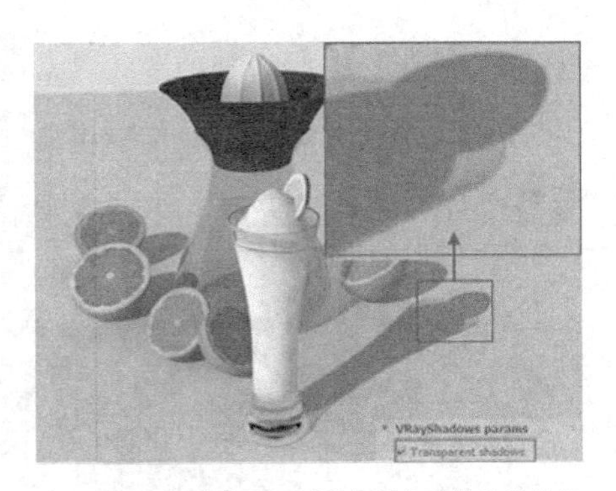

图 9-120　勾选【透明阴影】所产生的阴影效果

9.5.2 Bias【偏移】

该参数数值用于控制阴影位置发生偏移，如图 9-121 与图 9-122 所示。默认的参数值能产生比较真实的阴影效果。

图 9-121　偏移数值为 0.2 时渲染得到的阴影效果

图 9-122　偏移数值为 100 时渲染得到的阴影效果

9.5.3 Area shadow【区域阴影】

Area shadow【区域阴影】用于控制阴影边缘扩散的细节效果，具体方法如下：

Steps 01 勾选该参数后可以根据灯光自身的形态选择相应的 Box【长方体】或是 Sphere【球体】阴影类型。如图 9-123 与图 9-124 所示，选择【球体】阴影时阴影边缘扩散现象更为明显。

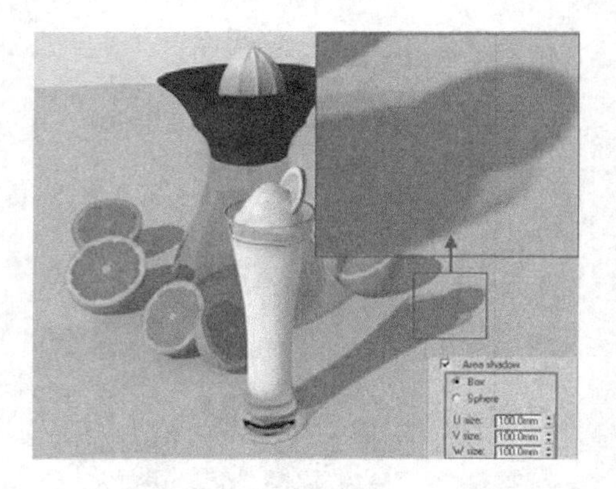

图 9-123　长方体类型渲染得到的阴影效果

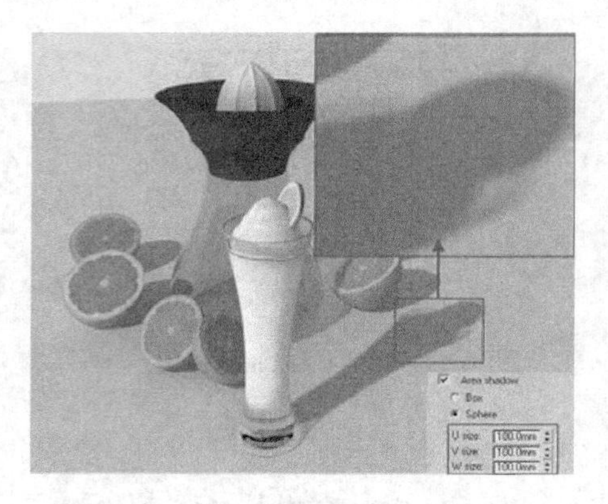

图 9-124　球体类型渲染得到的阴影效果

Steps 02 通过其下的【U/V/W 尺寸】数值可以较精确地控制阴影清晰度与边缘细节，如图 9-125 与图 9-126 所示。

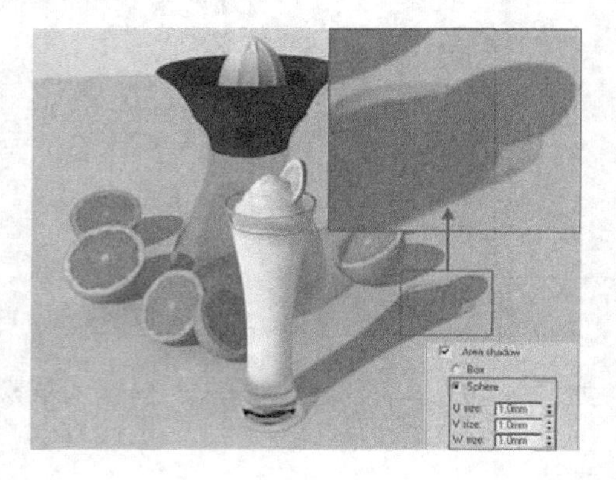

图 9-125　U/V/W 都为 1 时所产生的阴影效果

图 9-126　U/V/W 都为 500 时所产生的阴影效果

注 意：当选择 Box【长方体】阴影类型时，【U/V/W 】三个方向的尺寸都将有效；而选择 Sphere【球体】阴影类型时，则通过 U 方向的尺寸控制阴影的半径，其他两个数值将失效。

9.5.4 Subdivs【细分】

Subdivs【细分】参数的意义及其用法与 VRay 灯光中的同名参数完全一致，用于控制阴影质量。

9.6 VRay Light Lister

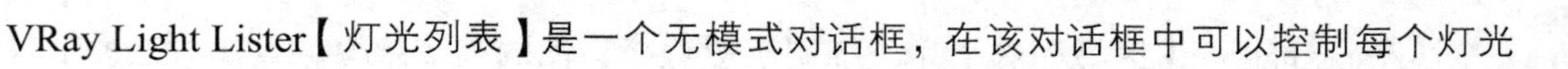

VRay Light Lister【灯光列表】是一个无模式对话框，在该对话框中可以控制每个灯光

的基本功能，如图 9-127 所示，也可以进行全局设置，该设置影响场景中的每个灯光，面板中的参数调节同前面介绍的单个灯光一样。

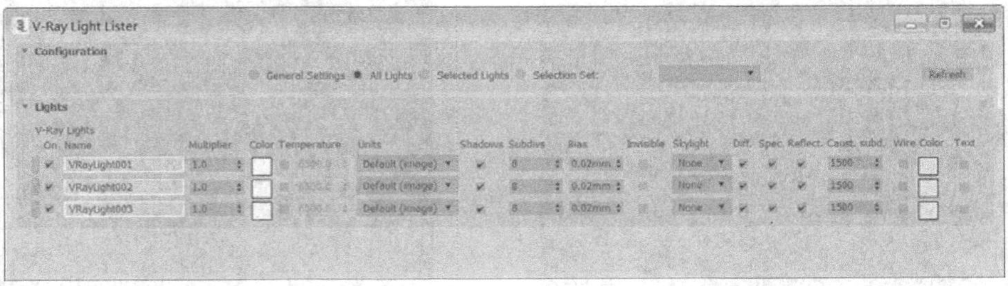

图 9-127 VRay Light Lister【灯光列表】参数面板

9.6.1 Configuration【配置】

- General Settings【常规设置】：显示 Lights【灯光】卷展栏。
- All Lights【所有灯光】：Lights【灯光】卷展栏显示场景中的所有灯光。
- Selected Lights【选择灯光】：Lights【灯光】卷展栏将只显示选定的灯光。
- Selection Set【选择集】：Lights【灯光】卷展栏中会显示出集合中包含的灯光。

注意：该【灯光列表】不能一次控制多于 150 个唯一灯光对象（灯光的实例不算在内）。如果场景中存在多于 150 个唯一灯光对象，则该列表显示找到的前 150 个灯光的控件，同时将警告您应该选择较少的灯光。

9.6.2 Lights【灯光】

当 General Settings【常规设置】卷展栏上的 All Lights【所有灯光】或 Selected Light【选择灯光】处于活动状态时，该卷展栏可见，其用于控制单个灯光对象，而且面板中的参数同灯光的参数设置一样。

1. 灰色按钮

该按钮用于选择和激活场景中的单个灯光。

2. On【启用】

该参数在默认情况下处于勾选状态，如图 9-128 所示。取消该参数勾选，则将如图 9-129 所示，创建的【VRay 灯光】不会产生任何照明及投影效果。

3. name【命名】

该选项框主要用于设置和修改单个灯光的名字。

4. Multiplier【强度】和 Color【颜色】

灯光的 Multiplier【强度】和 Color【颜色】用于控制灯光照明强度和颜色，如图 9-130

与图 9-131 所示。

图 9-128 勾选【启用】参数的渲染效果

图 9-129 未勾选【启用】参数的渲染效果

5. Temperature【温度】和 Units【单位】

场景中的灯光颜色可以通过 Temperature【温度】来调整，而 Units【单位】用于控制灯光以何种单位进行倍增变化，以及调整好其下的 Multiplier【倍增器】数值后默认 image【图像】单位获得的图像效果。

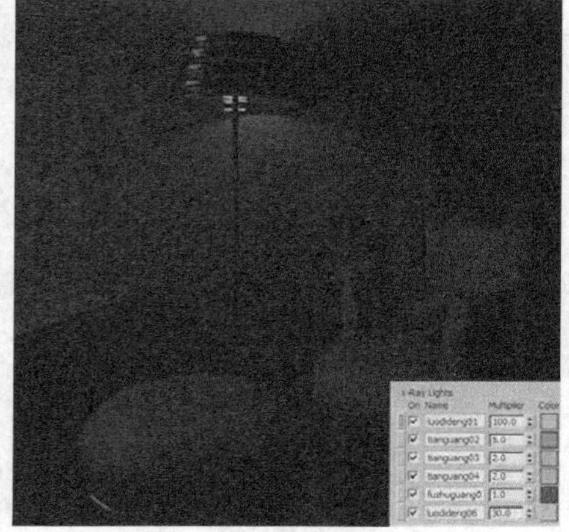

图 9-130 默认设置参数的渲染效果

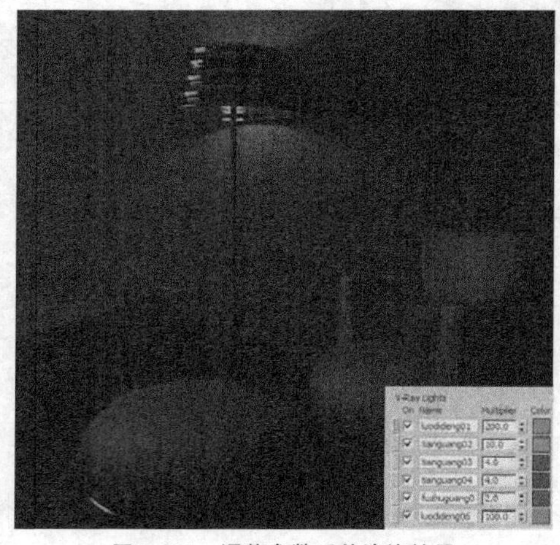

图 9-131 调整参数后的渲染效果

6. Shadows【阴影】

Shadows 【阴影】参数用于控制灯光是否对场景中的所有物体对象进行投影，如图 9-132 所示，取消该参数的勾选，将得到如图 9-133 所示的渲染图像。可以看到，模型对象没有任何投影效果。

7. Subdivs【细分】

通过 Subdivs【细分】数值的高低，可以从灯光自身的角度控制渲染图像中的噪点、光斑等品质问题。该参数值设置越高，图像质量越好，但同时也会增加渲染计算时间。

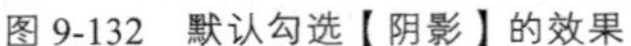

图 9-132　默认勾选【阴影】的效果

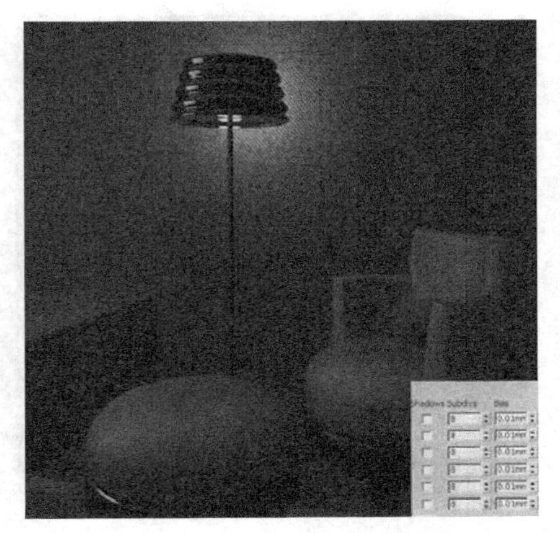

图 9-133　取消勾选【阴影】的效果

技巧： 高数值的 Subdivs【细分】能得到较高的渲染图像质量，但同时也会耗费更多的计算时间。在实际工作中，当并非进行最终的渲染时，该数值一般保持为默认的 8，而最终渲染时则可以根据 VRay 灯光影响面积的大小进行调整，但一般不会超过 30。

8. Bias【偏移】

Bias【偏移】参数控制着阴影与投影物体之间的距离远近，在工作中保持其默认的参数值即可。

9. Invisible【不可见】

默认情况下灯光自身的形状（Dome【穹顶】类型灯光除外）在渲染图像中是可见的，勾选 Invisible【不可见】参数，灯光自身形状在渲染图像中将被隐藏，仅保留其发光与投影效果，因此在工作中该参数常被勾选。

10. Skylight【天光】

选择开启 Skylight【天光】参数后，VRay 灯光的【倍增器】以及之前介绍的【选项】参数将失去独立调整的能力，渲染将不会产生光影效果，如图 9-134 所示。此时通过 VRay 渲染器 Environment【环境】卷展栏可以如图 9-135 所示进行场景亮度的提高。

11. Diff.【漫反射】

默认参数下，Diff.【漫反射】参数为勾选状态，取消该参数的勾选后，场景中的对象只会反映出灯光直接照明的效果，而反应不出反射/折射的效果。

12. Spec.【高光反射】

默认参数下，该项参数为勾选状态。取消该参数的勾选后，场景中材质极细微的高光反射细节将被忽略，除非是进行极细微的高光反射特写的渲染表现，否则该项参数勾选与否都不会对图像产生可观察到的影响，仅在渲染时间上产生极小的差异。

图 9-134　开启 Skylight【天光】的效果

图 9-135　提高 Environment【环境】卷展栏参数的效果

13. Reflect.【反射】

默认参数下，Reflect.【反射】参数为勾选状态。取消该参数的勾选后，场景中的对象将不再体现直接照明的反射现象。

第10章 VRay摄像机

本章重点:

- VRay 穹顶摄像机
- VRay 物理摄像机
- 制作景深特效

打开本书配套资源中本章文件夹中的“VRay 摄像机测试.max”模型文件，然后如图 10-1 所示单击按钮进入【摄像机面板】，通过下拉按钮选择【VRay】类型，可以发现在其 Object Type【对象类型】中包含了 VRayDomeCamera【VRay 穹顶摄像机】；通过下拉按钮选择【Standard】类型，可以发现 Object Type【对象类型】中包含了 Physic【物理】、Target【目标】和 Free【自由】三种类型.其中,前者用于模拟现实摄影中如鱼眼镜头拍摄的透视畸变效果，如图 10-2 所示.接下来首先对其进行介绍。

图 10-1　VRay 摄像机类型

图 10-2　鱼眼镜头拍摄的透视畸变效果

10.1　VRay 穹顶摄像机

Steps 01 按 F 键将视图切换至 Front【前视图】，然后单击 VRayDomeCamera【VRay 穹顶摄像机】创建按钮创建一架摄像机，如图 10-3 所示.从图中的 VRayDomeCameraParameters【VRay 穹顶摄像机参数】中可以发现其参数设置十分简单。

Steps 02 摄像机创建好后，按 C 键即可切换到如图 10-4 所示的 VRay 穹顶摄像机视图.如果对视图的透视远近、视野大小并不满意，可以通过界面右下角的视图控制按钮进行调整，如图 10-5 所示。

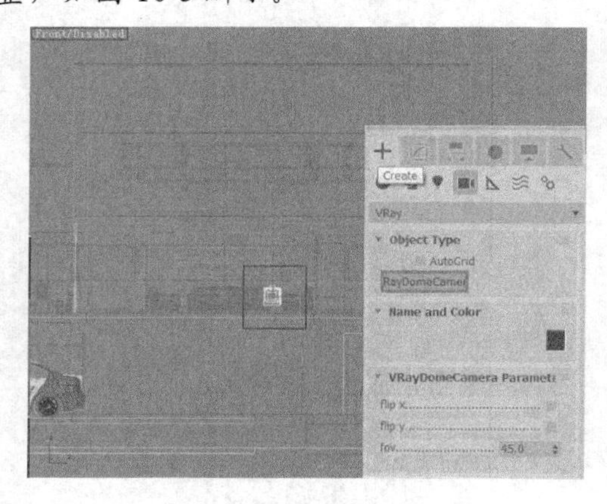

图 10-3　创建 VRay 穹顶摄像机

图 10-4　VRay 穹顶摄像机视图

注 意：无论是 3ds Max 自带的摄像机还是在下一节将重点介绍的 VRayPhysicalCamera【VRay 物理摄像机】，其创建通常都是在 Top【顶视图】中完成，只有 VRayDomeCamera【VRay 穹顶摄像机】需要根据观察方向直接在 Front【顶视图】或是其他侧视图中完成。

Steps 03 由于 VRay 穹顶摄像机自身并没有亮度、色彩等参数可进行调整，因此使用其进行渲染时只能通过灯光参数的调整获得理想的效果.该场景经过灯光参数调整后渲染完成后得到的结果,如图 10-6 所示.参考图中添加的红色直线可以发现，在渲染结果中产生了畸变透视的现象.接下来介绍具体参数对渲染效果的影响。

图 10-5 调整 VRay 穹顶摄像机视图

图 10-6 VRay 穹顶摄像机视图渲染结果

10.1.1 filp x【翻转 x 轴】

勾选 filp x【翻转 x 轴】参数，渲染完成后将产生如图 10-7 所示的结果，对比图 10-6 可以看到图像左右发生了对调。

10.1.2 filp y【翻转 y 轴】

勾选 filp y【翻转 y 轴】参数，渲染完成后将产生如图 10-8 所示的结果，对比图 10-6 可以看到图像上下发生了对调。

图 10-7 勾选【翻转 x 轴】后的渲染效果

图 10-8 勾选【翻转 y 轴】后的渲染效果

10.1.3 fov【视野（file of view）】

通过 fov【视野（file of view)】后的数值设定可以精确控制 VRay 穹顶摄像机的视野大小。如图 10-9~图 10-11 所示。设置数值越大，视野越开阔，渲染所产生的透视畸变效果越强烈。

图 10-9　fov 为 90 时的渲染效果

图 10-10　fov 为 180 时的渲染效果

图 10-11　fov 为 360 时的渲染效果

注意：当 VRayDomeCamera【VRay 穹顶摄像机】的 fov【视野（file of view)】设定数值大于 180 时，其视图显示将会产生如图 10-12 所示的翻转，但在渲染结果中将不会产生这种变化，如图 10-13 所示。

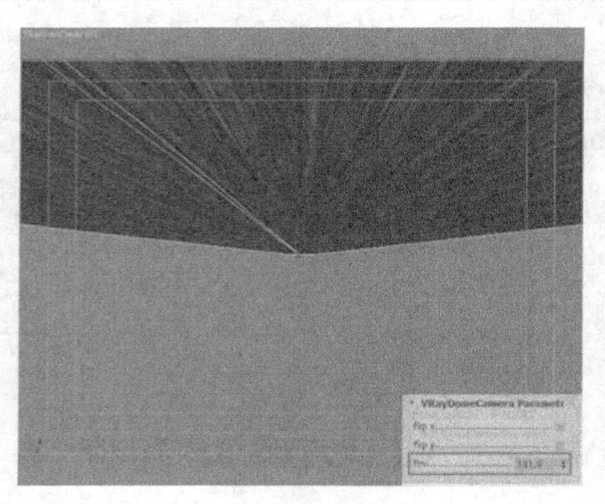

图 10-12　fov 为 181 时的视图显示效果

图 10-13　fov 为 181 时的渲染效果

至此，VRay 穹顶摄像机的参数讲解完毕。通过对其参数的学习与渲染结果的观察可以发现，该种摄像机在效果图表现的使用上有着十分大的局限性，其对渲染图像的明暗、色彩并不具备调整功能，因此接下来重点学习 VRayPhysicalCamera【VRay 物理摄像机】的创建与使用。

10.2 VRay 物理摄像机

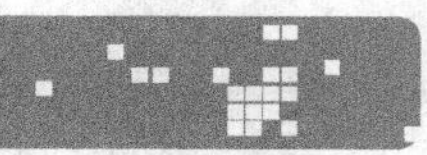

Steps 01 打开 10.1 节中的场景，按 T 键切换至 Top【顶视图】，如图 10-14 所示单击 Physical【物理摄像机】创建按钮，然后在视图中按住鼠标左键从下至上拖动创建一架 VRay 物理摄像机。

Steps 02 在 Top【顶视图】中创建完 VRay 物理摄像机后，再按 L 键切换到 Left【左视图】，如图 10-15 所示调整好摄像机及其目标点的高度。

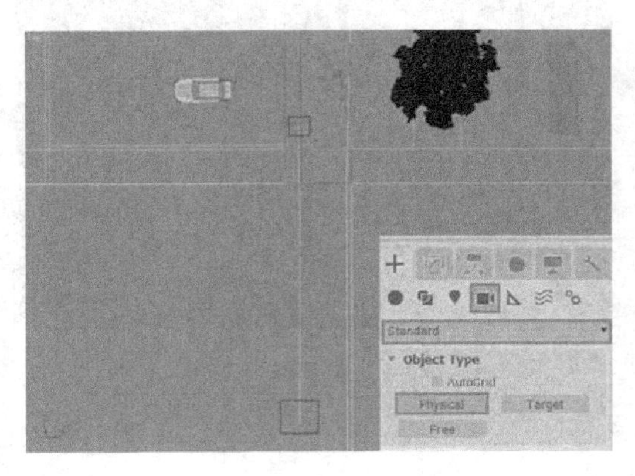

图 10-14　创建 VRay 物理摄像机

图 10-15　调整摄像机及其目标点的高度

技巧：单击 VRayPhysicalCamera【VRay 物理摄像机】创建按钮后，在视图中通过鼠标左键进行创建时，鼠标落下处将生成摄像机，鼠标离开处将生成摄像机目标点，而鼠标拖动的方向则决定 VRay 物理摄像机观察的方向。

技巧：当摄像机及其目标点与场景中其他对象的位置交错重叠时，可以如图 10-16 所示将选择过滤切换至 Cameras【摄像机】，以进行准确的选择。此外，如果需要进行精确的高度定位，可以如图 10-17 所示选择摄像机，然后鼠标右键单击移动工具按钮，通过弹出的 Move transform Type—In【移动变换输入】对话框进行精确移动。

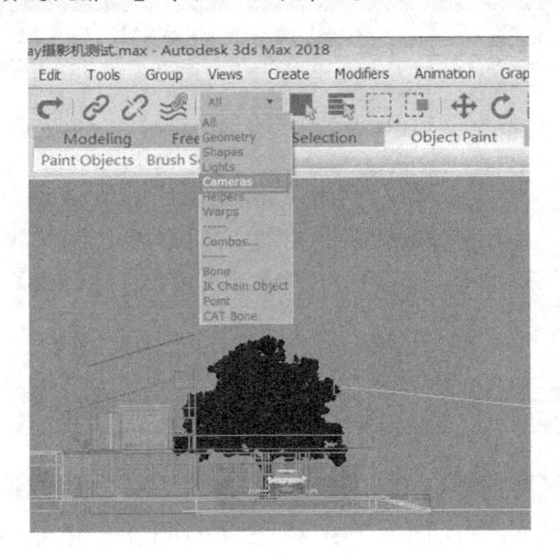

图 10-16　将选择过滤切换至摄像机

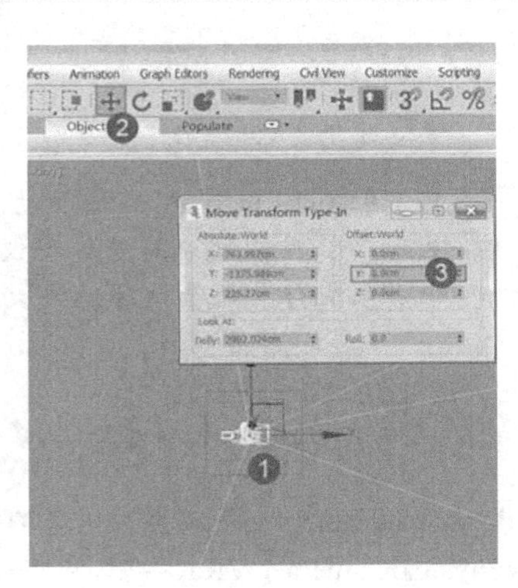

图 10-17　通过【移动变换输入】精确调整高度

Steps 03 调整好两者的高度后，按 C 键切入 VRay 物理摄像机视图，如图 10-18 所示。可以看到，当前的视图观察效果并不理想。而如果保持当前的 VRay 物理摄像机默认参数，直接进行渲染将得到如图 10-19 所示的渲染结果，同样其渲染图片中的亮度与色彩也不理想。

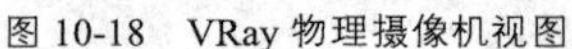

图 10-18　VRay 物理摄像机视图　　　　图 10-19　VRay 物理摄像机默认参数渲染效果

Steps 04 选择【VRay 物理摄像机】，进入修改面板，如图 10-20 所示调整其参数，再次渲染将得到如图 10-21 所示的较为理想的渲染效果。

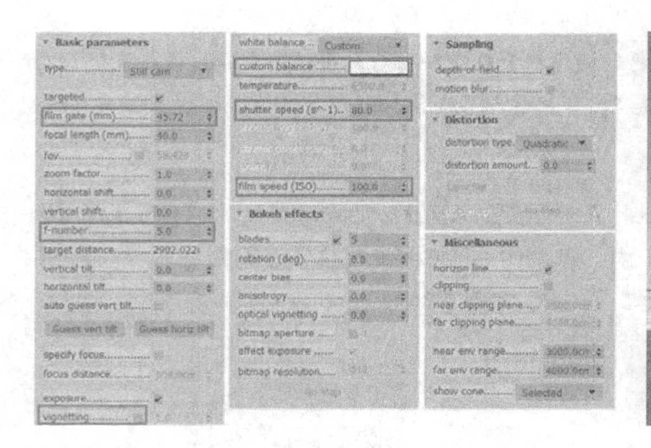

图 10-20　调整 VRay 物理摄像机参数　　　　图 10-21　调整 VRay 物理摄像机参数后的渲染效果

Steps 05 对比图 10-19 与图 10-21 所示的渲染结果可以发现，后者在亮度、色彩等方面的表现都要突出很多。但在这个转变过程仅调整了 VRay 物理摄像机自身的参数，从中可见 VRay 物理摄像机自身调节功能的强大。接下来对图 10-20 中所示的参数进行详细的介绍。

10.2.1　Basic parameters【基本参数组】

Basic parameters【基本参数组】的参数设置如图 10-22 所示，通过该组参数可以调整 VRayPhysicalCamera【VRay 物理摄像机】视图的透视以及其渲染图像的亮度、色彩等效果。

1. type【类型】

通过 type【类型】其右侧的下拉按钮可以调出如图 10-23 所示的三种类型的 VRay 物理摄像机，其中，默认的 Still cam【静态照相机】是效果图中使用的类型，可以模拟现实中照相机拍摄的静态画面效果；Movie cam【电影摄像机】与 Video cam【视频录影机】用于动态效果的渲染。

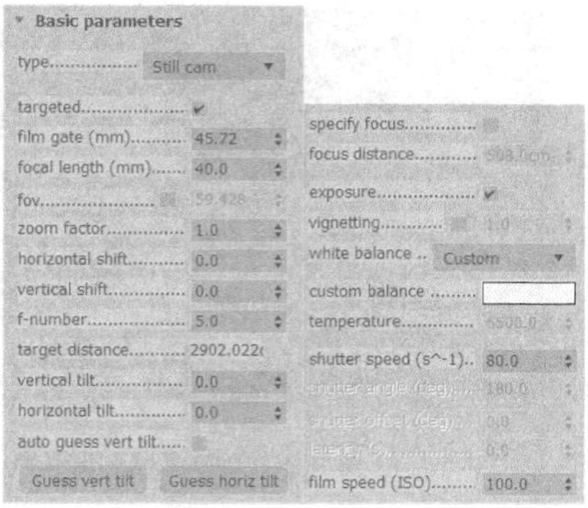

图 10-22　VRay 物理摄像机【基本参数组】的参数设置

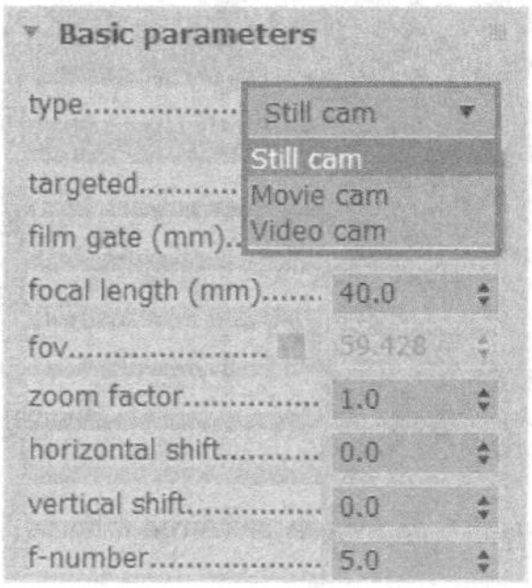

图 10-23　VRay 物理摄像机的三种类型

2．targeted【目标】

targeted【目标】参数默认为勾选状态。如图 10-24 所示，此时 VRay 物理摄像机可以通过移动其目标点调整取景方向。如果取消该参数的勾选 VRay 物理摄像机目标点将消失，此时摄像机的方向只能通过旋转摄像机自身进行调整，如图 10-25 所示。

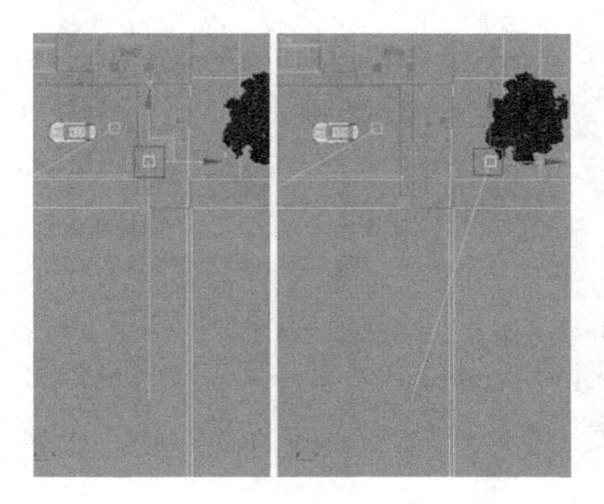

图 10-24　通过移动目标点调整 VRay 物理摄像机取景方向

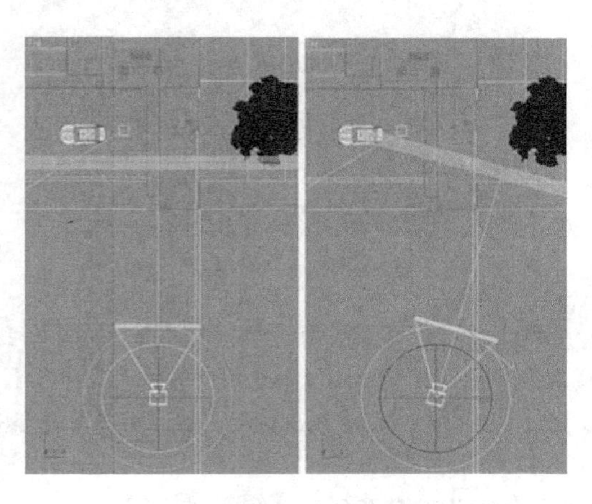

图 10-25　取消勾选【目标】后通过旋转摄像机调整取景方向

注 意：targeted【目标】参数勾选与否只影响 VRay 物理摄像机取景方向的调整，对其他效果并不会产生影响。

3．film gate【胶片规格】

film gate【胶片规格】参数在现实摄影中指感光材料的对角尺寸大小。如图 10-26 与图 10-27 所示，该数值越大，观察到的范围越宽，但范围内物体的自身面积相对变小。

技 巧：在现实摄影中，film gate【胶片规格】为 35mm 时拍摄的画面不会透视失真，因此在使用 VRay 物理摄像机时如果所观察的范围过窄，可以先通过即将介绍的 focal length【焦距】值进行调整。

图 10-26　胶片规格为 36mm 时的渲染结果

图 10-27　胶片规格为 46mm 时的渲染效果

4. focal length【焦距】

focal length【焦距】参数同样用于调整画面的观察范围。如图 10-28 与图 10-29 所示，该数值越小，所观察到的范围越宽，画面中的物体越小。

图 10-28　焦距为 36mm 时的渲染效果

图 10-29　焦距为 46mm 时的渲染效果

注 意：在现实摄影中，普通镜头的焦距范围一般控制在 28~50mm，不在这个范围内的焦距有可能造成画面歪曲。此外，焦距数值的大小将影响 VRay 物理摄像机的“景深”效果。详细内容可查阅本章 10.3.3 节“通过 focal length【焦距】加强景深”。

5. zoom factor【缩放因数】

通过 zoom factor【缩放因数】参数可以在不改变 film gate【胶片规格】与 focal length【焦距】值的前提下调整视野范围，如图 10-30 ~图 10-32 所示。

图 10-30　缩放因数为 0.5 时的视野大小

图 10-31　缩放因数为 1 时的视野大小

图 10-32　缩放因数为 2 时的视野大小

技 巧：综上所述，【胶片规格】、【焦距】以及【缩放因数】三项参数共同影响 VRayPhysicalCamera【VRay 物理摄像机】所观察到的视野范围。

6. f-number【光圈数值】

f-number【光圈数值】参数在现实摄影中控制通过镜头到达胶片的光通量。如图 10-33 与图 10-34 所示，在 VRay 物理摄像机中所设置的参数值越大，进光量越小，得到的图像越昏暗；数值越小进光量越大，得到的图像越明亮。

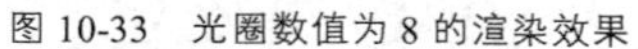
图 10-33 光圈数值为 8 的渲染效果

图 10-34 光圈数值为 5 时的渲染效果

注 意：f-number【光圈数值】参数值的大小与图片的亮度有关，图 10-33 与图 10-34 所示。在本章 10.3.3 节的“通过 f-number【光圈数值】加强景深”中将详细介绍该参数与景深强度的关系。

7. distortion【失真】

通过 distortion【失真】参数可以调整渲染结果中的透视失真效果。如图 10-35 所示，当该参数值保持为默认的 0 时，VRay 物理摄像机的面片显示为平面。在如图 10-36 所示的渲染结果中物体没有出现任何失真。

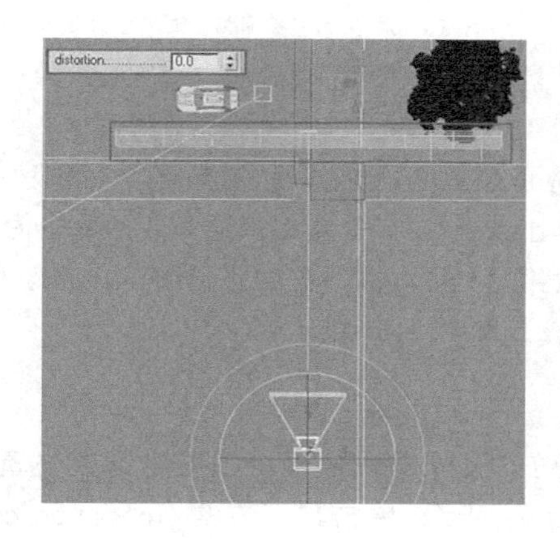

图 10-35 失真参数值为默认的 0 时的 VRay 物理摄像机

图 10-36 失真参数值为默认的 0 时渲染结果

当失真参数值设置为负数时，VRay 物理摄像机的面片显示为凹面，如图 10-37 所示，并在渲染结果中出现如图 10-38 所示的失真现象。失真参数值越小，该种现象越剧烈。

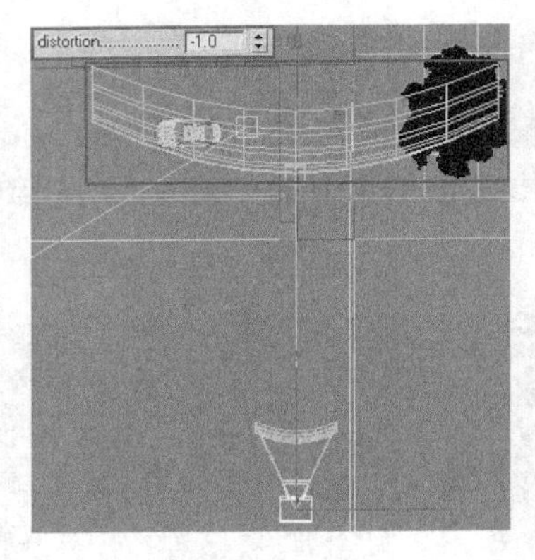

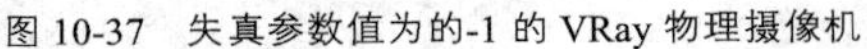

图 10-37　失真参数值为的-1 的 VRay 物理摄像机　　图 10-38　失真参数值为-1 时的渲染效果

当【失真】参数值设置为正数时，VRay 物理摄像机的面片显示为凹面，如图 10-39 所示，并在渲染结果中出现如图 10-40 示的失真现象，失真参数值越大，该种现象越剧烈。

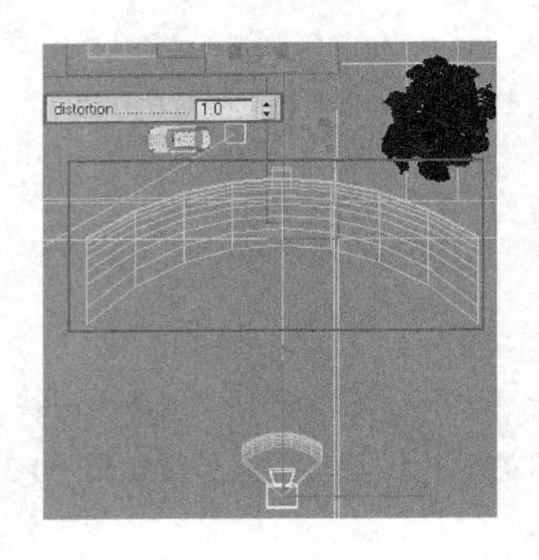

图 10-39　失真参数值为 1 时的 VRay 物理摄像机　　图 10-40　失真参数值为 1 时的渲染效果

8. distortion type【失真类型】

当 distortion【失真】参数值非 0 时，通过调整 distortion type【失真类型】可以急剧地改变失真效果。图 10-41 与图 10-42 所示分别为 distortion【失真】参数为 1、类型为 Cubic【立方】时 VRay 物理摄像机面片形状与渲染效果，分别与图 10-39、图 10-40 比较可以看到，此时比默认的 Quadiatic【平方】产生的失真现象更为剧烈。

9. vertical shift【垂直变形】

通过 vertical shift【垂直变形】后的数值可以在 VRay 物理摄像机视图中调整失真现象，但当在该视图内观察到透视失真时，通常如图 10-43 所示，单击其下方的 Guess vertical shift【估算垂直移动】按钮自动校正。

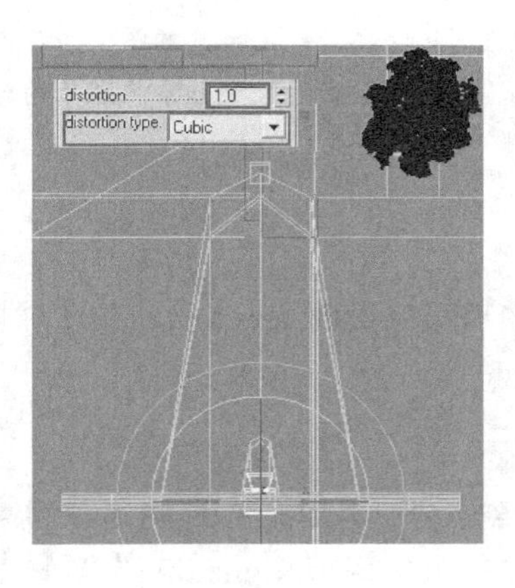

图 10-41　失真类型为立方时的 VRay 物理摄像机

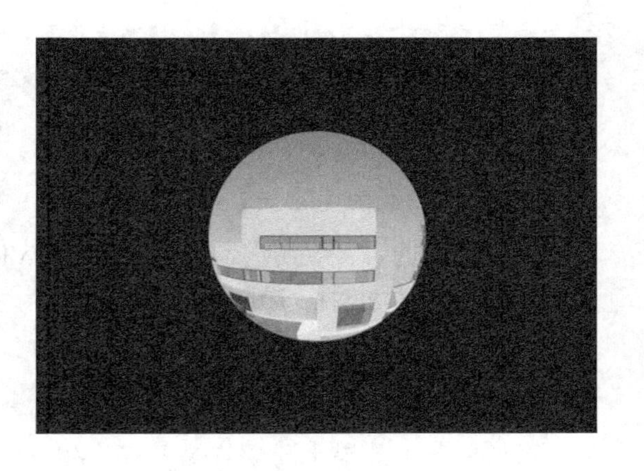

图 10-42　失真类型为立方时的渲染效果

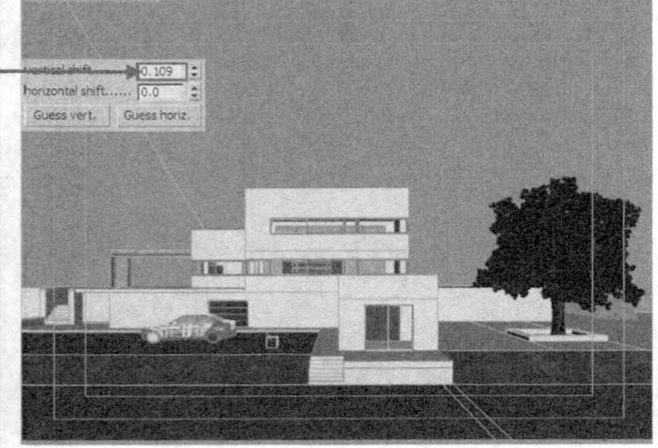

图 10-43　单击【估算垂直移动】按钮自动校正透视失真

10. specify focus【指定焦点】

勾选 specify focus【指定焦点】后，VRay 物理摄像机将如图 10-44 所示显示用于参考焦点距离的面片。此时可以如图 10-45 所示，通过其下方的 focus distance【焦点距离】的参数值精确改变 VRay 物理摄像机的焦点位置。

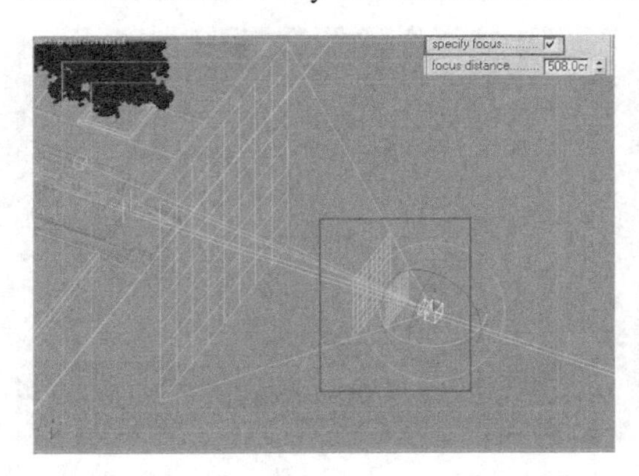

图 10-44　勾选【指定焦点】后的显示 VRay 物理摄像机面片

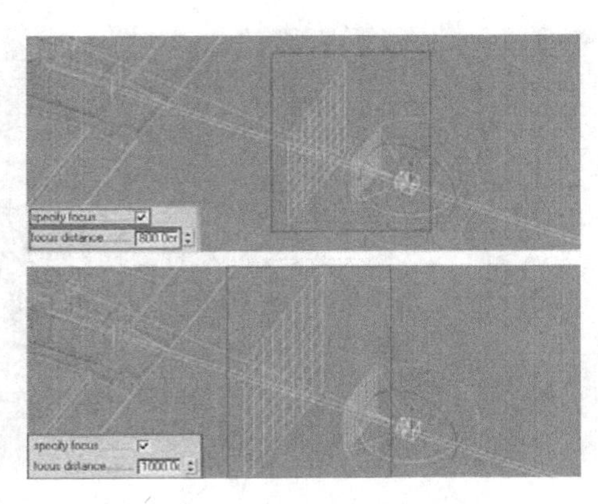

图 10-45　改变焦点距离调整交点位置

注 意：当改变 focus distance【焦点距离】参数值时，用于参考焦点位置的两块面片不但会改变其与摄像机的距离，两块面片之间的距离也会发生改变，这两个距离的改变对景深效果的影响将在“制作景深特效”中进行详细的讲述。

11. exposure【曝光】

只有在勾选 exposure【曝光】参数后，VRay 物理摄像机的 shutter speed【快门速度】以及 ISO 参数才能对图像的亮度产生影响。

12. vignetting【渐晕】

在现实的摄影以及绘画作品中，我们经常会看到如图 10-46 所示的图片四周亮度暗于中心部位的艺术效果（渐晕效果）。在 VRay 物理摄像机中保持 vignetting【渐晕】参数的勾选，渲染完成后就能得到如图 10-47 所示的类似效果，其后的数值控制该现象的强度。

图 10-46 现实摄影作品中的渐晕效果

图 10-47 勾选【渐晕】参数得到的渲染效果

13. white blance【白平衡】

在现实摄影中通常通过 white blance【白平衡】减少照片与实物间的色差，而通过 VRay 物理摄像机中 Custom【自定义】模式的 white blance【白平衡】下方的“颜色通道”的调整，可以改变渲染图像的整体色调，从而快速转换光线氛围的效果，如图 10-48 与图 10-49 所示。

图 10-48 通过自定义白平衡加强图像中暖色的表现

图 10-49 通过自定义白平衡加强图像中冷色的表现

技巧：在完成第一次渲染前只能凭经验去确定white blance【白平衡】的调整方向。在工作中通常可以先将【白平衡】调整为不产生任何影响的纯白色，这样就可以通过观察渲染图片的色彩进行反馈调整，如果图片颜色过暖则将【白平衡】颜色调整为暖色，如果图片颜色过冷则将【白平衡】颜色调整为冷色，即渲染图像中哪种颜色过于突出就将【白平衡】颜色调整为相应颜色来进行校正。

此外，通过 white blance【白平衡】参数右侧的下拉按钮，可以选择 VRay 渲染器预置的一些白平衡效果。选用其中的 Daylight 与 D50 的渲染效果如图 10-50 与图 10-51 所示。

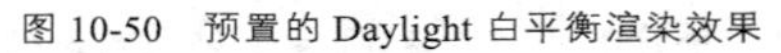
图 10-50　预置的 Daylight 白平衡渲染效果

图 10-51　预置的 D50 白平衡渲染效果

14. shutter speed【快门速度】

在现实摄影中，shutter speed【快门速度】指的是相机的快门元件完成“闭合-打开-闭合”的速度。速度越快，光通过快门到达感光材料（胶片）的时间便越少，因此所得到的照片就越暗。在 VRay 物理摄像机中同样通过该参数后的数值控制渲染图片的亮度，如图 10-52～图 10-54 所示。

图 10-52　快门速度为 300 的渲染效果

图 10-53　快门速度为 200 的渲染效果

图 10-54　快门速度为 80 的渲染效果

注意：第一，在 VRay 物理摄像机中，shutter speed【快门速度】后设置的数值为实际快门速度的倒数，如果将快门速度设置为 80，那么最后的实际快门速度为 1/80s，因此数值越小，快门闭合越慢，通过的光线越多，渲染图片越明亮。第二，由于之前介绍 f-number【光圈数值】同样能改变渲染图片的亮度，当渲染结果中亮度不够时初学者可能会不知道通过哪个参数进行亮度的改变更好。通常情况下，首先会通过【光圈数值】的调整改善至合适的图像亮度，然后再通过【快门速度】进行较小的调整，但如果场景表现“景深”且当前的效果理想，此时为了保留“景深”效果则需要对【光圈数值】进行较大的改变从而调整出合适的亮度。

15. ISO【照片感光度】

在 VRay 物理摄像机中，该参数数值越高，胶片感光能力越强，渲染图片越明亮，如图 10-55 与图 10-56 所示。反之渲染得到的图像就会越昏暗。

图 10-55　ISO 为 30 的渲染效果

图 10-56　ISO 为 100 的渲染效果

注 意：当 VRay 物理摄像机的【光圈数值】与【快门速度】未充分利用时（如光圈数值很大），使用数值十分高的 ISO 参数值进行亮度的提升时由于感光过于敏感，场景中极微弱亮度跳跃也会在渲染图像中变得明显从而形成大量噪点，因此该参数最好在【光圈数值】与【快门速度】调整好亮度后用于图像最终亮度的确定，而不使用其进行较大幅度的亮度改变。

10.2.2 Bokeh effects【背景特效】参数组

在真实的摄影中，有时为了突出拍摄主体会采用，以类似圆形状的光点虚化背景区域的散景手法，如图 10-57 所示。而 VRay 物理摄像机勾选默认的 Bokeh effects【背景特效】参数组能产生如图 10-58 所示的类似虚化的效果（散景效果）。

图 10-57　摄影中的散景效果

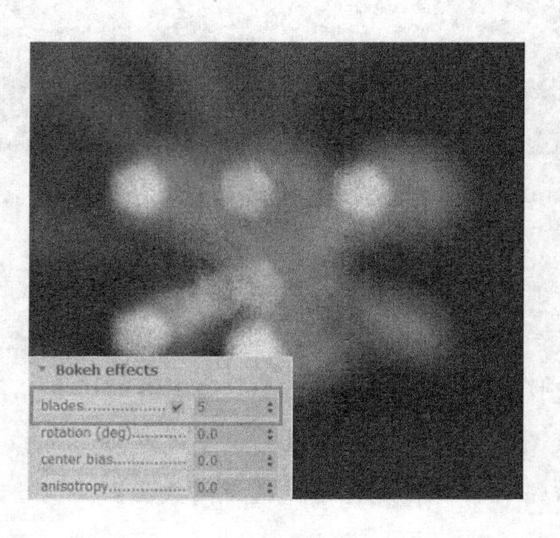

图 10-58　VRay 物理摄像机所模拟的散景效果

注意：第一，Bokeh effect【背景特效】的表现需要勾选其下方的depth-of-field【景深】参数。第二，“散景”特效的成功表现一般需要背景存在高亮的对象（如图10-57背景中渗入树叶缝隙中的阳光）。

1. blades【叶片数】

勾选 blades 【叶片数】后再设置其参数值，可以改变散景画面中亮点的形状。如图10-59~图10-61所示该数值越大，边数就越多，形状越接近圆形，耗费的渲染时间也会略微有所增加。

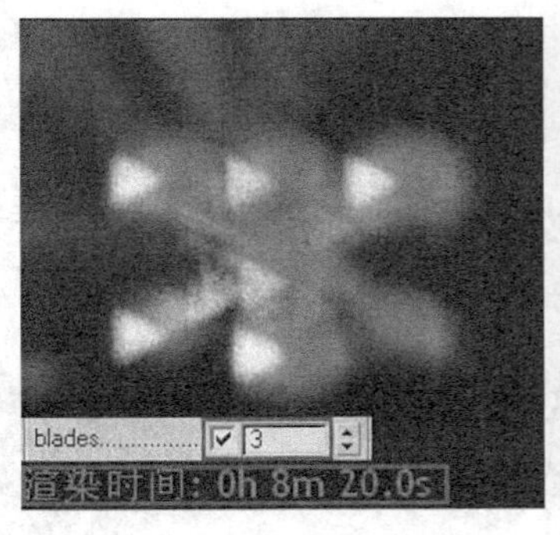

图10-59 叶片数为3的散景效果及耗时

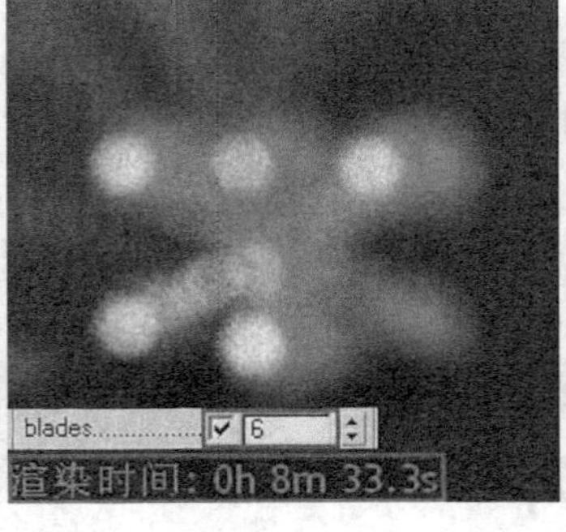

图10-60 叶片数为6的散景效果及耗时

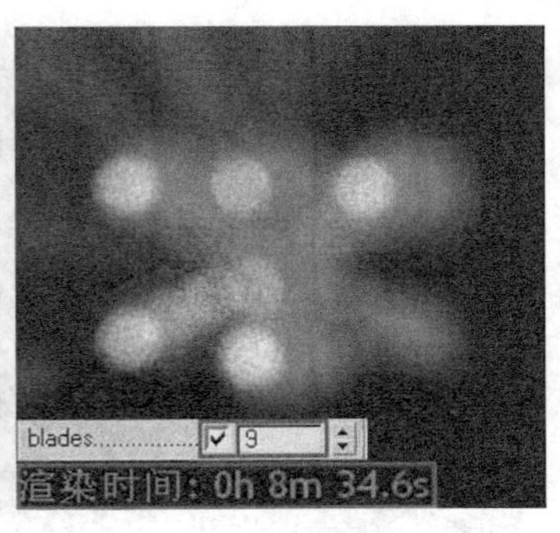

图10-61 叶片数为9的散景效果及耗时

2. rotation(deg)【旋转度数】

勾选 rotation(deg)【旋转度数】后，设置其后的角度数可以如图10-62~图10-64所示改变亮点形状的旋转角度。

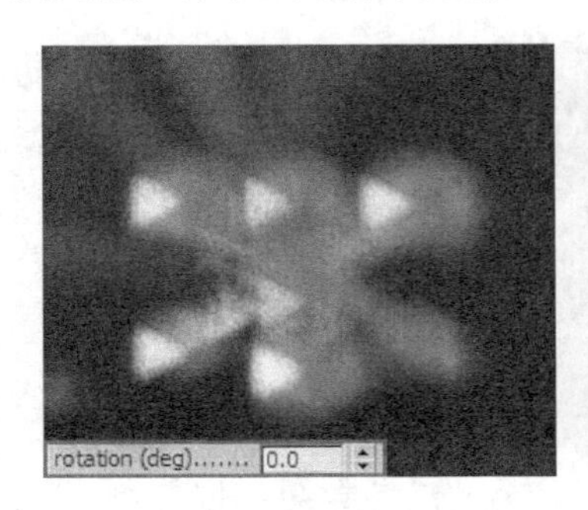

图10-62 默认旋转度数的散景效果

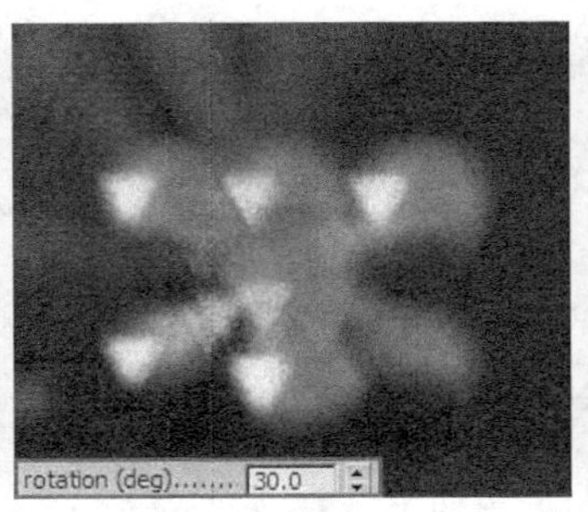

图10-63 旋转30° 的散景效果

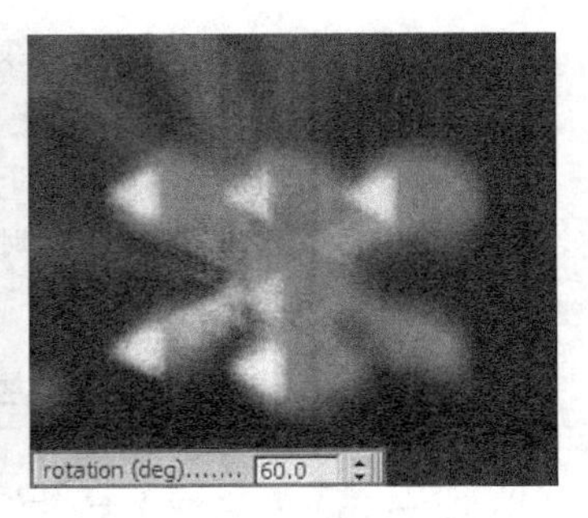

图10-64 旋转60° 的散景效果

3. center bias【中心偏移】

勾选 center bias【中心偏移】后，设置其后的数值可以如图10-65~图10-70所示使高光亮点的中心变成高亮或是空心的效果。

注意：仔细观察图10-65~图10-70可以发现，center bias【中心偏移】值取负值时不但高光中心点会高亮，整个散景也会变得清晰一些，而取正值时不但可以使高光中心点变空洞，整个散景也会变得更模糊。

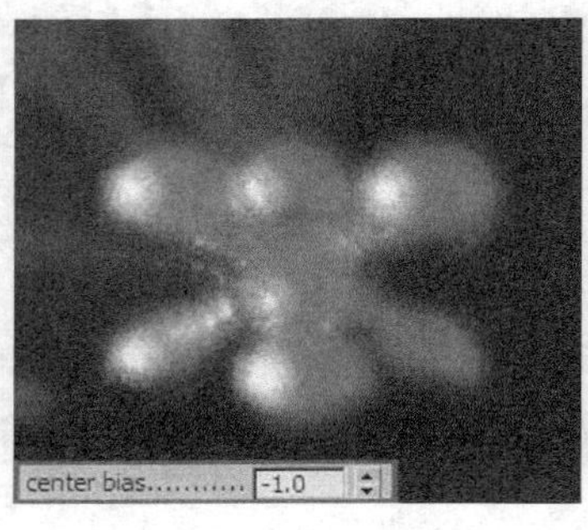

图 10-65 中心偏移值为负的散景效果

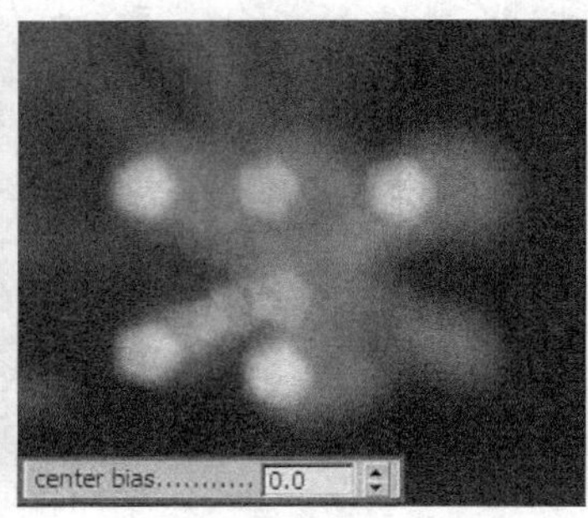

图 10-66 默认中心偏移值的散景效果

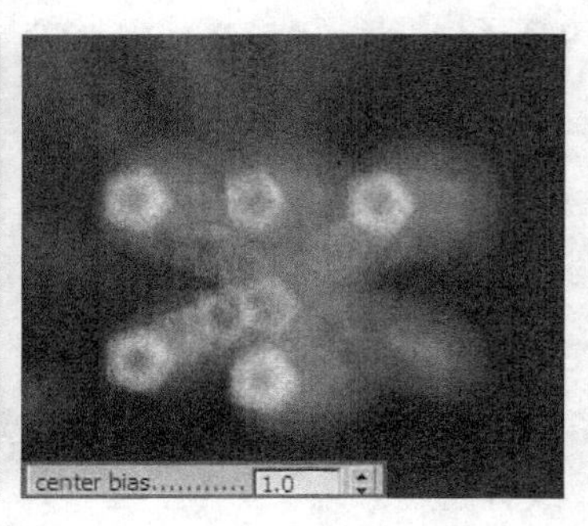

图 10-67 中心偏移值为正的散景效果

4. anisotropy【各向异性】

勾选 anisotropy【各向异性】后，通过其后的数值可以如图 10-68~图 10-70 所示控制亮点形状的变形效果。

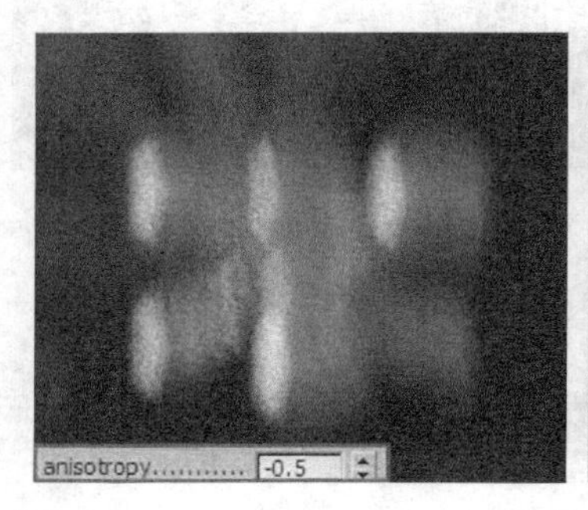

图 10-68 各向异性值为负的散景效果

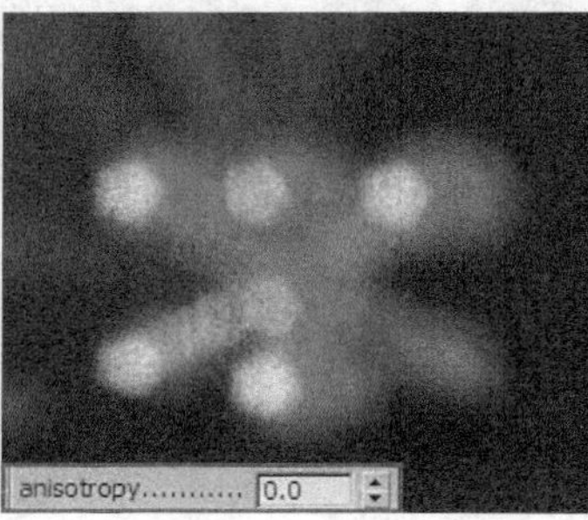

图 10-69 默认各向异性值的散景效果

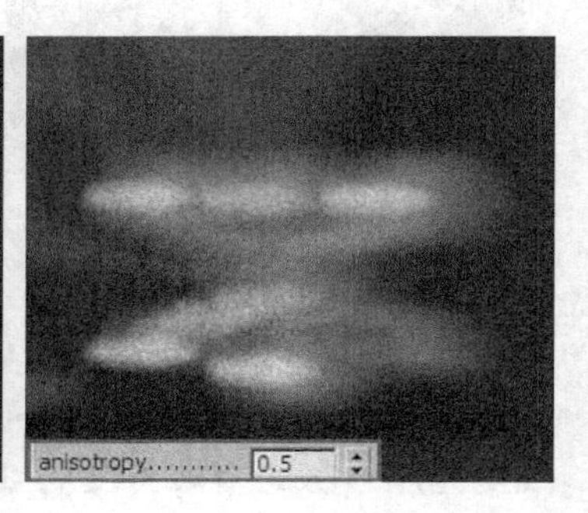

图 10-70 中心偏移值为正的散景效果

注意：仔细观察图 10-68~图 10-70 可以发现，anisotropy【各向异性】取正值时高光将在垂直方向上发生变形，而取正值时则在水平方向上发生变形。

10.2.3 Sampling【采样】参数组

Sampling【采样】参数组的参数设置如图 10-71 所示，通过该参数组可以控制 VRay 物理摄像机产生如图 10-72 所示的 depth-of-field【景深】以及 motion blur【运动模糊】特效，并通过 Subdivs【细分】参数控制特效精细度。

1. depth-of-field【景深】

勾选 depth-of-field【景深】后，通过 VRay 物理摄像机焦点位置的调整，可以产生如图 10-73 与如图 10-74 所示的近景深效果与远景深效果。

注意：对于“景深”概念的理解以及如何通过 VRay 物理摄像机制作并控制出各种景深效果，读者可以查阅本章 10.3“制作景深特效”一节。

图 10-71 【采样】参数组的参数设置

图 10-72 通过【采样】参数组制作的景深与运动模糊特效

图 10-73 VRay 物理摄像机近景深特效果

图 10-74 VRay 物理摄像机远景深效果

2. motion blur【运动模糊】

在 VRay 物理摄像机中勾选 motion blur【运动模糊】参数后，对场景中的某个对象（汽车）添加运动效果，如图 10-75 所示，则通过渲染会产生如图 10-76 所示的运动模糊效果。

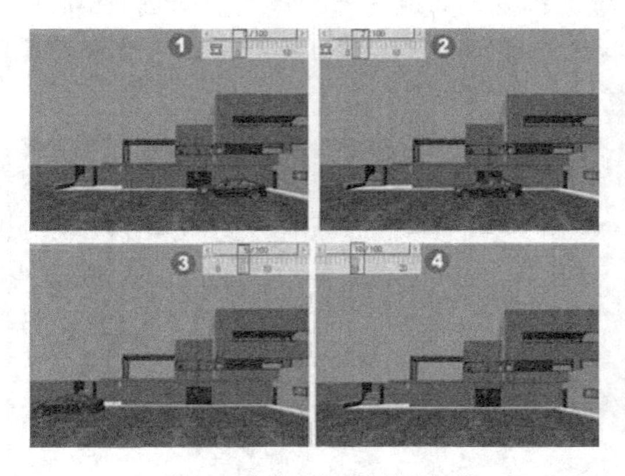

图 10-75 为汽车添加运动效果

图 10-76 VRay 物理摄像机渲染产生的运动模糊效果

注意：对于 motion blur【运动模糊】效果的表现，通过 VRay 渲染器 Camera【摄像机】卷展栏中的相关参数能进行更多细节的调整，读者可以参考本书第 2 章中的相关内容。

10.2.4 Miscellaneous【杂项】参数组

Miscellaneous【杂项】参数组的参数设置如图 10-77 所示，其主要用于控制通过 VRay 物理摄像机所渲染的外部透视、地形以及室内透视等。

1. horizon line【水平线】

勾选 horizon line【水平线】后在 VRay 物理摄像机视图中将出现如图 10-78 所示的线条，用于参考定位场景中模型的水平线位置。

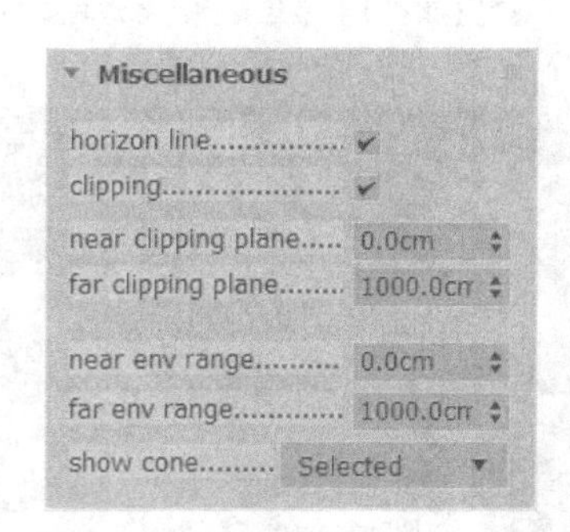

图 10-77 【杂项】参数组的参数设置

图 10-78 勾选【水平线】参数出现的视图参考线

2. clipping【剪切】

勾选 clipping【剪切】后，通过其下方的 near clipping plane【近剪切平面】与 far clipping plane【远剪切平面】，可控制 VRay 物理摄像机所观察到的视图内容与渲染效果。具体的方法如下：

Steps 01 参考 VRay 物理摄像机视图的变化，通过 near clipping plane【近剪切平面】后的参数调整，可以决定 VRay 物理摄像机从距离摄像机多远的地方开始观察。如图 10-所示，与摄像机距离小于这个数值的物体将不会在视图中显示，并如图 10-80 所示不会在渲染结果中出现。

图 10-79 近剪切平面控制 VRay 物理摄像机的观察开始点

图 10-80 距离小于近剪切平面数值的物体将不会被渲染

技巧：在室内效果图中可以调整 near clipping plane【近剪切平面】至刚好剪切完近处墙体处，以观察至室内的结构与摆设，从而制作三维结构剖开效果图。

Steps 02 通过调整 far clipping plane【远剪切平面】的参数，可以决定 VRay 物理摄像机最远观察到的距离（即结束点）。如图 10-81 所示，大于设定数值距离的物体将不会在视图中显示，并如图 10-82 所示不会在渲染结果中出现。

图 10-81 远剪切平面控制 VRay 物理摄像机的观察结束点

图 10-82 距离大于远剪切平面数值的物体将不会被渲染

注意：near clipping plane【近剪切平面】与 Far clipping plane【近剪切平面】参考通用于控制 VRay 物理摄像机视图中构图的远近，而接下来将介绍的 near env range【近环境氛围】与 far env range【远环境氛围】则主要用于控制 Environment and affect【环境和影响】产生的远近。

10.3 制作景深特效

10.3.1 什么是景深

景深是摄影术语，指的是在摄像机镜头(或其他摄影器材)对摄影主体完成对焦后，在设定的焦点前后都,有一个能形成清晰影像的范围，这一前一后的距离范围便叫作景深，如图 10-83 所示。

景深通常而言有两种：一种是在现实的摄影中经常应用到的如图 10-84 所示的“近(前)景深”效果。很明显，图片内处于近端的摄影主体清晰而背景则模糊，通过这种虚实的对比手法可以使花束显得更为突出。另一种是“远（后）景深”效果，在现实的摄影中并不常用，其效果如图 10-85 所示，即处于图片近端的物体被模糊，而处于远端的背景则显得清晰。

此外，还可以通过将景深表现在图片中部，产生图片中部主体清晰、远近两端均为模糊的景深效果，如图 10-86 所示。

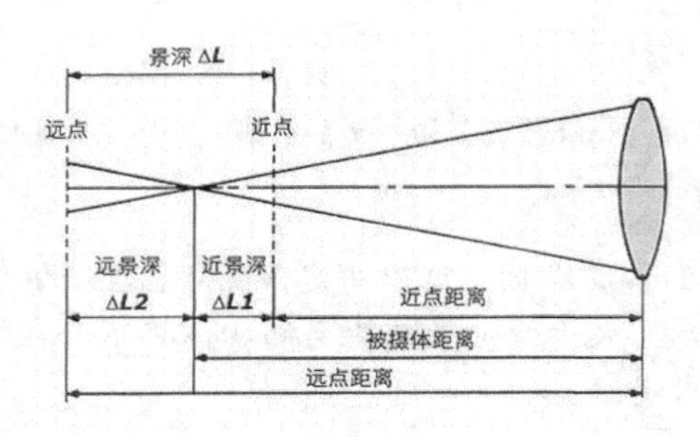

图 10-83 景深图解

图 10-84 摄影中的近景深效果

图 10-85 VRay 物理摄像机模拟的远景深效果

图 10-86 中部景深效果

10.3.2 影响景深的关键

在摄影中对于景深的计算有一个比较复杂的计算公式，结合 VRay 渲染器中的 VRayPhysicalCamera【VRay 物理摄像机】所具有的参数，对于“景深”效果的影响可以概括地总结如下：

- 镜头焦距越长，景深越小；焦距越短，景深越大。
- 光圈越大，景深越小；光圈越小，景深越大。

此外，拍摄主体对象离摄像机距离越远，景深越大；距离越近，景深越小。接下来将通过景深效果实例的制作，详细了解这些因素对景深效果的具体影响。

10.3.3 景深效果实例制作

Steps 01 打开本书配盘资源中本章文件夹中的“VRay 物理摄像机景深原始.max”文件，如图 10-87 所示.这是一个已经创建好 VRay 物理摄像机的完整场景，由于只针对 VRay 物理摄像机的景深效果的制作，该场景灯光、材质以及渲染参数均已设置完成。在当前 VRay 物理摄像机参数下渲染得到的结果如图 10-88 所示。

Steps 02 从渲染结果中可以发现，图片的亮度比较适中，但没有任何景深效果，因此选择【VRay 物理摄像机】后进入修改面板，勾选 specify focus【指定焦点】，参考 Top【顶视图】调整两块面片至书桌处，如图 10-89 所示。

Steps 03 再勾选 depth-of-field【景深】参数，在【VRay 物理摄像机】视图中渲染将得到如

图 10-90 所示的结果，对比图 10-88 可以看到，图像中的背景稍微有些模糊，即在书桌处产生了轻微的景深效果。接下来逐一通过 focal length【焦距】、f-number【光圈数值】以及书桌对象位置的调整，在当前效果的基础上加强景深效果的表现。

图 10-87　打开“VRay 物理摄像机景深原始.max”文件

图 10-88　当前渲染结果

技巧：当通过 specify focus【指定焦点】参数值调整面片至距离 VRay 物理摄像机较近的书桌位置时，在渲染结果中将产生如图 10-90 所示的“近（前）景深”效果，而如果将面片调整至距离 VRay 物理摄像机较远的背景墙时，就会产生如图 10-85 所示的“远（后）景深”效果，即将面片调整至哪个区域，该区域就会产生景深效果。

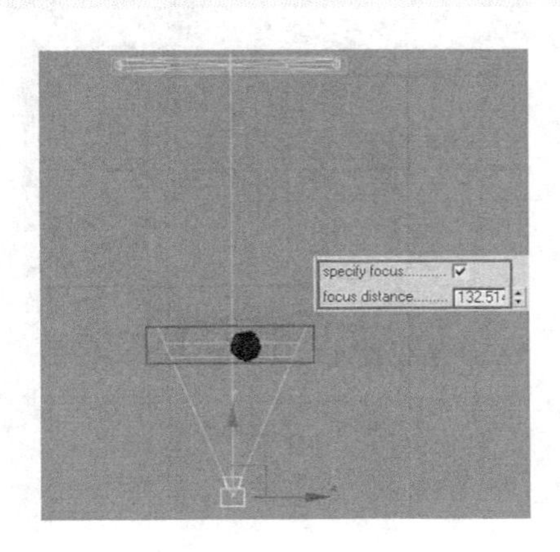

图 10-89　指定焦点至书桌处

图 10-90　渲染结果

1. 通过 focal length【焦距】加强景深

Steps 01 选择【VRay 物理摄像机】后进入 Top【顶视图】，然后进入修改面板，将其 focal length【焦距】从 40 调整至 90，如图 10-91 所示。可以发现，定位【焦点】的两块面片自身的距离被拉近。

技巧：通过 focal length【焦距】数值的增大，定位【焦点】的两块面片自身的距离被拉近，这样产生景深效果的区域将变小，其前后两侧的物体与【焦点】的距离相对拉远，因此景深效果将加剧。

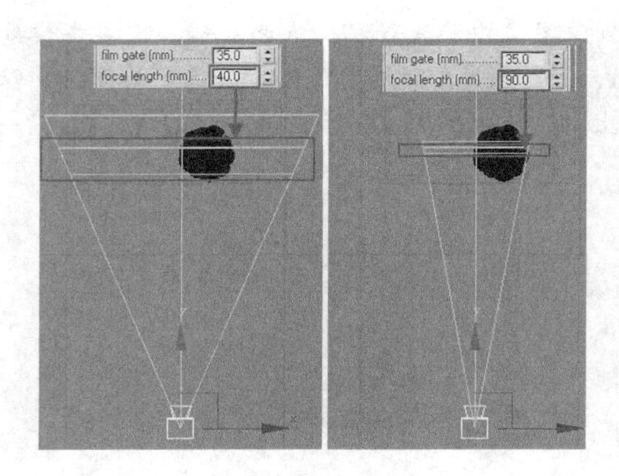

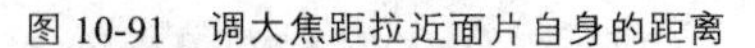

图 10-91　调大焦距拉近面片自身的距离　　图 10-92　调整焦距后的 VRay 物理摄像机视图

Steps 02 增大焦距后按 C 键切换至 VRay 物理摄像机视图，可以发现其视野缩小至如图 10-92 所示.接下来再调整 film gate【胶片规格】数值，如图 10-93 所示增大视野。

Steps 03 调整好视野后进行渲染，将得到如图 10-94 所示的渲染结果.可以看到，此时的景深”效果变得比较明显。

图 10-93　调整胶片规格数值增大视野

图 10-94　渲染结果

2. 通过 f-number【光圈数值】加强景深

Steps 01 选择【VRay 物理摄像机】后进入 Top【顶视图】，然后进入修改面板，将其 f-number【光圈数值】从 5 调整至 1，如图 10-95 所示。可以发现，定位【焦点】的两块面片自身的距离被拉近，同样加剧了景深效果。

Steps 02 调整完光圈数值后，如果直接进入 VRay 物理摄像机进行渲染，将得到如图 10-96 所示的结果，可以看到，由于光圈数值数值变小，图片曝光过度。

注意：当前的场景应该还原之前调整过的 focal length【焦距】等参数，以避免其对 f-number【光圈数值】参数调整的结果产生影响。

Steps 03 为了降低渲染图片的亮度，首先如图 10-97 所示调整好影响渲染图片亮度的

Shutter speed【快门速度】与 ISO【照片感光度】数值。

Steps 04 在 VRay 物理摄像机进行渲染，将得到如图 10-98 所示的结果。可以看到，此时的景深效果变得更为明显。

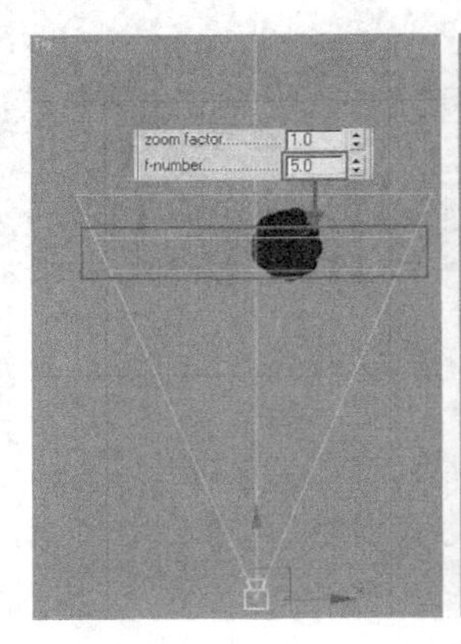

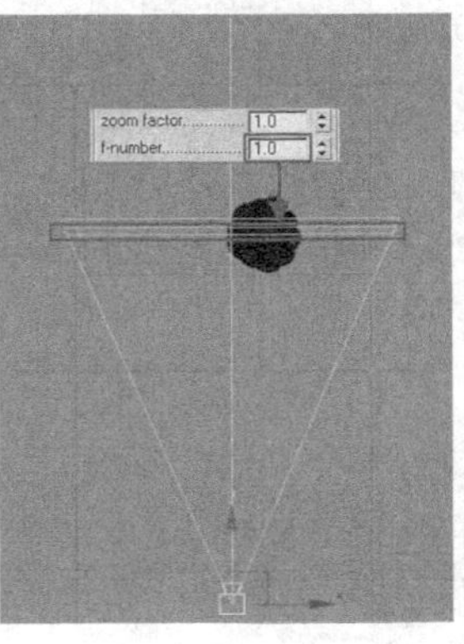

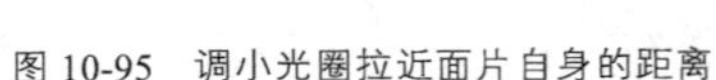

图 10-95　调小光圈拉近面片自身的距离

图 10-96　渲染结果

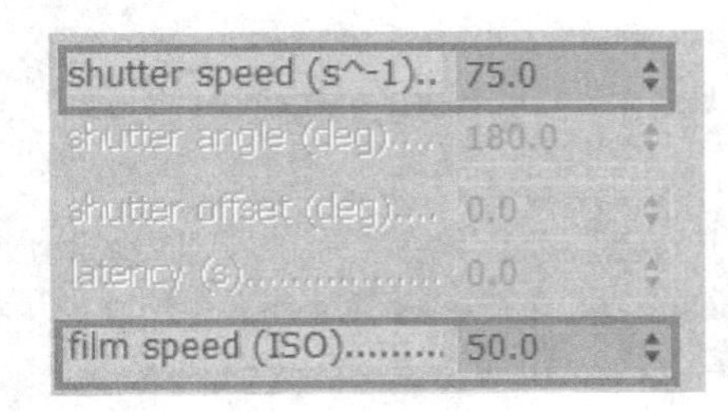

图 10-97　调整快门速度与 IAO

图 10-98　渲染结果

注 意：本节中为了表现十分明显的景深效果才将光圈数值调整为 1，在工作中应该避免用到这样的小数值。

通过前面实例的学习可以了解到，调整 focal length【焦距】或是 f-number【光圈数值】参数加强景深效果的原理是一致的。即通过缩小定位【焦点】的两块面片自身的距离，相对增大其他物体与景深区域的距离以加强景深效果。

此外，如果拉开书桌与背景墙的距离，再将焦点调整至书桌处，同样会增大背景墙与焦点的距离，因此其景深效果必然会有所加剧。但由于在效果图的制作中，模型之间距离的可变动性十分小，因此这种方法并不适用，这里就不再做详细介绍，有兴趣的读者可以亲自动手进行测试。

第11章 VRay属性与大气效果

本章重点：

- VRay属性
- VRayToon【VRay卡通】大气特效
- VRay SphereFade【VRay衰减球】大气特效

调整 VRay 属性可以使单独或若干个模型对象以及灯光表现出更为理想的细节效果，而使用 VRay 大气则能使场景表现接近于卡通效果的轮廓线条效果。

11.1 VRay 属性

VRay 属性分为 VRay object properties【VRay 对象属性】与 VRay light properties【VRay 灯光属性】。选择场景中的模型对象，单击鼠标右键，在弹出的快捷菜单中选择 VRay properties【VRay 属性】，如图 11-1 所示即可弹出如图 11-2 所示的 VRay object properties【VRay 对象属性】面板，接下来对其进行详细介绍。

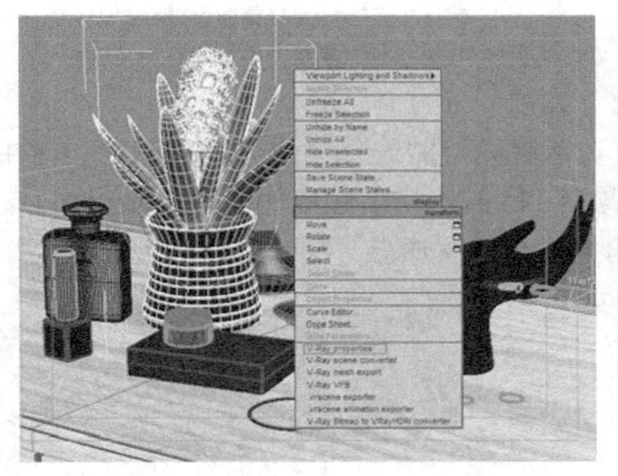

图 11-1　选择模型对象并选择 VRay 属性命令

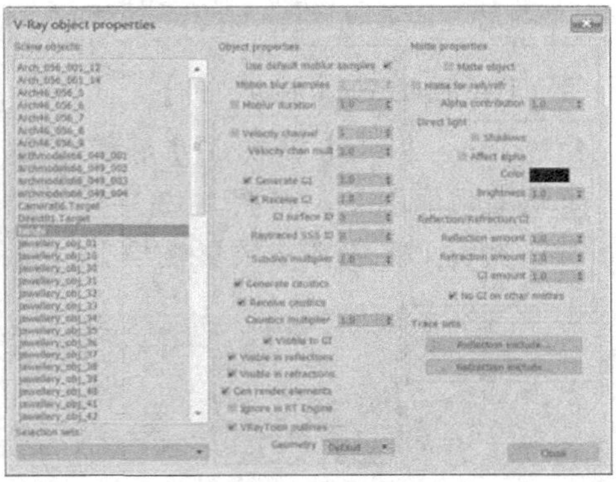

图 11-2　【VRay 对象属性】面板

11.1.1 VRay object properties【VRay 对象属性】

1. Scene objects【场景对象】

在 Scene objects【场景对象】下的列表双击，可以选择将要进行【VRay 对象属性】调整的模型。

2. Object properties【对象属性】参数组

- Use default moblur samples【使用默认运动模糊采样】

勾选 Use default moblur samples【使用默认运动模糊采样】参数后，通过其下的 Motion blur samples【运动模糊采样】数值可以单独调整选择对象的 Geometry samples【几何学采样】参数值。

- Generate GI【产生 GI】

通过 Generate GI【产生 GI】后的数值可以单独控制选择的物体产生全局光照明的强弱程度，这主要将影响模型对周边物体溢色的程度，图 11-3 所示为产生 GI 数值为默认值 1 时的效果，将产生 GI 数值调整为 3 则溢色将明显加重，如图 11-4 所示。

图 11-3 产生 GI 数值为 1 时的渲染效果

图 11-4 产生 GI 设置为 3 时的渲染效果

❑ Receive GI【接收 GI】

通过 Receive GI【接收 GI】后的数值，可以单独控制选择的物体接收来自场景中的全局光照明的强弱程度。将图 11-3 中的玻璃花瓶（【接收 GI】数值为 1），对比图 11-5 与图 11-6 可以发现，该参数主要影响模型自身的亮度与材质质感。

图 11-5 接收 GI 数值为 0.25 时的渲染效果

图 11-6 接收 GI 数值为 4 时的渲染效果

注意：对比图 11-3、图 11-5 与图 11-6 可以发现，Receive GI【接收 GI】参数的调整对折射与反射效果的影响相对较小，对漫反射效果的影响则十分明显。

❑ GI surface ID【表面焦散 ID】

调整 GI surface ID【表面焦散 ID】编号后，VRay 渲染器将逐个处理每个材质所产生的焦散效果，因此能在一定程度上减少焦散产生的噪波现象，但也会对材质效果产生偏差，因此通常不启用该参数。

❑ Generate caustics【产生焦散】

默认状态下 Generate caustics【产生焦散】参数为勾选状态，这样如果模型材质具有反射/折射属性则会在 Caustics【焦散】卷展栏开启的前提下产生焦散效果，取消该参数的勾选则该模型对象不再产生焦散效果。对于焦散效果的具体控制在前面的内容中已经详细介绍，因此这里对其相关参数就不再赘述。

❑ Receive caustics【接收焦散】

默认状态下 Receive caustics【接收焦散】参数为勾选状态，因此模型表面会体现出由其他对象产生的焦散效果。取消该项参数的勾选则不能体现焦散效果。

❑ Caustics multiplier【焦散倍增值】

通过 Caustics multiplier【焦散倍增值】后的数值可以提高物体产生焦散效果的能力，数值越大，所能表现出的焦散效果越明显。

❑ Visible to GI【全局光可见】

模型对象只有保持 Visible to GI【全局光可见】参数为默认勾选状态才能进行 GI 的计算，观察如图 11-7 中所示的花瓶效果可以发现，取消该参数勾选后，由 GI 产生的材质质感与阴影细节效果都不再表现。

❑ Visible in reflections【反射可见】/Visible in refractions【折射可见】

分别取消 Visible in reflections【反射可见】与 Visible in refractions【折射可见】参数勾选后的渲染结果如图 11-8 所示。可以发现，取消【反射可见】参数勾选后玻璃花瓶与花束不会出现在镜子的反射效果中，而取消玻璃花瓶【折射可见】参数的勾选后则经过玻璃片折射将直接观察到处于其后方的香水瓶。

图 11-7 【全局光可见】参数勾选与否的渲染效果

图 11-8 取消【反射/折射可见】参数勾选的渲染效果

3. Matte properties【无光属性】参数组

❑ Matte object【无光物体】

模型对象在勾选 Matte object【无光物体】后在渲染时将被视为无光物体。场景中花束与玻璃花瓶勾选该参数前后的对比效果如图 11-9 与图 11-10 所示，可以看到，勾选【无光物体】参数后模型对象漫反射颜色呈现黑色，需要注意的一点是其仍可能计算正确的反射/折射以及间接照明与投影效果。

❑ Alpha contribution【Alpha 分配】

通过 Alpha contribution【Alpha 分配】参数值可以调整模型对象在 Alpha 图像中的显

示效果。如图 11-11~图 11-13 所示，该参数值为 1 时花束与玻璃花瓶在 Alpha 通道中正常显示轮廓，值为 0 则意味着物体在 Alpha 通道中完全不显示，值为-1 则会反转物体的 Alpha 通道显示。

图 11-9　未勾选无光物体参数时的渲染效果

图 11-10　勾选无光物体参数时的渲染效果

图 11-11　Alpha 分配值为 1 的 Alpha 图像

图 11-12　Alpha 分配值为 0 的 Alpha 图像

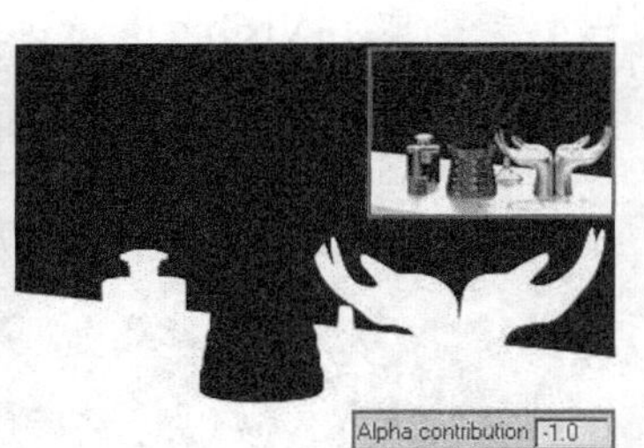

图 11-13　Alpha 分配值为-1 的 Alpha 图像

- Direct light【直接光】参数组

Shadows【阴影】。将场景中的柜台模型对象设置为 Matte object【无光物体】，渲染完成后将如图 11-14 所示不再接收其他物体的投影。勾选 Shadows【阴影】参数后，该模型对象表面将可接收投影，如图 11-15 所示。

图 11-14　未勾选【阴影】参数的无光物体渲染效果

图 11-15　勾选【阴影】参数的无光物体渲染效果

注意：由于【无光物体】使物体显示为黑色，故为了体现出阴影效果已经将阴影颜色调整为灰色，调整方法可参阅下面就有介绍的“Color【颜色】”。

- Affect alpha【影响 Alpha 通道】。默认情况下，模型对象在 Alpha 通道中只能形成如图 11-16 所示的黑白对比效果，勾选 Affect alpha【影响 Alpha 通道】参数后将形成如图 11-17 所示的效果，可以看到物体轮廓得到了轻微的体现。

图 11-16 未勾选【影响 Alpha 通道】参数的无光物体渲染效果

图 11-17 勾选【影响 Alpha 通道】参数的无光物体渲染效果

- Color【颜色】。在 Color【颜色】后的“色彩通道”可以如图 11-18 与图 11-19 所示设置 Matte object【无光物体】表面接收到的阴影颜色。

图 11-18 无光物体表面蓝色阴影效果

图 11-19 无光物体表面红色阴影效果

- Brightness【亮度】。通过 Brightness【亮度】参数后的数值可以如图 11-20 与图 11-21 所示设置 Matte object【无光物体】接收到的阴影亮度。

图 11-20 亮度为 0.8 时的阴影效果

图 11-21 亮度为 0.2 时的阴影效果

❑ Reflection/Refraction GI【反射/折射 GI】

- Reflection amount【反射数值】。如果设置的 Matte object【无光物体】使用 VRay 相关材质表现反射效果（如场景中的手形饰品），则通过 Reflection amount【反射数值】后的参数值可以如图 11-22 与图 11-23 所示控制材质的反射强度。

图 11-22　反射数值为 0.8 时的渲染效果

图 11-23　反射数值为 0.2 时的渲染效果

- Refraction amount【折射数值】。如果设置的 Matte object【无光物体】使用 VRay 相关材质表现折射效果（如场景中的玻璃片），则通过 Refraction amount【折射数值】后的参数值可以如图 11-24 与图 11-25 所示控制其对处于其背后物体的可见度。

图 11-24　折射数值为 0.8 时的渲染效果

图 11-25　折射数值为 0.2 时的渲染效果

注意：对于 Refraction amount【折射数值】参数调整所产生的改变效果，通常需要将模型处理成如图 11-26 所示的面片模型，如果是双面模型则调整【折射数值】将不产生效果上的变化，如图 11-27 所示。

图 11-26　将玻璃模型处理成单面模型

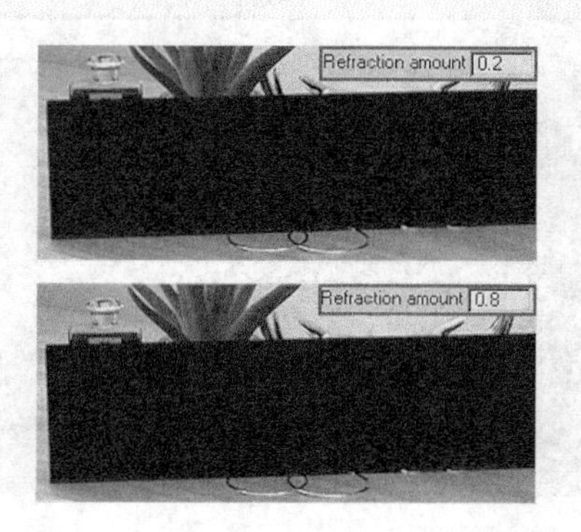

图 11-27　模型折射数值参数对双面玻璃将无效

- GI amount【GI 数量】。通过 GI amount【GI 数量】后的参数可以如图 11-28 与图 11-29 所示控制 Matte object【无光物体】（柜台）接收 GI 照明的强度。

图 11-28　GI 数量为 0.8 时的渲染效果

图 11-29　GI 数量为 0.2 时的渲染效果

- No GI on other mattes【不可见物体上不产生 GI】。当场景中存在一个以上的【无光物体】时，勾选 No GI on other mattes【不可见物体上不产生 GI】参数,【无光物体】当前的表面颜色、亮度等特征对其他【无光物体】产生 GI 以及折射，反射等效果的影响，如图 11-30 所示。如果取消该参数的勾选。则【无光物体】以原有材质效果进行 GI 以及折射、反射等效果的影响，如图 11-31 所示。

图 11-30　勾选【不可见物体上不产生 GI】的渲染效果

图 11-31　未勾选【不可见物体上不产生 GI】的渲染效果

11.1.2　VRay light properties【VRay 灯光属性】

区别于 VRay object properties 【VRay 对象属性】，如图 11-32 所示选择场景中的灯光激活 VRay object properties【VRay 对象属性】命令，将弹出如图 11-33 所示的 VRay light properties【VRay 灯光属性】。其中关于 Caustics【焦散】效果的参数在第 3 章“间接照明选项卡”的“3.7Caustics【焦散】卷展栏”中进行过详细的介绍，因此在本节只对其做简单讲述。

1. Scene lights【场景灯光】

通过 Scene lights【场景灯光】的下方列表，可以选择场景中的灯光进行 VRay light properties【VRay 灯光属性】的单独调整。

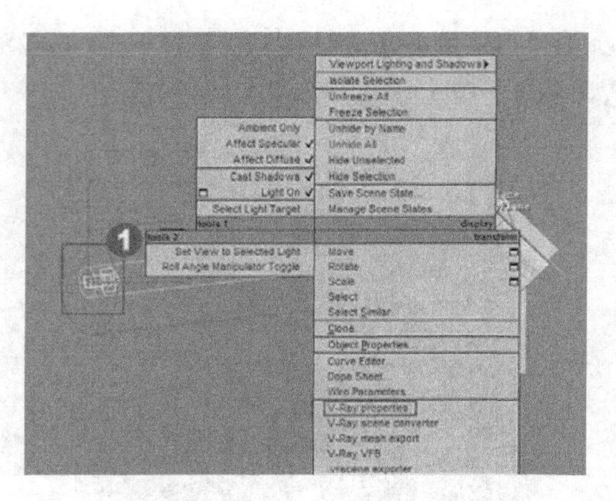

图 11-32　选择灯光激活【VRay 对象属性】命令

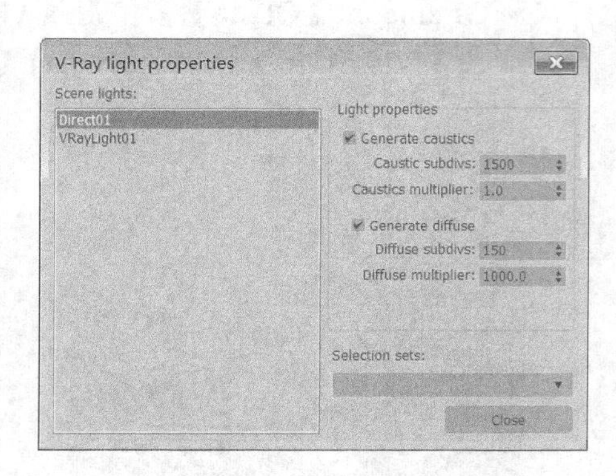

图 11-33　【VRay 灯光属性】面板

2. Light properties【灯光属性】

❑ Generate caustics【产生焦散】

只有勾选 Generate caustics【产生焦散】参数后，该灯光照射的模型对象才有可能产生焦散效果。

❑ Caustic subdivs【焦散细分】

通过 Caustic subdivs【焦散细分】可以调整焦散效果的质量，取值越大，焦散效果越理想，但会延长相应的计算时间并占用更多的内存。

❑ Caustics multiplier【焦散倍增】

勾选 Generate caustics【产生焦散】参数后，通过 Caustics multiplier【焦散倍增】后的数值可以加强该灯光照片模型产生焦散的强度，而且这种加强是累积的，它不会覆盖 VRay 渲染器 Caustics【焦散】卷展栏中的倍增值。

❑ Generate diffuse【产生漫反射】

Generate diffuse【产生漫反射】参数用于确定灯光是否影响材质漫反射效果，但观察如图 11-34 与图 11-35 所示的效果可以发现，该参数并没有产生实际的影响。

图 11-34　勾选【产生漫反射】参数的渲染效果

图 11-35　未勾选【产生漫反射】参数的渲染效果

❑ Diffuse subdivs【漫反射细分】

Diffuse subdivs【漫反射细分】用于调整光源产生的漫反射光子被追踪的数量。在使用VRay:Photon map【VRay 光子贴图】作为灯光引擎时，可以通过该参数调整表面光子的数量。

❑ Diffuse multiplier【漫反射倍增】

Diffuse multiplier【漫反射倍增】用于设置漫反射光子的倍增值，该参数的调整只有在使用 VRay:Photon map【VRay 光子贴图】作为灯光引擎时，才有可能体现出调整效果。

3. Selection sets **【选择集】**

当场景中如图 11-36 所示利用 3ds Max 选择集为灯光创建了选择集后，通过该处的Selection sets 【选择集】后的下拉按钮，可以快速选择如图 11-37 所示的创建好的灯光选择集。

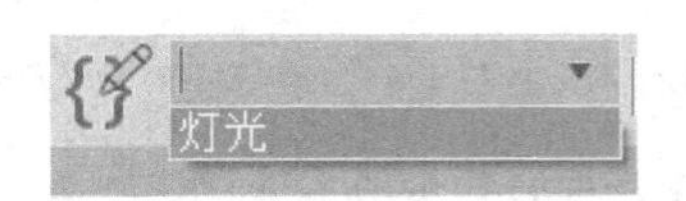

图 11-36 在 3ds Max 中创建灯光选择集

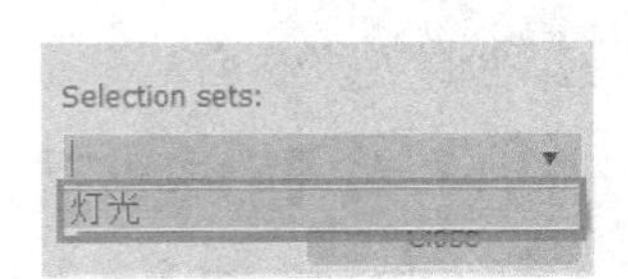

图 11-37 在灯光属性中直接选用创建好的灯光选择集

11.2 VRayToon【VRay 卡通】大气特效

VRayToon【VRay 卡通】大气特效与之前介绍过的使用 VRayedegsTex【VRay 边纹理贴图】产生的效果有类似的地方，区别在于其能在添加轮廓线条的效果下仍能保持模型原有的材质效果，如图 11-38 所示即为场景在添加 VRay 渲染器默认参数的 VRayToon【VRay 卡通】大气氛围后所产生的渲染效果。接下来首先介绍【VRay 卡通】大气特效的添加方法。

Steps 01 打开配套资源中本章文件夹中的“VRayToon 测试.max”文件，如图 11-39 所示。这是一个已经布置好摄影机并已经制作好材质与灯光的场景。

图 11-38 添加默认参数的 VRayToon 大气氛围的渲染效果

图 11-39 打开“VRayToon 测试场景.man”文件

Steps 02 单击渲染按钮，场景默认的渲染效果如图 11-40 所示。可以看到，这是一个写实的渲染效果。接下来添加 VRayToon 大气氛围，使其产生轮廓线条效果。

Steps 03 首先按 8 键打开 Environment and Effects【环境与特效】面板，然后如图 11-41 所示打开其下的 Atmosphere【大气】卷展栏。

图 11-40　场景默认的渲染效果

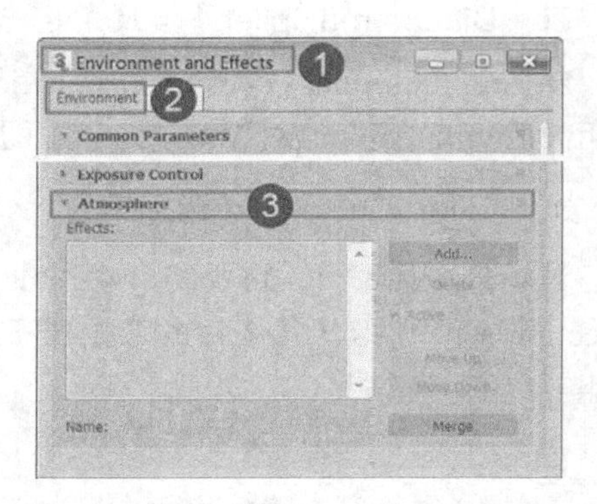

图 11-41　打开环境特效面板中的大气卷展栏

Steps 04 再单击 Atmosphere【大气】卷展栏中的 Add【添加】按钮，如图 11-42 所示添加 VRayToon【VRay 卡通】至左侧的 Effects【效果】列表。

Steps 05 添加完成后即可在下方看到如图 11-43 所示的 VRayToon paremeters【VRay 卡通参数】卷展栏。保持该参数为当前的设置，渲染完成后将得到如图 11-40 所示的效果。

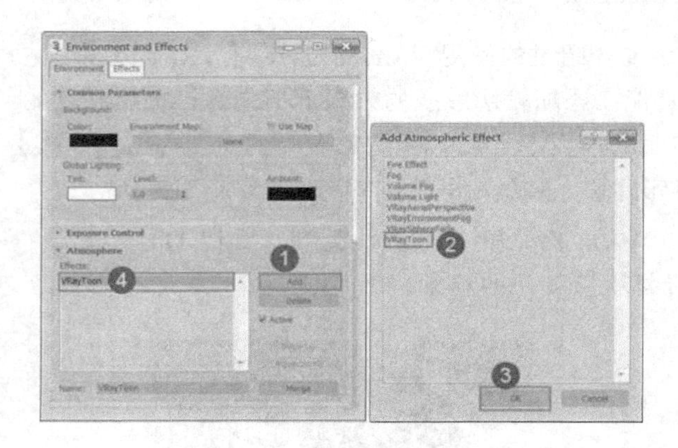

图 11-42　添加 VRayToon 至 Effects 列表

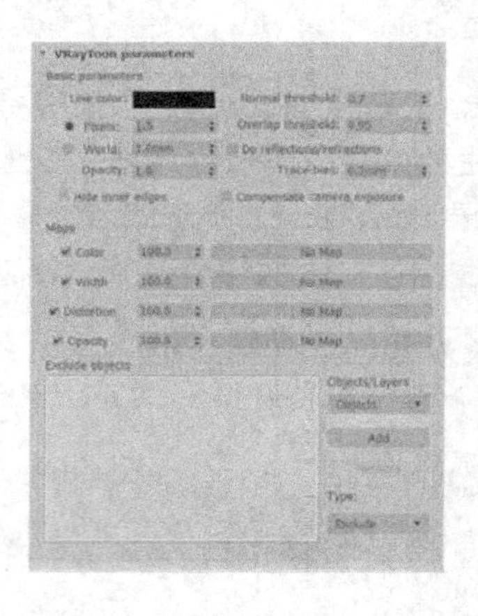

图 11-43　VRayToon paremeters 栏

11.2.1　Basic parameters【基本参数组】

1．Line color【线条颜色】

通过 Line color【线条颜色】后的“色彩通道”可以改变轮廓线的色彩，如图 11-44 与图 11-45 所示。

而对于轮廓线的粗细与透明特征则可以通过其下的参数进行控制。

图 11-44 蓝色轮廓线条的渲染效果

图 11-45 黄色轮廓线条的渲染效果

❑ Pixels【像素】

选用 Pixels【像素】为单位时，轮廓线将以像素为单位进行粗细的控制。如图 11-46 所示，设定参数值为 1 时轮廓线即为 1 个像素大小，参数值设定为 5 时则如图 11-47 所示产生 5 个像素大小的轮廓线。

图 11-46 像素值为 1 时的轮廓线条效果

图 11-47 像素值为 5 时的轮廓线条效果

注意：当选择 Pixels【像素】为单位时，轮廓线的宽度会因为渲染图像大小的变化产生相对改变，如在小尺寸的渲染图像中 10 像素大小的轮廓线十分明显，但如果渲染图像扩大 10 倍，则 10 像素的轮廓线将显得十分纤细。

❑ World【世界单位】

当采用 World【世界单位】为单位时，轮廓线将以系统设置的单位进行粗细的控制，如果系统单位为 mm，参数值为 1，则轮廓线为 1mm 粗细，如图 11-48 所示；如果参数值为 10，则轮廓线为 10mm 精细，如图 11-49 所示。

注意：当使用 Pixels【像素】为单位时，其轮廓线条宽度无论远近均保持同一宽度，如图 11-50 所示；而使用 World【世界单位】为单位时，其轮廓线宽度则会由于透视关系产生近大远小的粗细变化，如图 11-51 所示。

图 11-48　1mm 的轮廓线条效果

图 11-49　10mm 的轮廓线条效果

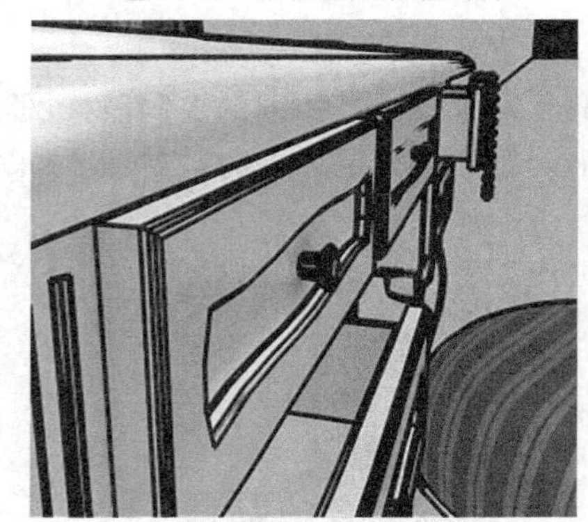
图 11-50　轮廓线以像素为单位保持同一宽度的线条效果

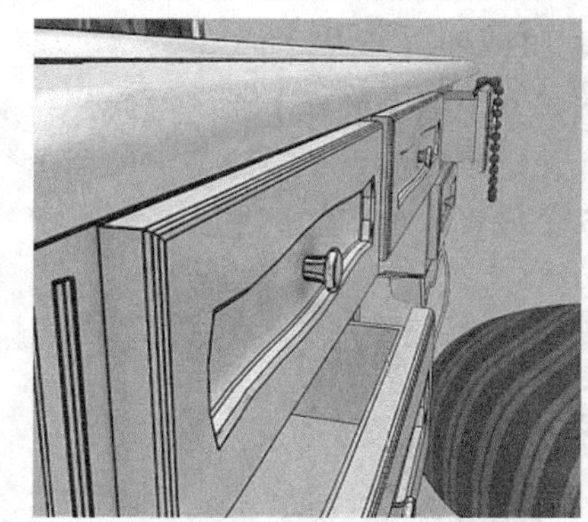
图 11-51　轮廓线以世界单位为单位会产生远大近小的线条效果

❑ Opacity【不透明度】

通过 Opacity【不透明度】后的数值可以控制轮廓线的透明度，该数值为 1 时为完全不透明，为 0 时为完全透明，取中间的数值则为不同程度的半透明效果，如图 11-52~图 11-54 所示。

图 11-52　不透明度为 0.3 的轮廓线条

图 11-53　不透明度为 0.6 的轮廓线条

图 11-54 不透明度为 0.9 的轮廓线条

2. Normal threshold【法线极限值】

通过 Normal threshold【法线极限值】参数后的数值，可以控制场景中模型边线以及交接转角出现轮廓线的敏感度，数值越高则轮廓线条越密集，如图 11-55 与图 11-56 所示。

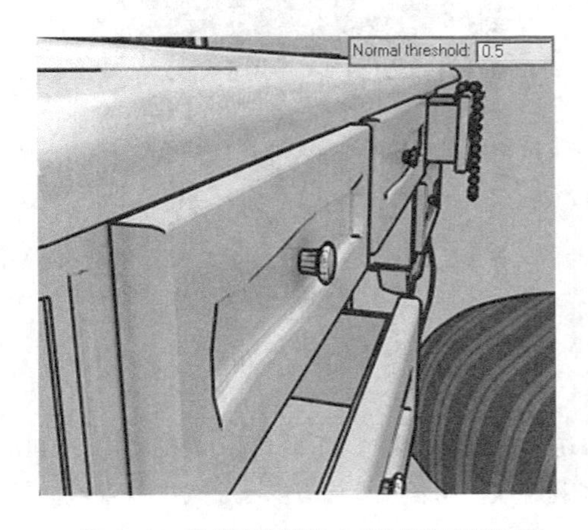

图 11-55 法线极限值为 0.5 时的轮廓线效果

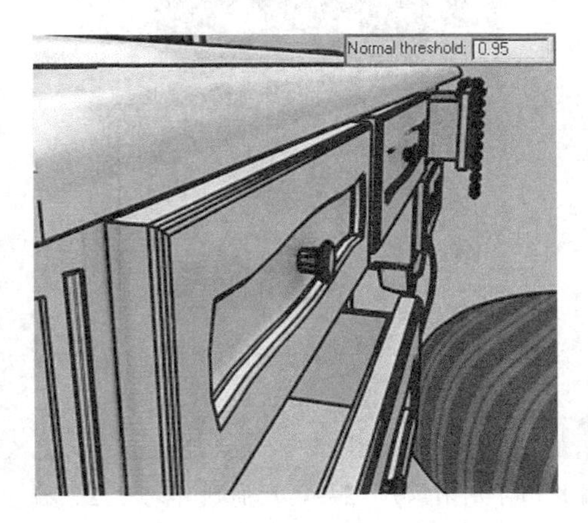

图 11-56 法线极限值为 0.95 时的轮廓线效果

3. Overlap threshold【重叠极限值】

通过 Overlap threshold【重叠极限值】参数后的数值，可以控制场景中同一模型重叠的边缘处出现轮廓线的敏感度，参数值越高则重叠边缘越容易出现轮廓线，如图 11-57 与图 11-58 所示。

图 11-57 重叠极限值 0.5 时的轮廓线效果

图 11-58 重叠极限值 0.95 时的轮廓线效果

4. Do reflections/refractions【作用于反射/折射】

默认状态下 Do reflections/refractions【作用于反射/折射】参数未被勾选，因此在镜子的反射效果中的玫瑰没有表现出线框效果，如图 11-59 所示。勾选该参数后，渲染图像中镜子反射的玫瑰同样将出现线框效果，如图 11-60 所示。

图 11-59　未勾选【作用于反射/折射】的渲染效果

图 11-60　勾选【作用于反射/折射】的渲染效果

注 意：比较图 11-59 与图 11-60 中的花瓶细节还可以发现，勾选 Do reflections/refractions【作用于反射/折射】后，花瓶内部的花茎同样产生了轮廓线，而花瓶背面自身也出现了轮廓线，这些都是作用于折射的效果，相对而言，这些细节的改变比较容易被忽略。

5. Trace bias【轨迹偏移】

在勾选 Do reflections/refractions【作用于反射/折射】的前提下，通过设定 Trace bias【轨迹偏移】参数后的数值，可以控制轮廓线对其周边透明表面区域影响的大小，数值越大则影响范围越强烈，如图 11-61~图 11-63 所示。

图 11-61　轨迹偏移为 1mm 时的效果

图 11-62　轨迹偏移为 2.5mm 时的效果

图 11-63　轨迹偏移为 5mm 时的效果

11.2.2 Maps【贴图】参数组

Maps【贴图】参数组主要以贴图的形式对轮廓线的颜色、粗细等效果进行表现。这里仅以 Color【颜色】的相关参数为例进行图示说明，其 t 参数调整的方式类似，只是所针对的轮廓线特征有所区别。

单击 Color【颜色】后的 No Map 按钮，可以载入 3ds Max 的程序贴图或位图控制轮廓线颜色，如图 11-64 与图 11-65 所示。这点类似于材质中贴图通道与颜色通道的关系。

图 11-64　利用棋盘格程序贴图控制颜色

图 11-65　利用位图控制颜色

此外，通过其后的数值可以控制设定颜色与贴图表现的比重，该数值越高，贴图表现出的比重就越大，如图 11-66~图 11-68 所示。

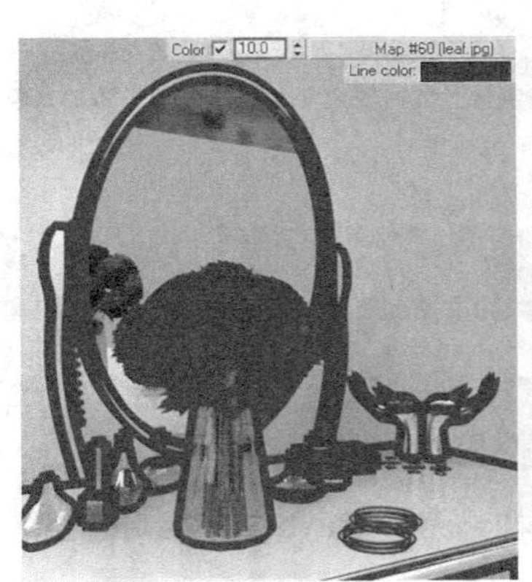

图 11-66　颜色数值为 10 的渲染效果

图 11-67　颜色数值为 50 的渲染效果

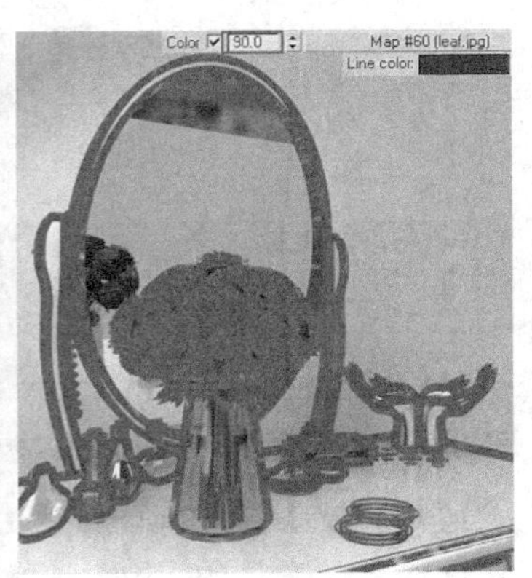

图 11-68　颜色数值为 90 的渲染效果

11.2.3 Include/Exclude Objects【包含/排除对象】参数组

通过 Include/Exclude Objects【包含/排除对象】参数组的调整，可以使加载的大气效果只针对场景中的某些模型或不对场景中的某些模型产生作用。

1. Add【添加】

单击激活 Add【添加】按钮后，在视图中选择模型对象可以将其添加至左侧的列表，此时渲染的大气效果将不作用于添加至列表的模型，如图 11-69 所示。

2. Remove【移除】

使用 Add【添加】命令选择模型对象添加至列表后，在列表中选择模型对象名称，单击 Remove【移除】即可将其从列表中移除。

3. Type【类型】

通过 Type【类型】后的下拉按钮可以切换 Include【包含】与 Exclude【排除】类型。默认参数下，使用 Add【添加】命令选择的模型不会表现出大气效果，切换至 Include【包含】类型后则如图 11-70 所示产生相反的效果，在渲染图像中被添加的物体将不产生大气效果。

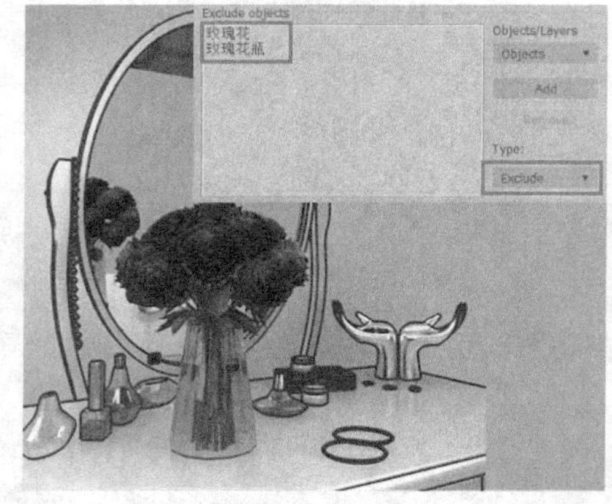

图 11-69 默认参数下添加的模型对象将被排除大气环境的作用

图 11-70 切换至包含类型将使大气效果仅作用于添加对象

11.3 VRay SphereFade【VRay 衰减球】大气特效

VRaySphereFade【VRay 衰减球】并不能直接产生大气特效，VRay 渲染器通常通过其使已添加在场景中的其他大气特效产生衰减效果。具体的使用方法如下：

Steps 01 在完成了 VRay 卡通大气效果制作的场景中，添加一个 VRaySphereFade【VRay 衰减球】至左侧的 Effect【特效】列表，如图 11-71 所示。

Steps 02 添加完成后在列表中选择激活 VRaySphereFade【VRay 衰减球】，在其下方会出现如图 11-72 所示的卷展栏参数设置。

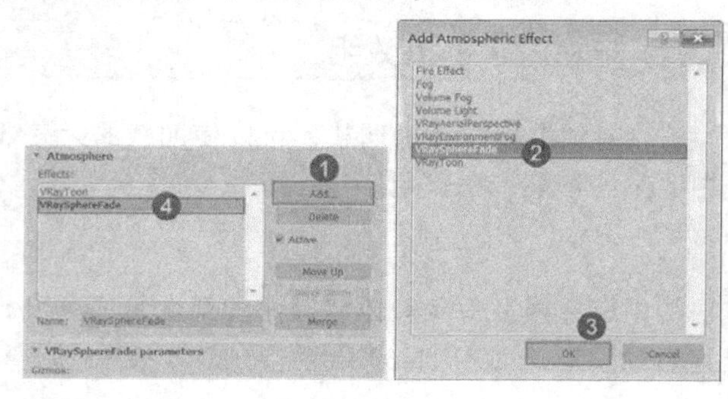

图 11-71 【VRay 衰减球】

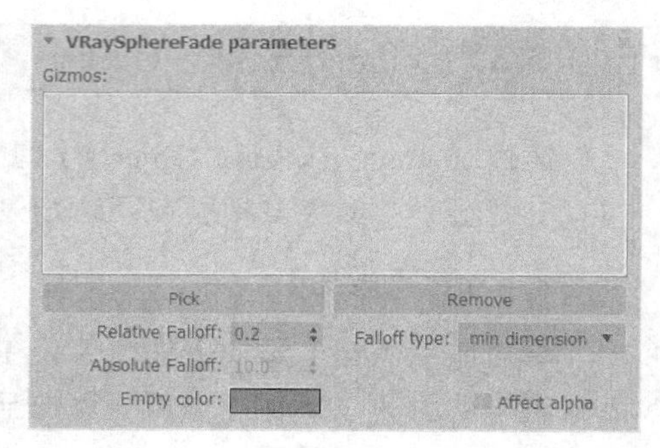

图 11-72 卷展栏参数设置

Steps 03 保持该卷展栏参数为默认设置进行渲染将得到如图 11-73 所示的渲染效果。从图中可以看到由于 VRay 衰减球的影响，图中模型原有的材质效果完全消失，只保留了 VRay 卡通大气效果。

Steps 04 通过创建 SphereGizmo【球体坐标】控制 VRay 衰减球大气效果。如图 11-74 所示进入 Helpers【帮助物体】创建面板，创建一个球体坐标至场景的花瓶中心，调整其 Radius【半径】值为 150mm。

图 11-73　默认 VRay 衰减球参数的渲染效果

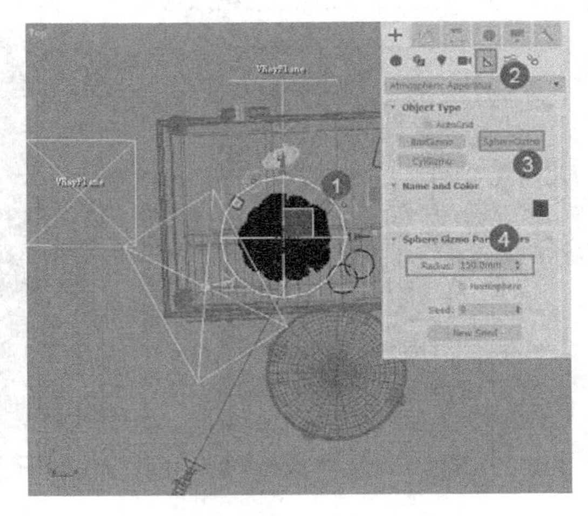

图 11-74　创建球体坐标至花瓶处

Steps 05 SphereGizmo【球体坐标】创建好后，再如图 11-75 所示单击【VRay 衰减球】参数卷展栏中的 Pick【拾取】按钮，添加在花瓶中心创建好的球体坐标至 VRay 衰减球坐标列表中。

Steps 06 保持其他参数为默认设置再次单击渲染按钮得到如图 11-76 所示的渲染效果。从图中可以发现，处于 SphereGizmo【球体坐标】内的模型出现了完整的材质效果，而在其边缘的模型也产生了些许材质效果。

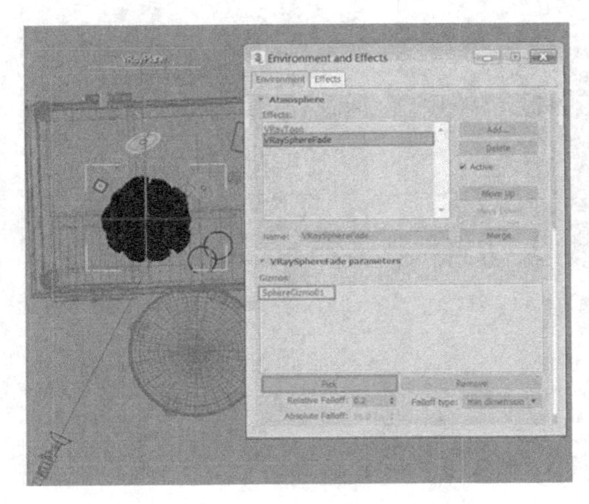

图 11-75　添加至 VRay 衰减球坐标列表

图 11-76　添加球体坐标后默认参数的渲染效果

注意：单击 Pick【拾取】按钮可以拾取场景中的 SphereGizmo【球体坐标】，添加至列表后将产生衰减效果，而如果要取消已经添加至列表的 SphereGizmo【球体坐标】，只需要在列表中选择该坐标名称，再单击 Remove【移除】按钮即可。

此外，调整 SphereGizmo【球体坐标】的 Radius【半径】值可以如图 11-77~图 11-79 所示调整 VRay 衰减球的渲染效果。接下来介绍 VRay 衰减球自身参数对衰减效果的影响。

图 11-77 半径为 100mm 的渲染效果

图 11-78 半径为 200mm 的渲染效果

图 11-79 半径为 500mm 的渲染效果

11.3.1 Falloff【衰减】

在同一 SphereGizmo【球体坐标】、半径数值相同的前提下，调整 Falloff【衰减】数值对渲染图像的影响如图 11-80~图 11-82 所示。可以看到，该数值越高，VRay 衰减球的衰减效果越急骤，材质区与非材质区的过渡区域越小。

图 11-80 衰减值为 0.1 的渲染效果

图 11-81 衰减值为 0.5 的渲染效果

图 11-82 衰减值为 0.9 的渲染效果

11.3.2 Empty color【空白区颜色】

调整 Empty color【空白区颜色】参数后的“色彩通道”可以如图 11-83 与图 11-84 所示对渲染图像中非材质区的背景颜色进行控制。

图 11-83　空白区颜色为红色的渲染效果

图 11-84　空白区颜色为蓝色的渲染效果

11.3.3　Affect alpha【影响 Alpha 通道】

勾选 Affect alpha【影响 Alpha 通道】参数后，在完成如图 11-85 所示的 RGB 通道渲染效果后，切换至 Alpha 通道将得到如图 11-86 中左上图所示的效果。通过其黑白分明的区域，在后期处理中利用魔棒工具建立十分精确的材质与非材质选区，方便独立地调整图片效果。如果不勾选该参数，则 Alpha 通道图像将如图 11-86 中右下图所示为一片白色。

图 11-85　渲染得到的 RGB 通道图片效果

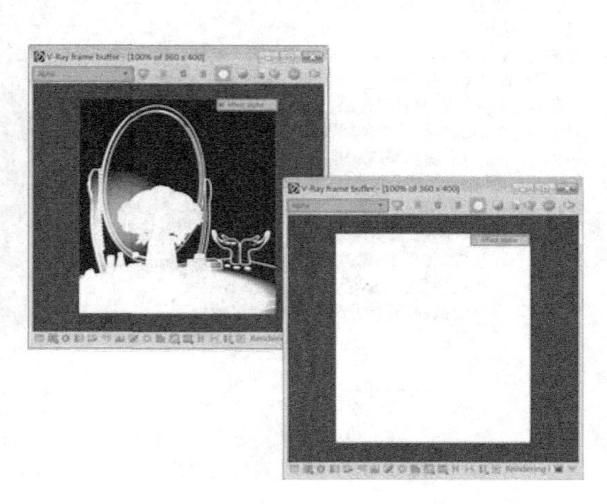

图 11-86　勾选【影响 Alpha 通道】与否得到的图片效果

第12章 工业产品表现

本章重点：

- 设置场景测试渲染参数
- 检查模型
- 制作场景材质
- 创建场景灯光效果
- 最终渲染输出

本例将通过一个主体对象为耳机的场景讲解工业产品渲染的常用表现手法，并在材质制作上对各种金属、塑料、木纹等材质的制作手法进行详细讲述，而在灯光技法上将分别使用十分经典的“三点布光法”以及“HDRI 照明法”对场景进行光效制作。场景渲染完成的效果分别如图 12-1 与图 12-2 所示。

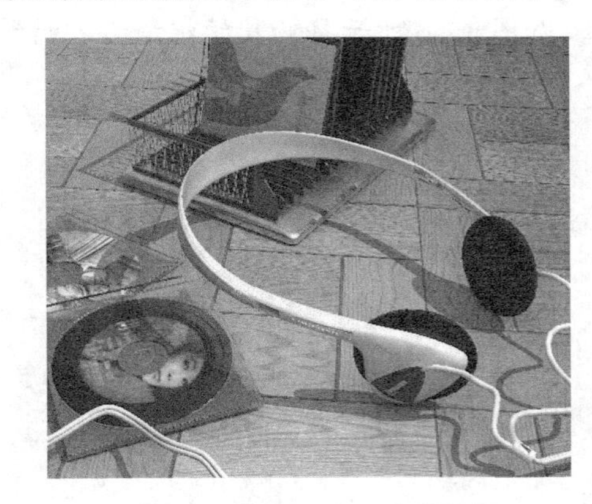

图 12-1　场景三点照明的渲染效果

图 12-2　场景 HDRI 照明法的渲染效果

12.1　设置场景测试渲染参数

对于工业产品的表现，准确地表达出产品的材质的特点显得尤为重要，这就需要我们不断地进行效果的测试渲染以进行调整，而为了加快测试渲染速度，则需要对默认的 VRay 渲染器参数进行调整。

Steps 01 打开配套资源中的“耳机渲染白模.max”场景文件，如图 12-3 所示。可以看到，这是一个已经设置好渲染角度并调整好构图的场景。

Steps 02 按 F10 键打开【渲染设置】面板，调整渲染器为 VRay adv 3.60.03，如图 12-4 所示。

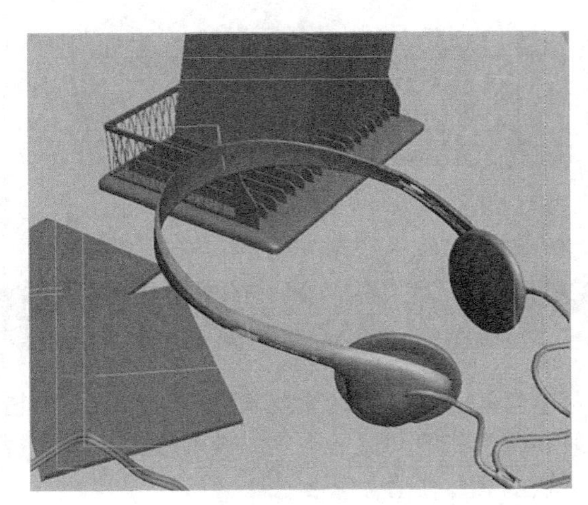

图 12-3　耳机渲染白模场景文件

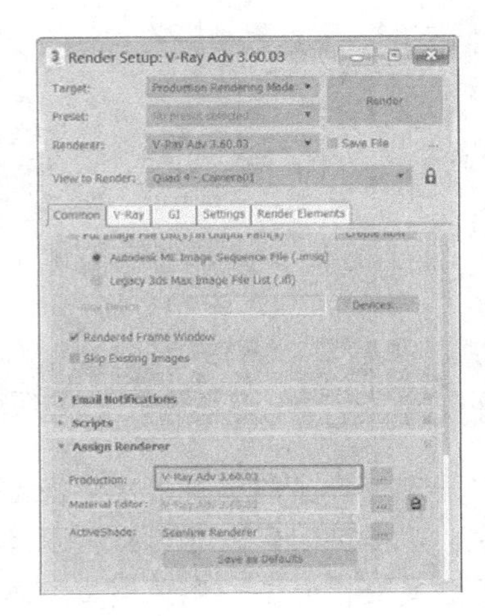

图 12-4　调整渲染器为 VRay adv　3.60.03

Steps 03 单击 VRay 选项卡进入 Global switches【全局开关】卷展栏，如图 12-5 所示将 Default lights【默认灯光】选为 Off with GI，然后取消勾选 Hidden lights【隐藏灯光】以及 Glossy effects【光泽效果】两项参数，并将 Secondary rays bias【二次光线偏移量】参数值调整为 0.001。

Steps 04 单击 Image filter【图像过滤器】卷展栏，如图 12-6 所示将场景的抗锯齿过滤器调整为 Area【区域】。

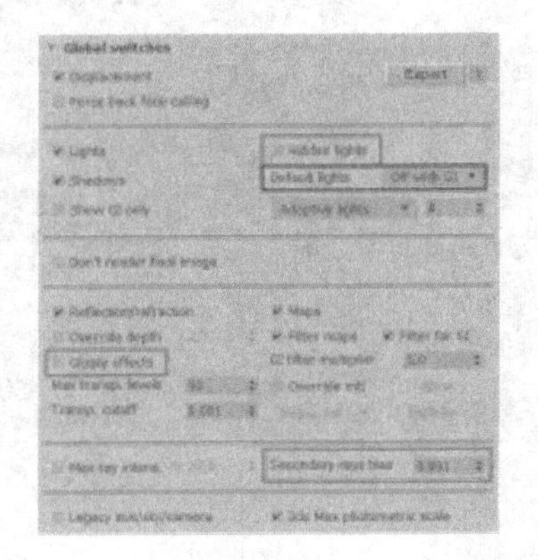

图 12-5 调整【全局开关】卷展栏参数

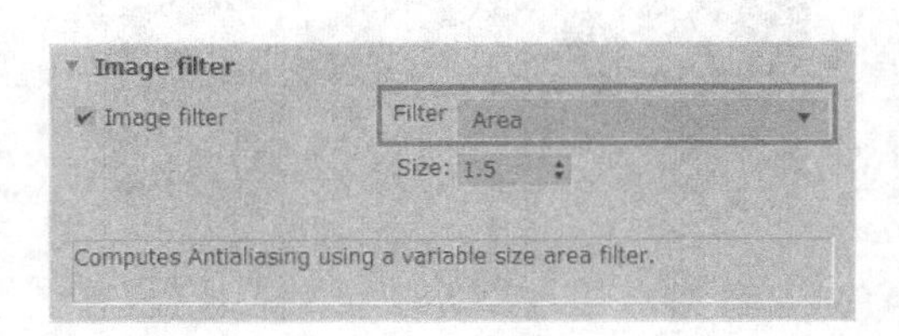

图 12-6 调整图像抗锯齿过滤器

Steps 05 单击 GI【间接照明】选项卡，如图 12-7 所示进入 Global illumination【全局照明】卷展栏，调整初次光线反弹引擎为 Irradiance map【发光贴图】、二次光线反弹引擎为 Brute force【强力引擎】。

Steps 06 将 Irradiance map【发光贴图】参数调整为如图 12-8 所示，Brute force【强力引擎】参数保持默认设置以加快测试渲染的计算速度，其他未提及参数暂时保持默认设置即可。

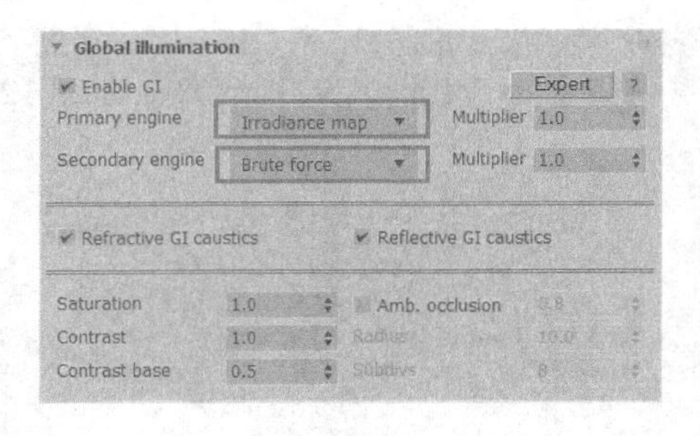

图 12-7 调整间接照明反弹引擎

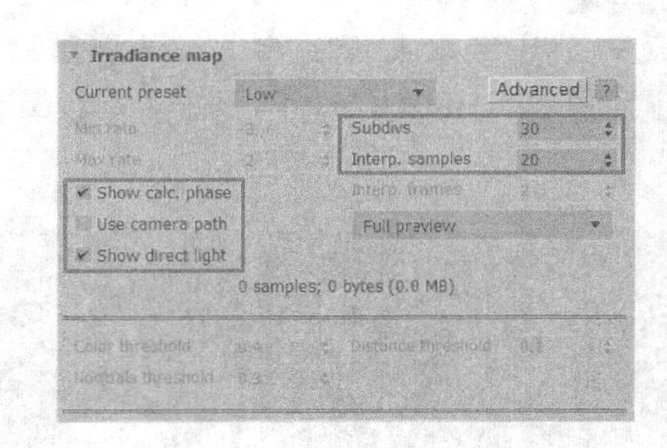

图 12-8 调整发光贴图参数

12.2 检查模型

对于工业产品的渲染，检查模型主要有两个目的：第一确定模型表面有没有破面的情况发生，这样可以保证之后材质以及灯光效果的调整能顺利进行，第二查看模型之间的摆放有无重叠交错部位，避免失真。本例模型检查的具体步骤如下：

Steps 01 按 M 键打开材质编辑器，然后选择一个空白材质球，将材质类型如图 12-9 所示调整为“VRayMlt”，再单击 Diffuse【漫反射】后的“颜色通道”，如图 12-10 所示调整好其参数值，完成用于检查模型的素白材质的制作。

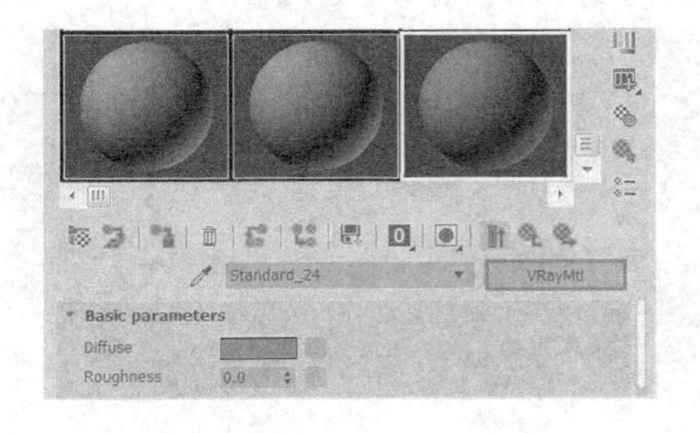

图 12-9　转换材质为 VRayMtl

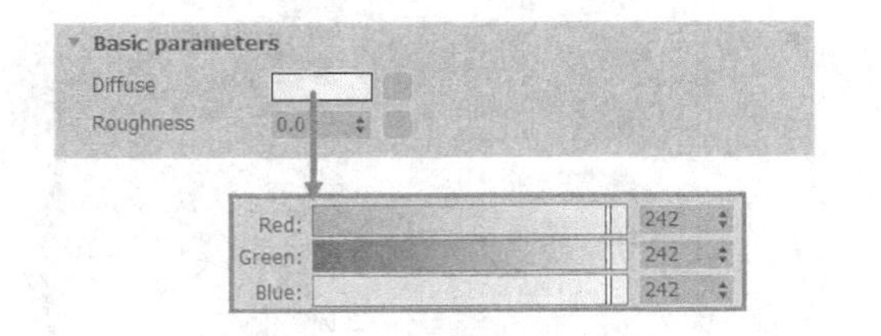

图 12-10　调整材质漫反射颜色参数

Steps 02 材质制作完成后，按 F10 键打开【渲染设置】面板并进入 Global switches【全局开关】卷展栏，如图 12-11 所示将材质关联复制至 Override mtl【全局替代材质】按钮。

Steps 03 进入 Environment【环境】卷展栏，如图 12-12 所示调整好天光颜色与倍增值，用于场景的照明。

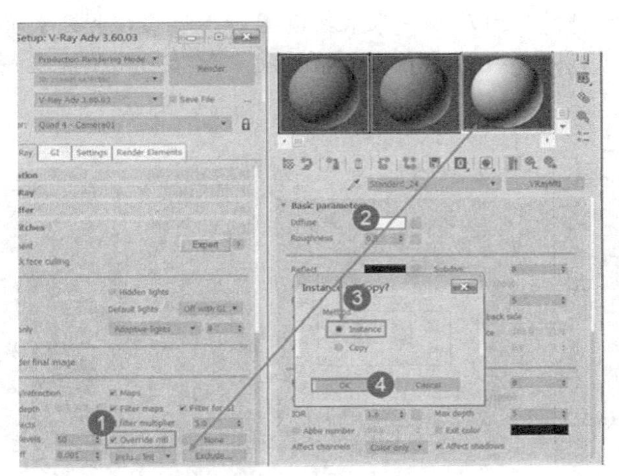

图 12-11　复制素白材质至全局替代材质

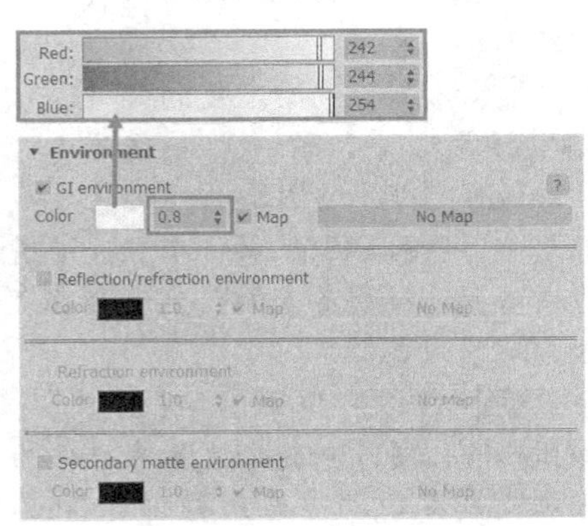

图 12-12　调整场景环境天光颜色

Steps 04 环境天光调整完成后，选择激活摄影机视图，单击渲染按钮即可得到如图 12-13 所示的耳机模型渲染效果。从图中可以看到，模型表面没有异常的明暗变化，说明模型无破面缺陷，同时观察耳机模型与 CD 架、地面的相对位置也没有发现不自然的地方。接下来进行场景材质的制作。

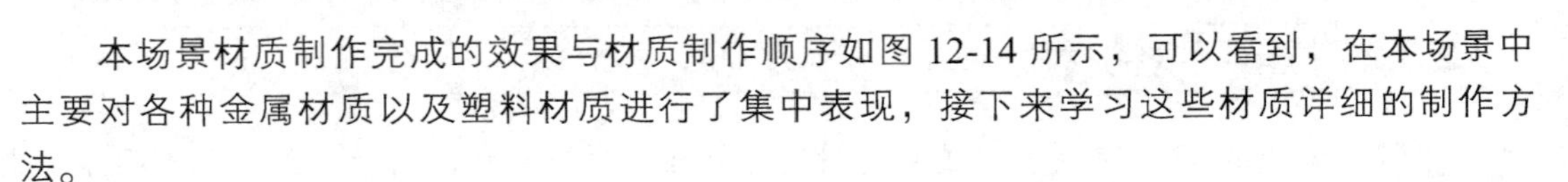

12.3　制作场景材质

本场景材质制作完成的效果与材质制作顺序如图 12-14 所示，可以看到，在本场景中主要对各种金属材质以及塑料材质进行了集中表现，接下来学习这些材质详细的制作方法。

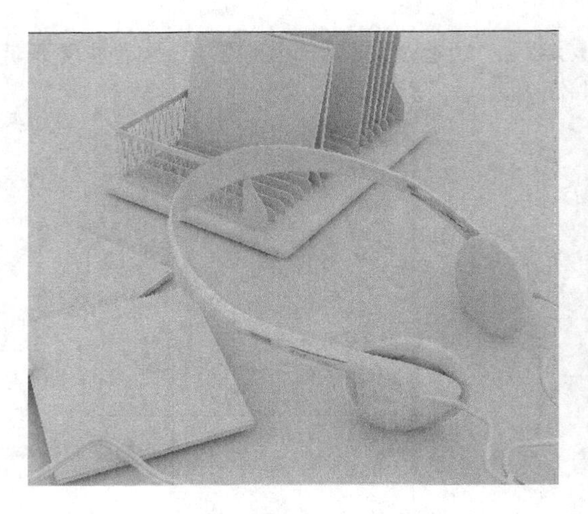

图 12-13 耳机模型的渲染效果

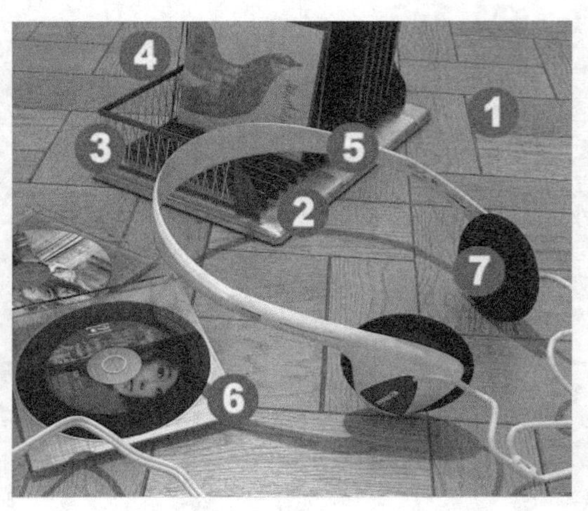

图 12-14 场景材质制作顺序

12.3.1 亚光木纹地板材质

Steps 01 在 Diffuse【漫反射】的“贴图通道”内加载一张木纹贴图，用于模拟材质表面的木纹纹理。此时可以通过修改其 Blur【模糊】数值为 0.01，使得漫反射纹理贴图表现得更为清晰。

Steps 02 材质反射效果的制作。进入 Reflect【反射】的“贴图通道”，加载“Falloff”程序贴图，并通过将衰减类型调整为“Fresnel”及第一个颜色通道设置为浅蓝色，使材质表面产生十分真实的菲涅尔反射现象。

Steps 03 材质亚光效果的制作。调整 RGlossiness【反射光泽度】参数值为 0.8，模拟出反射现象，然后再将 HGlossiness【高光光泽度】参数值设置为 0.75，使材质表面符合亚光产生的散淡高光效果。

Steps 04 材质凹凸效果的制作。进入 Maps【贴图】卷展栏，然后在其 Bump【凹凸】贴图通道内添加一张对应的黑白位图，并根据材质球所表现出的凹凸强度调整凹凸数值为 15。亚光木纹地板材质具体的参数设置与材质球效果如图 12-15 所示。

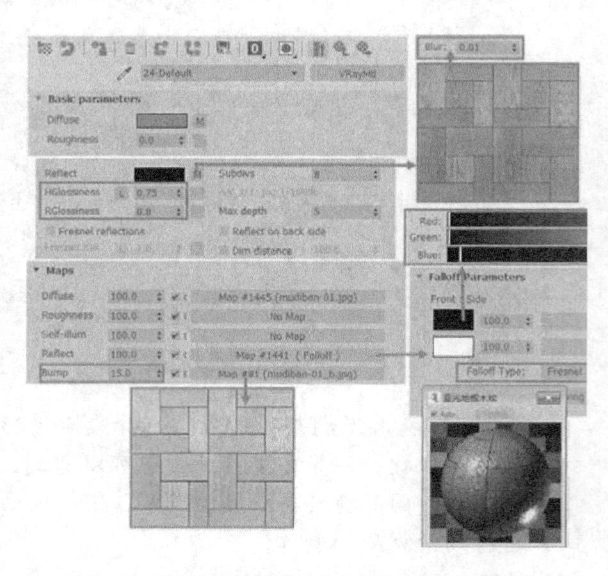

图 12-15 亚光木纹地板材质的参数设置与材质球效果

12.3.2 拉丝不锈钢材质

Steps 01 场景中的 CD 架底座所使用的材质为拉丝不锈钢材质，由于拉丝金属表面不会太亮，因此将 Diffuse【漫反射】“颜色通道”调整为一个较暗的灰色。

Steps 02 材质表面的拉丝反射效果需要综合使用 Reflect【反射】的“颜色通道”与“贴图通道”进行制作，首先将“颜色通道”调整为 174 的灰度，使材质获得反射能力，然后在其“贴图通道”内加载一张黑白相间的位图用于表现反射效果中的拉丝现象，并通过 Maps【贴图】卷展栏中的数值调配好两者的作用强度。

Steps 03 对 RGlossiness【反射光泽度】参数做出类似的调整，使材质的光泽特征与反射特征匹配。拉丝不锈钢材质的具体参数设置与材质球效果如图 12-16 所示。

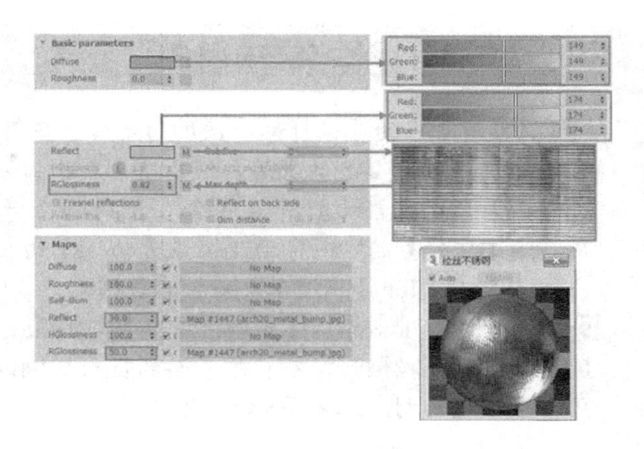

图 12-16　拉丝不锈钢材质的参数设置与材质球效果

12.3.3　亮光不锈钢材质

Steps 01 场景中 CD 架中部交叉的网格所使用的材质为亮光不锈钢材质，该材质的表面效果与生活中常见的镜子类似。首先将其 Diffuse【漫反射】的“颜色通道”调整为纯白色。

Steps 02 再将其 Reflect【反射】“颜色通道”调整为 240 的灰度，使材质表面获得十分强的反射能力。

Steps 03 将 RGlossiness【反射光泽度】参数调整为 0.92，使材质表面产生些许的模糊效果，从而区别于镜子的全反射现象。亮光不锈钢材质的具体参数设置与材质球效果如图 12-17 所示。

12.3.4　暗光磨砂不锈钢材质

Steps 01 场景中 CD 架中部的金属搁板所使用的材质为暗光磨砂不锈钢材质。暗光金属的表面较暗，因此将其 Diffuse【漫反射】“颜色通道”的 RGB 值设置为 30，31，34 的深灰色。

Steps 02 将其 Reflect【反射】的“颜色通道”设置为 67 的灰度，使材质表面获得较弱的反射能力以匹配将要调整出的表面亚光效果。

Steps 03 将 RGlossiness【反射光泽度】与 HGlossiness【高光光泽度】的参数值分别调整为 0.82 与 0.61，使材质表面产生磨砂（反射模糊）与亚光效果。暗光磨砂不锈钢材质的具体参数与材质球效果如图 12-18 所示。

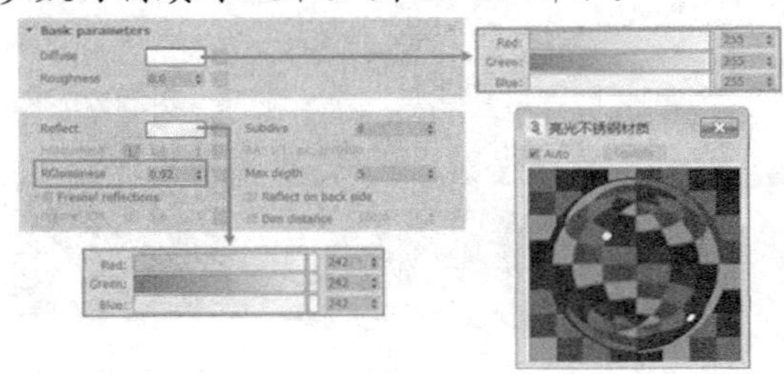

图 12-17　亮光不锈钢材质的参数设置与材质球效果

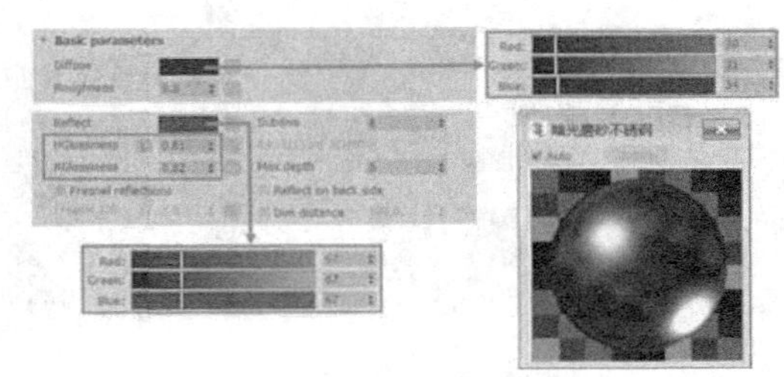

图 12-18　暗光磨砂不锈钢材质的参数设置与材质球效果

12.3.5 耳机杆白色塑料材质

Steps 01 场景中的耳机杆部件使用的是白色塑料材质。首先将材质 Diffuse【漫反射】的“颜色通道”设置为 248 的灰度，使材质表现出白色。

Steps 02 表面光滑的塑料材质会在反射面上产生轻微的菲涅尔反射效果，因此首先将 Reflect【反射】的“颜色通道”设置为 181 的灰度，使材质表面获得反射能力，然后勾选 Fresnel Reflection【菲涅尔反射】参数即可。

Steps 03 将 RGlossiness【反射光泽度】与 HGlossiness【高光光泽度】的参数值分别调整为 0.88 与 0.65，控制好塑料材质表面的反射模糊效果及高光形态。耳机杆白色塑料材质的具体参数设置与材质球效果如图 12-19 所示。

12.3.6 CD 盒透明塑料材质

Steps 01 场景中的 CD 盒材质使用的同样是塑料材质，比较耳机杆部件所使用的白色塑料材质，该材质最大的特点在于具有透明效果。首先将材质 Diffuse【漫反射】的“颜色通道”设置为 40 的灰度。

Steps 02 将其 Reflect【反射】的“颜色通道”设置为 94 的灰度，再勾选 Fresnel Reflection【菲涅尔反射】参数，并将 RGlossiness【反射光泽度】参数调整为 0.75，完成材质反射效果的制作。

Steps 03 通过调整折射参数进行其透明效果及细节的制作。首先将 Refract【折射】的“颜色通道”设置为 255 的纯白色，使材质产生完全透明的效果；然后通过 Fog color【雾效颜色】参数调整出材质的透明颜色，并通过其下的 Fog multiplier【雾效倍增】参数值控制好透明颜色的浓度。

Steps 04 勾选 Affect shadows【影响阴影】参数，使光线能穿透物体并形成正确的投影效果。CD 盒透明塑料材质的具体参数设置与材质球效果如图 12-20 所示。

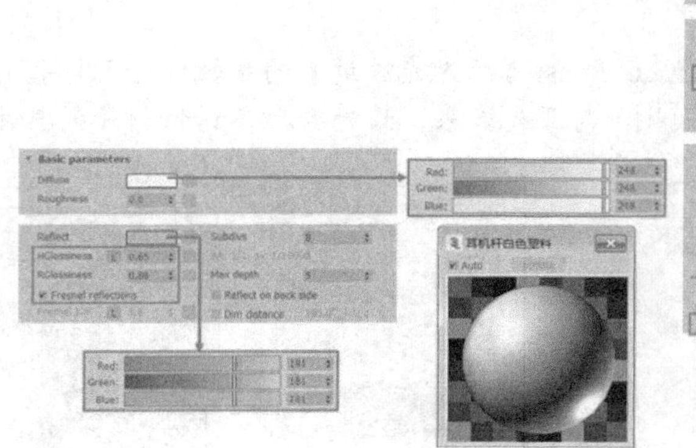

图 12-19 耳机杆白色塑料材质的参数设置与材质球效果

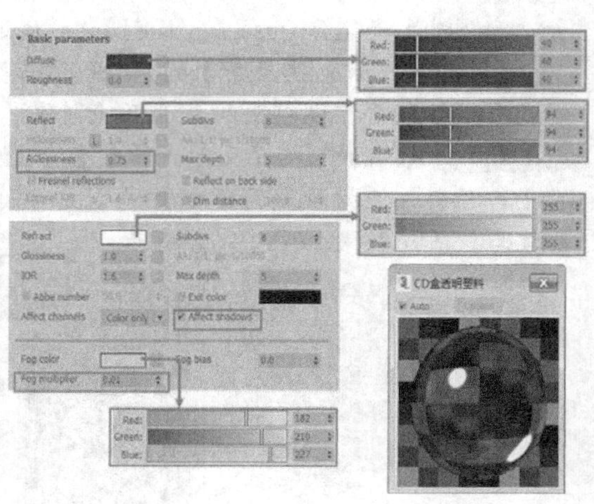

图 12-20 CD 盒透明塑料材质的参数设置与材质球效果

12.3.7 耳机绒套材质

Steps 01 耳机绒套材质的制作比较简单，主要是通过绒毛纹理位图进行效果的模拟，保持默认的 Standard【标准】类型，将明暗器更改为“Phong”，使材质球的高光分布适合绒毛效果的模拟。

Steps 02 在 Diffuse【漫反射】与 Opacity【不透明度】的“贴图通道”内加载一张绒毛位图，前者模拟材质的视觉效果，而后者模拟材质表面的质感。耳机绒套材质的具体参数设置与材质球效果如图 12-21 所示。

对于场景中其他材质的制作，读者可以通过配套资源中的完成文件进行查看。所有的材质制作完成后利用检查模型时所使用的天光进行渲染，得到的效果如图 12-22 所示。可以看到，图像中材质的反射、高光等特征都没有得到体现，同时模型没有投影，整体渲染效果并不真实，缺少光影的生动。接下来进行场景灯光的创建，使渲染效果变得真实生动。

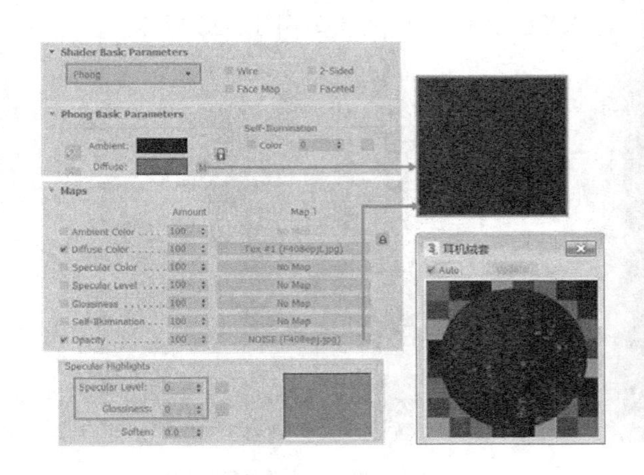

图 12-21 耳机绒套材质的参数设置与材质球效果

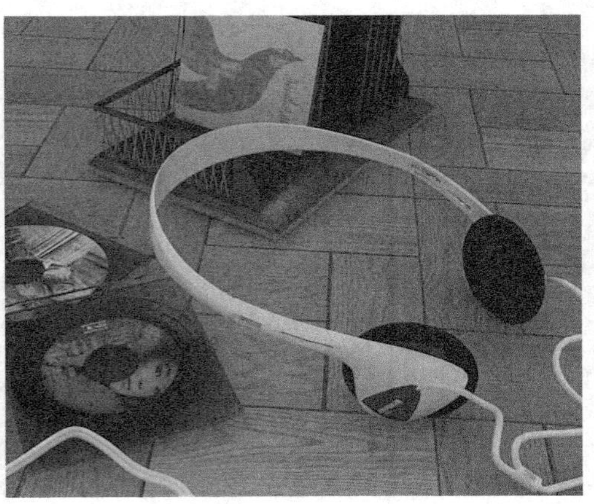

图 12-22 场景材质天光的渲染效果

12.4 创建场景灯光效果

12.4.1 三点照明法

三点照明法是一种十分经典的灯光布置方法，图 12-23 与图 12-24 所示即为本场景通过这种方法完成的灯光布置图以及取得的场景测试渲染效果(为了便于读者对测试灯光效果细节的观察，这里将测试渲染的抗锯齿方式调整成了 Catmull-Rom，开启了材质模糊效果并适当增大了材质细分值)。

在图 12-23 中，位于耳机上侧的 VRay 片光为主光源，用于对场景表现主体（耳机模型）进行照明；位于 CD 架后侧的 VRay 片光为辅助光源，主要用于对场景中的 CD 碟以及 CD 架进行照明；而泛光灯则为背景光，用于场景环境光的模拟，整体提高图像亮度并可调整图像色调。本场景的三点布光法的具体步骤如下：

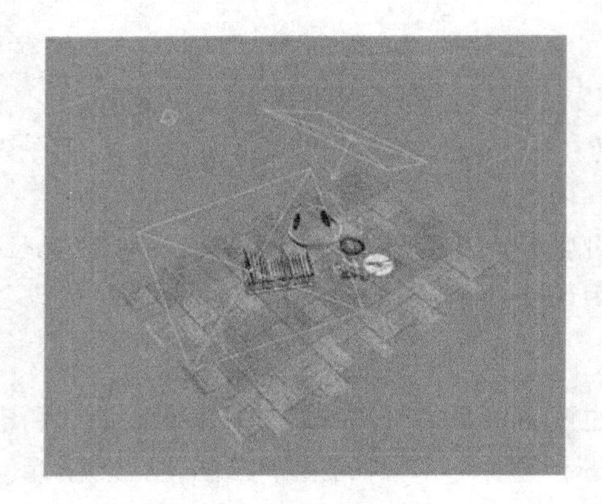

图 12-23　场景三点照明法灯光布置图

图 12-24　三点照明法测试渲染效果

Steps 01 首先进行主光源的布置，单击 VRayLight 创建按钮，如图 12-25 所示在场景中创建一盏针对耳机模型进行照明的主光源，主光源的具体参数设置如图 12-26 所示。

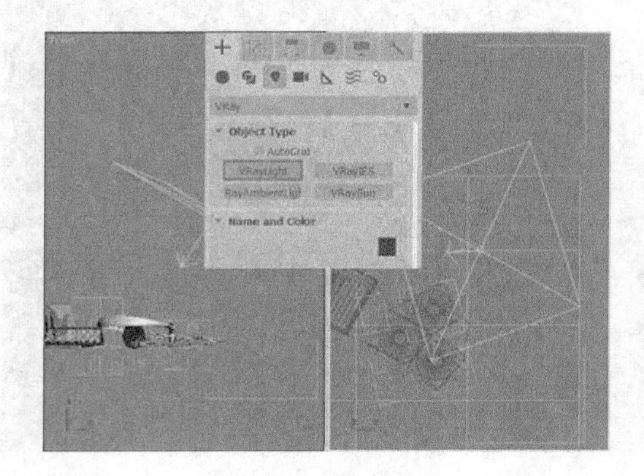

图 12-25　利用 VRay 片光布置场景主光源

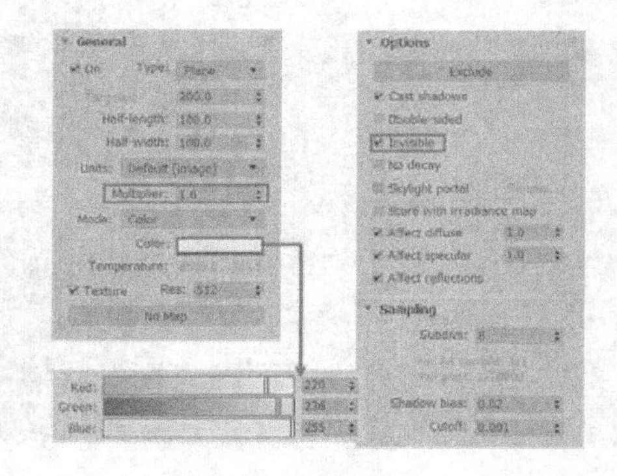

图 12-26　主光源的参数设置

Steps 02 主光源的参数设置完成后，按 C 键返回摄影机视图，单击渲染按钮进行该盏灯光照明效果的测试渲染，渲染结果如图 12-27 所示。可以看到，主光源主要照亮了耳机模型。接下来进行场景辅助光的布置，使 CD 碟以及 CD 架模型获得合适的亮度。

Steps 03 辅助光的具体位置如图 12-28 所示，该盏灯光的具体参数设置如图 12-29 所示，可以看到，其颜色与之前布置的主光源类似，而灯光倍增值则降低到了 0.75，灯光亮度的差异使灯光产生了主次之分。

Steps 04 辅助光源布置完成后，渲染场景得到如图 12-30 所示的测试渲染结果，从图像中可以看到，场景模型的轮廓造型都得到了的体现。

Steps 05 使用泛灯光制作一盏背景灯光，以整体提高场景亮度并使模型投射出阴影效果。背景灯光的具体位置如图 12-31 所示，其具体参数设置如图 12-32 所示，由于将要表现中午阳光的光影氛围，因此将灯光的颜色调整为浅蓝色，对灯光的强度与阴影尺寸也做出了相应的调整。

Steps 06 背景光的参数调整完成后，再次返回摄影机视图进行灯光测试渲染，渲染结果如图 12-33 所示。可以看到，在渲染图像中表现出了接近白色的中午阳光的光影效果。而如果将背景光的颜色调整为暖色，并适当降低灯光亮度以及位置高度，也可以得到如图 12-34 所示的桔红色的黄昏阳光的光影效果。因此，在三点照明法中背景光对灯光整体的氛围体现至关重要。

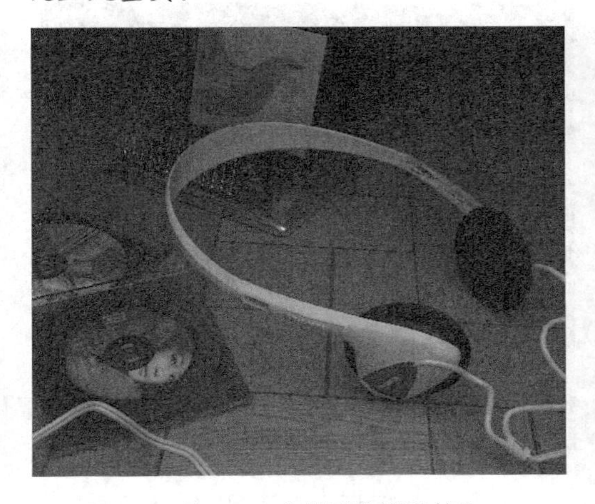

图 12-27 主光源测试渲染结果

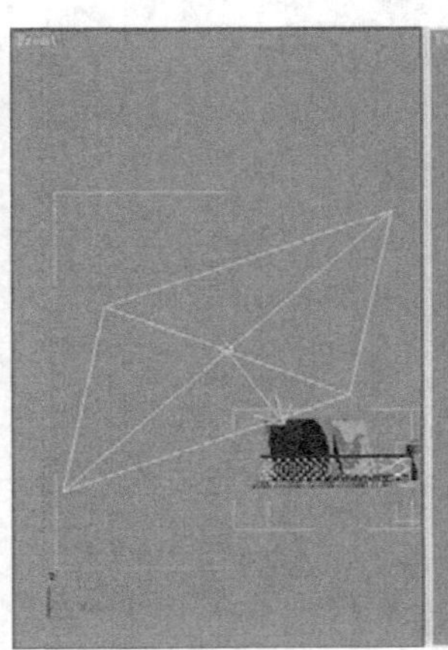
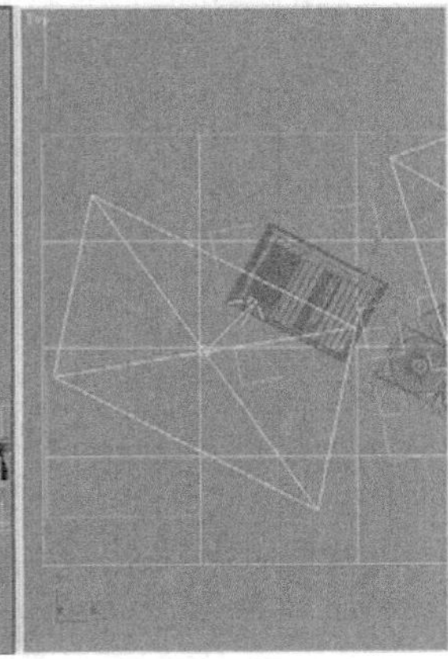

图 12-28 辅助光的位置

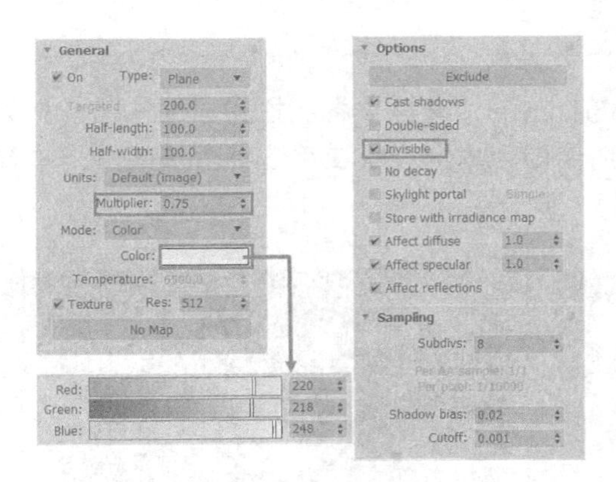

图 12-29 辅助光的参数设置

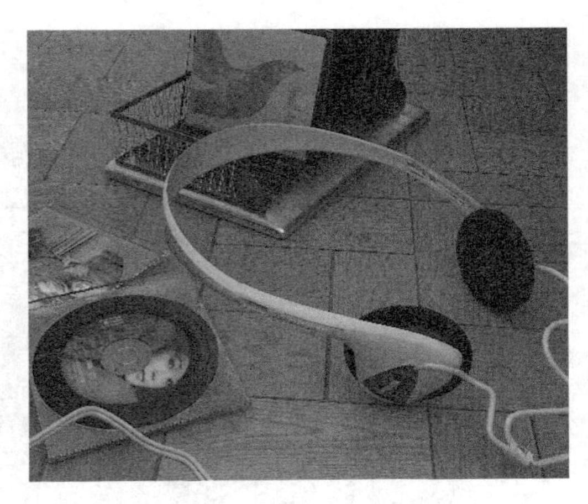

图 12-30 辅助光的测试渲染结果

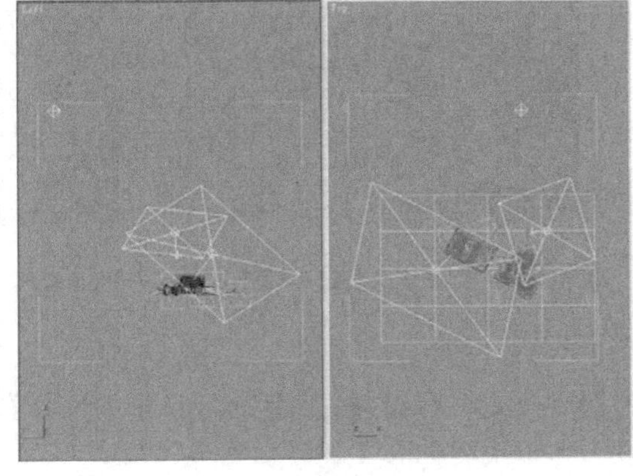

图 12-31 背景灯光的位置

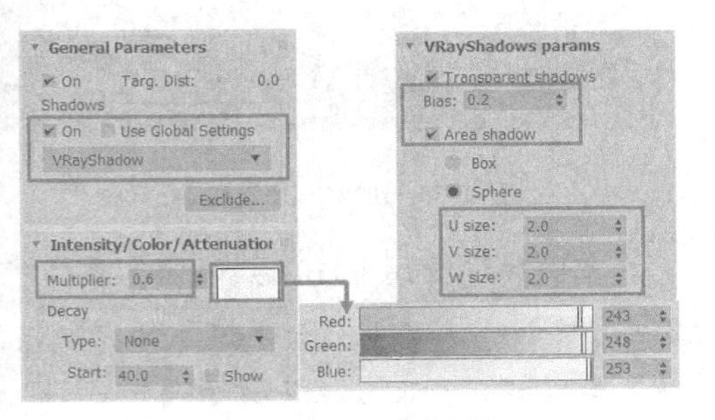

图 12-32 背景灯光的具体参数设置

三点照明法的应用就讲解到这里。接下来首先将当前的场景保存为“耳机渲染完成(三点照明）.max”，然后再另存为“耳机渲染完成（HDRI）.max”，接下来即利用其进行“HDRI照明法”的制作。

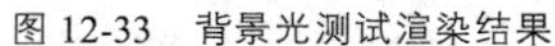

图 12-33　背景光测试渲染结果

图 12-34　通过调整背景光获得黄昏灯光氛围

12.4.2 HDRI 照明法

HDRI 照明法是一种利用 VRay 渲染器 Environment【环境】卷展栏完成的快速、真实的工业产品布光方法，如图 12-35 与图 12-36 所示即为本例场景使用该种方法的灯光布置图以及取得的场景测试渲染效果。

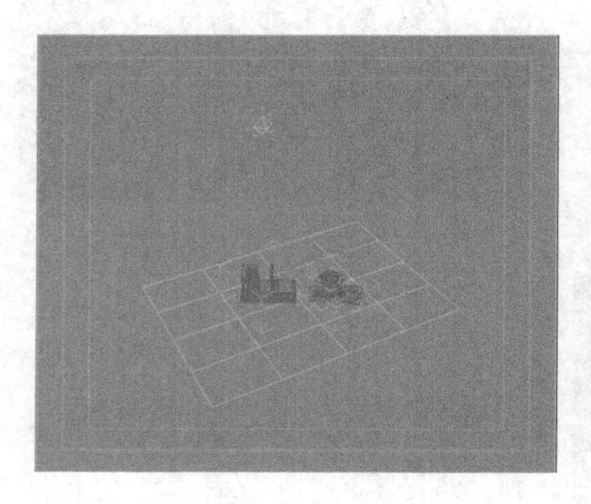

图 12-35　HDRI 照明法灯光布置图

图 12-36　利用 HDRI 照明法得到的场景测试渲染效果

本例场景使用 HDRI 照明法的具体步骤如下：

Steps 01 删除场景中的主光源与辅助光源，选择背景光进行隐藏，再进入 Environment【环境】卷展栏，如图 12-37 所示调整好 GI environment【环境天光】的颜色与强度。

Steps 02 参数调整完成后，返回摄影机视图，单击渲染按钮，得到如图 12-38 所示的测试渲染结果。从渲染图像中可以看到，天光提供的照明效果十分均匀，但场景中材质反射与折射效果都没有得到体现，场景中也没有生动的光影效果。接下来利用“VRayHDRI”程序贴图进行渲染效果的改善。

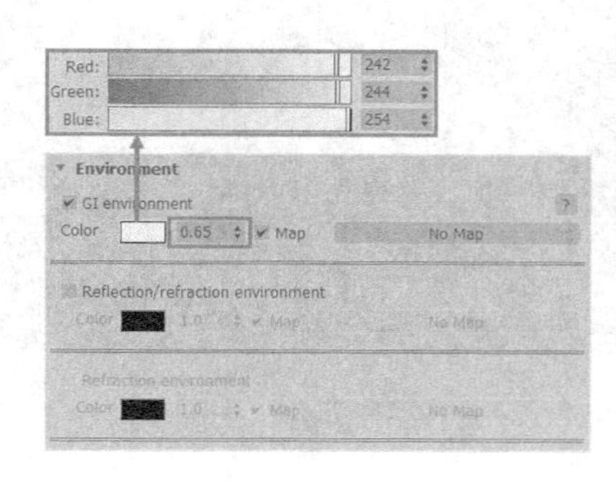

图 12-37　调整环境天光参数

图 12-38　仅环境光照明效果

Steps 03 勾选 Reflection/refraction environment【反射/折射环境】复选框将其激活，单击其后的 None 按钮为其添加“VRayHDRI”程序贴图，如图 12-39 所示。

Steps 04 将“VRayHDRI”程序贴图拖动复制至一个空白材质球上，并如图 12-40 所示设置好参数，使其产生合适的照明效果。

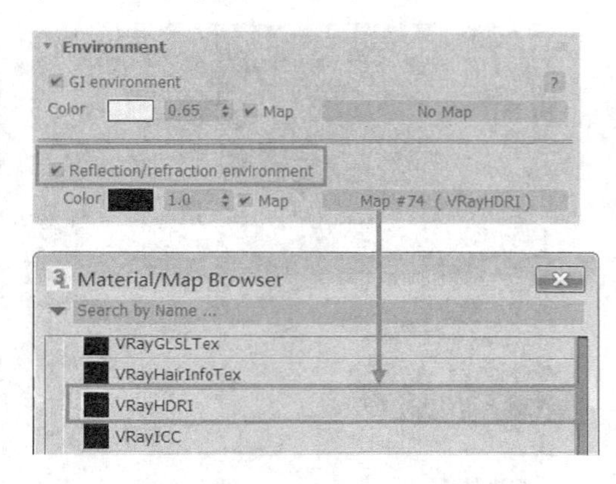

图 12-39　添加“VRayHDRI”程序贴图

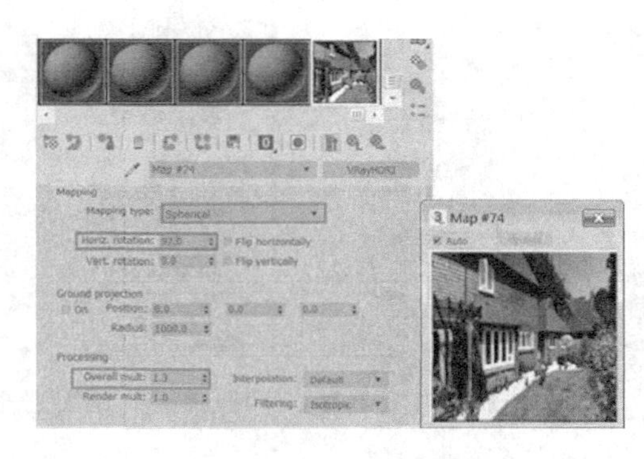

图 12-40　设置“VRayHDRI”程序贴图参数

Steps 05 “VRayHDRI”程序贴图参数设置完成后，返回摄影机视图，单击渲染按钮，得到如图 12-41 所示的测试渲染结果。可以看到，“VRayHDRI”程序贴图极大地丰富了场景中反射与折射的细节。然后再通过之前布置的用于模拟背景光的泛灯光调整好图像的最终亮度，并模拟出投影效果，使整个画面显得生动。

Steps 06 调整泛光灯的具体位置如图 12-42 所示，调整灯光的具体参数如图 12-43 所示。由于之前使用了 GI Environment【环境天光】进行整体照明，因此该泛光灯的颜色应与其接近，而灯光强度则设置得弱一些。

Steps 07 泛光灯调整完成后，返回摄影机视图，单击渲染按钮，得到如图 12-44 所示的测试渲染结果。可以看到，此时渲染图像内的光影效果十分生动。

图 12-41　测试渲染结果

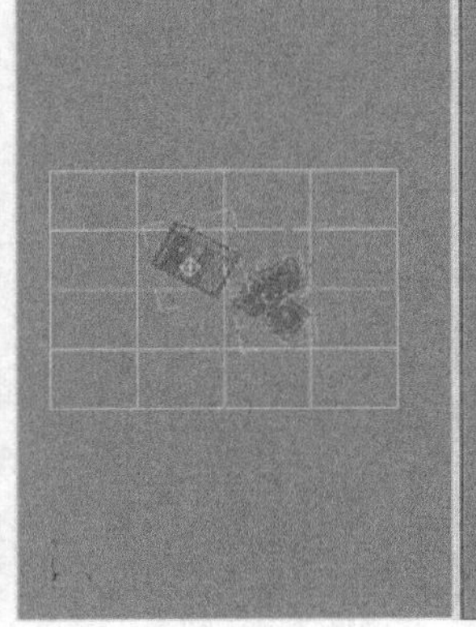

图 12-42　调整泛光灯的位置

至此，对该场景使用“HDRI 照明法”制作的灯光效果已完成，HDRI 照明法的应用十分灵活，在本场景中只在 VRay 渲染参数中的 Reflection/refraction environment【反射/折射环境】贴图卷展栏内使用了“VRayHDRI”程序贴图，事实上也可以在 GI Environment【环境天光】以及 3ds Max 自身的环境贴图中使用，其所产生的效果读者可以利用本场景亲自动手验证。

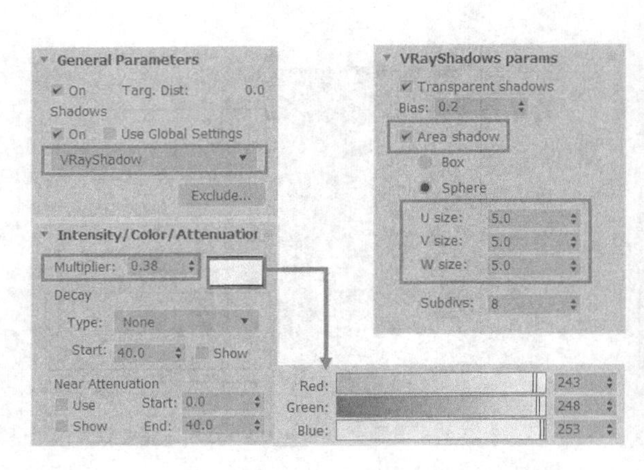

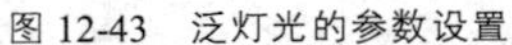

图 12-43　泛灯光的参数设置

图 12-44　测试渲染结果

12.5　最终渲染输出

12.5.1　提高材质与灯光细分

提高材质与灯光细分能有效地减少测试渲染图像中的模型表面噪点和灯光噪波等现

象，以体现出更为细致逼真的材质特点与光影效果。

材质与灯光细分的调整原则十分简单，当模型在渲染图像内占据较大面积或距离摄影机很近产生类似特写的观察角度（可清楚地观察到反射/折射模糊、凹凸等细节效果）时，该模型所赋予材质的细分就应该设置得相对较高；灯光细分的调整则主要依据其对场景照明的影响大小以及灯光所针对的照明模型在渲染视图中观察距离的远近而定，影响大、距离近则细分值设置相对较高。本例中材质与灯光细分的具体设置为：

Steps 01 将场景中耳机杆塑料材质、拉丝不锈钢材质以及亚光木纹地板材质的反射细分值调整至30，CD盒透明塑料材质的折射细分值调整至50，其他材质的细分值调整至20~24之间即可。

Steps 02 在三点照明法的场景中，将主光源的细分调整至40，辅助光源细分值调整至30，背景光源的细分值调整至35，而在HDRI照明法场景中则将泛光灯的细分值调整至40即可。

12.5.2 设置最终渲染参数

材质与灯光细分调整完成后，接下来进行最终渲染参数的设置，首先设定好最终渲染图像的尺寸，然后从参数的角度解决测试渲染图像中的模型边缘锯齿及材质噪点、光影模糊等现象，本章中两个场景的最终渲染参数可以完全一致。HDRI照明法场景的最终渲染参数设置具体如下：

Steps 01 进入Common【通用】选项卡，如图12-45所示设定好最终渲染图像的尺寸。

Steps 02 进入Global switches【全局开关】卷展栏，如图12-46所示开启材质的Glossy effects【材质模糊】效果。

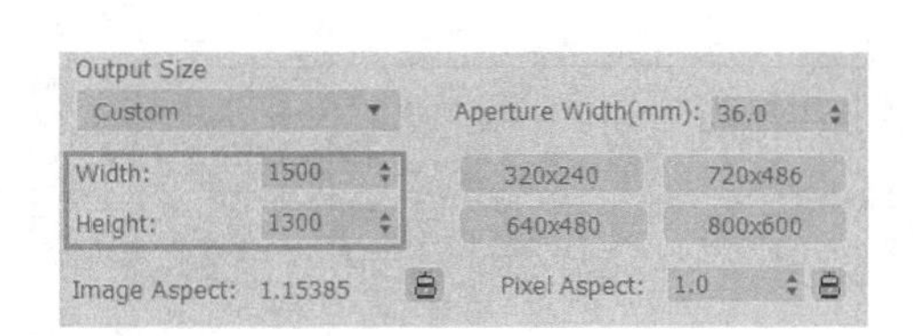

图12-45　设定最终渲染图像的尺寸

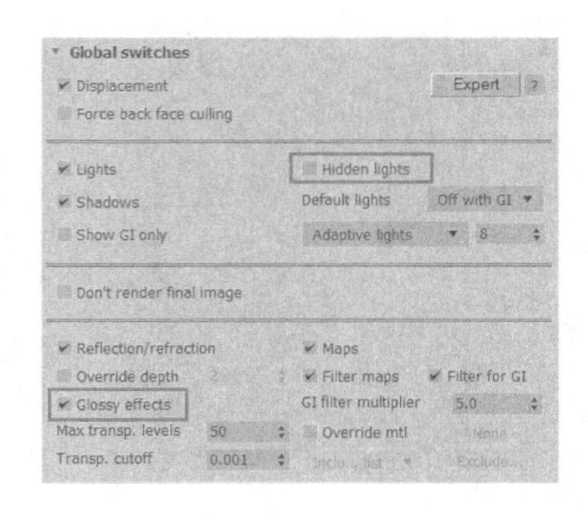

图12-46　开启材质模糊效果

Steps 03 进入Image filter【图像过滤器】卷展栏，如图12-47所示调整好采样器类型与抗锯齿方式。

Steps 04 进入Irradiance map【发光贴图】与Brute force GI【强力引擎】卷展栏，如图12-48所示设置灯光引擎。

Steps 05 进入Global DMC【全局DMC】卷展栏，如图12-49所示调整其参数，整体提高图像采样品质。

Steps 06 最终渲染参数调整完成后，返回摄影机视图，单击渲染按钮，经过较长时间的渲染得到如图 12-50 所示的最终渲染图像效果。

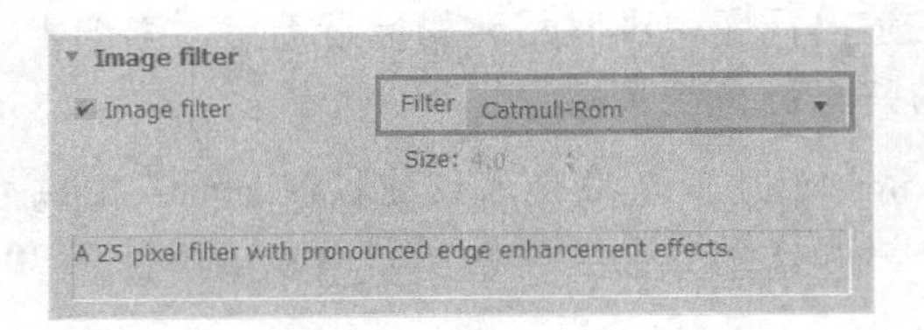

图 12-47　调整图像采样器类型与抗锯齿方式

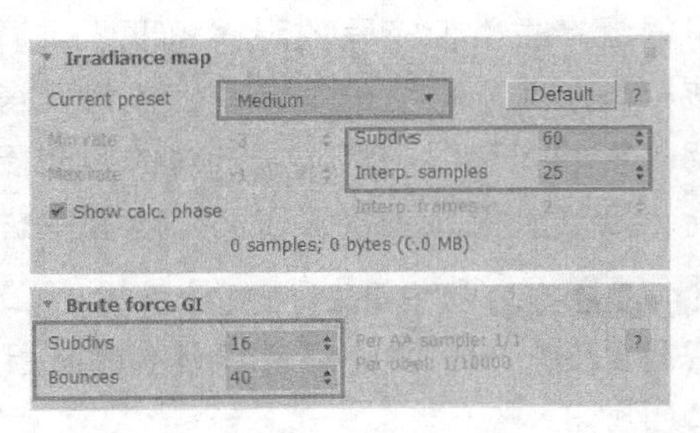

图 12-48　设置灯光引擎参数

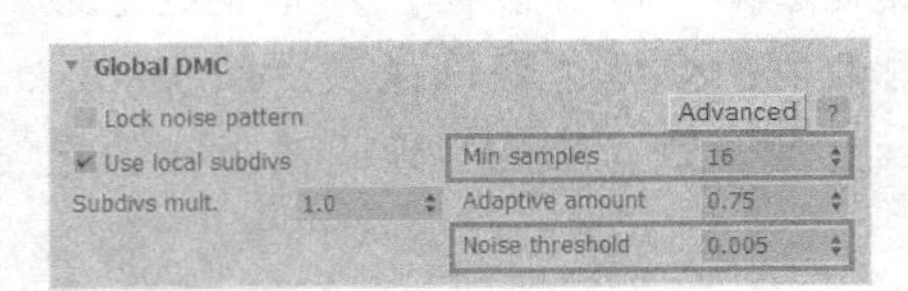

图 12-49　调整【全局 DMC】卷展栏参数

图 12-50　最终渲染图像效果

第13章 室内家装效果图 VRay 表现

本章重点：

- 创建物理 VRay 物理摄影机并调整构图
- 设置测试渲染参数
- 检查模型
- 制作场景材质
- 制作场景灯光
- 光子图渲染
- 最终图像渲染

本例将通过一个现代简约客厅讲解室内家装效果图的表现方法，在场景中主要有乳胶漆、实木地板、沙发皮革、不锈钢以及玻璃等常用材质.本章的学习重点是室内灯光氛围的营造方法，将场景结合使用 VRay Physical Camera【VRay 物理摄像机】着重表现出如图 13-1 与图 13-2 所示的中午以及月夜氛围渲染效果。

图 13-1　现代客厅中午氛围渲染效果

图 13-2　现代客厅月夜氛围渲染效果

13.1　创建物理 VRay 物理摄像机并调整构图

Steps 01 打开本书配套资源中的“现代简约客厅白模.max”，如图 13-3 所示。可以看到，本场景的家具陈设十分简单，主要集中在场景的上方，因此将着重表现该区域渲染效果。

Steps 02 由于场景将表现中午以及月夜两个氛围，为了快速、准确地进行灯光亮度等特征的切换，将如图 13-4 所示使用 VRay Physical Camera【VRay 物理摄像机】进行渲染表现。

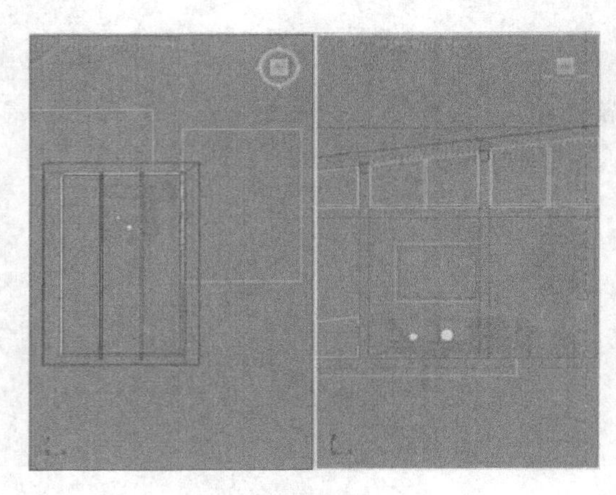

图 13-3　打开“现代简约客厅白模”

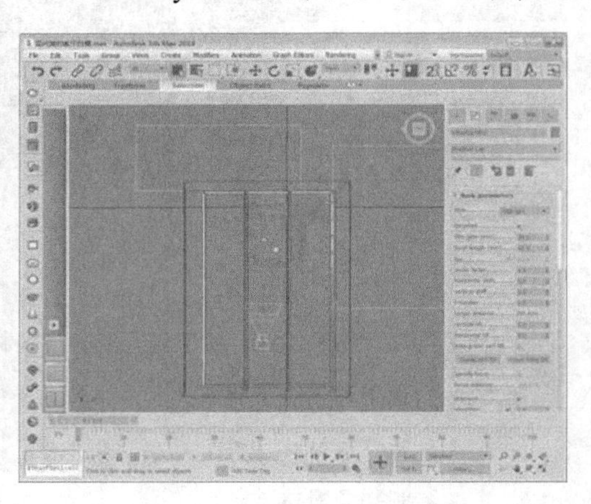

图 13-4　创建 VRay 物理摄像机

Steps 03 在顶视图中创建好【VRay 物理摄像机】后，按 L 键切换到左视图，如图 13-5 所示利用 Move Transform Type-In【移动变换输入】精确调整好摄像机的高度。

Steps 04 高度调整完成后，按 C 键进入 VRay 物理摄像机视图，按下 Shift+F 组合键得到如

图 13-6 所示的透视效果.可以看到当前的视野过窄。

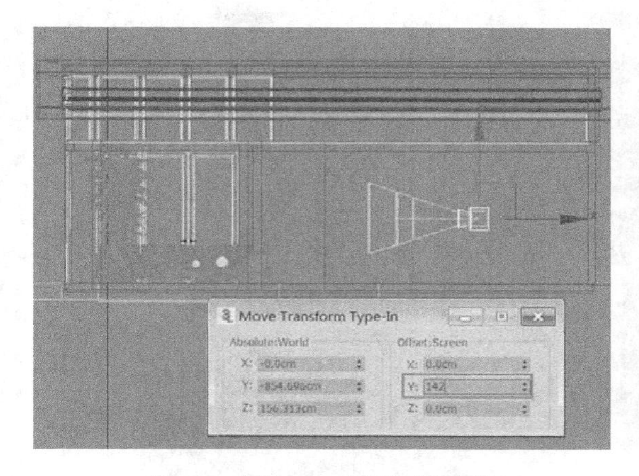

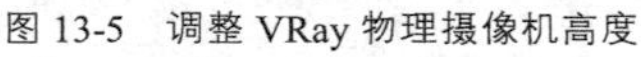
图 13-5　调整 VRay 物理摄像机高度

图 13-6　VRay 物理摄像机视图

Steps 05 选择【VRay 物理摄像机】，如图 13-7 所示调整其 focal length【焦距】为 26，得到合适的视野。

Steps 06 如图 13-8 所示调整好 Output Size【输出尺寸】参数，完成 VRay 物理摄像机视图的构图。按 Ctrl+S 组合键保存该场景。接下来进行场景测试渲染参数的设置与模型的检查。

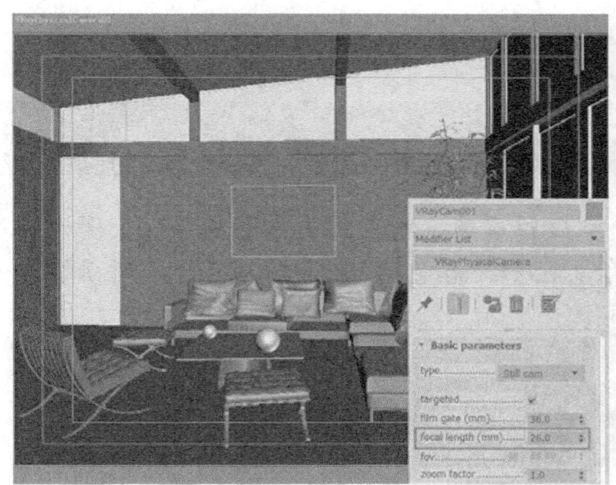

图 13-7　调整 VRay 物理摄像机焦距

图 13-8　调整构图

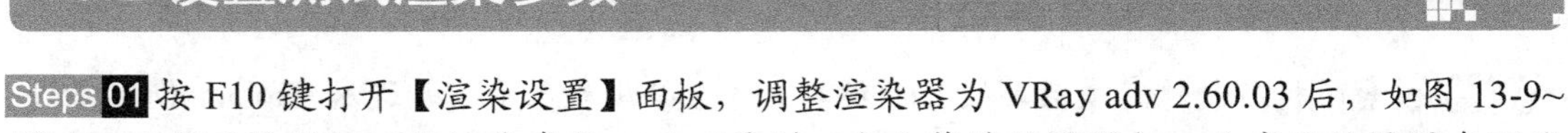

13.2 设置测试渲染参数

Steps 01 按 F10 键打开【渲染设置】面板，调整渲染器为 VRay adv 2.60.03 后，如图 13-9~图 13-12 所示设置好测试渲染参数。可以看到，室内装饰效果图与工业产品效果图在测试渲染参数的设置上除了将二次光线反弹引擎调整为 Light cache【灯光缓冲】外并没有其他太大的区别。

Steps 02 测试渲染参数设置完成后，接下来进行场景模型的检查。

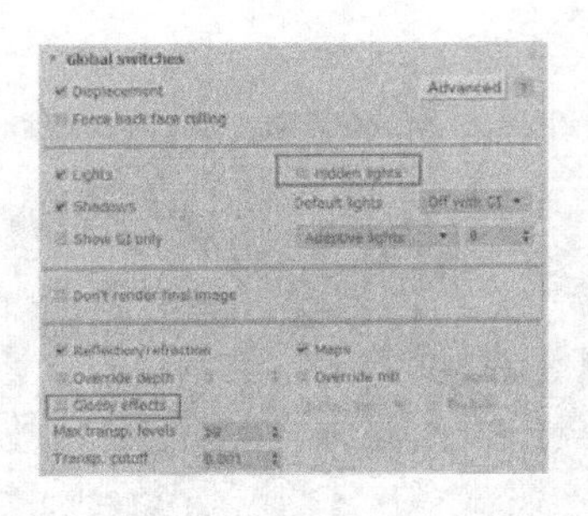

图 13-9　设置全局开关参数

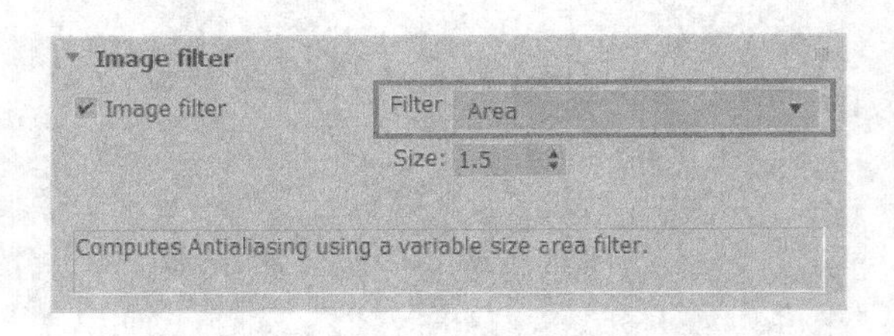

图 13-10　设置图像过滤器

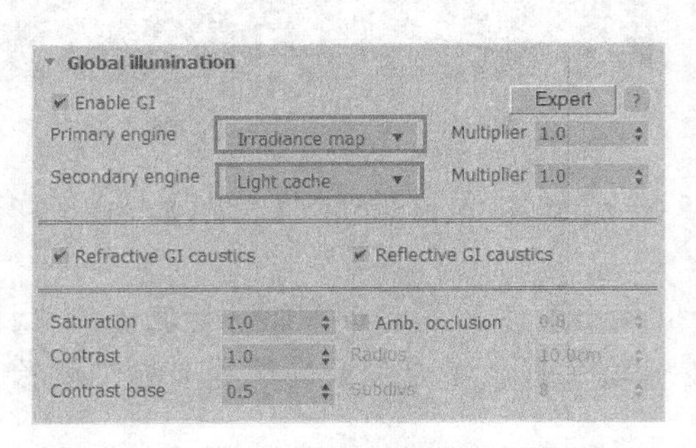

图 13-11　设置间接照明反弹引擎参数

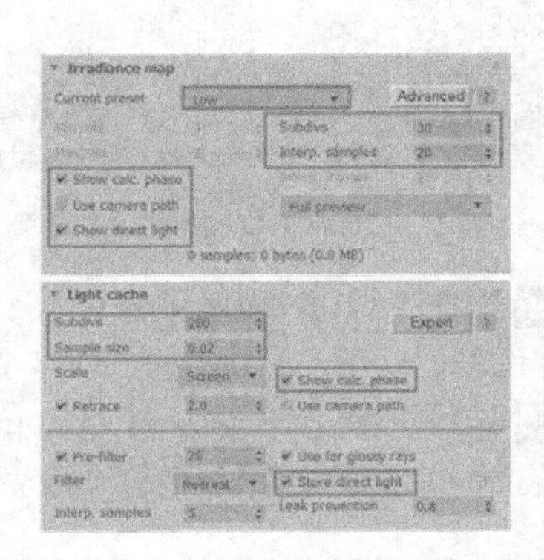

图 13-12　设置发光贴图与灯光缓冲参数

13.3　检查模型

Steps 01 按 M 键打开材质编辑器，选择一个空白材质球，将材质类型如图 13-13 所示调整至“VRayMtl”，然后单击其 Diffuse【漫反射】后的“颜色通道”，如图 13-14 所示调整好其参数值，完成用于检查模型的素白材质制作。

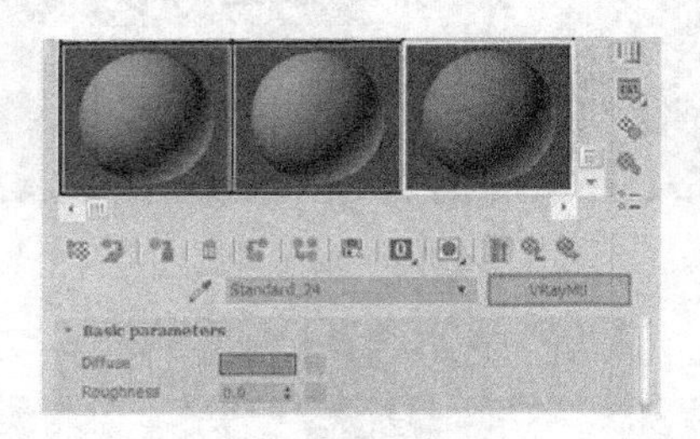

图 13-13　调整材质至 VRayMtl

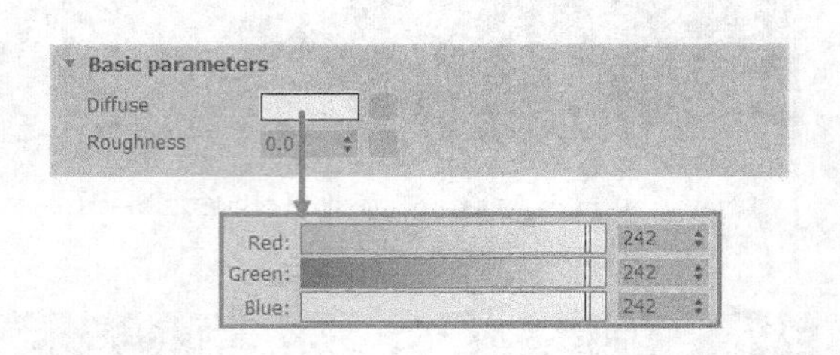

图 13-14　调整材质漫反射颜色参数

Steps 02 素白材质制作完成后，按 F10 键打开【渲染设置】面板并进入 Global switches【全局开关】卷展栏，如图 13-15 所示将素白材质关联复制至 Override mtl【全局替代材质】按钮。

Steps 03 由于场景中制作了玻璃模型，为了环境光能够顺利地进入，首先如图 13-16 所示将玻璃模型隐藏，再进入 Environment【环境卷展栏】，如图 13-17 所示调整好环境光颜色参数。

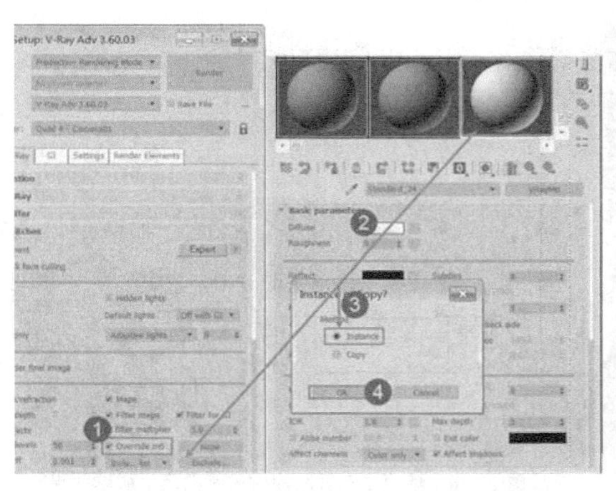

图 13-15　复制素白材质至全局替代材质

图 13-16　隐藏场景玻璃模型

Steps 04 环境光调整完成后，按 C 键进入 VRay 物理摄像机视图，再按 P 键将当前的透视角度变更为透视图，然后单击渲染按钮，得到如图 13-18 所示的素模渲染图像。可以看到模型完整且摆放无误，接下来进行场景材质的制作。

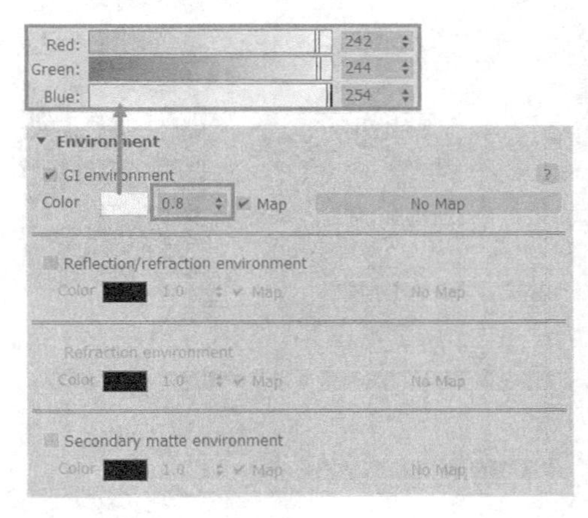

图 13-17　调整场景环境光颜色参数

图 13-18　素模渲染图像

注 意：由于默认参数设置的 VRay 物理摄像机对灯光亮度的感应并不敏感，因此如果直接利用其进行素模效果的渲染很可能需要进行多次调整，而利用同样角度的透视图则能避免这个问题，提高工作效率。

13.4　制作场景材质

本场景中主要材质的有乳胶漆、实木地板、沙发皮革、不锈钢以及玻璃等，设置顺序如图 13-19 所示，这些材质的详细参数及材质球效果如图 13-20~图 13-26 所示。

图 13-19　场景材质设置顺序

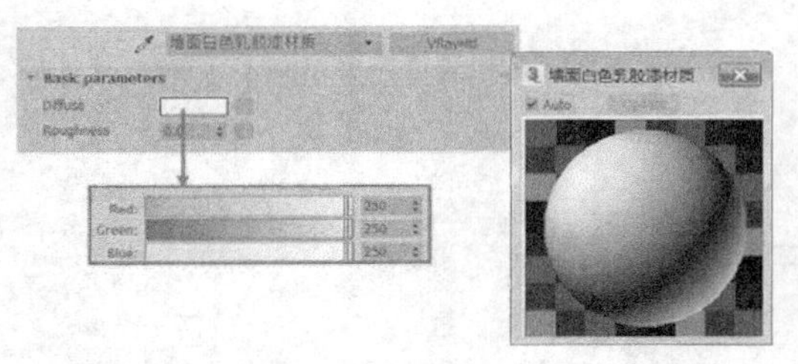

图 13-20　墙面白色乳胶漆材质参数及材质球效果

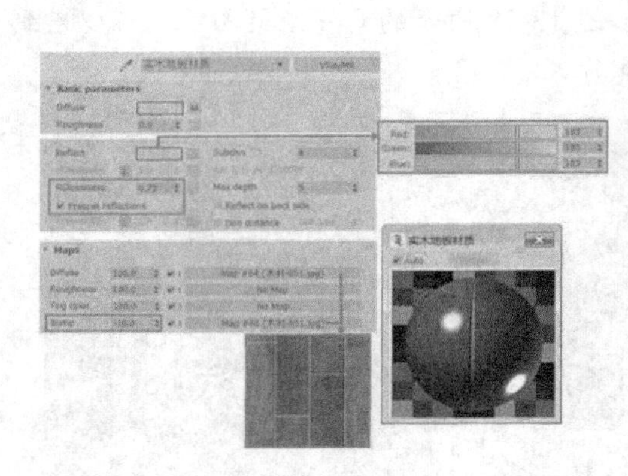

图 13-21　实木地板材质参数及材质球效果

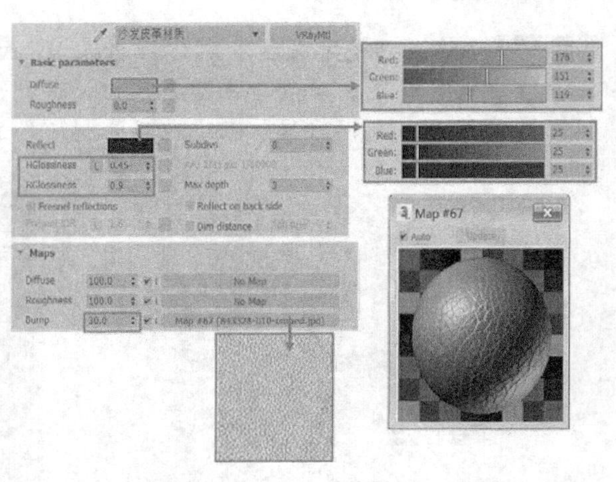

图 13-22　沙发皮革材质参数及材质球效果

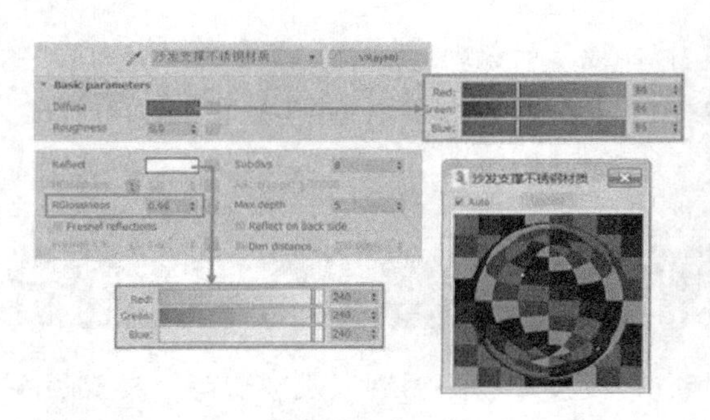

图 13-23　沙发支撑不锈钢参数及材质球效果

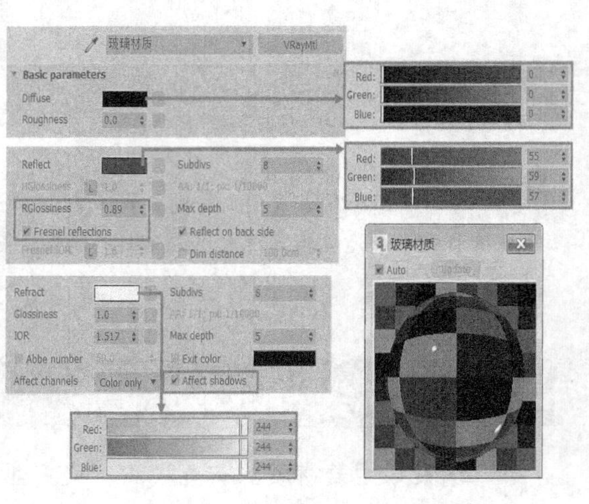

图 13-24　窗户玻璃材质参数及材质球效果

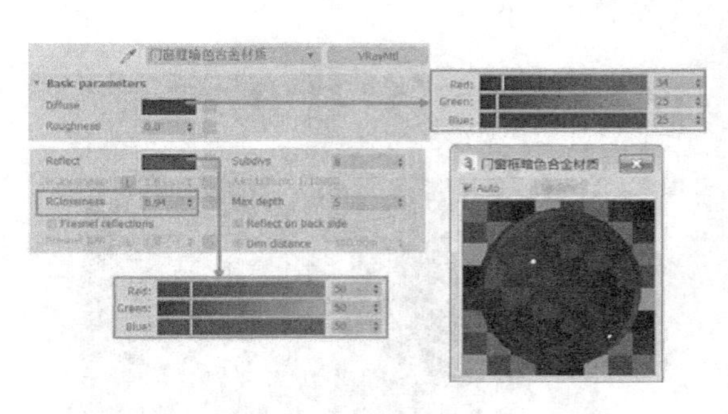

图 13-25　门窗暗色合金材质参数及材质球效果

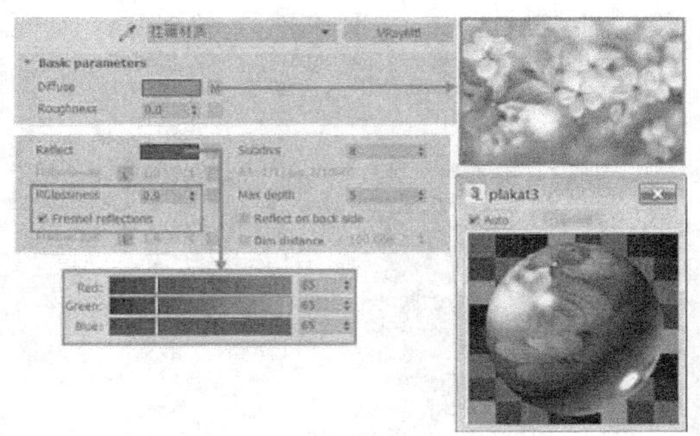

图 13-26　挂画材质参数及材质球效果

13.5 制作场景灯光

场景室外阳光与月光将由 Sphere【球型】的 VRay 灯光模拟，通过灯光颜色、强度以及位置的调整可以很方便地模拟出日光与月光的效果。下面首先进行中午阳光氛围效果的制作。

13.5.1 中午阳光氛围效果

1. 制作室外阳光投影效果

Steps 01 单击灯光创建面板按钮，如图 13-27 所示在顶视图中创建一盏 Sphere【球型】的 VRay 灯光，然后再按 F 键进入前视图调整灯光的高度与入射角度，如图 13-28 所示。

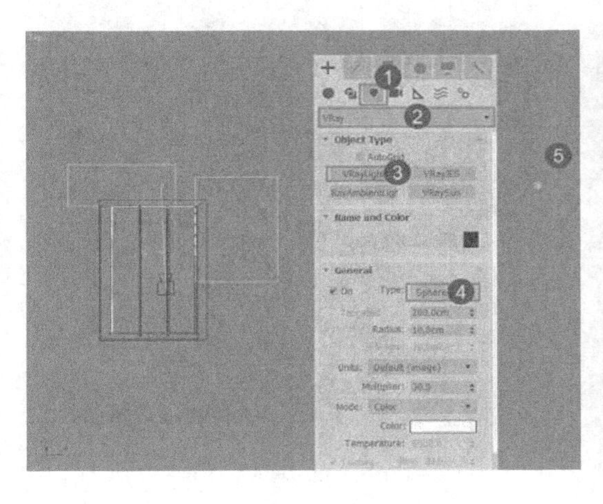

图 13-27　创建 VRay 球形灯光

图 13-28　调整 VRay 球形灯光的高度

Steps 02 灯光的位置确定好后，再选择灯光进入修改面板，如图 13-29 所示设置灯光的参数。

Steps 03 灯光参数设置完成后，按 C 键进入 VRay 物理摄像机视图进行灯光测试渲染，得到一片漆黑的渲染结果，如图 13-30 所示。有两个原因可能造成这种现象：一是灯光参数设置不正确；二是默认参数的 VRay 物理摄像机曝光不足。

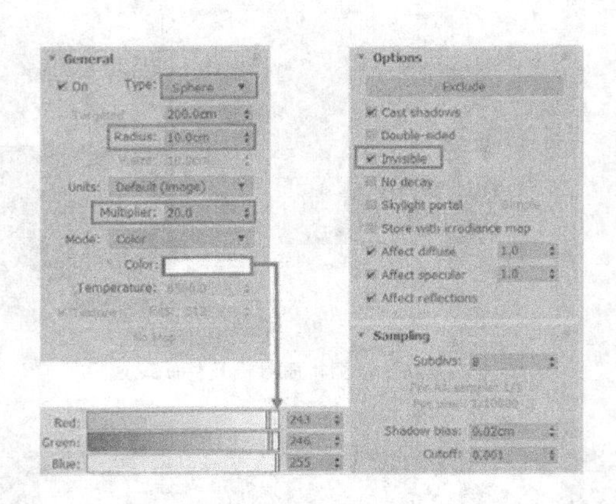

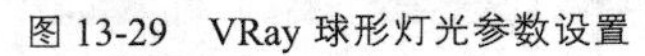

图 13-29　VRay 球形灯光参数设置

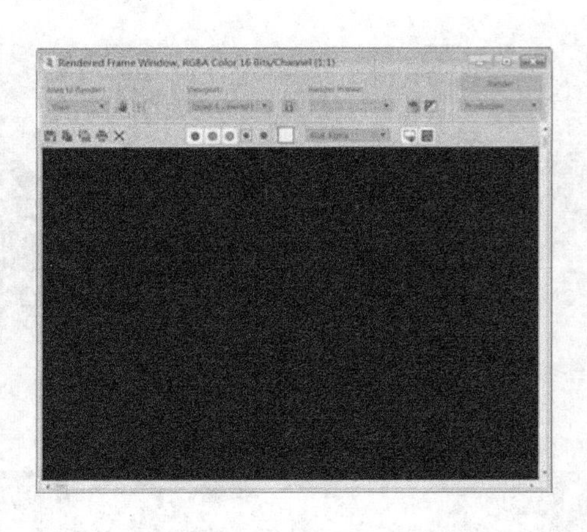

图 13-30　测试渲染结果

Steps 04 为了验证灯光参数的正确与否，可以在 VRay 物理摄像机视图中按 P 键将视图变更为透视图，然后单击渲染按钮，此时得到如图 13-31 所示的渲染结果。可以看到渲染效果并没有什么改观，因此接下来进行灯光参数错误的分析。

Steps 05 观察如图 13-29 所示的灯光参数。可以发现在其 Options【选项】参数组内有 No decay【无衰减】参数。对比现实中太阳至地球表面的距离，在本例中利用 VRay 球形灯光模拟室外日光的灯光至室内地平面的距离十分微小，因此这段距离内灯光的衰减效果是可以忽略的。勾选 No decay【无衰减】参数，再次渲染就可以得到很明显的阳光投影效果，如图 13-32 所示。

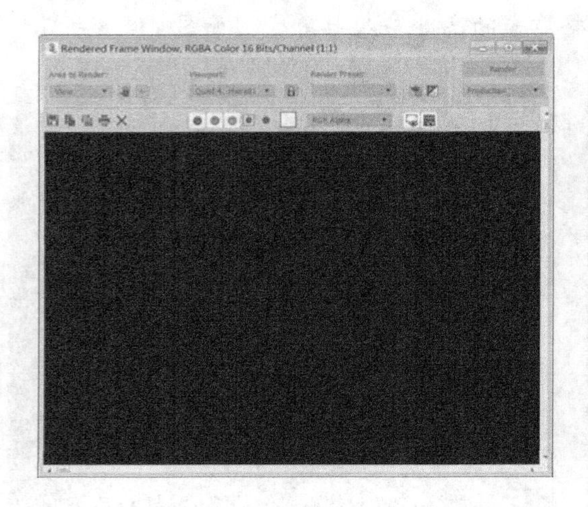

图 13-31　透视图渲染结果

图 13-32　测试渲染结果

Steps 06 返回 VRay 物理摄像机视图进行测试渲染，得到如图 13-33 所示的渲染结果。可以看到光影十分微弱。因此选择 VRay 物理摄像机，如图 13-34 所示调整好参数，再次渲染得到亮度合适的室外阳光投影效果。

Steps 07 室外阳光投影效果完成后，接下来进行场景室外环境光以及环境背景效果的制作。

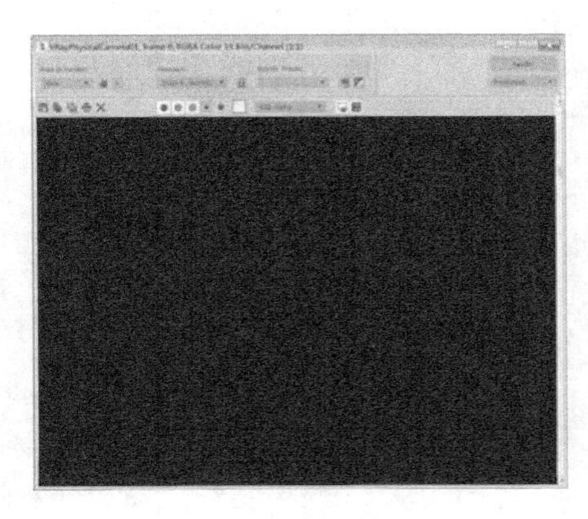

图 13-33　测试渲染结果

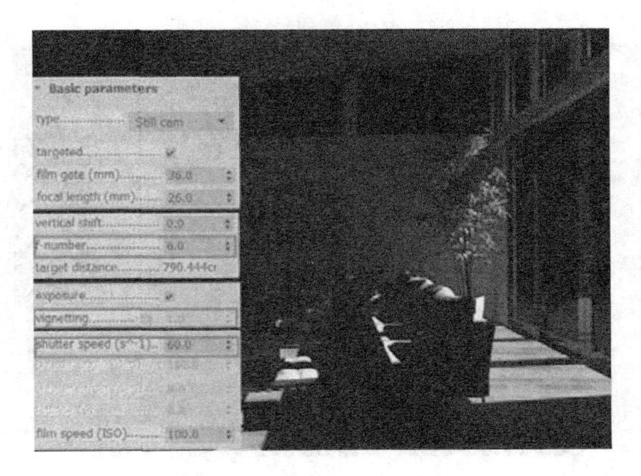

图 13-34　测试渲染结果

技巧：在制作室外阳光的效果时，为了得到亮度适当与光影俱佳的效果，常需要进行多次的调整与测试渲染，此时可以采取与模型检查类似的手法，利用素模快速渲染确定大致的效果，再进行细节的改善，以提高渲染效率。

2. 制作中午环境光及背景效果

Steps 01 如图 13-35 所示在 Left【左视图】中创建一盏 Plane【平面】类型的 VRay 灯光（VRay 片光），然后在 Top【顶视图】中参考 VRay 球形灯光的位置调整好灯光的朝向，设置该盏灯光的具体参数如图 13-36 所示。

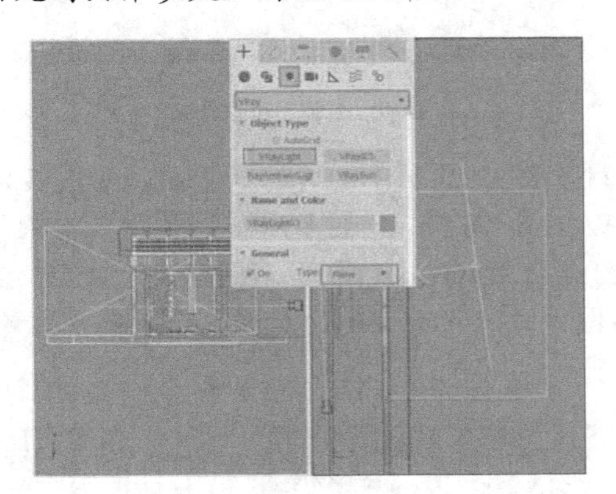

图 13-35　创建 VRay 片光

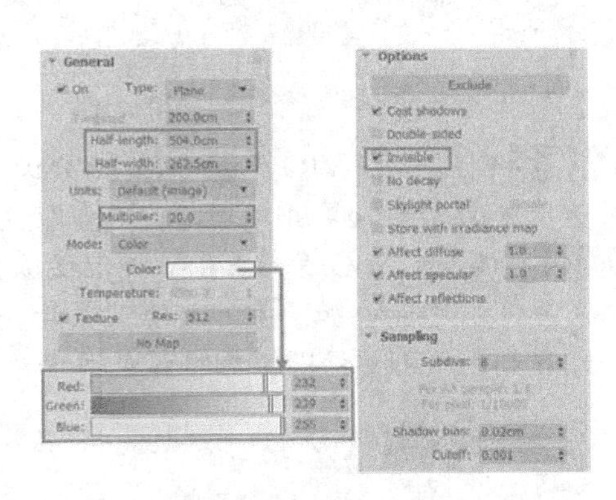

图 13-36　VRay 片光的参数设置

Steps 02 灯光参数设置完成后，进入 VRay 物理摄像机视图进行测试渲染，得到如图 13-37 所示的测试结果。可以看到，图像中有些区域有曝光过度的现象。考虑到此时整体的图像亮度并不强烈，因此最好通过 Color mapping【色彩映射】参数组进行改善。

Steps 03 进入 Color mapping【色彩映射】卷展栏，调整其参数如图 13-38 所示；然后返回 VRay 物理摄像机视图进行测试渲染，得到如图 13-39 所示的渲染结果。可以看到场景曝光过度的现象得到了缓解，室内整体的亮度也有所保留，接下来进行室外环境效果的模拟。

Steps 04 室外环境效果将由 VRayLightMtl【VRay 灯光材质】模拟完成。如图 13-40 所示，先在场景中创建一个平面并利用 Bend【弯曲】命令调整好其弧度。

图 13-37　测试渲染结果

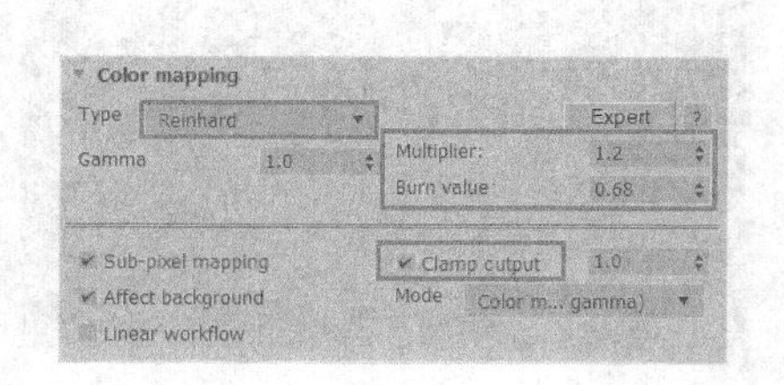

图 13-38　调整【色彩映射】参数组

图 13-39　测试渲染结果

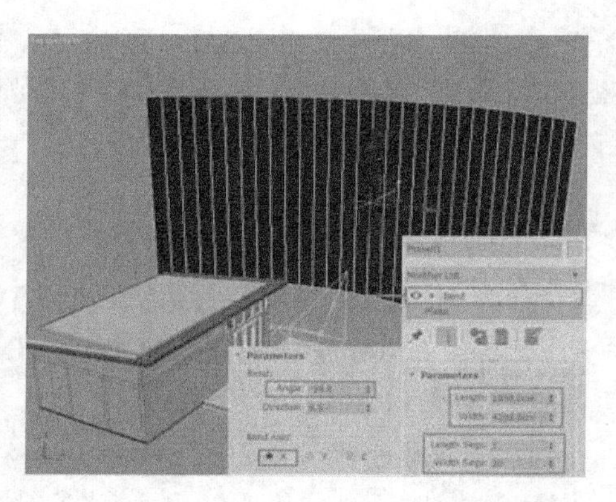

图 13-40　创建平面并调整好弧度

Steps 05 创建一个 VRayLightMtl【VRay 灯光材质】，将其赋予创建好的平面，如图 13-41 所示。如果贴图效果并不理想，可以使用 UVW map【UVW 贴图】进行调整。

Steps 06 调整完成后返回 VRay 物理摄像机视图进行测试渲染，得到如图 13-42 所示的渲染结果。可以发现添加了室外环境背景后，渲染图像顿时变得生动、真实。接下来布置场景补光并利用 VRay 物理摄像机调整画面色调。

图 13-41　创建环境贴图材质

图 13-42　测试渲染结果

3. 制作补光并调整画面色调

Steps 01 场景的补光由 Dome【穹顶】类型的 VRay 灯光模拟。如图 13-43 所示，在 Top【顶视图】中的室内任意位置创建一盏 VRay 穹顶补光。

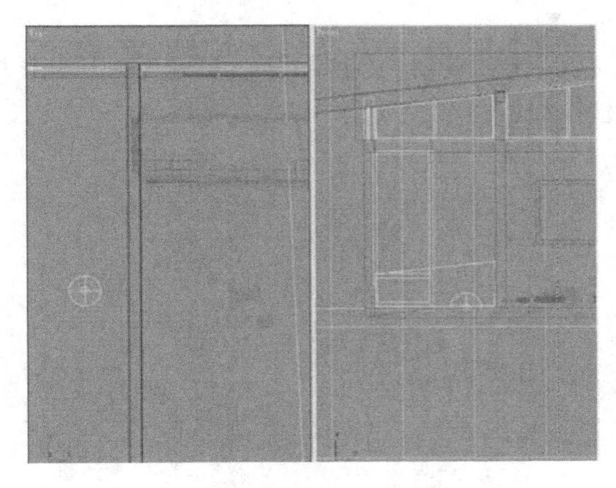

图 13-43　创建 VRay 穹顶补光

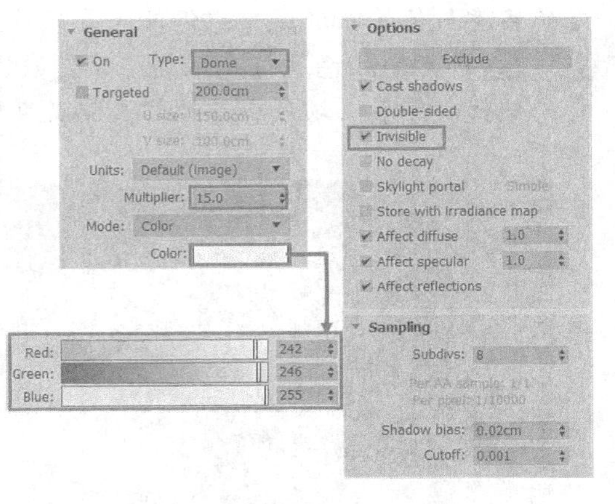

图 13-44　VRay 穹顶光参数设置

Steps 02 VRay 穹顶补光的具体参数设置如图 13-44 所示。灯光参数调整完成后，返【VRay 物理摄像机视图进行测试渲染，得到如图 13-45 所示的渲染结果。

Steps 03 为了使室内渲染效果感觉更为干净明亮，可以如图 13-46 所示调整 VRay 物理摄像机的 white blance【白平衡】改善图像色调。

图 13-45　测试渲染结果

图 13-46　通过白平衡改善图像色调

Steps 04 至此，场景的中午阳光氛围效果制作完成，将当前场景保存为“现代简约客厅日景.max”，然后再另存为“现代简约客厅夜景.max”。接下来利用其完成场景月夜氛围效果的制作。

13.5.2 月夜氛围效果

在完成了场景中午阳光氛围效果制作的基础上，场景月夜氛围灯光效果的制作就显得比较快捷，可以利用已布置好的灯光进行灯光颜色、强度以及位置上的改变来完成氛围的转换。

1．制作室外月光投影效果

Steps 01 选择之前创建用于模拟室外阳光效果的 VRay 球形灯光，如图 13-47 所示调整好灯光的高度与位置以形成光影俱佳的月光投影效果。

Steps 02 月光的颜色及灯光强度与日光截然不同，因此如图 13-48 所示调整好 VRay 球形灯光的参数，然后将场景中其他灯光以及环境背景隐藏。

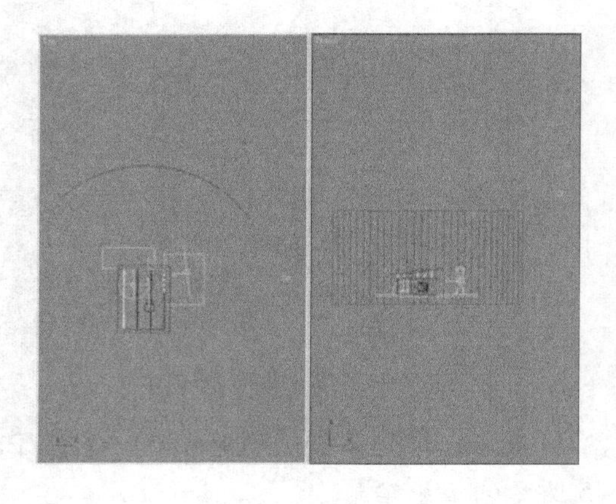

图 13-47　调整 VRay 球形灯光高度与位置

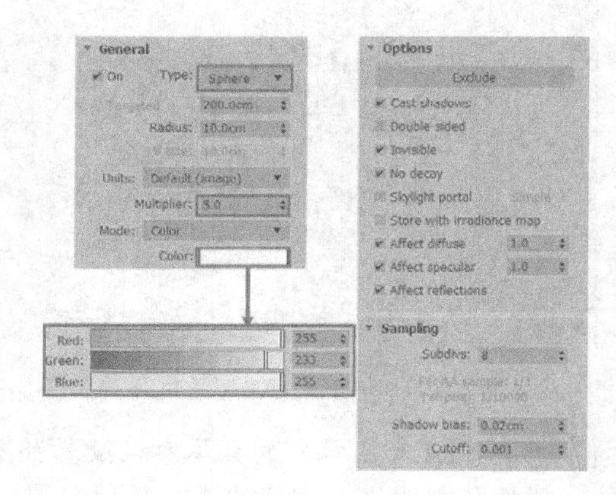

图 13-48　调整 VRay 球形灯光参数

Steps 03 返回 VRay 物理摄像机视图进行测试渲染，得到如图 13-49 所示的渲染结果，可以看到模拟的月光光影效果较理想。接下来进行月夜环境光以及环境背景效果的制作。

2．制作月夜环境光及背景效果

Steps 01 取消模拟环境光的 VRay 片光的隐藏，如图 13-50 所示调整好参数，使之与月夜的环境氛围效果相匹配。

图 13-49　测试渲染结果

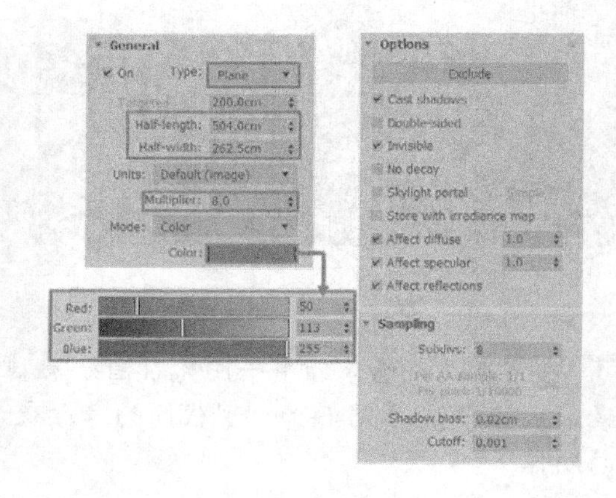

图 13-50　调整 VRay 片光参数

Steps 02 进入 VRay 物理摄像机视图进行测试渲染，得到如图 13-51 所示的渲染结果。接下来进行月夜环境的模拟。

Steps 03 首先取消平面模型的隐藏，打开【材质编辑器】，如图 13-52 所示调整好环境贴图与亮度，然后进入 VRay 物理摄像机视图进行测试渲染，得到如图 13-53 所示的渲染结果。

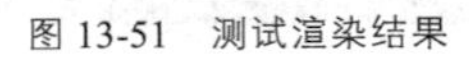

图 13-51　测试渲染结果

图 13-52　调整环境贴图与亮度

3. 制作补光

Steps 01 月夜氛围的补光主要用于提高室内的亮度，以消除阴影面死黑的现象。取消 VRay 穹顶补光的隐藏并将其删除，然后在场景中创建一盏 Plane【平面】类型的 VRay 灯光（VRay 片光），如图 13-54 所示。

图 13-53　测试渲染结果

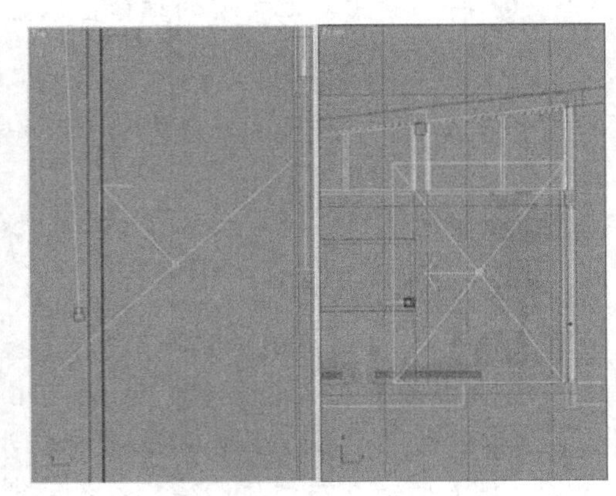

图 13-54　创建 VRay 片光

Steps 02 灯光创建完成后，选择灯光，如图 13-55 所示调整参数，注意该盏灯光的颜色最好与之前模拟室外环境光的 VRay 片光保持一致。

Steps 03 灯光参数调整完成后，进入 VRay 物理摄像机视图进行测试渲染，得到如图 13-56 所示的渲染结果。至此，场景的月夜氛围效果也制作完成。接下来进行场景的光子图渲染。

13.6 光子图渲染

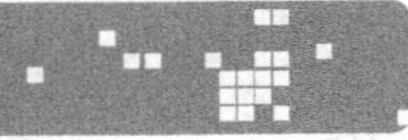

光子图渲染指的是利用较小的输出尺寸计算完成高质量的发光贴图与灯光缓冲贴图，

然后在最终渲染时设置大的输出尺寸并调用计算好的发光贴图与灯光缓冲贴图，从而以较少的时间完成较高质量的最终图像的渲染。本场景两个氛围场景的光子图渲染的具体步骤并没有太大区别，因此这里仅以月夜氛围为例讲解光子图渲染以及最终图像渲染的步骤。

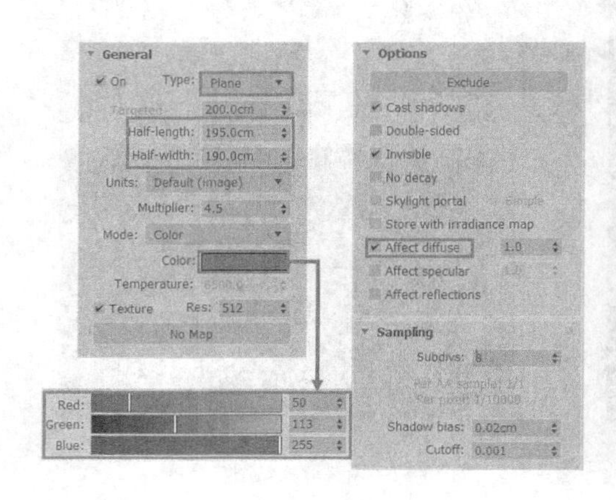

图 13-55　VRay 片光具体参数

图 13-56　测试渲染结果

1. 调整材质细分

Steps 01 将场景中的墙面白色乳胶漆材质、实木地板材质及沙发皮革材质的细分值调整为24。

Steps 02 将场景中其他材质的细分值调整至 16 ~ 20 之间。

2. 调整灯光细分

Steps 01 将场景中模拟室外月光的 VRay 球形灯光和模拟环境光的 VRay 片光的细分值调整为 24。

Steps 02 将场景中模拟补光的 VRay 片光的细分值调整为 20。

3. 调整渲染参数

Steps 01 进入 Output Size【输出尺寸】参数，如图 13-57 所示调整光子图渲染的尺寸，该尺寸至少要大于最终图像渲染尺寸的 1/6 并保持长宽比例。

Steps 02 分别进入 Global switches【全局开关】卷展栏与 Image filter【图像过滤器】卷展栏，如图 13-58 所示开启材质的模糊效果并调整好图像采样器。

Steps 03 再分别进入 Irradiance map【发光贴图】卷展栏与 Light cache【灯光缓冲】卷展栏，如图 13-59 与图 13-60 所示提高两者的参数并预设好贴图保存路径。

注意：在多氛围或是多角度的渲染中，在进行光子图渲染发光贴图与灯光缓冲贴图保存时，一定要在命名时进行区分，如本例的保存最好设置为“发光贴图（中午）”“发光贴图（黄昏）”“灯光缓冲（中午）”“灯光缓冲（黄昏）”。

Steps 04 进入 Global DMC【全局 DMC】卷展栏，如图 13-61 所示整体提高图像的采样精度。

Steps 05 渲染参数调整完成后，返回 VRay 物理摄像机视图进行光子图渲染，经过较长时间的计算得到如图 13-62 所示的渲染结果。

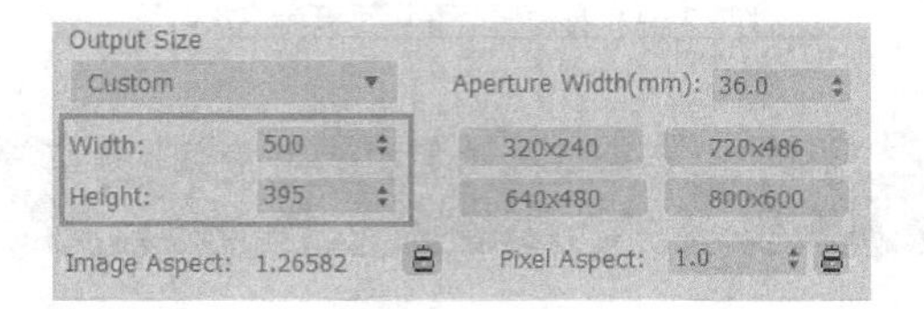

图 13-57　调整光子图渲染尺寸

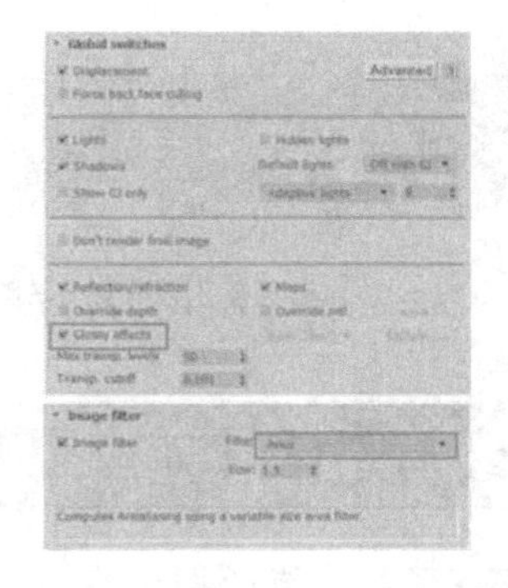

图 13-58　开启材质模糊效果并调整采样器类型

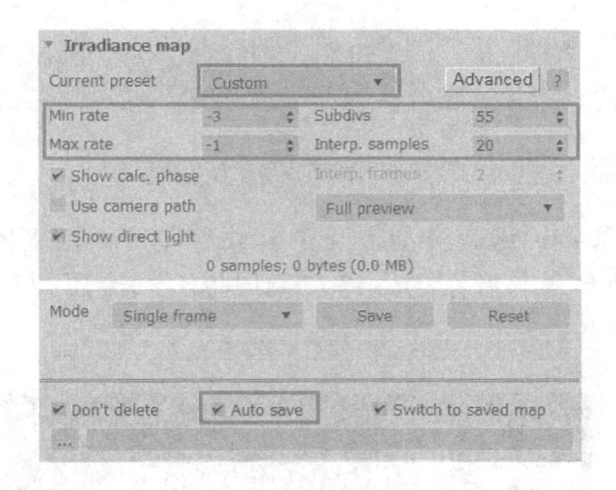

图 13-59　提高发光贴图参数

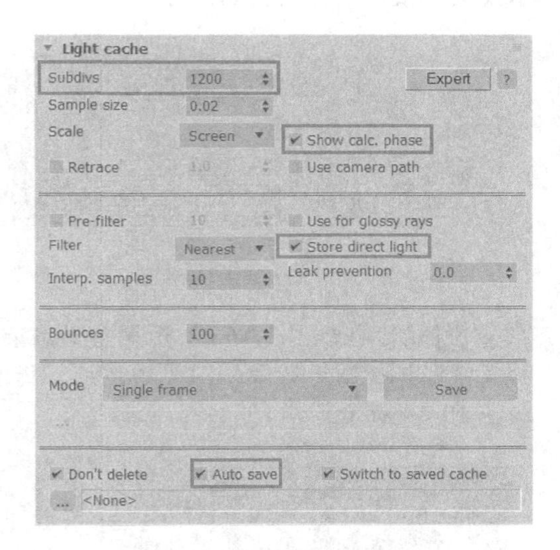

图 13-60　提高灯光缓冲参数

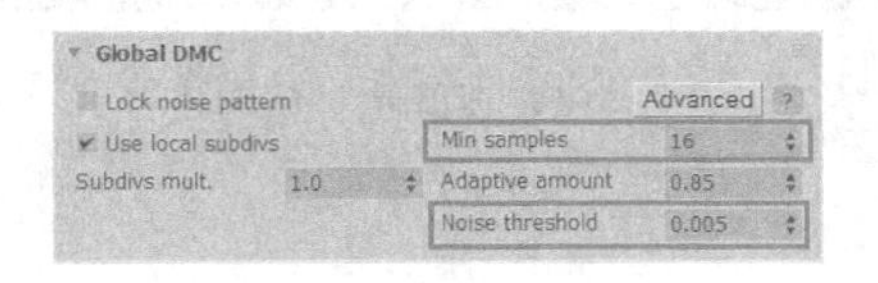

图 13-61　提高图像整体采样精度

图 13-62　光子图渲染结果

Steps 06 光子图渲染完成后，再返回分别查看 Irradiance map【发光贴图】卷展栏与 Light cache【灯光缓冲】卷展栏参数，可以发现两者分别如图 13-63 与图 13-64 所示自动完成了光子图的保存与调用。接下来进行场景的最终图像渲染。

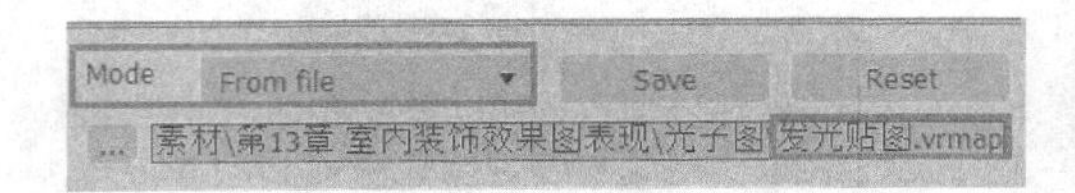

图 13-63 自动保存并调用发光贴图

图 13-64 自动保存并调用灯光缓冲贴图

13.7 最终图像渲染

Steps 01 完成了场景光子图渲染后，最终图像的渲染设置则十分简单。首先如图 13-65 所示设置好最终图像的输出尺寸。

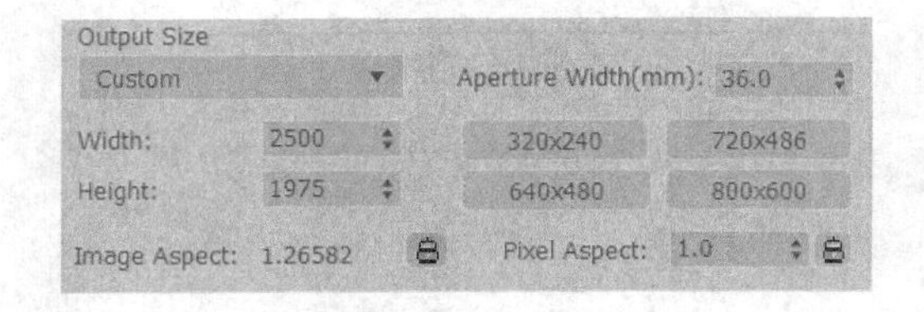

图 13-65 设置最终图像输出尺寸

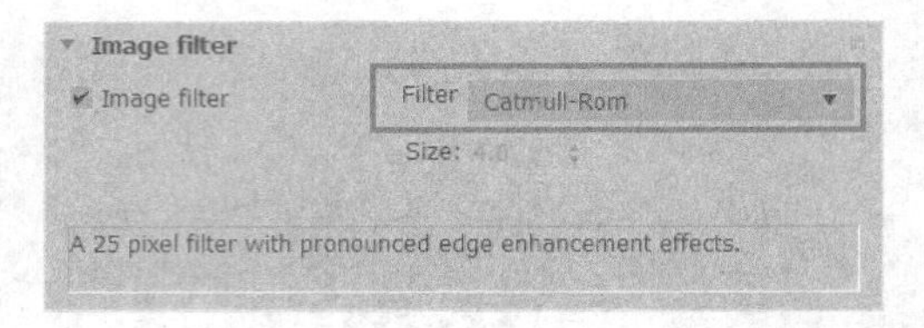

图 13-66 调整图像抗锯齿类型

Steps 02 然后再如图 13-66 所示调整好渲染图像的抗锯齿类型，调整完成后即可返回 VRay 物理摄像机视图进行最终图像的渲染。场景的日景与夜景的最终渲染图像分别如图 13-67 与图 13-68 所示。

图 13-67 日景最终渲染效果

图 13-68 夜景最终渲染效果

第14章 室内公装效果图 VRay 表现

本章重点：

- 创建 VRay 物理摄影机并调整构图
- 中式茶楼材质的制作
- 中式茶楼灯光的制作
- 中式茶楼光子图渲染
- 中式茶楼最终渲染
- 渲染色彩通道图
- 后期处理

本例将通过一个模型复杂、材质多样、灯光多重的中式茶楼场景讲解室内公装效果图表现的流程，场景最终的渲染效果如图 14-1 所示。室内公装效果图与室内家装效果图在表现的流程上并没有太多的区别，但室内公装效果图更注重使用材质体现场景的设计风格，如本例茶楼场景为了突出古典中式风格，使用了古色古香的木质隔断与吊顶栅格、质朴厚实的仿古青石地砖、古典婉约的仕女图画像等韵味浓厚的中国元素。

图 14-1 案例最终渲染效果

此外，公装场景模型数目通常较多，构造也相对复杂，虽然在材质的种类上无外乎木纹、石材、布纹等常用材质，但为了不遗漏材质或者赋错材质，在材质赋予的操作上也需要一定的技巧性。

公装场景十分注重室内灯光层次的表达，如本例茶楼场景室内从上到下具有吊顶灯带、吊灯、壁灯以及地下暗藏灯带多个层次的灯光效果，因此在灯光的布置顺序上也讲究一定的方法。接下来首先进行场景 VRay Physical Camera【VRay 物理摄像机】的创建。

14.1 创建 VRay 物理摄像机并调整构图

Steps 01 打开本书配套资源中的“中式茶楼白模.max”文件，如图 14-2 所示。可以看到，场景中模型的分布比较均匀，空间左侧为包厢区域，右侧为茶座大厅。

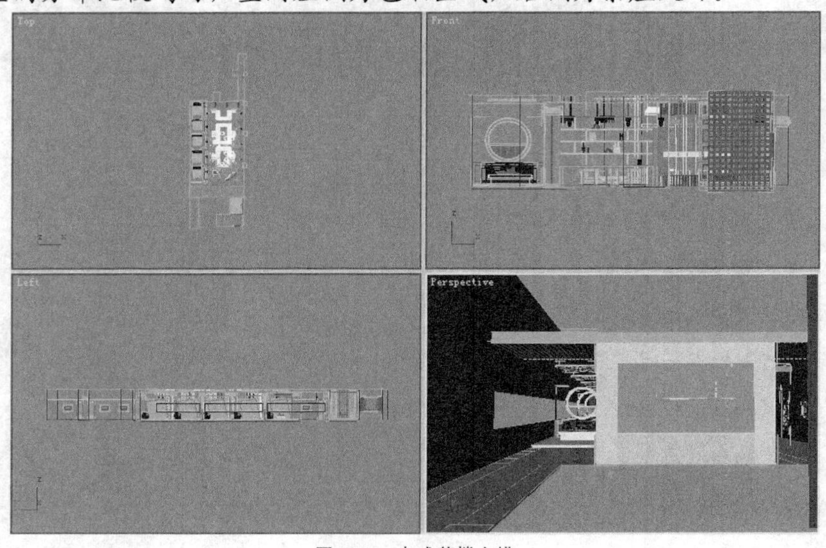

图 14-2 中式茶楼白模

Steps 02 仔细观察图 14-2 中各视图还可以发现，场景模型建立得十分细致完整。这样能使渲染效果的细节表现得更为充分，但同时也会增加场景模型的总面数，选择激活 Front【前视图】后按 7 键，可以发现场景面数有两百多万，如图 14-3 所示。这个数字虽然不是特别大，但也将造成视图缩放、平移等操作不流畅的现象。接下来对其进行处理。

Steps 03 选择场景中过道内的沙发组模型，在鼠标右键弹出的快捷菜单中选择 Object Properties【对象属性】，如图 14-4 所示。

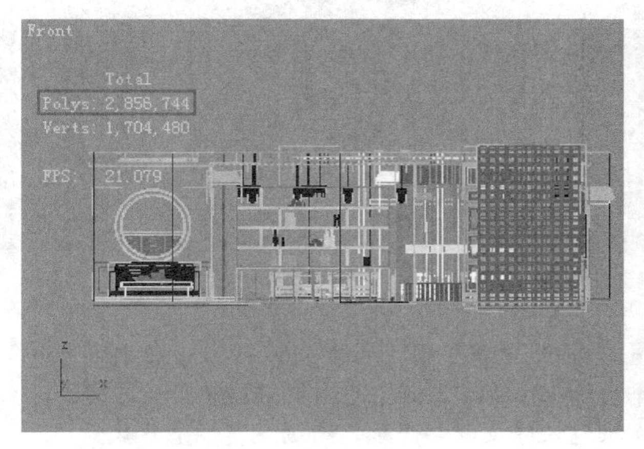

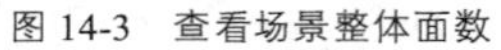
图 14-3 查看场景整体面数

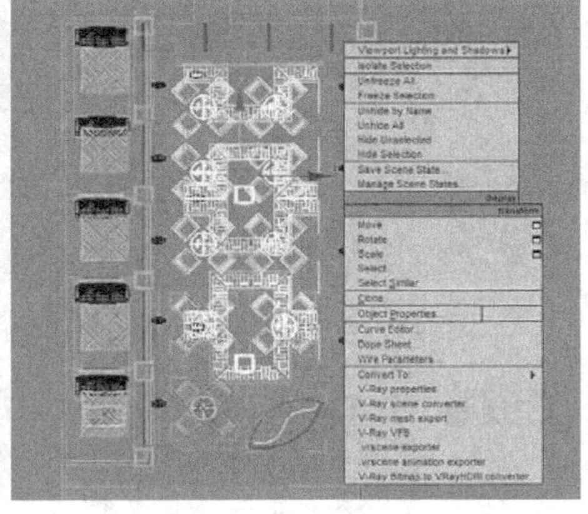

图 14-4 选择沙发模型并选择对象属性

Steps 04 在弹出的 Object Properties【对象属性】参数面板中，勾选其中的 Display as Box【显示为外框】参数，如图 14-5 所示，这样就将所有选择的沙发模型仅以外框的形式进行了最简化显示，降低了显卡负担。再使用相同的方法对过道与包厢连接处的鹅卵石进行显示简化。而对于场景模型面数的精简，则必须在确定场景渲染角度与整体构图后才能选择性地进行精简。接下来进行场景 VRay Physical Camera【VRay 物理摄像机】的创建。

Steps 05 选择【顶视图】，按 Alt+W 组合键将其最大化显示。可以发现，在场景最下方顺着过道走向布置摄像机，既能观察到设计的整体格局，又能对大厅中的茶座这个主要消费区进行近景表现。因此单击 VRay 物理摄像机创建按钮，参考场景过道的走向如图 14-6 所示从下至上拖曳创建一架 VRay 物理摄像机。

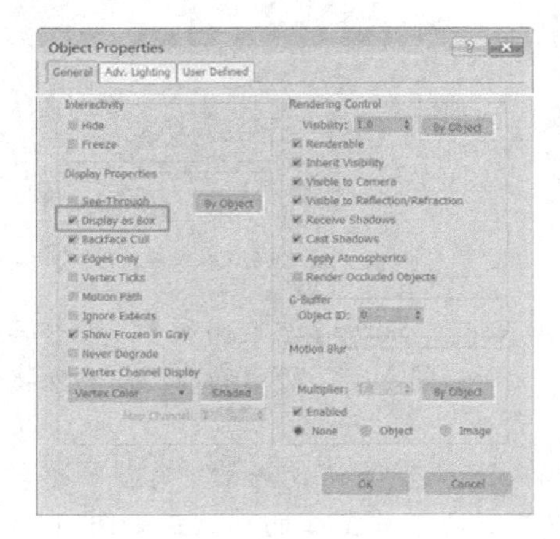

图 14-5 勾选【显示为外框】参数

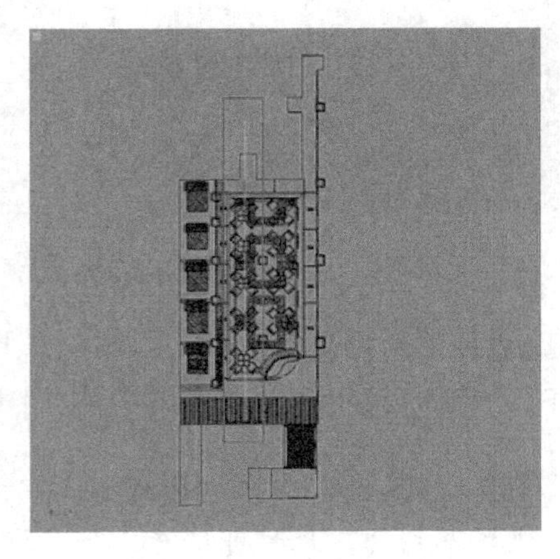

图 14-6 创建 VRay 物理摄像机

Steps 06 创建完成后按 L 键切换至 Left【左视图】，选择摄像机及其目标点，通过 Move Transform Type-In【精确变换输入】对话框将其沿 Y 轴移动 1300mm，调整好其高度，如图 14-7 所示。

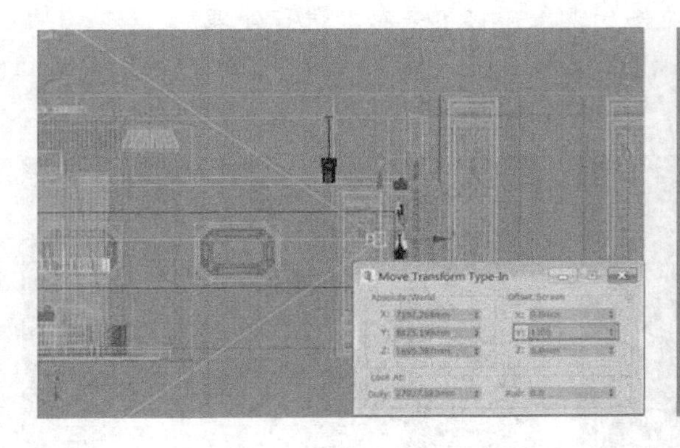

图 14-7　调整 VRay 物理摄像机高度

图 14-8　当前 VRay 物理摄像机视图

Steps 07 调整完成后，按 C 键切入 VRay 物理摄像机视图，再按 Shift+F 组合键打开默认的安全框，视图当前显示的效果如图 14-8 所示。可以看到，当前的观察角度比较理想，但视野仍需要增大，选择 VRay 物理摄像机进入修改命令面板，经过反复调整参数，得到如图 14-9 所示的参数设置与视图效果。

Steps 08 从图 14-9 中可以发现，视图视野调整得比较理想。此外，在调整的过程中如果视图内物体的透视关系出现了偏差，可以如图 14-10 所示单击 VRay 物理摄像机参数内的 Guess vert tilt【估算垂直移动】按钮进行校正。

图 14-9　VRay 物理摄像机参数设置与视图效果

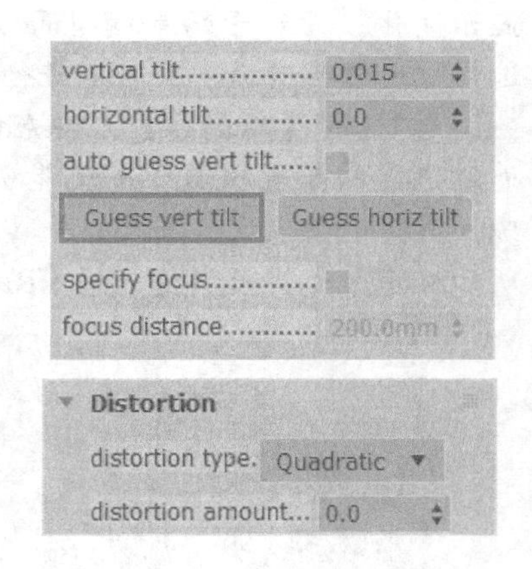

图 14-10　单击【估算垂直移动】按钮

Steps 09 接下来调整渲染长宽比例，按 F10 键打开 Render Setup【渲染面板】，调整其中的 Output Size【输出大小】参数值如图 14-11 所示，得到如图 14-12 所示的 VRay 物理摄像机视图。

Steps 10 观察图 14-12 可以发现，在当前设置好的视角与构图下，场景中有些创建好的模型是观察不到的。此时可以选择将其进行删除以减少场景模型面的总数。如图 14-13 所示，这里将左侧包厢中观察不到的沙发与右侧远处的沙发进行了删除。此外，对于如图

14-14 所示的视图之外的空间结构模型如有必要同样可以进行删除。但应注意，在进行任何模型的删除前务必将完整模型进行保存备份。

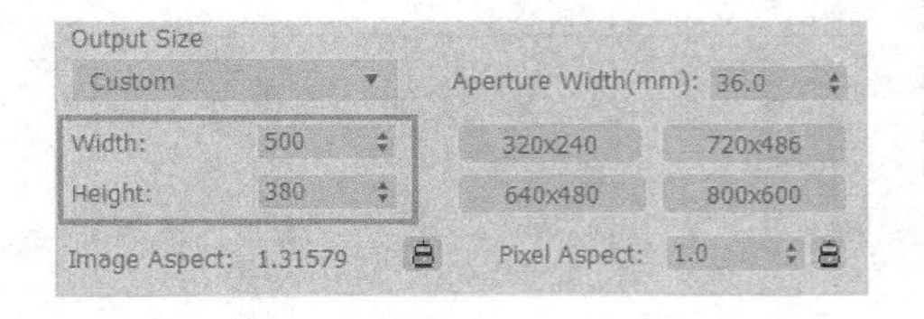

图 14-11 调整渲染长宽比例

图 14-12 VRay 物理摄像机视图

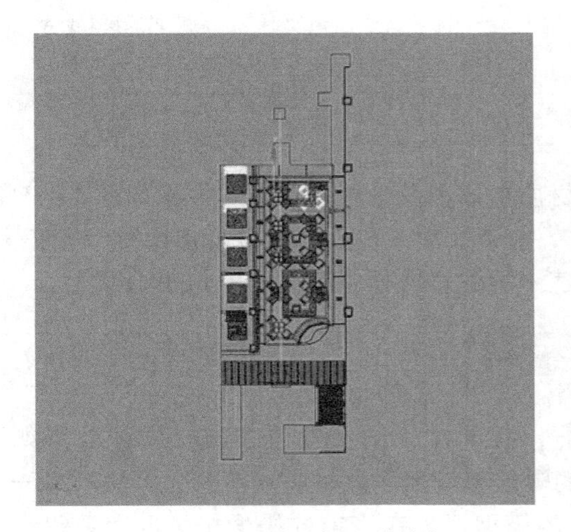

图 14-13 删除观察不到的沙发

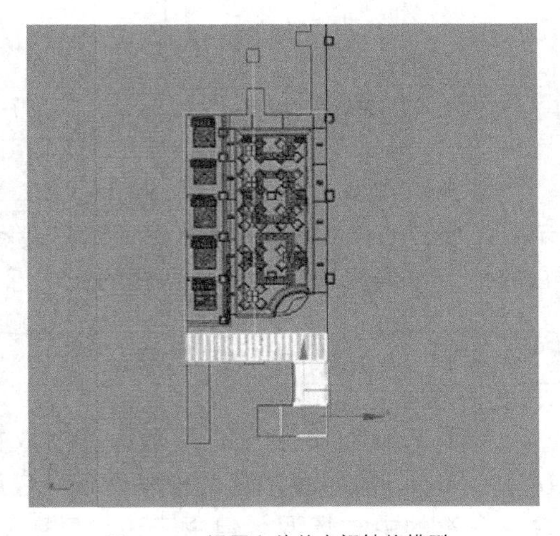

图 14-14 视图之外的空间结构模型

Steps 11 完成当前模型的摄像机视图效果、渲染长宽比例调整以及场景的精简后，接下来开始制作中式茶楼的材质。

14.2 中式茶楼材质的制作

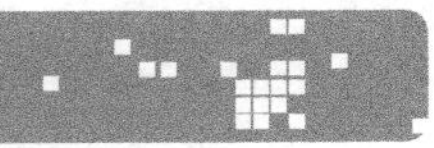

Steps 01 本例场景的材质编号如图 14-15 所示。材质包罗了室内效果图制作中最常用的各类材质。下面将对材质的制作方法与注意点进行全面的综述。

Steps 02 为了避免材质的错赋或是漏赋，首先要进行参数设置。单击【显示面板】按钮并打开 Hide【隐藏】卷展栏，勾选 Hide Forzen Objects【隐藏冻结对象】，如图 14-16 所示。

Steps 03 这样在材质的制作过程中，每赋予完成一个模型的材质后，使用右键快捷菜单中的 Freeze Selection【冻结当前选择】命令将该模型进行冻结，如图 14-17 所示，系统就会将其自动进行隐藏，这样既可以在操作的过程中自由地对未赋予材质的模型进行隐藏或释放，又能确保已经赋予材质的模型不会出现在视图中，因此在很大程度上能避免材质的错赋或是漏赋，接下来进行材质的具体制作。

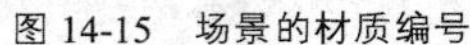

图 14-15　场景的材质编号

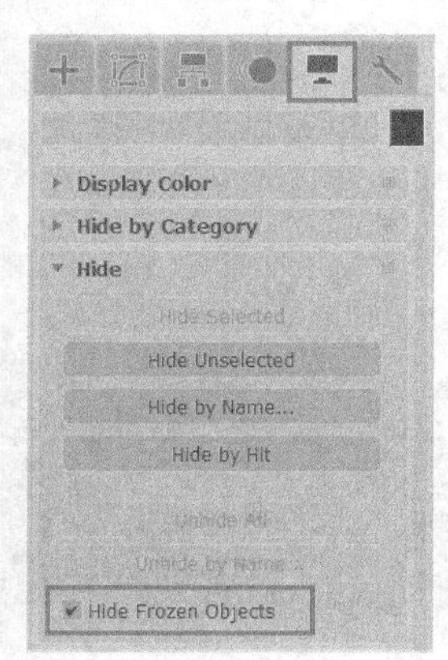

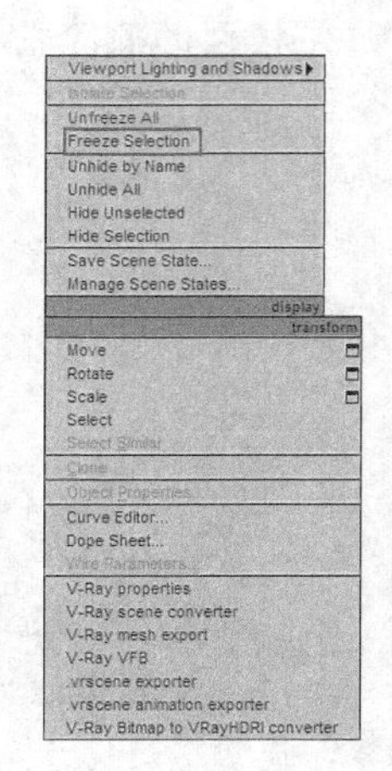

图 14-16　勾选【隐藏冻结对象】 图 14-17　使用【冻结当前选择】命令

14.2.1　顶面灰色乳胶漆材质

首先制作吊顶顶面灰色乳胶漆材质，该材质具体参数设置与材质球效果如图 14-18 所示。如今在茶楼和 KTV 等休闲场所的装修中，灰色或灰蓝色乳胶漆材质使用得十分频繁，它能恰当地弱化裸装的吊顶顶棚的视觉感，使人的注意力集中在空间内的装饰面上。

14.2.2　亚光黑檀木纹材质

接下来制作场景中的亚光黑檀木纹材质，其具体材质参数设置与材质球效果如图 14-19 所示，本场景吊顶的栅格造型与包厢的隔断都使用了该材质，可其为场景增添一份古色古香的中式情调。但由于该材质所赋予的模型对象在当前的摄像机角度上并没有特写，故从渲染速度上考虑没有为其制作菲涅尔反射。

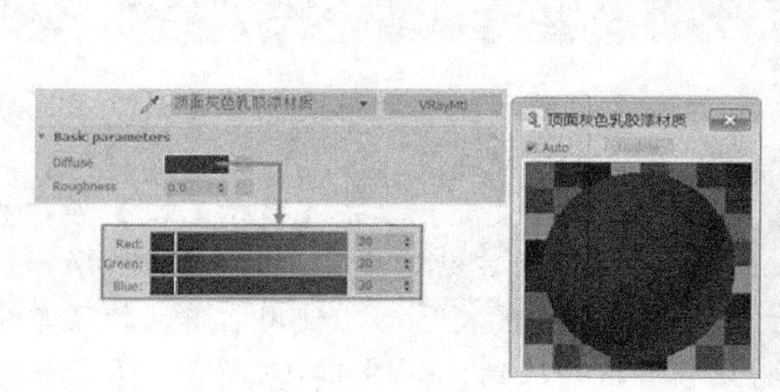

图 14-18　吊顶灰色乳胶漆材质参数设置与材质球效果

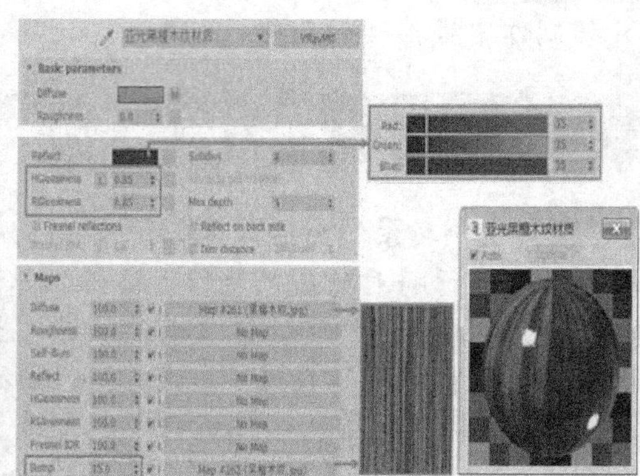

图 14-19　亚光黑檀木纹材质参数设置与材质球效果

14.2.3 青石砖材质

该场景中右侧包厢入口处的装饰柱等模型使用了青石砖材质，其具体的材质参数设置与材质球效果如图 14-20 所示。青石砖材质是十分典型的中式建筑元素，“青砖黛瓦”中的青砖指的就是青石砖，在南方的古民居中随处可见。本例中的材质对【凹凸】贴图采用了十分灵活的处理方法，利用纯白色的砖缝贴图制作的凹凸效果更为理想。此外，注意凹凸数值的正负值对凹凸效果的影响。

14.2.4 亚光木纹花格材质

该场景中左侧包厢入口处的门框等模型使用了亚光木纹花格材质，其具体的材质参数设置与材质球效果如图 14-21 所示。亚光木纹花格材质的特点常常是使用一些现代的材料作为表现中国传统的元素。本例中的材质对【混合】贴图采用了十分灵活的处理方法。

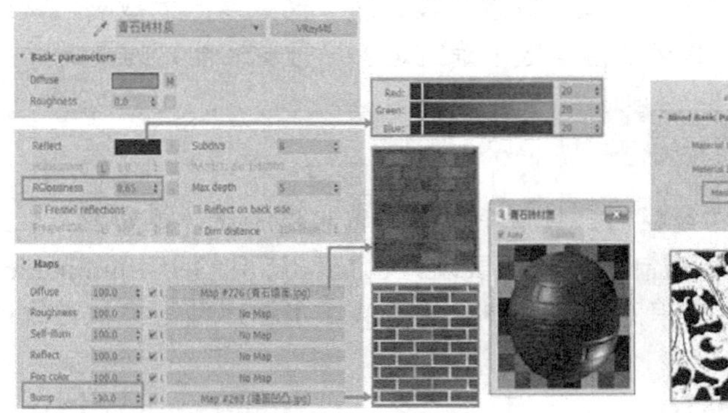

图 14-20　青石砖材质参数设置与材质球效果

图 14-21　亚光木纹花格材质参数设置与材质球效果

14.2.5 亚光实木地板材质

该场景中包厢内地板使用的是亚光实木地板材质，其具体材质参数设置与材质球效果如图 14-22 所示。在调整材质的参数时注意通过【反射】颜色通道的数值控制反射的强弱，通过 RGlossiness【反射光泽度】控制材质是亚光还是亮光。中式风格装饰中的木纹常选用暗色调的木纹，这切合含蓄的传统，同时空间氛围也显得更稳重。

14.2.6 仿古青石地砖材质

该场景中茶座大厅地面使用的仿古青石地砖材质，其具体材质参数设置与材质球效果如图 14-23 所示，青石砖材质漫反射的纹理贴图比较独特，最好选用表面有磨擦痕迹的砖纹贴图，这样可使材质效果更为真实。此外，其表面同样由于长久的使用会有些许高光效果，因此注意使用【反射】参数组进行调控。

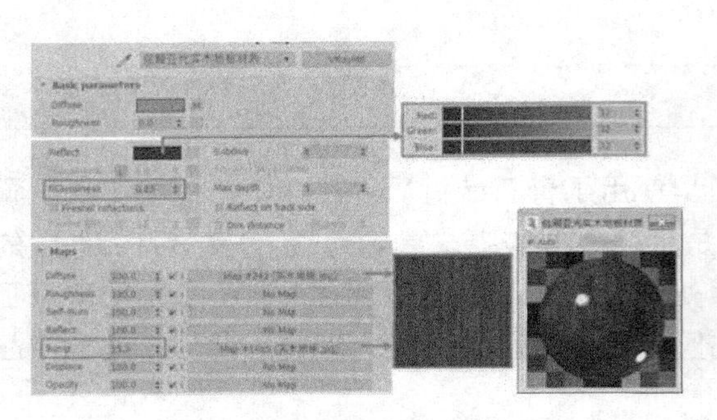

图 14-22　亚光实木地板材质参数设置与材质球效果

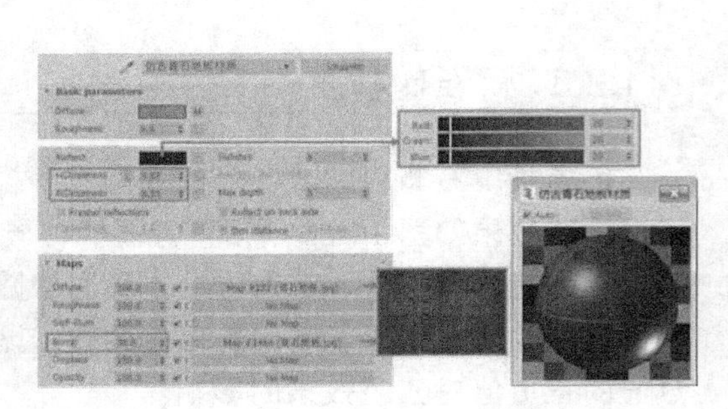

图 14-23　仿古青石地砖材质参数设置与材质球效果

14.2.7　灯箱仕女图发光材质

该场景中的灯箱表面使用了中式古典的仕女画像贴图。在这里可以同时为其添加发光属性，从而省略其内部灯光的布置。该材质的具体参数设置与材质球效果如图 14-24 所示，考虑到该场景将使用 VRay 物理摄像机进行渲染，其默认设置对灯光强度不太敏感，这里将其发光数值暂时设为 2，最后再根据具体的渲染效果确定是否进行发光能力的提高。

14.2.8　沙发纯色布纹材质

接下来来制作沙发所使用的纯色布纹材质，其材质参数设置与材质球效果如图 14-25 所示，这里使用的是十分经典的布纹材质制作方法。要注意的是，使用 Self-Illumination【自发光】贴图通道内的 Mask【遮罩】程序贴图与 Falloff【衰减】程序贴图模拟布纹绒毛细节效果。

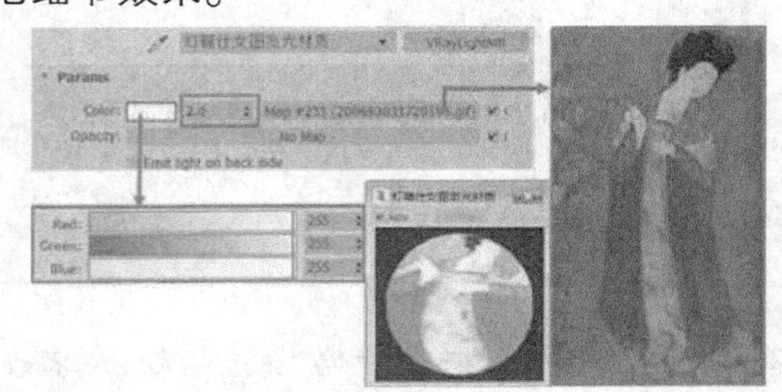

图 14-24　灯箱仕女图发光材质参数设置与材质球效果

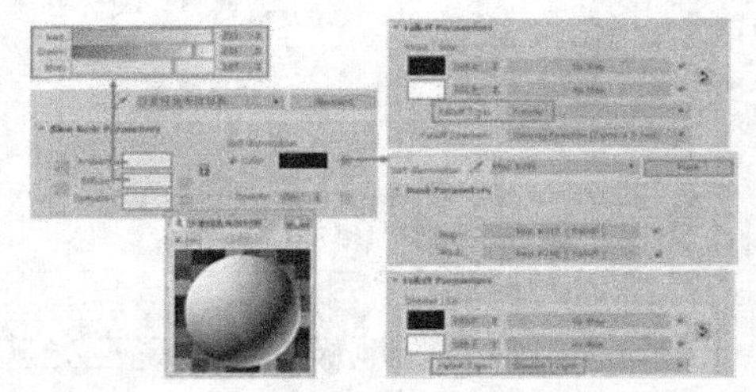

图 14-25　沙发纯色布纹材质参数设置与材质球效果

14.2.9　壁灯边框磨砂金属材质

该场景中的壁灯边框使用的是磨砂金属材质，其具体材质参数设置与材质球效果如图 14-26 所示。要注意的是，通过 RGlossiness【反射光泽度】参数控制金属表面的光滑程度，制作出模糊反射的效果。

14.2.10　壁灯灯罩云石材质

最后制作壁灯灯罩使用的云石材质，其具体材质参数设置与材质球效果如图 14-27 所示，传统的中式壁灯使用的都是带有透光效果的石材材质，这里可以通过在材质的 Diffuse【漫反射】贴图通道内加载石材贴图，然后通过 Refract【折射】色彩通道调整出接近半透明效果来完成透光石材效果的制作。对于透明材质，要十分注意 Affect shadows【影响阴影】参数的勾选，避免形成不真实的光影效果。

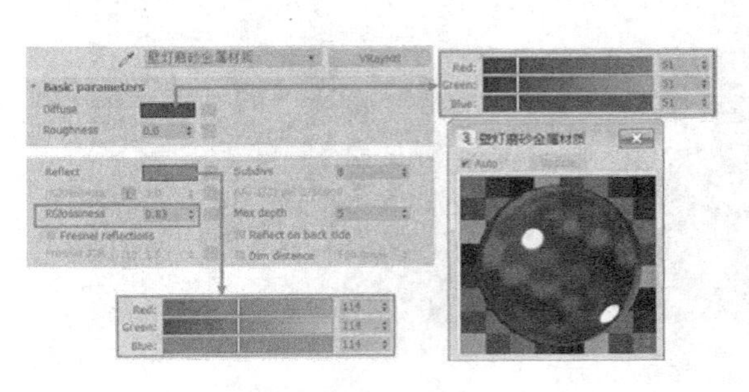

图 14-26 壁灯边框磨砂金属材质参数设置与材质球效果

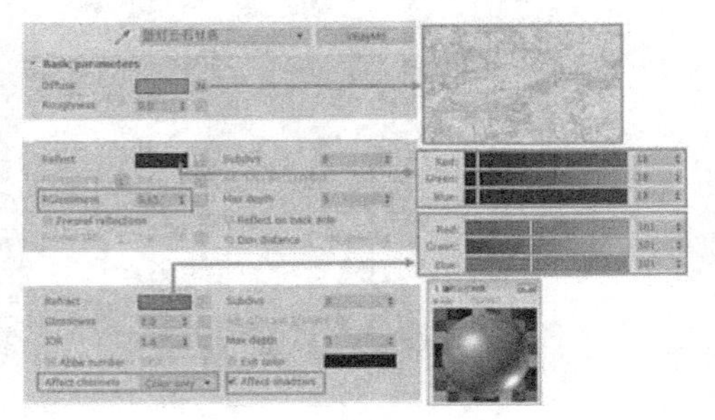

图 14-27 壁灯灯罩云石材质参数设置与材质球效果

至此，本例场景材质的制作方法已讲解完了，接下来进行场景灯光的制作。首先进行灯光测试渲染参数的设置。

14.3 中式茶楼灯光的制作

14.3.1 设置灯光测试渲染参数

Steps 01 设置灯光测试渲染参数，按 F10 键打开 Render setup【渲染面板】，选择其中相应的选项卡设置灯光测试渲染参数，如图 14-28 所示。未标明的参数保持默认设置即可。

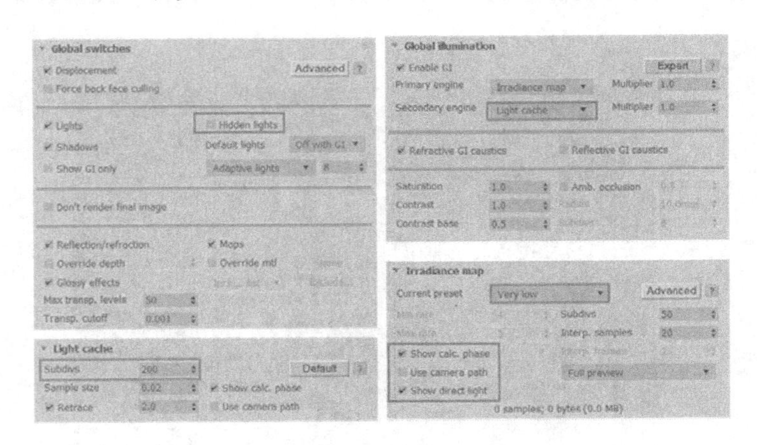

图 14-28 设置灯光测试渲染参数

Steps 02 由于该场景中的灯光层次较多，因此在进行灯光的制作前首先应对该场景的结构布局进行观察，然后形成较为具体的灯光布置思路，以便在层次复杂的场景中布置灯光时也能有条不紊地进行。为了便于灯光思路的形成，这里截取了场景灯光布置完成后的图片，如图 14-29 所示。

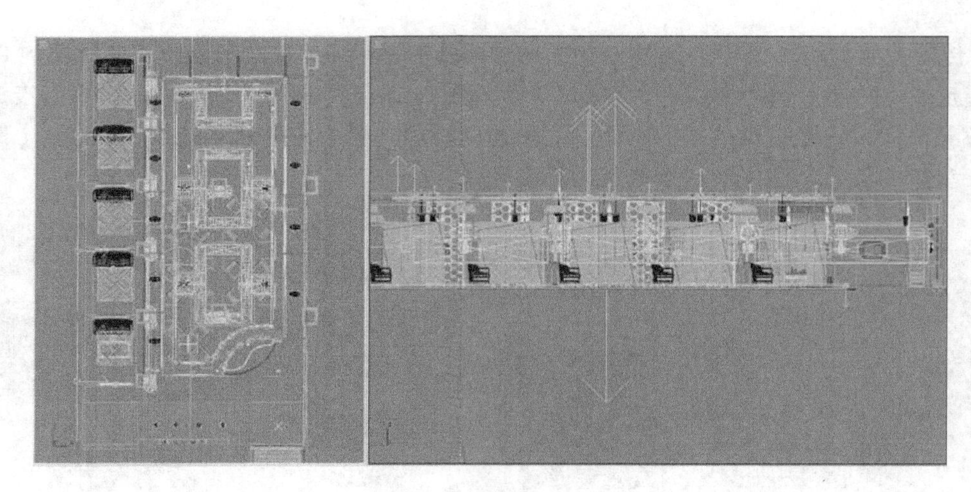

图 14-29　场景灯光布置

Steps 03 观察图 14-29 可以发现，该场景室外灯光的制作十分精炼，只在各窗口处布置了一盏 VRay 片光进行模拟，而室内灯光层次虽然较多，但层次也十分清楚，最上方是光槽灯光与筒灯灯光，中部是吊顶灯光与壁灯灯光，最下方是过道左侧的暗藏灯光。接下来就遵循这样的灯光布置思路进行本例场景灯光的制作。

14.3.2 布置室外 VRay 片光

Steps 01 由于该场景内将要布置的灯光数目众多，为了避免在操作时错选场景中的模型进而移动或是缩放，可以先在主工具栏内将选择模式定为 Lights ，然后再布置室外灯光，由于要相对弱化室外灯光对该场景内部照明的影响，以突出室内层次丰富的灯光效果。本例室外灯光只简单地根据窗洞大小布置了数盏 VRay 片光。灯光的具体位置如图 14-30 所示。

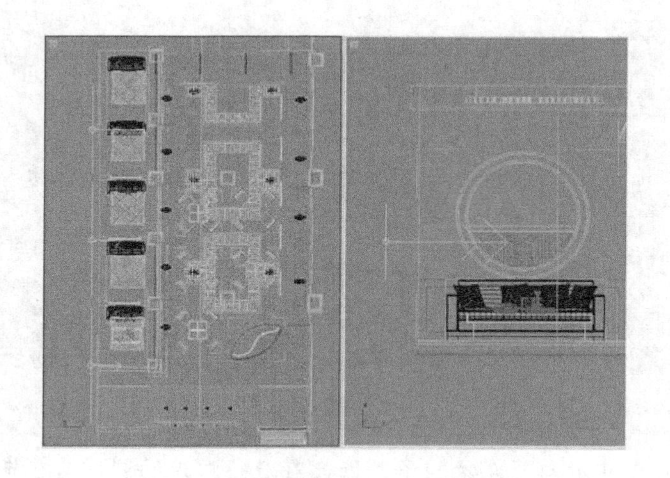

图 14-30　室外 VRay 片光的位置

Steps 02 室外 VRay 片光的参数设置如图 14-31 所示。设置完成后，按 C 键进入 VRay 物理摄像机视图视图进行测试渲染，结果如图 14-32 所示。

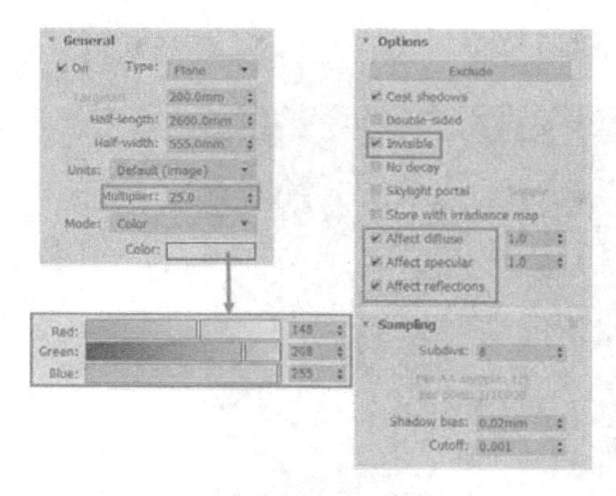

图 14-31　室外 VRay 片光的参数设置

图 14-32　测试渲染结果

Steps 03 可以看到，渲染窗口内一片漆黑。根据默认参数下 VRay 物理摄像机感光不敏感的经验，接下来首先调整其具体参数如图 14-33 所示，然后再次对场景进行灯光测试渲染，结果如图 14-34 所示。

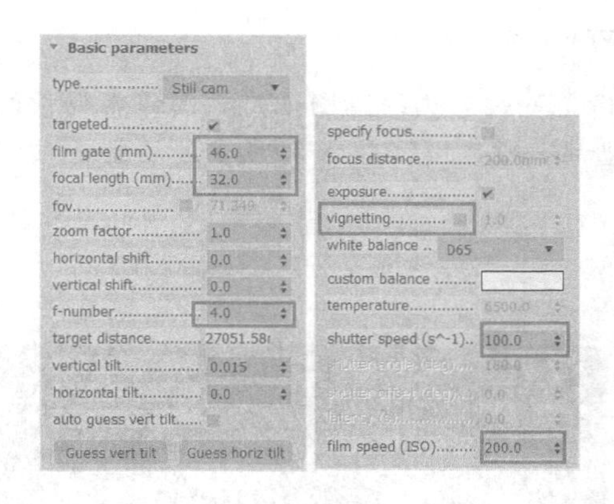

图 14-33　调整 VRay 物理摄像机参数

图 14-34　测试渲染结果

Steps 04 从新的渲染图像中可以发现，调整【VRay 物理摄像机】参数后图像内空间的亮度有了较大变化。此时的整体效果虽然还不是十分理想，但空间的结构层次已经有所显现，考虑到当前只布置了简单的室外灯光而没有进行任何室内灯光的布置，所以暂时不再调整【VRay 物理摄像机】参数。接下来进行室内灯光的布置，室内灯光的布置顺序遵循由上至下的空间层次进行。

14.3.3　布置吊顶板灯槽光带

Steps 01 室内灯光中首先布置吊顶板下方的长条形灯槽光带。该处灯光同样采用 VRay 片光模拟，灯光的具体位置如图 14-35 所示。可以看到，灯光的位置与形态已根据灯槽光带的形状与走势进行了调整。

Steps 02 这些灯光的尺寸大小根据其所处的位置各不相同，除此之外，其他的参数设置完全一致，具体的参数设置如图 14-36 所示。设置完成后，再次进入 VRay 物理摄像机视图进行灯光测试渲染，结果如图 14-37 所示。

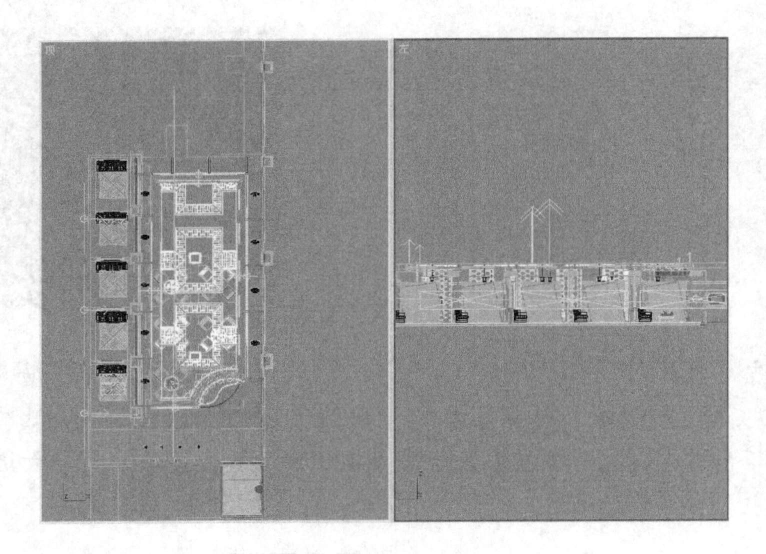

图 14-35　灯槽光带 VRay 片光的位置

Steps 03 从新的渲染结果中可以发现，由于灯槽光带所影响的范围很广，图像内场景的结构变得更为清晰，中式吊灯与吊顶栅格等造型都有所体现。接下来布置该场景吊顶栅格上的光源。

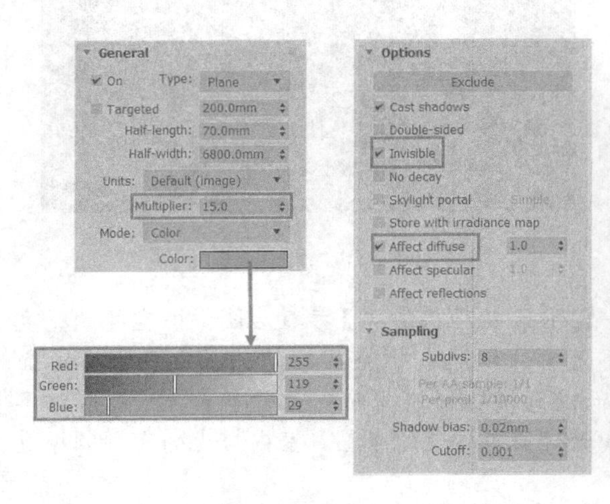

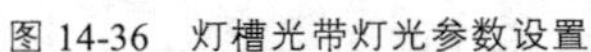

图 14-36　灯槽光带灯光参数设置

图 14-37　测试渲染结果

14.3.4　布置吊顶栅格灯光

Steps 01 吊顶栅格上的灯光仍采用 VRay 片光进行模拟，根据吊顶栅格的形态与走势，布置灯光如图 14-38 所示。

Steps 02 该处 VRay 片光的参数同样除了形状大小的区别，其他的参数完全一致，具体的参数设置如图 14-39 所示。

Steps 03 灯光参数设置完成后，进入 VRay 物理摄像机视图进行灯光测试渲染，结果如图 14-40 所示。

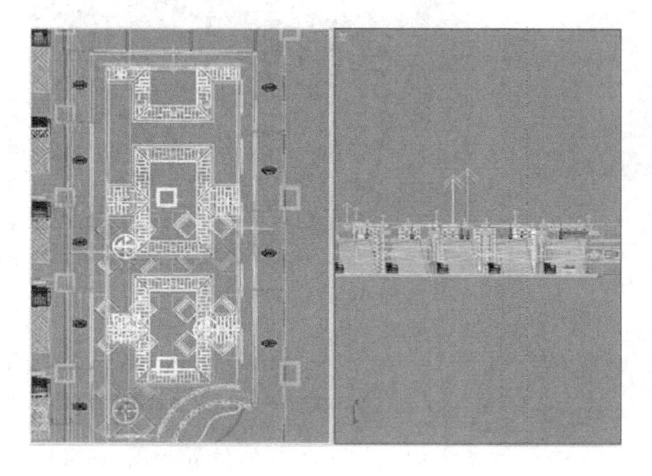

图 14-38　布置吊顶栅格灯光

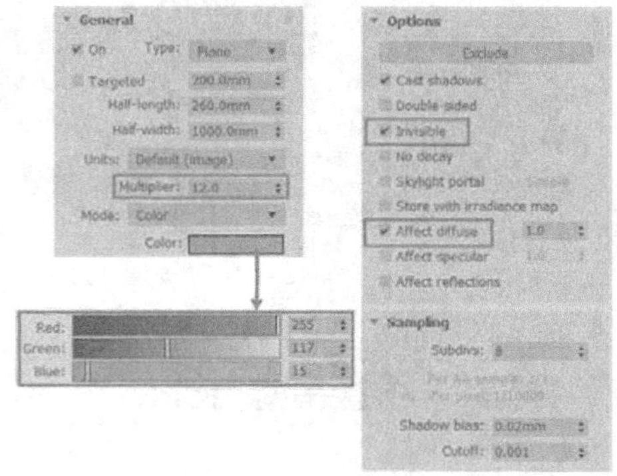

图 14-39　VRay 片光参数设置

Steps 04 观察新的渲染结果可以发现，随着室内灯光逐步地创建完成，图像内不但场景空间的结构也越清晰，亮度也逐步趋向合理。接下来进行该场景筒灯灯光的制作。

14.3.5　布置场景筒灯灯光

Steps 01 筒灯灯光采用【目标点光源】灯光模拟，根据场景模型中筒灯灯孔的位置，创建的灯光如图 14-41 所示。

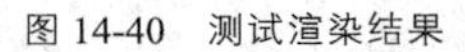

图 14-40　测试渲染结果

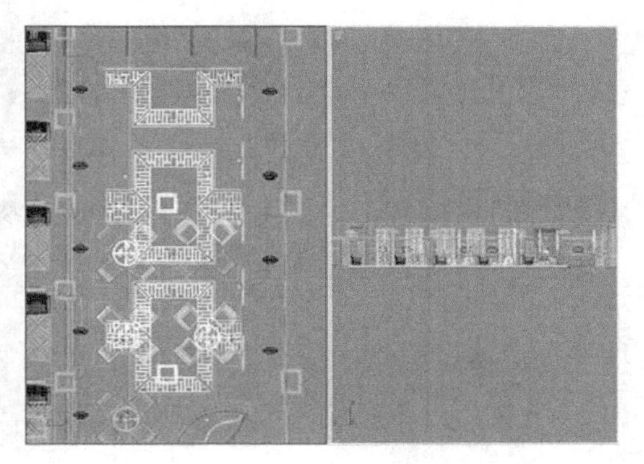

图 14-41　创建筒灯灯光

Steps 02 灯光创建完成后，选择灯光进入修改面板，调整【目标点光源】的具体参数如图 14-42 所示。调整完成后，按 C 键返回 VRay 物理摄像机视图进行灯光测试渲染，结果如图 14-43 所示。

Steps 03 从新渲染的图像中可以看出，筒灯灯光的点缀突出了场景灯光明暗的变化，空间自上至下都有了光影的效果。接下来布置场景中过道上方的吊灯灯光。

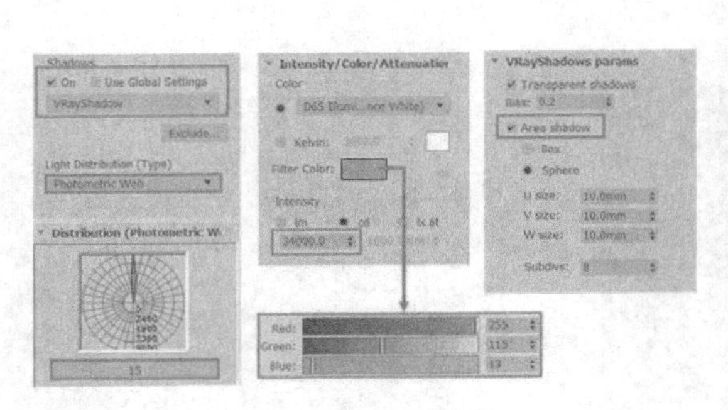

图 14-42　目标点光源参数

图 14-43　测试渲染结果

14.3.6　布置吊灯灯光

Steps 01 过道上方的吊灯灯光采用球形的 VRay 灯光模拟，灯光的具体位置如图 14-44 所示。

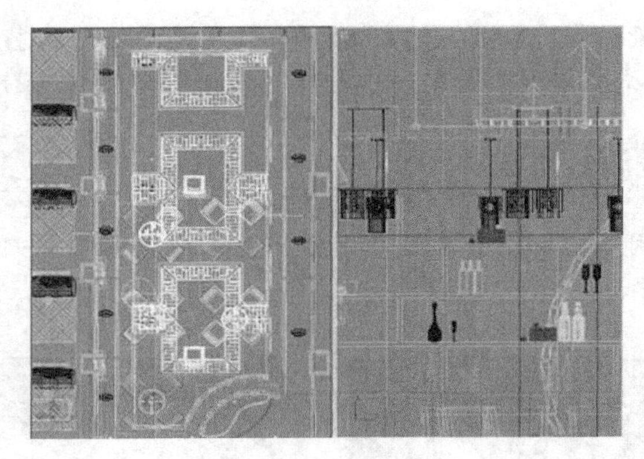

图 14-44　吊灯灯光的位置

Steps 02 模拟吊灯的【VRay 球光】的具体参数如图 14-45 所示。调整好灯光参数后，按 C 键返回 VRay 物理摄像机视图进行灯光测试渲染，结果如图 14-46 所示。

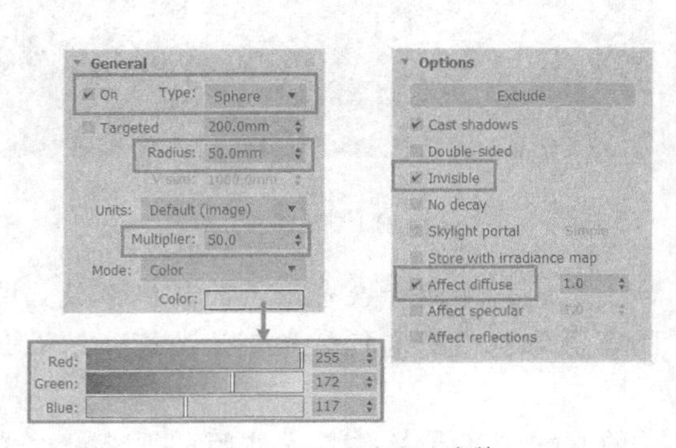

图 14-45　吊灯灯光参数

图 14-46　测试渲染结果

14.3.7 创建壁灯灯光

Steps 01 接下来进行壁灯灯光的创建，首先根据场景中壁灯模型的分布与位置，使用【目标点光源】创建如图 14-47 所示的灯光。

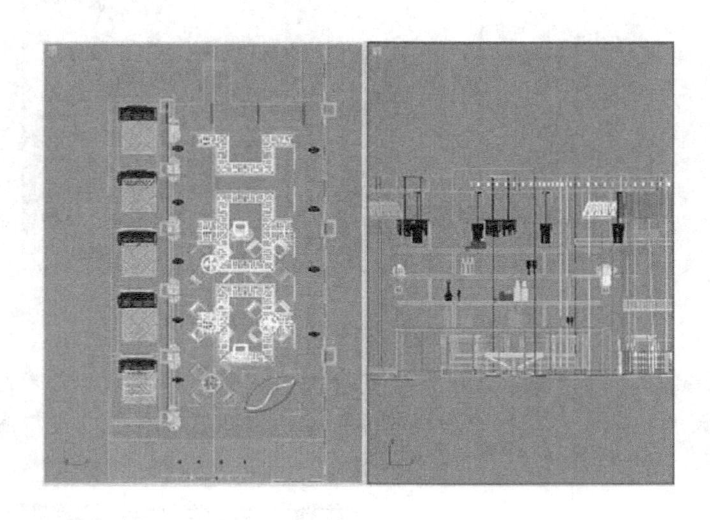

图 14-47 创建壁灯灯光

Steps 02 然后调整【目标点光源】的具体参数如图 14-48 所示。调整完成后按 C 键返回 VRay 物理摄像机视图进行灯光测试渲染，结果如图 14-49 所示。

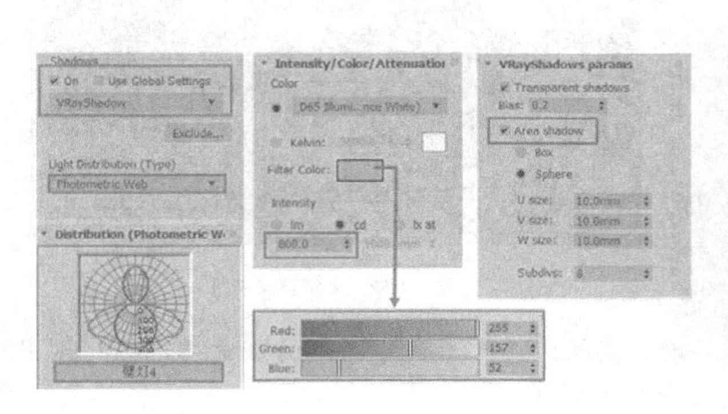

图 14-48 目标点光源参数

图 14-49 测试渲染结果

Steps 03 观察新的渲染图像可以发现，随着壁灯灯光的布置，渲染图像由上至下的灯光层次变得更为明显。接下来布置场景最下方即过道与包厢连接处的暗藏灯光。

14.3.8 布置暗藏灯带

Steps 01 暗藏灯带的灯光效果采用 VRay 片光模拟。根据暗藏灯槽的形态与走势，布置的灯光如图 14-50 所示。

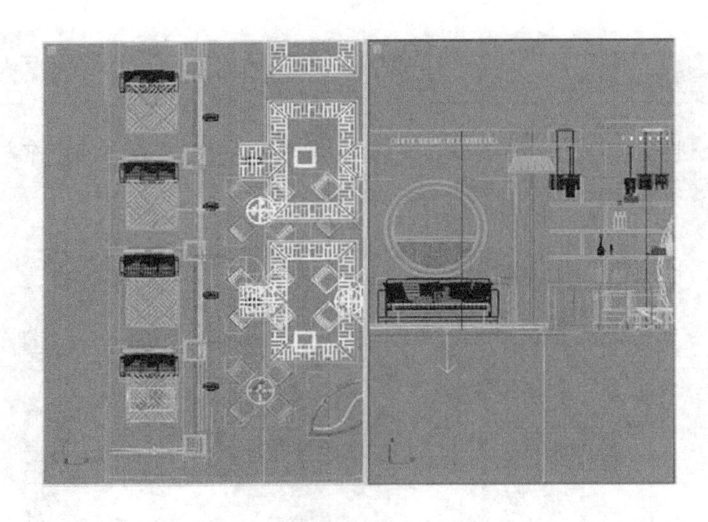

图 14-50　布置暗藏灯光

Steps 02 下层暗藏灯光同样由于其所处位置会有形状大小的区别，其参数设置如图 14-51 所示。灯光参数调整完成后，按 C 键返回 VRay 物理摄像机视图进行灯光测试渲染，结果如图 14-52 所示。

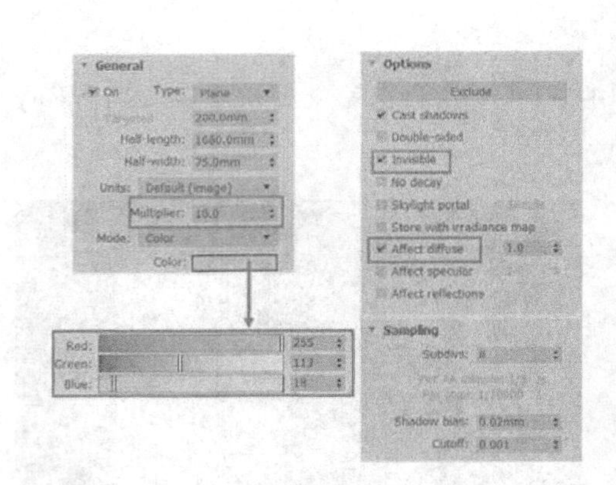

图 14-51　VRay 片光参数

图 14-52　测试渲染结果

Steps 03 观察最新的渲染图像可以看到，此时空间内灯光上、中、下的层次感已经得到完整体现。接下来布置补光，修饰图像的灯光细节效果。

14.3.9 布置补光

Steps 01 在当前的渲染角度下，对紧挨 VRay 物理摄像机的两个可以看到其内部装饰的包厢进行补光。如图 14-53 所示，在这两个包厢空间内各增加一盏暖色调的用于氛围模拟的 VRay 球形灯光。

Steps 02 调整 VRay 球形灯光的具体参数如图 14-54 所示。参数调整完成后。按 C 键返回 VRay 物理摄像机视图进行灯光测试渲染，结果如图 14-55 所示。

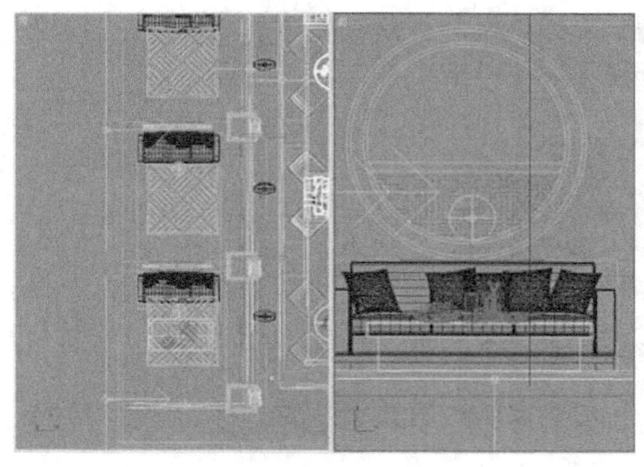

图 14-53　布置包厢氛围灯光

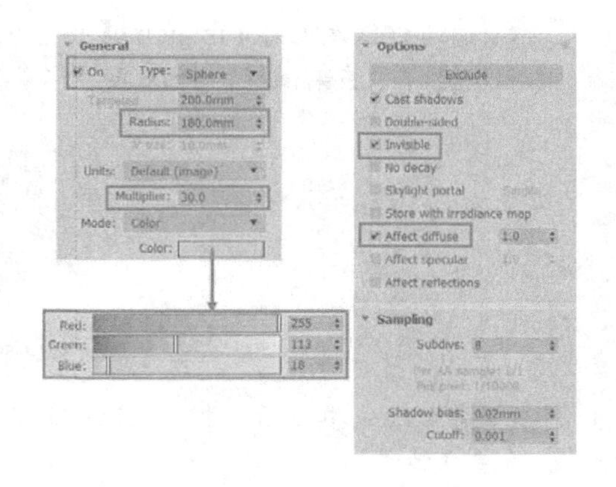

图 14-54　VRay 球形灯光参数

Steps 03 在场景中布置一盏 VRay 穹顶灯光整体提高空间亮度。按 T 键切换到 Top【顶视图】，如图 14-56 所示布置好灯光。

图 14-55　测试渲染结果

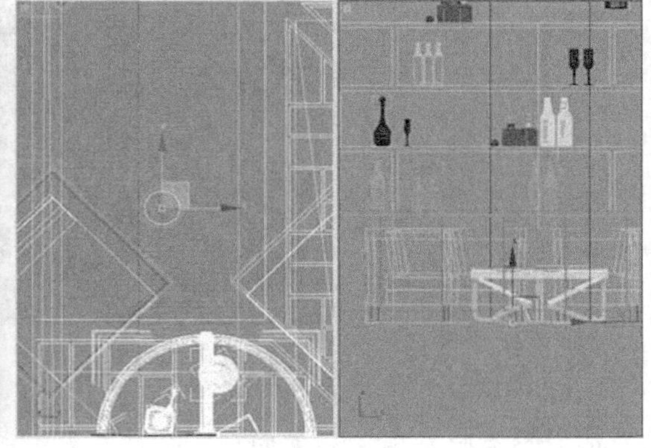

图 14-56　布置 VRay 穹顶灯光

Steps 04 如图 14-57 所示调整补光参数，调整完成后按 C 键返回 VRay 物理摄像机视图进行灯光测试渲染，结果如图 14-58 所示。

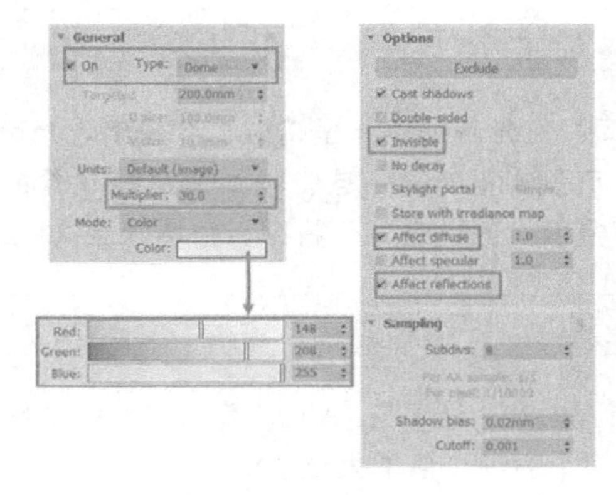

图 14-57　VRay 穹顶灯光参数

图 14-58　测试渲染结果

Steps 05 通过修改 Color mapping【颜色映射】卷展栏参数，整体提高场景亮度及明暗对比。按 F10 键打开渲染面板，修改其具体参数如图 14-59 所示。

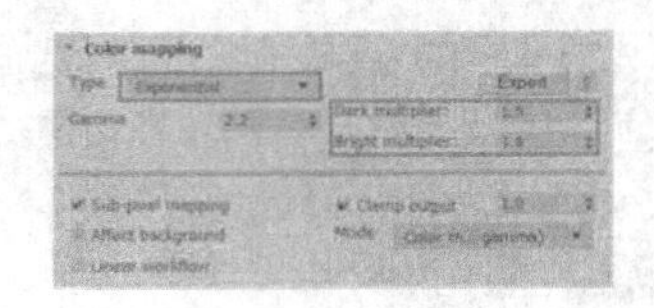

图 14-59　修改颜色映射参数

Steps 06 修改完参数后，按 C 键返回 VRay 物理摄像机视图再次渲染，得到如图 14-60 所示的渲染结果。

图 14-60　测试渲染结果

Steps 07 至此，本例场景的灯光全部布置完成。接下来进行场景光子图的渲染。

14.4　中式茶楼光子图渲染

14.4.1　调整材质细分

首先进行材质细分的调整，由于该场景空间的灯光基调整体呈暗调，容易出现光斑、噪波等渲染品质问题，因此材质细分的参数值可设置相对高一些，以避免这些现象的发生。、各材质按其在空间内影响的范围及其距离摄像机的远近，可将细分值增大至 20~24。

14.4.2　调整灯光细分

同样出于灯光基调的考虑，将场景内所有【VRay 片光】与【VRay 穹顶灯光】的细分值增大至 24，【VRay 球形灯光】与【目标点光源】的细分值增大至 20。

14.4.3 调整渲染参数

Steps 01 调整光子图渲染参数。按 F10 键打开【渲染面板】，然后单击相关选项卡，调整部分参数如图 14-61 所示。

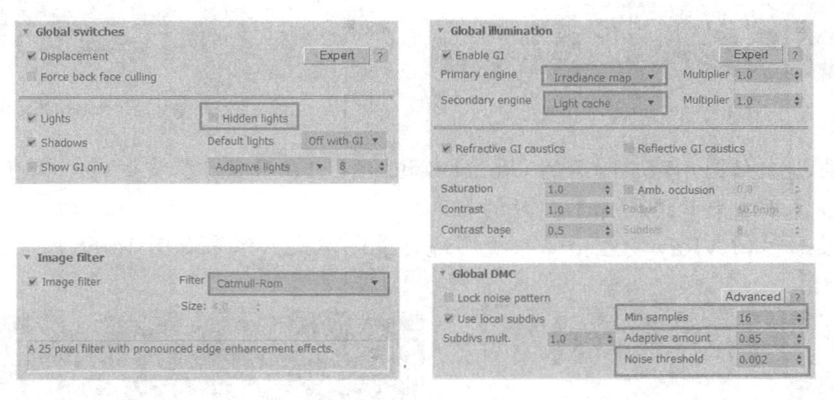

图 14-61　光子图渲染参数一

Steps 02 进入 Irradiance map【发光贴图】与 Light cache【灯光缓存】卷展栏，如图 14-62 所示提高参数值。

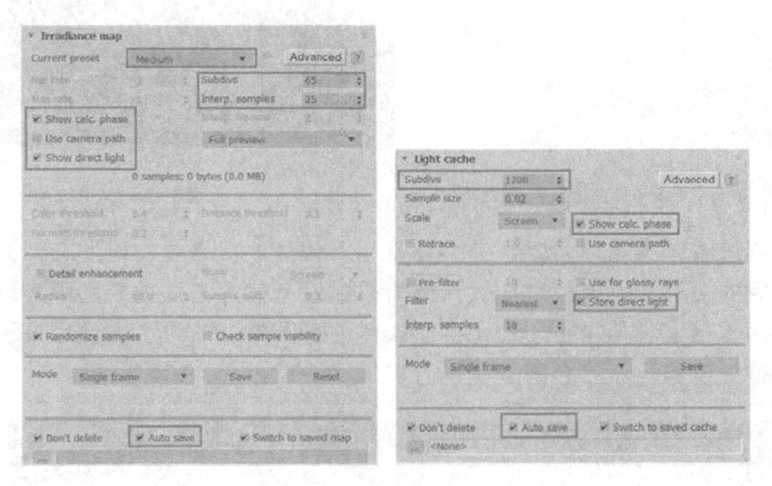

图 14-62　光子图渲染参数二

Steps 03 光子图渲染参数调整完成后，返回 VRay 摄像机视图进行光子图渲染，渲染完成后打开【发光贴图】与【灯光缓存】卷展栏参数，查看是否成功保存并已经调用了计算完成的光子图。正确的参数变化如图 14-63 所示。

Steps 04 光子图渲染完成后，接下来进行场景图像的最终渲染。

14.5 中式茶楼最终渲染

Steps 01 首先进行最终渲染图像输出大小的设置。按 F10 键打开【渲染面板】，设置【输出大小】参数如图 14-64 所示。

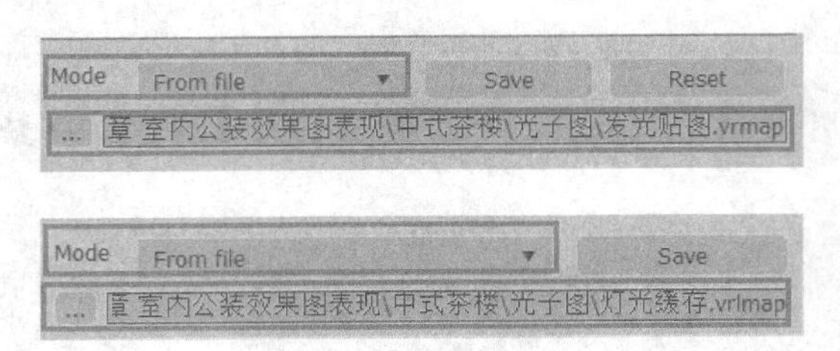

图 14-63 光子图参数的正确变化

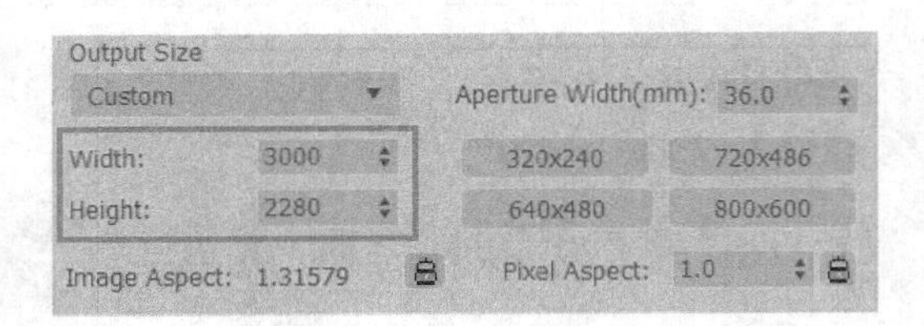

图 14-64 设置最终渲染图像输出大小

Steps 02 再进入如图 14-65 所示的 Global switches【全局开关】卷展栏内，取消 Don't render final image【不渲染最终图像】参数的勾选。

Steps 03 最后返回 VRay 物理摄像机视图进行最终渲染，结果如图 14-66 所示。

图 14-65 取消【不渲染最终图像】参数的勾选

图 14-66 最终渲染结果

观察最终渲染结果可以发现，公装场景由于模型的复杂度、材质与灯光数量都有所增加。因此图像的色彩、亮度、对比效果渲染得远没有室内家装效果图那样理想，需要在这个渲染结果的基础上利用 Photoshop 平面软件进行调整，而为了方便后期调整中选区的建立，接下来首先渲染一张“色彩通道图片”。

14.6 渲染色彩通道图

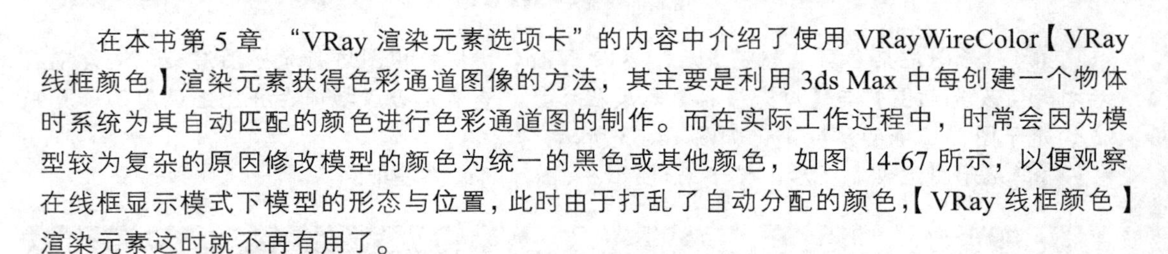

在本书第 5 章 “VRay 渲染元素选项卡”的内容中介绍了使用 VRayWireColor【VRay 线框颜色】渲染元素获得色彩通道图像的方法，其主要是利用 3ds Max 中每创建一个物体时系统为其自动匹配的颜色进行色彩通道图的制作。而在实际工作过程中，时常会因为模型较为复杂的原因修改模型的颜色为统一的黑色或其他颜色，如图 14-67 所示，以便观察在线框显示模式下模型的形态与位置，此时由于打乱了自动分配的颜色，【VRay 线框颜色】渲染元素这时就不再有用了。

下面介绍一种应用更为广泛的颜色通道渲染方法，其步骤如下：

Steps 01 打开配套资源本章中的“中式茶楼副本”模型文件，按下 F10 键打开渲染参数面板，将当前渲染器指定为 Scanline Renderer【扫描线渲染器】，如图 14-68 所示。

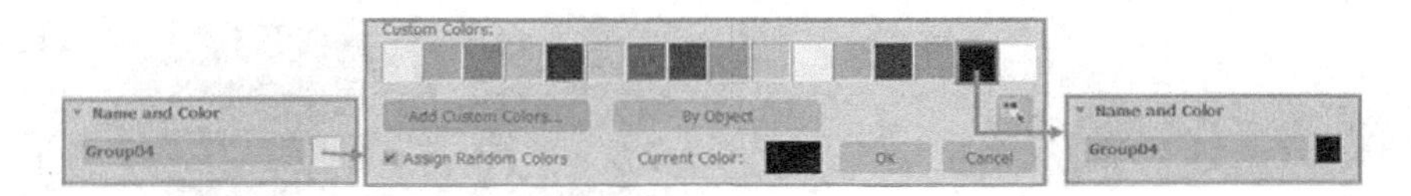

图 14-67　修改模型的颜色

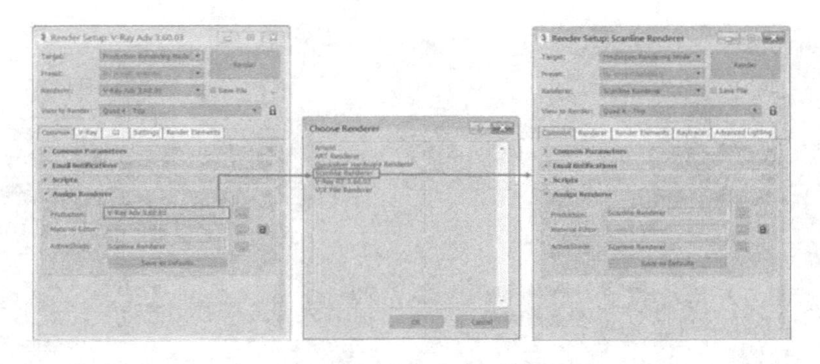

图 14-68　指定扫描线渲染器

Steps 02 将选择过滤模式切换到 Lights【灯光】，按 Ctrl+A 组合键全选场景中所有的灯光，然后按 Delete 键进行删除，如图 14-69 所示。

Steps 03 制作色彩通道渲染材质。按 M 键打开材质编辑器，选择任意一个标准材质球，调整其 Diffuse【漫反射】颜色通道的 RGB 为 255、0、0 的纯红色，并将 Self- Illumination【自发光】的颜色值设为 100，具体的材质参数设置如图 14-70 所示。

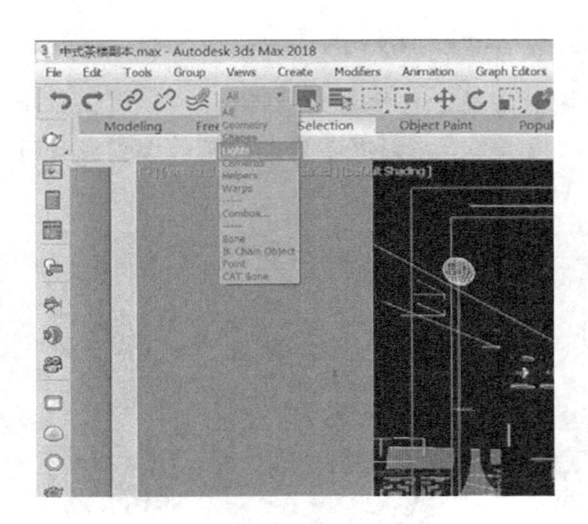

图 14-69　删除场景灯光

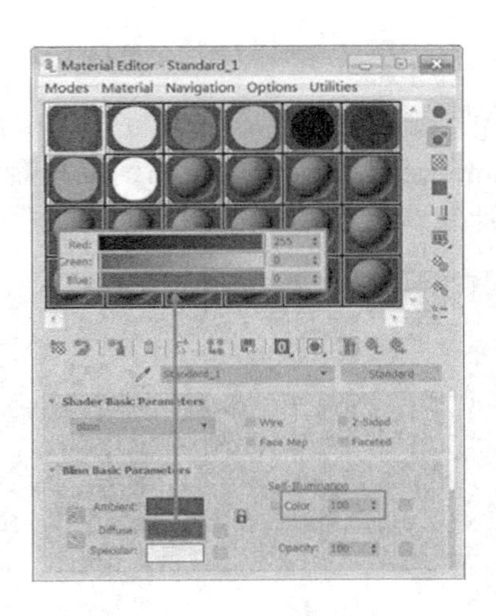

图 14-70　创建色彩通道渲染材质

Steps 04 创建常用来渲染色彩通道的另外 7 种材质，其 RGB 值分别如图 14-71 所示，所有材质的 Self- Illumination【自发光】的颜色值均需设为 100。

Steps 05 将所创建的自发光材质赋予场景中的模型物体，材质赋予的唯一原则就是相邻的材质不能指定同一种颜色，材质赋予完成后，场景的显示效果如图 14-72 所示。

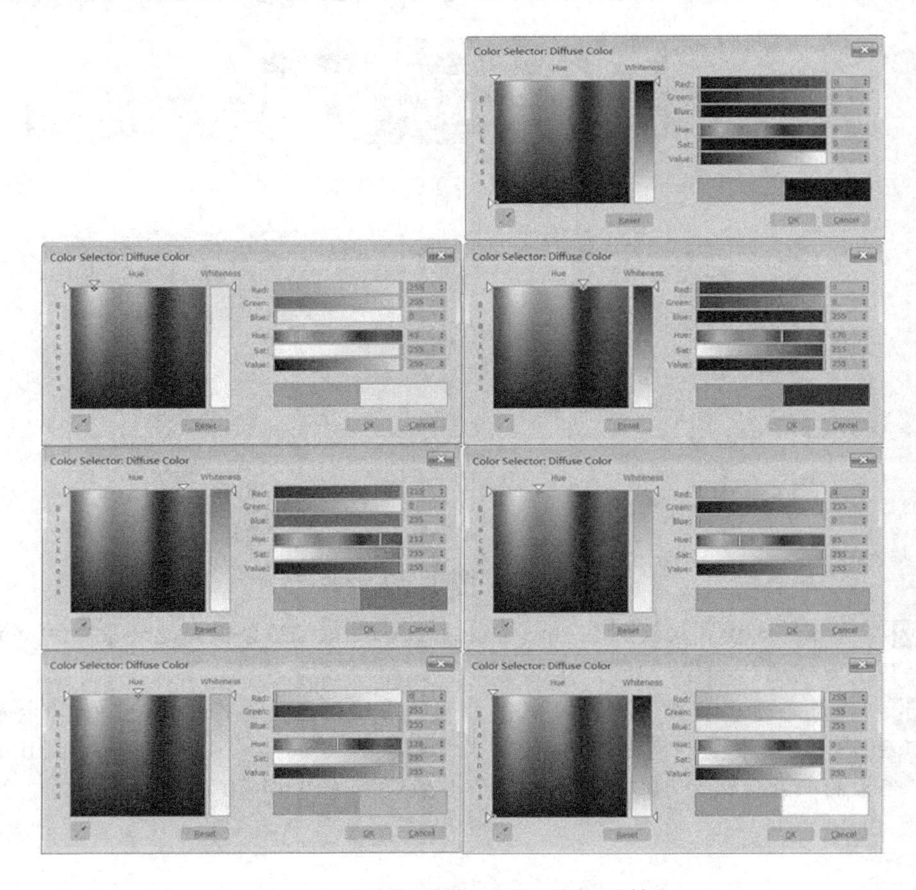

图 14-71 创建常用来渲染色彩通道的 7 种材质

Steps 06 上述所有步骤完成后，返回摄像机视图对场景进行渲染。由于使用的是 Default Scanline Renderer【默认扫描线渲染器】，色彩通道渲染完成得非常快，得到的色彩通道图渲染结果如图 14-73 所示。

图 14-72 将创建的自发光材质赋予场景中的模型物体的显示

图 14-73 色彩通道图渲染结果

14.7 后期处理

Steps 01 如图 14-74 所示，在 Photoshop 中打开配套资源本章文件夹中的“中式茶楼”与“中式茶楼色彩通道”两个图像文件。

Steps 02 选择“中式茶楼色彩通道”图像文件，按 V 键启用移动工具后，在按住 Shift 键的同时拖动其至“中式茶楼”图像文件，将其复制并对齐“中式茶楼”图像，如图 14-75 所示。

图 14-74 打开“中式茶楼”与“中式茶楼色彩通道”图像文件

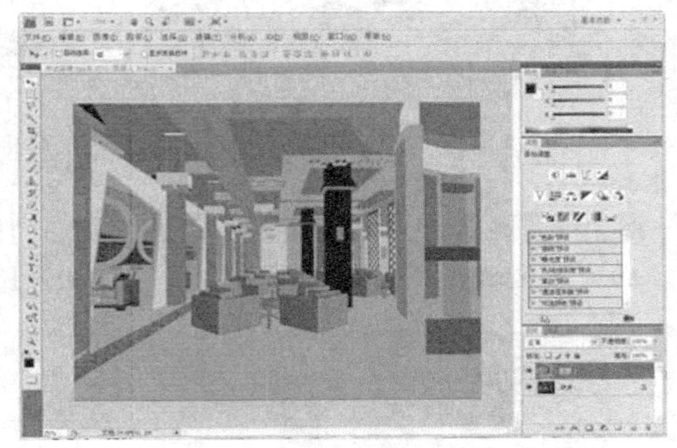

图 14-75 复制“中式茶楼色彩通道”图像至“中式茶楼”图像

Steps 03 选择“背景”图层，按 Ctrl+J 组合键将其复制一份，然后如图 14-76 所示关闭“中式茶楼色彩通道”所在的图层 1，并按下 Ctrl+S 组合键将其以 PSD 格式保存为“中式茶楼后期处理.psd”。

Steps 04 接下来进行图像整体效果的调整，添加“曲线”调整图层，提高图像的亮度,如图 14-77 所示。

图 14-76 关闭“中式茶楼色彩通道”图层

图 14-77 添加“曲线”调整图层

Steps 05 添加“亮度/对比度”调整图层，并调整其具体参数设置如图 14-78 所示，进一步提高图像的亮度及明暗对比。

Steps 06 完成图像整体的亮度与对比度调整后，按下 Ctrl+Alt+Shift+E 组合键，将当前效果盖印至图层 2，接下来进行图像局部效果的细节调整，如图 14-79 所示。

图 14-78　添加“亮度/对比度”调整图层及参数设置

图 14-79　盖印调整效果至图层 2

Steps 07 显示“中式茶楼色彩通道”所在的图层 1，利用“魔棒工具”选择如图 14-80 所示的地板区域，然后再选择图层 2，按 Ctrl+J 组合键将其复制至图层 3，如图 14-81 所示。

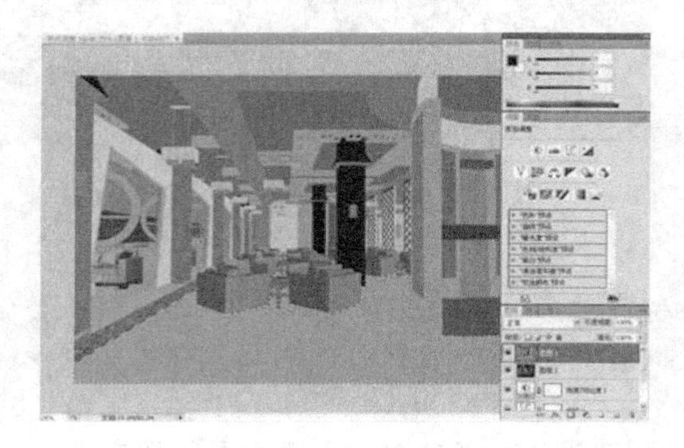

图 14-80　选择地板区域

图 14-81　复制地板至图层 3

Steps 08 开启并选择“客厅线框颜色渲染元素”所在的图层 1，启用“魔棒工具”，选择墙体所在位置的颜色，建立一个选区，如图 14-81 所示。

Steps 09 保持选区，然后返回图层 2，按 Ctrl+J 组合键将地板复制到图层 3，再如图 14-82 所示为其添加“亮度/对比度”调整图层，提高其亮度效果。

Steps 10 调整好地板效果后，再重复之前的操作，如图 14-83 所示选择“色彩通道”中的石柱区域，返回图层 2，按 Ctrl+J 组合键将地板复制到“图层 4”。

图 14-82　添加亮度/对比度调整图层

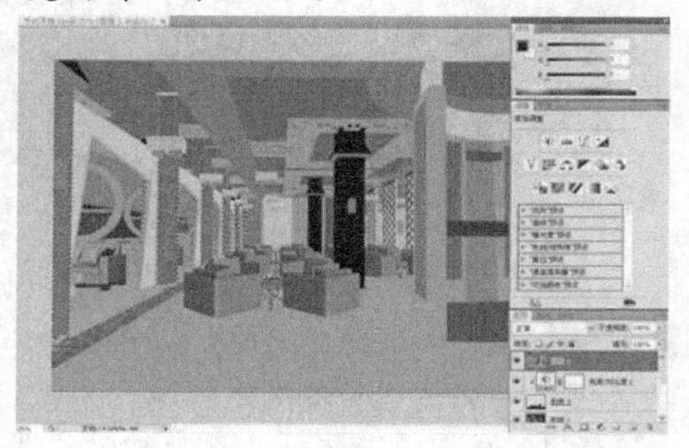

图 14-83　利用魔棒工具建立石柱选区

Steps 11 如图 14-84 与图 14-85 所示为其添加“亮度/对比度”以及“色彩平衡”调整图层，调整好石柱的亮度与颜色效果。

图 14-84　添加亮度/对比度调整图层

图 14-85　添加色彩平衡调整图层

Steps 12 对于图像中的其他区域，可以采用类似的方法建立精确的选区，然后利用调整图层进行效果的改善。调整完成后，再按 Ctrl+Alt+Shift+E 组合键将其效果盖印至图层 5，如图 14-86 所示。

Steps 13 接下来首先如图 14-87 所示启用“减淡工具”，然后在图像中如图 14-88 与图 14-89 所示对吊顶板灯带以及壁灯等发光区域进行涂抹以增强其亮度效果。

图 14-86　盖印调整效果至图层 5

图 14-87　启用减淡工具

图 14-88　增强吊顶板灯带区域亮度效果

Steps 14 经过增强发光区域的亮度后，得到的图像效果如图 14-90 所示。对于其他细节的处理，读者可以根据自己的审美适当地进行深化。

图 14-89　亮化壁灯区域

图 14-90　最终图像效果

第15章 室外建筑效果图 VRay 表现

本章重点：

- 创建 VRay 摄影机并调整构图
- 设置测试渲染参数
- 检查模型
- 制作场景材质
- 制作场景灯光
- 光子图渲染
- 最终图像渲染

本例将通过对室外建筑进行如图 15-1~图 15-3 所示的上午、正午以及黄昏三个常用日光时段的氛围表现，深入学习 VRaySun【VRay 阳光】与 VRaySky【VRay 天光】程序贴图联动布光的方法，同时对 VRay 物理摄像机以及常用的材质制作进行总结性学习。

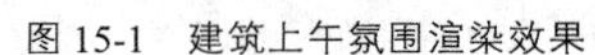

图 15-1　建筑上午氛围渲染效果　　图 15-2　建筑中午氛围渲染效果　　图 15-3　建筑黄昏氛围渲染效果

15.1　创建 VRay 摄像机并调整构图

Steps 01 打开本书配套资源中的“室外建筑白模.max”，如图 15-4 所示。接下来将创建一架 VRay 物理摄像机，对建筑的正面进行表现。

Steps 02 在 Top【顶视图】中创建一架 VRay 物理摄像机，如图 15-5 所示。

图 15-4　打开“室外建筑白模”

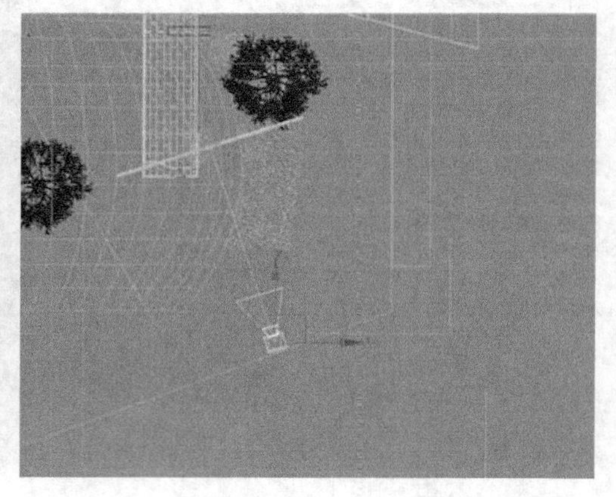

图 15-5　创建 VRay 物理摄像机

Steps 03 按 L 键切换到左视图，利用 Move Transform Type-In【移动变换输入】精确调整好 VRay 摄像机与目标点的高度，如图 15-6 所示。

Steps 04 调整完成后，按 C 键进入 VRay 物理摄像机视图，按 Shift+F 组合键得到如图 15-7 所示的透视效果。可以看到物体透视有失真现象。

Steps 05 选择 VRay 物理摄像机，如图 15-8 所示，单击 Guess vert tilt【估算垂直移动】按钮，得到正确的透视效果。

Steps 06 如图 15-9 所示调整好 Output Size【输出尺寸】参数，使视图占满整个窗口。接下来进行场景测试渲染参数的设置与模型的检查。

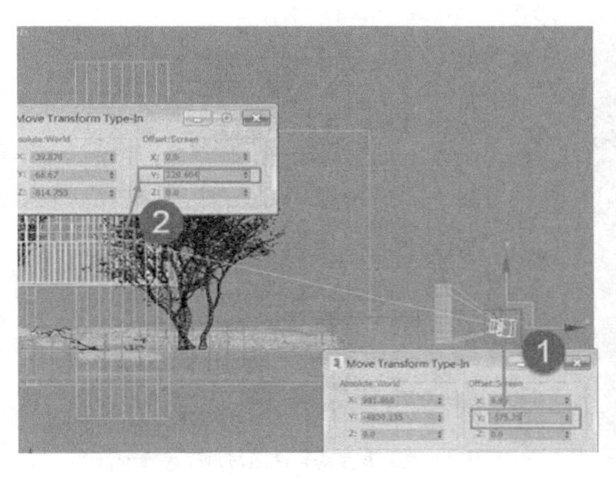

图 15-6　调整 VRay 物理摄像机高度

图 15-7　VRay 物理摄像机视图

图 15-8　调整物体透视效果

图 15-9　调整构图

15.2　设置测试渲染参数

Steps 01 按 F10 键打开【渲染设置】面板，调整渲染器为 VRay adv 3.60.03 后，如图 15-10~图 15-13 所示设置好测试渲染参数。

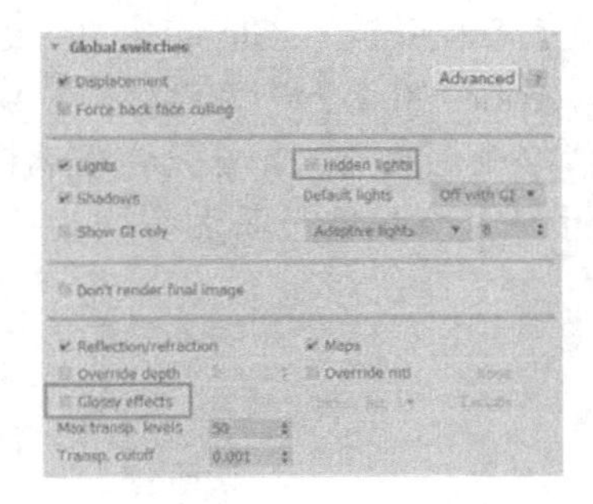

图 15-10　调整全局开关参数

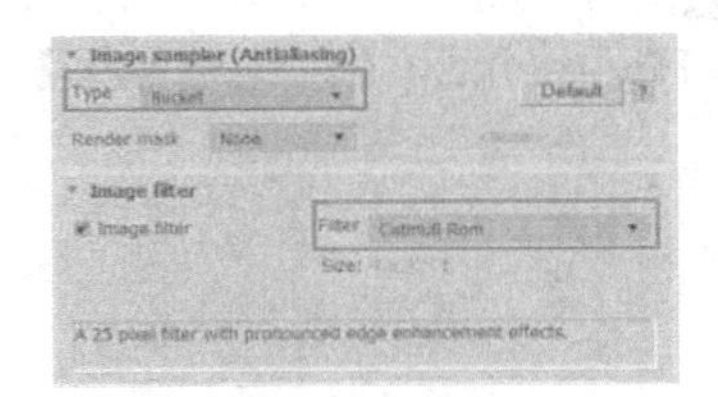

图 15-11　调整图像采样与抗锯齿

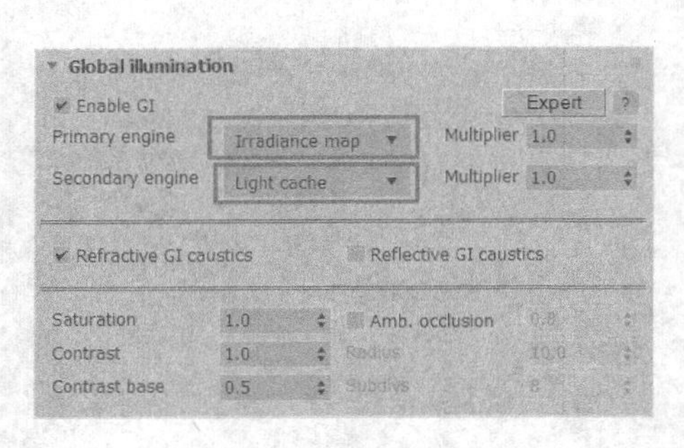

图 15-12 调整间接照明反弹引擎

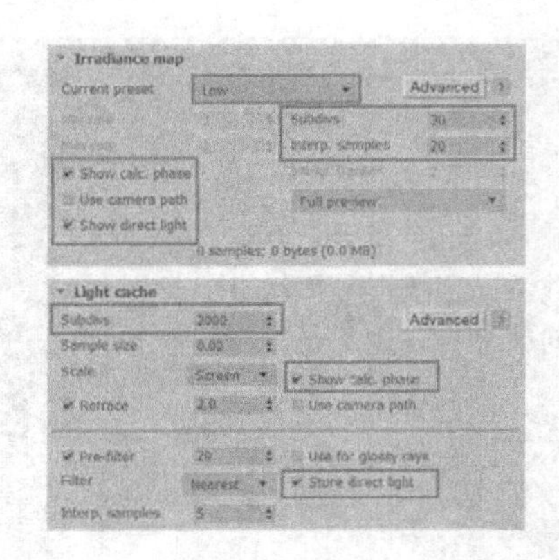

图 15-13 调整发光贴图与灯光缓冲参数

Steps 02 测试渲染参数设置完成后，接下来进行场景模型的检查。

注意：在本例的测试渲染参数中，图像采样器与抗锯齿过滤器都选用了效果较好的类型，这主要是针对后面的模型检查而设定的。室外建筑一般进行中距或远距的表现，因此效果较差的图像采样器与抗锯齿过滤器得到的图像有可能造成素模图像效果上的偏差，影响判断。

15.3 检查模型

Steps 01 按 M 键打开材质编辑器，然后选择一个空白材质球，将材质类型如图 15-14 所示调整为“VRayMlt”，然后单击 Diffuse【漫反射】后的“颜色通道”，如图 15-15 所示调整好其参数值，完成用于检查模型的素白材质的制作。

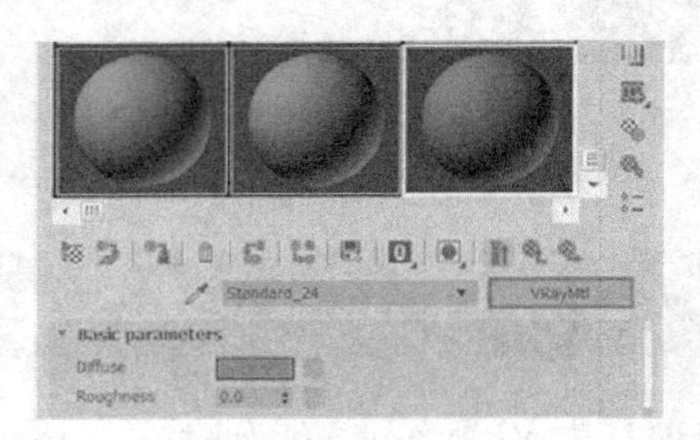

图 15-14 调整材质为 VRayMtl

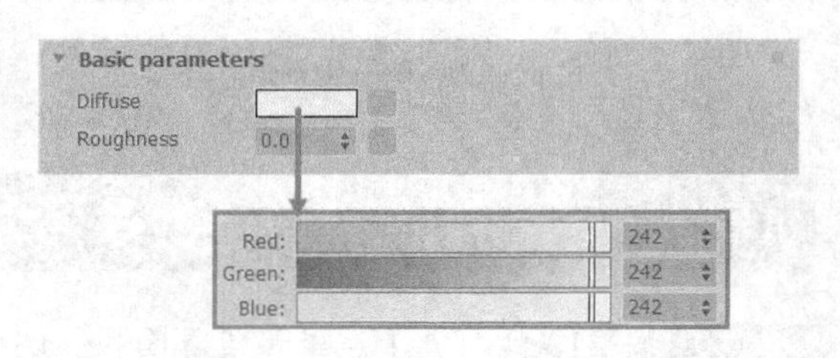

图 15-15 调整材质漫反射颜色参数值

Steps 02 材质制作完成后，按 F10 键打开【渲染设置】面板并进入 Global switches【全局开关】卷展栏，如图 15-16 所示将材质关联复制至 Override mtl【全局替代材质】按钮。

Steps 03 由于场景中制作了玻璃模型，为了环境光能够顺利地进入，首先将玻璃模型隐藏，再进入 Environment【环境卷展栏】，如图 15-17 所示调整好环境光颜色参数。

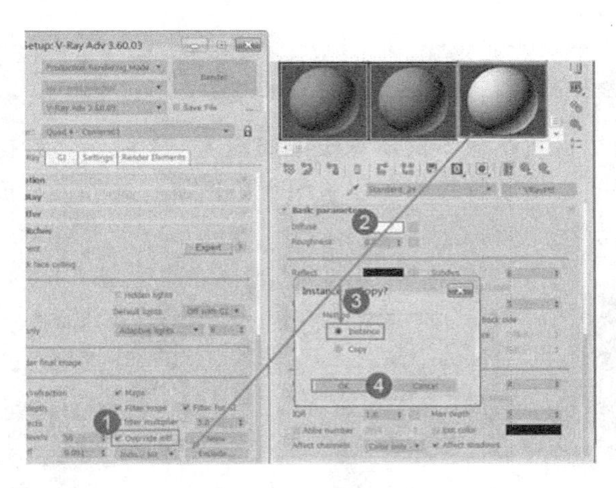

图 15-16 复制素白材质至全局替代材质

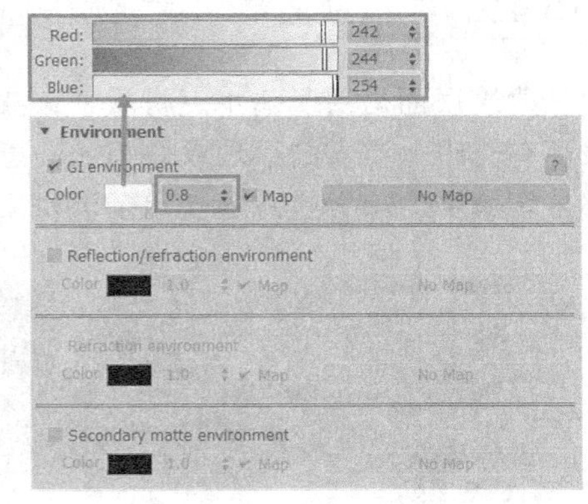

图 15-17 调整环境光参数

Steps 04 环境光调整完成后，按 C 键进入 VRay 物理摄像机视图，再按 P 键将当前的透视角度变更为透视图，然后单击渲染按钮，得到如图 15-18 所示的素模渲染图像。可以看到，模型完整且摆放无误。接下来进行场景材质的制作。

15.4 制作场景材质

该场景中主要的材质为建筑外部立面的装饰板、幕墙造型以及环境中的池水、树木等，材质设置顺序如图 15-19 所示。

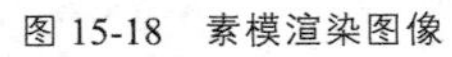

图 15-18 素模渲染图像

图 15-19 场景材质设置顺序

15.4.1 建筑外立面红色装饰板材质

该场景中主体建筑的外立面主要为红色的装饰金属板。由于模型已经建立了分割线模型，因此材质不再需要体现分割效果，其具体的材质参数与材质球效果如图 15-20 所示。

15.4.2 建筑顶面清水泥材质

建筑顶面运用了清水泥材质，其具体材质参数与材质球效果如图 15-21 所示。该材质表面有着十分丰富的肌理纹路与凹凸感，与场景僻静的环境效果十分谐调。此外，建筑底部与场景中的部分道路也使用了该材质。

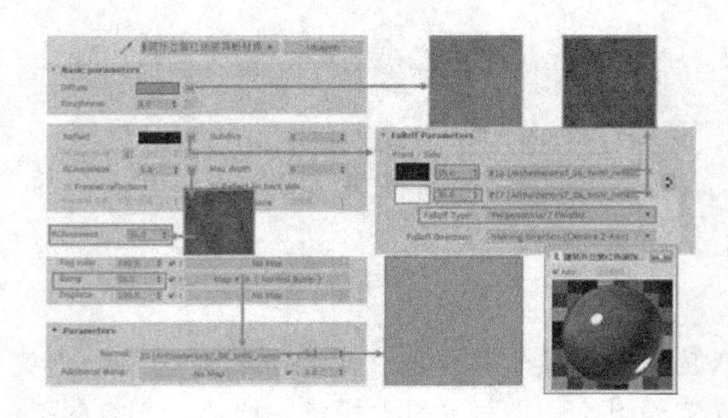

图 15-20 建筑外立面红色装饰板材质参数及材质球效果

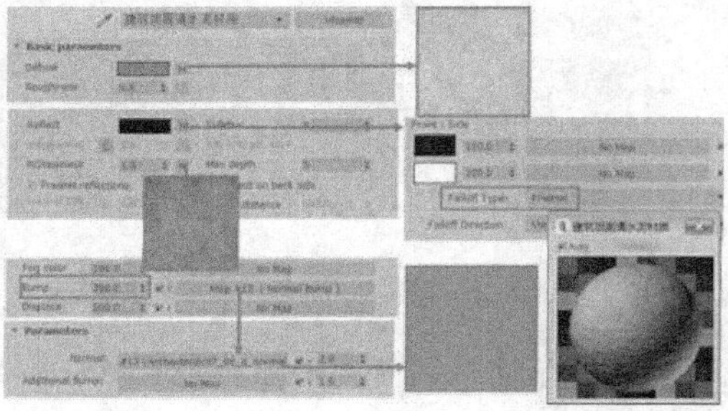

图 15-21 建筑顶面清水泥材质参数及材质球效果

15.4.3 建筑幕墙玻璃材质

建筑幕墙玻璃材质的具体参数设置与材质球效果如图 15-22 所示。区别于室内玻璃材质十分通透的效果，表现室外建筑时，幕墙玻璃可以适当地降低透明度，从而突出玻璃反射室外环境光的效果。

15.4.4 幕墙框架合金材质

场景幕墙框架合金材质的具体参数与材质球效果如图 15-23 所示。可以看到，合金材质表面颜色为暗红色，其与建筑主体红色装饰板形成了建筑主体统一且有着柔和过渡变化的色调效果。

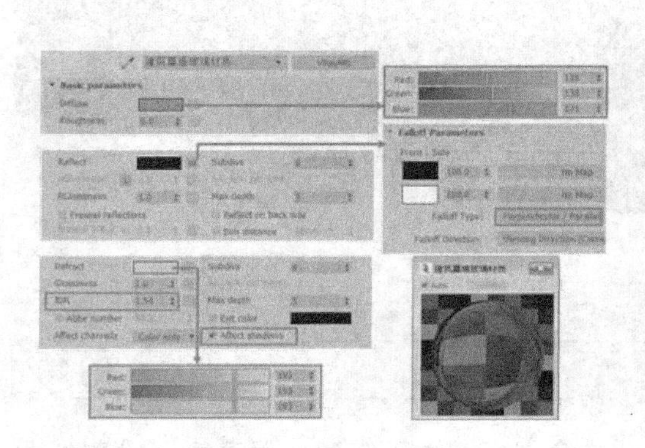

图 15-22 建筑幕墙玻璃材质参数与材质球效果

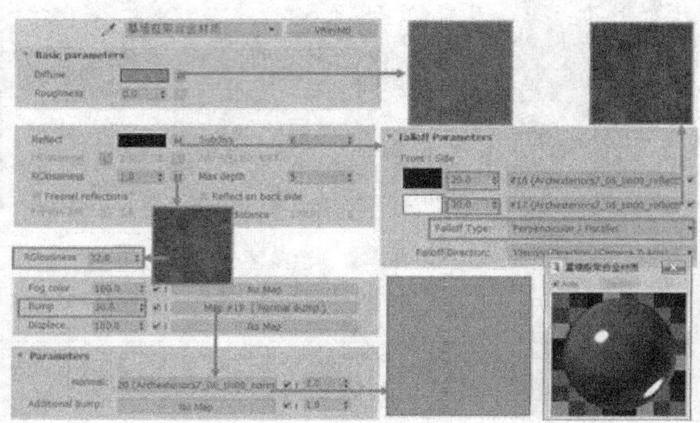

图 15-23 幕墙框架合金材质参数及材质球效果

15.4.5 建筑基底脏旧水泥面材质

场景建筑与水面相连的部分使用了带有脏旧效果的水泥面材质，其具体的材质参数与材质球效果如图 15-24 所示。可以看到，其与清水泥材质最大的区别在于表面纹理以及凹凸贴图的变化，脏旧细节效果使其与水面环境的整合更具真实感。

15.4.6 池水材质

本例中池水材质的制作比较细腻，充分考虑到了其与整体环境结合的细节。如图 15-25 所示，首先调整好其 Diffuse【漫反射】与 Reflect【反射】参数组。可以看到，在其【漫反射】贴图通道内加载了一张草地贴图，目的在于当材质具有透明效果后可以产生池底水草的效果。

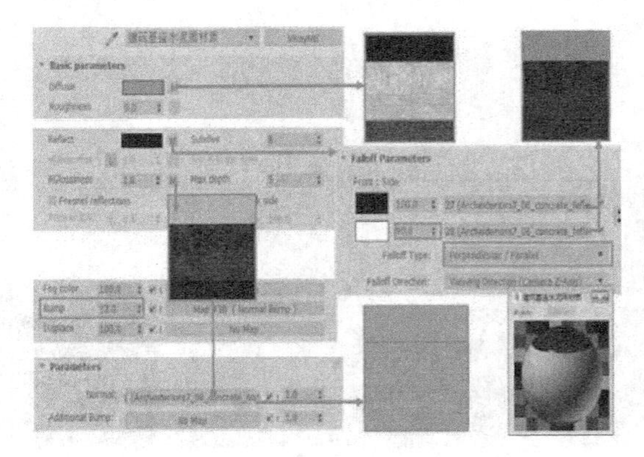

图 15-24　门窗暗色合金材质参数及材质球效果

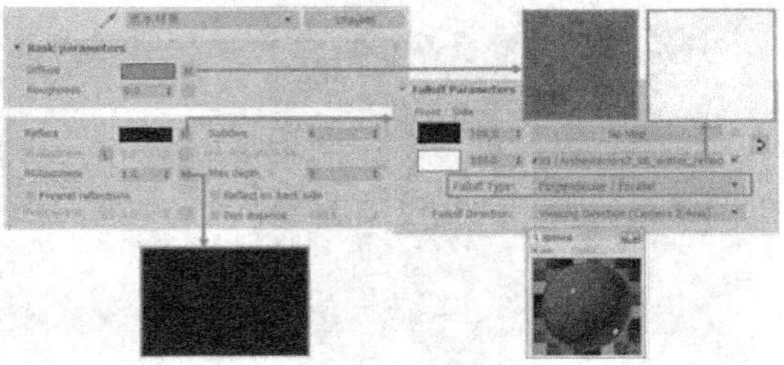

图 15-25　池水材质参数

然后再如图 15-26 所示调整池水材质的反射效果以及凹凸效果，使材质显得更为真实可信。

15.4.7 水塘土墩材质

逼真的环境材质效果使得渲染图像有着更多令人信服的细节。场景水塘左侧的土墩的具体材质参数与材质球效果如图 15-27 所示，可以看到，本例中使用了十分清晰的贴图模拟其表面纹理以及反射细节。

对于材质表面的凹凸细节，本例中使用了 VRay Displacement Mod【VRay 置换修改命令】进行逼真的模拟，如图 15-28 所示。此外，对于场景中的草地效果也使用了类似的处理手法。

15.4.8 树干材质

场景中的树叶模型使用了 VRay Mesh 物体来节省模型面数，因此其材质在之前已经进行了设定。树干模型的材质参数与材质球效果如图 15-29 所示。

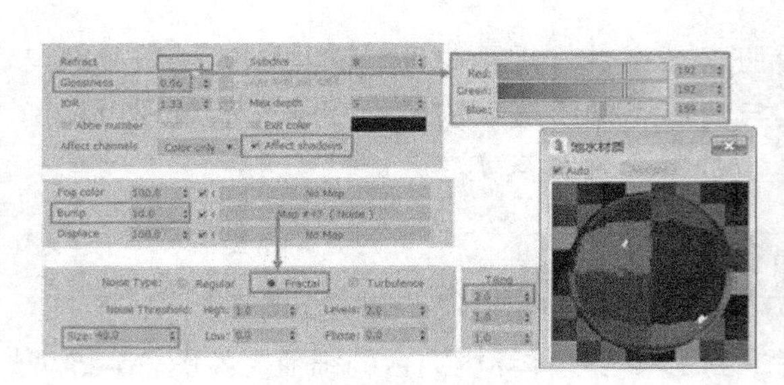

图 15-26　池水材质参数与材质球效果

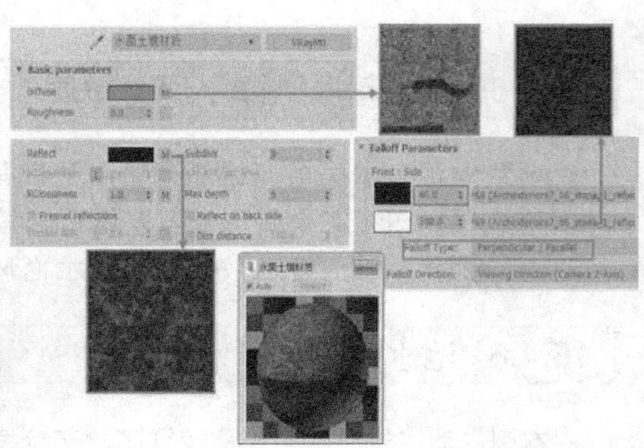

图 15-27　水塘土墩材质参数与材质球效果

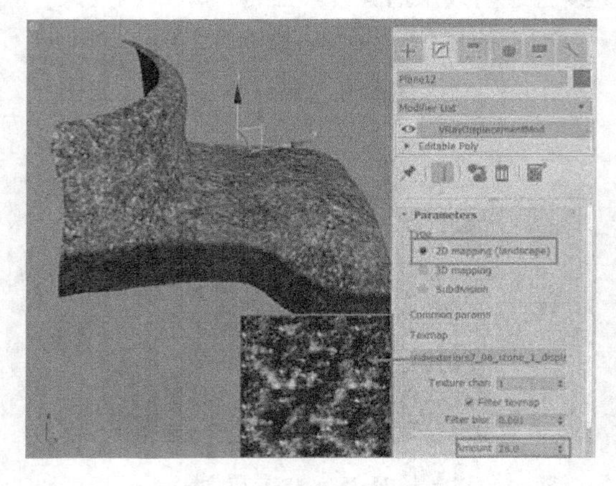

图 15-28　使用 VRay 置换修改命令制作凹凸细节

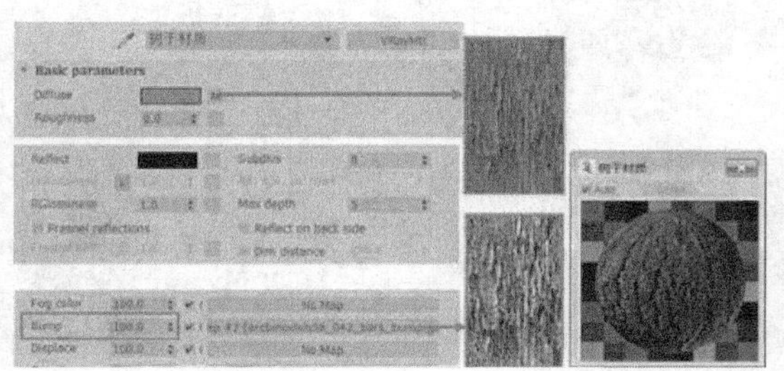

图 15-29　树干材质参数与材质球效果

15.5 制作场景灯光

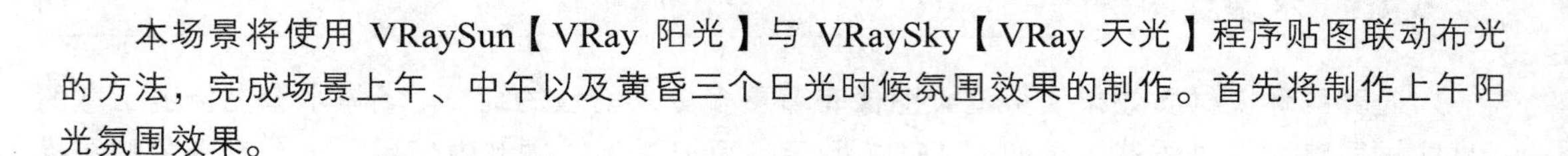

本场景将使用 VRaySun【VRay 阳光】与 VRaySky【VRay 天光】程序贴图联动布光的方法，完成场景上午、中午以及黄昏三个日光时候氛围效果的制作。首先将制作上午阳光氛围效果。

15.5.1　上午阳光氛围效果

1. 制作室外阳光投影效果

Steps 01 单击灯光创建面板按钮，如图 15-30 所示在顶视图中创建一盏 VRaySun【VRay 阳光】，在询问是否自动添加【VRay 天光】程序贴图时，可选择“是”，然后按 8 键进入 Environment/Effect【环境/特效】面板暂时取消其勾选。

Steps 02 按 F 键切换至前视图，分别选择灯光物体以及目标点，如图 15-31 所示调整其具体位置与角度。

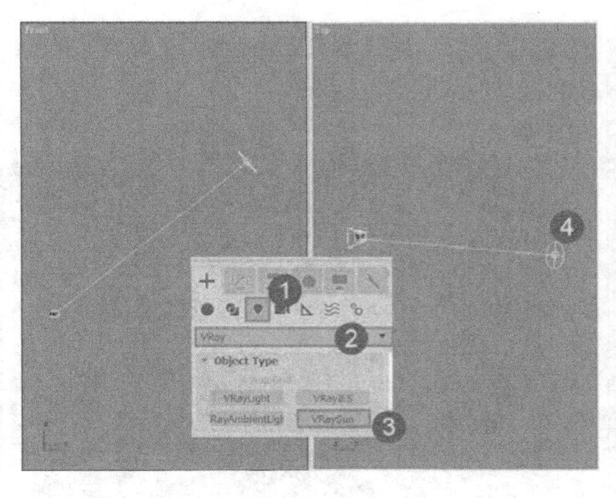

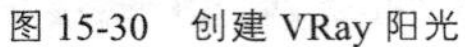

图 15-30　创建 VRay 阳光

图 15-31　调整 VRay 阳光的具体位置与角度

技巧： 在前面的章节中曾学习到VRay阳光的投射角度对其颜色起了决定性作用，一般而言，我们常通过调整VRay阳光改变投射角度，而默认的VRaySun.Target【VRay阳光目标点】位于地平面处，有时为了得到颜色与投影俱佳的上午阳光效果，可以将其VRay阳光目标点至于地平面下。

Steps 03 调整完成后再选择灯光进入修改面板，调整灯光的参数如图 15-32 所示。可以看到，为了体现上午时段光线环境的清澈度，略微增高了其 ozone【臭氧度】参数，同时为了避免环境光的影响需将其关闭。

Steps 04 灯光参数调整完成后，按 C 键返回 VRay 物理摄像机视图进行测试渲染，得到一片漆黑的渲染结果，如图 15-33 所示。

VRaySun Parameters

enabled	✓
invisible	
affect diffuse	✓
diffuse contribution	1.0
affect specular	✓
specular contribution	1.0
cast atmospheric shadows	✓
turbidity	2.0
ozone	0.45
intensity multiplier	0.02
size multiplier	1.2
filter color	
color mode	filter
shadow subdivs	1
shadow bias	0.2
photon emit radius	50.0

图 15-32　VRay 阳光参数设置

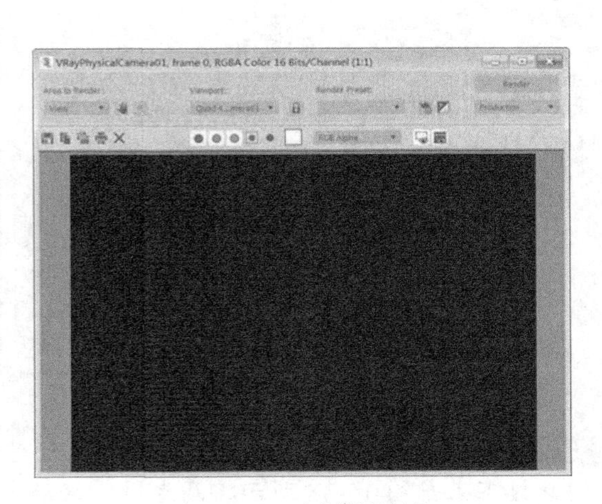

图 15-33　测试渲染结果

Steps 05 首先在 VRay 物理摄像机视图中按 P 键将视图变更为透视图进行测试渲染，以验证灯光的强度，渲染得到如图 15-34 所示的结果。可以看到，透视图渲染结果中灯光的强度适中。因此接下来通过调整 VRay 物理摄像机自身参数来改善渲染效果。

Steps 06 选择 VRay 物理摄像机，如图 15-35 所示调整好其参数，使其产生合适的阳光亮度。接下来进行场景天空背景与环境光效果的制作。

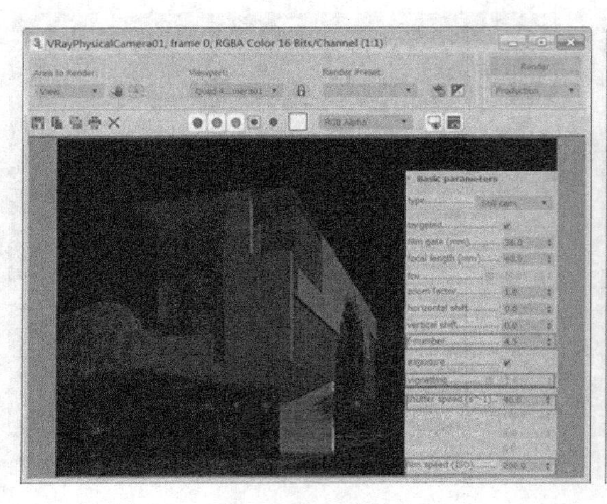

图 15-34 透视图渲染结果

图 15-35 测试渲染结果

2. 制作天空背景与环境光

利用 VRaySky【VRay 天光】程序贴图可以同时制作出较理想的天空背景与环境光效果，具体步骤如下：

Steps 01 进入 Environment/Effect【环境/特效】面板，将默认的 VRaySky【VRay 天光】程序贴图拖动复制至一个空白材质球，如图 15-36 所示；然后返回 VRay 物理摄像机视图进行测试渲染，得到如图 15-37 所示的渲染结果。

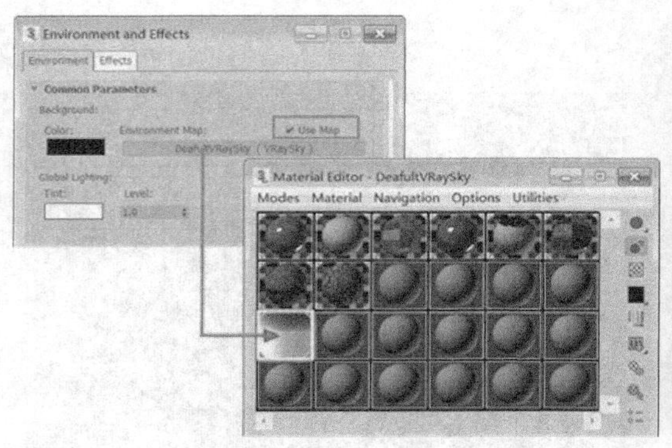

图 15-36 复制默认 VRay 天光程序贴图至空白材质球

图 15-37 测试渲染结果

Steps 02 从渲染结果中可以看到，产生的天空效果与当前的 VRay 阳光光效并不完全适配，因此接下来如图 15-38 所示将两者进行联动，并调整好参数。

Steps 03 联动并调整好 VRaySky【VRay 天光】程序贴图后，返回 VRay 物理摄像机视图进行测试渲染，得到如图 15-39 所示的渲染结果。从图中可以看到，此时天空颜色及亮度与上午时段的感觉更为贴合。最后在建筑物的室内布置一组灯光，使主体建筑变得更加生动真实。

3. 制作室内灯光

Steps 01 建筑室内的灯光采用 Plane【平面】类型的 VRay 灯光模拟（即 VRay 片光），四盏灯光关联复制如图 15-40 所示。

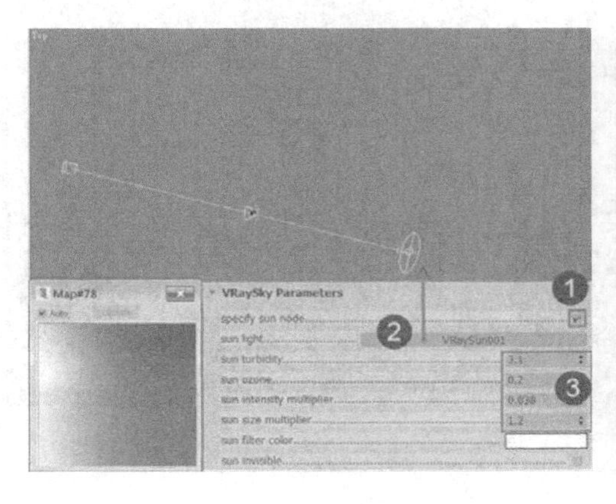

图 15-38　将 VRay 天光与 VRay 阳光联动

图 15-39　测试渲染结果

Steps 02 VRay 片光的具体参数设置如图 15-41 所示。参数设置完成后，返回 VRay 物理摄像机视图进行测试渲染，得到如图 15-42 所示的渲染结果。

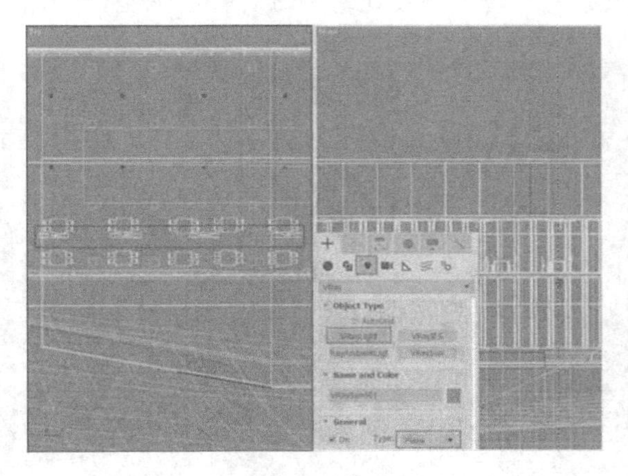
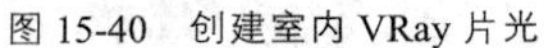

图 15-40　创建室内 VRay 片光

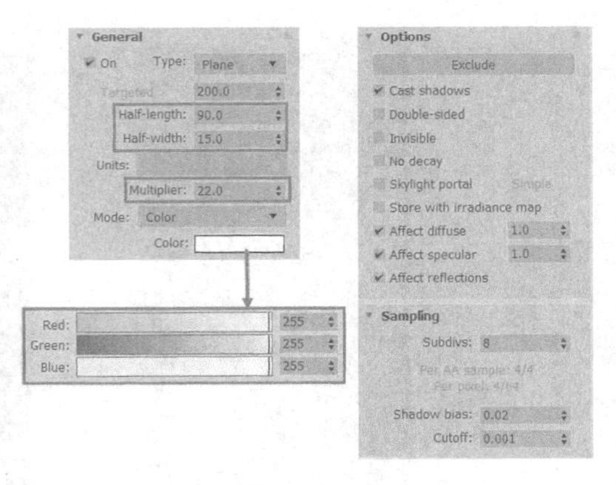

图 15-41　VRay 片光参数设置

Steps 03 至此，场景的上午阳光氛围效果制作完成。将当前场景保存为“建筑表现上午氛围.max”，然后再另存一份为“建筑表现正午氛围.max”。接下来利用其完成场景正午阳光氛围效果的制作。

15.5.2　正午阳光氛围效果

利用 VRaySun【VRay 阳光】与 VRaySky【VRay 天光】程序贴图联动布光的方法完成场景上午阳光氛围效果的制作后，接下来的正午阳光氛围与黄昏阳光氛围只需要通过 VRay 阳光位置的调整以及两者参数的相应变化即可完成。

Steps 01 选择创建好的 VRay 阳光，如图 15-43 所示调整好灯光的高度与角度，以形成正午阳光的光影效果。

图 15-42　测试渲染结果

图 15-43　调整 VRay 阳光的高度与角度

Steps 02 选择 VRay 阳光如图 15-44 所示调整好其参数。可以看到，灯光的强度并没有做太多的改变，而是通过其 size multiplier【尺寸倍增】的增大同时达到亮度与投影改变的效果。

Steps 03 灯光参数调整完成后，返回 VRay 物理摄像机视图进行测试渲染，得到如图 15-45 所示的渲染结果。可以看到，此时的天空效果与环境光亮度还需要进行一些调整。

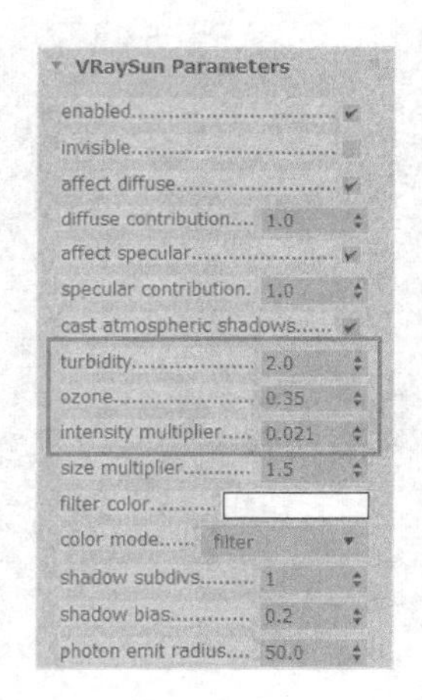

图 15-44　调整 VRay 阳光参数

图 15-45　测试渲染结果

Steps 04 选择与【VRay 天光】程序贴图关联复制的材质球，如图 15-46 所示调整好其参数，增大天空背景亮度，然后返回 VRay 物理摄像机视图进行测试渲染，得到如图 15-47 所示的渲染结果。

Steps 05 保存当前场景，然后另存一份为“建筑表现黄昏氛围.max”。接下来利用其完成场景黄昏阳光氛围效果的制作。

15.5.3 黄昏阳光氛围效果

黄昏阳光氛围通过 VRaySun【VRay 阳光】与 VRaysky【VRay 天光】的调整同样可以完成，步骤如下：

VRaySky Parameters

specify sun node	✔
sun light	VRaySun001
sun turbidity	3.1
sun ozone	0.2
sun intensity multiplier	0.048
sun size multiplier	1.2
sun filter color	
sun invisible	

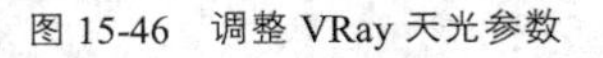

图 15-46　调整 VRay 天光参数

图 15-47　测试渲染结果

Steps 01 选择创建好的 VRay 阳光，如图 15-48 所示调整好灯光的高度与角度，以形成黄昏阳光的光影效果。

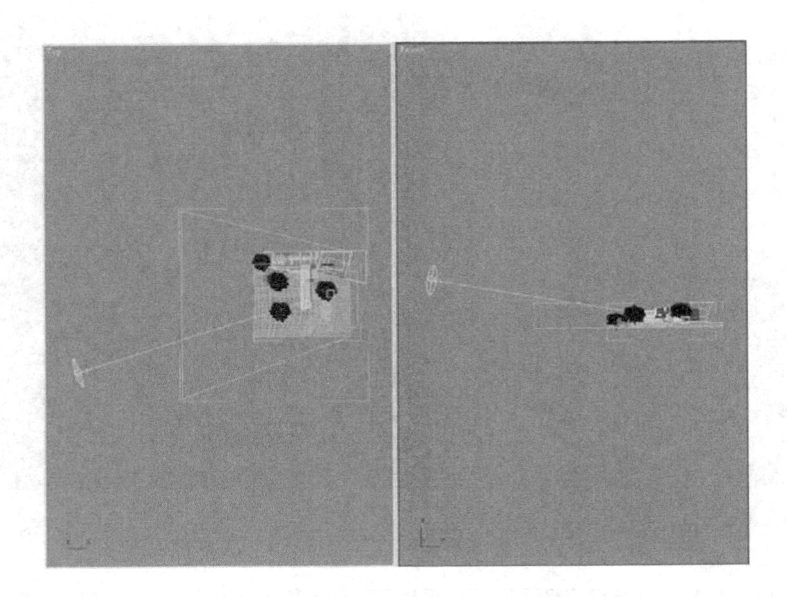

图 15-48　调整 VRay 阳光的高度与角度

Steps 02 选择 VRay 阳光，如图 15-49 所示调整好其参数，调整完成后返回 VRay 物理摄像机视图进行测试渲染，得到如图 15-50 所示的渲染结果。从图中可以发现，在树冠以及建筑立面上出现了夕阳暖色余晖的效果，但整体的天空氛围并不谐调。

Steps 03 进入 VRay 天光程序贴图关联复制的材质球，如图 15-51 所示调整好其 VRay 天光程序贴图参数。

Steps 04 参数调整完成后，再次返回 VRay 物理摄像机视图进行测试渲染，得到如图 15-52 所示的测试渲染结果。

Steps 05 至此，场景的黄昏阳光氛围效果也制作完成。接下将利用该氛围场景进行光子图渲染以及最终渲染的学习。

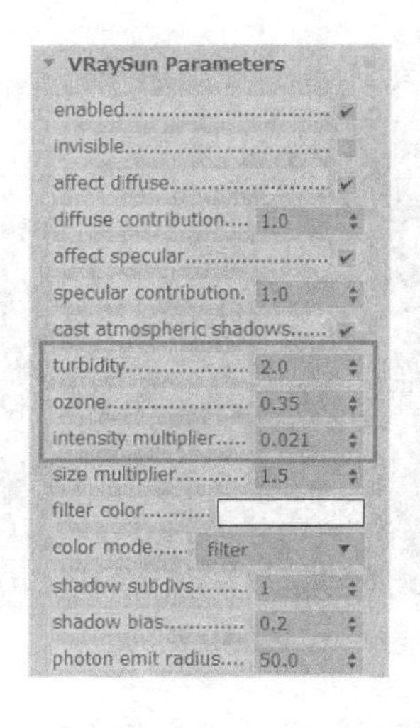

图 15-49 调整 VRay 阳光参数

图 15-50 测试渲染结果

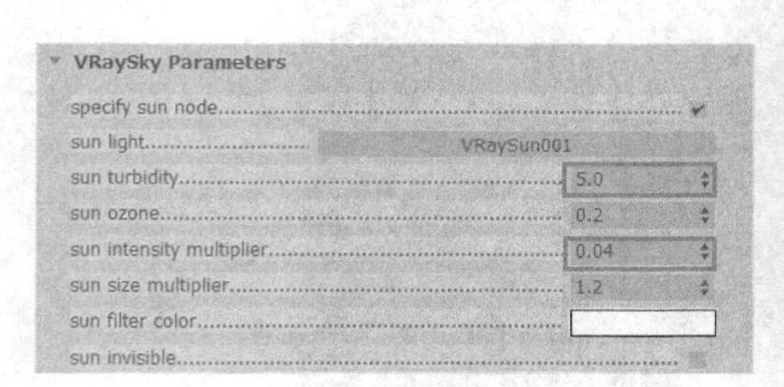

图 15-51 调整 VRay 阳光程序贴图参数

图 15-52 测试渲染结果

15.6 光子图渲染

室外建筑表现图与室内表现光子图渲染在参数设置上并没有太多区别，同样需要解决测试渲染中存在的锯齿现象、光斑和噪点等品质问题。

1. 调整材质细分值

Steps 01 将场景中的建筑立面红色装饰板材质、幕墙玻璃材质、幕墙框架合金材质的细分值调整为 24，对于玻璃以及水等透明材质，注意对其【折射】参数组中的细分参数进行同样的调整。

Steps 02 将场景中其他讲解过参数的材质的细分值调整至 16 ~ 20 之间。

2. 调整灯光细分值

将场景中模拟室外阳光的VRay阳光的细分值调整为30。

3. 调整渲染参数

Steps 01 如图15-53所示，通过Output Size【输出尺寸】参数调整光子图渲染的尺寸。

Steps 02 分别进入Global switches【全局开关】卷展栏与Image sampler【图像采样器】卷展栏，如图15-54所示开启材质的模糊效果并调整好图像采样器。

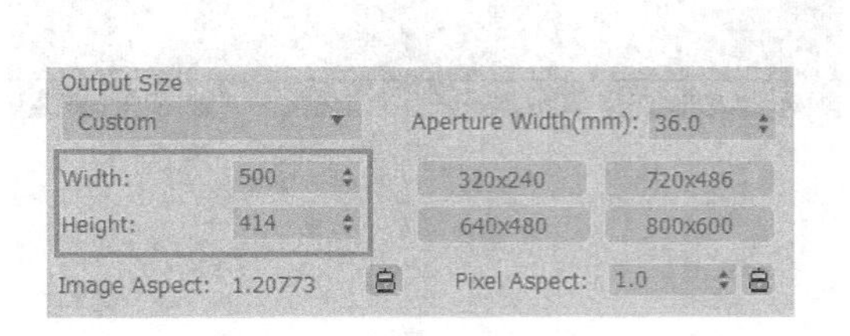

图15-53 调整光子图渲染尺寸

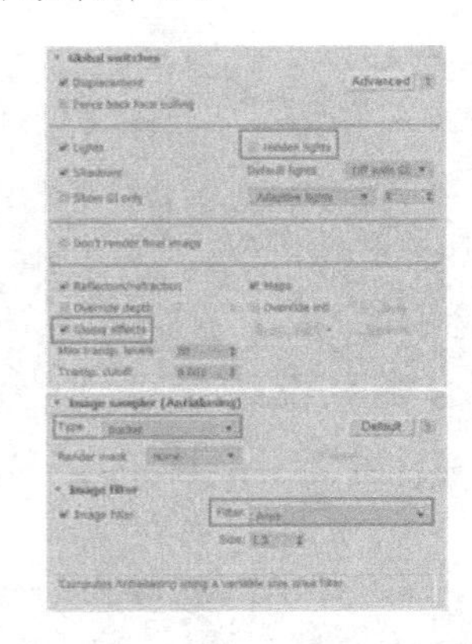

图15-54 开启材质模糊效果并调整图像采样器

Steps 03 分别进入Irradiance map【发光贴图】卷展栏与Light cache【灯光缓冲】卷展栏，如图15-55与图15-56所示提高两者的参数并预设好贴图保存路径。

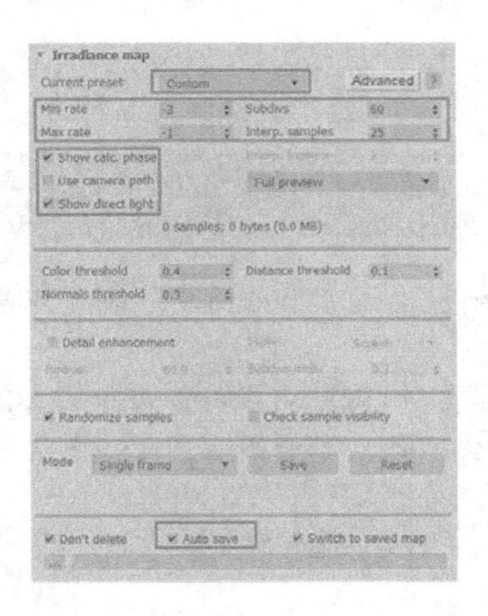

图15-55 提高发光贴图参数

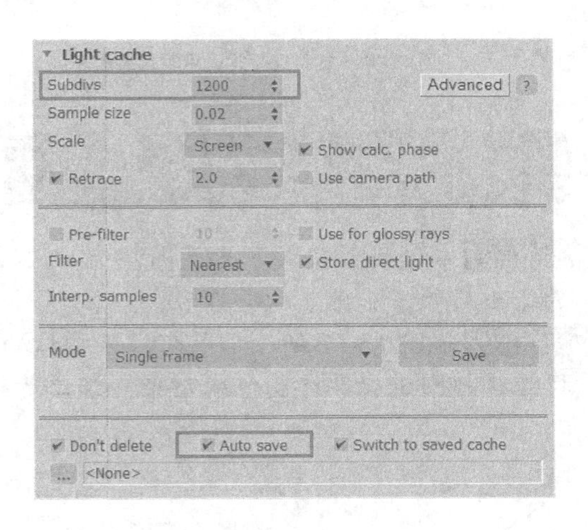

图15-56 提高灯光缓冲参数

Steps 04 进入Global DMC【全局DMC】卷展栏，如图15-57所示整体提高图像的采样精度。

Steps 05 渲染参数调整完成后，返回VRay物理摄像机视图进行光子图渲染，经过较长时间的计算得到如图15-58所示的渲染结果。

Steps 06 光子图渲染完成后，再分别返回查看Irradiance map【发光贴图】卷展栏与Light

cache【灯光缓冲】卷展栏参数，可以发现两者分别如图 15-59 与图 15-60 所示自动完成了光子图的保存与调用。接下来进行场景的最终图像渲染。

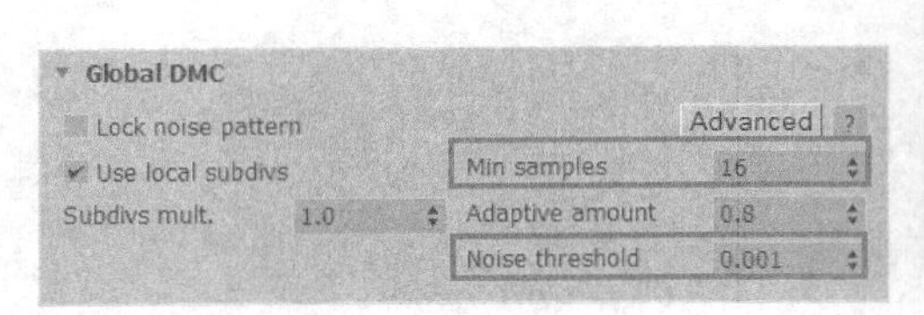

图 15-57　提高图像的整体采样精度

图 15-58　光子图渲染结果

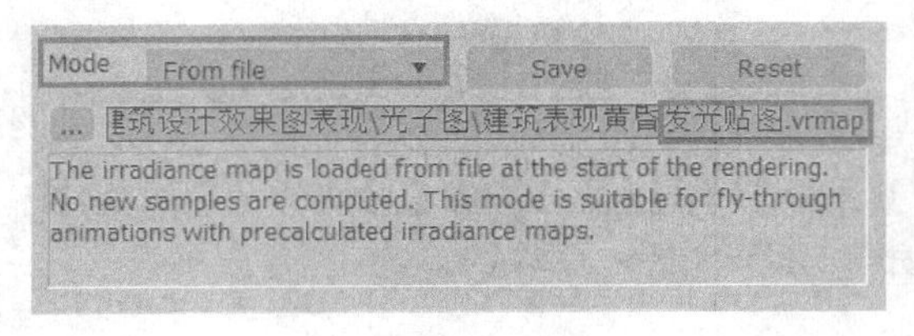

图 15-59　自动保存并调用发光贴图

图 15-60　自动保存并调用灯光缓冲贴图

15.7　最终图像渲染

Steps 01 本例场景完成了光子图渲染后，最终图像的渲染设置十分简单，确定好最终图像的输出尺寸，如图 15-61 所示。

Steps 02 如图 15-62 所示调整好渲染图像的抗锯齿器类型，调整完成后即可返回 VRay 物理摄像机视图进行最终图像的渲染，场景黄昏氛围最终图像渲染效果如图 15-63 所示。

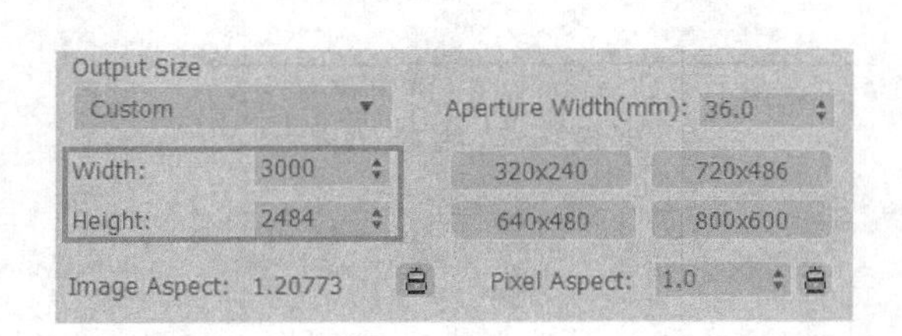

图 15-61　确定最终图像的输出尺寸

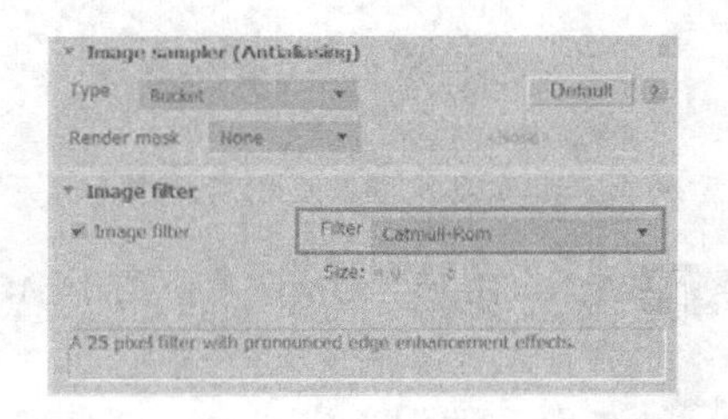

图 15-62　调整图像抗锯齿器类型

图 15-63　建筑黄昏氛围最终图像渲染效果